Linux就该这么学

第2版

刘遄 著

人民邮电出版社
北京

图书在版编目（CIP）数据

Linux就该这么学 / 刘遄著. -- 2版. -- 北京 : 人民邮电出版社, 2021.9
ISBN 978-7-115-57011-6

Ⅰ. ①L… Ⅱ. ①刘… Ⅲ. ①Linux操作系统 Ⅳ. ①TP316.85

中国版本图书馆CIP数据核字(2021)第149493号

内 容 提 要

本书源自日均访问量近 60000 次的线上同名课程，口碑与影响力俱佳，旨在打造简单易学且实用性强的轻量级 Linux 入门教程。

本书在上一版的基础上进行了全面大量的更新，基于红帽 RHEL 8 系统编写，且内容通用于 CentOS、Fedora 等系统。本书共分为 20 章，内容涵盖了部署 Linux 系统，常用的 Linux 命令，与文件读写操作有关的技术，使用 Vim 编辑器编写和修改配置文件，用户身份与文件权限的设置，硬盘设备分区、格式化以及挂载等操作，部署 RAID 磁盘阵列和 LVM，firewalld 防火墙与 iptables 防火墙的区别和配置，使用 ssh 服务管理远程主机，使用 Apache 服务部署静态网站，使用 vsftpd 服务传输文件，使用 Samba 或 NFS 实现文件共享，使用 BIND 提供域名解析服务，使用 DHCP 动态管理主机地址，使用 Postfix 与 Dovecot 部署邮件系统，使用 Ansible 服务实现自动化运维，使用 iSCSI 服务部署网络存储，使用 MariaDB 数据库管理系统，使用 PXE+Kickstart 无人值守安装服务，使用 LNMP 架构部署动态网站环境等。此外，本书的配套站点还深度点评了红帽 RHCSA、RHCE、RHCA 认证，方便读者备考。

本书适合打算系统、全面学习 Linux 技术的初学者阅读，具有一定 Linux 使用经验的读者也可以通过本书来巩固自己的 Linux 知识。

◆ 著　　　刘 遄
责任编辑　傅道坤
责任印制　王 郁　焦志炜

◆ 人民邮电出版社出版发行　北京市丰台区成寿寺路 11 号
邮编 100164　电子邮件 315@ptpress.com.cn
网址 https://www.ptpress.com.cn
固安县铭成印刷有限公司印刷

◆ 开本：787×1092 1/16
印张：32.5　　2021 年 9 月第 2 版
字数：833 千字　　2025 年 1 月河北第 21 次印刷

定价：99.90 元

读者服务热线：(010)81055410　印装质量热线：(010)81055316
反盗版热线：(010)81055315
广告经营许可证：京东市监广登字 20170147 号

前 言

Hello World!

在本书开篇，刘遄老师将向各位读者讲述自己十多年来的 Linux 系统学习经历以及教学感悟，介绍《Linux 就该这么学（第 2 版）》图书的主要优势及特点，旨在让您更快地下定学习决心。

Linux 系统的兴盛受益于开源社区的强健根基，我们将与读者一起学习了解开源软件的优势，了解诸如 GPL、LGPL、BSD、Apache、MIT、Mozilla 等热门的开源许可证，方便今后做出更适合自己的选择。

开源软件具有低风险、低成本、品质好、更透明等 4 大优势，开源精神也是每位 Linux 技术人从骨子里感到自豪的情怀。刘遄老师会用通俗易懂的方式讲述 Linux 系统从 1965 年至今的发展历程，在“八卦”的同时不忘诙谐幽默，旨在让我们能够在轻松的氛围下厘清半个多世纪以来开源技术的历史发展脉络，充分认识当今最热门的 9 款开源操作系统——RHEL、CentOS、Fedora、Debian、Ubuntu、openSUSE、Kali、Gentoo、Deepin，并了解开源软件的盈利模式等，进而判断整个开源行业的未来发展趋势。

同时，刘遄老师还会带领大家学习最常见的 Linux 系统，了解红帽阶梯认证体系以及红帽 RHEL 8 系统的最新变化和战略定位，搞定红帽 RHCSA、RHCE、RHCA 认证的方方面面，进而帮助大家确立学习计划。

写作初衷

本书作者刘遄从事于 Linux 运维技术行业，高中时期便因兴趣的驱使而较早地接触到了 Linux 系统并开始学习运维技术，并且在 2012 年获得红帽认证工程师 RHCE 6 版本证书，在 2015 年年初又分别获得红帽认证工程师 RHCE 7 版本证书与红帽认证架构师 RHCA 顶级证书。同时，于 2017 年撰写出版的《Linux 就该这么学》，累计销量突破 10 万册，同年被人民邮电出版社评选为“年度优秀作者”。2020 年，获得基于最新系统的红帽认证工程师 RHCE 8 版本证书，继而为写作本书夯实了技术功底。

尽管如此，依然深知水平有限且技术一般，若不是得益于诸多良师益友的无私帮助，肯定不能如此顺利地取得上述成绩，更无法如期完成本书的写作工作。并且，作为一名普通的技术人，我曾经也亲身经历过半夜还在培训班的辛酸，体验过拥堵 6 个多小时车程的无奈，也翻看过市面上十几本如同嚼蜡般的 Linux 技术书籍……这种种经历使我更加坚定了写作本书的信念。此刻，我正是怀揣着一颗忐忑的心，尽自己最大的努力把有用的知识继续分享给读者，希望这本新书依然能够帮助大家少走一些弯路，更轻松地入门 Linux 系统。

窃以为，一名技术高超的导师不应该仅仅是技术的搬运工，而应该是优质知识的提炼者。所以在写作过程中，我不希望也不会将自己了解掌握的所有信息都填充到这本书里，借此来炫技，而是从真正贴近于新人学习特点的角度出发，主动摒弃不实用的部分，并把重点、难点反复实践。这样的好处也很明显，可以使读者在加深理论知识理解的同时，轻松掌握生产环境中用到的实战技术。

您手里所持的这本书，基于最新的红帽企业版系统 RHEL 8 编写而成，其内容通用于绝大多数的 Linux 系统，具有广泛的适用性。本书配套软件及资料完全免费，可通过 www.linuxprobe.com 网站获取，相关的付费培训课程大家可根据自身情况自愿报名。本书将会从零基础带领您入门 Linux 系统，然后渐进式地提高内容难度，以匹配生产环境对运维人员的要求。而且，本书每章都配套有大量的图、表、命令示例以及课后复习题，大家可以在阅读本书的过程中同步操作完所有的实验内容，以达到增强学习兴趣与加深记忆的效果。最后，本书以及配套资源相较于当前红帽 RHCE 8 版本的考试要求，至少要再多出 50%的内容，而且已经有几千位学员陆续通过本书的学习顺利取得认证。因此，只要您能每天坚持学习，相信这绝对是体验极佳、进步极快的一次学习经历。

最后想说的是，我的写作初心其实并不高雅，只是在还债，还十几年来中国有如此多的培训机构赚了那么多钱，但却没有一家培训机构真正给学员拿出一本好教材的债，而这应该是我们的学员早就可以享受的服务，不能再选择性失明了。而到了 2020 年，我的写作初衷也融入了一点小私心，除了运营好本书的在线学习网站 www.linuxprobe.com，服务更多的学员和读者之外，还要把我们的免费开源图书做到远超其他培训机构收费教材的水平，并坚持做中国开源站点的道德典范，不欺骗，不作恶，保持最纯净的技术交流环境，请各位读者监督。而我们想要得到的也很简单——如果您认可刘遄老师的付出并满意我们的配套服务，还请把本书告诉身边的朋友，让更多的人知道我们在做的这件很酷的事。

学习是件苦差事

我常常怀疑，人类的 DNA 中是不是也有一个类似于 Linux 系统中的变量值（这里姑且称之为 GoodStudy），这个变量决定着我们的行为，如果值为 1 则痴迷学习，如果值为 0 则享受生活。估计对于大多数人来说这个值应该都在 0.5 左右徘徊吧。真希望有哪一位生物学家能迅速找到这么一个值，周一到周五将这个值调高点儿，周末再调回正常。想想都很有科技感，期待着这么一天赶紧到来。

那我们现在怎么办呢？

只能靠自律。

在正式开始学习前，我不想回避这个现实问题——学习是一件痛苦的事情。如果说学习 Linux 系统真的很简单，那必定是骗子的谎言，起码这不能给您带来高薪。在每天起床后的几分钟时间里，大脑都会陷入斗争状态——是该聊会儿天呢，还是要追个美剧呢，还是看一下那本可怕的《Linux 就该这么学》呢？这个时候，请不要忘记自己最初的梦想。十年后的你，一定会感激现在拼命努力学习的自己。身为作者，我的使命就是让这本书对得起您为此花费的时间、精力和金钱，让您每学完一个章节都是一次进步。

图书的写作是一件劳神费力的事情，从我起笔，到您手里，往往要两三年的时间，甚至更久。稻盛和夫先生在《活法》中有段一直激励着我的话，这段话也是我最初的精神支柱，现在转赠给正在阅读本书的您：

“工作马马虎虎，只想在兴趣和游戏中寻觅快活，充其量只能获得一时的快感，绝不能尝到从心底涌出的惊喜和快乐，但来自工作的喜悦并不像糖果那样——放进嘴里就甜味十足，而是需要从劳苦与艰辛中渗出。因此当我们聚精会神、孜孜不倦、克服艰辛后达到目标时的成就感，世上没有哪种喜悦可以类比。

更何况人类生活中工作占据了较大的比重，如果不能从劳动中、工作中获得充实感，那么即使从别的地方找到快乐，最终我们仍然会感到空虚和缺憾。”

建议大家拿出一支笔，用一句话在下面记录下此刻学习的初心和动力，不论是兴趣也好，工作需要也好，想赚高薪也好，都请记录下来。因为完全阅读完本书并做完里面的实验至少需要 2~3 个月时间，累的时候看一下给我们自己的留言，这会给我们提供源源不断的动力，所以，请跨越时空跟自己说句话吧。

给自己的留言

年　　　月　　　日

开源共享精神

一般情况下，软件的源代码只由编写者拥有，而开源（即开放源代码，Open Source Code）是指一种更自由的软件发布模式。简单来说，开源软件的特点就是把软件程序和源代码文件一起打包提供给用户，让用户在不受限制地使用某个软件功能的基础上还可以对代码按需修改，让软件更贴合硬件环境，让功能更符合工作需求。用户还可以将其编制成衍生产品再发布出去。用户一般享有使用自由、复制自由、修改自由、创建衍生品自由，以及收费自由。是的，您没有看错，用户具备创建衍生品和收费的自由。这也就是说，可以对一个开源软件进行深度定制化加工。如果修改过的程序更加好用，或者颇具新的特色，只要符合原作者的许可要求，我们就完全可以合法地将软件进行商标注册，以商业版的形式再发布出去，只要有新用户使用您的软件并支付相应的费用，那就是您的收入。这也正好符合了黑客和极客对自由的追求，因此在合作与竞争中，国内外的开源社区慢慢生长出了强健的根基，人气也非常高。

但是，如果开源软件只单纯追求“自由”而牺牲了程序员的利益，这肯定会影响程序员的创作热情。为了平衡两者的关系，截至目前，世界上已经有 100 多种被开源促进组织（OSI，Open Source Initiative）确认的开源许可证，用于保护开源工作者的权益。对于那些只知道一味抄袭、篡改、破解或者盗版他人作品的不法之徒，终归会在某一天收到法院的传票。

open source initiative®
Approved License

考虑到大家没准儿以后会以开源工作者的身份编写出一款畅销软件，因此刘遄老师根据开源促进组织的推荐建议以及实际使用情况，为大家筛选出了程序员最喜欢的前 6 名的开源许可证，并教大家怎么从中进行选择。提前了解最热门的开源许可证，并在未来选择一个合适的可最大程度地保护自己软件权益的开源许可证，这对创业公司来讲能起到事半功倍的作用。

注：

上述提到的“开源许可证”与“开源许可协议”的含义完全相同，只不过是英文翻译后两种不同的叫法，这里不作区别。

注：

自由软件基金会（Free Software Foundation，FSF）是一个非营利组织，其使命是在全球范围内促进计算机用户的自由，捍卫所有软件用户的权利。

大家经常会在开源社区中看到 Copyleft 这个单词，这是一个由自由软件运动所发展出的概念，中文被翻译为“著佐权”或者“公共版权”。与 Copyright 截然相反，Copyleft 不会限制使用者复制、修改或再发布软件。

此外，大家应该经常会听到别人说开源软件是 free 的，没错，开源软件就是自由的。这里的 free 千万不要翻译成“免费”，这样就大错特错了，这与您去酒吧看到的“第一杯免费”的意思可相差甚远。

下面我们来看一下程序员最喜欢的前 6 名的开源许可证，以及它们各自赋予用户的权利。

➢ **GNU 通用公共许可证（General Public License，GPL）**：目前广泛使用的开源软件许可协议之一，用户享有运行、学习、共享和修改软件的自由。GPL 最初是自由软件基金会创始人 Richard Stallman 起草的，其版本目前已经发展到了第 3 版。GPL 的目的是保证程序员在开源社区中所做的工作对整个世界是有益的，所开发的软件也是自由的，并极力避免开源软件被私有化以及被无良软件公司所剥削。

现在，只要软件中包含了遵循 GPL 许可证的产品或代码，该软件就必须开源、免费，因此这个许可证并不适合商业收费软件。遵循该许可证的开源软件数量极其庞大，包括 Linux 内核在内的大多数的开源软件都是基于 GPL 许可证的。GPL 赋予了用户著名的五大自由。

- ♦ **使用自由**：允许用户根据需要自由使用这个软件。
- ♦ **复制自由**：允许把软件复制到任何人的计算机中，并且不限制复制的数量。
- ♦ **修改自由**：允许开发人员增加或删除软件的功能，但软件修改后必须依然基于 GPL 许可证。
- ♦ **衍生自由**：允许用户深度定制化软件后，为软件注册自己的新商标，再发行衍生品的自由。

- ♦ **收费自由：**允许在各种媒介上出售该软件，但必须提前让买家知道这个软件是可以免费获得的。因此，一般来讲，开源软件都是通过为用户提供有偿服务的形式来营利的。

- ➢ **较宽松通用公共许可证（Lesser GPL, LGPL）：**一个主要为保护类库权益而设计的 GPL 开源协议。与标准 GPL 许可证相比，LGPL 允许商业软件以类库引用的方式使用开源代码，而不用将其产品整体开源，因此普遍被商业软件用来引用类库代码。简单来说，就是针对使用了基于 LGPL 许可证的开源代码，在涉及这部分代码，以及修改过或者衍生出来的代码时，都必须继续采用 LGPL 协议，除此以外的其他代码则不强制要求。

如果您觉得 LGPL 许可证更多地是关注对类库文件的保护，而不是软件整体，那就对了。因为该许可证最早的名字是 Library GPL，即 GPL 类库开源许可证，保护的对象有 glibc、GTK widget toolkit 等类库文件。

- ➢ **伯克利软件发布版（Berkeley Software Distribution, BSD）许可证：**另一款被广泛使用的开源软件许可协议。相较于 GPL 许可证，BSD 更加宽松，适合于商业用途。用户可以使用、修改和重新发布遵循该许可证的软件，并且可以将软件作为商业软件发布和销售，前提是需要满足下面 3 个条件。

- ♦ 如果再发布的软件中包含开源代码，则源代码必须继续遵循 BSD 许可证。
- ♦ 如果再发布的软件中只有二进制程序，则需要在相关文档或版权文件中声明原始代码遵循了 BSD 许可证。
- ♦ 不允许用原始软件的名字、作者名字或机构名称进行市场推广。

- ➢ **Apache 许可证（Apache License）：**顾名思义，是由 Apache 软件基金会负责发布和维护的开源许可协议。作为当今世界上最大的开源基金会，Apache 不仅因此协议而出名，还因市场占有率第一的 Web 服务器软件而享誉行业。目前使用最广泛的 Apache 许可证是 2004 年发行的 2.0 版本，它在为开发人员提供版权及专利许可的同时，还允许用户拥有修改代码及再发布的自由。该许可证非常适合用于商业软件，现在热门的 Hadoop、Apache HTTP Server、MongoDB 等项目都是基于该许可证研发的。程序开发人员在开发遵循该许可证的软件时，要严格遵守下面 4 个条件。

◆ 该软件及其衍生品必须继续使用 Apache 许可证。
◆ 如果修改了程序源代码，需要在文档中进行声明。
◆ 若软件是基于他人的源代码编写而成的，则需要保留原始代码的许可证、商标、专利声明及原作者声明的其他内容信息。
◆ 如果再发布的软件中有声明文件，则需在此文件中注明基于了 Apache 许可证及其他许可证。

➢ **MIT 许可证（Massachusetts Institute of Technology License）**：源于麻省理工学院，又称为 X11 协议。MIT 许可证是目前限制最少的开源许可证之一，用户可以使用、复制、修改、再发布软件，而且只要在修改后的软件源代码中保留原作者的许可信息即可，因此普遍被商业软件（例如 jQuery 与 Node.js）所使用。也就是说，MIT 许可证宽松到一个新境界，即用户只要在代码中声明了 MIT 许可证和版权信息，就可以去做任何事情，而无须承担任何责任。

➢ **Mozilla 公共许可证（Mozilla Public License，MPL）**：于 1998 年初由 Netscape 公司的 Mozilla 小组设计，原因是它们认为 GPL 和 BSD 许可证不能很好地解决开发人员对源代码的需求和收益之间的平衡关系，因此便将这两个协议进行融合，形成了 MPL。2012 年年初，Mozilla 基金会发布了 MPL 2.0 版本（目前为止也是最新的版本），后续被用在 Firefox、Thunderbird 等诸多产品上。最新版的 MPL 公共许可证有以下特点。

◆ 在使用基于 MPL 许可证的源代码时，后续只需要继续开源这部分特定代码即可，新研发的软件不用完全被该许可证控制。
◆ 开发人员可以将基于 MPL、GPL、BSD 等多种许可证的代码一起混合使用。
◆ 开发人员在发布新软件时，必须附带一个专门用于说明该程序的文件，内容要有原始代码的修改时间和修改方式。

估计大家在看完上面琳琅满目的许可证后，会心生怨念：“这不都差不多吗？到底该选哪个呢？”写到这里时，刘遄老师也是一脸无助：“到底该怎么让大家进行选择呢？”搜肠刮肚之际突然眼前一亮，乌克兰程序员 Paul Bagwell 创作的一幅流程图正好对刚才讲过的这 6 款开源许可证进行了汇总归纳，具体如下图所示。

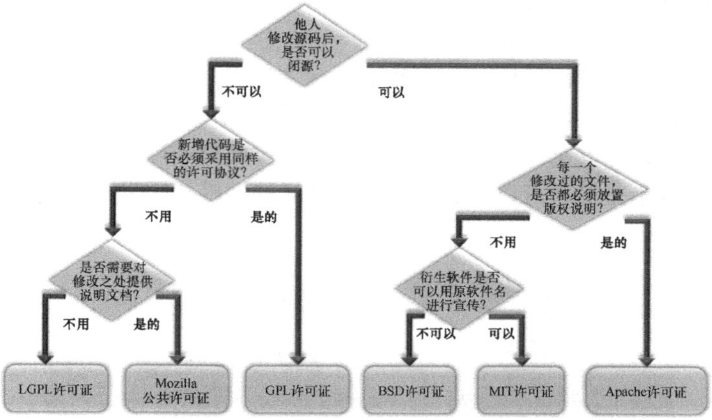

开源许可证的选择流程图

众所周知，绝大部分的开源软件在安装完毕之后即可使用，很难在软件界面中找到相关的收费信息。所以经常会有同学提问：“刘老师，开源社区的程序员总要吃饭的呀，他们是靠什么营利呢？”针对这个问题，网络上好像只有两种声音：

- **情怀**——开源社区的程序员觉悟好，本领强，写代码纯粹是为了兴趣以及造福社会；
- **服务**——先让用户把软件安装上，等用好、用习惯之后，再通过提供一些维护服务来营利。

这两种解释都各有道理，但是不够全面。读者也不要把开源软件和商业软件完全对立起来，因为好的项目也需要好的运营模式。就开源软件来讲，营利模式具体包括以下 5 种。

- **多条产品线**：如 MySQL 数据库便有个人版和企业版两个版本——个人版完全免费，起到了很好的推广作用；企业版则通过销售授权许可来营利。
- **技术服务型**：JBoss 应用服务器便是典型代表，JBoss 软件可自由免费使用，软件提供方通过技术文档、培训课程以及定制开发服务来营利。
- **软硬件结合**：比如 IBM 公司在出售服务器时，一般会为用户捆绑销售 AIX 或 Linux 系统来确保硬件设施的营利。
- **技术出版物**：比如 O'Reilly 既是一家开源公司，也是一家出版商，诸多优秀图书都是由 O'Reilly 出版的。
- **品牌和口碑**：微软公司曾多次表示支持开源社区。大家对此可能会感到意外，但这是真的！Visual Studio Code、PowerShell、TypeScript 等软件均已开源。大家是不是瞬间就对微软公司好感倍增了呢？买一份正版系统表示支持也就是人之常情了。

为什么学习 Linux 系统

在讲课时，我经常会问同学们一个问题：“为什么学习 Linux 系统？”很多学生会脱口而出：“因为 Linux 系统是开源的，所以要去学习。”其实这个想法是完全错误的！开源的操作系统少说有 100 个，开源的软件至少也有 10 万个，为什么不去逐个学习？所以上面谈到的开源特性只是一部分优势，并不足以成为您付出精力去努力学习的理由。

对普通用户来讲，开源共享精神仅具备锦上添花的效果，我们更加看重的是，Linux 系统是一款优秀的软件产品，具备类似 UNIX 系统的程序界面，并继承了其良好的稳定性。而且，开源社区也在源源不断地提供高品质代码以及丰富的第三方软件支持，能够在高可用性、高性能等方面较好地满足工作需求。

当然，大多数读者应该都是从微软的 Windows 系统开始了解计算机和网络的，因此肯定会有这样的想法“Windows 系统很好用啊，而且也满足日常工作需求呀”。客观来讲，Windows 系统确实很优秀，但是在安全性、高可用性、高性能方面却难以让人满意。您应该见过下面这张图片。虽然蓝屏不是经常可以看到的，但若这样的“事故”发生在生产环境中则是绝对不敢想象的。

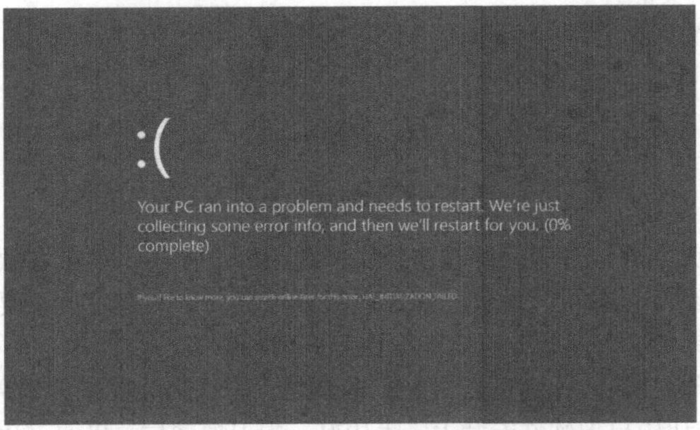

大家可以讨论一下，为什么要在需要长期稳定运行的网站服务器上、在处理大数据的集群系统中，以及需要协同工作的服务器环境中采用 Linux 系统呢？

还有一个更极端的应用场景——全球超级计算机竞赛。每年全球会评选出计算峰值速度最快的 500 台超级计算机，其中包括美国的 Summit、Sierra 和中国神威·太湖之光、天河二号等超级计算机。截至本书写作时，这些超级计算机无一例外采用的都是 Linux 操作系统。

为了能更清晰地比较 Linux 和 Windows 具体的差别，我们进行了简单归纳，如下图所示。这些差别是由刘遄老师凭借工作经验总结出来的，或许您现在不完全认同，但没关系，您可以在学习中慢慢感受。

LinuxPKwindows

稳定且有效率

免费或少许费用

漏洞少且快速修补

多任务多用户

更加安全的用户及文件权限策略

适合小内核程序的嵌入系统

相对不耗资源

坦白来讲，每位投身于 Linux 行业的技术人或者程序员只要听到开源项目就会由衷地感到自豪，这是一种从骨子里带有的独特情怀。开源企业不单纯是为了利益，而是互相扶持，努力服务好更多的客户。开源社区更是与全球用户唇齿相依，任何人都可以贡献自己的代码与灵感，任何人也都可以从开源社区中受益。如此良性循环下来，开源软件便具备了 4 大关键性优势。

- **低风险**：使用闭源软件无疑把命运交付给他人，一旦封闭的源代码没有人来维护，您将进退维谷。而且相较于商业软件公司，开源社区很少存在倒闭的问题。并且，源代码一旦公布于世，任何人或组织都可以接手进行新的维护工作。
- **高品质**：相较于闭源软件产品，开源项目通常是由开源社区来研发及维护的，参与编写、维护、测试的用户数量众多，一般的 bug 还没有等暴发就已经被修补。另外，在灵感不断碰撞、代码不断迭代的交流氛围中，程序员也不可能将“半成品”上传到开源社区中。
- **低成本**：开源工作者大多都是在幕后默默且无偿地付出劳动成果，为美好的世界贡献一份力量，因此使用开源社区推动的软件项目可以节省大量的人力、物力和财力。
- **更透明**：没有哪个笨蛋会把木马或后门代码放到开源项目中，这样无疑是把自己的罪行暴露在阳光之下，很容易被他人发现。

读到这里，相信大家已经基本熟悉了刘遄老师的写作特点（但不是讲课特点）——能用一句话讲清的事情，绝不会造出一段话。这样的好处非常明显：首先是找出重点逐个讲解，这样使得段落不再冗长；其次是配上了大量相关的图片，看起来非常有乐趣，并且能够让您一眼就找到最重要的知识和干货。接下来，我将用几段话来总结 Linux 系统的发展历程，不会赘述太多，请大家留心每个时间点即可。

我们从 1965 年开始讲起。当时，为了解决服务器的终端连接数量的限制和处理复杂计算的问题，贝尔（Bell）实验室、通用电气（GE）公司以及麻省理工学院（MIT）决定联手打造一款全新的操作系统——MULTICS（多任务信息与计算系统）。但由于开发过程不顺利，遇到了诸多阻碍，后期连资金也出现了短缺现象，最终在 1969 年，随着贝尔实验室的退出，MULTICS 也终止了研发工作。而同年，MULTICS 的开发人员 Ken Thompson 使用汇编语言编写出了一款新的系统内核，当时被同事戏称为 UNICS（联合信息与计算系统），在贝尔实验室内广受欢迎。

1973 年时，C 语言之父 Dennis M. Ritchie 了解到 UNICS 系统并对其非常看好，但汇编语言有致命的缺点——需要针对每一台不同架构的服务器重新编写汇编语言代码，才能使其使用 UNICS 系统内核。这样不仅麻烦而且使用门槛极高。于是 Dennis M. Ritchie 便决定使用 C 语言重新编写一遍 UNICS 系统，让其具备更好的跨平台性，更适合被广泛普及。开源且免费的 UNIX 系统由此诞生。

但是在 1979 年，贝尔实验室的上级公司 AT&T 看到了 UNIX 系统的商业价值和潜力，不顾贝尔实验室的反对声音，依然坚决做出了对其商业化的决定，并在随后收回了版权，逐步限制 UNIX 系统源代码的自由传播，渴望将其转化成专利产品而大赚一笔。崇尚自由分享的黑客面对冷酷无情的资本力量心灰意冷，开源社区的技术分享热潮一度跌入谷底。此时，人们也不能再自由地享受科技成果了，一切都以商业为重。

面对如此封闭的软件创作环境，著名的黑客 Richard Stallman 在 1983 年发起了 GNU 源代码开放计划，并在 1989 年起草了著名的 GPL 许可证。他渴望建立起一个更加自由和开放的操作系统和社区。之所以称之为 GNU，其实是有“GNU's Not Unix!”的含义，这暗戳戳地鄙视了一下被商业化的 UNIX 系统。但是，想法和计划只停留在口头上是不够的，还需要落地才行，因此 Richard 便以当时现有的软件功能为蓝本，重新开发出了多款开源免费的好用工具。在 1987 年，GNU 计划终于有了重大突破，Richard 和社区共同编写出了一款能够运行 C 语言代码的编译器——gcc（GNU C Compiler）。这使得人们可以免费地使用 gcc 编译器将自己编写的 C 语言代码编译成可执行文件，供更多的用户使用，这进一步发展壮大了开源社区。随后的一段时间里，Emacs 编辑器和 bash 解释器等重磅产品陆续亮相，一批批的技术爱好者也纷纷加入 GNU 源代码开放计划中来。

在 1984 年时，UNIX 系统版权依然被 AT&T 公司死死地攥在手里，AT&T 公司明确规定不允许将代码提供给学生使用。荷兰的一位大学教授 Andrew（历史中被遗忘的大神）为了能给学生上课，竟然仿照 UNIX 系统编写出了一款名为 Minix 的操作系统。但当时他只是用于课堂教学，根本没有大规模商业化的打算，所以实际使用 Minix 操作系统的人数其实并不算多。

芬兰赫尔辛基大学的在校生 Linus Torvalds 便是其中一员，他在 1991 年 10 月使用 bash 解释器和 gcc 编译器等开源工具编写出了一个名为 Linux 的全新的系统内核，并且在技术论坛中低调地上传了该内核的 0.02 版本。该系统内核因其较高的代码质量且基于 GNU GPL 许可证的开放源代码特性，迅速得到了 GNU 源代码开放计划和一大批黑客程序员的支持，随后 Linux 正式进入如火如荼的发展阶段。Linus Torvalds 最早发布的帖子内容的截图如下。

```
Hello everybody out there using minix -

I'm doing a (free) operating system (just a hobby, won't be big and
professional like gnu) for 386(486) AT clones.  This has been brewing
since april, and is starting to get ready.  I'd like any feedback on
things people like/dislike in minix, as my OS resembles it somewhat
(same physical layout of the file-system (due to practical reasons)
among other things).

I've currently ported bash(1.08) and gcc(1.40), and things seem to work.
This implies that I'll get something practical within a few months, and
I'd like to know what features most people would want.  Any suggestions
are welcome, but I won't promise I'll implement them :-)

          Linus torvalds
```

Linux 系统的吉祥物名为 Tux，是一只呆萌的小企鹅。相传 Linus Torvalds 在童年时期去澳大利亚的动物园游玩时，不幸被一只企鹅咬伤，所以为了"报复"就选择了这个物种作为吉祥物。这个故事是否可信无从考证，但万幸是只企鹅，而不是老虎或者狮子，否则就不是换个 Logo 这么简单的事了。

1994 年，红帽（Red Hat）公司创始人 Bob Young 在 Linux 系统内核的基础之上，集成了众多的常用源代码和程序软件，随后发布了红帽操作系统并开始出售技术服务，这进一步推动了 Linux 系统的普及。1998 年以后，随着 GNU 源代码开放计划和 Linux 系统的继续火热，以 IBM 和 Intel 为首的多家 IT 巨头企业开始大力推动开放源代码软件的发展，很多人认为这是一个重要转折点。2012 年，红帽公司成为全球第一家年收入 10 亿美元的开源公司，后来是 20 亿、30 亿……不断刷新纪录。

时至今日，Linux 内核已经发展到 5.6 版本，衍生系统也有数百个版本之多，它们使用的都是 Linus Torvalds 开发维护的 Linux 系统内核。红帽也成为开源行业及 Linux 系统的领头羊。

常见的 Linux 系统版本

在介绍常见的 Linux 系统版本之前，首先需要区分 Linux 系统内核与 Linux 发行套件系统的不同。

- Linux 系统内核指的是一个由 Linus Torvalds 负责维护，提供硬件抽象层、磁盘、文件系统控制及多任务功能的系统核心程序（第 2 章会有详细介绍）。
- Linux 发行套件系统是我们常说的 Linux 操作系统，也就是由 Linux 内核与各种常用软件的集合产品。

全球大约有数百款的 Linux 系统版本，每个系统版本都有自己的特性和目标人群——有的主打稳定性和安全性，有的主打免费使用，还有的主要突出定制化强等特点。下面从用户的角度选出最热门的几款进行介绍。

注：

本书全篇将以“Linux 系统”来替代“Linux 发行套件系统”这个词。

- **红帽企业版 Linux（Red Hat Enterprise Linux, RHEL）**：前文在介绍 Linux 系统的发展历史时，曾提到过红帽公司。红帽公司作为全球知名的开源技术厂商，其产品值得我们放到第一位来介绍。红帽公司成立于 1993 年，于 1998 年在纳斯达克上市，自从 1999 年起陆续收购了包括 JBoss 中间件供应商、CentOS（社区企业操作系统）、Ceph 企业级存储业务等在内的数十家高科技公司及热门产品，这么做的目的当然是为了对主营业务红帽企业版 Linux 进行增强。

  红帽企业版 Linux 最初于 2002 年 3 月面世，当年 Dell、HP、Oracle 以及 IBM 公司便纷纷表示支持该系统平台的硬件开发，因此红帽企业版 Linux 系统的市场份额在近 20 年时间内不断猛增。红帽企业版 Linux 当时是全世界使用最广泛的 Linux 系统之一，在世界 500 强企业中，所有的航空公司、电信服务提供商、商业银行、医疗保健公司均无一例外地通过该系统向外提供服务。

  红帽企业版 Linux 当前的最新版本是 RHEL 8，该系统具有极强的稳定性，在全球范围内都可以获得完善的技术支持。该系统也是本书和红帽认证考试中默认使用的操作系统。

➢ **社区企业操作系统（Community Enterprise Operating System, CentOS）**：顾名思义，CentOS 是由开源社区研发和维护的一款企业级 Linux 操作系统，在 2014 年 1 月被红帽公司正式收购。CentOS 系统最为别人广泛熟悉的标签就是“免费”。如果您问一个运维“老鸟”选择 CentOS 系统的理由，他绝对不会跟你说更安全或更稳定，而只是说两个字——免费！由于红帽企业版 Linux 是开源软件，任何人都有修改和创建衍生品的权利，因此 CentOS 便是将红帽企业版 Linux 中的收费功能通通去掉，然后将新系统重新编译后发布给用户免费使用的 Linux 系统。也正因为其免费的特性，CentOS 拥有了广泛的用户。

从本质上来说，由于 CentOS 是针对红帽企业版 Linux 进行修改后再发布的版本，因此不会针对它单独开发新功能，CentOS 的版本号也是随红帽企业版 Linux 而变更。例如，CentOS 8.0 对应的就是 RHEL 8.0，CentOS 8.1 对应的就是 RHEL 8.1；以此类推。再就是，CentOS 系统和 RHEL 系统的软件包可以通用。也就是说，如果工作中用的是 RHEL，但是在安装某款软件时只找到了该软件的 CentOS 系统软件源，也是可以正常安装该软件的。

➢ **Fedora**：Fedora 翻译为中文是“浅顶软呢男帽”的意思，翻译之后跟 Linux 系统很不搭界，所以更多人干脆将其音译为“费多拉”系统。Fedora Linux 是正正经经的红帽公司自己的产品，最初是为了给红帽企业版 Linux 制作和测试第三方软件而构建的产品，孕育了最早的开源社群，固定每 6 个月发布一个新版本，当前在全球已经有几百万的用户。

Fedora是桌面版本的Linux系统，可以理解成是微软公司的Windows XP或者Windows 10。它的目标用户是应付日常的工作需要，而不会追求稳定性的人群。用户可以在这个系统中体验到最新的技术和工具，当这些技术和工具成熟后才会被移植到红帽企业版 Linux 中，因此 Fedora 也被称为 RHEL 系统的“试验田”。运维人员如果想每天都强迫自己多学点 Linux 知识，保持自己技术的领先性，就应该多关注此类 Linux 系统的发展变化和新特征，不断调整自己的学习方向。

➢ **Debian**：一款基于 GNU 开源许可证的 Linux 系统，历史久远，最初发布于 1993 年 9 月。Debian 的名字取自创始人 **Ian** Murdock 和他女朋友 **Debra** 的姓氏组合。在维基百科中，Debian 被翻译为“蝶变”系统，多么浪漫而富有诗意的名字。但可惜国内的用户不买账，看着 Logo 一圈一圈的形状，硬生生地将经念歪了。这么多年下来，现在反而很少有人听说过蝶变系统这个名字了。

Debian 系统具有很强的稳定性和安全性，并且提供了免费的基础支持，可以良好地适应各种硬件架构，以及提供近十万种不同的开源软件，在国外拥有很高的认可度和使用率。虽然 Debian 也是基于 Linux 内核，但是在实际操作中还是跟红帽公司的产品有一些差别，例如RHEL 7和RHEL 8分别使用Yum和DNF工具来安装软件，而Debian使用的则是 APT 工具。

- **Ubuntu**：是一款桌面版 Linux 系统，以 Debian 为蓝本进行修改和衍生而来，发布周期为 6 个月。Ubuntu 的中文音译为“乌班图”，这个词最初来自于非洲南部部落使用的祖鲁语，意思是“我的存在是因为大家的存在”，体现了一种谦卑、感恩的价值观，寓意非常好。

Ubuntu 系统的第一个版本发布于 2004 年 10 月。2005 年 7 月，Ubuntu 基金会成立，Ubuntu 后续不断增加开发分支，有了桌面版系统、服务器版系统和手机版系统。据调查，Ubuntu 最高峰时的用户达到了 10 亿人。尽管 Ubuntu 基于 Debian 系统衍生而来，但会对系统进行深度化定制，因此两者之间的软件并不一定完全兼容。Ubuntu 系统现在由 Canonical 公司提供商业技术支持，只要购买付费技术支持服务就能获得帮助，桌面版系统最长时间 3 年，服务器版系统最长时间 5 年。

- **openSUSE**：一款源自德国的 Linux 系统，在全球范围内有着不错的声誉及市场占有率。openSUSE 的桌面版系统简洁轻快易于使用，而服务器版本则功能丰富极具稳定性，而且即便是“菜鸟”也能轻松上手。虽然 openSUSE 在技术上颇具优势，而且大大的绿色蜥蜴 Logo 人见人爱，只可惜命途多舛，赞助和研发该系统的 SuSE Linux AG 公司由于效益不佳，于 2003 年被 Novell 公司收购，而 Novell 公司又因经营不佳而在 2011 年被 Attachmate 公司收购。而到了 2014 年，Attachmate 公司又被 Micro Focus 公司收购，后者仍然只把维护 openSUSE 系统的团队当作公司内的一个部门来运营。

即便如此，依然不妨碍 openSUSE 系统的坚强发展，用户可以完全自主选择要使用的软件。例如，针对 GUI 环境，就提供了诸如 GNOME、KDE、Cinnamon、MATE、LXQt、Xfce 等可选项；除此之外，还为用户提供了数千个免费开源的软件包。

- **Kali**：跟上面的呆萌大蜥蜴相比，Kali Linux 的 Logo 似乎有点凶巴巴，一副不好惹的样子。这款系统一般是供黑客或安全人员使用的，能够以此为平台对网站进行渗透测试，通俗来讲就是能“攻击”网站。Kali Linux 系统的前身名为 BackTrack，其设计用途就是进行数字鉴识和渗透测试，内置有 600 多款网站及系统的渗透测试软件，包括大名鼎鼎的 Nmap、Wireshark、sqlmap 等。Kali Linux 能够被安装到个人电脑、公司服务器，甚至手掌大小的树莓派（一款微型电脑）上，可以让人有一种随身携带了一个武器库的感觉，有机会真应该单独写本书聊聊它。

- **Gentoo**：Gentoo 翻译为中文是“巴布亚企鹅”。终于找到一个跟 Linux 吉祥物——企鹅相关的名字了。巴布亚企鹅是企鹅家族中体型最大的物种之一，游泳时速最快可达 36 千米——多么灵活的胖子！

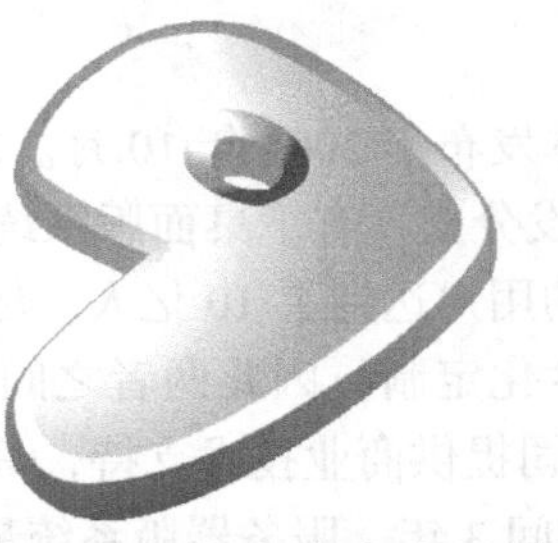

  Gentoo 系统最大的特色就是允许用户完全自由地进行定制。开发人员 Daniel 曾经说过：“Gentoo 系统的设计出发点就是让用户随意使用，没有限制地使用”。只要理解了这句话，后面也就不需要再解释什么了。在 Gentoo 系统中，任何一部分功能（包括最基本的系统库和编译器）都允许用户重新编译；用户也可以选择喜欢的补丁或者插件进行定制。但是，也因为 Gentoo 极高的自定制性，导致操作复杂，因此仅适合有经验的运维人员使用。有兴趣的读者可以在学习完本书后尝试一下该系统。

  如果大家今后真的安装了 Gentoo 系统，千万别忘记试一下 Portage 工具。这款软件管理工具以模块化、可移植、易维护和灵活性而著称，几乎可以无限制地适应用户的计算机硬件。

- **深度操作系统（Deepin）**：在过去的十多年，基于开源系统二次定制开发的“国产操作系统”陆续出现过一些，但大多发展不好，深度操作系统却是少数能够将技术研发与商业运作结合起来的成功案例。据 Deepin 的官网介绍，该系统是由武汉深之度科技有限公司于 2011 年基于 Debian 系统衍生而来的，提供 32 种语言版本，目前累计下载量已近 1 亿次，用户遍布 100 余个国家/地区。

就 Deepin 来讲，最吸引人的还是它的本土化工作。Deepin 默认集成了诸如 WPS Office、搜狗输入法、有道词典等国内常用的软件，对“小白”用户相当友好。当然，Deepin 的技术研发能力相较于国际水平肯定还有差距，这点我们也要承认并正视。虽然刘遄老师偶尔也会在微博上调侃一下，但谁又不希望自己国家的技术发展越来越强大呢？

总结来说，虽然上述不同版本的 Linux 系统在界面上可能差别很大，或是在操作方法上不尽相同，但只要是基于 Linux 内核研发的，我们都称之为 Linux 系统。大家手中的这本书是基于最新发布的 RHEL 8 系统编写而成，书中内容及实验完全通用于当前主流的 Linux 系统。也就是说，当您学完本书后，即便公司内的生产环境部署的是 CentOS、Fedora 等，我们也照样可以搞得定。更重要的是，本书配套资料中的 ISO 系统镜像与红帽 RHCSA 及 RHCE 考试基本保持一致，因此很适合备考红帽认证的考生使用。

另外，需要强调的是，现在国内大多数 Linux 相关的图书都是基于 CentOS 系统编写的，作者大多也会给出围绕 CentOS 系统进行写作的一系列理由，但是很多理由都站不住脚，根本没有剖析到 CentOS 系统与 RHEL 系统的本质关系。CentOS 系统是通过把 RHEL 系统释放出的程序源代码经过二次编译之后生成的一种衍生 Linux 系统，其命令操作和服务配置方法与 RHEL 完全相同，只是去掉了 RHEL 的一些收费功能，而且还不提供任何形式的技术支持，出现问题后只能由运维人员自己解决。

经过这般分析基本上可以判断出，选择 CentOS 系统的理由只剩下一个——免费！当人们大举开源、免费、正义的旗帜来宣扬 CentOS 系统的时候，殊不知 CentOS 系统其实早在 2014 年年初就已经被红帽公司“收编”，当前只是战略性的免费而已。再者，根据 GNU GPL 许可协议，我们同样也可以免费使用 RHEL 系统，甚至是修改其代码创建衍生产品。开源系统在自由程度上没有任何差异，更无关道德问题，请大家务必要辨别清楚。

- 随书配备的 ISO 系统镜像文件下载地址：https://www.linuxprobe.com/tools。
- 深度评解红帽 RHCSA、RHCE、RHCA 认证：https://www.linuxprobe.com/redhat-certificate。

优秀的 RHEL 8 系统

注：

本小节的内容修改自我在 2015 年写给学员的一篇文章，当时 RHEL 7 系统刚发布不久，一些原本不怎么严重的 bug 被放大，人们对 RHEL 7 系统产生了质疑。为了能够打消学生的顾虑，我写了下面这篇文章。时隔 6 年，现在大多数机房都已经部署了 RHEL 7 系统，国内外的银行机构、保险公司也纷纷换上了新版本的系统，几乎所有的云服务厂商都向用户提供了 RHEL 7 或 CentOS 7 系统。回头来看，我的预测还是很准确的。现在，我想继续引用这篇文章来帮助读者了解最新的 RHEL 8 系统，相信这篇文章同样也适用于未来的 RHEL 9 和 RHEL 10 系统。如果大家在读完之后感觉仅仅是刘遄老师在碎碎念，那么请再读一遍，争取读出一点文字之外的东西。

2019年年末，Red Hat公司发布了当前最新的红帽企业版Linux系统——RHEL 8，彼时国内外各大媒体都给了不少特写镜头，行业也给予了硕大的期待。但是，时至今日 RHEL 8 系统的市场占有率却一直不温不火，于是有人开始对 RHEL 8 系统的未来表示担忧，甚至有人还拿出各种论调来唱衰 Linux 系统，觉得开源厂商已经过了事业最高点，要在服务器领域让步于 Windows 系统了。这些话其实并没必要去反驳，任何一个产品都会有其拥趸和黑粉，时间会向所有人证明一切。我们现在只是来单纯地聊一聊这个 RHEL 8 系统。

在正式开聊之前，希望读者对 Linux 系统的特性和运维领域有基本的了解，知道 Linux 系统在服务器领域中占据着不可小觑的市场份额，认识到 Red Hat 厂商对 Linux 系统及整个开源行业的重要影响，更知道 CentOS 系统其实是 RHEL 系统的衍生品。如果您以前使用过一段时间的 Linux 系统，那么我们就更能顺畅地讨论“红帽 RHEL 8 系统是否是一个失败的产品”这个问题。

我们先来看一个烫手的热议问题：“为什么半年过去了，RHEL 8 系统的市场份额依然不温不火？要不要返回去学习老版本的 Linux 系统？”甚至有阴谋论说是美国在使用新版本的 Linux 系统来搜集全球用户信息，告诫大家千万不要去碰。这个问题必须要回应，否则更多的阴谋论会层出不穷，甚至会让国内某些认知能力欠缺的媒体对开源行业产生误解。

基于前面提到的与读者共有的经验知识和篇幅限制，下面的论证速度会比较快，也会很有意思。首先，RHEL 是企业版的服务器系统而不是用来玩耍折腾的桌面版系统，并不是能随意更换的，更何况作为桌面版系统的 Windows 7 在 2009 年 7 月 14 日发布之后，也整整用了 4 年才开始真正普及，难道在 2009 年到 2013 年间，Windows 7 就是失败的产品吗？再者，RHEL 8 系统创新式地集成了 Docker 虚拟化技术，支持 XFS 文件系统，兼容微软的身份管理，并采用 systemd 作为系统初始化进程，其性能和兼容性相较于之前版本都有了很大的改善，很明显是一款非常优秀的操作系统。最后，其实从纳入 OpenStack、Docker、Cockpit 以及 Ansible 等技术的决策上来讲，就应该相信红帽公司的开发团队不是在闭门造车。应该重新思考到底是哪里出了问题。

当大家真正从事运维工作后，相信就能回答这个问题了。因为运维人员每天都在想：“现在的环境跑得好好的，为什么要换呢？”重新部署生产环境可不是说装上操作系统就万事大吉，也不是把软件随便安装上就能拍屁股走人的，还要考虑升级带来的一系列风险。

- 日后的生产环境出了问题，谁来负责？
- 新系统是否能与旧的软件兼容？
- 不再兼容的软件是否有升级版本？
- 新的系统或软件是否有 bug？
- 安全性如何，审计怎么做？
- 之前购买的第三方技术支持是否可以具备相应的能力？
- 升级后是否会影响到某些软件的版权，是否需要重新付费？
- 不习惯新系统带来的变化怎么办？
- 费力升级后对自己有什么好处？
- ……

我们来看一个极端的例子。现在全国各地有几十万台 ATM 机，绝大部分使用的是 Windows XP 系统，但微软公司已经从 2014 年 4 月 8 日起停止对 Windows XP 进行任何的维护，甚至不再提供补丁服务。假设中国人民银行发布招标公告，想将 ATM 机的操作系统统一替换成 Windows 7 版本。现在我们敢不敢接这个活？如果接了，且不说旷日持久地升级和调试工作，也不提升级期间因业务关停带来的损失，我们就看一个小问题——用户在从升级后的 ATM 机上取钱时，如果有钞票多吐出来，这个责任该由谁承担？

当然，上面的情况非常极端，描述的也比较偏激，目的只是给大家举个例子，让没有工作经验的同学也能迅速明白“生产环境中的设备不要随便乱动”的道理。但这绝对不是说运维工作就是日常“丢锅”，不作为。在需要升级的时候，我们需要当机立断，采取行动，不能有一丝马虎。

注：

2012 年 5 月 19 日，在英国汉普郡利明顿附近的小镇 Milford-on-Sea 上，一台 ATM 机在维护后发生故障，在顾客取款时会吐出双倍数额的现金。此消息不胫而走之后，总共有 200 名顾客取走现金，有的人甚至取走了数千英镑。“狂欢”总共持续了两个多小时，随后警方赶到现场，关闭了这台 ATM 机。

客观来讲，RHEL 7 和 RHEL 8 系统的改变都很大，最重要的是它们采用了 systemd 作为初始化进程，替换了很多原有的老命令。这样一来，几乎之前所有的运维自动化脚本都需要修改。那么，到底还要不要升级到新版本呢？当然，也不是说服务器机房中的生产环境从不更新换代。除了硬件更替外，当工作需求超过了当前软件版本的能力范围时，就必须要进行升级了。

比如，RHEL 7 系统使用的 Linux 内核还是 3.10 版本，而现在最新的 RHEL 8 系统使用的内核版本已经是 4.18，两个系统之间差了一个大版本号。再者，RHEL 7 在安装软件时使用的是基于 v3 版本的 Yum 技术，这个版本的技术滞后且效率低，而 RHEL 8 在安装软件时则使用的是 DNF 技术。DNF 技术已经相当于 Yum 4.x 版本，其功能就有了巨大的差别。此外，RHEL 8 系统最大支持 24TB 的物理内存，比 RHEL 7 系统整整翻了一倍。这些更新数不胜数，您现在还觉得会一直使用旧的版本吗？

早在 2014 年年初，Fedora 系统首次采用了 systemd 系统初始化进程，当时我就断言 RHEL 7 系统也会使用 systemd，所以当即更新了自己的培训课程。这也让身在其他培训机构还在学习 init 参数的学员心生羡慕。所以，不论是学习 Linux 还是编程语言，都应该选择当前稳定且最新的版本作为学习环境。这样在学完后，从概率上来讲能适应的工作也会越多。

最后总结一下，我每次在公开场合讲座时都会表达这样一个观点：“我们并不是因为开源而喜欢 Linux，而是因为 Linux 系统真的非常优秀，开源精神仅仅是锦上添花而已。”我们在前文中已经狠狠地肯定了 Linux 系统对运维行业甚至是对世界的影响，大家要做的就是相信我对运维行业未来发展的判断，然后放手来学习吧。

了解红帽认证

红帽公司成立于 1993 年，总部位于美国，分支机构遍布全球，是全球首家收入超 10 亿美元的开源公司。红帽公司作为全球领先的开源和 Linux 系统提供商，其产品已被业界广泛认可并使用，尤其是 RHEL 系统在业内拥有超高的 Linux 系统市场占有率。当前，红帽公司除了提供操作系统之外，还提供了虚拟化、中间件、应用程序、管理和面向服务架构的解决方案。

关注国际时事或炒股的同学一定很熟悉标准普尔 500 指数，在标准普尔公司选择的这 500 支股票中，由 400 支工业股票、20 支运输业股票、40 支公共事业股票以及 40 支金融业股票共同组成，它们联合反映了美国国家的经济情况，其中红帽公司就在其中（代码：RHT）。

红帽认证是由红帽公司推出的 Linux 认证，该认证被认为是 Linux 行业乃至整个 IT 领域价值地址；最后还介绍了如何使用 Thunderbird 客户端完成日常的邮件收发工作。

- **第 16 章，使用 Ansible 服务实现自动化运维**：本章介绍了 Ansible 服务的产生背景、相关术语以及主机清单的配置，还深入介绍了 Ansible 中 ping、yum、firewalld、service、template、setup、lvol、lvg、copy、file、debug 等十余个常用模块，以满足日常工作中的需要。然后，本章采用动手实操的方式介绍了从系统中加载、从外部环境中获取及自行创建角色的方法，旨在让读者能够学到如何在生产环境中掌控任务工作流程。此外，本章还以创建 LVM 逻辑卷设备、依据主机改写文件、管理文件属性等为目的，精心编写了剧本文件，以让繁琐的事情变容易，让重复的工作批量自动完成。最后，本章以 Ansible 的 vault 对变量及剧本文件进行加密来收尾。
- **第 17 章，使用 iSCSI 服务部署网络存储**：本章开篇介绍了计算机硬件存储设备的不同接口技术的优缺点，并由此切入 iSCSI 技术主题的讲解。本章还将带领大家在 Linux 系统上部署 iSCSI 服务端程序，并分别基于 Linux 系统和 Windows 系统来访问远程的存储资源。
- **第 18 章，使用 MariaDB 数据库管理系统**：本章介绍了数据库以及数据库管理系统的理论知识，然后介绍了 MariaDB 数据库管理系统的内容，接下来通过动手实验的方式，帮助各位读者掌握 MariaDB 数据库管理系统的一些常规操作；最后还介绍了数据库的备份与恢复方法。
- **第 19 章，使用 PXE+Kickstart 无人值守安装服务**：本章介绍了可以实现无人值守安装服务的 PXE+Kickstart 服务程序，并带领大家动手安装部署 PXE + TFTP + FTP + DHCP + Kickstart 等服务程序，从而搭建出一套可批量安装 Linux 系统的无人值守安装系统。在学完本章内容之后，运维新手就可以避免枯燥乏味的重复性工作，大大提高系统安装的效率。
- **第 20 章，使用 LNMP 架构部署动态网站环境**：LNMP 动态网站部署架构是一套由 Linux + Nginx + MySQL + PHP 组成的动态网站系统解决方案，具有免费、高效、扩展性强且资源消耗低等优良特性。本章首先对比了使用源码包安装服务程序与使用 RPM 软件包安装服务程序的区别，然后讲解了如何手工编译源码包并安装各个服务程序，以及如何使用 WordPress 博客系统验证架构环境。

感谢你们相信并选择我

首先，感谢广大读者从众多 Linux 图书中最终选择了本书，感谢你们的厚爱与信任，相信本书不会让你们失望的。

其次，感谢一起努力打拼的各位成员，他们是（以加入团队时间排序）：逄增宝、张宏宇、张振宇、王浩、郭建鹏、倪家兴、姜显赫、张雄、吴向平、何云艳、冯瑞涛、向金平、吴康宁、姜传广、张建、杨斌斌、王华超、王婷、王艳敏、薛鹏旭、岳永、冯琪、黄烨婧、冯振华、唐资富、刘峰、王辉、苏西云、李帅、陶武杰、郝大发、郑帅、高军、华世发、王毅、任维国、周阳、程伟、任倩倩、朱培棋、周晓雪、张文祥、王健达。感谢你们相信我，为了共同的事业而奋勇向前，如果没有你们的帮助和支持，就不会有现在的成绩。在过去 5 年中，我们从一个每天只有十几人次访问的小博客，发展到现在每天将近 60000 人次访问的公众站点；在 5 年内更是接连开通了近 60 个 QQ 技术交流群，群内读者已超过 10 万人；微信公众号也从 0 做到了 40 万粉丝，这些都是此前国内任何一本技术类图书没有达到的高度和成就。尤其在最近 3 年，发展速度远远领先于同行业所有的资讯网站和教育机构，优质的图书内容与读者口碑让我们走的每一步都如此扎实。现在我们可以很自豪地讲：“我们用努力留住了用户，用户看到了我们的付出。”

再次，感谢人民邮电出版社的傅道坤编辑。我们在 2015 年末初次接触后傅老师便主动提起出版本书的想法，随后一起用了近 2 年的时间共同打磨《Linux 就该这么学（第 1 版）》图书。感谢傅老师一直以来给予的信任和中肯实用的建议，让图书销量顺利突破十万余册。感谢北京联合大学应用科技学院王廷梅院长在我研究生进修教育学期间的照顾和悉心培育，是您引导我步入了教育学和计算机科学与技术专业。不忘母校，不忘联大。

最后也是最重要的，感谢我的父母和妻子。当我说想要写一本 Linux 技术图书的时候，感谢你们相信了我。感谢我的妻子能够理解我的压力，一起来协助管理在线培训班及招生工作，让我有了更多的时间来写作。如果没有你们的信任和陪伴，我不敢想象自己现在会是什么样子。

读者服务

本书是一本注重实用性的 Linux 技术自学图书，自电子版公布后日均阅读量近 60000 人次。本书以及后续的进阶篇图书将继续一如既往地免费、完整地提供给各位读者。当前，我们正在世界各地部署图书配套站点的镜像服务器，旨在用最快的网站响应速度满足您心中那个求知的小宇宙。此外，我们的团队成员在完善、更新本书内容以及配套软件的同时，还将为您收集、整理值得每天一看的“新闻资讯”和“技术干货”。当然，也欢迎到我们的 QQ 技术群中寻找技术大牛！

而这一切的便利与服务，只差您现在的一个选择，赶紧拿起手机扫描下面的微信二维码吧。

资源与支持

本书由异步社区出品，社区（https://www.epubit.com/）为您提供相关资源和后续服务。

配套资源

本书提供如下资源：

- 配套教学课件（PPT）。

要获得以上配套资源，请在异步社区本书页面中点击 配套资源 ，跳转到下载界面，按提示进行操作即可。注意：为保证购书读者的权益，该操作会给出相关提示，要求输入提取码进行验证。

如果您是教师，希望获得教学配套资源，请在社区本书页面中直接联系本书的责任编辑。

提交勘误

作者和编辑尽最大努力来确保书中内容的准确性，但难免会存在疏漏。欢迎您将发现的问题反馈给我们，帮助我们提升图书的质量。

当您发现错误时，请登录异步社区，按书名搜索，进入本书页面，单击“提交勘误”，输入勘误信息，单击“提交”按钮即可。本书的作者和编辑会对您提交的勘误进行审核，确认并接受后，您将获赠异步社区的100积分。积分可用于在异步社区兑换优惠券、样书或奖品。

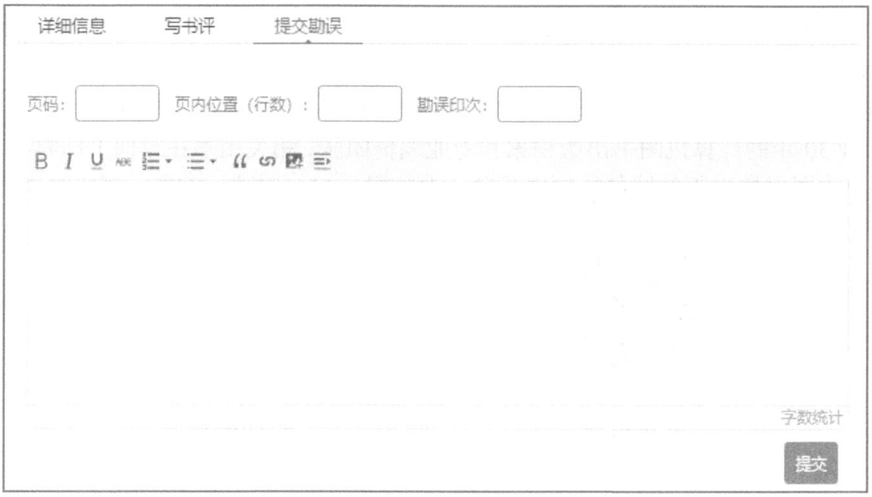

扫码关注本书

扫描下方二维码，您将会在异步社区微信服务号中看到本书信息及相关的服务提示。

与我们联系

我们的联系邮箱是 fudaokun@ptpress.com.cn。

如果您对本书有任何疑问或建议，请您发邮件给我们，并请在邮件标题中注明本书书名，以便我们更高效地做出反馈。

如果您有兴趣出版图书、录制教学视频，或者参与图书翻译、技术审校等工作，可以发邮件给我们。

如果您所在的学校、培训机构或企业，想批量购买本书或异步社区出版的其他图书，也可以发邮件给我们。

如果您在网上发现有针对异步社区出品图书的各种形式的盗版行为，包括对图书全部或部分内容的非授权传播，请您将怀疑有侵权行为的链接发邮件给我们。您的这一举动是对作者权益的保护，也是我们持续为您提供有价值的内容的动力之源。

关于异步社区和异步图书

“异步社区”是人民邮电出版社旗下 IT 专业图书社区，致力于出版精品 IT 技术图书和相关学习产品，为作译者提供优质出版服务。异步社区创办于 2015 年 8 月，提供大量精品 IT 技术图书和电子书，以及高品质技术文章和视频课程。更多详情请访问异步社区官网 https://www.epubit.com。

“异步图书”是由异步社区编辑团队策划出版的精品 IT 专业图书的品牌，依托于人民邮电出版社近 30 年的计算机图书出版积累和专业编辑团队，相关图书在封面上印有异步图书的 LOGO。异步图书的出版领域包括软件开发、大数据、AI、测试、前端、网络技术等。

异步社区　　　　微信服务号

目 录

第 1 章

动手部署一台 Linux 操作系统

本章讲解了如下内容：

- 准备您的工具；
- 安装配置 VM 虚拟机；
- 安装您的 Linux 系统；
- 安装软件的方法；
- 系统初始化进程；
- 重置 root 密码。

本章从虚拟机软件的安装开始讲起，完整演示 VM 虚拟机与 RHEL 8 系统的安装部署全过程，并详实地记录每一步的配置步骤（想出错都难），确保大家能从 0 到 1 地拥有一台属于自己的 Linux 操作系统。

本章还介绍了源代码包、RPM、Yum 及 DNF 安装方式的区别，各种常见安装命令的作用及格式，以及 RHEL 7/8 系统中 systemd 初始化进程的特性与使用方法，最后以破解 root 密码小实验来结束本章的内容。

1.1 准备您的工具

所谓“工欲善其事，必先利其器”，在学习本书的内容之前，首先需要有一台 Linux 操作系统才行。不过请放心，您不需要为了练习实验而特意再购买一台新电脑，下文会讲解如何通过虚拟机软件来模拟出一整套的硬件平台，用以满足本书中所有实验的需求。虚拟机是能够让用户在一台真实物理机上同时模拟出多个操作系统的软件。一般来讲，当前主流的硬件配置足以胜任虚拟机的安装需要，并且根据刘遄老师 10 多年来的运维技术学习及培训经验来看，建议大家无论经济条件是否允许，都不应该在学习期间把 Linux 系统部署到真机上面。因为在学习过程中免不了每天要“折磨”我们的操作系统，由此带来的数据丢失或者系统的重装也会让人头疼，还会浪费我们的宝贵时间。而通过虚拟机软件安装的系统不仅可以模拟出硬件资源，把实验环境与真机文件分离以保证数据的安全，更酷的是当操作失误或配置出错导致系统异常的时候，可以快速把操作系统还原到出错前的快照状态——这大约只需要 5～10 秒（在真实的物理机上重装系统可能得至少 30 分钟）。

最近几年在讲课时，总会发现同学们使用的实验环境五花八门，有 CentOS、Debian，还有老版本的 RHEL 系统等，结果每次给他们排错时都费心劳力，苦不堪言。虽然 RHEL 系统的相关内容基本也可以通用于其他的 Linux 发行版本，但初次学习时由于大家还不具备排错能力，在这样的情况下，使用的 Linux 系统能够保持一致是最好的。就像我们去报名学习日式寿司的制作，老师用柳刃，学生非要用菜刀，结果寿司肯定会被切得稀巴烂。聪明的学生在学习时一定要采用跟老师一样的工具和环境，这样出现问题后可以首先排除外在干扰因素，以便快速定位错误。等技术学得足够扎实了，到了生产环境中自然也就具备了随心选择工具和环境的能力。

注：

尤其建议没有报名参加刘遄老师开设的付费培训班的同学，一定要充分发挥自己的自学能力，否则长期的实验出错一定会影响您的学习兴趣。

注：

随书配套的软件资源可通过 https://www.linuxprobe.com/tools/下载。

- **VmwareWorkStation 16——虚拟机软件（必需）**：这是一款功能强大的桌面虚拟计算机软件，能够让用户在单一主机同时运行多个不同的操作系统；同时支持实时快照、虚拟网络、拖曳文件以及 PXE 等强悍功能。
- **RedHatEnterpriseLinux [RHEL] 8——红帽操作系统（必需）**：由开源软件及全球服务型系统开发商红帽公司出品，是一款相当稳定、出色的 Linux 操作系统。

对了，说来也很郁闷，其实我在初中时就有学习 Linux 系统的打算，但那时候上网还不便捷，想要安装系统就必须去买光盘才行，而那个时候安装 Linux 系统至少要 6 张 CD-ROM（每张大约存储 700MB）。狠下心买回家尝试安装了几次却一直报错，因为搞不懂报错原因就只能放弃了。2015 年春节前打扫屋子时又翻出了这些光盘，这次终于找到了当年安装失败的原因——原来是第五张光盘被刮花了，系统相关的某些依赖软件包被损坏，最终导致系统安装失败。原本可以早几年就接触到 Linux 系统，结果因为这个原因而耽搁，真的是既郁闷又尴尬，所以这里必须狠狠地提醒各位同学："工具准备齐全后请一定要校验完整性，不要重蹈我的覆辙。"

1.2 安装配置 VM 虚拟机

VMware WorkStation 虚拟机（简称 VM 虚拟机）软件是一款桌面计算机虚拟软件，让用户能够在单一主机上同时运行多个不同的操作系统。每个虚拟操作系统的磁盘分区、数据配置都是独立的，不用担心会影响到自己电脑中原本的数据。而且 VM 还支持实时快照、虚拟网络、文件拖曳传输以及网络安装等方便实用的功能。此外，还可以把多台虚拟机构成一个专用局域网，使用起来很方便。

总结来说，Linux 系统对硬件设备的要求并不高，而虚拟机功能丰富可靠，可以帮助我们节省时间和金钱，因此推荐大家使用虚拟机来安装 Linux 系统。

可能会有读者有疑问："为什么要用收费的虚拟机产品来搭建实验环境，而不是用一些免费的开源虚拟机软件呢？"本书前言中讲到，我们学习 Linux 系统的原因不是因为它免费，也不是因为它开源，而是因为 Linux 系统真的很好用，这个结论同样也适用于

VMware Workstation 这款产品。虽然网上总能找到这款软件的免费序列号，但刘遄老师真的很不推荐使用盗版软件。既然您手里的这本书都可以从配套站点上免费下载，那就请大家把原本要买这本书的钱捐助给开源组织和真正用心做产品的公司，让世界美好的脚步更快一些吧。

将上面提到的 VmwareWorkstation 16 虚拟机软件安装包下载到电脑中，用鼠标双击该软件包，运行后即可看到如图 1-1 所示的安装向导初始界面（大约需要 5～10 秒）。

在虚拟机软件的安装向导界面单击“下一步”按钮，如图 1-2 所示。

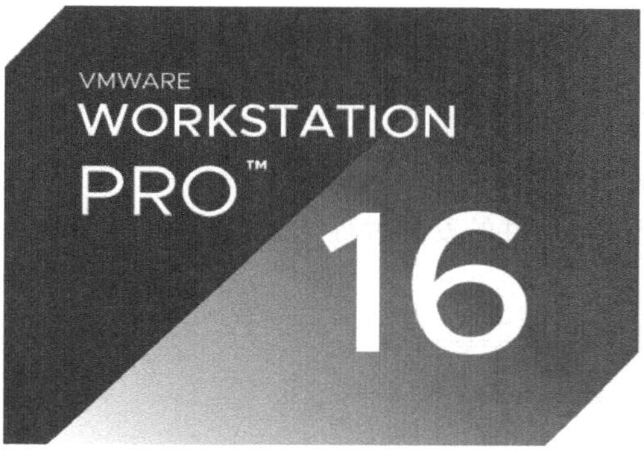

图 1-1　安装向导初始界面

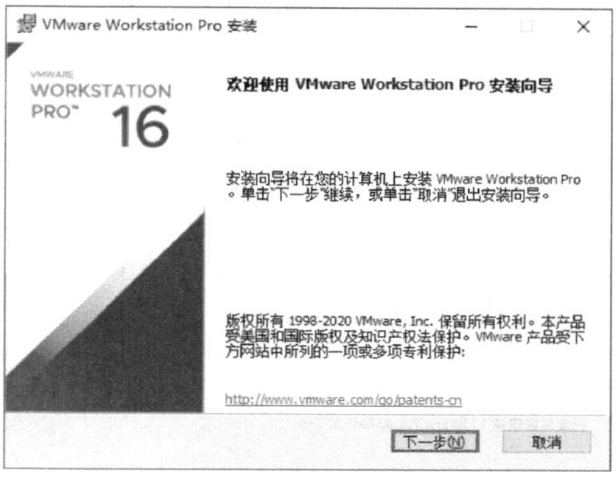

图 1-2　虚拟机的安装向导

在最终用户许可协议界面选中“我接受许可协议中的条款”复选框，然后单击“下一步”按钮，如图 1-3 所示。

自定义虚拟机软件的安装路径。一般情况下无须修改安装路径，但如果您担心 C 盘容量不足，则可以考虑修改安装路径，将其安装到其他位置。然后选中“增强型键盘驱动程序”复选框，单击“下一步”按钮，如图 1-4 所示。

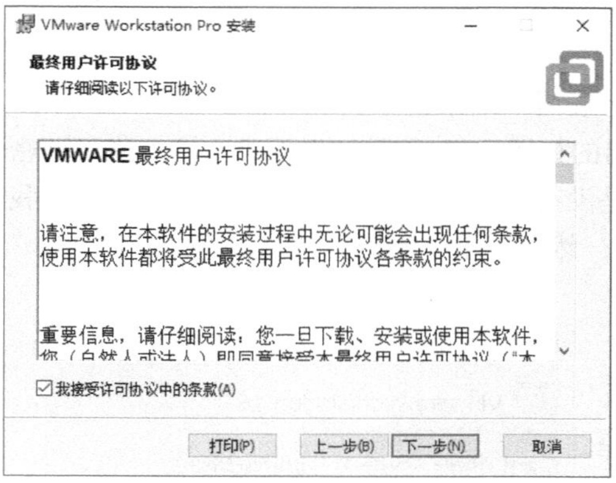

图 1-3　接受许可条款

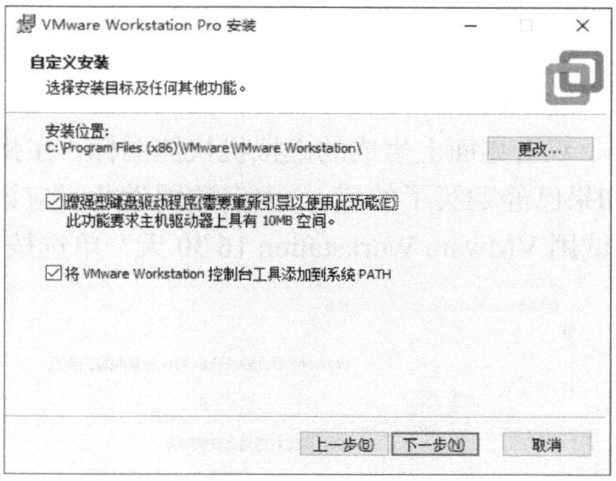

图 1-4　选择虚拟机软件的安装路径

根据自身情况适当选择“启动时检查产品更新”与“加入 VMware 客户体验提升计划”复选框，然后单击“下一步”按钮，如图 1-5 所示。

为了方便今后更便捷地找到虚拟机软件的图标，建议选中“桌面”与“开始菜单程序文件夹”复选框，然后单击“下一步”按钮，如图 1-6 所示。

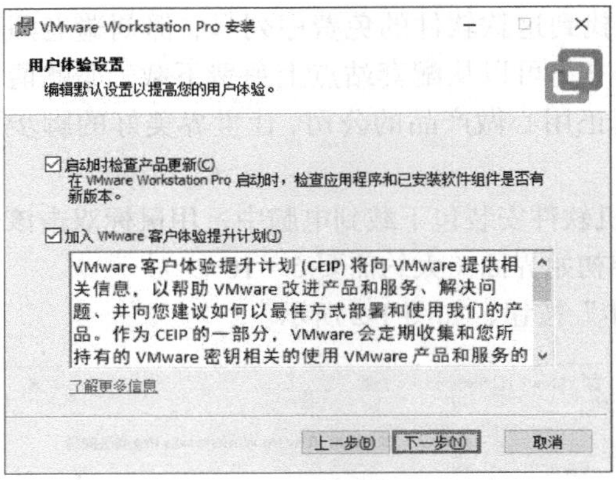

图 1-5　用户体验设置

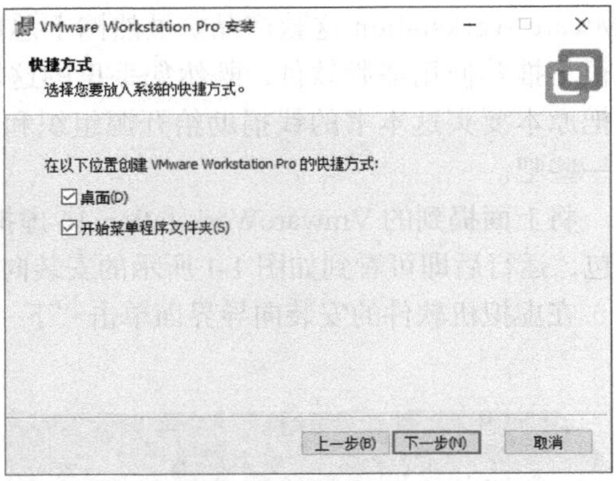

图 1-6　创建快捷方式

一切准备就绪后，单击“安装”按钮，如图 1-7 所示。

进入安装过程，此时要做的就是耐心等待虚拟机软件的安装过程结束，如图 1-8 所示（全程大约需要 3～5 分钟）。

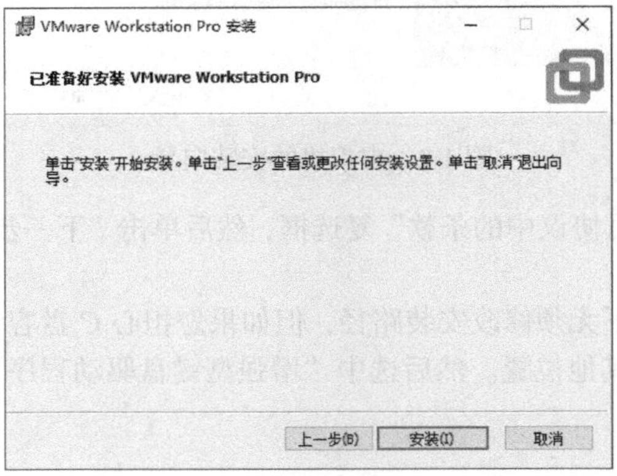

图 1-7　准备开始安装虚拟机

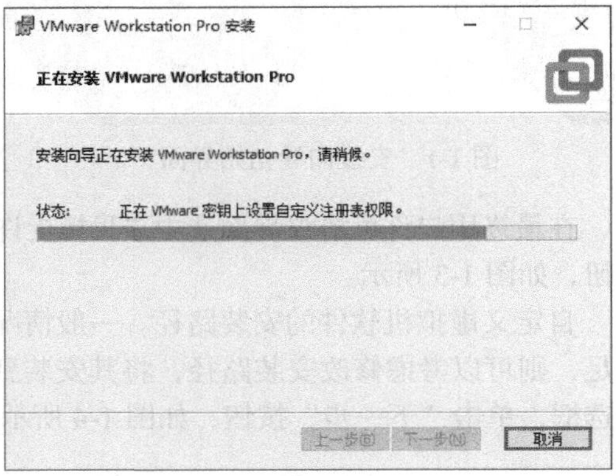

图 1-8　等待安装完成

虚拟机软件安装完成后，再次单击“完成”按钮，结束整个安装工作，如图 1-9 所示。

双击桌面上生成的虚拟机快捷图标，在弹出的如图 1-10 所示的界面中，输入许可证密钥（如果已经购买了的话）。大多数同学此时应该是没有许可证密钥，所以我们当前选中“我希望试用 VMware Workstation 16 30 天”单选按钮，然后单击“继续”按钮。

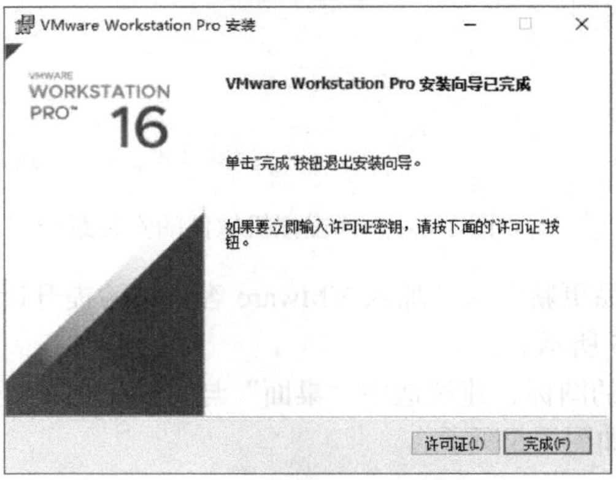

图 1-9　安装向导完成界面

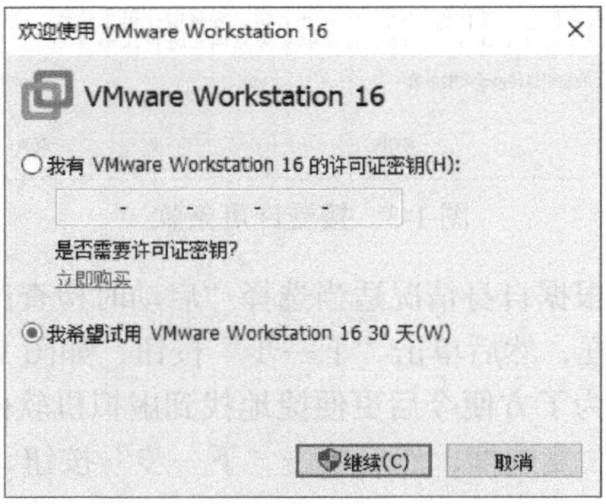

图 1-10　许可证密钥验证界面

在弹出“欢迎使用 VMware Workstation 16”界面后，无须任何犹豫，直接单击“完成”按钮，如图 1-11 所示。

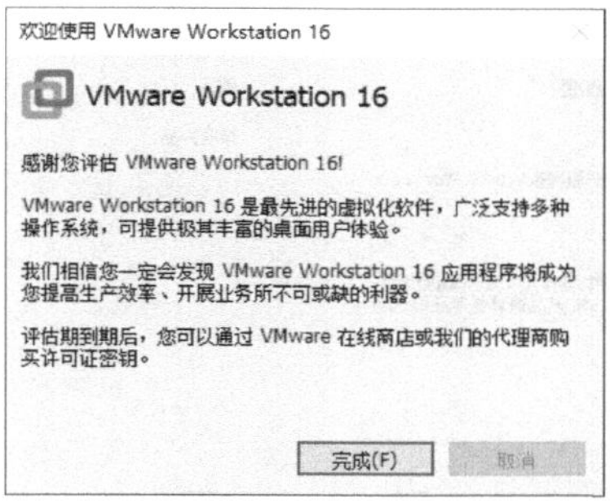

图 1-11 虚拟机软件的感谢界面

再次在桌面上双击快捷方式图标，此时便看到了虚拟机软件的管理界面，如图 1-12 所示。

图 1-12 虚拟机软件的管理界面

注意，在第一次安装完虚拟机软件后，还不能立即安装 Linux 系统，因为还缺少重要的一步——设置硬件信息。设置硬件信息相当于为 Linux 系统设置一个硬件牢笼，限定它能够使用的最大硬盘和内存容量、CPU 核心数量、系统镜像位置、网络模式等硬件信息。大家可以想象成是自己去组装一台电脑，只有把虚拟机内系统的硬件资源都模拟出来（组装完毕）后才能正式步入 Linux 系统的安装之旅。

VMware Workstation 的强大之处在于不仅可以调取真实的物理设备资源，而且还可以模拟出多块硬盘或网卡设备，即便使用五六块硬盘也不用担心（详见第 7 章），我们弹指间就能创建出来，完全能够满足大家对学习环境的需求。因此再次强调，真的不用特意购买新电脑。

在如图 1-12 所示的管理界面中，单击“创建新的虚拟机”按钮，并在弹出的“新建虚拟机向导”界面中选择“自定义（高级）”单选按钮，然后单击“下一步”按钮，如图 1-13 所示（这样我们可以更充分地了解这台新系统）。

由于这是一个全新安装的系统，所以不必担心虚拟机的兼容性问题，这里直接在“硬件兼容性”下拉列表中选择“Workstation 16.x”，然后单击“下一步”按钮，如图 1-14 所示。

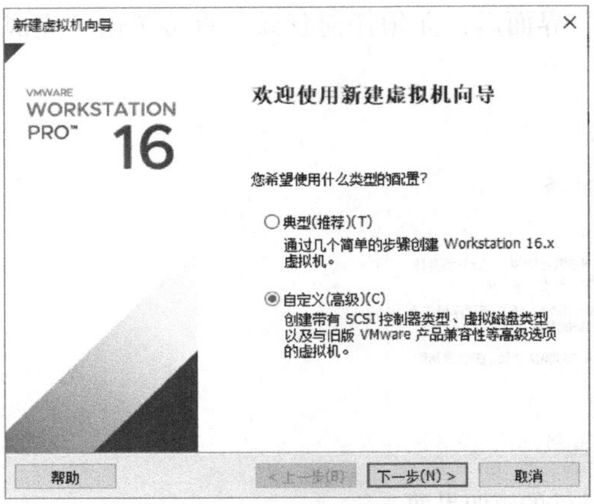

图 1-13　新建虚拟机向导

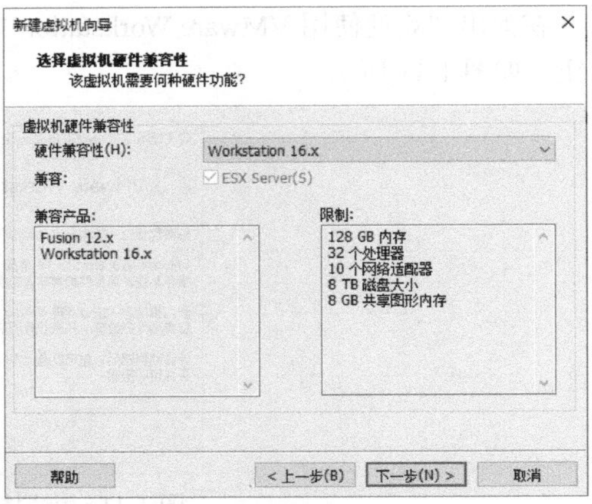

图 1-14　设置硬件兼容性

进入如图 1-15 所示的界面，选中“稍后安装操作系统”单选按钮，然后单击“下一步”按钮。

注：

在近几年的讲课过程中真是遇到了很多不听话的学生，明明要求选择“稍后安装操作系统”，结果非要选择“安装程序光盘映像文件”，并把下载好的 RHEL 8 系统的镜像选中。这样一来，虚拟机会通过默认的安装策略部署最精简的 Linux 系统，而不会再向您询问安装有关的配置信息，导致最终系统与实验环境有很大的差别。

如果您是购买图书自行学习的话，请一定不要低估后续实验的难度和 Linux 知识体系的难度，更不要高估自己的自学和排错能力，否则可能会因为系统长期报错而丧失学习兴趣，得不偿失。对于经济条件允许且有意愿深入了解 Linux 系统并考取红帽 RHCE 的同学，可以看一下刘遄老师主讲的培训介绍，地址为 https://www.linuxprobe.com/training。

在图 1-16 中，将客户机操作系统的类型选择为“Linux”，版本选择为“Red Hat Enterprise Linux 8 64 位”，然后单击“下一步”按钮。

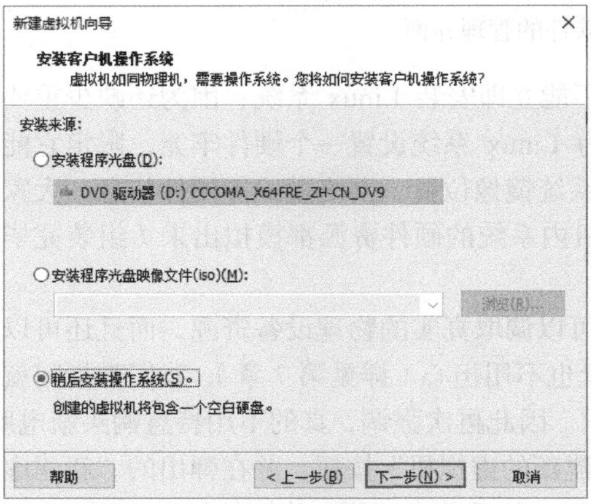

图 1-15　设置系统的安装来源

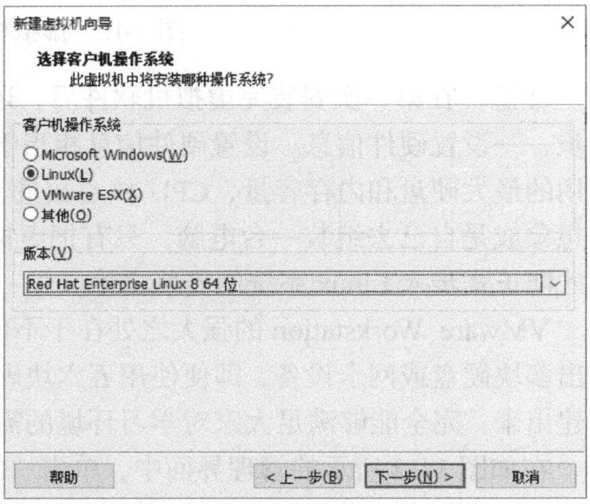

图 1-16　选择操作系统的版本

填写“虚拟机名称”字段，名称可以自行发挥。建议为“位置”字段选择一个大容量的硬盘分区，最少要有 20GB 以上的空闲容量。然后再单击“下一步”按钮，如图 1-17 所示。

设置“处理器数量”和“每个处理器的内核数量”，大家可以根据自身电脑的情况进行选择。可以在网络上搜索一下自己的 CPU 处理器的型号信息，或者在 Windows 系统中打开“任务管理器”，然后访问“性能”选项卡，该选项卡右下侧的逻辑处理器数量就是您的 CPU 内核数量。如果上述方法都不奏效，可以暂时将处理器和内核数量都设置成 1（见图 1-18），后期再随时修改，不影响实验。搞定后单击“下一步”按钮。

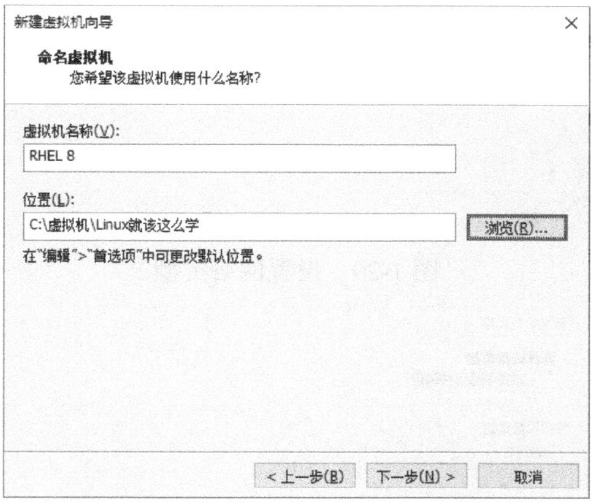

图 1-17 命名虚拟机及设置安装路径

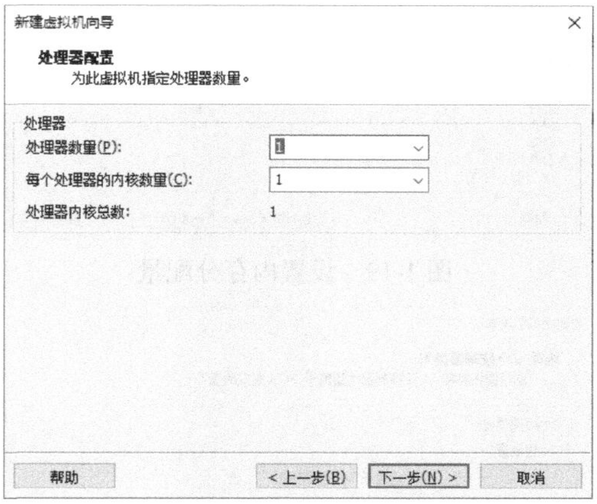

图 1-18 设置 CPU 处理器信息

设置分配给虚拟机的内存值。如果物理机的内存小于 4GB，则建议分配给虚拟机 1GB；如果物理机的内存大于 4GB（不论是 8GB 还是更大），则建议分配给虚拟机 2GB，如图 1-19 所示。为虚拟机分配过多的内存不会对实验结果有直接影响，而且超过 2GB 就可能存在浪费现象了。

VMware Workstation 这款虚拟机软件为用户提供了 3 种可选的网络模式，分别为“使用桥接网络”“使用网络地址转换（NAT）”与“使用仅主机模式网络”。

- **使用桥接网络**：相当于在物理机与虚拟机网卡之间架设了一座桥梁，从而可以通过物理主机的网卡访问外网。
- **使用网络地址转换（NAT）**：让 VM 虚拟机的网络服务发挥路由器的作用，使得通过虚拟机软件模拟的主机可以通过物理主机访问外网；在物理机中对应的物理网卡是 VMnet8。
- **使用仅主机模式网络**：仅让虚拟机的系统与物理主机通信，不能访问外网；在物理机中对应的物理网卡是 VMnet1。

由于当前不需要将虚拟机内的系统连接到互联网，所以这里将网络连接的类型设置为“使用仅主机模式网络”，然后单击“下一步”按钮，如图 1-20 所示。

图 1-21 所示为选择 SCSI 控制器的类型，这里使用“LSI Logic（推荐）”值，然后单击“下一步”按钮。

接下来设置虚拟磁盘类型，简单来说就是设置稍后新安装系统的硬盘接口类型。这里我们选择工作中更常使用的 SATA 接口类型，然后单击“下一步”按钮，如图 1-22 所示。此处请尽量与老师保持一致，如果选择了 IDE 与 NVMe 接口类型的磁盘，则在第 6 章的实验中磁盘名称不是/dev/sda，这容易让新手产生疑惑。

由于这是一台全新安装的操作系统，不存在已有数据需要恢复的问题，所以直接选择“创建新虚拟磁盘”单选按钮，然后单击“下一步”按钮，如图 1-23 所示。

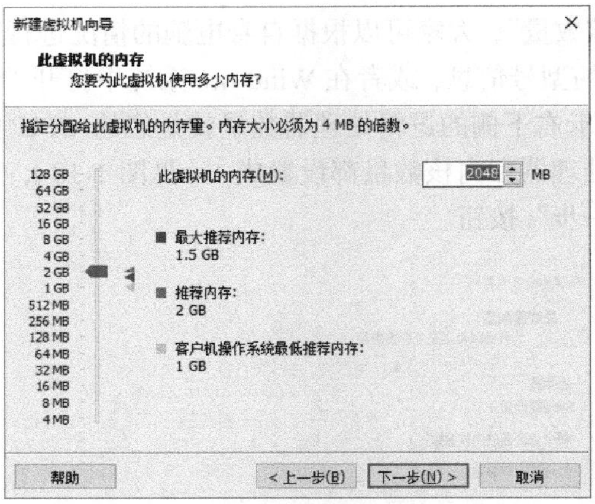

图 1-19　设置内存分配量

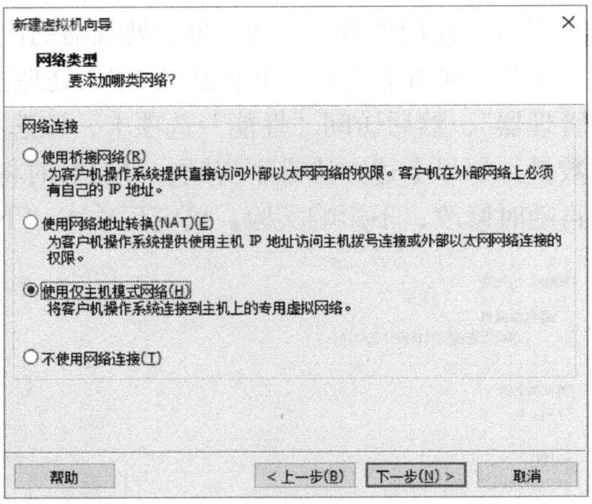

图 1-20　设置网络类型

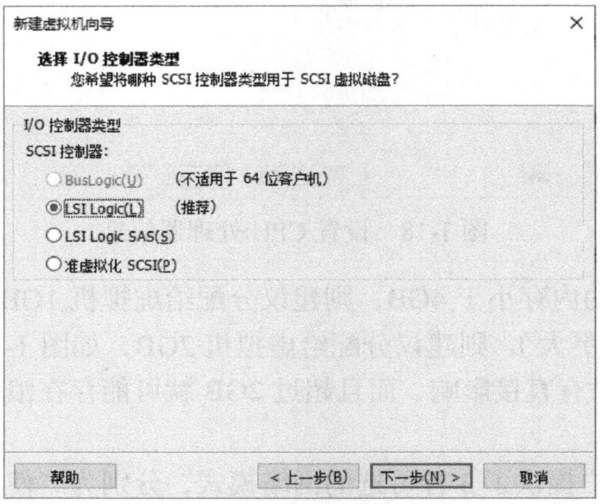

图 1-21　设置 SCSI 控制器的类型

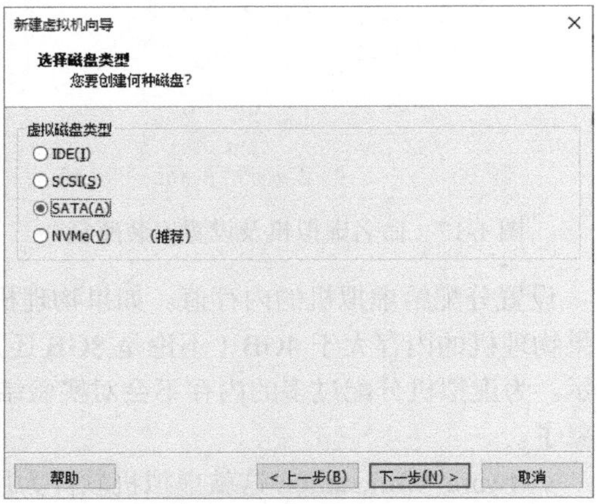

图 1-22　设置虚拟磁盘类型

将虚拟机系统的"最大磁盘大小"设置为 20.0GB（默认值），这是限定系统能够使用的最大磁盘容量，并不是立即占满这部分空间。如果想让磁盘拥有更好的性能，这里可以选中"立即分配所有磁盘空间"复选框。另外，如果同学们后续要经常移动这台虚拟机的话，可以选中"将虚拟磁盘拆分成多个文件"单选按钮；如果不确定今后是否要经常移动的话，不妨也将虚拟磁盘进行拆分，这对实际操作无任何影响。然后单击"下一步"按钮，如图 1-24 所示。

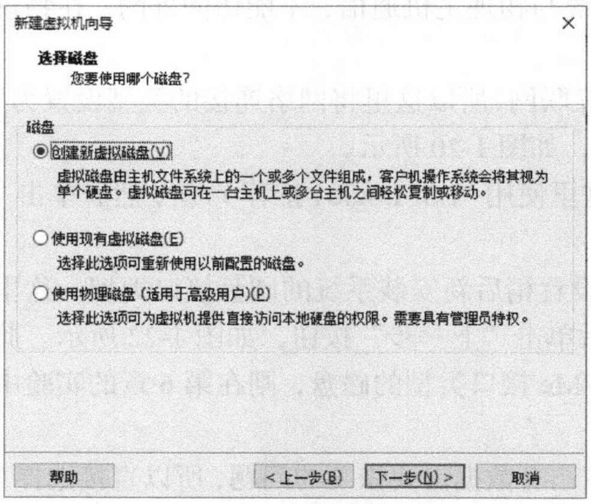

图 1-23　创建新虚拟磁盘

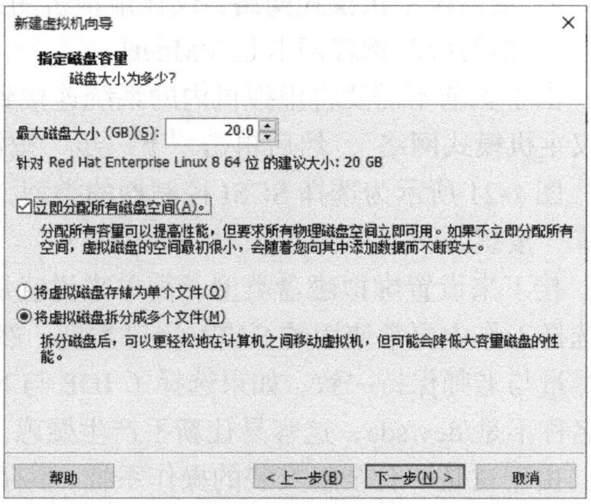

图 1-24　设置最大磁盘容量

设置磁盘文件的名称，这里完全没有必要修改，因此直接单击“下一步”按钮，如图 1-25 所示。

当虚拟机的硬件信息在基本设置妥当后，VM 安装向导程序会向让我们进行确认。由于还有几处信息需要修改，所以这里单击“自定义硬件”按钮，如图 1-26 所示。

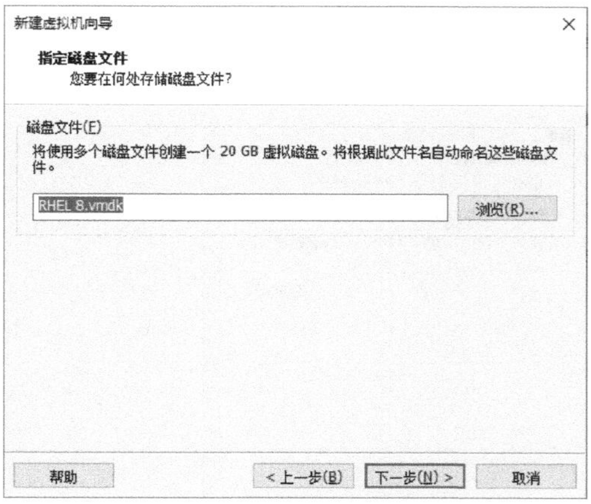

图 1-25　设置磁盘文件名称

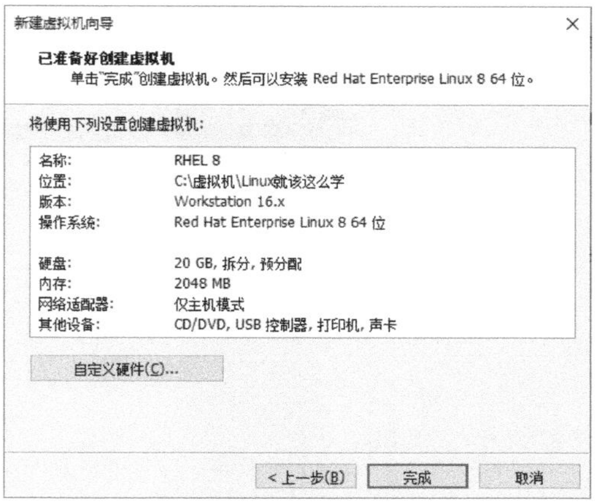

图 1-26　配置信息总览

单击“CD/DVD(SATA)”选项，在右侧“使用 ISO 映像文件”下拉列表中找到并选中此前已经下载好的 RHEL 8 系统文件（即 iso 结尾的文件），不要解压，直接选中即可，如图 1-27 所示。

注：

本书不包含实体光盘，系统镜像（映像）文件指的是通过本书前言中的网址 https://www.linuxprobe.com/tools 下载的系统软件包。

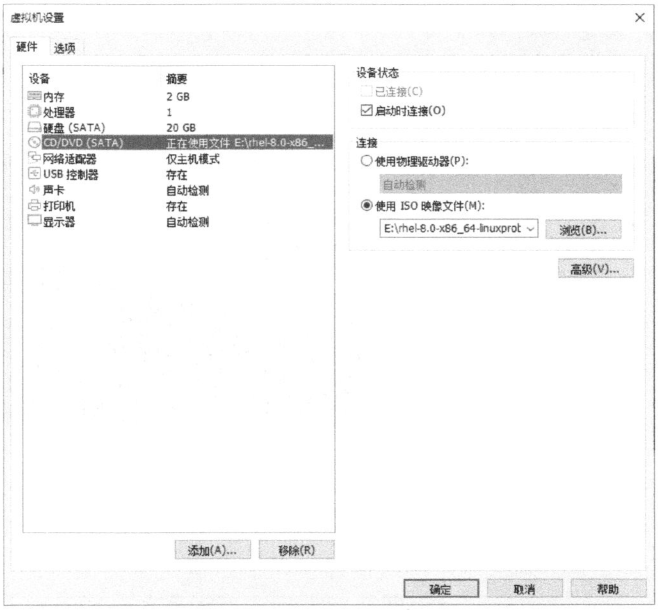

图 1-27　选中 RHEL 8 系统映像文件路径

顺手把 USB 控制器、声卡、打印机设备统统移除掉。移掉声卡后可以避免在输入错误后发出提示声音，确保自己在今后的实验中思绪不被打扰。然后单击“确认”按钮，如图 1-28 所示。

图 1-28　最终的虚拟机配置情况

当看到如图 1-29 所示的界面时，说明虚拟机已经被配置成功。稍微休息一下，接下来准备步入属于您的 Linux 系统之旅吧。

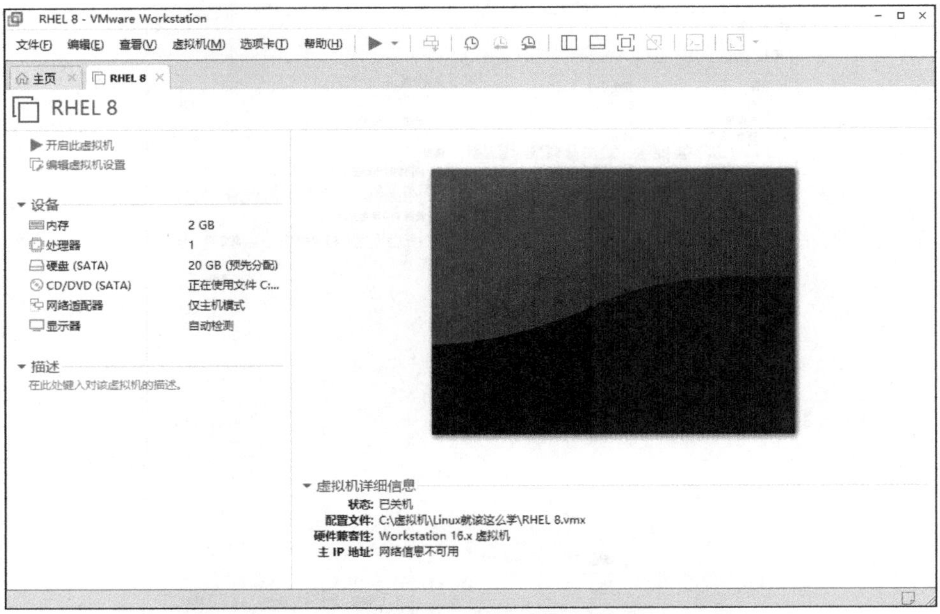

图 1-29　虚拟机配置成功的界面

1.3 安装您的 Linux 系统

安装 RHEL 8 或 CentOS 8 系统时，您的电脑的 CPU 需要支持 VT（Virtualization Technology，虚拟化技术）。这是一种能够让单台计算机分割出多个独立资源区，并让每个资源区按照需要模拟出系统的一项技术，其本质就是通过中间层实现计算机资源的管理和再分配，让系统资源的利用率最大化。

其实有个简单的方法来判断 CPU 是否支持 VT——只要您的电脑不是五六年前购买的，或者只要价格不低于 3000 元，那么就肯定支持 VT。大多数情况下，CPU 对 VT 的支持默认都是开启的，只有当系统安装失败时才需要在物理机的 BIOS 中手动开启（一般是在物理机开机时多次按下 F2 或 F12 键进入 BIOS 设置界面），如图 1-30 所示。

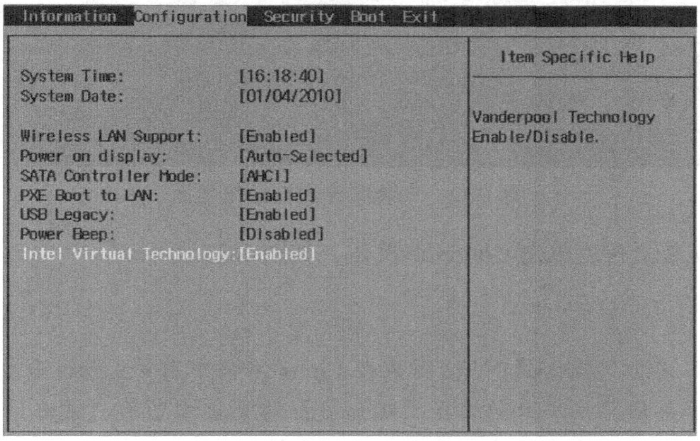

图 1-30 在物理电脑的 BIOS 中开启虚拟化

在虚拟机管理界面中单击“开启此虚拟机”按钮后数秒就看到 RHEL 8 系统安装界面了，如图 1-31 所示。在界面中，Test this media & install Red Hat Enterprise Linux 8.0.0 和 Troubleshooting 的作用分别是校验光盘完整性后再安装以及启动救援模式。此时通过键盘的方向键选择 Install Red Hat Enterprise Linux 8.0.0 选项直接安装 Linux 系统。

图 1-31 RHEL 8 系统安装界面

接下来按回车键后开始加载安装镜像，所需时间大约在 20～30 秒，请耐心等待，如图 1-32 所示。

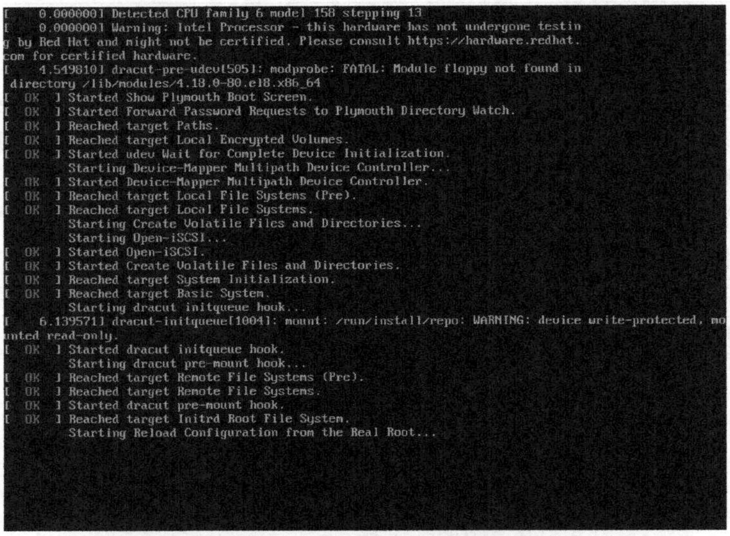

图 1-32　安装向导的初始化界面

选择系统的安装语言后单击 Continue 按钮，如图 1-33 所示。

注：

请读者不用担心英语的问题，因为在 Linux 系统中用的 Linux 命令具有特定的功能和意义，而非英语单词本身的意思。比如 free 的英文意思是“自由”“免费”，而 free 命令在 Linux 系统中的作用是查看内存使用量情况。因此即便是英语水平很高，只要没有任何 Linux 基础知识，在看到这些 Linux 命令后也需要重新学习。再者，把系统设置成英文后还可以锻炼一下英语阅读能力，不知不觉地就把 Linux 系统和英文一起学了，岂不是更好？！如果您执意选择中文安装语言，也可以在图 1-33 中进行选择。

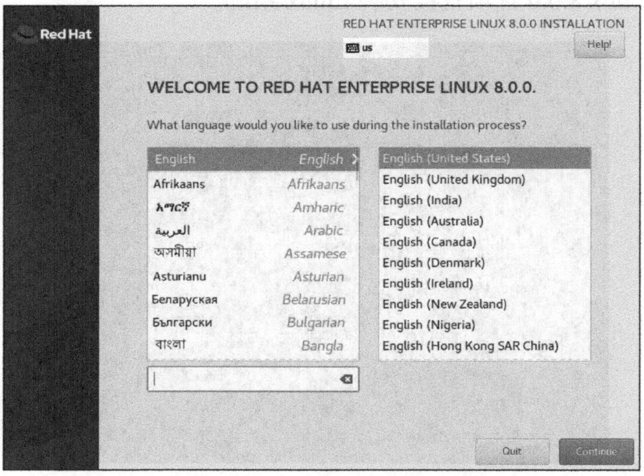

图 1-33　选择系统的安装语言

INSTALLATION SUMMARY（安装概要）界面是 Linux 系统安装所需信息的集合之处，如图 1-34 所示（需要说明的是，在采用虚拟机安装时，该图就是这个样子，而非作者截图不全）。该界面包含如下内容：Keyboard、Language Support、Time & Date、Installation Source、Software Selection、Installation Destination、KDUMP、Network & Host Name、SECURITY POLICY、System Purpose。

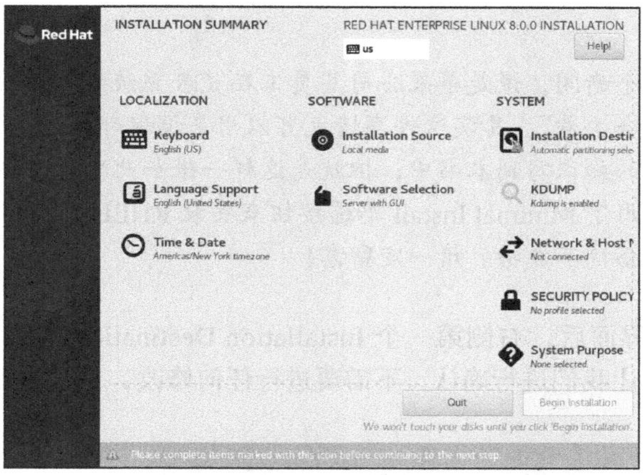

图 1-34　安装概要界面

同学们稳住，不要慌，这里选项虽然多，但并不是全都需要我们手动配置一遍。其中的 Keyboard 和 Language Support 分别指的是键盘类型和语言支持，这两项默认都是英文的，不用修改（除非想换成中文界面）。

我们首先单击 Time & Date 按钮，设置系统的时区和时间。在地图上单击中国境内即可显示出上海的当前时间，确认后单击左上角的 Done 按钮。

图 1-34 中的 Installation Source 指的是系统是从哪里获取的。这里默认是我们的光盘镜像文件，所以不用修改。RHEL 8 系统的软件模式（SOFTWARE SELECTION）界面可以根据用户的需求来调整系统的基本环境。例如，如果想把 Linux 系统用作基础服务器、文件服务器、Web 服务器或工作站等，那么在系统安装过程中就会额外安装上一些基础软件包，以帮助用户尽快上手。这里首先单击 Software Selection 按钮，进入配置界面，如图 1-35 所示。

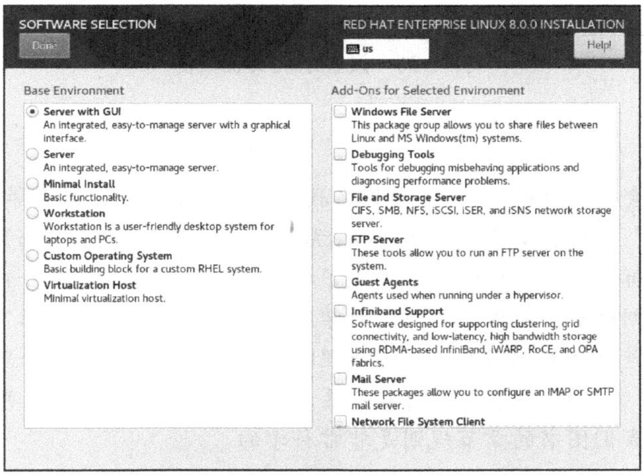

图 1-35　设置系统模式

RHEL 8 系统提供 6 种软件基本环境，依次为 Server with GUI(带图形化的服务器)、Server(服务器)、Minimal Install(最小化安装)、Workstation(工作站)、Custom Operating System(自定义操作系统)和 Virtualization Host(虚拟化主机)。只要检查当前模式是默认的 Server with GUI 即可，右侧额外的软件包不要选择，可以在后续学习过程中慢慢安装，这样才有乐趣。单击左上角的 Done 按钮。

注：

之前看过一个新闻，说是苹果公司某员工在 iOS 系统的用户说明书末尾加了一句"反正你们也不会去看"。其实这件事情也可以用来调侃部分读者的学习状态，刘遄老师绝不会把没用的知识写到本书中，但就是这样一张如此醒目的截图也总是有读者视而不见，结果采用了 Minimal Install 单选按钮来安装 RHEL 8 系统，最终导致很多命令不能执行，服务搭建不成功。请一定留意！

返回到安装概要界面后，右侧第一个 Installation Destination 指的是想把系统安装到哪个硬盘。此时仅仅是让我们进行确认，不需要进行任何修改，单击左上角的 Done 按钮，如图 1-36 所示。

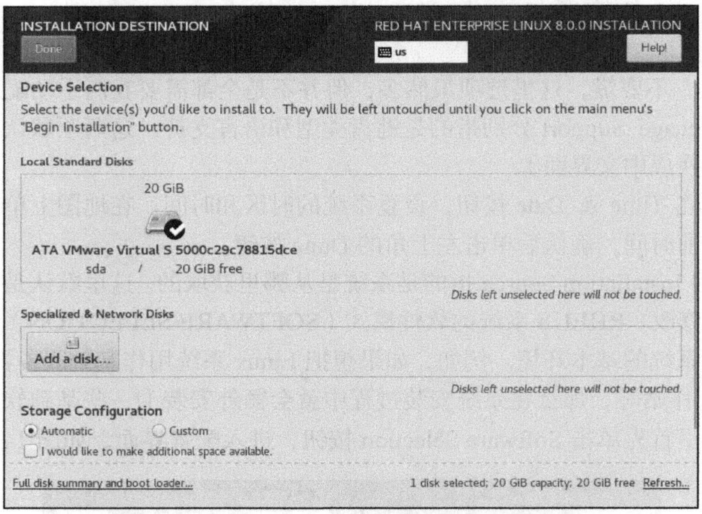

图 1-36 设置系统安装设备

注：

读者可能会有这样的疑问："为什么我们不像其他 Linux 图书那样，讲一下手动分区的方法呢？"原因很简单，因为 Linux 系统根据 FHS(Filesystem Hierarchy Standard，文件系统层次标准)为不同的目录定义了相应的不同功能，这部分内容会在第 6 章详细介绍。通过刘遄老师最近这几年的教学经验来看，即便现在写出了操作步骤，各位读者大多也只是点点鼠标，并不能真正理解其中的原理，效果不一定好，更何况在接下来的实验中，手动分区相对于自动分区来说也没有明显的好处。所以读者大可不必担心学不到，我们图书的章节规划是非常科学的。

接下来进入 KDUMP 服务的配置界面。KDUMP 服务用于收集系统内核崩溃数据，但是考虑到短时间内我们并不打算调试系统内核参数，所以这里建议取消选中 Enable kdump 复选框，这可以节省约 160MB 物理内存。随后单击左上角的 Done 按钮，如图 1-37 所示。

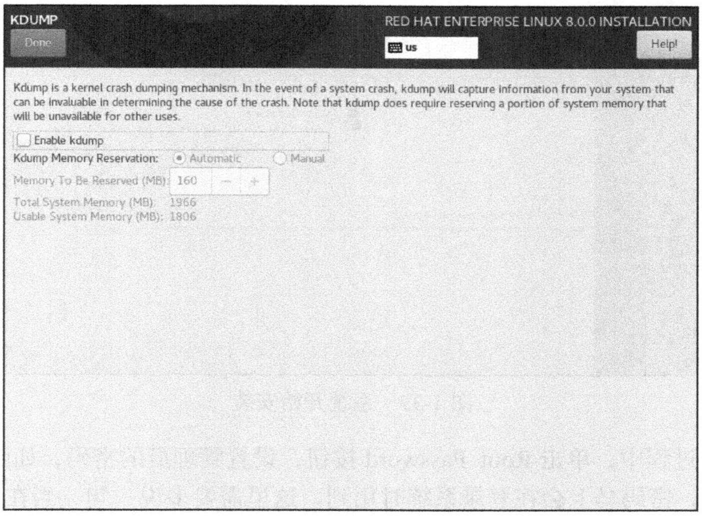

图 1-37 关闭 KDUMP 服务

接下来进入 NETWORK & HOST NAME 配置界面。首先单击右上角的开关按钮，设置成 ON（开启）状态。然后在左下角将 Host Name（主机名称）修改为 linuxprobe.com 并单击右侧的 Apply 按钮进行确认，这样可以保证后续的命令提示符前缀一致，以免产生学习上的歧义。最后单击左上角的 Done 按钮，如图 1-38 所示。

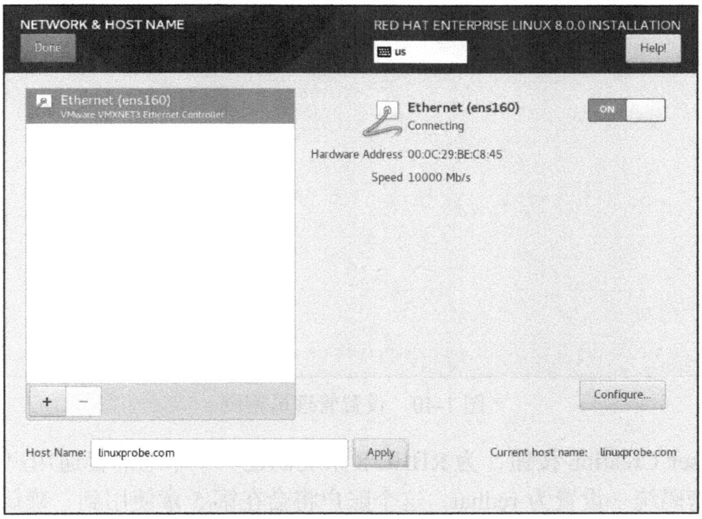

图 1-38 配置网络信息

返回到安装概要界面，剩下的 SECURITY POLICY 与 System Purpose 暂时不需要配置。单击界面右下侧的 Begin Installation 按钮开始正式安装操作系统，如图 1-39 所示。整个安装过程大约持续 20～30 分钟。

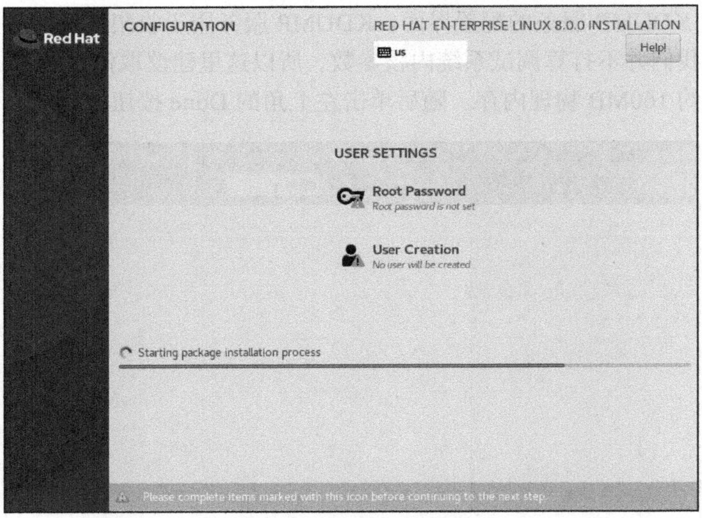

图 1-39 系统开始安装

在系统安装过程中，单击 Root Password 按钮，设置管理员的密码，如图 1-40 所示。这个操作非常重要，密码马上会在登录系统时用到。这里需要多说一句，当在虚拟机中做实验的时候，密码无所谓强弱，但在生产环境中一定要让 root 管理员的密码足够复杂，否则系统将面临严重的安全问题。

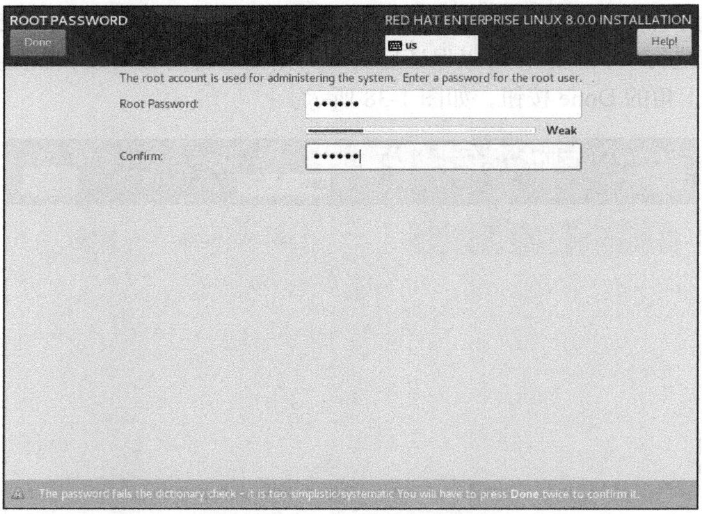

图 1-40 设置管理员密码

继续单击 User Creation 按钮，为 RHEL 8 系统创建一个本地的普通用户。该账户的名字叫 linuxprobe，密码统一设置为 redhat，这个账户将会在第 5 章使用到。确认后单击 Done 按钮，如图 1-41 所示。

安装过程大约持续 20～30 分钟。一切完成后单击右下角的 Reboot 按钮重启系统，让之前配置的参数都能立即生效，如图 1-42 所示。

重启系统后将看到初始化界面。此时还剩最后两个选项需要我们进行确认，即 License Information 和 Subscription Manager，如图 1-43 所示。

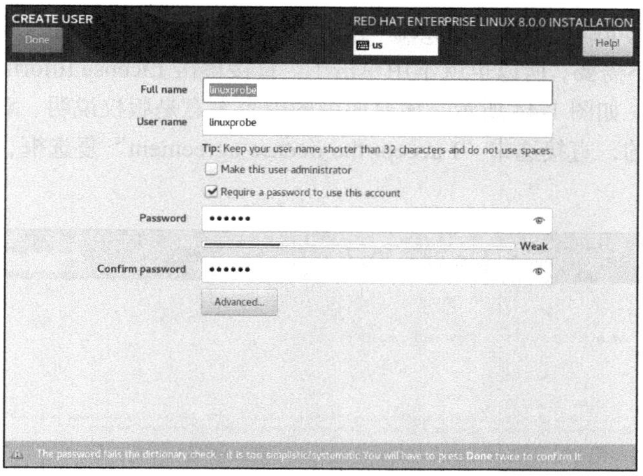

图 1-41　创建普通用户

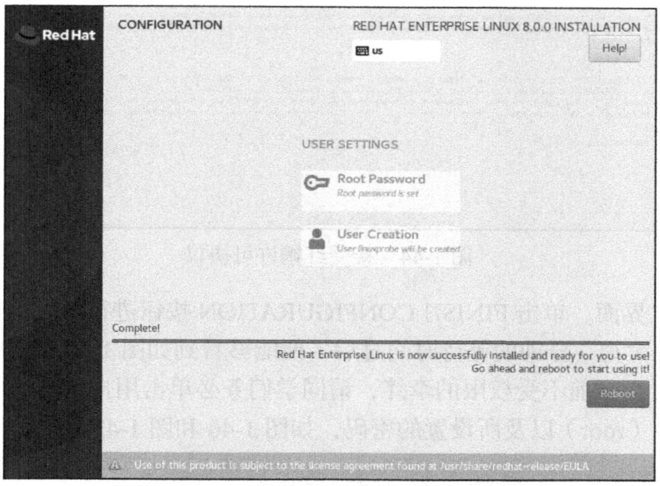

图 1-42　安装完毕后等待重启

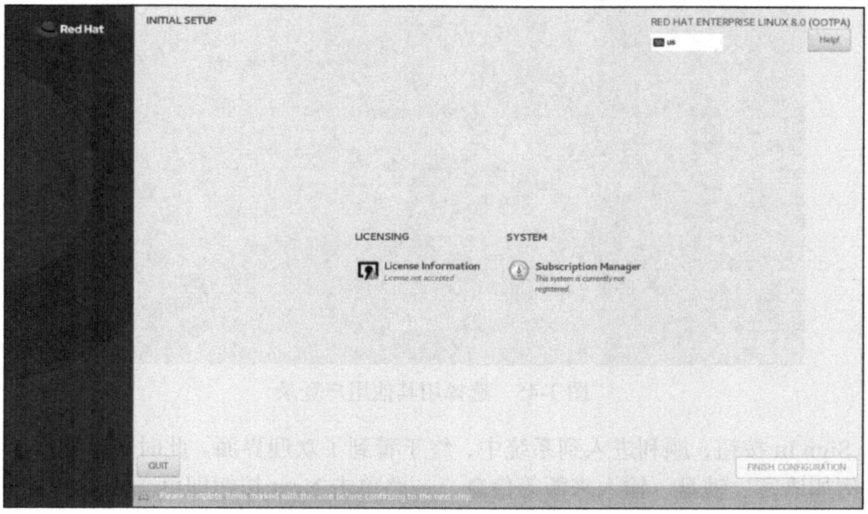

图 1-43　安装后的收尾工作

我们先说一下 Subscription Manager。它指的是红帽产品订阅服务，是红帽公司的一项收费服务，我们暂时不需要，所以也就不用单击了。直接单击 License Information 按钮进入红帽产品许可信息界面，如图 1-44 所示。该界面中的内容大意是版权说明、双方责任、法律风险等。没什么好犹豫的，直接选中“I accept the license agreement”复选框，然后单击左上角的 Done 按钮即可。

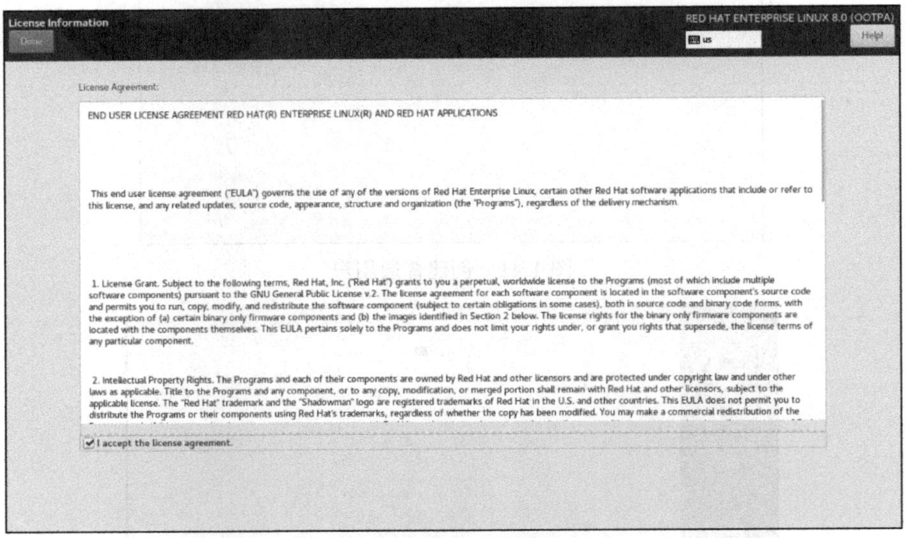

图 1-44　接受红帽许可协议

返回到初始化界面，单击 FINISH CONFIGURATION 按钮进行确认后，系统将会进行最后一轮的重启。在大约 2 分钟的等待时间过后，便能够看到如图 1-45 所示的登录界面了。为了保证在学习到第 5 章前不受权限的牵绊，请同学们务必单击用户下方的“Not listed?”，手动输入管理员账号（root）以及所设置的密码，如图 1-46 和图 1-47 所示。

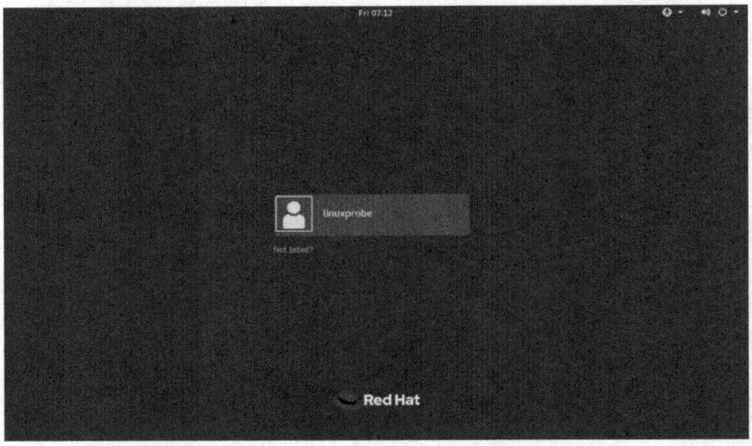

图 1-45　选择用其他用户登录

单击 Sign In 按钮，顺利进入到系统中，终于看到了欢迎界面。此时会有一系列的非必要性询问，例如语言、键盘、输入来源等信息，一路单击 Next 按钮即可。最终将会看到 RHEL 8 系统显示的欢迎信息，如图 1-48 所示。

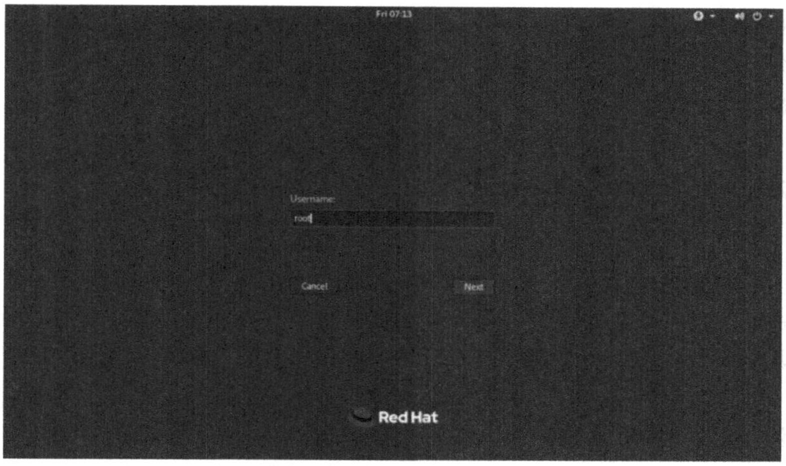

图 1-46 输入管理员账号

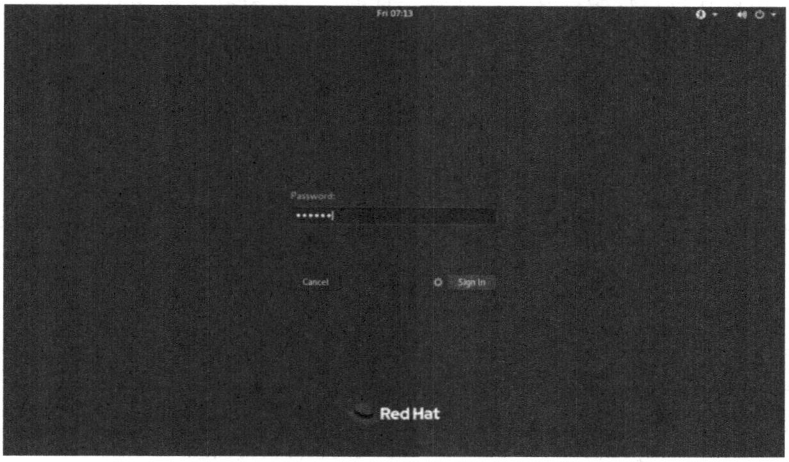

图 1-47 输入管理员密码

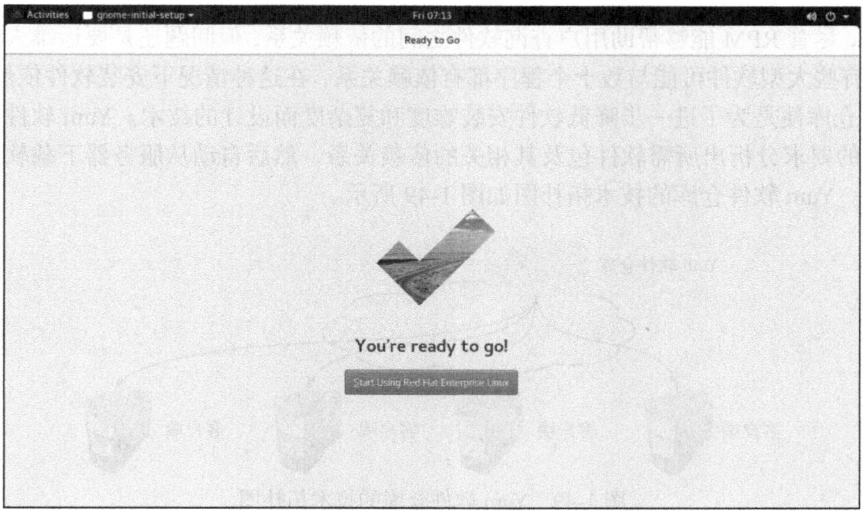

图 1-48 RHEL 8 系统显示的欢迎信息

单击“Start Using Red Hat Enterprise Linux”按钮便能进入到系统桌面了。至此，便完成了RHEL 8系统的全部安装和部署工作。

准备开始学习Linux系统吧。

1.4 安装软件的方法

在RPM（红帽软件包管理器）公布之前，要想在Linux系统中安装软件，只能采取编译源码包的方式。所以，早期安装软件是一件非常困难、耗费耐心的事情，而且大多数的服务程序仅仅提供自身的源代码，还需要运维人员编译代码后自行解决软件之间的依赖关系。因此要安装好一个服务程序，运维人员不仅需要具备丰富的知识、高超的技能，还要有良好的耐心，这其中的艰辛将会在本书第20章让大家亲自感受一下。

总而言之，早期的Linux系统在安装、升级、卸载服务程序时还要考虑到其他程序、库的依赖关系，所以在进行校验、安装、卸载、查询、升级等软件操作时难度都非常大。RPM机制则正是为了解决这些问题而设计的。

RPM有点像Windows系统中的控制面板，会建立统一的数据库，详细记录软件信息并能够自动分析依赖关系。表1-1所示为一些常用的RPM软件包命令，此时还不需要记住它们，大致混个“脸熟”就足够了。

表1-1　常用的RPM软件包命令

命令	作用
rpm -ivh filename.rpm	安装软件
rpm -Uvh filename.rpm	升级软件
rpm -e filename.rpm	卸载软件
rpm -qpi filename.rpm	查询软件描述信息
rpm -qpl filename.rpm	列出软件文件信息
rpm -qf filename	查询文件属于哪个RPM

但是，尽管RPM能够帮助用户查询软件之间的依赖关系，但问题还是要运维人员自己来解决，而有些大型软件可能与数十个程序都有依赖关系，在这种情况下安装软件依然很繁琐。Yum软件仓库便是为了进一步降低软件安装难度和复杂度而设计的技术。Yum软件仓库可以根据用户的要求分析出所需软件包及其相关的依赖关系，然后自动从服务器下载软件包并安装到系统。Yum软件仓库的技术拓扑图如图1-49所示。

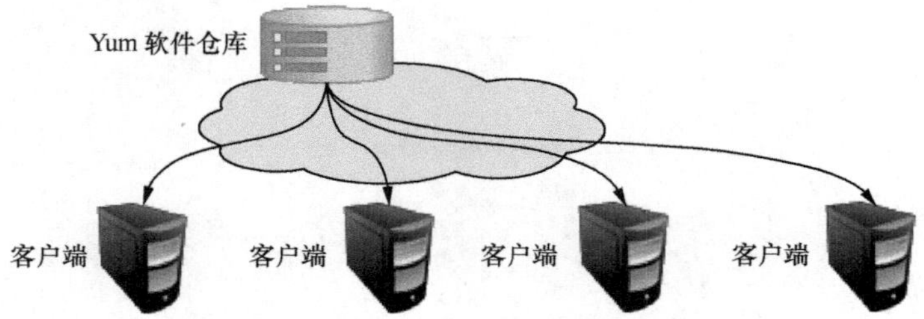

图1-49　Yum软件仓库的技术拓扑图

Yum软件仓库中的RPM软件包可以是由红帽官方发布的，也可以是由第三方发布的，当然也可以是自己编写的。本书随书提供的系统镜像（需在本书配套站点中下载）内已经包含了大量可用的 RPM 红帽软件包，既用于安装系统，也用于配置软件仓库，后面会详细说明。表 1-2 所示为一些常见的 Yum 命令，当前只需对它们有一个简单印象即可。

表 1-2　　常见的 Yum 命令

命令	作用
yum repolist all	列出所有仓库
yum list all	列出仓库中所有软件包
yum info 软件包名称	查看软件包信息
yum install 软件包名称	安装软件包
yum reinstall 软件包名称	重新安装软件包
yum update 软件包名称	升级软件包
yum remove 软件包名称	移除软件包
yum clean all	清除所有仓库缓存
yum check-update	检查可更新的软件包
yum grouplist	查看系统中已经安装的软件包组
yum groupinstall 软件包组	安装指定的软件包组
yum groupremove 软件包组	移除指定的软件包组
yum groupinfo 软件包组	查询指定的软件包组信息

原本以为故事到此就要结束了，可是人们发现 Yum 虽然解决了软件的依赖关系问题，但仍然还是存在分析不准确、内存占用量大、不能多人同时安装软件等硬伤。终于，在 2015 年随着 Fedora 22 系统的发布，红帽又给了我们一个新的选择——DNF。DNF 实际上就是解决了上述问题的 Yum 软件仓库的提升版，行业内称之为 Yum v4 版本。

作为 Yum 软件仓库 v3 版本的接替者，DNF 特别友好地继承了原有的命令格式，且使用习惯上也保持了一致。大家不用担心不会操作，我们来看一个例子。以前，安装软件用的命令是“yum install 软件包名称”，那么现在则是“dnf install 软件包名称”（也就是说，将 yum 替换成 dnf 即可）。

当然 RHEL 8 系统也照顾到了老用户的习惯问题，同时兼容并保留了 yum 和 dnf 两个命令，大家在实际操作中随意选择就好。甚至这两个命令的提示信息都基本一样，感知不到什么区别。

1.5 系统初始化进程

Linux 系统的开机过程是这样的，即先从 BIOS 开始，然后进入 Boot Loader，再加载系统内核，然后内核进行初始化，最后启动初始化进程。初始化进程作为 Linux 系统启动后的第一个正式服务，它需要完成 Linux 系统中相关的初始化工作，为用户提供合适的工作环境。同学们可以将初始化进程粗犷地理解成从我们按下开机键到看见系统桌面的这个过程。初始化进程完成了一大半工作。

红帽 RHEL 7/8 系统替换掉了熟悉的初始化进程服务 System V init，正式采用全新的 systemd 初始化进程服务。原本以为这对大家的日常使用影响不大，但许多服务管理命令都被替换了，因此如果您之前学习的是 RHEL 5 或 RHEL 6 系统，可能真有点不习惯。

Linux 系统在启动时要进行大量的初始化工作，比如挂载文件系统和交换分区、启动各类进程服务等，这些都可以看作是一个一个的单元（unit），systemd 用目标（target）代替了 System V init 中运行级别的概念，这两者的区别如表 1-3 所示。

表 1-3　　systemd 与 System V init 的区别以及作用

System V init 运行级别	systemd 目标名称	systemd 目标作用
0	poweroff.target	关机
1	rescue.target	救援模式
2	multi-user.target	多用户的文本界面
3	multi-user.target	多用户的文本界面
4	multi-user.target	多用户的文本界面
5	graphical.target	多用户的图形界面
6	reboot.target	重启
emergency	emergency.target	救援模式

如果想要将系统默认的运行目标修改为“多用户的文本界面”模式，可直接用 ln 命令把多用户模式目标文件链接到/etc/systemd/system/目录：

```
[root@linuxprobe~]# ln -sf /lib/systemd/system/multi-user.target /etc/systemd/system
/default.target
```

如果有读者之前学习过 RHEL 5/6 系统，或者已经习惯使用 service、chkconfig 等命令来管理系统服务，那么现在就比较郁闷了，因为在 RHEL 7/8 系统中是使用 systemctl 命令来管理服务的。表 1-4 和表 1-5 所示为新老版本系统的对比，您可以先大致了解一下，后续章节中会经常用到它们。

表 1-4　　服务的启动、重启、停止、重载、查看状态等常用命令

老系统命令	新系统命令	作用
service foo start	systemctl start httpd	启动服务
service foo restart	systemctl restart httpd	重启服务
service foo stop	systemctl stop httpd	停止服务
service foo reload	systemctl reload httpd	重新加载配置文件（不终止服务）
service foo status	systemctl status httpd	查看服务状态

表 1-5　　服务开机启动、不启动、查看各级别下服务启动状态等常用命令

老系统命令	新系统命令	作用
chkconfig foo on	systemctl enable httpd	开机自动启动
chkconfig foo off	systemctl disable httpd	开机不自动启动
chkconfig foo	systemctl is-enabled httpd	查看特定服务是否为开机自启动
chkconfig --list	systemctl list-unit-files --type=httpd	查看各个级别下服务的启动与禁用情况

1.6 重置 root 密码

平日里让运维人员头疼的事情已经很多了，偶尔忘记 Linux 系统密码的事情也很常见。不过不用慌，只需简单几步就可以完成密码的重置工作。

注：

如果您是第一次阅读本书，或者之前没有 Linux 系统的使用经验，请一定先跳过本节，等学习完 Linux 系统的命令后再来学习本节内容。

假设您刚刚接手了一台 Linux 系统，要先确定是否为 RHEL 8 系统。如果是，然后再进行下面的操作。

```
[root@linuxprobe~]# cat /etc/redhat-release
Red Hat Enterprise Linux release 8.0 (Ootpa)
```

重启 Linux 系统主机并出现引导界面时，按下键盘上的 e 键进入内核编辑界面，如图 1-50 所示。

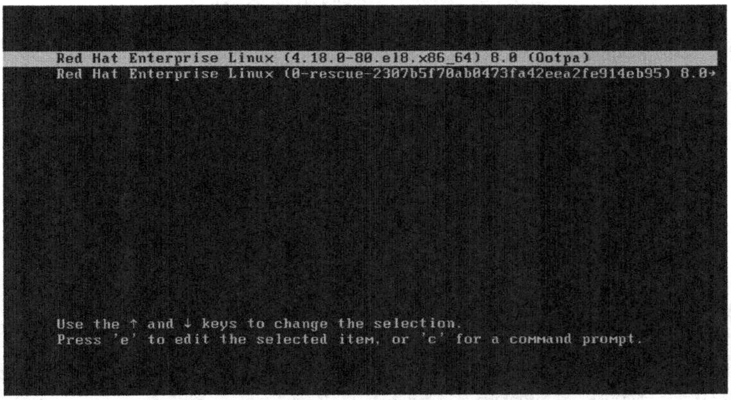

图 1-50　Linux 系统的引导界面

在 linux 参数这行的最后面追加 rd.break 参数，然后按下 Ctrl + X 组合键运行修改过的内核程序，如图 1-51 所示。

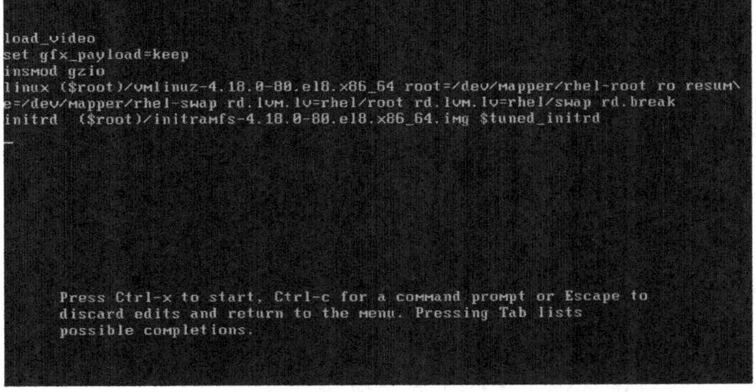

图 1-51　内核信息的编辑界面

大约 30 秒过后，系统会进入紧急救援模式，如图 1-52 所示。

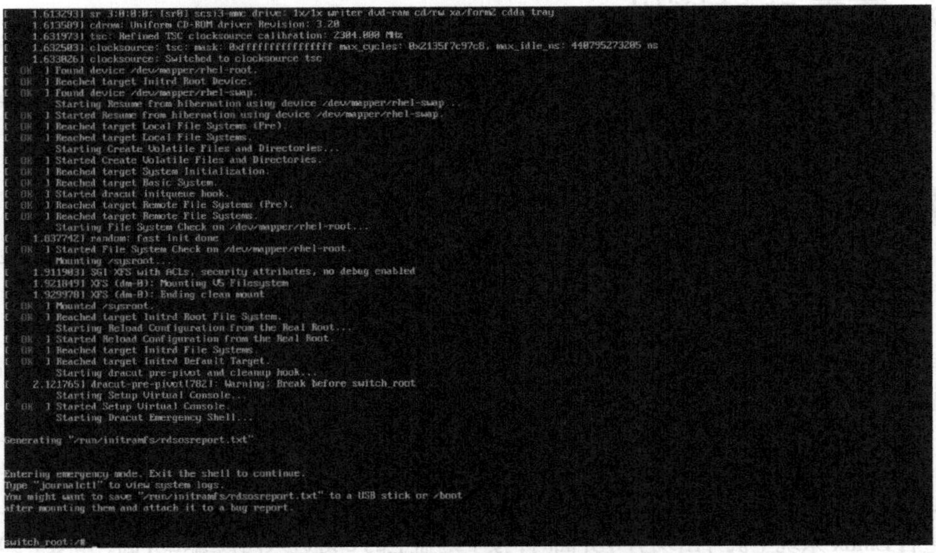

图 1-52　Linux 系统的紧急救援模式

然后依次输入以下命令，再连续按下两次 Ctrl + D 组合键盘来退出并重启。等待系统再次重启完毕后便可以使用新密码登录 Linux 系统。这一系列命令的执行效果如图 1-53 所示。

```
mount -o remount,rw /sysroot
chroot /sysroot
passwd
touch /.autorelabel
```

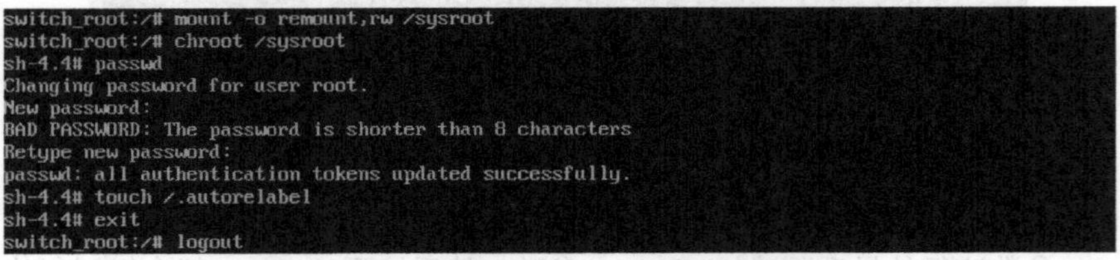

图 1-53　重置 Linux 系统的管理员密码

复习题

1. 为什么建议读者在下载系统文件后先进行校验而不是直接安装呢？

   答： 为了保证系统和软件包的安全与完整性，避免因为外部因素导致安装失败——磨刀不误砍柴工。

2. 使用虚拟机安装 Linux 系统时，为什么要先选择稍后安装操作系统，而不是去选择 RHEL 8 系统镜像文件？

   答： 在配置界面中若直接选择了 RHEL 8 系统镜像文件，则 VMware Workstation 虚拟机会使用内置的安装向导自动进行安装，最终安装出来的系统跟我们后续进行实验所需的系统环境会不一样。

3. 在安装系统时如果出现类似于“CPU 不支持虚拟化”这样的报错信息，该怎么解决？
   答：遇到此类报错，最大的可能原因是 BIOS 中没有开启 VT 功能，手动开启后重启即可。

4. RPM（红帽软件包管理器）只有红帽企业系统在使用，对吗？
   答：RPM 已经被 CentOS、Fedora、openSUSE 等众多 Linux 系统采用，它真的很好用！

5. 简述 RPM 与软件仓库的作用。
   答：RPM 是通过将源代码与安装规则打包在一起，降低了单个软件的安装难度。而 Yum 与 DNF 软件仓库则是将大量常用的 RPM 软件包打包到一起，解决了软件包之间的依赖关系，这进一步降低了软件的整体安装难度。

6. RHEL 7/8 系统采用了 systemd 作为初始化进程，那么如何查看某个服务的运行状态呢？
   答：执行命令“systemctl status 服务名”可以查看服务的运行状态。

第 2 章

新手必须掌握的 Linux 命令

本章讲解了如下内容：

- 强大好用的 Shell；
- 执行命令的必备知识；
- 常用系统工作命令；
- 系统状态检测命令；
- 查找定位文件命令；
- 文本文件编辑命令；
- 文件目录管理命令。

本章首先介绍系统内核和 Shell 终端的关系与作用，然后介绍 Bash 解释器的 4 大优势并学习 Linux 命令的执行方法。经验丰富的运维人员能够通过合理地组合适当的命令与参数，来更精准地满足工作需求，迅速得到自己想要的结果，还可以尽可能地降低系统资源消耗。

本书精挑细选出读者有必要首先学习的数十个 Linux 命令，它们与系统工作、系统状态、工作目录、文件、目录、打包压缩与搜索等主题相关。通过把上述命令归纳到本章中的各个小节，您可以分门别类地逐个学习这些基础的 Linux 命令，为今后学习更复杂的命令和服务做好必备的知识铺垫。

2.1 强大好用的 Shell

一台完整的计算机是由运算器、控制器、存储器、输入/输出等多种硬件设备共同组成的，而能让各种硬件设备各司其职且又能协同运行的东西就是系统内核。Linux 系统的内核负责完成对硬件资源的分配、调度等管理任务，对系统的正常运行起着十分重要的作用。

与修改 Windows 系统中的注册表类似，直接改动内核参数的难度比较大，而且一旦"手滑"还有可能导致系统直接崩溃。因此不建议同学们直接去编辑内核中的参数，而是用基于系统调用接口开发出来的程序或服务来管理计算机，以满足日常的工作需要。

如图 2-1 所示，人类是无法直接控制硬件的（想象一个人捧着块硬盘自言自语的滑稽场景）。硬件设备由系统内核直接管理，但由于内核的复杂性太高，在访问时存在较大的风险，因此用户不能直接访问内核。虽然通过调用系统提供的 API（应用程序编程接口）就能实现某个功能，但哪怕实现"将一条信息通过互联网传输给别人"这样简单的任务，都要手动调用几十次 API 接口，使用起来太不切实际。而最外层的服务程序则是最贴近于用户端的，这些服务程序是集成了大量 API 接口的完整软件，微信、QQ 就是这样的服务程序。

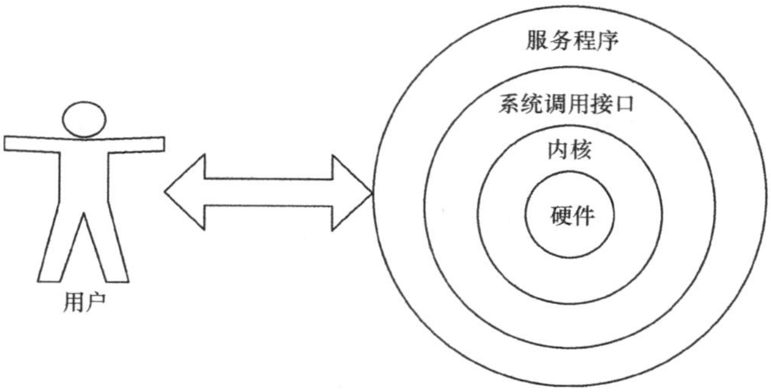

图 2-1 用户与硬件

讲到这里，相信大家已经能够明白服务程序对用户和硬件所能发挥的作用了。如果把整台电脑比喻成人类社会，那么服务程序就是一名翻译官，负责将用户提出的需求转换成硬件能够接收的指令代码，然后再将处理结果反馈成用户能够读懂的内容格式。这样一来一回，用户就能使用硬件资源了。

看到被一层层“包裹”起来的硬件设备，大家有没有感觉像一只蜗牛的壳呢？英文中的壳叫作 Shell，我们在行业中也将用户终端程序称之为 Shell，方便好记。

Shell 就是终端程序的统称，它充当了人与内核（硬件）之间的翻译官，用户把一些命令“告诉”终端程序，它就会调用相应的程序服务去完成某些工作。现在包括红帽系统在内的许多主流 Linux 系统默认使用的终端是 Bash（Bourne-Again SHell）解释器，这个 Bash 解释器主要有以下 4 项优势：

- 通过上下方向键来调取执行过的 Linux 命令；
- 命令或参数仅需输入前几位就可以用 Tab 键补全；
- 具有强大的批处理脚本；
- 具有实用的环境变量功能。

大家可以在今后的学习和生产工作中细细体会 Linux 系统命令行的美妙之处，真正从心里爱上它们。

注：

Shell 与 Bash 是包含与被包含的关系。举例来说，在社会中有翻译官这个职业，它是由许多从业者共同组成的职业名称，而 Bash 则是其中一个出色的成员，是 Shell 终端程序中的一份子。

必须肯定的是，Linux 系统中有些图形化工具（比如逻辑卷管理器[Logical Volume Manager，LVM]）确实非常好用，极大地降低了运维人员出错的概率，值得称赞。但是，很多图形化工具其实只是调用了命令脚本来完成相应的工作，或往往只是为了完成某种特定工作而设计的，缺乏 Linux 命令原有的灵活性及可控性。再者，图形化工具相较于 Linux 命令行界面会更加消耗系统资源，因此经验丰富的运维人员甚至都不会给 Linux 系统安装图形界面，在需要开始运维工作时直接通过命令行模式远程连接过去。不得不说，这样做确实挺高效的。

2.2 执行命令的必备知识

既然 Linux 系统中已经有了 Bash 这么好用的“翻译官”，那么接下来就有必要好好学习一下怎么跟它沟通了。要想准确、高效地完成各种任务，仅依赖于命令本身是不够的，还应该根据实际情况来灵活调整各种命令的参数。比如，我们切寿司时尽管可以用菜刀，但米粒一定会撒得满地都是，因此寿司刀上设计的用于透气的圆孔就是为了更好地适应场景而额外增加的参数。当您学完本书并具备一定的工作经验之后，一定能够领悟 Linux 命令的奥秘。

常见的执行 Linux 命令的格式是下面这样的。

```
命令名称	[命令参数]	命令对象
```

- **命令名称**：就是语法中的“动词”，表达的是想要做的事情，例如创建用户、查看文件、重启系统等操作。
- **命令参数**：用于对命令进行调整，让“修改”过的命令能更好地贴合工作需求，达到事半功倍的效果。就像买衣服一样，衣服的尺码总会感觉偏大或偏小，要么只能将就着穿，要么就再裁剪修改一下，而这种对命令进行“裁剪”的行为就是加参数。例如创建一个编码为 888 的用户、仅查看文件的前 20 行、重启系统前先提醒其他用户等。参数可以用长格式（完整的选项名称），也可以用短格式（单个字母的缩写），两者分别用“--”与“-”作为前缀（示例请见表 2-1）。

表 2-1　Linux 命令参数的长格式与短格式示例

长格式	man --help
短格式	man -h

- **命令对象**：一般指要处理的文件、目录、用户等资源名称，也就是命令执行后的“承受方”。例如创建一位叫小明的用户、查看一个叫工资表的文件、重启一个 IP 为 192.168.10.10 的系统等。

注：

命令名称、命令参数与命令对象之间要用空格进行分隔，且字母严格区分大小写。

注：

在 Linux 相关的图书中，我们会约定俗成地将可选择的、可加或可不加的、非必需的参数使用中括号引起来，例如“man [命令参数]”；而命令所要求的、必须有的参数或对象值，则不带中括号。这样一来，读者可以更好地理解下面出现的命令格式。

在初学 Linux 系统时不会执行命令大多是因为参数比较复杂，参数值需要随不同的命令和实际工作情况而发生改变。所以有读者现在可能会想：“Linux 系统中有那么多命令，我怎么知道某个命令是干嘛用的？在日常工作中遇到了一个不熟悉的 Linux 命令，我又怎样才能知道它有哪些可用参数呢？”接下来，我们就拿 man 这个命令作为本书中的第一个 Linux 命令教给读者去学习。对于真正的零基础读者，可以通过图 2-2～图 2-5 来学习如何在 RHEL 8

系统中执行 Linux 命令。

默认的主机登录界面中只有我们刚刚新建的普通用户，因此在正式进入系统之前，还需要先单击“Not listed?”选项切换至 root 管理员身份。这是红帽 RHEL 8 系统为了避免用户乱使用权限而采取的一项小措施，如图 2-2 所示。

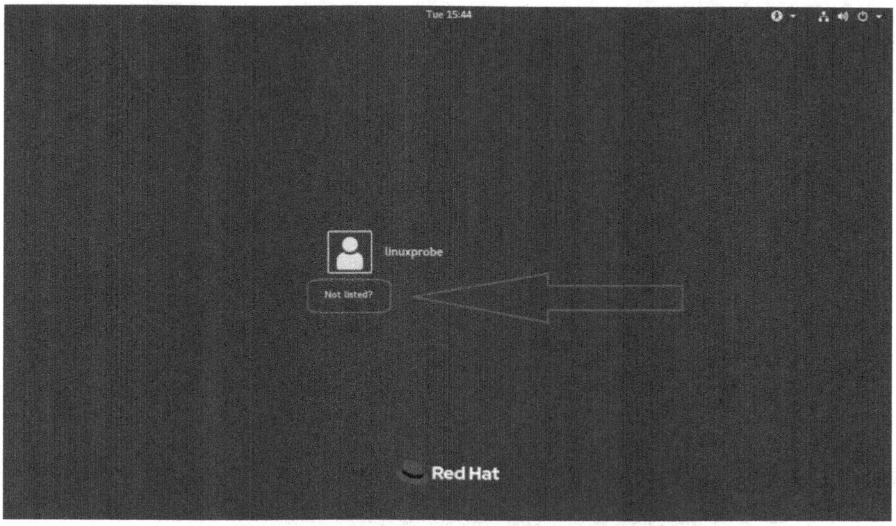

图 2-2　切换至 root 管理员身份

如果使用默认的 linuxprobe 用户登录到主机中，那么本章后面的一些命令会因为权限不足而无法执行，我们需要有足够的权限才能完成接下来的实验。至于同学们关心的“root 管理员和普通用户之间的区别，在生产环境时又该如何选择”的疑问，将会在第 5 章慢慢讲给大家。

登录成功后，单击桌面左上角的 Activities 按钮，在左侧弹出的菜单中单击命令行终端图标即可打开 Bash 解释器，如图 2-3 所示。

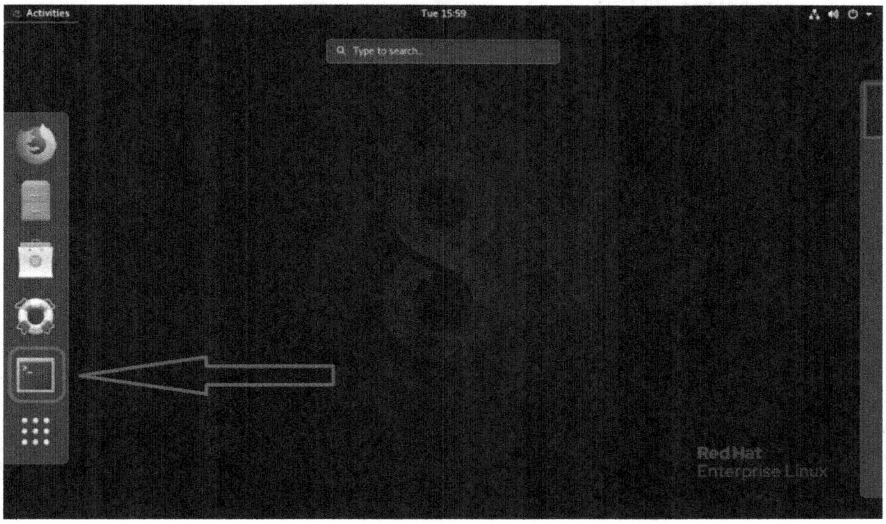

图 2-3　打开命令行终端

在命令行终端中输入 man man 命令来查看 man 命令自身的帮助信息，如图 2-4 所示。

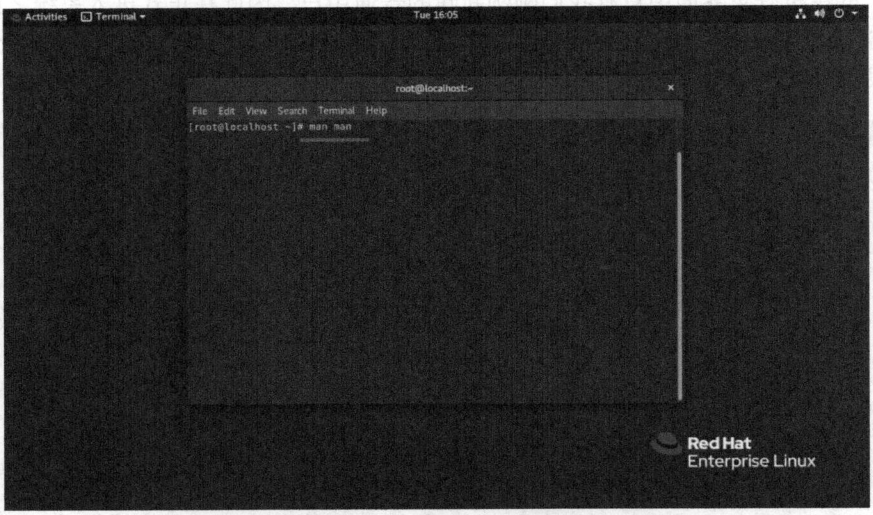

图 2-4 查看 man 命令的帮助信息

敲击回车键后即可看到如图 2-5 所示的帮助信息。

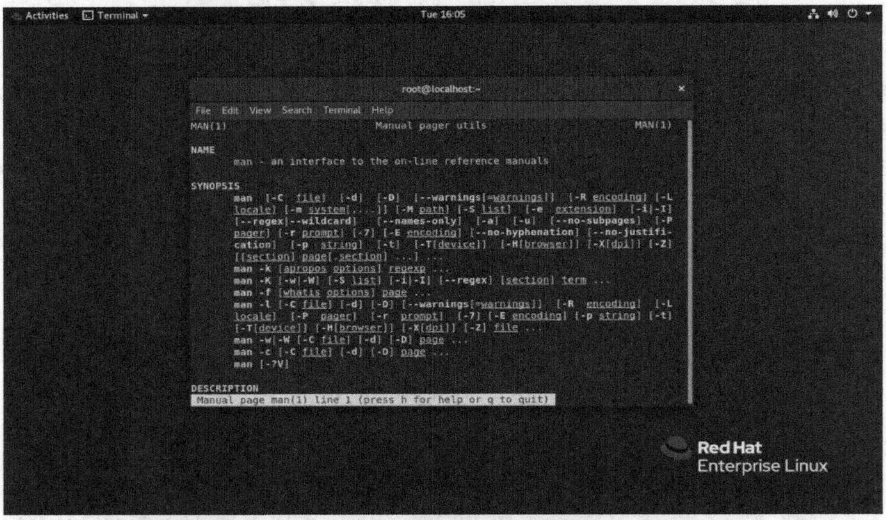

图 2-5 man 命令的帮助信息

小试牛刀成功。大家是不是热情倍增！不过还是要注意 Linux 系统中的命令、参数、对象都是严格区分大小写的。比如，分别执行几次 man 命令，大家能看得出来哪个是正确的吗？

```
[root@linuxprobe~]# Man
bash: Man: command not found...
Similar command is: 'man'
[root@linuxprobe~]# MAN
bash: MAN: command not found...
Similar command is: 'man'
[root@linuxprobe~]# man
What manual page do you want?
```

在 man 命令帮助信息的界面中，所包含的常用操作按键及其作用如表 2-2 所示。

表 2-2 man 命令中常用按键及其作用

按键	作用
空格键	向下翻一页
PaGe down	向下翻一页
PaGe up	向上翻一页
home	直接前往首页
end	直接前往尾页
/	从上至下搜索某个关键词，如“/linux”
?	从下至上搜索某个关键词，如“?linux”
n	定位到下一个搜索到的关键词
N	定位到上一个搜索到的关键词
q	退出帮助文档

一般来讲，使用 man 命令查看到的帮助内容信息都会很长很多，如果读者不了解帮助文档信息的目录结构和操作方法，乍一看到这么多信息可能会感到相当困惑。man 命令的帮助信息的结构及其代表意义如表 2-3 所示。

表 2-3 man 命令中帮助信息的结构及其代表意义

结构名称	代表意义
NAME	命令的名称
SYNOPSIS	参数的大致使用方法
DESCRIPTION	介绍说明
EXAMPLES	演示（附带简单说明）
OVERVIEW	概述
DEFAULTS	默认的功能
OPTIONS	具体的可用选项（带介绍）
ENVIRONMENT	环境变量
FILES	用到的文件
SEE ALSO	相关的资料
HISTORY	维护历史与联系方式

需要多说一句的是，在输入命令前就已经存在的“[root@linuxprobe~]#”这部分内容是终端提示符，它用于向用户展示一些基本的信息——当前登录用户名为 root，简要的主机名是 linuxprobe，所在目录是~（这里的~是指用户家目录，第 6 章会讲解），#表示管理员身份（如果是$则表示普通用户，相应的权限也会小一些）。

额外的 4 个快捷键/组合键小技巧

- **Tab 键**：在 Bash 解释器的快捷键中，Tab 键绝对是使用频率最高的，它能够实现对命令、参数或文件的内容补全。例如，如果想执行 reboot 重启命令，但一时想不起来该命令的完整拼写，则可以这样输入：

```
[root@linuxprobe~]# re<Tab 键><Tab 键>
read              redhat-access-insights  rescan-scsi-bus.sh
readarray         reject                  reset
readelf           remotectl               resize2fs
readlink          rename                  resizecons
readmult          renew-dummy-cert        resizepart
readonly          renice                  resolvconf
readprofile       report-cli              resolvectl
realm             reporter-rhtsupport     restorecon
realpath          reporter-upload         restorecon_xattr
reboot            report-gtk              return
recode-sr-latin   repquota                rev
red               request-key
[root@linuxprobe~]# reb<Tab 键>
[root@linuxprobe~]# reboot
```

在上面的实验中，先输入了两个字母 re，随后敲击了两下 Tab 键。由于以 re 开头的命令不止一个，所以系统将所有以 re 开头的命令全部显示了出来。而第二次输入 reb 后再敲击 Tab 键，由于此时没有以 reb 开头的其他命令，所以系统就显示出了完整的 reboot 重启命令。

对于文件名也是一样的操作——只需要输入前面的一部分名称，且不存在多个以这部分名称开头的文件名，系统就会自动补全。不仅速度快，而且避免了手动输入有可能出错的问题。

- **Ctrl+C 组合键**：当同时按下键盘上的 Ctrl 和字母 C 的时候，意味着终止当前进程的运行。假如执行了一个错误命令，或者是执行某个命令后迟迟无法结束，这时就可以冷静地按下 Ctrl+C 组合键，命令行终端的控制权会立刻回到我们手中。

下述命令的执行效果是每 1s 刷新一次系统负载情况（先不用管命令的作用），直到按下 Ctrl+C 组合键时才停止运行。

```
[root@linuxprobe~]# watch -n 1 uptime
Every 1.0s: uptime          localhost.localdomain: Mon Sep 28 19:11:44 2020
19:11:44 up 59 min,  2 users,  load average: 0.00, 0.00, 0.00
<Ctrl>+<c>
[root@linuxprobe~]#
```

- **Ctrl+D 组合键**：当同时按下键盘上的 Ctrl 和字母 D 的时候，表示键盘输入结束。
- **Ctrl+L 组合键**：当同时按下键盘上行的 Ctrl 和字母 L 的时候，会清空当前终端中已有的内容（相当于清屏操作）。

从现在开始，本书后面的内容都是重磅内容。本书将会带领读者掌握大约 150 个常用的 Linux 命令，以及 50 多个热门的命令。这 50 多个热门的命令是以 Linux 命令大全网（www.linuxcool.com）的查询阅览量为基础筛选出来的。当然，将这些命令全都放到第 2 章讲完肯定不现实，所以刘遄老师根据 10 多年来的运维经验优先筛选出了 10 多个高频使用的基础命令。由于后面的章节中会反复用到这些命令，因此大家需要好好学习并掌握它们，这样才能在后面章节的学习中做到游刃有余。加油！

2.3 常用系统工作命令

您现在阅读的这本书是刘遄老师在经历了数十期的培训授课后总结而成的，您可能无法在本节中找到某些之前见过的命令。但不用担心，之所以这样安排，原因是我们在努力地将 Linux 命令与实战相结合，真正让读者在实操中理解技术，而不是单纯地把命令堆砌到书中让读者去硬背。

刘遄老师用了近一年的时间把最常用的 Linux 命令进行汇总、归纳、整理、分类后，把这些常用的命令合理安排到了后续章节中，然后采用以练代学的方式来加深读者的理解和掌握。从数年的培训成果反馈来看，这种方式相当有效，因此也相信这种方式肯定适合您的学习。

1. echo 命令

echo 命令用于在终端设备上输出字符串或变量提取后的值，语法格式为“echo [字符串] [$变量]”。

这是 Linux 系统中最常用的几个命令之一，它的操作却非常简单，执行“echo 字符串”或“echo $变量”就行，其中$符号的意思是提取变量的实际值，以便后续的输出操作。

例如，把指定字符串“LinuxProbe.com”输出到终端屏幕的命令为：

```
[root@linuxprobe~]# echo LinuxProbe.com
```

该命令会在终端屏幕上显示如下信息：

```
LinuxProbe.com
```

下面使用“$变量”的方式提取出变量 SHELL 的值，并将其输出到屏幕上：

```
[root@linuxprobe~]# echo $SHELL
/bin/bash
```

2. date 命令

date 命令用于显示或设置系统的时间与日期，语法格式为“date [+指定的格式]”。

用户只需在强大的 date 命令后输入以“+”号开头的参数，即可按照指定格式来输出系统的时间或日期，这样在日常工作时便可以把备份数据的命令与指定格式输出的时间信息结合到一起。例如，把打包后的文件自动按照“年-月-日”的格式打包成“backup-2020-9-1.tar.gz”，用户只需要看一眼文件名称就能大致了解到每个文件的备份时间了。date 命令中常见的参数格式及其作用如表 2-4 所示。

表 2-4 date 命令中的参数及其作用

参数	作用
%S	秒（00～59）
%M	分钟（00～59）
%H	小时（00～23）

续表

参数	作用
%I	小时（00～12）
%m	月份（1～12）
%p	显示出 AM 或 PM
%a	缩写的工作日名称（例如，Sun）
%A	完整的工作日名称（例如，Sunday）
%b	缩写的月份名称（例如，Jan）
%B	完整的月份名称（例如，January）
%q	季度（1～4）
%y	简写年份（例如，20）
%Y	完整年份（例如，2020）
%d	本月中的第几天
%j	今年中的第几天
%n	换行符（相当于按下回车键）
%t	跳格（相当于按下 Tab 键）

按照默认格式查看当前系统时间的 date 命令如下所示：

```
[root@linuxprobe~]# date
Sat Sep 5 09:13:45 CST 2020
```

按照“年-月-日 小时:分钟:秒”的格式查看当前系统时间的 date 命令如下所示：

```
[root@linuxprobe~]# date "+%Y-%m-%d %H:%M:%S"
2020-09-05 09:14:35
```

将系统的当前时间设置为 2020 年 11 月 1 日 8 点 30 分的 date 命令如下所示：

```
[root@linuxprobe~]# date -s "20201101 8:30:00"
Sun Nov 1 08:30:00 CST 2020
```

再次使用 date 命令并按照默认的格式查看当前的系统时间，如下所示：

```
[root@linuxprobe~]# date
Sun Nov 1 08:30:08 CST 2020
```

date 命令中的参数%j 可用来查看今天是当年中的第几天。这个参数能够很好地区分备份时间的早晚，即数字越大，越靠近当前时间。该参数的使用方式以及显示结果如下所示：

```
[root@linuxprobe~]# date "+%j"
306
```

3. timedatectl 命令

timedatectl 命令用于设置系统的时间，英文全称为“time date control”，语法格式为“timedatectl [参数]”。

发现电脑时间跟实际时间不符？如果只差几分钟的话，我们可以直接调整。但是，如果差几个小时，那么除了调整当前的时间，还有必要检查一下时区了。timedatectl 命令中常见的参数格式及作用如表 2-5 所示。

表 2-5　　timedatectl 命令中的参数以及作用

参数	作用
status	显示状态信息
list-timezones	列出已知时区
set-time	设置系统时间
set-timezone	设置生效时区

查看系统时间与时区的方法如下：

```
[root@linuxprobe~]# timedatectl status
               Local time: Sun 2020-09-06 19:51:22 CST
           Universal time: Sun 2020-09-06 11:51:22 UTC
                 RTC time: Sun 2020-09-06 19:51:21
                Time zone: Asia/Shanghai (CST, +0800)
System clock synchronized: no
              NTP service: inactive
          RTC in local TZ: no
```

如果您查到的时区不是上海（Asia/Shanghai），可以手动进行设置：

```
[root@linuxprobe~]# timedatectl set-timezone Asia/Shanghai
```

如果时间还是不正确，可再手动修改系统日期：

```
[root@linuxprobe~]# timedatectl set-time 2021-05-18
```

而如果想修改时间的话，也很简单：

```
[root@linuxprobe~]# timedatectl set-time 9:30
[root@linuxprobe~]# date
Tue May 18 09:30:01 CST 2021
```

4. reboot 命令

reboot 命令用于重启系统，输入该命令后按回车键执行即可。

由于重启计算机这种操作会涉及硬件资源的管理权限，因此最好是以 root 管理员的身份来重启，普通用户在执行该命令时可能会被拒绝。reboot 的命令如下：

```
[root@linuxprobe~]# reboot
```

5. poweroff 命令

poweroff 命令用于关闭系统，输入该命令后按回车键执行即可。

与上面相同，该命令也会涉及硬件资源的管理权限，因此最好还是以 root 管理员的身份来关闭电脑，其命令如下：

```
[root@linuxprobe~]# poweroff
```

6. wget 命令

wget 命令用于在终端命令行中下载网络文件，英文全称为“web get”，语法格式为“wget [参数] 网址”。

借助于 wget 命令，可以无须打开浏览器，直接在命令行界面中就能下载文件。如果您没有 Linux 系统的管理经验，当前只需了解一下 wget 命令的参数以及作用，然后看一眼下面的演示实验就够了，切记不要急于求成。后面章节将逐步讲解 Linux 系统的配置管理方法，可以等掌握了网卡的配置方法后再来进行这个实验操作。表 2-6 所示为 wget 命令中的参数以及参数的作用。

表 2-6　　wget 命令中的参数以及作用

参数	作用
-b	后台下载模式
-P	下载到指定目录
-t	最大尝试次数
-c	断点续传
-p	下载页面内所有资源，包括图片、视频等
-r	递归下载

注：

由于本实验需要从外部网络下载文件，但虚拟机默认是无法连接外网的，在操作后会提示响应超时的报错，因此可先不进行实操。

尝试使用 wget 命令从本书的配套站点中下载本书最新的 PDF 格式的电子文档。执行该命令后的下载效果如下：

```
[root@linuxprobe~]# wget https://www.linuxprobe.com/docs/LinuxProbe.pdf
--2020-09-28 19:24:39-- https://www.linuxprobe.com/docs/LinuxProbe.pdf
Resolving www.linuxprobe.com (www.linuxprobe.com)... 221.15.64.1
Connecting to www.linuxprobe.com (www.linuxprobe.com)|221.15.64.1|:443... connected.
HTTP request sent, awaiting response... 200 OK
Length: 17676281 (17M) [application/pdf]
Saving to: 'LinuxProbe.pdf'

LinuxProbe.pdf      100%[============>]  16.86M  15.9MB/s    in 1.1s

2020-09-28 19:24:40 (15.9 MB/s) - 'LinuxProbe.pdf' saved [17676281/17676281]
```

接下来，使用 wget 命令递归下载 www.linuxprobe.com 网站内的所有页面数据以及文件，下载完后会自动保存到当前路径下一个名为 www.linuxprobe.com 的目录中。该命令的执行结果如下：

```
[root@linuxprobe~]# wget -r -p https://www.linuxprobe.com
--2020-09-28 19:26:12--  https://www.linuxprobe.com/
Resolving www.linuxprobe.com (www.linuxprobe.com)... 221.15.64.1
Connecting to www.linuxprobe.com (www.linuxprobe.com)|221.15.64.1|:443... connected.
HTTP request sent, awaiting response... 200 OK
Length: unspecified [text/html]
Saving to: 'www.linuxprobe.com/index.html'
………………省略下载过程………………
```

7. ps 命令

ps 命令用于查看系统中的进程状态，英文全称为“processes”，语法格式为“ps [参数]”。

估计读者在第一次执行这个命令时都要惊呆一下——怎么会有这么多输出值，这可怎么看得过来？其实，高手通常会将 ps 命令与第 3 章的管道符技术搭配使用，用来抓取与某个指定服务进程相对应的 PID 号码。ps 命令的常见参数以及作用如表 2-7 所示。

表 2-7　　ps 命令中的参数以及作用

参数	作用
-a	显示所有进程（包括其他用户的进程）
-u	用户以及其他详细信息
-x	显示没有控制终端的进程

Linux 系统中时刻运行着许多进程，如果能够合理地管理它们，则可以优化系统的性能。在 Linux 系统中有 5 种常见的进程状态，分别为运行、中断、不可中断、僵死与停止，其各自含义如下所示。

- **R（运行）**：进程正在运行或在运行队列中等待。
- **S（中断）**：进程处于休眠中，当某个条件形成后或者接收到信号时，则脱离该状态。
- **D（不可中断）**：进程不响应系统异步信号，即便用 kill 命令也不能将其中断。
- **Z（僵死）**：进程已经终止，但进程描述符依然存在，直到父进程调用 wait4()系统函数后将进程释放。
- **T（停止）**：进程收到停止信号后停止运行。

除了上面 5 种常见的进程状态，还有可能是高优先级（<）、低优先级（N）、被锁进内存（L）、包含子进程（s）以及多线程（l）这 5 种补充形式。

当执行 ps aux 命令后通常会看到如表 2-8 所示的进程状态。表 2-8 只是列举了部分输出值，而且正常的输出值中不包括中文注释。

表 2-8　　　　　　　　　　　　　　进程状态

USER	PID	%CPU	%MEM	VSZ	RSS	TTY	STAT	START	TIME	COMMAND
进程的所有者	进程 ID 号	运算器占用率	内存占用率	虚拟内存使用量（单位是 KB）	占用的固定内存量（单位是 KB）	所在终端	进程状态	被启动的时间	实际使用 CPU 的时间	命令名称与参数
root	1	0.0	0.5	244740	10636	?	Ss	07:54	0:02	/usr/lib/systemd/systemd--switched-root--system--deserialize 18
root	2	0.0	0.0	0	0	?	S	07:54	0:00	[kthreadd]
root	3	0.0	0.0	0	0	?	I<	07:54	0:00	[rcu_gp]
root	4	0.0	0.0	0	0	?	I<	07:54	0:00	[rcu_par_gp]
root	5	0.0	0.0	0	0	?	I<	07:54	0:00	[kworker/0:0H-kbl
root	6	0.0	0.0	0	0	?	I<	07:54	0:00	[mm_percpu_wq]
root	7	0.0	0.0	0	0	?	S	07:54	0:00	[ksoftirqd/0]
root	8	0.0	0.0	0	0	?	I	07:54	0:00	[rcu_sched]
root	9	0.0	0.0	0	0	?	S	07:54	0:00	[migration/0]

……………………省略部分输出信息…………

注：

如前面所提到的，在 Linux 系统中的命令参数有长短格式之分，长格式和长格式之间不能合并，长格式和短格式之间也不能合并，但短格式和短格式之间是可以合并的，合并后仅保留一个减号（-）即可。另外 ps 命令可允许参数不加减号（-），因此可直接写成 ps aux 的样子。

8. pstree 命令

pstree 命令用于以树状图的形式展示进程之间的关系，英文全称为“process tree”，输入该命令后按回车键执行即可。

前文提到，在执行 ps 命令后，产生的信息量太大又没有规律，很难让人再想看第二眼。如果想让进程以树状图的形式，有层次地展示出进程之间的关系，则可以使用 pstree 命令：

```
[root@linuxprobe~]# pstree
systemd─┬─ModemManager───2*[{ModemManager}]
├─NetworkManager───2*[{NetworkManager}]
├─VGAuthService
├─accounts-daemon───2*[{accounts-daemon}]
├─atd
```

```
├─auditd─┬─sedispatch
│        └─2*[{auditd}]
├─avahi-daemon───avahi-daemon
├─boltd───2*[{boltd}]
├─colord───2*[{colord}]
├─crond
├─cupsd
├─dbus-daemon───{dbus-daemon}
├─dnsmasq───dnsmasq
├─firewalld───{firewalld}
├─fprintd───{fprintd}
├─fwupd───4*[{fwupd}]
.................省略部分输出信息.................
```

9. top 命令

top 命令用于动态地监视进程活动及系统负载等信息，输入该命令后按回车键执行即可。

前面介绍的命令都是静态地查看系统状态，不能实时滚动最新数据，而 top 命令能够动态地查看系统状态，因此完全可以将它看作是 Linux 中"强化版的 Windows 任务管理器"。top 是相当好用的性能分析工具，该命令的运行界面如图 2-6 所示。

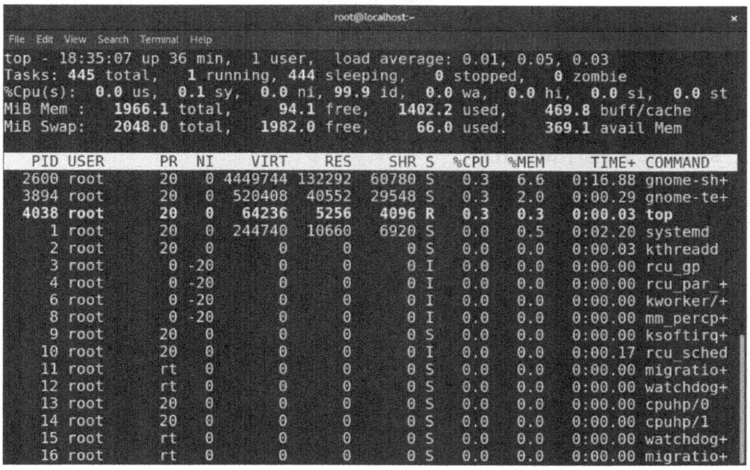

```
root@localhost:~
File  Edit  View  Search  Terminal  Help
top - 18:35:07 up 36 min,  1 user,  load average: 0.01, 0.05, 0.03
Tasks: 445 total,   1 running, 444 sleeping,   0 stopped,   0 zombie
%Cpu(s):  0.0 us,  0.1 sy,  0.0 ni, 99.9 id,  0.0 wa,  0.0 hi,  0.0 si,  0.0 st
MiB Mem :   1966.1 total,     94.1 free,   1402.2 used,    469.8 buff/cache
MiB Swap:   2048.0 total,   1982.0 free,     66.0 used.    369.1 avail Mem

  PID USER      PR  NI    VIRT    RES    SHR S  %CPU  %MEM     TIME+ COMMAND
 2600 root      20   0 4449744 132292  60780 S   0.3   6.6   0:16.88 gnome-sh+
 3894 root      20   0  520408  40552  29548 S   0.3   2.0   0:00.29 gnome-te+
 4038 root      20   0   64236   5256   4096 R   0.3   0.3   0:00.03 top
    1 root      20   0  244740  10660   6920 S   0.0   0.5   0:02.20 systemd
    2 root      20   0       0      0      0 S   0.0   0.0   0:00.03 kthreadd
    3 root       0 -20       0      0      0 I   0.0   0.0   0:00.00 rcu_gp
    4 root       0 -20       0      0      0 I   0.0   0.0   0:00.00 rcu_par_+
    6 root       0 -20       0      0      0 I   0.0   0.0   0:00.00 kworker/+
    8 root       0 -20       0      0      0 I   0.0   0.0   0:00.00 mm_percp+
    9 root      20   0       0      0      0 S   0.0   0.0   0:00.00 ksoftirq+
   10 root      20   0       0      0      0 I   0.0   0.0   0:00.17 rcu_sched
   11 root      rt   0       0      0      0 S   0.0   0.0   0:00.00 migratio+
   12 root      rt   0       0      0      0 S   0.0   0.0   0:00.00 watchdog+
   13 root      20   0       0      0      0 S   0.0   0.0   0:00.00 cpuhp/0
   14 root      20   0       0      0      0 S   0.0   0.0   0:00.00 cpuhp/1
   15 root      rt   0       0      0      0 S   0.0   0.0   0:00.00 watchdog+
   16 root      rt   0       0      0      0 S   0.0   0.0   0:00.00 migratio+
```

图 2-6　top 命令的运行界面

在图 2-6 中，top 命令执行结果的前 5 行为系统整体的统计信息，其所代表的含义如下。

- 第 1 行：系统时间、运行时间、登录终端数、系统负载（3 个数值分别为 1 分钟、5 分钟、15 分钟内的平均值，数值越小意味着负载越低）。
- 第 2 行：进程总数、运行中的进程数、睡眠中的进程数、停止的进程数、僵死的进程数。
- 第 3 行：用户占用资源百分比、系统内核占用资源百分比、改变过优先级的进程资源百分比、空闲的资源百分比等。其中数据均为 CPU 数据并以百分比格式显示，例如

"99.9 id"意味着有 99.9%的 CPU 处理器资源处于空闲。

- 第 4 行：物理内存总量、内存空闲量、内存使用量、作为内核缓存的内存量。
- 第 5 行：虚拟内存总量、虚拟内存空闲量、虚拟内存使用量、已被提前加载的内存量。

10. nice 命令

nice 命令用于调整进程的优先级，语法格式为"nice 优先级数字 服务名称"。

在 top 命令输出的结果中，PR 和 NI 值代表的是进程的优先级，数字越低（取值范围是 -20 ~ 19），优先级越高。在日常的生产工作中，可以将一些不重要进程的优先级调低，让紧迫的服务更多地利用 CPU 和内存资源，以达到合理分配系统资源的目的。例如将 bash 服务的优先级调整到最高：

```
[root@linuxprobe~]# nice -n -20 bash
[root@linuxprobe~]#
```

11. pidof 命令

pidof 命令用于查询某个指定服务进程的 PID 号码值，语法格式为"pidof [参数] 服务名称"。

每个进程的进程号码值（PID）是唯一的，可以用于区分不同的进程。例如，执行如下命令来查询本机上 sshd 服务程序的 PID：

```
[root@linuxprobe~]# pidof sshd
2156
```

12. kill 命令

kill 命令用于终止某个指定 PID 值的服务进程，语法格式为"kill [参数] 进程的 PID"。

接下来，使用 kill 命令把上面用 pidof 命令查询到的 PID 所代表的进程终止掉，其命令如下所示。这种操作的效果等同于强制停止 sshd 服务。

```
[root@linuxprobe~]# kill 2156
```

但有时系统会提示进程无法被终止，此时可以加参数-9，表示最高级别地强制杀死进程：

```
[root@linuxprobe~]# kill -9 2156
```

13. killall 命令

killall 命令用于终止某个指定名称的服务所对应的全部进程，语法格式为"killall [参数] 服务名称"。

通常来讲，复杂软件的服务程序会有多个进程协同为用户提供服务，如果用 kill 命令逐个去结束这些进程会比较麻烦，此时可以使用 killall 命令来批量结束某个服务程序带有的全部进程。下面以 httpd 服务程序为例，来结束其全部进程。由于 RHEL 8 系统默认没有安装 httpd 服务程序，因此大家此时只需看操作过程和输出结果即可，等学习了相关内容之后再来实践。

```
[root@linuxprobe~]# pidof httpd
13581 13580 13579 13578 13577 13576
[root@linuxprobe~]# killall httpd
[root@linuxprobe~]# pidof httpd
[root@linuxprobe~]#
```

如果在系统终端中执行一个命令后想立即停止它，可以同时按下 Ctrl + C 组合键（生产环境中比较常用的一个组合键），这样将立即终止该命令的进程。或者，如果有些命令在执行时不断地在屏幕上输出信息，影响到后续命令的输入，则可以在执行命令时在末尾添加一个&符号，这样命令将进入系统后台来执行。

2.4 系统状态检测命令

作为一名合格的运维人员，要想更快、更好地了解 Linux 服务器，必须具备快速查看系统运行状态的能力，因此接下来会逐个讲解与网卡网络、系统内核、系统负载、内存使用情况、当前启用终端数量、历史登录记录、命令执行记录以及救援诊断等相关命令的使用方法。这些命令都超级实用，还请读者用心学习，加以掌握。

1. ifconfig 命令

ifconfig 命令用于获取网卡配置与网络状态等信息，英文全称为“interface config”，语法格式为“ifconfig [参数] [网络设备]”。

使用 ifconfig 命令来查看本机当前的网卡配置与网络状态等信息时，其实主要查看的就是网卡名称、inet 参数后面的 IP 地址、ether 参数后面的网卡物理地址（又称为 MAC 地址），以及 RX、TX 的接收数据包与发送数据包的个数及累计流量（即下面加粗的信息内容）：

```
[root@linuxprobe~]# ifconfig
ens160: flags=4163<UP,BROADCAST,RUNNING,MULTICAST>  mtu 1500
inet 192.168.10.10  netmask 255.255.255.0  broadcast 192.168.10.255
        inet6 fe80::c8f8:f5c5:8251:aeaa  prefixlen 64  scopeid 0x20
        ether 00:0c:29:7d:27:bf  txqueuelen 1000  (Ethernet)
        RX packets 304  bytes 33283 (32.5 KiB)
        RX errors 0  dropped 0  overruns 0  frame 0
        TX packets 91  bytes 11052 (10.7 KiB)
        TX errors 0  dropped 0 overruns 0  carrier 0  collisions 0

lo: flags=73<UP,LOOPBACK,RUNNING>  mtu 65536
        inet 127.0.0.1  netmask 255.0.0.0
        inet6 ::1  prefixlen 128  scopeid 0x10
```

```
        loop  txqueuelen 1000  (Local Loopback)
        RX packets 376  bytes 31784 (31.0 KiB)
        RX errors 0  dropped 0  overruns 0  frame 0
        TX packets 376  bytes 31784 (31.0 KiB)
        TX errors 0  dropped 0 overruns 0  carrier 0  collisions 0

virbr0: flags=4099<UP,BROADCAST,MULTICAST>  mtu 1500
        ether 52:54:00:a2:89:54  txqueuelen 1000  (Ethernet)
        RX packets 0  bytes 0 (0.0 B)
        RX errors 0  dropped 0  overruns 0  frame 0
        TX packets 0  bytes 0 (0.0 B)
        TX errors 0  dropped 0 overruns 0  carrier 0  collisions 0
```

2. uname 命令

uname 命令用于查看系统内核版本与系统架构等信息，英文全称为“unix name”，语法格式为“uname [-a]”。

在使用 uname 命令时，一般要固定搭配上-a 参数来完整地查看当前系统的内核名称、主机名、内核发行版本、节点名、压制时间、硬件名称、硬件平台、处理器类型以及操作系统名称等信息：

```
[root@linuxprobe~]# uname -a
Linux linuxprobe.com 4.18.0-80.el8.x86_64 #1 SMP Wed Mar 13 12:02:46 UTC 2019
x86_64 x86_64 x86_64 GNU/Linux
```

顺带一提，如果要查看当前系统版本的详细信息，则需要查看 redhat-release 文件，其命令以及相应的结果如下：

```
[root@linuxprobe~]# cat /etc/redhat-release
Red Hat Enterprise Linux release 8.0 (Ootpa)
```

3. uptime 命令

uptime 命令用于查看系统的负载信息，输入该命令后按回车键执行即可。

uptime 命令真的很棒，它可以显示当前系统时间、系统已运行时间、启用终端数量以及平均负载值等信息。平均负载值指的是系统在最近 1 分钟、5 分钟、15 分钟内的压力情况（下面加粗的信息部分），负载值越低越好：

```
[root@linuxprobe~]# uptime
22:49:55 up 10 min, 1 users, load average: 0.01, 0.19, 0.18
```

注：

“负载值越低越好”是对运维人员来讲的，越低表示越安全省心。但是公司购置的硬件设备如果长期处于空闲状态，则明显是种资源浪费，老板也不会开心。所以建议负载值保持在 1 左右，在生产环境中不要超过 5 就好。

4. free 命令

free 命令用于显示当前系统中内存的使用量信息，语法格式为“free [-h]”。

为了保证 Linux 系统不会因资源耗尽而突然宕机，运维人员需要时刻关注内存的使用量。在使用 free 命令时，可以结合使用-h 参数以更人性化的方式输出当前内存的实时使用量信息。表 2-9 所示为在刘遄老师的电脑上执行 free -h 命令之后的输出信息。需要注意的是，输出信息中的中文注释是作者自行添加的内容，实际输出时没有相应的参数解释。

```
[root@linuxprobe~]# free -h
```

表 2-9　执行 free -h 命令后的输出信息

	内存总量	已用量	空闲量	共享使用的内存量	磁盘缓存的内存量	缓存的内存量	可用量
	Total	used	free	shared	buffers	buff/cache	available
Mem:	1.9Gi	1.4Gi	99Mi	20Mi	450Mi	348Mi	
Swap:	2.0Gi	80Mi	1.9Gi				

如果不使用-h（易读模式）查看内存使用量情况，则默认以 KB 为单位。这样一来，服务器如果有几百 GB 的内存，则换算下来就会是一大长串的数字，真不利于阅读。

5. who 命令

who 命令用于查看当前登入主机的用户终端信息，输入该命令后按回车键执行即可。

这 3 个简单的字母可以快速显示出所有正在登录本机的用户名称以及他们正在开启的终端信息；如果有远程用户，还会显示出来访者的 IP 地址。表 2-10 所示为执行 who 命令后的结果。

```
[root@linuxprobe~]# who
```

表 2-10　执行 who 命令的结果

登录的用户名	终端设备	登录到系统的时间
root	tty2	2020-07-24 06:26 (tty2)

6. last 命令

last 命令用于调取主机的被访记录，输入该命令后按回车键执行即可。

Linux 系统会将每次的登录信息都记录到日志文件中，如果哪天想翻阅了，直接执行这条命令就行：

```
[root@linuxprobe~]# last
root     pts/1        192.168.10.1          Tue May 18 10:30 - 11:03  (00:32)
root     tty2         tty2                  Fri Jul 24 06:26   gone - no logout
reboot   system boot  4.18.0-80.el8.x8 Fri Jul 24 05:59    still running
root     tty2         tty2                  Tue Jul 21 05:19 - down   (00:00)
reboot   system boot  4.18.0-80.el8.x8 Tue Jul 21 05:16 - 05:19  (00:02)

wtmp begins Tue Jul 21 05:16:47 2020
```

7. ping 命令

ping 命令用于测试主机之间的网络连通性，语法格式为“ping [参数] 主机地址”。

即便大家没有学习过 Linux 系统，相信也肯定见过别人使用 ping 命令。执行 ping 命令时，系统会使用 ICMP 向远端主机发出要求回应的信息，若连接远端主机的网络没有问题，远端主机会回应该信息。由此可见，ping 命令可用于判断远端主机是否在线并且网络是否正常。ping 命令的常见参数以及作用如表 2-11 所示。

表 2-11　　ping 命令中的参数以及作用

参数	作用
-c	总共发送次数
-I	指定网卡名称
-i	每次间隔时间（秒）
-W	最长等待时间（秒）

我们使用 ping 命令测试一台在线的主机（其 IP 地址为 192.168.10.10），得到的回应是这样的：

```
[root@linuxprobe~]# ping -c 4 192.168.10.10
PING 192.168.10.10 (192.168.10.10) 56(84) bytes of data.
64 bytes from 192.168.10.10: icmp_seq=1 ttl=64 time=0.155 ms
64 bytes from 192.168.10.10: icmp_seq=2 ttl=64 time=0.110 ms
64 bytes from 192.168.10.10: icmp_seq=3 ttl=64 time=0.112 ms
64 bytes from 192.168.10.10: icmp_seq=4 ttl=64 time=0.209 ms

--- 192.168.10.10 ping statistics ---
4 packets transmitted, 4 received, 0% packet loss, time 56ms
rtt min/avg/max/mdev = 0.110/0.146/0.209/0.042 ms
```

测试一台不在线的主机（其 IP 地址为 192.168.10.20），得到的回应是这样的：

```
[root@linuxprobe~]# ping -c 4 192.168.10.20
PING 192.168.10.20 (192.168.10.20) 56(84) bytes of data.
From 192.168.10.10 icmp_seq=1 Destination Host Unreachable
From 192.168.10.10 icmp_seq=2 Destination Host Unreachable
From 192.168.10.10 icmp_seq=3 Destination Host Unreachable
From 192.168.10.10 icmp_seq=4 Destination Host Unreachable

--- 192.168.10.20 ping statistics ---
4 packets transmitted, 0 received, +4 errors, 100% packet loss, time 68ms
pipe 4
```

8. tracepath 命令

tracepath 命令用于显示数据包到达目的主机时途中经过的所有路由信息，语法格式为

“tracepath [参数] 域名”。

当两台主机之间无法正常 ping 通时，要考虑两台主机之间是否有错误的路由信息，导致数据被某一台设备错误地丢弃。这时便可以使用 tracepath 命令追踪数据包到达目的主机时途中的所有路由信息，以分析是哪台设备出了问题。下面的情况就很清晰了：

```
[root@linuxprobe~]# tracepath www.linuxprobe.com
 1?: [LOCALHOST]                                    pmtu 1500
 1:  no reply
 2:  11.223.0.189                                   5.954ms asymm  1
 3:  11.223.0.14                                    6.256ms asymm  2
 4:  11.220.159.62                                  3.313ms asymm  3
 5:  116.251.107.13                                 1.841ms
 6:  140.205.50.237                                 2.416ms asymm  5
 7:  101.95.211.117                                 2.772ms
 8:  101.95.208.45                                  40.839ms
 9:  101.95.218.217                                 13.898ms asymm  8
10:  202.97.81.162                                  8.113ms  asymm  9
11:  221.229.193.238                                15.693ms asymm 10
12:  no reply
13:  no reply
14:  no reply
15:  no reply
16:  no reply
17:  no reply
18:  no reply
.................省略部分输出信息.................
```

9. netstat 命令

netstat 命令用于显示如网络连接、路由表、接口状态等的网络相关信息，英文全称为“network status”，语法格式为“netstat [参数]”。

只要 netstat 命令使用得当，便可以查看到网络状态的方方面面信息。我们找出一些常用的参数让大家感受一下。netstat 命令的常见参数以及作用如表 2-12 所示。

表 2-12　　netstat 命令中的参数以及作用

参数	作用
-a	显示所有连接中的 Socket
-p	显示正在使用的 Socket 信息
-t	显示 TCP 协议的连接状态
-u	显示 UDP 协议的连接状态

续表

参数	作用
-n	使用 IP 地址，不使用域名
-l	仅列出正在监听的服务状态
-i	显示网卡列表信息
-r	显示路由表信息

使用 netstat 命令显示详细的网络状况：

```
[root@linuxprobe~]# netstat -a
Active Internet connections (servers and established)
Proto Recv-Q Send-Q Local Address          Foreign Address         State
tcp        0      0 0.0.0.0:ssh             0.0.0.0:*              LISTEN
tcp        0      0 localhost:ipp           0.0.0.0:*              LISTEN
tcp        0      0 0.0.0.0:sunrpc          0.0.0.0:*              LISTEN
tcp6       0      0 [::]:ssh                [::]:*                 LISTEN
tcp6       0      0 localhost:ipp           [::]:*                 LISTEN
tcp6       0      0 [::]:sunrpc             [::]:*                 LISTEN
udp        0      0 0.0.0.0:bootps          0.0.0.0:*
udp        0      0 0.0.0.0:sunrpc          0.0.0.0:*
udp        0      0 0.0.0.0:mdns            0.0.0.0:*
udp        0      0 0.0.0.0:37396           0.0.0.0:*
udp6       0      0 [::]:sunrpc             [::]:*
udp6       0      0 [::]:mdns               [::]:*
udp6       0      0 [::]:38541              [::]:*
………………省略部分输出信息………………
```

使用 netstat 命令显示网卡列表：

```
[root@linuxrpobe~]# netstat -i
Kernel Interface table
Iface             MTU    RX-OK RX-ERR RX-DRP RX-OVR    TX-OK TX-ERR TX-DRP TX-OVR Flg
ens160           1500       70      0      0 0          79      0      0      0 BMRU
lo              65536      248      0      0 0         248      0      0      0 LRU
virbr0           1500        0      0      0 0           0      0      0      0 BMU
```

10. history 命令

history 命令用于显示执行过的命令历史，语法格式为"history [-c]"。

history 命令应该是运维人员最喜欢的命令。执行 history 命令能显示出当前用户在本地计算机中执行过的最近 1000 条命令记录。如果觉得 1000 不够用，可以自定义/etc/profile 文件中的 HISTSIZE 变量值。在使用 history 命令时，可以使用-c 参数清空所有的命令历史记录。还可以使用"!编码数字"的方式来重复执行某一次的命令。总之，history 命令有很多有趣的玩法等待您去开发。

```
[root@linuxprobe~]# history
1 ifconfig
2 uname -a
3 cat /etc/redhat-release
4 uptime
5 free -h
```

```
6 who
7 last
8 ping -c 192.168.10.10
9 ping -c 192.168.10.20
10 tracepath www.linuxprobe.com
11 netstat -a
12 netstat -i
13 history
[root@linuxprobe~]# !3
cat /etc/redhat-release
Red Hat Enterprise Linux release 8.0 (Ootpa)
```

历史命令会被保存到用户家目录中的.bash_history 文件中。Linux 系统中以点（.）开头的文件均代表隐藏文件，这些文件大多数为系统服务文件，可以用 cat 命令查看其文件内容：

```
[root@linuxprobe~]# cat ~/.bash_history
```

要清空当前用户在本机上执行的 Linux 命令历史记录信息，可执行如下命令：

```
[root@linuxprobe~]# history -c
```

11. sosreport 命令

sosreport 命令用于收集系统配置及架构信息并输出诊断文档，输入该命令后按回车键执行即可。

当 Linux 系统出现故障需要联系技术支持人员时，大多数时候都要先使用这个命令来简单收集系统的运行状态和服务配置信息，以便让技术支持人员能够远程解决一些小问题，抑或让他们能提前了解某些复杂问题。在下面的输出信息中，加粗的部分是收集好的资料压缩文件以及校验码，将其发送给技术支持人员即可：

```
[root@linuxprobe~]# sosreport
sosreport (version 3.6)
This command will collect diagnostic and configuration information from
this Red Hat Enterprise Linux system and installed applications.

An archive containing the collected information will be generated in
/var/tmp/sos.9_i0glu8 and may be provided to a Red Hat support
representative.

Any information provided to Red Hat will be treated in accordance with
the published support policies at:
https://access.redhat.com/support/
The generated archive may contain data considered sensitive and its
content should be reviewed by the originating organization before being
passed to any third party.

No changes will be made to system configuration.
Press ENTER to continue, or CTRL-C to quit.
此处按下回车键进行确认
Please enter the case id that you are generating this report for []:此处按下回车
键进行确认
Setting up archive ...
Setting up plugins ...
Running plugins. Please wait ...
………………省略部分输出信息………………
```

```
Finished running plugins
Creating compressed archive...

Your sosreport has been generated and saved in:
/var/tmp/sosreport-linuxprobe.com-2021-05-18-jnkaspu.tar.xz

The checksum is: 9fbecbd167b7e5836db1ff8f068c4db3
Please send this file to your support representative.
```

注：

sosreport 命令有点像是远程问诊。假如我们今天有点咳嗽发烧不舒服，可以先从网上搜索相关症状的病因，如果仅仅是感冒的话那就多喝水，这就免去了到医院挂号看病的车马劳顿；而如果怀疑出了大毛病，再请专业人员进行处理也不迟。

2.5 查找定位文件命令

工作目录指的是用户当前在系统中所处的位置。由于工作目录会牵涉系统存储结构相关的知识，因此第 6 章将详细讲解这部分内容。读者只需简单了解一下这里的操作实验即可，如果不能完全掌握也没有关系，毕竟 Linux 系统的知识体系太过庞大，每一位初学人员都需要经历这么一段时期。

1. pwd 命令

pwd 命令用于显示用户当前所处的工作目录，英文全称为“print working directory”，输入该命令后按回车键执行即可。

使用 pwd 命令查看当前所处的工作目录：

```
[root@linuxprobe etc]# pwd
/etc
```

2. cd 命令

cd 命令用于切换当前的工作路径，英文全称为“change directory”，语法格式为“cd [参数] [目录]”。

这个命令应该是最常用的一个 Linux 命令了。可以通过 cd 命令迅速、灵活地切换到不同的工作目录。除了常见的切换目录方式，还可以使用“cd -”命令返回到上一次所处的目录，使用“cd ..”命令进入上级目录，以及使用“cd ~”命令切换到当前用户的家目录，抑或使用“cd ~ username”命令切换到其他用户的家目录（就像在游戏中使用了“回城”技能一样）。例如，使用下述的 cd 命令切换进/etc 目录中：

```
[root@linuxprobe~]# cd /etc
```

同样的道理，可使用下述命令切换到/bin 目录中：

```
[root@linuxprobe etc]# cd /bin
```

此时，要返回到上一次的目录（即/etc 目录），可执行如下命令：

```
[root@linuxprobe bin]# cd -
/etc
[root@linuxprobe etc]#
```

还可以通过下面的命令快速切换到用户的家目录：

```
[root@linuxprobe etc]# cd ~
[root@linuxprobe~]#
```

注：

随着切换目录的操作，命令提示符也在发生变化，例如[root@linuxprobe etc]#就是在告诉我们当前处于/etc 中。

3. ls 命令

ls 命令用于显示目录中的文件信息，英文全称为“list”，语法格式为“ls [参数] [文件名称]”。

所处的工作目录不同，当前工作目录下能看到的文件肯定也不同。使用 ls 命令的-a 参数可以看到全部文件（包括隐藏文件），使用-l 参数可以查看文件的属性、大小等详细信息。将这两个参数整合之后，再执行 ls 命令即可查看当前目录中的所有文件并输出这些文件的属性信息：

```
[root@linuxprobe~]# ls -al
total 48
dr-xr-x---. 15 root root 4096 Jul 24 06:33 .
dr-xr-xr-x. 17 root root  224 Jul 21 05:04 ..
-rw-------.  1 root root 1407 Jul 21 05:09 anaconda-ks.cfg
-rw-------.  1 root root  335 Jul 24 06:33 .bash_history
-rw-r--r--.  1 root root   18 Aug 13  2018 .bash_logout
-rw-r--r--.  1 root root  176 Aug 13  2018 .bash_profile
-rw-r--r--.  1 root root  176 Aug 13  2018 .bashrc
drwx------. 10 root root  230 Jul 21 05:19 .cache
drwx------. 11 root root  215 Jul 24 06:27 .config
-rw-r--r--.  1 root root  100 Aug 13  2018 .cshrc
drwx------.  3 root root   25 Jul 21 05:16 .dbus
drwxr-xr-x.  2 root root    6 Jul 21 05:19 Desktop
drwxr-xr-x.  2 root root    6 Jul 21 05:19 Documents
drwxr-xr-x.  2 root root    6 Jul 21 05:19 Downloads
-rw-------.  1 root root   16 Jul 21 05:19 .esd_auth
```

```
-rw-------.  1 root root  620 Jul 24 06:26 .ICEauthority
-rw-r--r--.  1 root root 1562 Jul 21 05:18 initial-setup-ks.cfg
drwx------.  3 root root   19 Jul 21 05:19 .local
drwxr-xr-x.  2 root root    6 Jul 21 05:19 Music
drwxr-xr-x.  2 root root    6 Jul 21 05:19 Pictures
drwxr-----.  3 root root   19 Jul 21 05:19 .pki
drwxr-xr-x.  2 root root    6 Jul 21 05:19 Public
-rw-r--r--.  1 root root  129 Aug 13  2018 .tcshrc
drwxr-xr-x.  2 root root    6 Jul 21 05:19 Templates
drwxr-xr-x.  2 root root    6 Jul 21 05:19 Videos
-rw-------.  1 root root 3235 Jul 24 06:32 .viminfo
```

如果想要查看目录属性信息，则需要额外添加一个-d 参数。例如，可使用如下命令查看/etc 目录的权限与属性信息：

```
[root@linuxprobe~]# ls -ld /etc
drwxr-xr-x. 132 root root 8192 Jul 10 10:48 /etc
```

4. tree 命令

tree 命令用于以树状图的形式列出目录内容及结构，输入该命令后按回车键执行即可。

虽然 ls 命令可以很便捷地查看目录内有哪些文件，但无法直观地获取到目录内文件的层次结构。比如，假如目录 A 中有个 B，B 中又有个 C，那么 ls 命令就只能看到最外面的 A 目录，显然有些时候这不太够用。tree 命令则能够以树状图的形式列出目录内所有文件的结构。

我们来对比一下两者的区别。

使用 ls 命令查看目录内的文件：

```
[root@linuxprobe~]# ls
A                 Desktop    Downloads              Music     Public    Videos
anaconda-ks.cfg   Documents  initial-setup-ks.cfg   Pictures  Templates
```

使用 tree 命令查看目录内文件名称以及结构：

```
[root@linuxprobe~]# tree
.
├── A
│   └── B
│       └── C
├── anaconda-ks.cfg
├── Desktop
├── Documents
├── Downloads
├── initial-setup-ks.cfg
├── Music
├── Pictures
├── Public
├── Templates
└── Videos
```

5. find 命令

find 命令用于按照指定条件来查找文件所对应的位置，语法格式为“find [查找范围] 寻找条件”。

本书中会多次提到“Linux 系统中的一切都是文件”，接下来就要见证这句话的分量了。在 Linux 系统中，搜索工作一般都是通过 find 命令来完成的，它可以使用不同的文件特性作为寻找条件（如文件名、大小、修改时间、权限等信息），一旦匹配成功则默认将信息显示到屏幕上。find 命令的参数以及作用如表 2-13 所示。

表 2-13　　find 命令中的参数以及作用

参数	作用
-name	匹配名称
-perm	匹配权限（mode 为完全匹配，-mode 为包含即可）
-user	匹配所有者
-group	匹配所属组
-mtime -n +n	匹配修改内容的时间（-n 指 n 天以内，+n 指 n 天以前）
-atime -n +n	匹配访问文件的时间（-n 指 n 天以内，+n 指 n 天以前）
-ctime -n +n	匹配修改文件权限的时间（-n 指 n 天以内，+n 指 n 天以前）
-nouser	匹配无所有者的文件
-nogroup	匹配无所属组的文件
-newer f1 !f2	匹配比文件 f1 新但比 f2 旧的文件
-type b/d/c/p/l/f	匹配文件类型（后面的字母依次表示块设备、目录、字符设备、管道、链接文件、文本文件）
-size	匹配文件的大小（+50KB 为查找超过 50KB 的文件，而-50KB 为查找小于 50KB 的文件）
-prune	忽略某个目录
-exec…… {}\;	后面可跟用于进一步处理搜索结果的命令（下文会有演示）

这里需要重点讲解-exec 参数的重要作用。这个参数用于把 find 命令搜索到的结果交由紧随其后的命令作进一步处理。它十分类似于第 3 章将要讲解的管道符技术，并且由于 find 命令对参数有特殊要求，因此虽然 exec 是长格式形式，但它的前面依然只需要一个减号（-）。

根据文件系统层次标准（Filesystem Hierarchy Standard）协议，Linux 系统中的配置文件会保存到/etc 目录中（详见第 6 章）。如果要想获取该目录中所有以 host 开头的文件列表，可以执行如下命令：

```
[root@linuxprobe~]# find /etc -name "host*"
/etc/host.conf
/etc/hosts
/etc/hosts.allow
```

```
/etc/hosts.deny
/etc/avahi/hosts
/etc/hostname
```

如果要在整个系统中搜索权限中包括 SUID 权限的所有文件（详见第 5 章），只需使用 -4000 即可：

```
[root@linuxprobe~]# find / -perm -4000 -print
/usr/bin/fusermount
/usr/bin/chage
/usr/bin/gpasswd
/usr/bin/newgrp
/usr/bin/umount
/usr/bin/mount
/usr/bin/su
/usr/bin/pkexec
/usr/bin/crontab
/usr/bin/passwd
………………省略部分输出信息………………
```

进阶实验：

在整个文件系统中找出所有归属于 linuxprobe 用户的文件并复制到/root/findresults 目录中。

该实验的重点是“-exec {} \;”参数，其中的{}表示 find 命令搜索出的每一个文件，并且命令的结尾必须是“\;”。完成该实验的具体命令如下：

```
[root@linuxprobe ~]# find / -user linuxprobe -exec cp -a {} /root/findresults/ \;
```

6. locate 命令

locate 命令用于按照名称快速搜索文件所对应的位置，语法格式为“locate 文件名称”。

使用 find 命令进行全盘搜索虽然更准确，但是效率有点低。如果仅仅是想找一些常见的且又知道大概名称的文件，不如试试 locate 命令。在使用 locate 命令时，先使用 updatedb 命令生成一个索引库文件，这个库文件的名字是/var/lib/mlocate/mlocate.db，后续在使用 locate 命令搜索文件时就是在该库中进行查找操作，速度会快很多。

第一次使用 locate 命令之前，记得先执行 updatedb 命令来生成索引数据库，然后再进行查找：

```
[root@linuxprobe~]# updatedb
[root@linuxprobe~]# ls -l /var/lib/mlocate/mlocate.db
-rw-r-----. 1 root slocate 295917 Sep 13 17:54 /var/lib/mlocate/mlocate.db
```

使用 locate 命令搜索出所有包含“whereis”名称的文件所在的位置：

```
[root@linuxprobe~]# locate whereis
/usr/bin/whereis
/usr/share/bash-completion/completions/whereis
/usr/share/man/man1/whereis.1.gz
```

7. whereis 命令

whereis 命令用于按照名称快速搜索二进制程序（命令）、源代码以及帮助文件所对应的位置，语法格式为“whereis 命令名称”。

简单来说，whereis 命令也是基于 updatedb 命令所生成的索引库文件进行搜索，它与 locate 命令的区别是不关心那些相同名称的文件，仅仅是快速找到对应的命令文件及其帮助文件所在的位置。

下面使用 whereis 命令分别查找出 ls 和 pwd 命令所在的位置：

```
[root@linuxprobe~]# whereis ls
ls: /usr/bin/ls /usr/share/man/man1/ls.1.gz /usr/share/man/man1p/ls.1p.gz
[root@linuxprobe~]# whereis pwd
pwd: /usr/bin/pwd /usr/share/man/man1/pwd.1.gz /usr/share/man/man1p/pwd.1p.gz
```

8. which 命令

which 命令用于按照指定名称快速搜索二进制程序（命令）所对应的位置，语法格式为“which 命令名称”。

which 命令是在 PATH 变量所指定的路径中，按照指定条件搜索命令所在的路径。也就是说，如果我们既不关心同名文件（find 与 locate），也不关心命令所对应的源代码和帮助文件（whereis），仅仅是想找到命令本身所在的路径，那么这个 which 命令就太合适了。下面查找一下 locate 和 whereis 命令所对应的路径：

```
[root@linuxprobe~]# which locate
/usr/bin/locate
[root@linuxprobe~]# which whereis
/usr/bin/whereis
```

2.6 文本文件编辑命令

通过前面几个小节的学习，读者应该已经掌握了切换工作目录及对文件的管理方法。在 Linux 系统中，一切都是文件，对服务程序进行配置自然也就是编辑程序的配置文件。如果不能熟练地查阅系统或服务的配置文件，那以后工作时可就真的要尴尬了。本节将讲解几条用于查看文本文件内容的命令。至于相对比较复杂的文本编辑器工具，将在第 4 章与 Shell 脚本一起讲解。

1. cat 命令

cat 命令用于查看纯文本文件（内容较少的），英文全称为“concatenate”，语法格式为“cat [参数] 文件名称”。

Linux 系统中有多个用于查看文本内容的命令，每个命令都有自己的特点，比如这个 cat 命令就是用于查看内容较少的纯文本文件。cat 这个命令也很好记，因为 cat 在英语中是“猫”的意思，小猫咪是不是给您一种娇小、可爱的感觉呢？

如果在查看文本内容时还想顺便显示行号的话，不妨在cat命令后面追加一个-n参数：

```
[root@linuxprobe~]# cat -n initial-setup-ks.cfg
     1  #version=RHEL8
     2  # X Window System configuration information
     3  xconfig  --startxonboot
     4  # License agreement
     5  eula --agreed
     6  # Use graphical install
     7  graphical
     8  # Network information
     9  network  --bootproto=dhcp --device=ens160 --onboot=off --ipv6=auto --
        no-activate
    10  network  --bootproto=dhcp --hostname=localhost.localdomain
    11  repo --name="AppStream" --baseurl=file:///run/install/repo/AppStream
    12  ignoredisk --only-use=sda
    13  # Use CDROM installation media
    14  cdrom
    15  # Run the Setup Agent on first boot
    16  firstboot --enable
    17  # System services
………………省略部分输出信息………………
```

2. more命令

more命令用于查看纯文本文件（内容较多的），语法格式为“more [参数] 文件名称”。

如果需要阅读长篇小说或者非常长的配置文件，那么“小猫咪”可就真的不适合了。因为一旦使用cat命令阅读长篇的文本内容，信息就会在屏幕上快速翻滚，导致自己还没有来得及看到，内容就已经翻篇了。因此对于长篇的文本内容，推荐使用more命令来查看。more命令会在最下面使用百分比的形式来提示您已经阅读了多少内容；还可以使用空格键或回车键向下翻页：

```
[root@linuxprobe~]# more initial-setup-ks.cfg
#version=RHEL8
# X Window System configuration information
xconfig  --startxonboot
# License agreement
eula --agreed
# Use graphical install
graphical
# Network information
network  --bootproto=dhcp --device=ens160 --onboot=off --ipv6=auto --no-activate
network  --bootproto=dhcp --hostname=localhost.localdomain
repo --name="AppStream" --baseurl=file:///run/install/repo/AppStream
ignoredisk --only-use=sda
# Use CDROM installation media
cdrom
```

```
# Run the Setup Agent on first boot
firstboot --enable
# System services
services --disabled="chronyd"
# Keyboard layouts
keyboard --vckeymap=us --xlayouts='us'
# System language
lang en_US.UTF-8
--More--(41%)
```

3. head 命令

head 命令用于查看纯文本文件的前 *N* 行，语法格式为“head [参数] 文件名称”。

在阅读文本内容时，谁也难以保证会按照从头到尾的顺序往下看完整个文件。如果只想查看文本中前 10 行的内容，该怎么办呢？head 命令就能派上用场了：

```
[root@linuxprobe~]# head -n 10 initial-setup-ks.cfg
#version=RHEL8
# X Window System configuration information
xconfig --startxonboot
# License agreement
eula --agreed
# Use graphical install
graphical
# Network information
network --bootproto=dhcp --device=ens160 --onboot=off --ipv6=auto --no-activate
network --bootproto=dhcp --hostname=localhost.localdomain
```

4. tail 命令

tail 命令用于查看纯文本文件的后 *N* 行或持续刷新文件的最新内容，语法格式为“tail [参数] 文件名称”。

我们可能还会遇到另外一种情况，比如需要查看文本内容的最后 10 行，这时就需要用到 tail 命令了。tail 命令的操作方法与 head 命令非常相似，只需要执行“tail -n 10 文件名称”命令就可以达到这样的效果：

```
[root@linuxprobe~]# tail -n 10 initial-setup-ks.cfg
%addon com_redhat_subscription_manager
%end
%addon ADDON_placeholder --disable --reserve-mb=auto
%end
```

```
%anaconda
pwpolicy root --minlen=6 --minquality=1 --notstrict --nochanges --notempty
pwpolicy user --minlen=6 --minquality=1 --notstrict --nochanges --emptyok
pwpolicy luks --minlen=6 --minquality=1 --notstrict --nochanges --notempty
%end
```

tail 命令最强悍的功能是能够持续刷新一个文件的内容，当想要实时查看最新的日志文件时，这特别有用，此时的命令格式为“tail -f 文件名称”：

```
[root@linuxprobe~]# tail -f /var/log/messages
Sep 15 00:14:01 localhost rsyslogd[1392]: imjournal: sd_journal_get_cursor()
failed: Cannot assign requested address [v8.37.0-9.el8]
Sep 15 00:14:01 localhost rsyslogd[1392]: imjournal: journal reloaded...
[v8.37.0-9.el8 try http://www.rsyslog.com/e/0 ]
Sep 15 00:14:01 localhost systemd[1]: Started update of the root trust anchor
for DNSSEC validation in unbound.
Sep 15 00:14:01 localhost sssd[kcm][2764]: Shutting down
Sep 15 00:14:06 localhost systemd[1]: Starting SSSD Kerberos Cache Manager...
Sep 15 00:14:06 localhost systemd[1]: Started SSSD Kerberos Cache Manager.
Sep 15 00:14:06 localhost sssd[kcm][3989]: Starting up
```

5. tr 命令

tr 命令用于替换文本内容中的字符，英文全称为“transform”，语法格式为“tr [原始字符] [目标字符]”。

在很多时候，我们想要快速地替换文本中的一些词汇，又或者想把整个文本内容都进行替换。如果进行手工替换，难免工作量太大，尤其是需要处理大批量的内容时，进行手工替换更是不现实。这时，就可以先使用 cat 命令读取待处理的文本，然后通过管道符（详见第 3 章）把这些文本内容传递给 tr 命令进行替换操作即可。例如，把某个文本内容中的英文全部替换为大写：

```
[root@linuxprobe~]# cat anaconda-ks.cfg | tr [a-z] [A-Z]
#VERSION=RHEL8
IGNOREDISK --ONLY-USE=SDA
AUTOPART --TYPE=LVM
# PARTITION CLEARING INFORMATION
CLEARPART --ALL --INITLABEL --DRIVES=SDA
# USE GRAPHICAL INSTALL
GRAPHICAL
REPO --NAME="APPSTREAM" --BASEURL=FILE:///RUN/INSTALL/REPO/APPSTREAM
# USE CDROM INSTALLATION MEDIA
CDROM
# KEYBOARD LAYOUTS
KEYBOARD --VCKEYMAP=US --XLAYOUTS='US'
# SYSTEM LANGUAGE
LANG EN_US.UTF-8
# NETWORK INFORMATION
```

```
NETWORK --BOOTPROTO=DHCP --DEVICE=ENS160 --ONBOOT=OFF --IPV6=AUTO --NO-ACTIVATE
NETWORK --HOSTNAME=LOCALHOST.LOCALDOMAIN
# ROOT PASSWORD
ROOTPW --ISCRYPTED $6$TTBUW5DKOPYQQ.VI$RMK9FCGHOJOQ2QAPRURTQM.QOK2NN3YFN/I4F/
FALVGGGND9XOIYFBRXDN16WWIZIASJ0/CR06U66IPEOGLPJ.
# X WINDOW SYSTEM CONFIGURATION INFORMATION
XCONFIG --STARTXONBOOT
# RUN THE SETUP AGENT ON FIRST BOOT
FIRSTBOOT --ENABLE
# SYSTEM SERVICES
SERVICES --DISABLED="CHRONYD"
# SYSTEM TIMEZONE
TIMEZONE ASIA/SHANGHAI --ISUTC --NONTP
………………省略部分输出信息………………
```

6. wc 命令

wc 命令用于统计指定文本文件的行数、字数或字节数，英文全称为“word counts”，语法格式为“wc [参数] 文件名称”。

每次我在课堂上讲到这个命令时，总有同学会联想到一种公共设施，其实这两者毫无关联。wc 命令用于统计文本的行数、字数、字节数等。如果为了方便自己记住这个命令的作用，也可以联想到上厕所时好无聊，无聊到数完了手中的如厕读物上有多少行字。

wc 的参数以及相应的作用如表 2-14 所示。

表 2-14　　wc 命令中的参数以及作用

参数	作用
-l	只显示行数
-w	只显示单词数
-c	只显示字节数

在 Linux 系统中，/etc/passwd 是用于保存所有用户信息的文件，要统计当前系统中有多少个用户，可以使用下面的命令来进行查询，是不是很神奇：

```
[root@linuxprobe~]# wc -l /etc/passwd
45 /etc/passwd
```

7. stat 命令

stat 命令用于查看文件的具体存储细节和时间等信息，英文全称为“status”，语法格式为“stat 文件名称”。

大家都知道，文件有一个修改时间。其实，除了修改时间之外，Linux 系统中的文件包含 3 种时间状态，分别是 Access Time（内容最后一次被访问的时间，简称为 Atime），Modify Time（内容最后一次被修改的时间，简称为 Mtime）以及 Change Time（文件属性最后一次被修改的时间，简称为 Ctime）。

下面使用 state 命令查看文件的这 3 种时间状态信息：

```
[root@linuxprobe ~]# stat anaconda-ks.cfg
  File: anaconda-ks.cfg
```

```
  Size: 1407            Blocks: 8          IO Block: 4096   regular file
Device: fd00h/64768d    Inode: 35321091    Links: 1
Access: (0600/-rw-------)  Uid: (    0/    root)   Gid: (    0/    root)
Context: system_u:object_r:admin_home_t:s0
Access: 2020-07-21 05:16:52.347279499 +0800
Modify: 2020-07-21 05:09:16.421009316 +0800
Change: 2020-07-21 05:09:16.421009316 +0800
 Birth: -
```

8. grep 命令

grep 命令用于按行提取文本内容，语法格式为“grep [参数] 文件名称”。

grep 命令是用途最广泛的文本搜索匹配工具。它虽然有很多参数，但是大多数基本上都用不到。刘遄老师在总结了 10 多年的运维工作和培训教学的经验后，提出的本书的写作理念“去掉不实用的内容”绝对不是信口开河。如果一名 IT 培训讲师的水平只能停留在“技术的搬运工”层面，而不能对优质技术知识进行提炼总结，对他的学生来讲绝非好事。有鉴于此，我们在这里只讲 grep 命令两个最常用的参数：

- -n 参数用来显示搜索到的信息的行号；
- -v 参数用于反选信息（即没有包含关键词的所有信息行）。

这两个参数几乎能完成您日后 80%的工作需要，至于其他上百个参数，即使以后在工作期间遇到了，再使用 man grep 命令查询也来得及。

grep 命令的参数及其作用如表 2-15 所示。

表 2-15　　grep 命令中的参数及其作用

参数	作用
-b	将可执行文件（binary）当作文本文件（text）来搜索
-c	仅显示找到的行数
-I	忽略大小写
-n	显示行号
-v	反向选择——仅列出没有“关键词”的行

在 Linux 系统中，/etc/passwd 文件保存着所有的用户信息，而一旦用户的登录终端被设置成/sbin/nologin，则不再允许登录系统，因此可以使用 grep 命令查找出当前系统中不允许登录系统的所有用户的信息：

```
[root@linuxprobe~]# grep /sbin/nologin /etc/passwd
bin:x:1:1:bin:/bin:/sbin/nologin
daemon:x:2:2:daemon:/sbin:/sbin/nologin
adm:x:3:4:adm:/var/adm:/sbin/nologin
lp:x:4:7:lp:/var/spool/lpd:/sbin/nologin
mail:x:8:12:mail:/var/spool/mail:/sbin/nologin
operator:x:11:0:operator:/root:/sbin/nologin
```

```
games:x:12:100:games:/usr/games:/sbin/nologin
………………省略部分输出过程信息………………
```

9. cut 命令

cut 命令用于按“列”提取文本内容，语法格式为“cut [参数] 文件名称”。

系统文件在保存用户数据信息时，每一项值之间是采用冒号来间隔的，先查看一下：

```
[root@linuxprobe~]# head -n 2 /etc/passwd
root:x:0:0:root:/root:/bin/bash
bin:x:1:1:bin:/bin:/sbin/nologin
```

一般而言，按基于“行”的方式来提取数据是比较简单的，只需要设置好要搜索的关键词即可。但是如果按“列”搜索，不仅要使用-f 参数设置需要查看的列数，还需要使用-d 参数来设置间隔符号。

接下来使用下述命令尝试提取出 passwd 文件中的用户名信息，即提取以冒号（：）为间隔符号的第一列内容：

```
[root@linuxprobe~]# cut -d : -f 1 /etc/passwd
root
bin
daemon
adm
lp
sync
shutdown
halt
mail
operator
games
ftp
nobody
dbus
………………省略部分输出信息………………
```

10. diff 命令

diff 命令用于比较多个文件之间内容的差异，英文全称为“different”，语法格式为“diff [参数] 文件名称 A 文件名称 B”。

在使用 diff 命令时，不仅可以使用--brief 参数来确认两个文件是否相同，还可以使用-c

参数来详细比较出多个文件的差异之处。这绝对是判断文件是否被篡改的有力神器。例如，先使用 cat 命令分别查看 diff_A.txt 和 diff_B.txt 文件的内容，然后进行比较：

```
[root@linuxprobe~]# cat diff_A.txt
Welcome to linuxprobe.com
Red Hat certified
Free Linux Lessons
Professional guidance
Linux Course
[root@linuxprobe~]# cat diff_B.txt
Welcome tooo linuxprobe.com

Red Hat certified
Free Linux LeSSonS
////////.....////////
Professional guidance
Linux Course
```

接下来使用 diff --brief 命令显示比较后的结果，判断文件是否相同：

```
[root@linuxprobe~]# diff --brief diff_A.txt diff_B.txt
Files diff_A.txt and diff_B.txt differ
```

最后使用带有-c 参数的 diff 命令来描述文件内容具体的不同：

```
[root@linuxprobe~]# diff -c diff_A.txt diff_B.txt
*** diff_A.txt 2020-08-30 18:07:45.230864626 +0800
--- diff_B.txt 2020-08-30 18:08:52.203860389 +0800
***************
*** 1,5 ****
! Welcome to linuxprobe.com
Red Hat certified
! Free Linux Lessons
Professional guidance
Linux Course
--- 1,7 ----
! Welcome tooo linuxprobe.com
!
Red Hat certified
! Free Linux LeSSonS
! ////////.....////////
Professional guidance
Linux Course
```

11. uniq 命令

uniq 命令用于去除文本中连续的重复行，英文全称为“unique”，语法格式为“uniq [参数] 文件名称”。

由 uniq 命令的英文全称 unique（独特的，唯一的）可知，该命令的作用是用来去除文本文件中连续的重复行，中间不能夹杂其他文本行（非相邻的默认不会去重）——去除了重复的，保留的都是唯一的，自然也就是“独特的”“唯一的”了。

我们使用 uniq 命令对两个文本内容进行操作，区别一目了然：

```
[root@linuxprobe~]# cat uniq.txt
Welcome to linuxprobe.com
Welcome to linuxprobe.com
Welcome to linuxprobe.com
Welcome to linuxprobe.com
Red Hat certified
Free Linux Lessons
Professional guidance
Linux Course
[root@linuxprobe~]# uniq uniq.txt
Welcome to linuxprobe.com
Red Hat certified
Free Linux Lessons
Professional guidance
Linux Course
```

12. sort 命令

sort 命令用于对文本内容进行再排序，语法格式为“sort [参数] 文件名称”。

有时文本中的内容顺序不正确，一行行地手动修改实在太麻烦了。此时使用 sort 命令就再合适不过了，它能够对文本内容进行再次排序。这个命令千万不能只讲理论，一定要借助于实战让大家一看就懂。sort 命令的参数及其作用如表 2-16 所示。

表 2-16 sort 命令中的参数及其作用

参数	作用
-f	忽略大小写
-b	忽略缩进与空格
-n	以数值型排序
-r	反向排序
-u	去除重复行
-t	指定间隔符
-k	设置字段范围

首先，在执行 sort 命令后默认会按照字母顺序进行排序，非常方便：

```
[root@linuxprobe~]# cat fruit.txt
banana
pear
apple
orange
```

```
raspaberry
[root@linuxprobe~]# sort fruit.txt
apple
banana
orange
pear
raspaberry
```

此外，与 uniq 命令不同，sort 命令是无论内容行之间是否夹杂有其他内容，只要有两个一模一样的内容行，立马就可以使用-u 参数进行去重操作：

```
[root@linuxprobe~]# cat sort.txt
Welcome to linuxprobe.com
Red Hat certified
Welcome to linuxprobe.com
Free Linux Lessons
Linux Course
[root@linuxprobe~]# sort -u sort.txt
Free Linux Lessons
Linux Course
Red Hat certified
Welcome to linuxprobe.com
```

想对数字进行排序？一点问题都没有，而且完全不用担心出现 1 大于 20 这种问题（因为有些命令只比较数字的第一位，忽略了十、百、千的位）：

```
[root@linuxprobe~]# cat number.txt
45
12
3
98
82
67
24
56
9
[root@linuxprobe~]# sort -n number.txt
3
9
12
24
45
56
67
82
98
```

最后，我们挑战一个“高难度”的小实验。下面的内容节选自/etc/passwd 文件中的前 5 个字段，并且进行了混乱排序。

```
[root@linuxprobe~]# cat user.txt
tss:x:59:59: used by the trousers package to sandbox the tcsd daemon
polkitd:x:998:996:User for polkitd
geoclue:x:997:995:User for geoclue
rtkit:x:172:172:RealtimeKit
pulse:x:171:171:PulseAudio System Daemon
```

```
qemu:x:107:107:qemu user
usbmuxd:x:113:113:usbmuxd user
unbound:x:996:991:Unbound DNS resolver
rpc:x:32:32:Rpcbind Daemon
gluster:x:995:990:GlusterFS daemons
```

不难看出，上面其实是 5 个字段，各个字段之间是用了冒号进行间隔，如果想以第 3 个字段中的数字作为排序依据，那么可以用-t 参数指定间隔符，用-k 参数指定第几列，用-n 参数进行数字排序来搞定：

```
[root@linuxprobe~]# sort -t : -k 3 -n user.txt
rpc:x:32:32:Rpcbind Daemon
tss:x:59:59:used by the trousers package to sandbox the tcsd daemon
qemu:x:107:107:qemu user
usbmuxd:x:113:113:usbmuxd user
pulse:x:171:171:PulseAudio System Daemon
rtkit:x:172:172:RealtimeKit
gluster:x:995:990:GlusterFS daemons
unbound:x:996:991:Unbound DNS resolver
geoclue:x:997:995:User for geoclue
polkitd:x:998:996:User for polkitd
```

2.7 文件目录管理命令

目前为止，我们学习 Linux 命令的过程就像是在夯实地基，虽然表面上“高楼未起”，但其实大家的内功已经相当深厚了。有了上面的知识铺垫，我们将在本节介绍 Linux 系统日常运维工作中最常用的命令，实现对文件的创建、修改、复制、剪切、更名与删除等操作。

1. touch 命令

touch 命令用于创建空白文件或设置文件的时间，语法格式为“touch [参数] 文件名称”。

在创建空白的文本文件方面，这个 touch 命令相当简洁，简捷到没有必要铺开去讲。比如，touch linuxprobe 命令可以创建出一个名为 linuxprobe 的空白文本文件。对 touch 命令来讲，有难度的操作主要是体现在设置文件内容的修改时间（Mtime）、文件权限或属性的更改时间（Ctime）与文件的访问时间（Atime）上面。touch 命令的参数及其作用如表 2-17 所示。

表 2-17　　touch 命令中的参数及其作用

参数	作用
-a	仅修改“访问时间”（Atime）
-m	仅修改“修改时间”（Mtime）
-d	同时修改 Atime 与 Mtime

接下来，先使用 ls 命令查看一个文件的修改时间，随后修改这个文件，最后再查看一下文件的修改时间，看是否发生了变化：

```
[root@linuxprobe~]# ls -l anaconda-ks.cfg
-rw-------. 1 root root 1213 May  4 15:44 anaconda-ks.cfg
[root@linuxprobe~]# echo "Visit the LinuxProbe.com to learn linux skills" >> anaconda-ks.cfg
[root@linuxprobe~]# ls -l anaconda-ks.cfg
-rw-------. 1 root root 1260 Aug  2 01:26 anaconda-ks.cfg
```

如果不想让别人知道我们修改了它，那么这时就可以用 touch 命令把修改后的文件时间设置成修改之前的时间（很多黑客就是这样做的呢）：

```
[root@linuxprobe~]# touch -d "2020-05-04 15:44" anaconda-ks.cfg
[root@linuxprobe~]# ls -l anaconda-ks.cfg
-rw-------. 1 root root 1260 May 4 15:44 anaconda-ks.cfg
```

2. mkdir 命令

mkdir 命令用于创建空白的目录，英文全称为“make directory”，语法格式为“mkdir [参数] 目录名称”。

除了能创建单个空白目录外，mkdir 命令还可以结合-p 参数来递归创建出具有嵌套层叠关系的文件目录：

```
[root@linuxprobe~]# mkdir linuxprobe
[root@linuxprobe~]# cd linuxprobe
[root@linuxprobe linuxprobe]# mkdir -p a/b/c/d/e
[root@linuxprobe linuxprobe]# cd a
[root@linuxprobe a]# cd b
[root@linuxprobe b]#
```

3. cp 命令

cp 命令用于复制文件或目录，英文全称为“copy”，语法格式为“cp [参数] 源文件名称 目标文件名称”。

大家对文件复制操作应该不陌生，几乎每天都会使用到。在 Linux 系统中，复制操作具体分为 3 种情况：

- 如果目标文件是目录，则会把源文件复制到该目录中；
- 如果目标文件也是普通文件，则会询问是否要覆盖它；
- 如果目标文件不存在，则执行正常的复制操作。

复制命令基本不会出错，唯一需要记住的就是在复制目录时要加上-r 参数。cp 命令的参数及其作用如表 2-18 所示。

表 2-18 cp 命令中的参数及其作用

参数	作用
-p	保留原始文件的属性
-d	若对象为“链接文件”，则保留该“链接文件”的属性
-r	递归持续复制（用于目录）
-i	若目标文件存在则询问是否覆盖
-a	相当于-pdr（p、d、r 为上述参数）

接下来，使用 touch 命令创建一个名为 install.log 的普通空白文件，然后将其复制为一份名为 x.log 的备份文件，最后再使用 ls 命令查看目录中的文件：

```
[root@linuxprobe~]# touch install.log
[root@linuxprobe~]# cp install.log x.log
[root@linuxprobe~]# ls
install.log x.log
```

4. mv 命令

mv 命令用于剪切或重命名文件，英文全称为“move”，语法格式为“mv [参数] 源文件名称 目标文件名称”。

剪切操作不同于复制操作，因为它默认会把源文件删除，只保留剪切后的文件。如果在同一个目录中将某个文件剪切后还粘贴到当前目录下，其实也就是对该文件进行了重命名操作：

```
[root@linuxprobe~]# mv x.log linux.log
[root@linuxprobe~]# ls
install.log linux.log
```

5. rm 命令

rm 命令用于删除文件或目录，英文全称为“remove”，语法格式为“rm [参数] 文件名称”。

在 Linux 系统中删除文件时，系统会默认向您询问是否要执行删除操作，如果不想总是看到这种反复的确认信息，可在 rm 命令后跟上-f 参数来强制删除。另外，要想删除一个目录，需要在 rm 命令后面加一个-r 参数才可以，否则删除不掉。rm 命令的参数及其作用如表 2-19 所示。

表 2-19 rm 命令中的参数及其作用

参数	作用
-f	强制执行
-i	删除前询问
-r	删除目录
-v	显示过程

下面尝试删除前面创建的install.log和linux.log文件，大家感受一下加与不加-f参数的区别：

```
[root@linuxprobe~]# rm install.log
rm: remove regular empty file'install.log'? y
[root@linuxprobe~]# rm -f linux.log
[root@linuxprobe~]# ls
[root@linuxprobe~]#
```

6. dd命令

dd命令用于按照指定大小和个数的数据块来复制文件或转换文件，语法格式为“dd if=参数值 of=参数值 count=参数值 bs=参数值”。

dd命令是一个比较重要而且比较有特色的命令，它能够让用户按照指定大小和个数的数据块来复制文件的内容。当然，如果愿意的话，还可以在复制过程中转换其中的数据。Linux系统中有一个名为/dev/zero 的设备文件，每次在课堂上解释它时都充满哲学理论的色彩。因为这个文件不会占用系统存储空间，但却可以提供无穷无尽的数据，因此常常使用它作为dd命令的输入文件，来生成一个指定大小的文件。dd命令的参数及其作用如表2-20所示。

表2-20　　dd命令中的参数及其作用

参数	作用
if	输入的文件名称
of	输出的文件名称
bs	设置每个“块”的大小
count	设置要复制“块”的个数

例如，用dd命令从/dev/zero设备文件中取出一个大小为560MB的数据块，然后保存成名为560_file的文件。在理解了这个命令后，以后就能随意创建任意大小的文件了：

```
[root@linuxprobe~]# dd if=/dev/zero of=560_file count=1 bs=560M
1+0 records in
1+0 records out
587202560 bytes (587 MB, 560 MiB) copied, 1.28667 s, 456 MB/s
```

dd 命令的功能也绝不仅限于复制文件这么简单。如果想把光驱设备中的光盘制作成 iso格式的镜像文件，在Windows系统中需要借助于第三方软件才能做到，但在Linux系统中可以直接使用dd命令来压制出光盘镜像文件，将它变成一个可立即使用的iso镜像：

```
[root@linuxprobe~]# dd if=/dev/cdrom of=RHEL-server-8.0-x86_64-LinuxProbe.Com.iso
13873152+0 records in
13873152+0 records out
7103053824 bytes (7.1 GB, 6.6 GiB) copied, 27.8812 s, 255 MB/s
```

考虑到有些读者会纠结bs块大小与count块个数的关系，下面举一个吃货的例子进行解释。假设小明的饭量（即需求）是一个固定的值，用来盛饭的勺子的大小是bs块的大小，而用勺子盛饭的次数则是 count 块的个数。小明要想吃饱（满足需求），则需要在勺子大小（bs 块大小）与用勺子盛饭的次数（count 块个数）之间进行平衡。勺子越大，用勺子盛饭的次数就越少。由上可见，bs 与 count 都是用来指定容量的大小，只要能满足需求，可随意组合搭配方式。

7. file 命令

file 命令用于查看文件的类型，语法格式为"file 文件名称"。

在 Linux 系统中，由于文本、目录、设备等所有这些一切都统称为文件，但是它们又不像 Windows 系统那样都有后缀，因此很难通过文件名一眼判断出具体的文件类型，这时就需要使用 file 命令来查看文件类型了。

```
[root@linuxprobe~]# file anaconda-ks.cfg
anaconda-ks.cfg: ASCII text
[root@linuxprobe~]# file /dev/sda
/dev/sda: block special
```

注：

在 Windows 系统中打开文件时，一般是通过用户双击鼠标完成的，系统会自行判断用户双击的文件是什么类型，因此需要有后缀进行区别。而 Linux 系统则是根据用户执行的命令来调用文件，例如执行 cat 命令查看文本，执行 bash 命令执行脚本等，所以也就不需要强制让用户给文件设置后缀了。

8. tar 命令

tar 命令用于对文件进行打包压缩或解压，语法格式为"tar 参数 文件名称"。

在网络上，人们越来越倾向于传输压缩格式的文件，原因是压缩文件的体积小，在网速相同的情况下，体积越小则传输时间越短。在 Linux 系统中，主要使用的是.tar、.tar.gz 或.tar.bz2 格式，大家不用担心格式太多而记不住，其实这些格式大部分都是由 tar 命令生成的。tar 命令的参数及其作用如表 2-21 所示。

表 2-21　　tar 命令中的参数及其作用

参数	作用
-c	创建压缩文件
-x	解开压缩文件

续表

参数	作用
-t	查看压缩包内有哪些文件
-z	用 gzip 压缩或解压
-j	用 bzip2 压缩或解压
-v	显示压缩或解压的过程
-f	目标文件名
-p	保留原始的权限与属性
-P	使用绝对路径来压缩
-C	指定解压到的目录

首先，-c 参数用于创建压缩文件，-x 参数用于解压文件，因此这两个参数不能同时使用。其次，-z 参数指定使用 gzip 格式来压缩或解压文件，-j 参数指定使用 bzip2 格式来压缩或解压文件。用户使用时则是根据文件的后缀来决定应使用何种格式的参数进行解压。在执行某些压缩或解压操作时，可能需要花费数个小时，如果屏幕一直没有输出，您一方面不好判断打包的进度情况，另一方面也会怀疑电脑死机了，因此非常推荐使用-v 参数向用户不断显示压缩或解压的过程。-C 参数用于指定要解压到哪个指定的目录。-f 参数特别重要，它必须放到参数的最后一位，代表要压缩或解压的软件包名称。刘遄老师一般使用“tar -czvf 压缩包名称.tar.gz 要打包的目录”命令把指定的文件进行打包压缩；相应的解压命令为“tar -xzvf 压缩包名称.tar.gz”。下面我们逐个演示打包压缩与解压的操作，先使用 tar 命令把/etc 目录通过 gzip 格式进行打包压缩，并把文件命名为 etc.tar.gz：

```
[root@linuxprobe~]# tar czvf etc.tar.gz /etc
tar: Removing leading `/' from member names
/etc/
/etc/fstab
/etc/crypttab
/etc/mtab
/etc/fonts/
/etc/fonts/conf.d/
/etc/fonts/conf.d/65-0-madan.conf
/etc/fonts/conf.d/59-liberation-sans.conf
/etc/fonts/conf.d/90-ttf-arphic-uming-embolden.conf
/etc/fonts/conf.d/59-liberation-mono.conf
/etc/fonts/conf.d/66-sil-nuosu.conf
………………省略部分压缩过程信息………………
```

接下来将打包后的压缩包文件指定解压到/root/etc 目录中（先使用 mkdir 命令创建/root/etc 目录）：

```
[root@linuxprobe~]# mkdir /root/etc
[root@linuxprobe~]# tar xzvf etc.tar.gz -C /root/etc
etc/
etc/fstab
etc/crypttab
etc/mtab
etc/fonts/
etc/fonts/conf.d/
```

```
etc/fonts/conf.d/65-0-madan.conf
etc/fonts/conf.d/59-liberation-sans.conf
etc/fonts/conf.d/90-ttf-arphic-uming-embolden.conf
etc/fonts/conf.d/59-liberation-mono.conf
etc/fonts/conf.d/66-sil-nuosu.conf
etc/fonts/conf.d/65-1-vlgothic-gothic.conf
etc/fonts/conf.d/65-0-lohit-bengali.conf
etc/fonts/conf.d/20-unhint-small-dejavu-sans.conf
………………省略部分解压过程信息………………
```

在本章最后再多提几句，很多读者初次接触到本书时都担心因为自己的英语不好而导致学不会 Linux 系统，其实大可不必担心，因为我们的图书、培训课程甚至红帽考题都是中文的。而在学习完本章后您也一定发现以后要使用的是 Linux 命令，而绝不是纯粹的英语单词。即便它们的拼写 100%相同，最终用处肯定也是不一样的。因此就学习 Linux 系统技术来讲，您跟英语达人绝对都是站在同一起跑线上的，更何况还正确地选择了一本适合您的 Linux 教材。

休息一下，然后开始学习第 3 章吧！

复习题

1. 在 RHEL 8 及众多的 Linux 系统中，最常使用的 Shell 终端是什么？

   答： Bash（Bourne-Again SHell）解释器。

2. 执行 Linux 系统命令时，添加参数的目的是什么？

   答： 为了让 Linux 系统命令能够更贴合用户的实际需求进行工作。

3. Linux 系统命令、命令参数及命令对象之间，应该使用什么来间隔？

   答： 应该使用一个或多个空格进行间隔。

4. 请写出用 echo 命令把 SHELL 变量值输出到屏幕终端的命令。

   答： echo $SHELL。

5. 简述 Linux 系统中 5 种进程的名称及含义。

   答： 在 Linux 系统中，有下面 5 种进程名称。

   - R（**运行**）：进程正在运行或在运行队列中等待。
   - S（**中断**）：进程处于休眠中，当某个条件形成后或者接收到信号时，则脱离该状态。
   - D（**不可中断**）：进程不响应系统异步信号，即便用 kill 命令也不能将其中断。
   - Z（**僵死**）：进程已经终止，但进程描述符依然存在，直到父进程调用 wait4()系统函数后将进程释放。
   - T（**停止**）：进程收到停止信号后停止运行。

6. 请尝试使用 Linux 系统命令关闭 PID 为 5529 的服务进程。

   答： 执行 kill 5529 命令即可；若知道服务的名称，则可以使用 killall 命令进行关闭。

7. 使用ifconfig命令查看网络状态信息时，需要重点查看的4项信息分别是什么？

答：这4项重要的信息分别是网卡名称、IP地址、网卡物理地址以及RX/TX的收发流量数据大小。

8. 使用uptime命令查看系统负载时，对应的负载数值如果是0.91、0.56、0.32，那么最近15分钟内负载压力最大的是哪个时间段？

答：通过负载数值可以看出，最近1分钟内的负载压力是最大的。

9. 使用history命令查看历史命令的执行记录时，命令前面的编码数字除了排序外还有什么用处？

答：还可以用"!编码数字"的命令格式重复执行某一次的命令记录，从而避免了重复输入较长命令的麻烦。

10. 若想查看的文件具有较长的内容，那么使用cat、more、head、tail中的哪个命令最合适？

答：文件内容较长，使用more命令；反之使用cat命令。

11. 在使用mkdir命令创建有嵌套关系的目录时，应该加上什么参数呢？

答：应该加上-p递归迭代参数，从而自动化地创建有嵌套关系的目录。

12. 在使用rm命令删除文件或目录时，可使用哪个参数来避免二次确认呢？

答：可使用-f参数，这样即可无须二次确认。

13. 若有一个名为backup.tar.gz的压缩包文件，那么解压的命令应该是什么？

答：应该用tar命令进行解压，执行tar -xzvf backup.tar.gz命令即可。

14. 使用grep命令对某个文件进行关键词搜索时，若想要进行文件内容反选，应使用什么参数？

答：可使用-v参数来进行匹配内容的反向选择，即显示出不包含某个关键词的行。

第 3 章

管道符、重定向与环境变量

本章讲解了如下内容：

- ➢ 输入输出重定向；
- ➢ 管道命令符；
- ➢ 命令行的通配符；
- ➢ 常用的转义字符；
- ➢ 重要的环境变量。

目前为止，我们已经学习了 10 多个常用的 Linux 系统命令，如果不能把这些命令进行组合使用，则无法提升工作效率。本章首先讲解与文件读写操作有关的重定向技术的 5 种模式——标准覆盖输出重定向、标准追加输出重定向、错误覆盖输出重定向、错误追加输出重定向以及输入重定向，让读者通过实验切实理解每个重定向模式的作用，解决输出信息的保存问题。然后深入讲解管道命令符，帮助读者掌握命令之间的搭配使用方法，进一步提高命令输出值的处理效率。随后通过讲解 Linux 系统命令行中的通配符和常用转义字符，让您输入的 Linux 命令具有更准确的意义，为下一章学习编写 Shell 脚本打好功底。最后，本章深度剖析了 Bash 解释器执行 Linux 命令的内部原理，为读者掌握 PATH 变量及 Linux 系统中的重要环境变量打下了基础。

3.1 输入输出重定向

既然已经在上一章学完了几乎所有基础且常用的 Linux 命令，那么接下来的任务就是把多个 Linux 命令适当地组合到一起，使其协同工作，以便我们更加高效地处理数据。要做到这一点，就必须搞明白命令的输入重定向和输出重定向的原理。

简而言之，输入重定向是指把文件导入到命令中，而输出重定向则是指把原本要输出到屏幕的数据信息写入到指定文件中。在日常的学习和工作中，相较于输入重定向，我们使用输出重定向的频率更高，所以又将输出重定向分为了标准输出重定向和错误输出重定向两种不同的技术，以及覆盖写入与追加写入两种模式。听起来就很玄妙？刘遄老师接下来将慢慢道来。

- ➢ **标准输入重定向（STDIN，文件描述符为 0）**：默认从键盘输入，也可从其他文件或命令中输入。
- ➢ **标准输出重定向（STDOUT，文件描述符为 1）**：默认输出到屏幕。
- ➢ **错误输出重定向（STDERR，文件描述符为 2）**：默认输出到屏幕。

比如分别查看两个文件的属性信息，我们先创建出第一个文件，而第二个文件是不存在的。所以，虽然针对这两个文件的操作都分别会在屏幕上输出一些信息，但这两个操作的差异其实很大：

```
[root@linuxprobe~]# touch linuxprobe
[root@linuxprobe~]# ls -l linuxprobe
-rw-r--r--. 1 root root 0 Aug 5 05:35 linuxprobe
[root@linuxprobe~]# ls -l xxxxxx
ls: cannot access xxxxxx: No such file or directory
```

在上述命令中，名为 linuxprobe 的文件是真实存在的，输出信息是该文件的一些相关权限、所有者、所属组、文件大小及修改时间等信息，这也是该命令的标准输出信息。而名为 xxxxxx 的第二个文件是不存在的，因此在执行完 ls 命令之后显示的报错提示信息也是该命令的错误输出信息。那么，要想把原本输出到屏幕上的数据转而写入到文件当中，就要区别对待这两种输出信息。

对于输入重定向来讲，用到的符号及其作用如表 3-1 所示。

表 3-1　输入重定向中用到的符号及其作用

符号	作用
命令 < 文件	将文件作为命令的标准输入
命令 << 分界符	从标准输入中读入，直到遇见分界符才停止
命令 < 文件 1 > 文件 2	将文件 1 作为命令的标准输入并将标准输出到文件 2

对于输出重定向来讲，用到的符号及其作用如表 3-2 所示。

表 3-2　输出重定向中用到的符号及其作用

符号	作用
命令 > 文件	将标准输出重定向到一个文件中（清空原有文件的数据）
命令 2> 文件	将错误输出重定向到一个文件中（清空原有文件的数据）
命令 >> 文件	将标准输出重定向到一个文件中（追加到原有内容的后面）
命令 2>> 文件	将错误输出重定向到一个文件中（追加到原有内容的后面）
命令 >> 文件 2>&1 或 命令 &>> 文件	将标准输出与错误输出共同写入到文件中（追加到原有内容的后面）

对于重定向中的标准输出模式，可以省略文件描述符 1 不写，而错误输出模式的文件描述符 2 是必须要写的。先来小试牛刀。通过标准输出重定向将 man bash 命令原本要输出到屏幕的信息写入到文件 readme.txt 中，然后显示 readme.txt 文件中的内容。具体命令如下：

```
[root@linuxprobe~]# man bash > readme.txt
[root@linuxprobe~]# cat readme.txt
BASH(1)                    General Commands Manual                    BASH(1)

NAME
       bash - GNU Bourne-Again SHell

SYNOPSIS
       bash [options] [command_string | file]

COPYRIGHT
```

```
    Bash is Copyright (C) 1989-2016 by the Free Software Foundation, Inc.

DESCRIPTION
Bash  is  an  sh-compatible  command language interpreter that executes
commands read from the standard input or from a file.  Bash also incor-
porates useful features from the Korn and C shells (ksh and csh).
Bash  is  intended  to  be a conformant implementation of the Shell and
Utilities portion  of  the  IEEE  POSIX  specification  (IEEE  Standard
1003.1).  Bash can be configured to be POSIX-conformant by default.

………………省略部分输出信息………………
```

有没有感觉到很方便呢？接下来尝试输出重定向技术中的覆盖写入与追加写入这两种不同模式带来的变化。首先通过覆盖写入模式向 readme.txt 文件写入多行数据（该文件中已包含上一个实验的 man 命令信息）。需要注意的是，在通过覆盖写入模式向文件中写入数据时，每一次都会覆盖掉上一次写入的内容，所以最终文件中只有最后一次的写入结果：

```
[root@linuxprobe~]# echo "Welcome to LinuxProbe.Com" > readme.txt
[root@linuxprobe~]# echo "Welcome to LinuxProbe.Com" > readme.txt
[root@linuxprobe~]# echo "Welcome to LinuxProbe.Com" > readme.txt
[root@linuxprobe~]# echo "Welcome to LinuxProbe.Com" > readme.txt
[root@linuxprobe~]# echo "Welcome to LinuxProbe.Com" > readme.txt
[root@linuxprobe~]# cat readme.txt
Welcome to LinuxProbe.Com
```

再通过追加写入模式向 readme.txt 文件写入一次数据，然后在执行 cat 命令之后，可以看到如下所示的文件内容：

```
[root@linuxprobe~]# echo "Quality linux learning materials" >> readme.txt
[root@linuxprobe~]# cat readme.txt
Welcome to LinuxProbe.Com
Quality linux learning materials
```

虽然都是输出重定向技术，但是命令的标准输出和错误输出还是有区别的。例如查看当前目录中某个文件的信息，这里以 linuxprobe 文件为例。由于这个文件是真实存在的，因此使用标准输出即可将原本要输出到屏幕的信息写入到文件中，而错误的输出重定向则依然把信息输出到了屏幕上。

```
[root@linuxprobe~]# ls -l linuxprobe > /root/stderr.txt
[root@linuxprobe~]# ls -l linuxprobe 2> /root/stderr.txt
-rw-r--r--. 1 root root 0 Mar 1 13:30 linuxprobe
```

如果想把命令的报错信息写入到文件，该怎么操作呢？当用户在执行一个自动化的 Shell 脚本时，这个操作会特别有用，而且特别实用，因为它可以把整个脚本执行过程中的报错信息都记录到文件中，便于安装后的排错工作。

接下来以一个不存在的文件进行实验演示：

```
[root@linuxprobe~]# ls -l xxxxxx > /root/stderr.txt
cannot access xxxxxx: No such file or directory
[root@linuxprobe~]# ls -l xxxxxx 2> /root/stderr.txt
[root@linuxprobe~]# cat /root/stderr.txt
ls: cannot access xxxxxx: No such file or directory
```

还有一种常见情况，就是我们想不区分标准输出和错误输出，只要命令有输出信息则全部追加写入到文件中。这就要用到&>>操作符了：

```
[root@linuxprobe~]# ls -l linuxprobe &>> readme.txt
[root@linuxprobe~]# ls -l xxxxxx &>> readme.txt
-rw-r--r--. 1 root root 0 Mar 1 13:30 linuxprobe
cannot access xxxxxx: No such file or directory
```

输入重定向相对来说有些冷门，在工作中遇到的概率会小一点。输入重定向的作用是把文件直接导入到命令中。接下来使用输入重定向把 readme.txt 文件导入给 wc -l 命令，统计一下文件中的内容行数：

```
[root@linuxprobe~]# wc -l < readme.txt
2
```

大家应该发现这次的输出结果与第 2 章讲的时候有所不同：没有了文件名称。

```
[root@linuxprobe~]# wc -l /etc/passwd
38 /etc/passwd
```

这是因为此前使用的“wc -l /etc/passwd”是一种非常标准的“命令+参数+对象”的执行格式，而这次的“wc -l < readme.txt”则是将 readme.txt 文件中的内容通过操作符导入到命令中，没有被当作命令对象进行执行，因此 wc 命令只能读到信息流数据，而没有文件名称的信息。这个小差异同学们可以慢慢琢磨下。

3.2 管道命令符

细心的读者肯定还记得在 2.6 节学习 tr 命令时曾经见到过一个名为管道符的东西。同时按下键盘上的 Shift+反斜杠（\）键即可输入管道符，其执行格式为“命令 A | 命令 B”。管道命令符的作用也可以用一句话概括为“**把前一个命令原本要输出到屏幕的信息当作后一个命令的标准输入**”。在 2.6 节讲解 grep 文本搜索命令时，我们通过匹配关键词/sbin/nologin 找出了所有被限制登录系统的用户。在学完本节内容后，完全可以把下面这两条命令合并为一条：

- 找出被限制登录用户的命令是 grep /sbin/nologin /etc/passwd；
- 统计文本行数的命令则是 wc –l。

现在要做的就是把 grep 搜索命令的输出值传递给 wc 统计命令，即把原本要输出到屏幕的用户信息列表再交给 wc 命令作进一步的加工，因此只需要把管道符放到两条命令之间即可，具体如下：

```
[root@linuxprobe~]# grep /sbin/nologin /etc/passwd | wc -l
40
```

这简直是太方便了！这个管道符就像一个法宝，我们可以将它套用到其他不同的命令上，比如用翻页的形式查看/etc 目录中的文件列表及属性信息（这些内容默认会一股脑儿地显示到屏幕上，根本看不清楚）：

```
[root@linuxprobe~]# ls -l /etc/ | more
total 1344
-rw-r--r--. 1 root root 16 Jul 21 05:08 adjtime
```

```
-rw-r--r--. 1 root root 1518 Sep 10 2018 aliases
drwxr-xr-x. 3 root root 65 Jul 21 05:06 alsa
drwxr-xr-x. 2 root root 4096 Jul 21 05:08 alternatives
-rw-r--r--. 1 root root 541 Oct 2 2018 anacrontab
-rw-r--r--. 1 root root 55 Feb 1 2019 asound.conf
-rw-r--r--. 1 root root 1 Aug 12 2018 at.deny
drwxr-x---. 4 root root 100 Jul 21 05:16 audit
drwxr-xr-x. 3 root root 228 Jul 21 05:08 authselect
drwxr-xr-x. 4 root root 71 Jul 21 05:06 avahi
drwxr-xr-x. 2 root root 204 Jul 21 05:06 bash_completion.d
-rw-r--r--. 1 root root 3001 Sep 10 2018 bashrc
--More--
```

在修改用户密码时，通常都需要输入两次密码以进行确认，这在编写自动化脚本时将成为一个非常致命的缺陷。通过把管道符和 passwd 命令的--stdin 参数相结合，可以用一条命令来完成密码重置操作：

```
[root@linuxprobe~]# echo "linuxprobe" | passwd --stdin root
Changing password for user root.
passwd: all authentication tokens updated successfully.
```

咱们在第 2 章学习 ps 命令的时候，输入 ps aux 命令后屏幕信息呼呼闪过，根本找不到有用的信息。现在也可以将 ps、grep、管道符三者结合到一起使用了。下面搜索与 bash 有关的进程信息：

```
[root@linuxprobe~]# ps aux | grep bash
root 1070 0.0 0.1 25384 2324 ? S Sep21 0:00 /bin/bash /usr/sbin/ksmtuned
root 3899 0.0 0.2 26540 5136 pts/0 Ss 00:27 0:00 bash
root 4002 0.0 0.0 12112 1056 pts/0 S+ 00:28 0:00 grep --color=auto bash
```

注：

大家千万不要误以为管道命令符只能在一个命令组合中使用一次。我们完全可以这样使用："命令 A| 命令 B| 命令 C"。为了帮助读者进一步理解管道符的作用，刘遄老师在讲课时经常会把管道符描述成"任意门"。想必大家小时候都看过"哆啦 A 梦"动画片吧。哆啦 A 梦（也就是常称的机器猫）经常为了取悦大雄而从口袋中掏出一件件宝贝，其中好多次就用到了任意门这个道具。其实，管道符就好像是用于实现数据穿越的任意门，能够帮助提高工作效率，完成之前不敢想象的复杂工作。

注：

曾经有位东北的同学做了一个特别贴切的类比：把管道符当做流水线作业，这跟吃顿烧烤是同一个道理，即第一个人负责切肉，第二个人负责串肉，第三个人负责烧烤，最后的处理结果交付给用户。

如果读者是一名 Linux 新手，可能会觉得上面的命令组合已经十分复杂了，但是有过运维经验的读者又会感觉如隔靴挠痒般不过瘾，他们希望能将这样方便的命令写得更高级一些，功能更强大一些。为了感谢各位读者的捧场和对本书的认可，刘遄老师当然要义不容辞地把技术拱手奉上。如果需要将管道符处理后的结果既输出到屏幕，又同时写入到文件中，则可以与 tee 命令结合使用。

下述命令将显示系统中所有与 bash 相关的进程信息，并同时将输出到屏幕和文件中：

```
[root@linuxprobe~]# ps aux | grep bash | tee result.txt
root 1070 0.0 0.1 25384 2324 ? S Sep21 0:00 /bin/bash /usr/sbin/ksmtuned
root 3899 0.0 0.2 26540 5136 pts/0 Ss 00:27 0:00 bash
root 4320 0.0 0.0 12112 1112 pts/0 S+ 00:51 0:00 grep --color=auto bash
[root@linuxprobe~]# cat result.txt
root 1070 0.0 0.1 25384 2324 ? S Sep21 0:00 /bin/bash /usr/sbin/ksmtuned
root 3899 0.0 0.2 26540 5136 pts/0 Ss 00:27 0:00 bash
root 4320 0.0 0.0 12112 1112 pts/0 S+ 00:51 0:00 grep --color=auto bash
```

3.3 命令行的通配符

大家可能都遇到过提笔忘字的尴尬，作为 Linux 运维人员，我们有时候也会遇到明明一个文件的名称就在嘴边但就是想不起来的情况。如果只记得一个文件的开头几个字母，想遍历查找出所有以这几个字母开头的文件，该怎么操作呢？又比如，假设我们想要批量查看所有硬盘文件的相关权限属性，有一种实现方式是下面这样的：

```
[root@linuxprobe~]# ls -l /dev/sda
brw-rw----. 1 root disk 8, 0 May 4 15:55 /dev/sda
[root@linuxprobe~]# ls -l /dev/sda1
brw-rw----. 1 root disk 8, 1 May 4 15:55 /dev/sda1
[root@linuxprobe~]# ls -l /dev/sda2
brw-rw----. 1 root disk 8, 2 May 4 15:55 /dev/sda2
[root@linuxprobe~]# ls -l /dev/sda3
ls: cannot access '/dev/sda3': No such file or directory
```

幸亏我的硬盘文件和分区只有 3 个，要是有几百个，估计需要花费一天的时间来忙这个事情了。所以，这种方式的效率确实很低。

虽然第 6 章才会讲解 Linux 系统的存储结构和 FHS，但现在应该能看出一些简单规律了。比如，这些硬盘设备文件都是以 sda 开头并且存放到了/dev 目录中，这样一来，即使不知道硬盘的分区编号和具体分区的个数，也可以使用通配符来搞定。

顾名思义，通配符就是通用的匹配信息的符号，比如星号（*）代表匹配零个或多个字符，问号（?）代表匹配单个字符，中括号内加上数字[0-9]代表匹配 0～9 之间的单个数字的字符，而中括号内加上字母[abc]则是代表匹配 a、b、c 三个字符中的任意一个字符。Linux 系统中的通配符及含义如表 3-3 所示。

表 3-3　　Linux 系统中的通配符及含义

通配符	含义
*	任意字符
?	单个任意字符
[a-z]	单个小写字母

续表

通配符	含义
[A-Z]	单个大写字母
[a-Z]	单个字母
[0-9]	单个数字
[[:alpha:]]	任意字母
[[:upper:]]	任意大写字母
[[:lower:]]	任意小写字母
[[:digit:]]	所有数字
[[:alnum:]]	任意字母加数字
[[:punct:]]	标点符号

俗话讲“百闻不如一见，看书不如实验”，下面我们就来匹配所有在/dev 目录中且以 sda 开头的文件：

```
[root@linuxprobe~]# ls -l /dev/sda*
brw-rw----. 1 root disk 8, 0 May 4 15:55 /dev/sda
brw-rw----. 1 root disk 8, 1 May 4 15:55 /dev/sda1
brw-rw----. 1 root disk 8, 2 May 4 15:55 /dev/sda2
```

如果只想查看文件名以 sda 开头，但是后面还紧跟其他某一个字符的文件的相关信息，这时就需要用到问号来进行通配了：

```
[root@linuxprobe~]# ls -l /dev/sda?
brw-rw----. 1 root disk 8, 1 May 4 15:55 /dev/sda1
brw-rw----. 1 root disk 8, 2 May 4 15:55 /dev/sda2
```

除了使用[0-9]来匹配 0～9 之间的单个数字，也可以用[135]这样的方式仅匹配这 3 个指定数字中的一个；若没有匹配到数字 1 或 2 或 3，则不会显示出来：

```
[root@linuxprobe~]# ls -l /dev/sda[0-9]
brw-rw----. 1 root disk 8, 1 May 4 15:55 /dev/sda1
brw-rw----. 1 root disk 8, 2 May 4 15:55 /dev/sda2
[root@linuxprobe~]# ls -l /dev/sda[135]
brw-rw----. 1 root disk 8, 1 May 4 15:55 /dev/sda1
```

通配符不一定非要放到最后面，也可以放到前面。比如，可以使用下述命令来搜索/etc/目录中所有以.conf 结尾的配置文件有哪些：

```
[root@linuxprobe~]# ls -l /etc/*.conf
-rw-r--r--. 1 root root    55    Feb  1 2019 /etc/asound.conf
-rw-r--r--. 1 root root    25696 Dec 12 2018 /etc/brltty.conf
-rw-r--r--. 1 root root    1083  Apr  4 2018 /etc/chrony.conf
-rw-r--r--. 1 root root    1174  Aug 12 2018 /etc/dleyna-server-service.conf
-rw-r--r--. 1 root dnsmasq 26843 Aug 12 2018 /etc/dnsmasq.conf
-rw-r--r--. 1 root root    117   Jan 16 2019 /etc/dracut.conf
-rw-r--r--. 1 root root    20    Aug 12 2018 /etc/fprintd.conf
-rw-r--r--. 1 root root    38    Nov 16 2018 /etc/fuse.conf
………………省略部分输出信息………………
```

通配符不仅可用于搜索文件或代替被通配的字符，还可以与创建文件的命令相结合，一口气创建出好多个文件。不过在创建多个文件时，需要使用大括号，并且字段之间用逗号间隔：

```
[root@linuxprobe~]# touch {AA,BB,CC}.conf
[root@linuxprobe~]# ls -l *.conf
-rw-r--r--. 1 root root 0 Sep 22 01:54 AA.conf
-rw-r--r--. 1 root root 0 Sep 22 01:54 BB.conf
-rw-r--r--. 1 root root 0 Sep 22 01:54 CC.conf
```

使用通配符还可以输出一些指定的信息：

```
[root@linuxprobe~]# echo file{1,2,3,4,5}
file1 file2 file3 file4 file5
```

通配符的玩法特别多，接下来大家就自行摸索、自己开发吧。

3.4 常用的转义字符

为了能够更好地理解用户的表达，Shell 解释器还提供了特别丰富的转义字符来处理输入的特殊数据。刘遄老师以 10 多年的工作和培训为基础，愣是用了两周时间从数十个转义字符中提炼出了 4 个最常用的转义字符！这件事情也让我深刻反省了很长时间，原本认为图书写得越厚，作者越是大牛，现在发现这种观念完全是错误的，希望读者在读完本书后能体会到刘遄老师的用心付出。

4 个最常用的转义字符如下所示。

- **反斜杠（\）**：使反斜杠后面的一个变量变为单纯的字符。
- **单引号（''）**：转义其中所有的变量为单纯的字符串。
- **双引号（""）**：保留其中的变量属性，不进行转义处理。
- **反引号（``）**：把其中的命令执行后返回结果。

我们先定义一个名为 PRICE 的变量并赋值为 5，然后输出以双引号括起来的字符串与变量信息：

```
[root@linuxprobe~]# PRICE=5
[root@linuxprobe~]# echo "Price is $PRICE"
Price is 5
```

接下来，我们希望能够输出“Price is $5”，即“价格是 5 美元”的字符串内容，但碰巧美元符号与变量提取符号合并后的$$作用是显示当前程序的进程 ID 号码，于是命令执行后输出的内容并不是我们所预期的：

```
[root@linuxprobe~]# echo "Price is $$PRICE"
Price is 3767PRICE
```

要想让第一个“$”乖乖地作为美元符号，那么就需要使用反斜杠（\）来进行转义，将这个命令提取符转义成单纯的文本，去除其特殊功能：

```
[root@linuxprobe~]# echo "Price is \$$PRICE"
Price is $5
```

而如果只需要某个命令的输出值，可以像`命令`这样，将命令用反引号括起来，达到预期的效果。例如，将反引号与 uname -a 命令结合，然后使用 echo 命令来查看本机的 Linux 版本和内核信息：

```
[root@linuxprobe~]# echo `uname -a`
Linux linuxprobe.com 4.18.0-80.el8.x86_64 #1 SMP Wed Mar 13 12:02:46 UTC 2019
x86_64 x86_64 x86_64 GNU/Linux
```

反斜杠和反引号的功能比较有特点，同学们一般不会犯错，但对于什么时候使用双引号却容易混淆，因为在大多数情况下好像加不加双引号，效果都一样：

```
[root@linuxprobe~]# echo AA BB CC
AA BB CC
[root@linuxprobe~]# echo "AA BB CC"
AA BB CC
```

两者的区别在于用户无法得知第一种执行方式中到底有几个参数。是的，不能确定！因为有可能把“AA BB CC”当作一个参数整体直接输出到屏幕，也有可能分别将 AA、BB 和 CC 输出到屏幕。而且，就算摸清了 echo 命令处理参数的机制，在使用其他命令时依然存在这种情况。

这里给大家总结一个简单小技巧，虽然可能不够严谨，但绝对简单：如果参数中出现了空格，就加双引号；如果参数中没有空格，那就不用加双引号。

3.5 重要的环境变量

变量是计算机系统用于保存可变值的数据类型。在 Linux 系统中，变量名称一般都是大写的，命令则都是小写的，这是一种约定俗成的规范。Linux 系统中的环境变量是用来定义系统运行环境的一些参数，比如每个用户不同的家目录、邮件存放位置等。可以直接通过变量名称来提取到对应的变量值。

细心的读者应该发现了，本节和上一节的标题名都分别加了形容词——重要的、常用的，原因其实不言而喻——要想让 Linux 系统能够正常运行并且为用户提供服务，则需要数百个环境变量来协同工作，我们没有必要逐一介绍、学习每一个变量，而是应该在有限的篇幅中精讲最重要的内容。

为了更好地帮助大家理解变量的作用，给大家举个例子。前文中曾经讲到，在 Linux 系统中一切都是文件，Linux 命令也不例外。那么，在用户执行了一条命令之后，Linux 系统中到底发生了什么事情呢？简单来说，命令在 Linux 中的执行分为 4 个步骤。

第 1 步：判断用户是否以绝对路径或相对路径的方式输入命令（如/bin/ls），如果是绝对路径则直接执行，否则进入第 2 步继续判断。

第 2 步：Linux 系统检查用户输入的命令是否为“别名命令”，即用一个自定义的命令名称来替换原本的命令名称。

之前在使用 rm 命令删除文件时，Linux 系统都会要求用户确认是否执行删除操作，其实这就是 Linux 系统为了防止用户误删除文件而特意设置的 rm 别名命令——“rm -i”。

```
[root@linuxprobe~]# ls
anaconda-ks.cfg  Documents  initial-setup-ks.cfg  Pictures  Templates
```

```
Desktop          Downloads  Music            Public    Videos
[root@linuxprobe~]# rm anaconda-ks.cfg
rm: remove regular file 'anaconda-ks.cfg'? y
```

可以用 alias 命令来创建一个属于自己的命令别名，语法格式为"alias 别名=命令"。若要取消一个命令别名，则是用 unalias 命令，语法格式为"unalias 别名"。

将当前 rm 命令所被设置的别名取消掉，再删除文件试试：

```
[root@linuxprobe~]# unalias rm
[root@linuxprobe~]# rm initial-setup-ks.cfg
[root@linuxprobe~]#
```

第 3 步：Bash 解释器判断用户输入的是内部命令还是外部命令。内部命令是解释器内部的指令，会被直接执行；而用户在绝大部分时间输入的是外部命令，这些命令交由步骤 4 继续处理。可以使用"type 命令名称"来判断用户输入的命令是内部命令还是外部命令：

```
[root@linuxprobe~]# type echo
echo is a shell builtin
[root@linuxprobe~]# type uptime
uptime is /usr/bin/uptime
```

第 4 步：系统在多个路径中查找用户输入的命令文件，而定义这些路径的变量叫作 PATH，可以简单地把它理解成是"解释器的小助手"，作用是告诉 Bash 解释器待执行的命令可能存放的位置，然后 Bash 解释器就会乖乖地在这些位置中逐个查找。PATH 是由多个路径值组成的变量，每个路径值之间用冒号间隔，对这些路径的增加和删除操作将影响到 Bash 解释器对 Linux 命令的查找。

```
[root@linuxprobe~]# echo $PATH
/usr/local/bin:/usr/local/sbin:/usr/bin:/usr/sbin:/root/bin
[root@linuxprobe~]# PATH=$PATH:/root/bin
[root@linuxprobe~]# echo $PATH
/usr/local/bin:/usr/local/sbin:/usr/bin:/usr/sbin:/root/bin:/root/bin
```

这里有比较经典的问题："为什么不能将当前目录（.）添加到 PATH 中呢?"原因是，尽管可以将当前目录（.）添加到 PATH 变量中，从而在某些情况下可以让用户免去输入命令所在路径的麻烦。但是，如果黑客在比较常用的公共目录/tmp 中存放了一个与 ls 或 cd 命令同名的木马文件，而用户又恰巧在公共目录中执行了这些命令，那么就极有可能中招了。

所以，作为一名态度谨慎、有经验的运维人员，在接手一台 Linux 系统后一定会在执行命令前先检查 PATH 变量中是否有可疑的目录。另外，读者从前面的 PATH 变量示例中是否也感觉到环境变量特别有用呢？我们可以使用 env 命令来查看 Linux 系统中所有的环境变量，而刘遄老师为您精挑细选出了最重要的 10 个环境变量，如表 3-4 所示。

表 3-4　　Linux 系统中最重要的 10 个环境变量

变量名称	作用
HOME	用户的主目录（即家目录）
SHELL	用户在使用的 Shell 解释器名称
HISTSIZE	输出的历史命令记录条数
HISTFILESIZE	保存的历史命令记录条数

续表

变量名称	作用
MAIL	邮件保存路径
LANG	系统语言、语系名称
RANDOM	生成一个随机数字
PS1	Bash 解释器的提示符
PATH	定义解释器搜索用户执行命令的路径
EDITOR	用户默认的文本编辑器

Linux 作为一个多用户、多任务的操作系统，能够为每个用户提供独立的、合适的工作运行环境。因此，一个相同的变量会因为用户身份的不同而具有不同的值。例如，使用下述命令来查看 HOME 变量在不同的用户身份下都有哪些值（su 是用于切换用户身份的命令，将在第 5 章跟大家见面）：

```
[root@linuxprobe~]# echo $HOME
/root
[root@linuxprobe~]# su - linuxprobe
[linuxprobe@linuxprobe~]$ echo $HOME
/home/linuxprobe
```

其实变量是由固定的变量名与用户或系统设置的变量值两部分组成的，我们完全可以自行创建变量来满足工作需求。例如，设置一个名称为 WORKDIR 的变量，方便用户更轻松地进入一个层次较深的目录：

```
[root@linuxprobe~]# mkdir /home/workdir
[root@linuxprobe~]# WORKDIR=/home/workdir
[root@linuxprobe~]# cd $WORKDIR
[root@linuxprobe workdir]# pwd
/home/workdir
```

但是，这样的变量不具有全局性，作用范围也有限，默认情况下不能被其他用户使用：

```
[root@linuxprobe workdir]# su linuxprobe
[linuxprobe@linuxprobe~]$ cd $WORKDIR
[linuxprobe@linuxprobe~]$ echo $WORKDIR
[linuxprobe@linuxprobe~]$ exit
```

如果工作需要，可以使用 export 命令将其提升为全局变量，这样其他用户也就可以使用它了：

```
[root@linuxprobe~]# export WORKDIR
[root@linuxprobe~]# su linuxprobe
[linuxprobe@linuxprobe~]$ cd $WORKDIR
[linuxprobe@linuxprobe workdir]$ pwd
/home/workdir
```

后续要是不使用这个变量了，则可执行 unset 命令把它取消掉：

```
[root@linuxprobe~]# unset WORKDIR
[root@linuxprobe~]#
```

注：

直接在终端设置的变量能够立即生效，但在重启服务器后就会失效，因此我们需要将变量和变量值写入到.bashrc或者.bash_profile文件中，以确保永久能使用它们。什么？不知道该怎么编辑文件？快来看第4章吧。

复习题

1. 把ls命令的正常输出信息追加写入到error.txt文件中的命令是什么？
   答：ls >> error.txt（注意区分>和>>的不同）。

2. 请简单概述管道符的作用。
   答：把左面（前面）命令的输出值作为右面（后面）命令的输入值以便进一步处理信息。

3. Bash解释器的通配符中，星号（*）代表几个字符？
   答：零个或多个。

4. PATH变量的作用是什么？
   答：设定解释器搜索所执行命令的路径，找到其所在位置。

5. 一般情况下，为参数添加双引号有什么好处？
   答：双引号通常用于界定参数的个数，以免程序或命令在执行时产生歧义，因此参数中若有空格，则建议添加双引号。

6. 使用什么命令可以把名为LINUX的一般变量转换成全局变量？
   答：export LINUX。

第 4 章

Vim 编辑器与 Shell 命令脚本

本章讲解了如下内容：

- Vim 文本编辑器；
- 编写 Shell 脚本；
- 流程控制语句；
- 计划任务服务程序。

本章首先介绍如何使用 Vim 编辑器来编写和修改文档，然后通过逐步配置主机名称、系统网卡以及软件仓库等文件，帮助大家加深 Vim 编辑器中诸多命令、快捷键与模式的理解。然后会带领大家重温第 2 章和第 3 章中的重点知识，做到 Linux 命令、逻辑操作符与 Shell 脚本的灵活搭配使用。

本章还要求大家能够在 Shell 脚本中以多种方式接收用户输入的信息，能够对输入值进行文件、数字、字符串的判断比较。在熟练使用“与、或、非”三种逻辑操作符的基础上，大家还要充分学习 if、for、while、case 条件测试语句，并通过 10 多个实战脚本的实操练习，达到在工作中灵活运用的水准。

本章最后通过实战的方式演示了使用 at 命令与 crond 计划任务服务来分别实现一次性的系统任务设置和长期性的系统任务设置，在分钟、小时、日期、月份、年份的基础上实现工作的自动化，从而让日常的工作更加高效，可以让大家早点下班陪孩子。

4.1 Vim 文本编辑器

Vim 的发布最早可以追溯到 1991 年，英文全称为 Vi Improved。它也是 Vi 编辑器的提升版本，其中最大的改进当属添加了代码着色功能，在某些编程场景下还能自动修正错误代码。

每当在讲课时遇到需要让学生记住的知识点时，为了能让他们打起精神来，我都会突然提高嗓门，因此有句话他们记得尤其深刻：“在 Linux 系统中一切都是文件，而配置一个服务就是在修改其配置文件的参数。”而且在日常工作中大家也肯定免不了要编写文档，这些工作都是通过文本编辑器来完成的。刘遄老师写作本书的目的是让读者切实掌握 Linux 系统的运维方法，而不是仅仅停留在“会用某个操作系统”的层面上，所以我们这里选择使用 Vim 文本编辑器，它默认会安装在当前所有的 Linux 操作系统上，是一款超棒的文本编辑器。

Vim 之所以能得到广大厂商与用户的认可，原因在于 Vim 编辑器中设置了 3 种模式——命令模式、末行模式和编辑模式，每种模式分别又支持多种不同的命令快捷键，这大大提高了工作效率，而且用户在习惯之后也会觉得相当顺手。要想高效地操作文本，就必须先搞清这 3 种模式的操作区别以及模式之间的切换方法（见图 4-1）。

- **命令模式**：控制光标移动，可对文本进行复制、粘贴、删除和查找等工作。
- **输入模式**：正常的文本录入。
- **末行模式**：保存或退出文档，以及设置编辑环境。

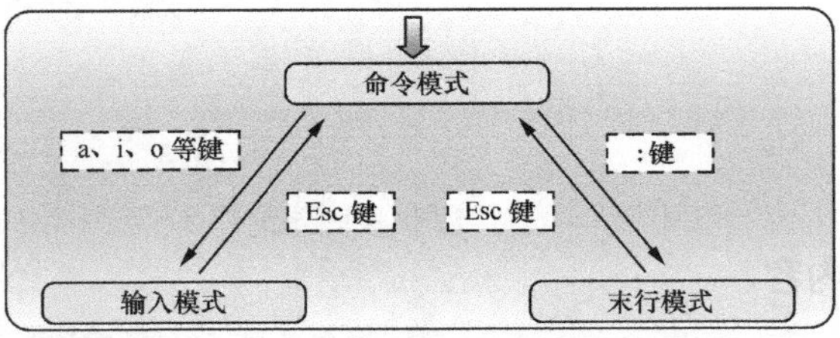

图 4-1　Vim 编辑器模式的切换方法

在每次运行 Vim 编辑器时，默认进入命令模式，此时需要先切换到输入模式后再进行文档编写工作。而每次在编写完文档后需要先返回命令模式，然后再进入末行模式，执行文档的保存或退出操作。在 Vim 中，无法直接从输入模式切换到末行模式。Vim 编辑器中内置的命令有成百上千种用法，为了能够帮助读者更快地掌握 Vim 编辑器，表 4-1 总结了在命令模式中最常用的一些命令。

表 4-1　命令模式中最常用的一些命令

命令	作用
dd	删除（剪切）光标所在整行
5dd	删除（剪切）从光标处开始的 5 行
yy	复制光标所在整行
5yy	复制从光标处开始的 5 行
n	显示搜索命令定位到的下一个字符串
N	显示搜索命令定位到的上一个字符串
u	撤销上一步的操作
p	将之前删除（dd）或复制（yy）过的数据粘贴到光标后面

末行模式主要用于保存或退出文件，以及设置 Vim 编辑器的工作环境，还可以让用户执行外部的 Linux 命令或跳转到所编写文档的特定行数。要想切换到末行模式，在命令模式中输入一个冒号就可以了。末行模式中常用的命令如表 4-2 所示。

表 4-2　末行模式中常用的一些命令

命令	作用
:w	保存
:q	退出
:q!	强制退出（放弃对文档的修改内容）
:wq!	强制保存退出
:set nu	显示行号
:set nonu	不显示行号

续表

命令	作用
:命令	执行该命令
:整数	跳转到该行
:s/one/two	将当前光标所在行的第一个 one 替换成 two
:s/one/two/g	将当前光标所在行的所有 one 替换成 two
:%s/one/two/g	将全文中的所有 one 替换成 two
?字符串	在文本中从下至上搜索该字符串
/字符串	在文本中从上至下搜索该字符串

大家在平日里一定要多使用 Vim 编辑器，一旦把 Vim 的各种命令练熟，后面在编辑配置文件时，效率就会有很大的提升。在 2011 年，有一位名为 Aleksandr Levchuk 的极客，他就为了追求极致的效率，发起了一个名为 VIM Clutch 的实验项目。他买了一对类似于汽车油门和刹车的离合器，改装后再用 USB 与电脑相连，左脚踩刹车是进入编辑模式（i），右脚踩油门是保存文件（wq!）。他对 Linux 和 Vim 的热爱真是强大！

4.1.1 编写简单文档

目前为止，大家已经具备了在 Linux 系统中编写文档的理论基础，接下来我们一起动手编写一个简单的脚本文档。刘遄老师会尽力把所有操作步骤和按键过程都标注出来，如果忘记了某些快捷键命令的作用，可以再返回前文进行复习。

编写脚本文档的第 1 步就是给文档取个名字，这里将其命名为 practice.txt。如果存在该文档，则是打开它。如果不存在，则是创建一个临时的输入文件，如图 4-2 所示。

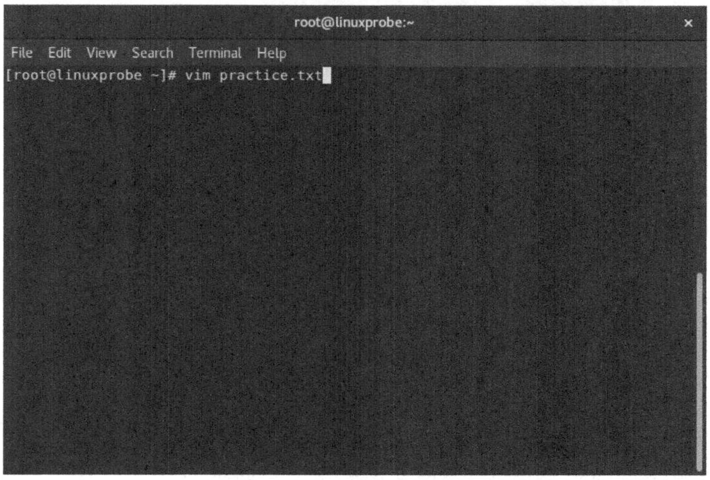

图 4-2 尝试编写文本文档

打开 practice.txt 文档后，默认进入的是 Vim 编辑器的命令模式。此时只能执行该模式下的命令，而不能随意输入文本内容。我们需要切换到输入模式才可以编写文档。

在图 4-1 中提到，可以分别使用 a、i、o 这 3 个键从命令模式切换到输入模式。其中，a 键与 i 键分别是在光标后面一位和光标当前位置切换到输入模式，而 o 键则是在光标的下面再创建一个空行，此时可敲击 a 键进入编辑器的输入模式，如图 4-3 所示。

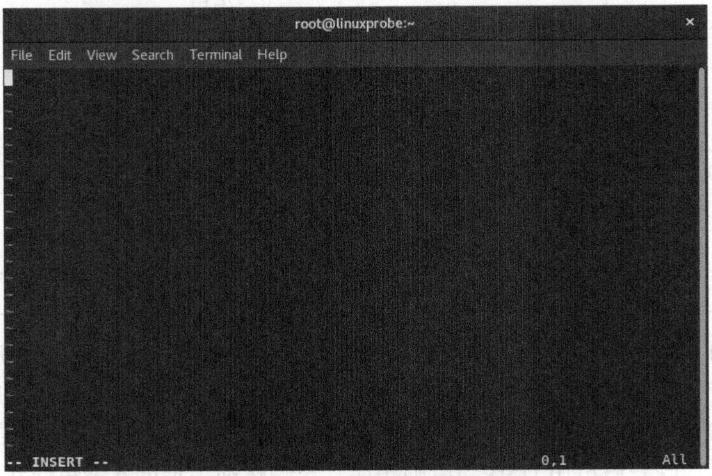

图 4-3　切换至编辑器的输入模式

进入输入模式后，可以随意输入文本内容，Vim 编辑器不会把您输入的文本内容当作命令而执行，如图 4-4 所示。

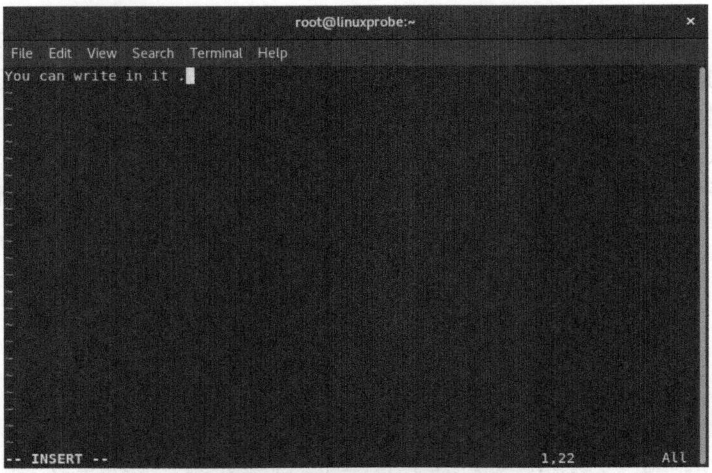

图 4-4　在编辑器中输入文本内容

在编写完之后，要想保存并退出，必须先敲击键盘的 Esc 键从输入模式返回命令模式，如图 4-5 所示。然后再输入“:wq!”切换到末行模式才能完成保存退出操作，如图 4-6 所示。

注：

请各位同学仔细观察图 4-4～图 4-6 中左下角的提示信息，在不同模式下有不同的提示字样。

当在末行模式中输入“:wq!”命令时，就意味着强制保存并退出文档。然后便可以用 cat 命令查看保存后的文档内容了，如图 4-7 所示。

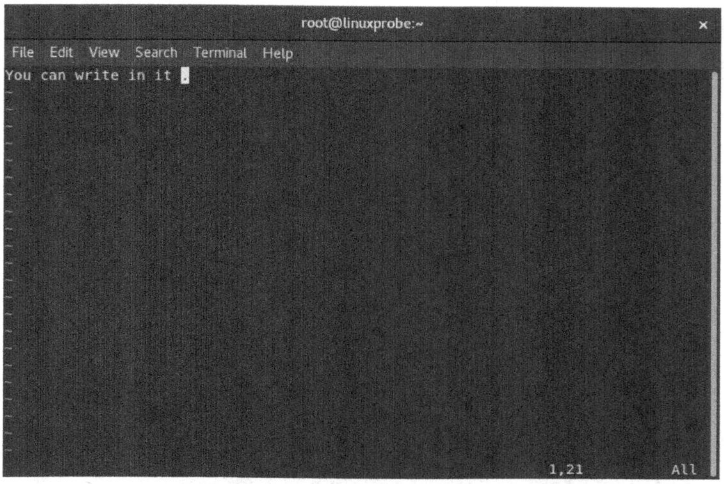

图 4-5 切换至编辑器的命令模式

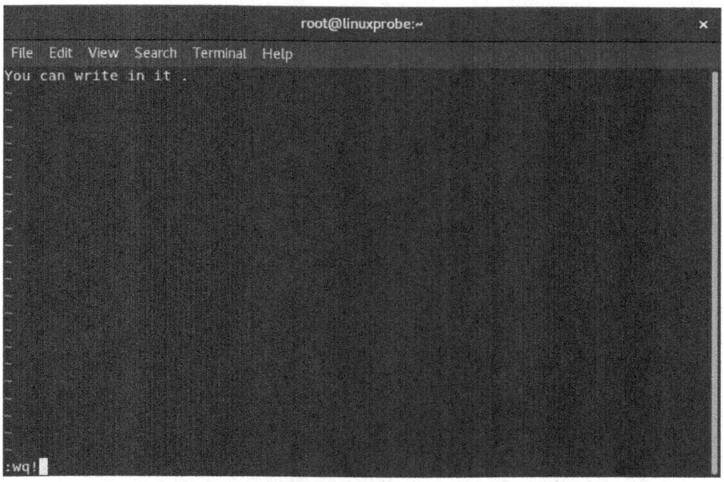

图 4-6 切换至编辑器的末行模式

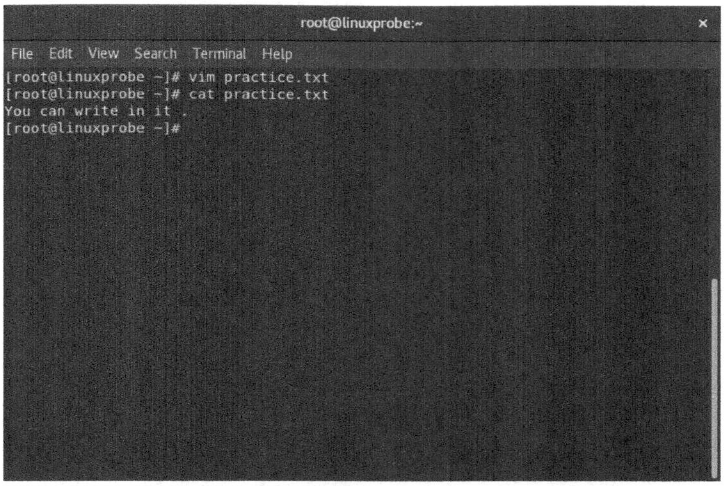

图 4-7 查看文档的内容

是不是很简单？！继续编辑这个文档。因为要在原有文本内容的下面追加内容，所以在命令模式中敲击 o 键进入输入模式更会高效，操作如图 4-8～图 4-10 所示。

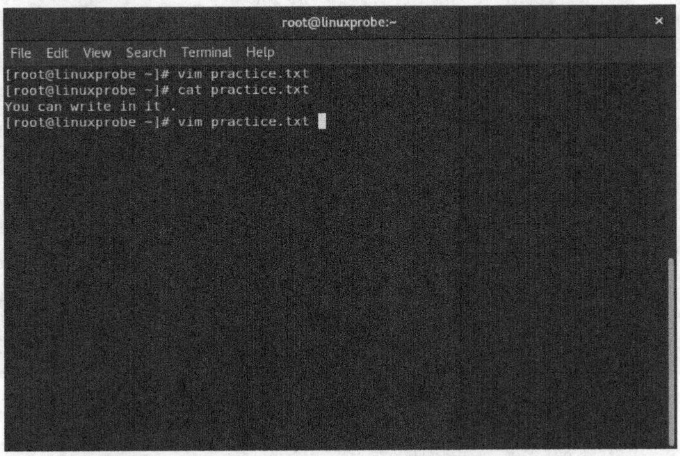

图 4-8　再次通过 Vim 编辑器编写文档

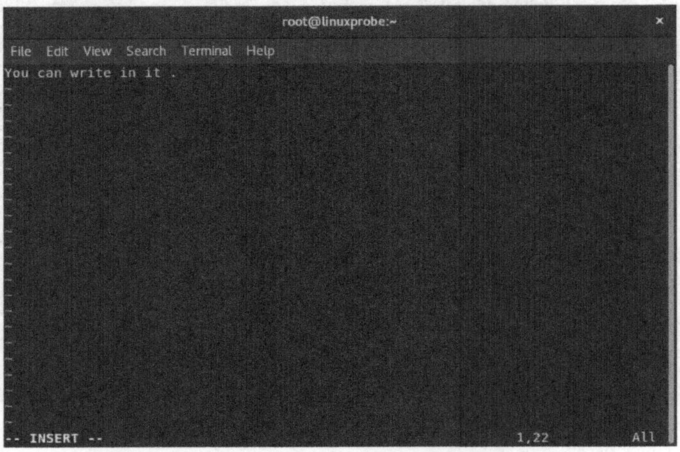

图 4-9　进入 Vim 编辑器的输入模式

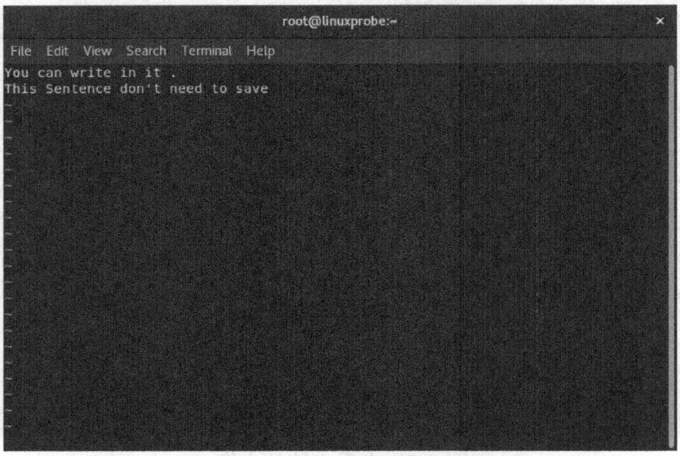

图 4-10　追加写入一行文本内容

因为此时已经修改了文本内容，所以 Vim 编辑器在我们尝试直接退出文档而不保存的时候就会拒绝我们的操作了。此时只能强制退出才能结束本次输入操作，如图 4-11～图 4-13 所示。

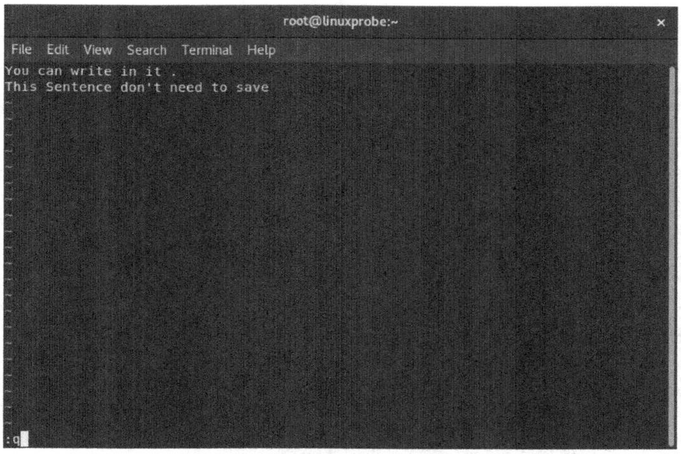

图 4-11　退出文本编辑器

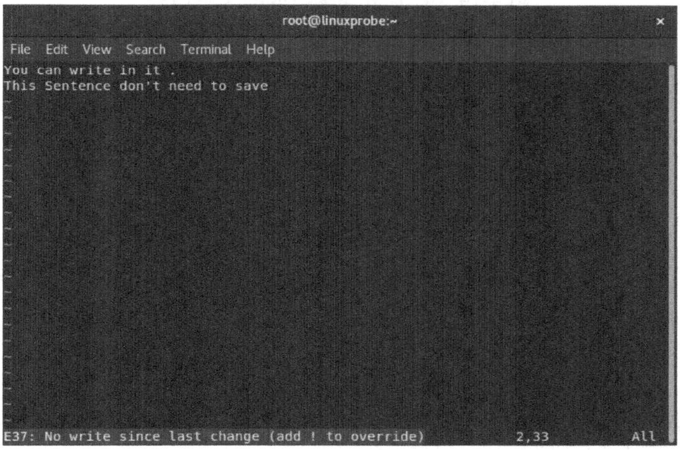

图 4-12　因文件已被修改而拒绝退出操作

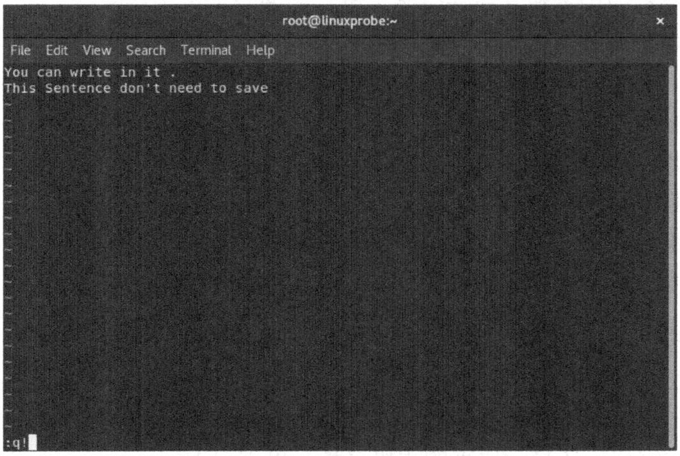

图 4-13　强制退出文本编辑器

现在大家也算是具有了一些 Vim 编辑器的实战经验了，应该也感觉到没有想象中那么难吧。现在查看文本的内容，果然发现追加输入的内容并没有被保存下来，如图 4-14 所示。

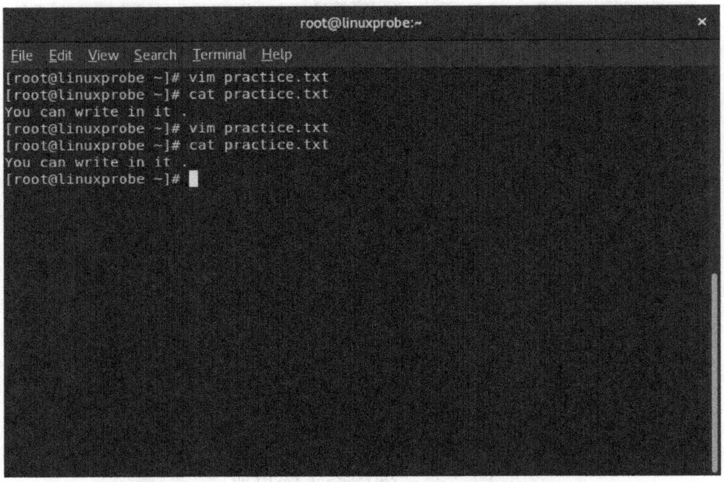

图 4-14　查看最终编写成的文本内容

大家在学完了理论知识之后又自己动手编写了一个文本，现在是否感觉成就满满呢？接下来将会由浅入深地为读者安排 3 个小任务。为了彻底掌握 Vim 编辑器的使用，大家一定要逐个完成不许偷懒，如果在完成这 3 个任务期间忘记了相关命令，可返回前文进一步复习掌握。

注：

下面的实验如果做不成功也很正常，请大家把重心放到 Vim 编辑器上面，能成功修改配置文件就已经很棒啦！

4.1.2　配置主机名称

为了便于在局域网中查找某台特定的主机，或者对主机进行区分，除了要有 IP 地址外，还要为主机配置一个主机名，主机之间可以通过这个类似于域名的名称来相互访问。在 Linux 系统中，主机名大多保存在/etc/hostname 文件中，接下来将/etc/hostname 配置文件的内容修改为“linuxprobe.com”，步骤如下。

第 1 步：使用 Vim 编辑器修改/etc/hostname 主机名称文件。

第 2 步：把原始主机名称删除后追加“linuxprobe.com”。注意，使用 Vim 编辑器修改主机名称文件后，要在末行模式下执行“:wq!”命令才能保存并退出文档。

第 3 步：保存并退出文档，然后使用 hostname 命令检查是否修改成功。

```
[root@linuxprobe~]# vim /etc/hostname
linuxprobe.com
```

hostname 命令用于查看当前的主机名称，但有时主机名称的改变不会立即同步到系统中，所以如果发现修改完成后还显示原来的主机名称，可重启虚拟机后再行查看：

```
[root@linuxprobe~]# hostname
linuxprobe.com
```

4.1.3 配置网卡信息

网卡 IP 地址配置的是否正确是两台服务器是否可以相互通信的前提。在 Linux 系统中，一切都是文件，因此配置网络服务的工作其实就是在编辑网卡配置文件。这个小任务不仅可以帮助您练习使用 Vim 编辑器，而且也为后面学习 Linux 中的各种服务配置打下了坚实的基础。当您认真学习完本书后，一定会特别有成就感，因为本书前面的基础部分非常扎实，而后面内容则具有几乎一致的网卡 IP 地址和运行环境，从而确保您全身心地投入到各类服务程序的学习上，而不用操心系统环境的问题。

如果您具备一定的运维经验或者熟悉早期的 Linux 系统，则在学习本书时会遇到一些不容易接受的差异变化。在 RHEL 5、RHEL 6 中，网卡配置文件的前缀为 eth，第 1 块网卡为 eth0，第 2 块网卡为 eth1；以此类推。在 RHEL 7 中，网卡配置文件的前缀则以 ifcfg 开始，再加上网卡名称共同组成了网卡配置文件的名字，例如 ifcfg-eno16777736。而在 RHEL 8 中，网卡配置文件的前缀依然为 ifcfg，区别是网卡名称改成了类似于 ens160 的样子，不过好在除了文件名发生变化外，网卡参数没有其他大的区别。

现在有一个名称为 ifcfg-ens160 的网卡设备，将其配置为开机自启动，并且 IP 地址、子网、网关等信息由人工指定，其步骤如下所示。

第 1 步：首先切换到/etc/sysconfig/network-scripts 目录中（存放着网卡的配置文件）。

第 2 步：使用 Vim 编辑器修改网卡文件 ifcfg-ens160，逐项写入下面的配置参数并保存退出。由于每台设备的硬件及架构是不一样的，因此请读者使用 ifconfig 命令自行确认各自网卡的默认名称。

- **设备类型**：TYPE=Ethernet
- **地址分配模式**：BOOTPROTO=static
- **网卡名称**：NAME=ens160
- **是否启动**：ONBOOT=yes
- **IP 地址**：IPADDR=192.168.10.10
- **子网掩码**：NETMASK=255.255.255.0
- **网关地址**：GATEWAY=192.168.10.1
- **DNS 地址**：DNS1=192.168.10.1

第 3 步：重启网络服务并测试网络是否连通。

下面正式开干！

进入到网卡配置文件所在的目录，然后编辑网卡配置文件，在其中填入下面的信息：

```
[root@linuxprobe~]# cd /etc/sysconfig/network-scripts/
[root@linuxprobe network-scripts]# vim ifcfg-ens160
TYPE=Ethernet
BOOTPROTO=static
NAME=ens160
ONBOOT=yes
IPADDR=192.168.10.10
NETMASK=255.255.255.0
```

```
GATEWAY=192.168.10.1
DNS1=192.168.10.1
```

执行重启网卡设备的命令，然后通过 ping 命令测试网络能否连通。由于在 Linux 系统中 ping 命令不会自动终止，因此需要手动按下 Ctrl+C 组合键来强行结束进程。

```
[root@linuxprobe network-scripts]# nmcli connection reload ens160
[root@linuxprobe network-scripts]# ping 192.168.10.10
PING 192.168.10.10 (192.168.10.10) 56(84) bytes of data.
64 bytes from 192.168.10.10: icmp_seq=1 ttl=64 time=0.083 ms
64 bytes from 192.168.10.10: icmp_seq=2 ttl=64 time=0.110 ms
64 bytes from 192.168.10.10: icmp_seq=3 ttl=64 time=0.106 ms
64 bytes from 192.168.10.10: icmp_seq=4 ttl=64 time=0.035 ms
^C
--- 192.168.10.10 ping statistics ---
4 packets transmitted, 4 received, 0% packet loss, time 84ms
rtt min/avg/max/mdev = 0.035/0.083/0.110/0.031 ms
[root@linuxprobe network-scripts]#
```

是不是感觉很有意思？！当然如果这个实验失败了也不用气馁，后面会有相应的章节专门讲解，请大家把关注点继续放回到 Vim 编辑器上就好。

4.1.4 配置软件仓库

本书前面讲到，软件仓库是一种能进一步简化 RPM 管理软件的难度以及自动分析所需软件包及其依赖关系的技术。可以把 Yum 或 DNF 想象成是一个硕大的软件仓库，里面保存有几乎所有常用的工具，而且只需要说出所需的软件包名称，系统就会自动为您搞定一切。

既然要使用软件仓库，就要先把它搭建起来，然后将其配置规则确定好才行。鉴于第 6 章才会讲解 Linux 的存储结构和设备挂载操作，所以当前还是将重心放到 Vim 编辑器的学习上。如果遇到看不懂的参数也不要紧，后面章节会单独讲解。

Yum 与 DNF 软件仓库的配置文件是通用的，也就是说填写好配置文件信息后，这两个软件仓库的命令都是可以正常使用。建议在 RHEL 8 中使用 dnf 作为软件的安装命令，因为它具备更高的效率，而且支持多线程同时安装软件。

搭建并配置软件仓库的大致步骤如下所示。

第 1 步：进入/etc/yum.repos.d/目录中（因为该目录存放着软件仓库的配置文件）。

第 2 步：使用 Vim 编辑器创建一个名为 rhel8.repo 的新配置文件（文件名称可随意，但后缀必须为.repo），逐项写入下面的配置参数并保存退出。

- **仓库名称**：具有唯一性的标识名称，不应与其他软件仓库发生冲突。
- **描述信息（name）**：可以是一些介绍性的词，易于识别软件仓库的用处。
- **仓库位置（baseurl）**：软件包的获取方式，可以使用 FTP 或 HTTP 下载，也可以是本地的文件（需要在后面添加 file 参数）。
- **是否启用（enabled）**：设置此源是否可用；1 为可用，0 为禁用。
- **是否校验（gpgcheck）**：设置此源是否校验文件；1 为校验，0 为不校验。
- **公钥位置（gpgkey）**：若上面的参数开启了校验功能，则此处为公钥文件位置。若没有开启，则省略不写。

第 3 步：按配置参数中所填写的仓库位置挂载光盘，并把光盘挂载信息写入/etc/fstab 文件中。

第 4 步：使用“dnf install httpd -y”命令检查软件仓库是否已经可用。

开始实战！

进入/etc/yum.repos.d 目录后创建软件仓库的配置文件：

```
[root@linuxprobe~]# cd /etc/yum.repos.d/
[root@linuxprobe yum.repos.d]# vim rhel8.repo
[BaseOS]
name=BaseOS
baseurl=file:///media/cdrom/BaseOS
enabled=1
gpgcheck=0
[AppStream]
name=AppStream
baseurl=file:///media/cdrom/AppStream
enabled=1
gpgcheck=0
```

创建挂载点后进行挂载操作，并设置成开机自动挂载（详见第 6 章）：

```
[root@linuxprobe yum.repos.d]# mkdir -p /media/cdrom
[root@linuxprobe yum.repos.d]# mount /dev/cdrom /media/cdrom
mount: /media/cdrom: WARNING: device write-protected, mounted read-only.
[root@linuxprobe yum.repos.d]# vim /etc/fstab
/dev/cdrom /media/cdrom iso9660 defaults 0 0
```

尝试使用软件仓库的 dnf 命令来安装 Web 服务，软件包名称为 httpd，安装后出现“Complete!”则代表配置正确：

```
[root@linuxprobe~]# dnf install httpd -y
Updating Subscription Management repositories.
Unable to read consumer identity
This system is not registered to Red Hat Subscription Management. You can use
subscription-manager to register.
AppStream 3.1 MB/s | 3.2 kB 00:00
BaseOS 2.7 MB/s | 2.7 kB 00:00
Dependencies resolved.
..................省略部分输出信息..................
Installed:
httpd-2.4.37-10.module+el8+2764+7127e69e.x86_64
apr-util-bdb-1.6.1-6.el8.x86_64
apr-util-openssl-1.6.1-6.el8.x86_64
apr-1.6.3-9.el8.x86_64
apr-util-1.6.1-6.el8.x86_64
httpd-filesystem-2.4.37-10.module+el8+2764+7127e69e.noarch
httpd-tools-2.4.37-10.module+el8+2764+7127e69e.x86_64
mod_http2-1.11.3-1.module+el8+2443+605475b7.x86_64
redhat-logos-httpd-80.7-1.el8.noarch

Complete!
```

对于习惯使用 yum 命令来安装软件的同学，也不需要有压力，因为您依然可以使用 yum install httpd 命令来安装软件，只是将 dnf 替换成 yum。可见，RHEL 8 版本很好地兼容了用户习惯。

4.2 编写 Shell 脚本

可以将 Shell 终端解释器当作人与计算机硬件之间的“翻译官”，它作为用户与 Linux 系统内部的通信媒介，除了能够支持各种变量与参数外，还提供了诸如循环、分支等高级编程语言才有的控制结构特性。要想正确使用 Shell 中的这些功能特性，准确下达命令尤为重要。Shell 脚本命令的工作方式有下面两种。

- **交互式（Interactive）**：用户每输入一条命令就立即执行。
- **批处理（Batch）**：由用户事先编写好一个完整的 Shell 脚本，Shell 会一次性执行脚本中诸多的命令。

在 Shell 脚本中不仅会用到前面学习过的很多 Linux 命令以及正则表达式、管道符、数据流重定向等语法规则，还需要把内部功能模块化后通过逻辑语句进行处理，最终形成日常所见的 Shell 脚本。

通过查看 SHELL 变量可以发现，当前系统已经默认使用 Bash 作为命令行终端解释器了：

```
[root@linuxprobe~]# echo $SHELL
/bin/bash
```

4.2.1 编写简单的脚本

估计读者在看完上文中有关 Shell 脚本的复杂描述后，会累觉不爱吧。但是，上文指的是一个高级 Shell 脚本的编写原则，其实使用 Vim 编辑器把 Linux 命令按照顺序依次写入到一个文件中，就是一个简单的脚本了。

例如，如果想查看当前所在工作路径并列出当前目录下所有的文件及属性信息，实现这个功能的脚本应该类似于下面这样：

```
[root@linuxprobe~]# vim example.sh
#!/bin/bash
#For Example BY linuxprobe.com
pwd
ls -al
```

Shell 脚本文件的名称可以任意，但为了避免被误以为是普通文件，建议将.sh 后缀加上，以表示是一个脚本文件。

在上面的这个 example.sh 脚本中实际上出现了 3 种不同的元素：第一行的脚本声明（#!）用来告诉系统使用哪种 Shell 解释器来执行该脚本；第二行的注释信息（#）是对脚本功能和某些命令的介绍信息，使得自己或他人在日后看到这个脚本内容时，可以快速知道该脚本的作用或一些警告信息；第三、四行的可执行语句也就是我们平时执行的 Linux 命令了。你们不相信这么简单就编写出来了一个脚本程序？！那我们来执行一下看看结果：

```
[root@linuxprobe~]# bash example.sh
/root
total 60
dr-xr-x---. 15 root root  4096 Oct 12 00:41 .
dr-xr-xr-x. 17 root root   224 Jul 21 05:04 ..
```

```
-rw-------.  1 root root  1407 Jul 21 05:09 anaconda-ks.cfg
-rw-------.  1 root root   335 Jul 24 06:33 .bash_history
-rw-r--r--.  1 root root    18 Aug 13  2018 .bash_logout
-rw-r--r--.  1 root root   176 Aug 13  2018 .bash_profile
………………省略部分输出信息………………
```

除了上面用 Bash 解释器命令直接运行 Shell 脚本文件外，第二种运行脚本程序的方法是通过输入完整路径的方式来执行。但默认会因为权限不足而提示报错信息，此时只需要为脚本文件增加执行权限即可（详见第 5 章）。初次学习 Linux 系统的读者不用心急，等下一章学完用户身份和权限后再来做这个实验也不迟：

```
[root@linuxprobe~]# ./example.sh
bash: ./Example.sh: Permission denied
[root@linuxprobe~]# chmod u+x example.sh
[root@linuxprobe~]# ./example.sh
/root
total 60
dr-xr-x---. 15 root root  4096 Oct 12 00:41 .
dr-xr-xr-x. 17 root root   224 Jul 21 05:04 ..
-rw-------.  1 root root  1407 Jul 21 05:09 anaconda-ks.cfg
-rw-------.  1 root root   335 Jul 24 06:33 .bash_history
-rw-r--r--.  1 root root    18 Aug 13  2018 .bash_logout
-rw-r--r--.  1 root root   176 Aug 13  2018 .bash_profile
………………省略部分输出信息………………
```

4.2.2 接收用户的参数

但是，像上面这样的脚本程序只能执行一些预先定义好的功能，未免太过死板。为了让 Shell 脚本程序更好地满足用户的一些实时需求，以便灵活完成工作，必须要让脚本程序能够像之前执行命令时那样，接收用户输入的参数。

比如，当用户执行某一个命令时，加或不加参数的输出结果是不同的：

```
[root@linuxprobe~]# wc -l anaconda-ks.cfg
44 anaconda-ks.cfg
[root@linuxprobe~]# wc -c anaconda-ks.cfg
1407 anaconda-ks.cfg
[root@linuxprobe~]# wc -w anaconda-ks.cfg
121 anaconda-ks.cfg
```

这意味着命令不仅要能接收用户输入的内容，还要有能力进行判断区别，根据不同的输入调用不同的功能。

其实，Linux 系统中的 Shell 脚本语言早就考虑到了这些，已经内设了用于接收参数的变量，变量之间使用空格间隔。例如，$0 对应的是当前 Shell 脚本程序的名称，$#对应的是总共有几个参数，$*对应的是所有位置的参数值，$?对应的是显示上一次命令的执行返回值，而$1、$2、$3……则分别对应着第 *N* 个位置的参数值，如图 4-15 所示。

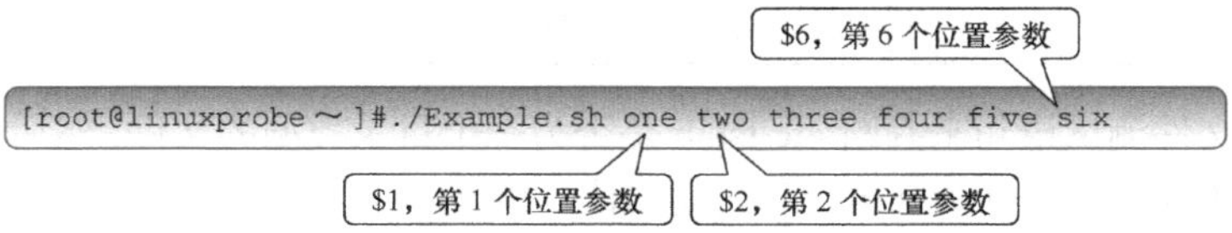

图 4-15　Shell 脚本程序中的参数位置变量

理论过后再来练习一下。尝试编写一个脚本程序示例，通过引用上面的变量参数来看一下真实效果：

```
[root@linuxprobe~]# vim example.sh
#!/bin/bash
echo "当前脚本名称为$0"
echo "总共有$#个参数，分别是$*。"
echo "第 1 个参数为$1，第 5 个为$5。"
[root@linuxprobe~]# bash example.sh one two three four five six
当前脚本名称为 example.sh
总共有 6 个参数，分别是 one two three four five six。
第 1 个参数为 one，第 5 个为 five。
```

4.2.3 判断用户的参数

学习是一个登堂入室、由浅入深的过程。在学习完 Linux 命令，掌握 Shell 脚本语法变量和接收用户输入的信息之后，就要踏上新的高度——能够进一步处理接收到的用户参数。

本书在前面章节中讲到，系统在执行 mkdir 命令时会判断用户输入的信息，即判断用户指定的文件夹名称是否已经存在，如果存在则提示报错；反之则自动创建。Shell 脚本中的条件测试语法可以判断表达式是否成立，若条件成立则返回数字 0，否则便返回非零值。条件测试语法的执行格式如图 4-16 所示。切记，条件表达式两边均应有一个空格。

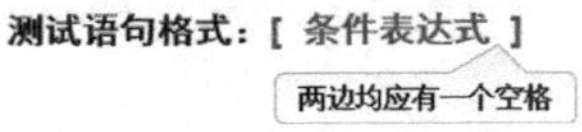
测试语句格式：[条件表达式]
两边均应有一个空格

图 4-16 条件测试语句的执行格式

按照测试对象来划分，条件测试语句可以分为 4 种：

- 文件测试语句；
- 逻辑测试语句；
- 整数值比较语句；
- 字符串比较语句。

文件测试即使用指定条件来判断文件是否存在或权限是否满足等情况的运算符，具体的参数如表 4-3 所示。

表 4-3 文件测试所用的参数

运算符	作用
-d	测试文件是否为目录类型
-e	测试文件是否存在
-f	判断是否为一般文件
-r	测试当前用户是否有权限读取
-w	测试当前用户是否有权限写入
-x	测试当前用户是否有权限执行

下面使用文件测试语句来判断/etc/fstab 是否为一个目录类型的文件，然后通过 Shell 解释器的内设$?变量显示上一条命令执行后的返回值。如果返回值为 0，则目录存在；如果返回值为非零的值，则意味着它不是目录，或这个目录不存在：

```
[root@linuxprobe~]# [ -d /etc/fstab ]
[root@linuxprobe~]# echo $?
1
```

再使用文件测试语句来判断/etc/fstab 是否为一般文件，如果返回值为 0，则代表文件存在，且为一般文件：

```
[root@linuxprobe~]# [ -f /etc/fstab ]
[root@linuxprobe~]# echo $?
0
```

判断与查询一定要敲两次命令吗？其实可以一次搞定。

逻辑语句用于对测试结果进行逻辑分析，根据测试结果可实现不同的效果。例如在 Shell 终端中逻辑“与”的运算符号是&&，它表示当前面的命令执行成功后才会执行它后面的命令，因此可以用来判断/dev/cdrom 文件是否存在，若存在则输出 Exist 字样。

```
[root@linuxprobe~]# [ -e /dev/cdrom ] && echo "Exist"
Exist
```

除了逻辑“与”外，还有逻辑“或”，它在 Linux 系统中的运算符号为||，表示当前面的命令执行失败后才会执行它后面的命令，因此可以用来结合系统环境变量 USER 来判断当前登录的用户是否为非管理员身份：

```
[root@linuxprobe~]# echo $USER
root
[root@linuxprobe~]# [ $USER = root ] || echo "user"
[root@linuxprobe~]# su - linuxprobe
[linuxprobe@linuxprobe~]$ [ $USER = root ] || echo "user"
user
```

第三种逻辑语句是“非”，在 Linux 系统中的运算符号是一个叹号（！），它表示把条件测试中的判断结果取相反值。也就是说，如果原本测试的结果是正确的，则将其变成错误的；原本测试错误的结果，则将其变成正确的。

我们现在切换回到 root 管理员身份，再判断当前用户是否为一个非管理员的用户。由于判断结果因为两次否定而变成正确，因此会正常地输出预设信息：

```
[linuxprobe@linuxprobe~]$ exit
logout
[root@linuxprobe~]# [ ! $USER = root ] || echo "administrator"
administrator
```

叹号应该放到判断语句的前面，代表对整个的测试语句进行取反值操作，而不应该写成“$USER != root”，因为“!=”代表的是不等于符号（≠），尽管执行效果一样，但缺少了逻辑关系，这一点还请多加注意。

注：

- &&是逻辑“与”，只有当前面的语句执行成功的时候才会执行后面的语句。
- ||是逻辑“或”，只有当前面的语句执行失败的时候才会执行后面的语句。
- !是逻辑“非”，代表对逻辑测试结果取反值；之前若为正确则变成错误，若为错误则变成正确。

就技术图书的写作来讲，一般有两种套路：让读者真正搞懂技术了；让读者觉得自己搞懂技术了。因此市面上很多浅显的图书会让读者在学完之后感觉进步特别快，这基本上是作者有意为之，目的就是让您觉得"图书很有料，自己收获很大"，但是在步入工作岗位后就露出短板吃大亏。所以刘遄老师决定继续提高难度，为读者增加一个综合的示例，一方面作为前述知识的总结，另一方面帮助读者夯实基础，以便在今后的工作中更灵活地使用逻辑符号。

当前我们正在登录的即为管理员用户——root。下面这个示例的执行顺序是，先判断当前登录用户的 USER 变量名称是否等于 root，然后用逻辑"非"运算符进行取反操作，效果就变成了判断当前登录的用户是否为非管理员用户。最后若条件成立，则会根据逻辑"与"运算符输出 user 字样；若条件不满足，则会通过逻辑"或"运算符输出 root 字样，而只有在前面的&&不成立时才会执行后面的||符号。

```
[root@linuxprobe~]# [ ! $USER = root ] && echo "user" || echo "root"
root
```

整数比较运算符仅是对数字的操作，不能将数字与字符串、文件等内容一起操作，而且不能想当然地使用日常生活中的等号、大于号、小于号等来判断。因为等号与赋值命令符冲突，大于号和小于号分别与输出重定向命令符和输入重定向命令符冲突。因此一定要使用规范的整数比较运算符来进行操作。可用的整数比较运算符如表 4-4 所示。

表 4-4　可用的整数比较运算符

运算符	作用
-eq	是否等于
-ne	是否不等于
-gt	是否大于
-lt	是否小于
-le	是否等于或小于
-ge	是否大于或等于

接下来小试牛刀。先测试一下 10 是否大于 10 以及 10 是否等于 10（通过输出的返回值内容来判断）：

```
[root@linuxprobe~]# [ 10 -gt 10 ]
[root@linuxprobe~]# echo $?
1
[root@linuxprobe~]# [ 10 -eq 10 ]
[root@linuxprobe~]# echo $?
0
```

在 2.4 节曾经讲过 free 命令，它能够用来获取当前系统正在使用及可用的内存量信息。接下来先使用 free -m 命令查看内存使用量情况（单位为 MB），然后通过"grep Mem:"命令过滤出剩余内存量的行，再用 awk '{print $4}'命令只保留第 4 列。这个演示确实有些难度，但看懂后会觉得很有意思，没准在运维工作中也会用得上。

```
[root@linuxprobe~]# free -m
              total        used        free      shared  buff/cache   available
Mem:           1966        1374         128          16         463         397
Swap:          2047          66        1981
```

```
[root@linuxprobe~]# free -m | grep Mem:
Mem:           1966       1374      128          16          463          397
[root@linuxprobe~]# free -m | grep Mem: | awk '{print $4}'
128
```

如果想把这个命令写入到 Shell 脚本中，那么建议把输出结果赋值给一个变量，以方便其他命令进行调用：

```
[root@linuxprobe~]# FreeMem=`free -m | grep Mem: | awk '{print $4}'`
[root@linuxprobe~]# echo $FreeMem
128
```

上面用于获取内存可用量的命令以及步骤可能有些“超纲”了，如果不能理解领会也不用担心，接下来才是重点。我们使用整数运算符来判断内存可用量的值是否小于 1024，若小于则会提示“Insufficient Memory”（内存不足）的字样：

```
[root@linuxprobe~]# [ $FreeMem -lt 1024 ] && echo "Insufficient Memory"
Insufficient Memory
```

字符串比较语句用于判断测试字符串是否为空值，或两个字符串是否相同。它经常用来判断某个变量是否未被定义（即内容为空值），理解起来也比较简单。字符串比较中常见的运算符如表 4-5 所示。

表 4-5　　常见的字符串比较运算符

运算符	作用
=	比较字符串内容是否相同
!=	比较字符串内容是否不同
-z	判断字符串内容是否为空

接下来通过判断 String 变量是否为空值，进而判断是否定义了这个变量：

```
[root@linuxprobe~]# [ -z $String ]
[root@linuxprobe~]# echo $?
0
```

再次尝试引入逻辑运算符来试一下。当用于保存当前语系的环境变量值 LANG 不是英语（en.US）时，则会满足逻辑测试条件并输出“Not en.US”（非英语）的字样：

```
[root@linuxprobe~]# echo $LANG
en_US.UTF-8
[root@linuxprobe~]# [ ! $LANG = "en.US" ] && echo "Not en.US"
Not en.US
```

4.3 流程控制语句

尽管此时可以通过使用 Linux 命令、管道符、重定向以及条件测试语句来编写最基本的 Shell 脚本，但是这种脚本并不适用于生产环境。原因是它不能根据真实的工作需求来调整具体的执行命令，也不能根据某些条件实现自动循环执行。通俗来讲，就是不能根据实际情况做出调整。

通常脚本都是从上到下一股脑儿地执行，效率是很高，但一旦某条命令执行失败了，则后面的功能全都会受到影响。假如大家有一天遇到了心仪的他（她），心中默默地进行如下规划（见图 4-17）。

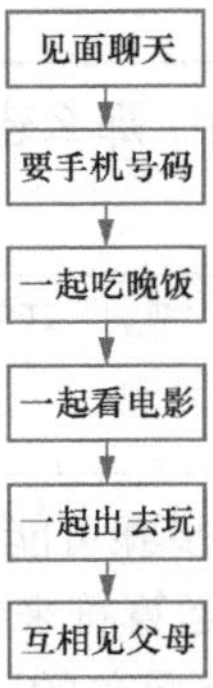

图 4-17　心中规划

结果可能是见面聊天后就觉得不合适了，后续的“要手机号码”“一起吃晚饭”和“一起看电影”就要终止了，就需要转而去做其他事情，因此需要判断语句来帮助完成。

接下来我们通过 if、for、while、case 这 4 种流程控制语句来学习编写难度更大、功能更强的 Shell 脚本。为了保证下文的实用性和趣味性，做到寓教于乐，我会尽可能多地讲解各种不同功能的 Shell 脚本示例，而不是逮住一个脚本不放，在它原有内容的基础上修修补补。尽管这种修补式的示例教学也可以让读者明白理论知识，但是却无法开放思路，不利于日后的工作。

4.3.1　if 条件测试语句

if 条件测试语句可以让脚本根据实际情况自动执行相应的命令。从技术角度来讲，if 语句分为单分支结构、双分支结构、多分支结构；其复杂度随着灵活度一起逐级上升。

if 条件语句的单分支结构由 if、then、fi 关键词组成，而且只在条件成立后才执行预设的命令，相当于口语的“如果……那么……”。单分支的 if 语句属于最简单的一种条件判断结构，语法格式如图 4-18 所示。

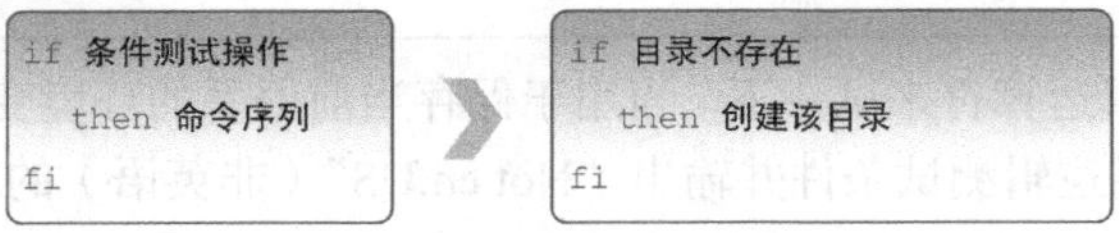

图 4-18　单分支的 if 条件语句

下面使用单分支的 if 条件语句来判断/media/cdrom 目录是否存在，若不存在就创建这个目录，反之则结束条件判断和整个 Shell 脚本的执行。

```
[root@linuxprobe~]# vim mkcdrom.sh
#!/bin/bash
DIR="/media/cdrom"
if [ ! -d $DIR ]
then
        mkdir -p $DIR
fi
```

由于第 5 章才讲解用户身份与权限，因此这里继续用“bash 脚本名称”的方式来执行脚本。在正常情况下，顺利执行完脚本文件后没有任何输出信息，但是可以使用 ls 命令验证

/media/cdrom 目录是否已经成功创建：

```
[root@linuxprobe~]# bash mkcdrom.sh
[root@linuxprobe~]# ls -ld /media/cdrom
drwxr-xr-x. 2 root root 6 Oct 13 21:34 /media/cdrom
```

if 条件语句的双分支结构由 if、then、else、fi 关键词组成，它进行一次条件匹配判断，如果与条件匹配，则去执行相应的预设命令；反之则去执行不匹配时的预设命令，相当于口语的“如果……那么……或者……那么……”。if 条件语句的双分支结构也是一种很简单的判断结构，语法格式如图 4-19 所示。

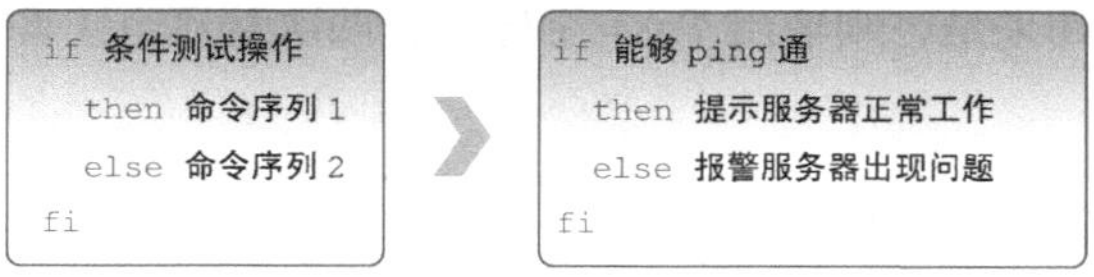

图 4-19 双分支的 if 条件语句

下面使用双分支的 if 条件语句来验证某台主机是否在线，然后根据返回值的结果，要么显示主机在线信息，要么显示主机不在线信息。这里的脚本主要使用 ping 命令来测试与对方主机的网络连通性，而 Linux 系统中的 ping 命令不像 Windows 一样尝试 4 次就结束，因此为了避免用户等待时间过长，需要通过-c 参数来规定尝试的次数，并使用-i 参数定义每个数据包的发送间隔，以及使用-W 参数定义等待超时时间。

```
[root@linuxprobe~]# vim chkhost.sh
#!/bin/bash
ping -c 3 -i 0.2 -W 3 $1 &> /dev/null
if [ $? -eq 0 ]
then
        echo "Host $1 is On-line."
else
        echo "Host $1 is Off-line."
fi
```

我们在 4.2.3 节中用过$?变量，作用是显示上一次命令的执行返回值。若前面的那条语句成功执行，则$?变量会显示数字 0，反之则显示一个非零的数字（可能为 1，也可能为 2，取决于系统版本）。因此可以使用整数比较运算符来判断$?变量是否为 0，从而获知那条语句的最终判断情况。这里的服务器 IP 地址为 192.168.10.10，我们来验证一下脚本的效果：

```
[root@linuxprobe~]# bash chkhost.sh 192.168.10.10
Host 192.168.10.10 is On-line.
[root@linuxprobe~]# bash chkhost.sh 192.168.10.20
Host 192.168.10.20 is Off-line.
```

if 条件语句的多分支结构由 if、then、else、elif、fi 关键词组成，它进行多次条件匹配判断，这多次判断中的任何一项在匹配成功后都会执行相应的预设命令，相当于口语的“如果……那么……如果……那么……”。if 条件语句的多分支结构是工作中最常使用的一种条件判断结构，尽管相对复杂但是更加灵活，语法格式如图 4-20 所示。

下面使用多分支的 if 条件语句来判断用户输入的分数在哪个成绩区间内，然后输出如 Excellent、Pass、Fail 等提示信息。在 Linux 系统中，read 是用来读取用户输入信息的命令，能够把接收到的用户输入信息赋值给后面的指定变量，-p 参数用于向用户显示一些提示信息。

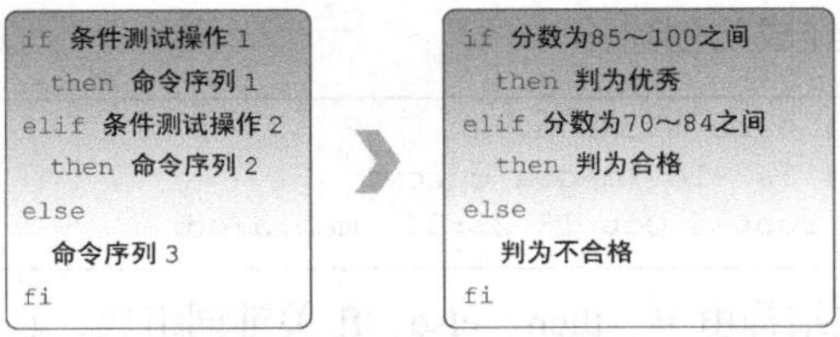

图 4-20　多分支的 if 条件语句

在下面的脚本示例中，只有当用户输入的分数大于等于 85 分且小于等于 100 分时，才输出 Excellent 字样；若分数不满足该条件（即匹配不成功），则继续判断分数是否大于等于 70 分且小于等于 84 分，如果是，则输出 Pass 字样；若两次都落空（即两次的匹配操作都失败了），则输出 Fail 字样：

```
[root@linuxprobe~]# vim chkscore.sh
#!/bin/bash
read -p "Enter your score (0-100): " GRADE
if [ $GRADE -ge 85 ] && [ $GRADE -le 100 ] ; then
        echo "$GRADE is Excellent"
elif [ $GRADE -ge 70 ] && [ $GRADE -le 84 ] ; then
        echo "$GRADE is Pass"
else
        echo "$GRADE is Fail"
fi
[root@linuxprobe~]# bash chkscore.sh
Enter your score (0-100): 88
88 is Excellent
[root@linuxprobe~]# bash chkscore.sh
Enter your score (0-100): 80
80 is Pass
```

下面执行该脚本。当用户输入的分数分别为 30 和 200 时，其结果如下：

```
[root@linuxprobe~]# bash chkscore.sh
Enter your score (0-100): 30
30 is Fail
[root@linuxprobe~]# bash chkscore.sh
Enter your score (0-100): 200
200 is Fail
```

为什么输入的分数为 200 时，依然显示 Fail 呢？原因很简单——没有成功匹配脚本中的两个条件判断语句，因此自动执行了最终的兜底策略。可见，这个脚本还不是很完美，建议读者自行完善这个脚本，使得用户在输入大于 100 或小于 0 的分数时，给予 Error 报错字样的提示。

4.3.2　for 条件循环语句

for 循环语句允许脚本一次性读取多个信息，然后逐一对信息进行操作处理。当要处理的数据有范围时，使用 for 循环语句就再适合不过了。for 循环语句的语法格式如图 4-21 所示。

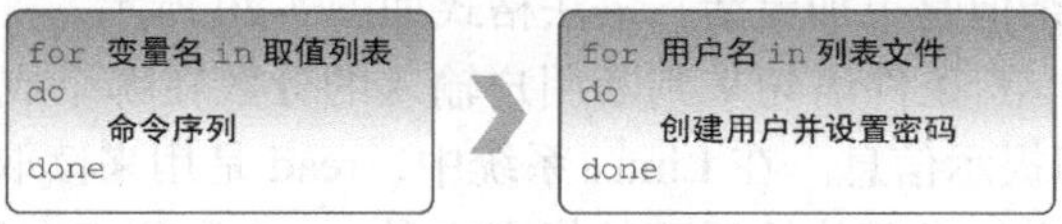

图 4-21　for 范围循环语句

下面使用 for 循环语句从列表文件中读取多个用户名，然后为其逐一创建用户账户并设置密码。首先创建用户名称的列表文件 users.txt，每个用户名称单独一行。读者可以自行决定具体的用户名称和个数：

```
[root@linuxprobe~]# vim users.txt
andy
barry
carl
duke
eric
george
```

接下来编写 Shell 脚本 addusers.sh。在脚本中使用 read 命令读取用户输入的密码值，然后赋值给 PASSWD 变量，并通过-p 参数向用户显示一段提示信息，告诉用户正在输入的内容即将作为账户密码。在执行该脚本后，会自动使用从列表文件 users.txt 中获取到所有的用户名称，然后逐一使用“id 用户名”命令查看用户的信息，并使用$?判断这条命令是否执行成功，也就是判断该用户是否已经存在。

```
[root@linuxprobe~]# vim addusers.sh
#!/bin/bash
read -p "Enter The Users Password : " PASSWD
for UNAME in `cat users.txt`
do
        id $UNAME &> /dev/null
        if [ $? -eq 0 ]
        then
                echo "$UNAME , Already exists"
        else
                useradd $UNAME
                echo "$PASSWD" | passwd --stdin $UNAME &> /dev/null
                echo "$UNAME , Create success"
        fi
done
```

注：

/dev/null 是一个被称作 Linux 黑洞的文件，把输出信息重定向到这个文件等同于删除数据（类似于没有回收功能的垃圾箱），可以让用户的屏幕窗口保持简洁。

执行批量创建用户的 Shell 脚本 addusers.sh，在输入为账户设定的密码后将由脚本自动检查并创建这些账户。由于已经将多余的信息通过输出重定向符转移到了/dev/null 黑洞文件中，因此在正常情况下屏幕窗口除了“用户账户创建成功”（Create success）的提示后不会有其他内容。

在 Linux 系统中，/etc/passwd 是用来保存用户账户信息的文件。如果想确认这个脚本是否成功创建了用户账户，可以打开这个文件，看其中是否有这些新创建的用户信息。

```
[root@linuxprobe~]# bash addusers.sh
Enter The Users Password : linuxprobe
andy , Create success
barry , Create success
carl , Create success
duke , Create success
```

```
eric , Create success
george , Create success
[root@linuxprobe~]# tail -6 /etc/passwd
andy:x:1001:1001::/home/andy:/bin/bash
barry:x:1002:1002::/home/barry:/bin/bash
carl:x:1003:1003::/home/carl:/bin/bash
duke:x:1004:1004::/home/duke:/bin/bash
eric:x:1005:1005::/home/eric:/bin/bash
george:x:1006:1006::/home/george:/bin/bash
```

大家还记得在学习双分支 if 条件语句时，用到的那个测试主机是否在线的脚本么？既然我们现在已经掌握了 for 循环语句，不妨做些更酷的事情，比如尝试让脚本从文本中自动读取主机列表，然后自动逐个测试这些主机是否在线。

首先创建一个主机列表文件 ipaddrs.txt：

```
[root@linuxprobe~]# vim ipaddrs.txt
192.168.10.10
192.168.10.11
192.168.10.12
```

然后将前面的双分支 if 条件语句与 for 循环语句相结合，让脚本从主机列表文件 ipaddrs.txt 中自动读取 IP 地址（用来表示主机）并将其赋值给 HLIST 变量，从而通过判断 ping 命令执行后的返回值来逐个测试主机是否在线。脚本中出现的“$（命令）”是一种完全类似于第 3 章的转义字符中反引号`命令`的 Shell 操作符，效果同样是执行括号或双引号括起来的字符串中的命令。大家在编写脚本时，多学习几种类似的新方法，可在工作中大显身手：

```
[root@linuxprobe~]# vim CheckHosts.sh
#!/bin/bash
HLIST=$(cat~/ipaddrs.txt)
for IP in $HLIST
do
        ping -c 3 -i 0.2 -W 3 $IP &> /dev/null
        if [ $? -eq 0 ]
        then
                echo "Host $IP is On-line."
        else
                echo "Host $IP is Off-line."
        fi
done
[root@linuxprobe~]# ./CheckHosts.sh
Host 192.168.10.10 is On-line.
Host 192.168.10.11 is Off-line.
Host 192.168.10.12 is Off-line.
```

细心的读者应该发现了，Shell 脚本中的代码缩进格式会根据不同的语句而改变。这是由 Vim 编辑器自动完成的，用户无须进行额外操作。但是，如果您使用的是 RHEL 7 以前的版本，则没有这个自动缩进功能，不过功能不受影响，只是会影响阅读体验而已。

4.3.3 while 条件循环语句

while 条件循环语句是一种让脚本根据某些条件来重复执行命令的语句，它的循环结构往往在执行前并不确定最终执行的次数，完全不同于 for 循环语句中有目标、有范围的使用场景。while 循环语句通过判断条件测试的真假来决定是否继续执行命令，若条件为真就继续执行，为假就结束循环。while 语句的语法格式如图 4-22 所示。

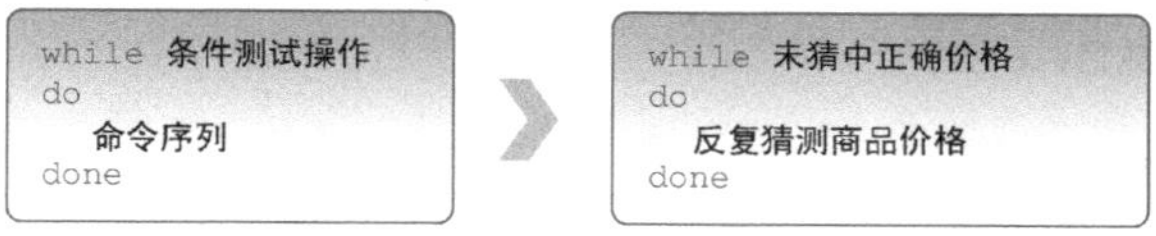

图 4-22　while 条件循环语句

接下来结合使用多分支的 if 条件测试语句与 while 条件循环语句，编写一个用来猜测数值大小的脚本 Guess.sh。该脚本使用$RANDOM 变量来调取出一个随机的数值（范围为 0～32767），然后将这个随机数对 1000 进行取余操作，并使用 expr 命令取得其结果，再用这个数值与用户通过 read 命令输入的数值进行比较判断。这个判断语句分为 3 种情况，分别是判断用户输入的数值是等于、大于还是小于使用 expr 命令取得的数值。当前，现在这些内容不是重点，我们要关注的是 while 条件循环语句中的条件测试始终为 true，因此判断语句会无限执行下去，直到用户输入的数值等于 expr 命令取得的数值后，才运行 exit 0 命令，终止脚本的执行。

```
[root@linuxprobe~]# vim Guess.sh
#!/bin/bash
PRICE=$(expr $RANDOM % 1000)
TIMES=0
echo "商品实际价格为 0-999 之间，猜猜看是多少？"
while true
do
        read -p "请输入您猜测的价格数目：" INT
        let TIMES++
        if [ $INT -eq $PRICE ] ; then
                echo "恭喜您答对了，实际价格是 $PRICE"
                echo "您总共猜测了 $TIMES 次"
                exit
        elif [ $INT -gt $PRICE ] ; then
                echo "太高了！"
        else
                echo "太低了！"
        fi
done
```

在这个 Guess.sh 脚本中，我们添加了一些交互式的信息，从而使得用户与系统的互动性得以增强。而且每当循环到 let TIMES++命令时都会让 TIMES 变量内的数值加 1，用来统计循环总计执行了多少次。这可以让用户得知在总共猜测了多少次之后，才猜对价格。

```
[root@linuxprobe~]# bash Guess.sh
商品实际价格为 0-999 之间，猜猜看是多少？
请输入您猜测的价格数目：500
太低了！
请输入您猜测的价格数目：800
太高了！
请输入您猜测的价格数目：650
太低了！
请输入您猜测的价格数目：720
```

```
太高了！
请输入您猜测的价格数目：690
太低了！
请输入您猜测的价格数目：700
太高了！
请输入您猜测的价格数目：695
太高了！
请输入您猜测的价格数目：692
太高了！
请输入您猜测的价格数目：691
恭喜您答对了，实际价格是 691
您总共猜测了 9 次
```

当条件为 true（真）的时候，while 语句会一直循环下去，只有碰到 exit 才会结束，所以同学们一定要记得加上 exit 哦。

4.3.4 case 条件测试语句

如果您之前学习过 C 语言，看到这一小节的标题肯定会会心一笑："这不就是 switch 语句嘛！"是的，case 条件测试语句和 switch 语句的功能非常相似！case 语句是在多个范围内匹配数据，若匹配成功则执行相关命令并结束整个条件测试；如果数据不在所列出的范围内，则会去执行星号（*）中所定义的默认命令。case 语句的语法结构如图 4-23 所示。

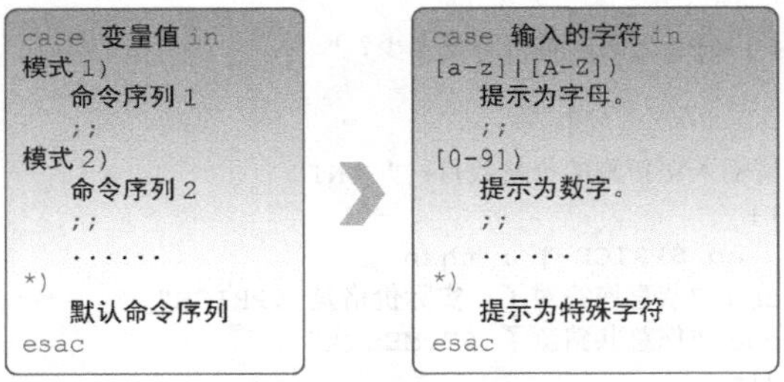

图 4-23　case 条件测试语句

在前文介绍的 Guess.sh 脚本中有一个致命的弱点——只能接受数字！您可以尝试输入一个字母，会发现脚本立即就崩溃了。原因是字母无法与数字进行大小比较，例如，"a 是否大于等于 3"这样的命题是完全错误的。必须有一定的措施来判断用户输入的内容，当用户输入的内容不是数字时，脚本能予以提示，从而免于崩溃。

通过在脚本中组合使用 case 条件测试语句和通配符（详见第 3 章），完全可以满足这里的需求。接下来我们编写脚本 Checkkeys.sh，提示用户输入一个字符并将其赋值给变量 KEY，然后根据变量 KEY 的值向用户显示其值是字母、数字还是其他字符。

```
[root@linuxprobe~]# vim Checkkeys.sh
#!/bin/bash
read -p "请输入一个字符，并按 Enter 键确认：" KEY
case "$KEY" in
        [a-z]|[A-Z])
                echo "您输入的是 字母。"
                ;;
        [0-9])
                echo "您输入的是 数字。"
```

```
                    ;;
            *)
                    echo "您输入的是 空格、功能键或其他控制字符。"
    esac
[root@linuxprobe~]# bash Checkkeys.sh
请输入一个字符，并按 Enter 键确认：6
您输入的是 数字。
[root@linuxprobe~]# bash Checkkeys.sh
请输入一个字符，并按 Enter 键确认：p
您输入的是 字母。
[root@linuxprobe~]# bash Checkkeys.sh
请输入一个字符，并按 Enter 键确认：^[[15~
您输入的是 空格、功能键或其他控制字符。
```

4.4 计划任务服务程序

经验丰富的系统运维工程师可以使得 Linux 在无须人为介入的情况下，在指定的时间段自动启用或停止某些服务或命令，从而实现运维的自动化。尽管我们现在已经有了功能彪悍的脚本程序来执行一些批处理工作，但是，如果仍然需要在每天凌晨两点敲击键盘回车键来执行这个脚本程序，就太痛苦了（当然，也可以训练您的小猫在半夜按下回车键）。接下来，刘遄老师将向大家讲解如何设置服务器的计划任务服务，把周期性、规律性的工作交给系统自动完成。

计划任务分为一次性计划任务与长期性计划任务，大家可以按照如下方式理解。

- **一次性计划任务**：今晚 23:30 重启网站服务。
- **长期性计划任务**：每周一的凌晨 3:25 把/home/wwwroot 目录打包备份为 backup.tar.gz。

顾名思义，一次性计划任务只执行一次，一般用于临时的工作需求。可以用 at 命令实现这种功能，只需要写成“at 时间”的形式就行。如果想要查看已设置好但还未执行的一次性计划任务，可以使用 at -l 命令；要想将其删除，可以使用“atrm 任务序号”。at 命令中的参数及其作用如表 4-6 所示。

表 4-6　　at 命令中的参数及其作用

参数	作用
-f	指定包含命令的任务文件
-q	指定新任务名称
-l	显示待执行任务的列表
-d	删除指定的待执行任务
-m	任务执行后向用户发邮件

在使用 at 命令来设置一次性计划任务时，默认采用的是交互式方法。例如，使用下述命令将系统设置为在今晚 23:30 自动重启网站服务。

```
[root@linuxprobe~]# at 23:30
warning: commands will be executed using /bin/sh
at> systemctl restart httpd
at> 此处请同时按下<Ctrl>+<d>组合键来结束编写计划任务
job 1 at Wed Oct 14 23:30:00 2020
```

```
[root@linuxprobe~]# at -l
1 Wed Oct 14 23:30:00 2020 a root
```

看到 warning 提醒信息不要慌，at 命令只是在告诉我们接下来的任务将由 sh 解释器负责执行。这与此前学习的 Bash 解释器基本一致，不需要有额外的操作。

另外，如果大家想挑战一下难度更大但简捷性更高的方式，可以把前面学习的管道符（任意门）放到两条命令之间，让 at 命令接收前面 echo 命令的输出信息，以达到通过非交互式的方式创建计划一次性任务的目的。

```
[root@linuxprobe~]# echo "systemctl restart httpd" | at 23:30
warning: commands will be executed using /bin/sh
job 2 at Wed Oct 14 23:30:00 2020
[root@linuxprobe~]# at -l
1 Wed Oct 14 23:30:00 2020 a root
2 Wed Oct 14 23:30:00 2020 a root
```

上面设置了两条一样的计划任务，可以使用 atrm 命令轻松删除其中一条：

```
[root@linuxprobe~]# atrm 2
[root@linuxprobe~]# at -l
1 Wed Oct 14 23:30:00 2020 a root
```

这里还有一种特殊场景——把计划任务写入 Shell 脚本中，当用户激活该脚本后再开始倒计时执行，而不是像上面那样在固定的时间（“at 23:30”命令）进行。这该怎么办呢？

一般我们会使用“at now +2 MINUTE”的方式进行操作，这表示 2 分钟（MINUTE）后执行这个任务，也可以将其替代成小时（HOUR）、日（DAY）、月（MONTH）等词汇：

```
[root@linuxprobe~]# at now +2 MINUTE
warning: commands will be executed using /bin/sh
at> systemctl restart httpd
at> 此处请同时按下<Ctrl>+<d>键来结束编写计划任务
job 3 at Wed Oct 14 22:50:00 2020
```

还有些时候，我们希望 Linux 系统能够周期性地、有规律地执行某些具体的任务，那么 Linux 系统中默认启用的 crond 服务简直再适合不过了。创建、编辑计划任务的命令为 crontab -e，查看当前计划任务的命令为 crontab -l，删除某条计划任务的命令为 crontab -r。另外，如果您是以管理员的身份登录的系统，还可以在 crontab 命令中加上-u 参数来编辑他人的计划任务。crontab 命令中的参数及其作用如表 4-7 所示。

表 4-7　　crontab 命令中的参数及其作用

参数	作用
-e	编辑计划任务
-u	指定用户名称
-l	列出任务列表
-r	删除计划任务

在正式部署计划任务前，请先跟刘遄老师念一下口诀“分、时、日、月、星期 命令”。这是使用 crond 服务设置任务的参数格式（其格式见表 4-8）。需要注意的是，如果有些字段没有被设置，则需要使用星号（*）占位，如图 4-24 所示。

图 4-24 使用 crond 设置任务的参数格式

表 4-8 使用 crond 设置任务的参数字段说明

字段	说明
分钟	取值为 0～59 的整数
小时	取值为 0～23 的任意整数
日期	取值为 1～31 的任意整数
月份	取值为 1～12 的任意整数
星期	取值为 0～7 的任意整数，其中 0 与 7 均为星期日
命令	要执行的命令或程序脚本

假设在每周一、三、五的凌晨 3:25，都需要使用 tar 命令把某个网站的数据目录进行打包处理，使其作为一个备份文件。我们可以使用 crontab -e 命令来创建计划任务，为自己创建计划任务时无须使用-u 参数。crontab –e 命令的具体实现效果和 crontab -l 命令的结果如下所示：

```
[root@linuxprobe~]# crontab -e
no crontab for root - using an empty one
crontab: installing new crontab
[root@linuxprobe~]# crontab -l
25 3 * * 1,3,5 /usr/bin/tar -czvf backup.tar.gz /home/wwwroot
```

需要说明的是，除了用逗号（,）来分别表示多个时间段，例如“8,9,12”表示 8 月、9 月和 12 月。还可以用减号（-）来表示一段连续的时间周期（例如字段“日”的取值为“12-15”，则表示每月的 12～15 日）。还可以用除号（/）表示执行任务的间隔时间（例如“*/2”表示每隔 2 分钟执行一次任务）。

如果在 crond 服务中需要同时包含多条计划任务的命令语句，应每行仅写一条。例如我们再添加一条计划任务，它的功能是每周一至周五的凌晨 1 点自动清空/tmp 目录内的所有文件。尤其需要注意的是，在 crond 服务的计划任务参数中，所有命令一定要用绝对路径的方式来写，如果不知道绝对路径，请用 whereis 命令进行查询。rm 命令的路径为下面输出信息中的加粗部分。

```
[root@linuxprobe~]# whereis rm
rm: /usr/bin/rm /usr/share/man/man1/rm.1.gz /usr/share/man/man1p/rm.1p.gz
[root@linuxprobe~]# crontab -e
crontab: installing new crontab
[root@linuxprobe~]# crontab -l
25 3 * * 1,3,5 /usr/bin/tar -czvf backup.tar.gz /home/wwwroot
0  1 * * 1-5   /usr/bin/rm -rf /tmp/*
```

总结一下使用计划服务的注意事项。

- 在 crond 服务的配置参数中，一般会像 Shell 脚本那样以#号开头写上注释信息，这样在日后回顾这段命令代码时可以快速了解其功能、需求以及编写人员等重要信息。
- 计划任务中的“分”字段必须有数值，绝对不能为空或是*号，而“日”和“星期”字段不能同时使用，否则就会发生冲突。

删除 crond 计划任务则非常简单，直接使用 crontab -e 命令进入编辑界面，删除里面的文本信息即可。也可以使用 crontab -r 命令直接进行删除：

```
[root@linuxprobe~]# crontab -r
[root@linuxprobe~]# crontab -l
no crontab for root
```

最后再啰唆一句，想必读者也已经发现了，诸如 crond 在内的很多服务默认调用的是 Vim 编辑器，相信大家现在能进一步体会到在 Linux 系统中掌握 Vim 文本编辑器的好处了吧。所以请大家一定要在彻底掌握 Vim 编码器之后再学习下一章。

复习题

1. Vim 编辑器的 3 种模式分别是什么？

   答：命令模式、末行模式与输入模式（也叫编辑模式或插入模式）。

2. 怎么从输入模式切换到末行模式？

   答：需要先敲击 Esc 键退回到命令模式，然后敲击冒号（:）键后进入末行模式。

3. 一个完整的 Shell 脚本应该包含哪些内容？

   答：应该包括脚本声明、注释信息和可执行语句（即命令）。

4. 分别解释 Shell 脚本中$0 与$3 变量的作用。

   答：在 Shell 脚本中，$0 代表脚本文件的名称，$3 则代表该脚本在执行时接收的第 3 个参数。

5. if 条件测试语句有几种结构，最灵活且最复杂的是哪种结构？

   答：if 条件测试语句包括单分支、双分支与多分支等 3 种结构，其中多分支结构是最灵活且最复杂的结构，其结构形式为 if…then…elif…then…else…fi。

6. for 条件循环语句的循环结构是什么样子的？

   答：for 条件循环语句的结构为“for 变量名 in 取值列表 do 命令序列 done”，如图 4-21 所示。

7. 若在 while 条件循环语句中使用 true 作为循环条件，那么会发生什么事情？

   答：由于条件测试值永久为 true，因此脚本中的循环部分会无限地重复执行下去，直到碰到 exit 命令才会结束。

8. 如果需要依据用户的输入参数执行不同的操作，最方便的条件测试语句是什么？

   答：case 条件语句。

9. Linux 系统的长期计划任务所使用的服务是什么，其参数格式是什么？

   答：长期计划任务需要使用 crond 服务程序，参数格式是“分、时、日、月、星期 命令”。

第 5 章

用户身份与文件权限

本章讲解了如下内容：

- ➢ 用户身份与能力；
- ➢ 文件权限与归属；
- ➢ 文件的特殊权限；
- ➢ 文件的隐藏属性；
- ➢ 文件访问控制列表；
- ➢ su 命令与 sudo 服务。

Linux 是一个多用户、多任务的操作系统，具有很好的稳定性与安全性，在幕后保障 Linux 系统的安全则是一系列复杂的配置工作。本章将详细讲解文件的所有者、所属组以及其他人可对文件进行的读（r）、写（w）、执行（x）等操作，还将介绍如何在 Linux 系统中添加、删除、修改用户账户信息。

我们还可以使用 SUID、SGID 与 SBIT 特殊权限更加灵活地设置系统权限，来弥补对文件设置一般操作权限时所带来的不足。隐藏权限能够给系统增加一层隐形的防护层，让黑客最多只能查看关键日志信息，而不能篡改或删除。而文件访问控制列表（Access Control List，ACL）可以进一步让单一用户、用户组对单一文件或目录进行特殊的权限设置，让文件具有能满足工作需求的最小权限。

本章最后还会讲解如何使用 su 命令与 sudo 服务让普通用户具备管理员的权限，这不仅能够满足日常的工作需求，还可以确保系统的安全性。

5.1 用户身份与能力

受到 20 世纪 70 年代计算机发展的影响，Linux 系统的设计初衷之一就是为了满足多个用户同时工作的需求，因此必须具备很好的安全性，尤其是不能因为一两个服务出错而影响到整台服务器。在第 1 章学习安装 Linux 操作系统时，特别要求设置 root 管理员的密码，这个 root 管理员就是存在于所有类 UNIX 系统中的超级用户。它拥有最高的系统所有权，能够管理系统的各项功能，如添加/删除用户、启动/关闭服务进程、开启/禁用硬件设备等。虽然以 root 管理员的身份工作时不会受到系统的限制，但俗话讲“能力越大，责任就越大”，因此一旦使用这个高能的 root 管理员权限执行了错误的命令，可能会直接毁掉整个系统。使用与否，确实需要好好权衡一下。

在学习时是否要使用 root 管理员权限来控制整个系统呢？对于这个问题，网络上有很多文章建议以普通用户的身份来操作——这是一个更安全也更“无责任”的回答。今天，刘遄老师就要冒天下之大不韪给出自己的心得——强烈推荐大家在学习时使用root管理员权限！

这种为root管理员正名的决绝态度在网络中应该还是很少见的，我之所以力荐root管理员权限，原因很简单。因为在Linux的学习过程中如果使用普通用户身份进行操作，则在配置服务之后出现错误时很难判断是系统自身的问题还是因为权限不足而导致的；这无疑会给大家的学习过程徒增坎坷。更何况我们的实验环境是使用VMware虚拟机软件搭建的，可以将安装好的系统设置为一次快照，这样即便系统彻底崩溃了，也可以在5秒的时间内快速还原出一台全新的系统，而不用担心数据丢失。

总之，刘遄老师在培训时都推荐每位学生使用root管理员权限来学习Linux系统，等到工作时再根据生产环境决定使用哪个用户权限；这些仅与选择相关，而非技术性问题。

另外，很多图书或培训机构的老师会讲到，Linux系统中的管理员就是root。这其实是错误的，Linux系统的管理员之所以是root，并不是因为它的名字叫root，而是因为该用户的身份号码即UID（User IDentification）的数值为0。在Linux系统中，UID就像我们的身份证号码一样具有唯一性，因此可通过用户的UID值来判断用户身份。在RHEL 8系统中，用户身份有下面这些。

- **管理员 UID 为 0**：系统的管理员用户。
- **系统用户 UID 为 1～999**：Linux系统为了避免因某个服务程序出现漏洞而被黑客提权至整台服务器，默认服务程序会由独立的系统用户负责运行，进而有效控制被破坏范围。
- **普通用户 UID 从 1000 开始**：是由管理员创建的用于日常工作的用户。

需要注意的是，UID是不能冲突的，而且管理员创建的普通用户的UID默认是从1000开始的（即使前面有闲置的号码）。

为了方便管理属于同一组的用户，Linux系统中还引入了用户组的概念。通过使用用户组号码（GID，Group IDentification），可以把多个用户加入到同一个组中，从而方便为组中的用户统一规划权限或指定任务。假设一个公司中有多个部门，每个部门中又有很多员工，如果只想让员工访问本部门内的资源，则可以针对部门而非具体的员工来设置权限。例如，通过对技术部门设置权限，使得只有技术部门的员工可以访问公司的数据库信息等。

另外，在Linux系统中创建每个用户时，将自动创建一个与其同名的基本用户组，而且这个基本用户组只有该用户一个人。如果该用户以后被归纳到其他用户组，则这个其他用户组称之为扩展用户组。一个用户只有一个基本用户组，但是可以有多个扩展用户组，从而满足日常的工作需要。

注：

基本用户组就像是原生家庭，是在创建账号（出生）时就自动生成的；而扩展用户组则像工作单位，为了完成工作，需要加入到各个不同的群体中，这是需要手动添加的。

5.1.1 id 命令

id命令用于显示用户的详细信息，语法格式为“id 用户名”。

这个id命令是一个在创建用户前需要仔细学习的命令，它能够简单轻松地查看用户的基本信息，例如用户 ID、基本组与扩展组 GID，以便于我们判别某个用户是否已经存在，以及查看相关信息。

下面使用 id 命令查看一个名称为 linuxprobe 的用户信息：

```
[root@linuxprobe~]# id linuxprobe
uid=1000(linuxprobe) gid=1000(linuxprobe) groups=1000(linuxprobe)
```

5.1.2 useradd 命令

useradd 命令用于创建新的用户账户，语法格式为"useradd [参数] 用户名"。

可以使用 useradd 命令创建用户账户。使用该命令创建用户账户时，默认的用户家目录会被存放在/home 目录中，默认的 Shell 解释器为/bin/bash，而且默认会创建一个与该用户同名的基本用户组。这些默认设置可以根据表 5-1 中的 useradd 命令参数自行修改。

表 5-1 useradd 命令中的参数以及作用

参数	作用
-d	指定用户的家目录（默认为/home/username）
-e	账户的到期时间，格式为 YYYY-MM-DD.
-u	指定该用户的默认 UID
-g	指定一个初始的用户基本组（必须已存在）
-G	指定一个或多个扩展用户组
-N	不创建与用户同名的基本用户组
-s	指定该用户的默认 Shell 解释器

下面使用 useradd 命令创建一个名称为 linuxcool 的用户，并使用 id 命令确认信息：

```
[root@linuxprobe~]# useradd linuxcool
[root@linuxprobe~]# id linuxcool
uid=1001(linuxcool) gid=1001(linuxcool) groups=1001(linuxcool)
```

下面我们提高难度，创建一个普通用户并指定家目录的路径、用户的 UID 以及 Shell 解释器。在下面的命令中，请注意/sbin/nologin，它是终端解释器中的一员，与 Bash 解释器有着天壤之别。一旦用户的解释器被设置为 nologin，则代表该用户不能登录到系统中：

```
[root@linuxprobe~]# useradd -d /home/linux -u 8888 -s /sbin/nologin linuxdown
[root@linuxprobe~]# id linuxdown
uid=8888(linuxdown) gid=8888(linuxdown) groups=8888(linuxdown)
```

5.1.3 groupadd 命令

groupadd 命令用于创建新的用户组，语法格式为"groupadd [参数] 群组名"。

为了能够更加高效地指派系统中各个用户的权限，在工作中常常会把几个用户加入到同一个组里面，这样便可以针对一类用户统一安排权限。例如在工作中成立一个部门组，当有新的同事加入时就把他的账号添加到这个部门组中，这样新同事的权限就自动跟其他同事一模一样了，从而省去了一系列烦琐的操作。

创建用户组的步骤非常简单，例如使用如下命令创建一个用户组 ronny：

```
[root@linuxprobe~]# groupadd ronny
```

5.1.4 usermod 命令

usermod 命令用于修改用户的属性，英文全称为 “user modify”，语法格式为 “usermod [参数] 用户名”。

前文曾反复强调，Linux 系统中的一切都是文件，因此在系统中创建用户也就是修改配置文件的过程。用户的信息保存在/etc/passwd 文件中，可以直接用文本编辑器来修改其中的用户参数项目，也可以用 usermod 命令修改已经创建的用户信息，比如用户的 UID、基本/扩展用户组、默认终端等。usermod 命令的参数以及作用如表 5-2 所示。

表 5-2 usermod 命令中的参数以及作用

参数	作用
-c	填写用户账户的备注信息
-d -m	参数-m 与参数-d 连用，可重新指定用户的家目录并自动把旧的数据转移过去
-e	账户的到期时间，格式为 YYYY-MM-DD
-g	变更所属用户组
-G	变更扩展用户组
-L	锁定用户禁止其登录系统
-U	解锁用户，允许其登录系统
-s	变更默认终端
-u	修改用户的 UID

大家不要被这么多参数吓坏了。我们先来看一下账户 linuxprobe 的默认信息：

```
[root@linuxprobe~]# id linuxprobe
uid=1000(linuxprobe) gid=1000(linuxprobe) groups=1000(linuxprobe)
```

然后将用户 linuxprobe 加入到 root 用户组中，这样扩展组列表中则会出现 root 用户组的字样，而基本组不会受到影响：

```
[root@linuxprobe ~]# usermod -G root linuxprobe
[root@linuxprobe ~]# id linuxprobe
uid=1000(linuxprobe) gid=1000(linuxprobe) groups=1000(linuxprobe),0(root)
```

再来试试用-u 参数修改 linuxprobe 用户的 UID 号码值：

```
[root@linuxprobe ~]# usermod -u 8888 linuxprobe
[root@linuxprobe ~]# id linuxprobe
uid=8888(linuxprobe) gid=1000(linuxprobe) groups=1000(linuxprobe),0(root)
```

除此之外，同学们最关心的肯定是如果把用户的解释器终端由默认的/bin/bash 修改为/sbin/nologin 后会有什么样的效果呢？我们来试试吧：

```
[root@linuxprobe~]# usermod -s /sbin/nologin linuxprobe
[root@linuxprobe~]# su - linuxprobe
```

```
This account is currently not available.
```

效果很直观！将用户的终端设置成/sbin/nologin后用户马上就不能登录了（切换身份也不行），但这个用户依然可以被某个服务所调用，管理某个具体的服务。这样的好处是当黑客通过这个服务入侵成功后，破坏的范围也仅仅局限于这个特定的服务，而不能使用这个用户身份登录到整台服务器上，从而尽可能地把损失降至最小化。

5.1.5 passwd 命令

passwd 命令用于修改用户的密码、过期时间等信息，英文全称为“password”，语法格式为“passwd [参数] 用户名”。

普通用户只能使用 passwd 命令修改自己的系统密码，而 root 管理员则有权限修改其他所有人的密码。更酷的是，root 管理员在 Linux 系统中修改自己或他人的密码时不需要验证旧密码，这一点特别方便。既然 root 管理员能够修改其他用户的密码，就表示其完全拥有该用户的管理权限。passwd 命令中的参数以及作用如表 5-3 所示。

表 5-3　　passwd 命令中的参数以及作用

参数	作用
-l	锁定用户，禁止其登录
-u	解除锁定，允许用户登录
--stdin	通过标准输入修改用户密码，如 echo "NewPassWord" | passwd --stdin Username
-d	使该用户可用空密码登录系统
-e	强制用户在下次登录时修改密码
-S	显示用户的密码是否被锁定，以及密码所采用的加密算法名称

要修改自己的密码，只需要输入命令后敲击回车键即可：

```
[root@linuxprobe~]# passwd
Changing password for user root.
New password: 此处输入密码值
Retype new password: 再次输入进行确认
passwd: all authentication tokens updated successfully.
```

要修改其他人的密码，则需要先检查当前是否为 root 管理员权限，然后在命令后指定要修改密码的那位用户的名称：

```
[root@linuxprobe~]# passwd linuxprobe
Changing password for user linuxprobe.
New password:此处输入密码值
Retype new password: 再次输入进行确认
passwd: all authentication tokens updated successfully.
```

假设您有位同事正在度假，而且假期很长，那么可以使用 passwd 命令禁止该用户登录系统，等假期结束回归工作岗位时，再使用该命令允许用户登录系统，而不是将其删除。这样既保证了这段时间内系统的安全，也避免了频繁添加、删除用户带来的麻烦：

```
[root@linuxprobe~]# passwd -l linuxprobe
Locking password for user linuxprobe.
passwd: Success
[root@linuxprobe~]# passwd -S linuxprobe
linuxprobe LK 1969-12-31 0 99999 7 -1 (Password locked.)
```

在解锁时，记得也要使用管理员的身份；否则，如果普通用户也有锁定权限，系统肯定会乱成一锅粥：

```
[root@linuxprobe~]# passwd -u linuxprobe
Unlocking password for user linuxprobe.
passwd: Success
[root@linuxprobe~]# passwd -S linuxprobe
linuxprobe PS 1969-12-31 0 99999 7 -1 (Password set, SHA512 crypt.)
```

5.1.6 userdel 命令

userdel 命令用于删除已有的用户账户，英文全称为“user delete”，语法格式为“userdel [参数] 用户名”。

如果确认某位用户后续不会再登录到系统中，则可以通过 userdel 命令删除该用户的所有信息。在执行删除操作时，该用户的家目录默认会保留下来，此时可以使用-r 参数将其删除。userdel 命令的参数以及作用如表 5-4 所示。

表 5-4　　userdel 命令中的参数以及作用

参数	作用
-f	强制删除用户
-r	同时删除用户及用户家目录

在删除一个用户时，一般会建议保留他的家目录数据，以免有重要的数据被误删除。所以在使用 userdel 命令时可以不加参数，写清要删除的用户名称就行：

```
[root@linuxprobe~]# userdel linuxprobe
[root@linuxprobe~]# id linuxprobe
id: linuxprobe: no such user
```

虽然此时该用户已被删除，但家目录数据会继续存放在/home 目录中，等确认未来不再使用时将其手动删除即可：

```
[root@linuxprobe~]# cd /home
[root@linuxprobe home]# ls
linuxprobe linuxcool linuxdown
[root@linuxprobe home]# rm -rf linuxprobe
[root@linuxprobe home]# ls
linuxcool linuxdown
```

5.2 文件权限与归属

在 Linux 系统中，每个文件都有归属的所有者和所属组，并且规定了文件的所有者、所属组以及其他人对文件所拥有的可读（r）、可写（w）、可执行（x）等权限。对于一般文件来说，权限比较容易理解："可读"表示能够读取文件的实际内容；"可写"表示能够编辑、新增、修改、删除文件的实际内容；"可执行"则表示能够运行一个脚本程序。但是，对于目录文件来说，理解其权限设置就不那么容易了。很多资深 Linux 用户其实也没有真正搞明白。对于目录文件来说，"可读"表示能够读取目录内的文件列表；"可写"表示能够在目录内新增、删除、重命名文件；而"可执行"则表示能够进入该目录。

可读、可写、可执行权限对应的命令在文件和目录上是有区别的，具体可参考表 5-5。

表 5-5　可读、可写、可执行权限对应的命令在文件和目录上的区别

	文件	目录
可读（r）	cat	ls
可写（w）	vim	touch
可执行（x）	./script	cd

文件的可读、可写、可执行权限的英文全称分别是 read、write、execute，可以简写为 r、w、x，亦可分别用数字 4、2、1 来表示，文件所有者、文件所属组及其他用户权限之间无关联，如表 5-6 所示。

表 5-6　文件权限的字符与数字表示

权限项	可读	可写	可执行	可读	可写	可执行	可读	可写	可执行
字符表示	r	w	x	r	w	x	r	w	x
数字表示	4	2	1	4	2	1	4	2	1
权限分配	文件所有者			文件所属组			其他用户		

文件权限的数字表示法基于字符（rwx）的权限计算而来，其目的是简化权限的表示方式。例如，若某个文件的权限为 7，则代表可读、可写、可执行（4+2+1）；若权限为 6，则代表可读、可写（4+2）。我们来看一个例子。现在有这样一个文件，其所有者拥有可读、可写、可执行的权限，其文件所属组拥有可读、可写的权限；其他人只有可读的权限。那么，这个文件的权限就是 rwxrw-r--，数字法表示即为 764。不过大家千万别再将这 3 个数字相加，计算出 7+6+4=17 的结果，这是小学的数学加减法，不是 Linux 系统的权限数字表示法，三者之间没有互通关系。

这里以 rw-r-x-w-权限为例来介绍如何将字符表示的权限转换为数字表示的权限。首先，要将各个位上的字符替换为数字，如图 5-1 所示。

减号是占位符，代表这里没有权限，在数字表示法中用 0 表示。也就是说，rw-转换后是 420，r-x 转换后是 401，-w-转换后是 020。然后，将这 3 组数字之间的每组数字进行相加，得出 652，这便是转换后的数字表示权限。

将数字表示权限转换回字母表示权限的难度相对来说就大一些了，这里以 652 权限为例进行讲解。首先，数字 6 是由 4+2 得到的，不可能是 4+1+1（因为每个权限只会出现一次，不可能同时有两个 x 执行权限）；数字 5 则是 4+1 得到的；数字 2 是本身，没有权限即是空值 0。接下来按照表 5-6 所示的格式进行书写，得到 420401020 这样一串数字。有了这些信息就好办了，就可以把这串数字转换成字母了，如图 5-2 所示。

大家一定要心中牢记，文件的所有者、所属组和其他用户的权限之间无关联。一定不要写成 rrwwx----的样子，一定要把 rwx 权限位对应到正确的位置，写成 rw-r-x-w-。

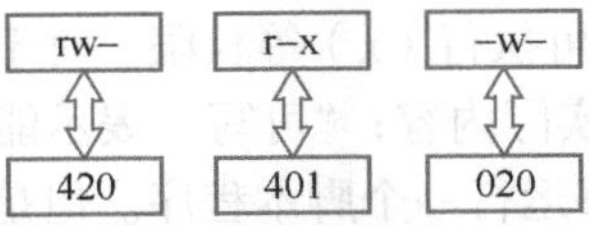

图 5-1 字符表示权限与数字表示权限的转换示意图

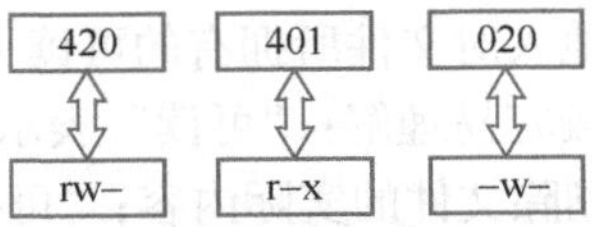

图 5-2 数字与字符权限转换示意图

Linux 系统的文件权限相当复杂，但是用途很广泛，建议大家把它彻底搞清楚之后再学习下一节的内容。现在来练习一下。请各位读者分别计算数字表示法 764、652、153、731 所对应的字符表示法，然后再把 rwxrw-r--、rw--w--wx、rw-r--r--转换成数字表示法。

下面我们利用上文讲解的知识，一起分析图 5-3 中所示的文件信息。

图 5-3 通过 ls 命令查看到的文件属性信息

在图 5-3 中，包含了文件的类型、访问权限、所有者（属主）、所属组（属组）、占用的磁盘大小、最后修改时间和文件名称等信息。通过分析可知，该文件的类型为普通文件，所有者权限为可读、可写（rw-），所属组权限为可读（r--），除此以外的其他人也只有可读权限（r--），文件的磁盘占用大小是 34298 字节，最近一次的修改时间为 4 月 2 日的 0:23，文件的名称为 install.log。

排在权限前面的减号（-）是文件类型（减号表示普通文件），新手经常会把它跟“无权限”混淆。尽管在 Linux 系统中一切都是文件，但是不同的文件由于作用不同，因此类型也不尽相同（有一点像 Windows 系统的后缀名）。常见的文件类型包括普通文件（-）、目录文件（d）、链接文件（l）、管道文件（p）、块设备文件（b）以及字符设备文件（c）。

普通文件的范围特别广泛，比如纯文本信息、服务配置信息、日志信息以及 Shell 脚本等，都属于普通文件。几乎在每个目录下都能看到普通文件（-）和目录文件（d）的身影。块设备文件（b）和字符设备文件（c）一般是指硬件设备，比如鼠标、键盘、光驱、硬盘等，在/dev/目录中最为常见。应该很少有人会对鼠标、键盘进行硬件级别的管理吧。

5.3 文件的特殊权限

在复杂多变的生产环境中，单纯设置文件的 rwx 权限无法满足我们对安全和灵活性的需求，因此便有了 SUID、SGID 与 SBIT 的特殊权限位。这是一种对文件权限进行设置的特殊功能，可以与一般权限同时使用，以弥补一般权限不能实现的功能。

下面具体解释这 3 个特殊权限位的功能以及用法。

5.3.1 SUID

SUID 是一种对二进制程序进行设置的特殊权限，能够让二进制程序的执行者临时拥有所有者的权限（仅对拥有执行权限的二进制程序有效）。例如，所有用户都可以执行 passwd 命令来修改自己的用户密码，而用户密码保存在/etc/shadow 文件中。仔细查看这个文件就会发现它的默认权限是 000，也就是说除了 root 管理员以外，所有用户都没有查看或编辑该文件的权限。但是，在使用 passwd 命令时如果加上 SUID 特殊权限位，就可让普通用户临时获得程序所有者的身份，把变更的密码信息写入到 shadow 文件中。这很像在古装剧中见到的手持尚方宝剑的钦差大臣，他手持的尚方宝剑代表的是皇上的权威，因此可以惩戒贪官，但这并不意味着他永久成为了皇上。因此这只是一种有条件的、临时的特殊权限授权方法。

查看 passwd 命令属性时发现所有者的权限由 rwx 变成了 rws，其中 x 改变成 s 就意味着该文件被赋予了 SUID 权限。另外有读者会好奇，那么如果原本的权限是 rw-呢？如果原先权限位上没有 x 执行权限，那么被赋予特殊权限后将变成大写的 S。

```
[root@linuxprobe~]# ls -l /etc/shadow
----------. 1 root root 1312 Jul 21 05:08 /etc/shadow
[root@linuxprobe~]# ls -l /bin/passwd
-rwsr-xr-x. 1 root root 34512 Aug 13 2018 /bin/passwd
```

注：

加粗显示的字体用来告诫用户一定要小心这个权限，因为一旦某个命令文件被设置了 SUID 权限，就意味着凡是执行该文件的人都可以临时获取到文件所有者所对应的更高权限。因此，千万不要将 SUID 权限设置到 vim、cat、rm 等命令上面!!!

5.3.2 SGID

SGID 特殊权限有两种应用场景：当对二进制程序进行设置时，能够让执行者临时获取文件所属组的权限；当对目录进行设置时，则是让目录内新创建的文件自动继承该目录原有用户组的名称。

SGID 的第一种功能是参考 SUID 而设计的，不同点在于执行程序的用户获取的不再是文件所有者的临时权限，而是获取到文件所属组的权限。举例来说，在早期的 Linux 系统中，/dev/kmem 是一个字符设备文件，用于存储内核程序要访问的数据，权限为：

```
cr--r-----  1 root system 2, 1 Feb 11 2017 kmem
```

大家看出问题了吗？除了 root 管理员或属于 system 组的成员外，所有用户都没有读取该文件的权限。由于在平时需要查看系统的进程状态，为了能够获取进程的状态信息，可在用于查看系统进程状态的 ps 命令文件上增加 SGID 特殊权限位。下面查看 ps 命令文件的属性信息：

```
-r-xr-sr-x  1 bin system 59346 Feb 11 2017 ps
```

这样一来，由于 ps 命令被增加了 SGID 特殊权限位，所以当用户执行该命令时，也就临时获取到了 system 用户组的权限，从而顺利地读取到了设备文件。

前文提到，每个文件都有其归属的所有者和所属组，当创建或传送一个文件后，这个文件就会自动归属于执行这个操作的用户（即该用户是文件的所有者）。如果现在需要在一个部门内设置共享目录，让部门内的所有人员都能够读取目录中的内容，那么就可以在创建部门共享目录后，在该目录上设置 SGID 特殊权限位。这样，部门内的任何人员在里面创建的任何文件都会归属于该目录的所属组，而不再是自己的基本用户组。此时，用到的就是 SGID 的第二个功能，即在某个目录中创建的文件自动继承该目录的用户组（只可以对目录进行设置）。

```
[root@linuxprobe~]# cd /tmp
[root@linuxprobe tmp]# mkdir testdir
[root@linuxprobe tmp]# ls -ald testdir
drwxr-xr-x. 2 root root 6 Oct 27 23:44 testdir
[root@linuxprobe tmp]# chmod -R 777 testdir
[root@linuxprobe tmp]# chmod -R g+s testdir
[root@linuxprobe tmp]# ls -ald testdir
drwxrwsrwx. 2 root root 6 Oct 27 23:44 testdir
```

在使用上述命令设置好目录的 777 权限（确保普通用户可以向其中写入文件），并为该目录设置了 SGID 特殊权限位后，就可以切换至一个普通用户，然后尝试在该目录中创建文件，并查看新创建的文件是否会继承新创建的文件所在的目录的所属组名称：

```
[root@linuxprobe tmp]# su - linuxprobe
[linuxprobe@linuxprobe~]$ cd /tmp/testdir
[linuxprobe@linuxprobe testdir]$ echo "linuxprobe.com" > test
[linuxprobe@linuxprobe testdir]$ ls -al test
-rw-rw-r--. 1 linuxprobe root 15 Oct 27 23:47 test
```

除了上面提到的 SGID 的这两个功能，再介绍两个与本节内容相关的命令：chmod 和 chown。

chmod 命令用于设置文件的一般权限及特殊权限，英文全称为“change mode”，语法格式为“chmod [参数] 文件名”。

这是一个与文件权限的日常设置强相关的命令。例如，要把一个文件的权限设置成其所有者可读可写可执行、所属组可读可写、其他人没有任何权限，则相应的字符法表示为 rwxrw----，其对应的数字法表示为 760。

```
[root@linuxprobe~]# ls -l anaconda-ks.cfg
-rw-------. 1 root root 1407 Jul 21 05:09 anaconda-ks.cfg
[root@linuxprobe~]# chmod 760 anaconda-ks.cfg
[root@linuxprobe~]# ls -l anaconda-ks.cfg
-rwxrw----. 1 root root 1407 Jul 21 05:09 anaconda-ks.cfg
```

chown 命令用于设置文件的所有者和所有组，英文全称为 change own，语法格式为“chown 所有者:所有组 文件名”。

chmod 和 chown 命令是用于修改文件属性和权限的最常用命令，它们还有一个特别的共性，就是针对目录进行操作时需要加上大写参数-R 来表示递归操作，即对目录内所有的文件进行整体操作。

下面使用“所有者:所有组”的格式把前面那个文件的所属信息轻松修改一下，变更后的效果如下：

```
[root@linuxprobe~]# chown linuxprobe:linuxprobe anaconda-ks.cfg
[root@linuxprobe~]# ls -l anaconda-ks.cfg
-rwxrw----. 1 linuxprobe linuxprobe 1407 Jul 21 05:09 anaconda-ks.cfg
```

5.3.3 SBIT

现在，大学里的很多老师都要求学生将作业上传到服务器的特定共享目录中，但总是有几个“破坏分子”喜欢删除其他同学的作业，这时就要设置 SBIT（Sticky Bit）特殊权限位了（也可以称之为特殊权限位之粘滞位）。SBIT 特殊权限位可确保用户只能删除自己的文件，而不能删除其他用户的文件。换句话说，当对某个目录设置了 SBIT 粘滞位权限后，那么该目录中的文件就只能被其所有者执行删除操作了。

最初不知道是哪位非资深技术人员将 Sticky Bit 直译成了“粘滞位”，刘遄老师建议将其称为“保护位”，这既好记，又能立刻让人了解它的作用。RHEL 8 系统中的/tmp 作为一个共享文件的目录，默认已经设置了 SBIT 特殊权限位，因此除非是该目录的所有者，否则无法删除这里面的文件。

与前面所讲的 SUID 和 SGID 权限显示方法不同，当目录被设置 SBIT 特殊权限位后，文件的其他用户权限部分的 x 执行权限就会被替换成 t 或者 T——原本有 x 执行权限则会写成 t，原本没有 x 执行权限则会被写成 T。

由下可知，/tmp 目录上的 SBIT 权限默认已经存在，这体现为“其他用户”权限字段的权限变为 rwt：

```
[root@linuxprobe~]# ls -ald /tmp
drwxrwxrwt. 17 root root 4096 Oct 28 00:29 /tmp
```

其实，文件能否被删除并不取决于自身的权限，而是看其所在目录是否有写入权限（其原理会在下一章讲到）。为了避免现在很多读者不放心，所以下面的命令还是赋予了这个 test 文件最大的 777 权限（rwxrwxrwx）：

```
[root@linuxprobe~]# cd /tmp
[root@linuxprobe tmp]# echo "Welcome to linuxprobe.com" > test
[root@linuxprobe tmp]# chmod 777 test
[root@linuxprobe tmp]# ls -al test
-rwxrwxrwx. 1 root root 26 Oct 29 14:29 test
```

随后，切换到一个普通用户身份下，尝试删除这个由其他人创建的文件，这时就会发现，即便读、写、执行权限全开，但是由于 SBIT 特殊权限位的缘故，依然无法删除该文件：

```
[root@linuxprobe tmp]# su - linuxprobe
[linuxprobe@linuxprobe~]$ cd /tmp
[linuxprobe@linuxprobe tmp]$ rm -f test
rm: cannot remove 'test': Operation not permitted
```

在工作中，若能善加使用特殊权限，就能实现很多巧妙的功能。使用 chmod 命令设置特殊权限的参数如表 5-7 所示。

表 5-7　　SUID、SGID、SBIT 特殊权限的设置参数

参数	作用
u+s	设置 SUID 权限
u-s	取消 SUID 权限
g+s	设置 SGID 权限
g-s	取消 SGID 权限
o+t	设置 SBIT 权限
o-t	取消 SBIT 权限

切换回 root 管理员的身份下，在家目录中创建一个名为 linux 的新目录，随后为其设置 SBIT 权限：

```
[linuxprobe@linuxprobe tmp]$ exit
Logout
[root@linuxprobe tmp]# cd~
[root@linuxprobe~]# mkdir linux
[root@linuxprobe~]# chmod -R o+t linux/
[root@linuxprobe~]# ls -ld linux/
drwxr-xr-t. 2 root root 6 Feb 11 19:34 linux/
```

上述代码中的 o+t 参数是在一般权限已经设置完毕的前提下，又新增了一项特殊权限。如果我们想将一般权限和特殊权限一起设置，有什么高效率的方法么？

其实，SUID、SGID 与 SBIT 也有对应的数字表示法，分别为 4、2、1。也就是说 777 还不是最大权限，最大权限应该是 7777，其中第 1 个数字代表的是特殊权限位。既然知道了数字表示法是由“特殊权限+一般权限”构成的，现在就以上面 linux 目录的权限为例，为大家梳理一下计算方法。

在 rwxr-xr-t 权限中，最后一位是 t，这说明该文件的一般权限为 rwxr-xr-x，并带有 SBIT 特殊权限。对于可读（r）、可写（w）、可执行（x）权限的数字计算方法大家应该很熟悉了——rwxr-xr-x 即 755，而 SBIT 特殊权限位是 1，则合并后的结果为 1755。

再增加点难度，如果权限是“rwsrwSr--”呢？首先不要慌，大写 S 表示原先没有执行权限，因此一般权限为 rwxrw-r--，将其转换为数字表示法后结果是 764。带有的 SUID 和 SGID 特殊权限的数字法表示是 4 和 2，心算得出结果是 6，合并后的结果为 6764。这个示例确实难度大一些，大家可以学习参考图 5-4 的计算过程，在搞明白后再往下看。

将权限的数字表示法转换成字符表示法的难度略微高一些，这里以 5537 为例讲解。首先，特殊权限的 5 是由 4+1 组成的，意味着有 SUID 和 SBIT。SUID 和 SGID 的写法是，原先有执行权限则是小写 s，如果没有执行权限则是大写 S；而 SBIT 的写法则是，原先有执行权限是小写 t，没有执行权限是大写 T。一般权限的 537 进行字符转换后应为 r-x-wxrwx，然后在此基础上增加 SUID 和 SBIT 特殊权限，合并后的结果是 r-s-wxrwt。大家可以参考图 5-5 所示的计算过程来帮助理解。

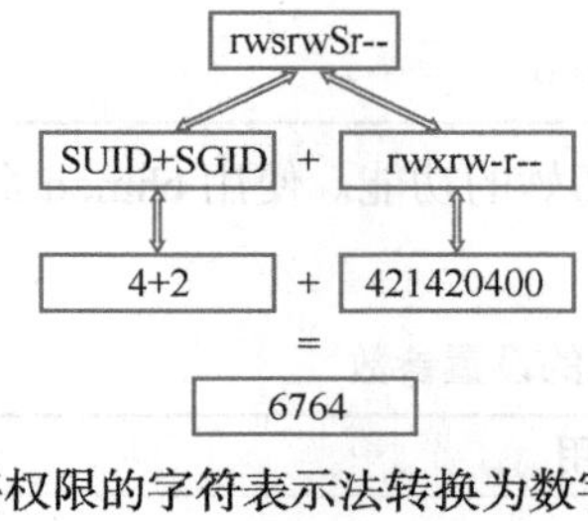

图 5-4　将权限的字符表示法转换为数字表示法

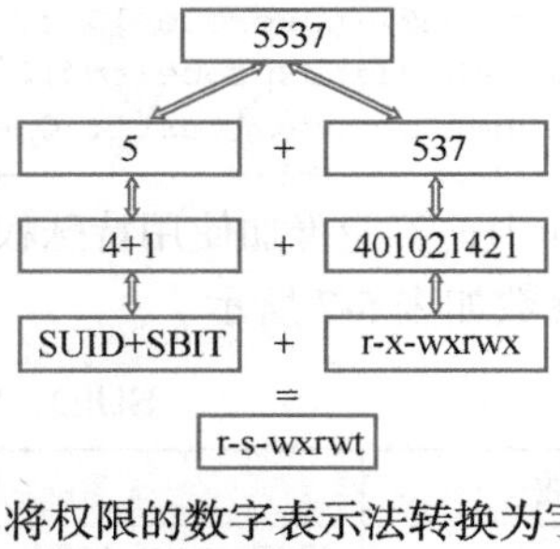

图 5-5　将权限的数字表示法转换为字符标识法

注：

在 Linux 系统中，文件的权限位有点像北京的房价，寸土寸金，一个权限位竟能有这么多含义，大家工作中一定要小心谨慎。

5.4 文件的隐藏属性

Linux 系统中的文件除了具备一般权限和特殊权限之外，还有一种隐藏权限，即被隐藏起来的权限，默认情况下不能直接被用户发觉。有用户曾经在生产环境和 RHCE 考试题目中碰到过明明权限充足但却无法删除某个文件的情况，或者仅能在日志文件中追加内容而不能修改或删除内容的情况，这在一定程度上阻止了黑客篡改系统日志的图谋，因此这种“奇怪”的文件权限也保障了 Linux 系统的安全性。

既然叫隐藏权限，那么使用常规的 ls 命令肯定不能看到它的真面目。隐藏权限的专用设置命令是 chattr，专用查看命令是 lsattr。

5.4.1 chattr 命令

chattr 命令用于设置文件的隐藏权限，英文全称为 change attributes，语法格式为“chattr [参数] 文件名称”。

如果想要把某个隐藏功能添加到文件上，则需要在命令后面追加“+参数”，如果想要把某个隐藏功能移出文件，则需要追加“-参数”。chattr 命令中可供选择的隐藏权限参数非常丰富，具体如表 5-8 所示。

表 5-8　　chattr 命令中的参数及其作用

参数	作用
i	无法对文件进行修改；若对目录设置了该参数，则仅能修改其中的子文件内容而不能新建或删除文件
a	仅允许补充（追加）内容，无法覆盖/删除内容（Append Only）
S	文件内容在变更后立即同步到硬盘（sync）
s	彻底从硬盘中删除，不可恢复（用零块填充原文件所在的硬盘区域）
A	不再修改这个文件或目录的最后访问时间（Atime）
b	不再修改文件或目录的存取时间
D	检查压缩文件中的错误
d	使用 dump 命令备份时忽略本文件/目录
c	默认将文件或目录进行压缩
u	当删除该文件后依然保留其在硬盘中的数据，方便日后恢复
t	让文件系统支持尾部合并（tail-merging）
x	可以直接访问压缩文件中的内容

为了让读者能够更好地见识隐藏权限的效果，我们先来创建一个普通文件，然后立即尝试删除（这个操作肯定会成功）：

```
[root@linuxprobe~]# echo "for Test" > linuxprobe
[root@linuxprobe~]# rm linuxprobe
rm: remove regular file'linuxprobe'? y
```

实践是检验真理的唯一标准。如果您没有亲眼见证过隐藏权限强大功能的美妙，就一定不会相信原来 Linux 系统会如此安全。接下来再次新建一个普通文件，并为其设置“不允许删除与覆盖”（+a 参数）权限，然后再尝试将这个文件删除：

```
[root@linuxprobe~]# echo "for Test" > linuxprobe
[root@linuxprobe~]# chattr +a linuxprobe
[root@linuxprobe~]# rm linuxprobe
rm: remove regular file'linuxprobe'? y
rm: cannot remove'linuxprobe': Operation not permitted
```

可见，上述操作失败了。

5.4.2 lsattr 命令

lsattr 命令用于查看文件的隐藏权限，英文全称为“list attributes”，语法格式为“lsattr [参数] 文件名称”。

在 Linux 系统中，文件的隐藏权限必须使用 lsattr 命令来查看，平时使用的 ls 之类的命令则看不出端倪：

```
[root@linuxprobe~]# ls -al linuxprobe
-rw-r--r--. 1 root root 9 Feb 12 11:42 linuxprobe
```

一旦使用 lsattr 命令后，文件上被赋予的隐藏权限马上就会原形毕露：

```
[root@linuxprobe~]# lsattr linuxprobe
-----a---------- linuxprobe
```

此时按照显示的隐藏权限的类型（字母），使用 chattr 命令将其去掉：

```
[root@linuxprobe~]# chattr -a linuxprobe
[root@linuxprobe~]# lsattr linuxprobe
---------------- linuxprobe
[root@linuxprobe~]# rm linuxprobe
rm: remove regular file'linuxprobe'? y
```

我们一般会将-a 参数设置到日志文件（/var/log/messages）上，这样可在不影响系统正常写入日志的前提下，防止黑客擦除自己的作案证据。如果希望彻底地保护某个文件，不允许任何人修改和删除它的话，不妨加上-i 参数试试，效果特别好。

在美剧《越狱》的第一季中，主人公迈克尔·斯科菲尔德把装有越狱计划的硬盘开窗扔进了湖中，结果在第二季被警探打捞出来恢复了数据，然后就有了第二季、第三季、第四季、第五季，他和哥哥的逃亡故事。所以，要想彻底删除某个文件，可以使用-s 参数来保证其被删除后不可恢复——硬盘上的文件数据会被用零块重新填充，那就更保险了。

5.5 文件访问控制列表

不知道大家是否发现，前文讲解的一般权限、特殊权限、隐藏权限其实有一个共性——权限是针对某一类用户设置的，能够对很多人同时生效。如果希望对某个指定的用户进行单独的权限控制，就需要用到文件的访问控制列表（ACL）了。通俗来讲，基于普通文件或目录设置 ACL 其实就是针对指定的用户或用户组设置文件或目录的操作权限，更加精准地派发权限。另外，如果针对某个目录设置了 ACL，则目录中的文件会继承其 ACL 权限；若针对文件设置了 ACL，则文件不再继承其所在目录的 ACL 权限。

为了更直观地看到 ACL 对文件权限控制的强大效果，我们先切换到普通用户，然后尝试进入 root 管理员的家目录中。在没有针对普通用户为 root 管理员的家目录设置 ACL 之前，其执行结果如下所示：

```
[root@linuxprobe~]# su - linuxprobe
[linuxprobe@linuxprobe~]$ cd /root
-bash: cd: /root: Permission denied
[linuxprobe@linuxprobe root]$ exit
```

5.5.1 setfacl 命令

setfacl 命令用于管理文件的 ACL 权限规则，英文全称为“set files ACL”，语法格式为“setfacl [参数] 文件名称”。

ACL 权限提供的是在所有者、所属组、其他人的读/写/执行权限之外的特殊权限控制。使用 setfacl 命令可以针对单一用户或用户组、单一文件或目录来进行读/写/执行权限的控制。其中，针对目录文件需要使用-R 递归参数；针对普通文件则使用-m 参数；如果想要删除某个文件的 ACL，则可以使用-b 参数。setfacl 命令的常用参数如表 5-9 所示。

表 5-9 setfacl 命令中的参数以及作用

参数	作用
-m	修改权限
-M	从文件中读取权限
-x	删除某个权限
-b	删除全部权限
-R	递归子目录

例如，我们原本是无法进入/root 目录中的，现在为普通用户单独设置一下权限：

```
[root@linuxprobe~]# setfacl -Rm u:linuxprobe:rwx /root
```

随后再切换到这位普通用户的身份下，现在能正常进入了：

```
[root@linuxprobe~]# su - linuxprobe
[linuxprobe@linuxprobe~]$ cd /root
[linuxprobe@linuxprobe root]$ ls
anaconda-ks.cfg  Documents  initial-setup-ks.cfg  Pictures  Templates
Desktop          Downloads  Music                 Public    Videos
[linuxprobe@linuxprobe root]$ exit
```

是不是觉得效果很酷呢？但是现在有这样一个小问题——怎么去查看文件是否设置了 ACL 呢？常用的 ls 命令是看不到 ACL 信息的，但是却可以看到文件权限的最后一个点（.）变成了加号（+），这就意味着该文件已经设置了 ACL。现在大家是不是感觉学得越多，越不敢说自己精通 Linux 系统了吧？就这么一个不起眼的点（.），竟然还表示这么一种重要的权限。

```
[root@linuxprobe~]# ls -ld /root
dr-xrwx---+ 14 root root 4096 May 4 2020 /root
```

5.5.2 getfacl 命令

getfacl 命令用于查看文件的 ACL 权限规则，英文全称为“get files ACL”，语法格式为“getfacl [参数] 文件名称”。

Linux 系统中的命令就是这么又可爱又好记。想要设置 ACL，用的是 setfacl 命令；要想查看 ACL，则用的是 getfacl 命令。下面使用 getfacl 命令显示在 root 管理员家目录上设置的所有 ACL 信息：

```
[root@linuxprobe~]# getfacl /root
ggetfacl: Removing leading '/' from absolute path names
# file: root
# owner: root
# group: root
user::r-x
user:linuxprobe:rwx
group::r-x
mask::rwx
other::---
```

ACL 权限还可以针对某个用户组进行设置。例如，允许某个组的用户都可以读写/etc/fstab 文件：

```
[root@linuxprobe~]# setfacl -m g:linuxprobe:rw /etc/fstab
[root@linuxprobe~]# getfacl /etc/fstab
getfacl: Removing leading '/' from absolute path names
# file: etc/fstab
# owner: root
# group: root
user::rw-
group::r--
group:linuxprobe:rw-
mask::rw-
other::r--
```

设置错了想删除？没问题！要清空所有 ACL 权限，请用-b 参数；要删除某一条指定的权限，就用-x 参数：

```
[root@linuxprobe~]# setfacl -x g:linuxprobe /etc/fstab
[root@linuxprobe~]# getfacl /etc/fstab
getfacl: Removing leading '/' from absolute path names
# file: etc/fstab
# owner: root
# group: root
user::rw-
group::r--
mask::r--
other::r--
```

ACL 权限的设置都是立即且永久生效的，不需要再编辑什么配置文件，这一点特别方便。

但是，这也带来了一个安全隐患。如果我们不小心设置错了权限，就会覆盖掉文件原始的权限信息，并且永远都找不回来了。

操作前备份一下，总是好的习惯

例如，在备份/home 目录上的 ACL 权限时，可使用-R 递归参数，这样不仅能够把目录本身的权限进行备份，还能将里面的文件权限也自动备份。另外，再加上第 3 章学习过的输出重定向操作，可以轻松实现权限的备份。需要注意，getfacl 在备份目录权限时不能使用绝对路径的形式，因此我们需要先切换到最上层根目录，然后再进行操作。

```
[root@linuxprobe~]# cd /
[root@linuxprobe/]# getfacl -R home > backup.acl
[root@linuxprobe/]# ls -l
-rw-r--r--. 1 root root 834 Jul 18 14:14 backup.acl
```

ACL 权限的恢复也很简单，使用的是--restore 参数。由于在备份时已经指定是对/home 目录进行操作，所以不需要写对应的目录名称，它能够自动找到要恢复的对象：

```
[root@linuxprobe /]# setfacl --restore backup.acl
```

5.6 su 命令与 sudo 服务

各位读者在实验环境中很少遇到安全问题，并且为了避免因权限因素导致配置服务失败，从而建议使用 root 管理员的身份来学习本书。但是，在生产环境中还是要对安全多一份敬畏之心，不要用 root 管理员的身份去做所有事情。因为一旦执行了错误的命令，可能会直接导致系统崩溃。这样一来，不但客户指责、领导批评，没准奖金也会鸡飞蛋打。但转头一想，尽管 Linux 系统为了安全性考虑，使得许多系统命令和服务只能被 root 管理员来使用，但是这也让普通用户受到了更多的权限束缚，从而导致无法顺利完成特定的工作任务。

su 命令可以解决切换用户身份的需求，使得当前用户在不退出登录的情况下，顺畅地切换到其他用户，比如从 root 管理员切换至普通用户：

```
[root@linuxprobe~]# su - linuxprobe
[linuxprobe@linuxprobe~]$ id
uid=1000(linuxprobe) gid=1000(linuxprobe) groups=1000(linuxprobe) context=uncon
fined_u:unconfined_r:unconfined_t:s0-s0:c0.c1023
```

细心的读者一定会发现，上面的 su 命令与用户名之间有一个减号（-），这意味着完全切换到新的用户，即把环境变量信息也变更为新用户的相应信息，而不是保留原始的信息。强烈建议在切换用户身份时添加这个减号（-）。

另外，当从 root 管理员切换到普通用户时是不需要密码验证的，而从普通用户切换成 root 管理员就需要进行密码验证了；这也是一个必要的安全检查：

```
[linuxprobe@linuxprobe~]$ su - root
Password: 此处输入管理员密码
[root@linuxprobe~]#
```

尽管像上面这样使用 su 命令后，普通用户可以完全切换到 root 管理员的身份来完成相应工作，但这将暴露root管理员的密码，从而增大了系统密码被黑客获取的概率；这并不是最安全的方案。

刘遄老师接下来将介绍如何使用sudo命令把特定命令的执行权限赋予指定用户，这样既可保证普通用户能够完成特定的工作，也可以避免泄露root管理员密码。我们要做的就是合理配置sudo服务，以便兼顾系统的安全性和用户的便捷性。

注：

授权原则：在保证普通用户完成相应工作的前提下，尽可能少地赋予额外的权限。

sudo命令用于给普通用户提供额外的权限，语法格式为“sudo [参数] 用户名”。

使用sudo命令可以给普通用户提供额外的权限来完成原本只有root管理员才能完成的任务，可以限制用户执行指定的命令，记录用户执行过的每一条命令，集中管理用户与权限（/etc/sudoers），以及可以在验证密码后的一段时间无须让用户再次验证密码。常见的sudo命令的可用参数如表5-10所示。

表5-10　sudo命令中的可用参数以及作用

参数	作用
-h	列出帮助信息
-l	列出当前用户可执行的命令
-u 用户名或 UID 值	以指定的用户身份执行命令
-k	清空密码的有效时间，下次执行sudo时需要再次进行密码验证
-b	在后台执行指定的命令
-p	更改询问密码的提示语

当然，如果担心直接修改配置文件会出现问题，则可以使用sudo命令提供的visudo命令来配置用户权限。

visudo命令用于编辑、配置用户sudo的权限文件，语法格式为“visudo [参数]”。

这是一条会自动调用vi编辑器来配置/etc/sudoers权限文件的命令，能够解决多个用户同时修改权限而导致的冲突问题。不仅如此，visudo命令还可以对配置文件内的参数进行语法检查，并在发现参数错误时进行报错提醒。这要比用户直接修改文件更友好、安全、方便。

```
>>> /etc/sudoers: syntax error near line 1 <<<
What now?
Options are:
(e)dit sudoers file again
e(x)it without saving changes to sudoers file
(Q)uit and save changes to sudoers file (DANGER!)
```

使用visudo命令配置权限文件时，其操作方法与Vim编辑器中用到的方法完全一致，因此在编写完成后记得在末行模式下保存并退出。在配置权限文件时，按照下面的格式在第101行（大约）填写上指定的信息。

谁可以使用　允许使用的主机 = （以谁的身份）　可执行命令的列表

- **谁可以使用：**稍后要为哪位用户进行命令授权。
- **允许使用的主机：**可以填写ALL表示不限制来源的主机，亦可填写如192.168.10.0/24

这样的网段限制来源地址，使得只有从允许网段登录时才能使用 sudo 命令。

➢ **以谁的身份：**可以填写 ALL 表示系统最高权限，也可以是另外一位用户的名字。

➢ **可执行命令的列表：**可以填写 ALL 表示不限制命令，亦可填写如/usr/bin/cat 这样的文件名称来限制命令列表，多个命令文件之间用逗号（,）间隔。

在 Linux 系统中配置服务文件时，虽然没有硬性规定，但从经验来讲新增参数的位置不建议太靠上，以免我们新填写的参数在执行时失败，导致一些必要的服务功能没有成功加载。一般建议在配置文件中找一下相似的参数，然后在相邻位置进行新的修改，或者在文件的中下部位置进行添加后修改。

```
[root@linuxprobe~]# visudo
 99 ## Allow root to run any commands anywhere
100 root       ALL=(ALL) ALL
101 linuxprobe ALL=(ALL) ALL
```

在填写完毕后记得要先保存再退出，然后切换至指定的普通用户身份，此时就可以用 sudo -l 命令查看所有可执行的命令了（在下面的命令中，验证的是普通用户的密码，而不是 root 管理员的密码，请读者不要搞混了）：

```
[root@linuxprobe~]# su - linuxprobe
[linuxprobe@linuxprobe~]$ sudo -l
We trust you have received the usual lecture from the local System
Administrator. It usually boils down to these three things:

    #1) Respect the privacy of others.
    #2) Think before you type.
    #3) With great power comes great responsibility.

[sudo] password for linuxprobe: 此处输入 linuxprobe 用户的密码
Matching Defaults entries for linuxprobe on localhost:
    !visiblepw, always_set_home, match_group_by_gid, always_query_group_plugin,
env_reset, env_keep="COLORS DISPLAY HOSTNAME HISTSIZE KDEDIR LS_COLORS",
    env_keep+="MAIL PS1 PS2 QTDIR USERNAME LANG LC_ADDRESS LC_CTYPE",
    env_keep+="LC_COLLATE LC_IDENTIFICATION LC_MEASUREMENT LC_MESSAGES",
    env_keep+="LC_MONETARY LC_NAME LC_NUMERIC LC_PAPER LC_TELEPHONE",
    env_keep+="LC_TIME LC_ALL LANGUAGE LINGUAS _XKB_CHARSET XAUTHORITY",
    secure_path=/sbin\:/bin\:/usr/sbin\:/usr/bin

User linuxprobe may run the following commands on localhost:
    (ALL) ALL
```

接下来是见证奇迹的时刻！作为一名普通用户，是肯定不能看到 root 管理员的家目录（/root）中的文件信息的，但是，只需要在想执行的命令前面加上 sudo 命令就行了：

```
[linuxprobe@linuxprobe~]$ ls /root
ls: cannot open directory '/root': Permission denied
[linuxprobe@linuxprobe~]$ sudo ls /root
anaconda-ks.cfg  Documents  initial-setup-ks.cfg  Pictures  Templates
Desktop          Downloads  Music                 Public    Videos
```

效果立竿见影！但是考虑到生产环境中不允许某个普通用户拥有整个系统中所有命令的最高执行权（这也不符合前文提到的权限赋予原则，即尽可能少地赋予权限），ALL 参数就有些不合适了。因此只能赋予普通用户具体的命令以满足工作需求，这也受到了必要的权限约束。如果需要让某个用户只能使用 root 管理员的身份执行指定的命令，切记一定要给出该命令的绝对路径，否则系统会识别不出来。这时，可以先使用 whereis 命令找出命令所对应的保存路径：

```
[linuxprobe@linuxprobe~]$ exit
logout
[root@linuxprobe~]# whereis cat
cat: /usr/bin/cat /usr/share/man/man1/cat.1.gz /usr/share/man/man1p/cat.1p.gz
[root@linuxprobe~]# whereis reboot
reboot: /usr/sbin/reboot /usr/share/man/man2/reboot.2.gz /usr/share/man/man8/
reboot.8.gz
```

然后使用 visudo 命令继续编辑权限文件，将原先第 101 行所新增的参数作如下修改，且多个命令之间用逗号（,）间隔：

```
[root@linuxprobe~]# visudo
 99 ## Allow root to run any commands anywhere
100 root ALL=(ALL) ALL
101 linuxprobe ALL=(ALL) /usr/bin/cat,/usr/sbin/reboot
```

在编辑好后依然是先保存再退出。再次切换到指定的普通用户，然后尝试正常查看某个系统文件的内容，此时系统提示没有权限（Permission denied）。这时再使用 sudo 命令就能顺利地查看文件内容了：

```
[root@linuxprobe~]# su - linuxprobe
[linuxprobe@linuxprobe~]$ cat /etc/shadow
cat: /etc/shadow: Permission denied
[linuxprobe@linuxprobe~]$ sudo cat /etc/shadow
[sudo] password for linuxprobe: 此处输入 linuxprobe 用户的密码
root:$6$tTbuw5DkOPYqq.vI$RMk9FCGHoJOq2qAPRURTQm.Qok2nN3yFn/i4f/falVGgGND9XoiYFb
rxDn16WWiziaSJ0/cR06U66ipEoGLPJ.::0:99999:7:::
bin:*:17784:0:99999:7:::
daemon:*:17784:0:99999:7:::
adm:*:17784:0:99999:7:::
lp:*:17784:0:99999:7:::
sync:*:17784:0:99999:7:::
shutdown:*:17784:0:99999:7:::
halt:*:17784:0:99999:7:::
………………省略部分输出信息………………
[linuxprobe@linuxprobe~]$ exit
logout
```

大家千万不要以为到这里就结束了，刘遄老师还有更压箱底的宝贝。不知大家是否发觉在每次执行 sudo 命令后都会要求验证一下密码。虽然这个密码就是当前登录用户的密码，但是每次执行 sudo 命令都要输入一次密码其实也挺麻烦的，这时可以添加 NOPASSWD 参数，使得用户下次再执行 sudo 命令时就不用密码验证：

```
[root@linuxprobe~]# visudo
 99 ## Allow root to run any commands anywhere
100 root ALL=(ALL) ALL
101 linuxprobe ALL=(ALL) NOPASSWD:/usr/bin/cat,/usr/sbin/reboot
```

这样，当切换到普通用户后再执行命令时，就不用再频繁地验证密码了，我们在日常工作中也就痛快至极了。

```
[root@linuxprobe~]# su - linuxprobe
[linuxprobe@linuxprobe~]$ reboot
User root is logged in on tty2.
Please retry operation after closing inhibitors and logging out other users.
Alternatively, ignore inhibitors and users with 'systemctl reboot -i'.
[linuxprobe@linuxprobe~]$ sudo reboot
```

请同学们仔细留意上面的用户身份变换，visudo 命令只有 root 管理员才可以执行，普通用户在使用时会提示权限不足。

复习题

1. 在 RHEL 8 系统中，root 管理员是谁?
   答：是 UID 为 0 的用户，是权限最大、限制最小的管理员。

2. 如何使用 Linux 系统的命令行来添加和删除用户?
   答：添加和删除用户的命令分别是 useradd 与 userdel。

3. 若某个文件的所有者具有文件的读/写/执行权限，其余人仅有读权限，那么用数字法表示应该是什么?
   答：所有者权限为 rwx，所属组和其他人的权限为 r--，因此数字法表示应该是 744。

4. 某文件的字符权限为 rwxrw-r--，那么对应的数字法权限应该是多少?
   答：数字法权限应该是 764。

5. 某链接文件的权限用数字法表示为 755，那么相应的字符法表示是什么呢?
   答：在 Linux 系统中，不同文件具有不同的类型，因此这里应写成 lrwxr-xr-x。

6. 如果希望用户执行某命令时临时拥有该命令所有者的权限，应该设置什么特殊权限?
   答：特殊权限中的 SUID。

7. 若对文件设置了隐藏权限（+i 参数），则意味着什么?
   答：无法对文件进行修改；若对目录设置了该参数，则仅能修改其中的子文件内容而不能新建或删除文件。

8. 使用访问控制列表（ACL）来限制 linuxprobe 用户组，使得该组中的所有成员不得在/tmp 目录中写入内容。
   答：想要设置用户组的 ACL，则需要把 u 改成 g，即 setfacl -Rm g:linuxprobe:r-x /tmp。

9. 当普通用户使用 sudo 命令时是否需要验证密码?
   答：系统在默认情况下需要验证当前登录用户的密码，若不想验证，可添加 NOPASSWD 参数。

第 6 章

存储结构与管理硬盘

本章讲解了如下内容：

- 一切从“/”开始；
- 物理设备的命名规则；
- 文件系统与数据资料；
- 挂载硬件设备；
- 添加硬盘设备；
- 添加交换分区；
- 磁盘容量配额；
- VDO（虚拟数据优化）；
- 软硬方式链接。

Linux 系统中颇具特色的文件存储结构常常搞得新手头昏脑涨，本章将从 Linux 系统中的文件存储结构开始，讲述文件系统层次标准（Filesystem Hierarchy Standard，FHS）、udev 硬件命名规则以及硬盘设备的原理。

为了让读者更好地理解文件系统的作用，刘遄老师将在本章详细地分析 Linux 系统中最常见的 Ext3、Ext4 与 XFS 文件系统的不同之处，并带领各位读者着重练习硬盘设备分区、格式化以及挂载等常用的硬盘管理操作，以便熟练掌握文件系统的使用方法。

在打下坚实的理论基础并完成一些相关的实践练习后，我们将进一步完整地部署交换（SWAP）分区、配置 quota 磁盘配额服务、使用 VDO（虚拟数据优化）技术，以及掌握 ln 命令带来的软硬链接。相信各位读者在学习完本章后，会对 Linux 系统以及 Windows 系统中的磁盘存储以及文件系统有深入的理解。

6.1 一切从“/”开始

在 Linux 系统中，目录、字符设备、套接字、硬盘、光驱、打印机等都被抽象成文件形式，即刘遄老师一直强调的“Linux 系统中一切都是文件”。既然平时我们打交道的都是文件，那么又应该如何找到它们呢？在 Windows 操作系统中，想要找到一个文件，要依次进入该文件所在的磁盘分区（也叫盘符），然后再进入该分区下的具体目录，最终找到这个文件。但是在 Linux 系统中并不存在 C、D、E、F 等盘符，Linux 系统中的一切文件都是从“根”目录（/）开始的，并按照文件系统层次标准（FHS）采用倒树状结构来存放文件，以及定义了常见目录的用途。

另外，Linux 系统中的文件和目录名称是严格区分大小写的。例如，root、rOOt、Root、rooT 均代表不同的目录，并且文件名称中不得包含斜杠（/）。Linux 系统中的文件存储结构如图 6-1 所示。

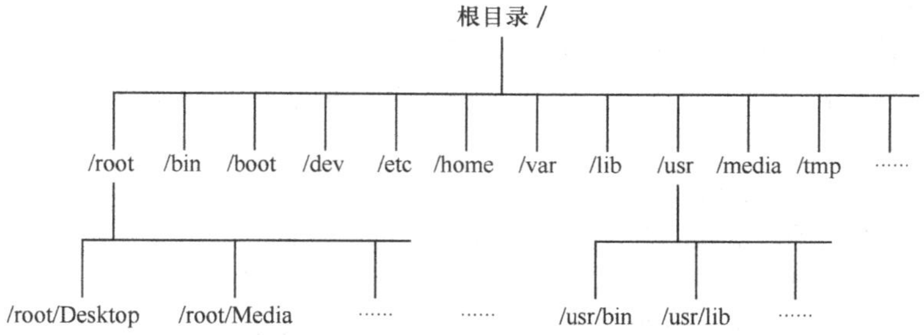

图 6-1 Linux 系统中的文件存储结构

前文提到的 FHS 是根据以往无数 Linux 系统用户和开发者的经验而总结出来的，是用户在 Linux 系统中存储文件时需要遵守的规则，用于指导用户应该把文件保存到什么位置，以及告诉用户应该在何处找到所需的文件。但是，FHS 对于用户来讲只能算是一种道德上的约束，有些用户就是懒得遵守，依然会把文件到处乱放，有些甚至从来没有听说过它。这里并不是号召各位读者去谴责他们，而是建议大家要灵活运用所学的知识，千万不要认准这个 FHS 协定只讲死道理，不然吃亏的可就是自己了。在 Linux 系统中，最常见的目录以及所对应的存放内容如表 6-1 所示。

表 6-1 Linux 系统中常见的目录名称以及相应内容

目录名称	应放置文件的内容
/boot	开机所需文件——内核、开机菜单以及所需配置文件等
/dev	以文件形式存放任何设备与接口
/etc	配置文件
/home	用户主目录
/bin	存放单用户模式下还可以操作的命令
/lib	开机时用到的函数库，以及/bin 与/sbin 下面的命令要调用的函数
/sbin	开机过程中需要的命令
/media	用于挂载设备文件的目录
/opt	放置第三方的软件
/root	系统管理员的家目录
/srv	一些网络服务的数据文件目录
/tmp	任何人均可使用的“共享”临时目录
/proc	虚拟文件系统，例如系统内核、进程、外部设备及网络状态等
/usr/local	用户自行安装的软件
/usr/sbin	Linux 系统开机时不会使用到的软件/命令/脚本
/usr/share	帮助与说明文件，也可放置共享文件
/var	主要存放经常变化的文件，如日志
/lost+found	当文件系统发生错误时，将一些丢失的文件片段存放在这里

在 Linux 系统中另外还有一个重要的概念——路径。路径指的是如何定位到某个文件，分为绝对路径与相对路径。绝对路径指的是从根目录（/）开始写起的文件或目录名称，而相对路径则指的是相对于当前路径的写法。我们来看下面这个例子，以帮助大家理解。假如有位外国游客来到北京潘家园旅游，当前内急但是找不到洗手间，特意向您问路，那么咱们有两种正确的指路方法。

➢ **绝对路径**（absolute path）：首先坐飞机来到中国，到了北京后出首都机场，坐机场快轨到三元桥，然后换乘 10 号线到潘家园站，出站后坐 34 路公交车到农光里，下车后路口左转。

➢ **相对路径**（relative path）：前面路口左转。

这两种方法都正确。如果您说的是绝对路径，那么任何一位外国游客都可以按照这个提示找到潘家园的洗手间，但是太繁琐了。如果说的是相对路径，虽然表达很简练，但是这位外国游客只能从当前位置（不见得是潘家园）出发找到洗手间，因此并不能保证在前面的路口左转后可以找到洗手间。由此可见，相对路径不具备普适性。

如果各位读者现在还是不能理解相对路径和绝对路径的区别，也不要着急，以后通过实践练习肯定可以彻底搞明白。当前建议大家先记住 FHS 中规定的目录作用，这将在以后派上用场。

6.2 物理设备的命名规则

在 Linux 系统中一切都是文件，硬件设备也不例外。既然是文件，就必须有文件名称。系统内核中的 udev 设备管理器会自动把硬件名称规范起来，目的是让用户通过设备文件的名字可以猜出设备大致的属性以及分区信息等；这对于陌生的设备来说特别方便。另外，udev 设备管理器的服务会一直以守护进程的形式运行并侦听内核发出的信号来管理/dev 目录下的设备文件。Linux 系统中常见的硬件设备及其文件名称如表 6-2 所示。

表 6-2　　常见的硬件设备及其文件名称

硬件设备	文件名称
IDE 设备	/dev/hd[a-d]
SCSI/SATA/U 盘	/dev/sd[a-z]
Virtio 设备	/dev/vd[a-z]
软驱	/dev/fd[0-1]
打印机	/dev/lp[0-15]
光驱	/dev/cdrom
鼠标	/dev/mouse
磁带机	/dev/st0 或/dev/ht0

由于现在的 IDE 设备已经很少见了，所以一般的硬盘设备都是以“/dev/sd”开头。而一台主机上可以有多块硬盘，因此系统采用 a～z 来代表 26 块不同的硬盘（默认从 a 开始分配），而且硬盘的分区编号也很有讲究：

➢ 主分区或扩展分区的编号从 1 开始，到 4 结束；

➢ 逻辑分区从编号 5 开始。

国内很多 Linux 培训讲师以及很多知名 Linux 图书在讲到设备和分区名称时，总会讲错两个知识点。第一个知识点是设备名称的理解错误。很多培训讲师和 Linux 技术图书中会提到，比如/dev/sda 表示主板上第一个插槽上的存储设备，学员或读者在实践操作的时候会发现果然如此，因此也就对这条理论知识更加深信不疑。但真相不是这样的，/dev 目录中 sda 设备之所以是 a，并不是由插槽决定的，而是由系统内核的识别顺序来决定的，而恰巧很多主板的插槽顺序就是系统内核的识别顺序，因此才会被命名为/dev/sda。大家以后在使用 iSCSI 网络存储设备时就会发现，明明主板上第二个插槽是空着的，但系统却能识别到/dev/sdb 这个设备——就是这个道理。

第二个知识点是对分区名称的理解错误。很多 Linux 培训讲师会告诉学员，分区的编号代表分区的个数。比如 sda3 表示这是设备上的第 3 个分区，而学员在做实验的时候确实也会得出这样的结果。但是这个理论知识是错误的，因为分区的数字编码不一定是强制顺延下来的，也有可能是手工指定的。因此 sda3 只能表示是编号为 3 的分区，而不能判断 sda 设备上已经存在了 3 个分区。

在填了这两个“坑”之后，再来分析一下/dev/sda5 这个设备文件名称包含哪些信息，如图 6-2 所示。

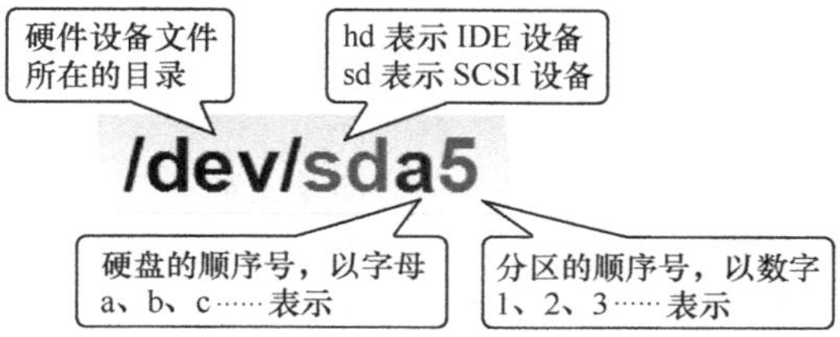

图 6-2　设备文件名称

首先，/dev/目录中保存的应当是硬件设备文件；其次，sd 表示的是存储设备；然后，a 表示系统中同类接口中第一个被识别到的设备；最后，5 表示这个设备是一个逻辑分区。一言以蔽之，“/dev/sda5”表示的就是“这是系统中第一块被识别到的硬件设备中分区编号为 5 的逻辑分区的设备文件”。考虑到很多读者完全没有 Linux 基础，不太容易理解前面所说的主分区、扩展分区和逻辑分区的概念，因此接下来简单科普一下硬盘相关的知识。

正是因为计算机有了硬盘设备，我们才能够在玩游戏的过程中或游戏通关之后随时存档，而不用每次重头开始。硬盘设备是由大量的扇区组成的，每个扇区的容量为 512 字节。其中第一个扇区最重要，它里面保存着主引导记录与分区表信息。就第一个扇区来讲，主引导记录需要占用 446 字节，分区表占用 64 字节，结束符占用 2 字节；其中分区表中每记录一个分区信息就需要 16 字节，这样一来最多只有 4 个分区信息可以写到第一个扇区中，这 4 个分区就是 4 个主分区。第一个扇区中的数据信息如图 6-3 所示。

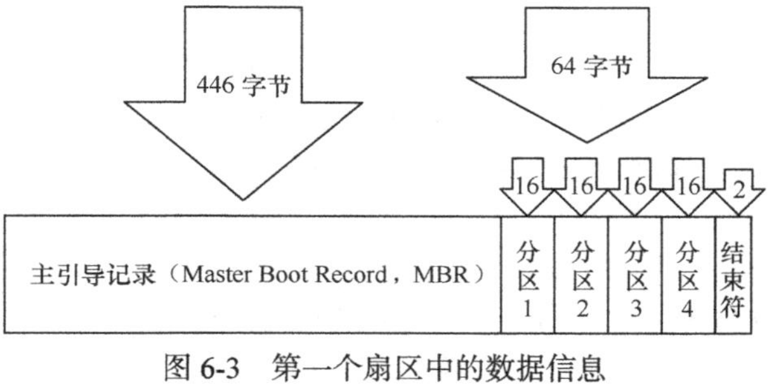

图 6-3　第一个扇区中的数据信息

现在，问题来了——每块硬盘最多只能创建出 4 个分区？这明显不合情理也不够用。

于是为了解决分区个数不够的问题，可以将第一个扇区的分区表中 16 字节（原本要写入主分区信息）的空间（称之为扩展分区）拿出来指向另外一个分区。也就是说，扩展分区其实并不是一个真正的分区，而更像是一个占用 16 字节分区表空间的指针——一个指向另外一个分区的指针。这样一来，用户一般会选择使用 3 个主分区加 1 个扩展分区的方法，然后在扩展分区中创建出数个逻辑分区，从而来满足多分区（大于 4 个）的需求。当然，就目前来讲大家只要明白为什么主分区不能超过 4 个就足够了。主分区、扩展分区、逻辑分区可以像图 6-4 那样来规划。

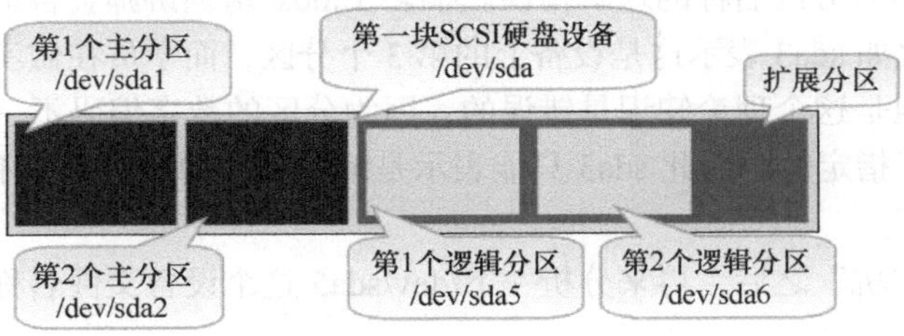

图 6-4　硬盘分区的规划

注：

所谓扩展分区，严格地讲它不是一个实际意义的分区，而仅仅是一个指向其他分区的指针，这种指针结构将形成一个单向链表。因此扩展分区自身不能存储数据，用户需要在其指向的对应分区（称之为逻辑分区）上进行操作。

注：

大家可以试着解读一下/dev/hdc8 代表着什么？

答案：这是第 3 块 IDE 设备（现在比较少见）中编号为 8 的逻辑分区。

对了！如果大家参加红帽 RHCE 考试或者购买了一台云主机，还会看到类似于/dev/vda、/dev/vdb 这样的设备。这种以 vd 开头的设备叫作 Virtio 设备，简单来说就是一种虚拟化设备。像 KVM、Xen 这种虚拟机监控器（Hypervisor）默认就都是这种设备，等大家步入工作岗位后可能会见到更多。

6.3　文件系统与数据资料

同学们可以拿出一张 A4 纸，然后横过来在上面随便写上几行字，在书写过程中慢慢就会发现字写得越来越歪，最终整行文字都会向上或向下倾斜。为了能让字写得更工整，阅读得更舒服一些，文具店里提供了各种不同的本本——单线本、双线本、田格本、五线谱本等。这也说明，离开了格式约束之后的内容，完全不受我们的主观控制。而用户在硬件存储设备中执行的文件建立、写入、读取、修改、转存与控制等操作都是依靠文件系统来完成的。文件系统的作用是合理规划硬盘，以保证用户正常的使用需求。

Linux 系统支持数十种文件系统，而最常见的文件系统如下所示。

➢ Ext2：最早可追溯到 1993 年，是 Linux 系统的第一个商业级文件系统，它基本沿袭了 UNIX 文件系统的设计标准。但由于不包含日志读写功能，数据丢失的可能性很大，因此大家能不用就不用，或者顶多建议用于 SD 存储卡或 U 盘。

- Ext3：是一款日志文件系统，它会把整个硬盘的每个写入动作的细节都预先记录下来，然后再进行实际操作，以便在发生异常宕机后能回溯追踪到被中断的部分。Ext3 能够在系统异常宕机时避免文件系统资料丢失，并能自动修复数据的不一致与错误。然而，当硬盘容量较大时，所需的修复时间也会很长，而且也不能 100%地保证资料不会丢失。
- Ext4：Ext3 的改进版本，作为 RHEL 6 系统中默认的文件管理系统，它支持的存储容量高达 1EB（1EB=1,073,741,824GB），且能够有无限多的子目录。另外，Ext4 文件系统能够批量分配 block（块），从而极大地提高了读写效率。现在很多主流服务器也会使用 Ext4 文件系统。
- XFS：是一种高性能的日志文件系统，而且是 RHEL 7/8 中默认的文件管理系统。它的优势在发生意外宕机后尤其明显，即可以快速地恢复可能被破坏的文件，而且强大的日志功能只需花费极低的计算和存储性能。它支持的最大存储容量为 18EB，这几乎满足了所有需求。

RHEL 7/8 系统中一个比较大的变化就是使用了 XFS 作为文件系统，这不同于 RHEL 6 使用的 Ext4。从红帽公司官方发布的说明来看，这确实是一个不小的进步，但是刘遄老师在实测中发现并不完全属实。因为单纯就测试一款文件系统的“读取”性能来说，到底要读取多少个文件，每个文件的大小是多少，读取文件时的 CPU、内存等系统资源的占用率如何，以及不同的硬件配置是否会有不同的影响，这些因素都是不确定的，因此实在不敢直接照抄红帽官方的介绍。我个人认为 XFS 虽然在性能方面比 Ext4 有所提升，但绝不是压倒性的，因此 XFS 文件系统最卓越的亮点应该当属可支持高达 18EB 的存储容量吧。

18EB 等于 18,874,368TB。假设每块硬盘的容量是 100TB，那么大概需要 19 万块硬盘才能把 18EB 的数据都装下。总之，当用了 XFS 之后，文件的存储上限就不再取决于技术层面，而是钱包了。过去常常跟同学们开玩笑，“如果有 18EB 的数据在上海机房，想以最快的方式传送到北京，我们有什么好办法呢？”答案是“乘坐京沪高铁”。

在拿到一块新的硬盘存储设备后，先需要分区，然后再格式化文件系统，最后才能挂载并正常使用。硬盘的分区操作取决于您的需求和硬盘大小；也可以选择不进行分区，但是必须对硬盘进行格式化处理。

注：

就像拿到了一张未裁切的完整纸张那样，首先要进行裁切以方便使用（分区），接下来在裁切后的纸张上画格以便能书写工整（格式化），最后是正式的使用（挂载）。

接下来向大家简单地科普一下硬盘在格式化后发生的事情。再次强调，大家不用刻意去记住，只要能看懂就行了。

日常需要保存在硬盘中的数据实在太多了，因此 Linux 系统中有一个名为 super block 的“硬盘地图”。Linux 并不是把文件内容直接写入到这个“硬盘地图”里面，而是在里面记录着整个文件系统的信息。因为如果把所有的文件内容都写入到这里面，它的体积将变得非常大，而且文件内容的查询与写入速度也会变得很慢。Linux 只是把每个文件的权限与属性记录在 inode 中，而且每个文件占用一个独立的 inode 表格，该表格的大小默认为 128 字节，里面记录着如下信息：

- 该文件的访问权限（read、write、execute）；
- 该文件的所有者与所属组（owner、group）；

- 该文件的大小（size）;
- 该文件的创建或内容修改时间（Ctime）;
- 该文件的最后一次访问时间（Atime）;
- 该文件的修改时间（Mtime）;
- 文件的特殊权限（SUID、SGID、SBIT）;
- 该文件的真实数据地址（point）。

而文件的实际内容则保存在 block 块中（大小一般是 1KB、2KB 或 4KB），一个 inode 的默认大小仅为 128 字节，记录一个 block 则消耗 4 字节。当文件的 inode 被写满后，Linux 系统会自动分配出一个 block，专门用于像 inode 那样记录其他 block 块的信息，这样把各个 block 块的内容串到一起，就能够让用户读到完整的文件内容了。对于存储文件内容的 block 块，有下面两种常见的情况（以 4KB 大小的 block 为例进行说明）。

- 情况 1：文件很小（1KB），但依然会占用一个 block，因此会潜在地浪费 3KB。
- 情况 2：文件很大（5KB），那么会占用两个 block（5KB−4KB 后剩下的 1KB 也要占用一个 block）。

大家看到这里，是不是觉得 Linux 系统好浪费啊？为什么最后一个 block 块容量总不能被完全使用呢？其实每个系统都是一样的，只不过大家此前没有留意过罢了。同学们可以随手查看一个电脑中已有的文件，看看文件的实际大小与占用空间是否一致，如图 6-5 所示。

计算机系统在发展过程中产生了众多的文件系统，为了使用户在读取或写入文件时不用关心底层的硬盘结构，Linux 内核中的软件层为用户程序提供了一个虚拟文件系统（Virtual File System，VFS）接口，这样用户实际上在操作文件时就是统一对这个虚拟文件系统进行操作了。图 6-6 所示为 VFS 的架构示意图。从中可见，实际文件系统在 VFS 下隐藏了自己的特性和细节，这样用户在日常使用时会觉得"文件系统都是一样的"，也就可以随意使用各种命令在任何文件系统中进行各种操作了（比如使用 cp 命令来复制文件）。

图 6-5　文件的实际大小与占用空间

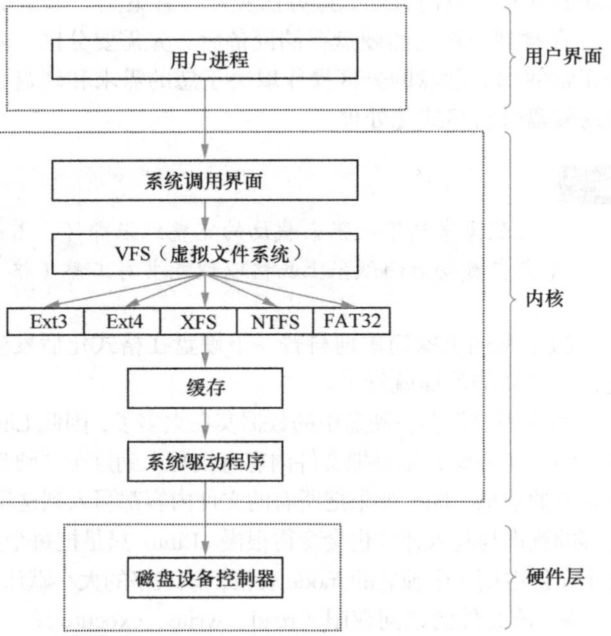

图 6-6　VFS 的架构示意图

VFS 也有点像一个翻译官。我们不需要知道对方的情况，只要告诉 VFS 想进行的操作是什么，它就会自动判断对方能够听得懂什么指令，然后翻译并交代下去。这可以让用户不用操心这些“小事情”，专注于自己的操作。

注：

在医学圈里有句这样一句话，“当您开始关注身体某个器官的时候，大概率是它最近不舒服了”。由于 VFS 真的太好用了，而且几乎不会出现任何问题，所以如果不在这里讲一下它的理论，相信很多同学很可能在多年后都不知道自己用过它。

6.4 挂载硬件设备

我们在用惯了 Windows 系统后总觉得一切都是理所当然的，平时把 U 盘插入到电脑后也从来没有考虑过 Windows 系统做了哪些事情，才使得我们可以访问这个 U 盘的。接下来我们会逐一学习在 Linux 系统中挂载和卸载存储设备的方法，以便大家更好地了解 Linux 系统添加硬件设备的工作原理和流程。前面讲到，在拿到一块全新的硬盘存储设备后要先分区，然后格式化，最后才能挂载并正常使用。“分区”和“格式化”大家以前经常听到，但“挂载”又是什么呢？

刘遄老师在这里给您一个最简单、最贴切的解释——当用户需要使用硬盘设备或分区中的数据时，需要先将其与一个已存在的目录文件进行关联，而这个关联动作就是“挂载”。下文将向读者逐步讲解如何使用硬盘设备，但是鉴于与挂载相关的理论知识比较复杂，而且很重要，因此决定再拿出一个小节单独讲解，这次希望大家不仅要看懂，而且还要记住。

6.4.1 mount 命令

mount 命令用于挂载文件系统，格式为“mount 文件系统 挂载目录”。mount 命令中可用的参数及作用如表 6-3 所示。挂载是在使用硬件设备前所执行的最后一步操作。只需使用 mount 命令把硬盘设备或分区与一个目录文件进行关联，然后就能在这个目录中看到硬件设备中的数据了。对于比较新的 Linux 系统来讲，一般不需要使用-t 参数来指定文件系统的类型，Linux 系统会自动进行判断。而 mount 中的-a 参数则厉害了，它会在执行后自动检查/etc/fstab 文件中有无被疏漏挂载的设备文件，如果有，则进行自动挂载操作。

表 6-3　　mount 命令中的参数以及作用

参数	作用
-a	挂载所有在/etc/fstab 中定义的文件系统
-t	指定文件系统的类型

例如，要把设备/dev/sdb2 挂载到/backup 目录，只需要在 mount 命令中填写设备与挂载目录参数就行，系统会自动判断要挂载文件的类型，命令如下：

```
[root@linuxprobe ~]# mount /dev/sdb2 /backup
```

如果在工作中要挂载一块网络存储设备，该设备的名字可能会变来变去，这样再写为 sdb 就不太合适了。这时推荐用 UUID（Universally Unique Identifier，通用唯一识别码）进行挂载操作。UUID 是一串用于标识每块独立硬盘的字符串，具有唯一性及稳定性，特别适合用来挂载网络设备。那么，怎么才能得知独立硬盘的 UUID 呢？答案是使用 blkid 命令。

blkid 命令用于显示设备的属性信息，英文全称为"block id"，语法格式为"blkid [设备名]"。使用 blkid 命令来查询设备 UUID 的示例如下：

```
[root@linuxprobe~]# blkid
/dev/sdb1: UUID="2db66eb4-d9c1-4522-8fab-ac074cd3ea0b" TYPE="xfs" PARTUUID="eb23857a-01"
/dev/sdb2: UUID="478fRb-1pOc-oPXv-fJOS-tTvH-KyBz-VaKwZG" TYPE="ext4" PARTUUID="eb23857a-02"
```

有了设备的 UUID 值之后，就可以用它挂载网络设备了：

```
[root@linuxprobe~]# mount UUID=478fRb-1pOc-oPXv-fJOS-tTvH-KyBz-VaKwZG /backup
```

虽然按照上面的方法执行 mount 命令后就能立即使用文件系统了，但系统在重启后挂载就会失效，也就是说需要每次开机后都手动挂载一下。这肯定不是我们想要的效果，如果想让硬件设备和目录永久地进行自动关联，就必须把挂载信息按照指定的填写格式"设备文件 挂载目录 格式类型 权限选项 是否备份 是否自检"（各字段的意义见表 6-4）写入到/etc/fstab 文件中。这个文件中包含着挂载所需的诸多信息项目，一旦配置好之后就能一劳永逸了。

表 6-4　　用于挂载信息的指定填写格式中，各字段所表示的意义

字段	意义
设备文件	一般为设备的路径+设备名称，也可以写通用唯一识别码（UUID）
挂载目录	指定要挂载到的目录，需在挂载前创建好
格式类型	指定文件系统的格式，比如 Ext3、Ext4、XFS、SWAP、iso9660（此为光盘设备）等
权限选项	若设置为 defaults，则默认权限为 rw、suid、dev、exec、auto、nouser、async
是否备份	若为 1 则开机后使用 dump 进行磁盘备份，为 0 则不备份
是否自检	若为 1 则开机后自动进行磁盘自检，为 0 则不自检

如果想将文件系统为 Ext4 的硬件设备/dev/sdb2 在开机后自动挂载到/backup 目录上，并保持默认权限且无须开机自检，就需要在/etc/fstab 文件中写入下面的信息，这样在系统重启后也会成功挂载。

```
[root@linuxprobe~]# vim /etc/fstab
#
# /etc/fstab
# Created by anaconda on Tue Jul 21 05:03:40 2020
#
# Accessible filesystems, are maintained under '/dev/disk/'.
# See man pages fstab(5), findfs(8), mount(8) and blkid(8) for more info.
#
# After editing, run 'systemctl daemon-reload' to update systemd
# units generated from this file.
#
/dev/mapper/rhel-root                    /          xfs    defaults     0 0
```

```
UUID=812b1f7c-8b5b-43da-8c06-b9999e0fe48b /boot     xfs    defaults    0 0
/dev/mapper/rhel-swap                      swap     swap   defaults    0 0
/dev/sdb2                                  /backup  ext4   defaults    0 0
```

由于后面需要使用系统镜像制作 Yum/DNF 软件仓库，我们提前把光盘设备挂载到/media/cdrom 目录中。光盘设备的文件系统格式是 iso9660：

```
[root@linuxprobe~]# vim /etc/fstab
#
# /etc/fstab
# Created by anaconda on Tue Jul 21 05:03:40 2020
#
# Accessible filesystems, are maintained under '/dev/disk/'.
# See man pages fstab(5), findfs(8), mount(8) and blkid(8) for more info.
#
# After editing, run 'systemctl daemon-reload' to update systemd
# units generated from this file.
#
/dev/mapper/rhel-root                      /             xfs      defaults  0 0
UUID=812b1f7c-8b5b-43da-8c06-b9999e0fe48b /boot         xfs      defaults  0 0
/dev/mapper/rhel-swap                      swap          swap     defaults  0 0
/dev/sdb2                                  /backup       ext4     defaults  0 0
/dev/cdrom                                 /media/cdrom  iso9660  defaults  0 0
```

写入到/etc/fstab 文件中的设备信息并不会立即生效，需要使用 mount -a 参数进行自动挂载：

```
[root@linuxprobe~]# mount -a
```

6.4.2 df 命令

df 命令用于查看已挂载的磁盘空间使用情况，英文全称为“disk free”，语法格式为“df -h”。

如果想查看当前系统中设备的挂载情况，非常推荐大家试试 df 命令。它不仅能够列出系统中正在使用的设备有哪些，还可以用-h 参数便捷地对存储容量进行“进位”操作。例如，在遇到 10240K 的时候会自动进位写成 10M，非常方便我们的阅读。

```
[root@linuxprobe~]# df -h
Filesystem              Size  Used Avail Use% Mounted on
devtmpfs                969M     0  969M   0% /dev
tmpfs                   984M     0  984M   0% /dev/shm
tmpfs                   984M   18M  966M   2% /run
tmpfs                   984M     0  984M   0% /sys/fs/cgroup
/dev/mapper/rhel-root    17G  3.9G   14G  23% /
/dev/sda1              1014M  152M  863M  15% /boot
/dev/sdb2               480M   20M  460M   4% /backup
tmpfs                   197M   16K  197M   1% /run/user/42
tmpfs                   197M  3.5M  194M   2% /run/user/0
/dev/sr0                6.7G  6.7G     0 100% /media/cdrom
```

对了！说到网络存储设备，建议您在 fstab 文件挂载信息中加上_netdev 参数。加上后系统会等联网成功后再尝试挂载这块网络存储设备，从而避免了开机时间过长或失败的情况（第17章学习 iSCSI 技术时可以用上）。

```
[root@linuxprobe~]# vim /etc/fstab
#
# /etc/fstab
# Created by anaconda on Tue Jul 21 05:03:40 2020
#
# Accessible filesystems, are maintained under '/dev/disk/'.
# See man pages fstab(5), findfs(8), mount(8) and blkid(8) for more info.
#
# After editing, run 'systemctl daemon-reload' to update systemd
# units generated from this file.
#
/dev/mapper/rhel-root                       /            xfs     defaults         0 0
UUID=812b1f7c-8b5b-43da-8c06-b9999e0fe48b /boot        xfs     defaults         0 0
/dev/mapper/rhel-swap                       swap         swap    defaults         0 0
/dev/sdb2                                   /backup      ext4    defaults,_netdev 0 0
/dev/cdrom                                  /media/cdrom iso9660 defaults         0 0
```

6.4.3 umount 命令

挂载文件系统的目的是为了使用硬件资源，而卸载文件系统则意味不再使用硬件的设备资源。既然挂载操作就是把硬件设备与目录两者进行关联的动作，那么卸载操作只需要说明想要取消关联的设备文件或挂载目录的其中一项即可，一般不需要加其他额外的参数。

umount 命令用于卸载设备或文件系统，英文全称为“un mount”，语法格式为“umount [设备文件/挂载目录]”。

```
[root@linuxprobe~]# umount /dev/sdb2
```

如果我们当前就处于设备所挂载的目录，系统会提示该设备繁忙，此时只需要退出到其他目录后再尝试一次就行了。轻松搞定。

```
[root@linuxprobe~]# cd /media/cdrom/
[root@linuxprobe cdrom]# umount /dev/cdrom
umount: /media/cdrom: target is busy.
[root@linuxprobe cdrom]# cd~
[root@linuxprobe~]# umount /dev/cdrom
[root@linuxprobe~]#
```

注：

挂载操作就像两人结为夫妻，双方需要同时到场，信息一旦被登记到民政局的系统中，再想重婚（重复挂载某设备）可就不行喽。

最后再教给同学们一个小技巧。如果系统中硬盘特别多，分区特别多，我们都不知道它们是否有被使用，又或者是做了些什么。此时，就可以用 lsblk 命令以树状图的形式列举一下了。

lsblk 命令用于查看已挂载的磁盘的空间使用情况，英文全称为“list block id”，输入该命令后按回车键执行即可。

```
[root@linuxprobe~]# lsblk
NAME           MAJ:MIN RM  SIZE RO TYPE MOUNTPOINT
sda              8:0    0   20G  0 disk
├─sda1           8:1    0    1G  0 part /boot
└─sda2           8:2    0   19G  0 part
  ├─rhel-root  253:0    0   17G  0 lvm  /
  └─rhel-swap  253:1    0    2G  0 lvm  [SWAP]
sr0             11:0    1  6.6G  0 rom  /media/cdrom
```

6.5 添加硬盘设备

根据前文讲解的与管理硬件设备相关的理论知识，我们先来理清一下添加硬盘设备的操作思路：首先需要在虚拟机中模拟添加入一块新的硬盘存储设备，然后再进行分区、格式化、挂载等操作，最后通过检查系统的挂载状态并真实地使用硬盘来验证硬盘设备是否成功添加。

鉴于我们不需要为了做这个实验而特意买一块真实的硬盘，而是通过虚拟机软件进行硬件模拟，因此这再次体现出了使用虚拟机软件的好处。具体的操作步骤如下。

首先把虚拟机系统关机，稍等几分钟会自动返回到虚拟机管理主界面，然后单击“编辑虚拟机设置”选项，在弹出的界面中单击“添加”按钮，新增一块硬件设备，如图 6-7 所示。

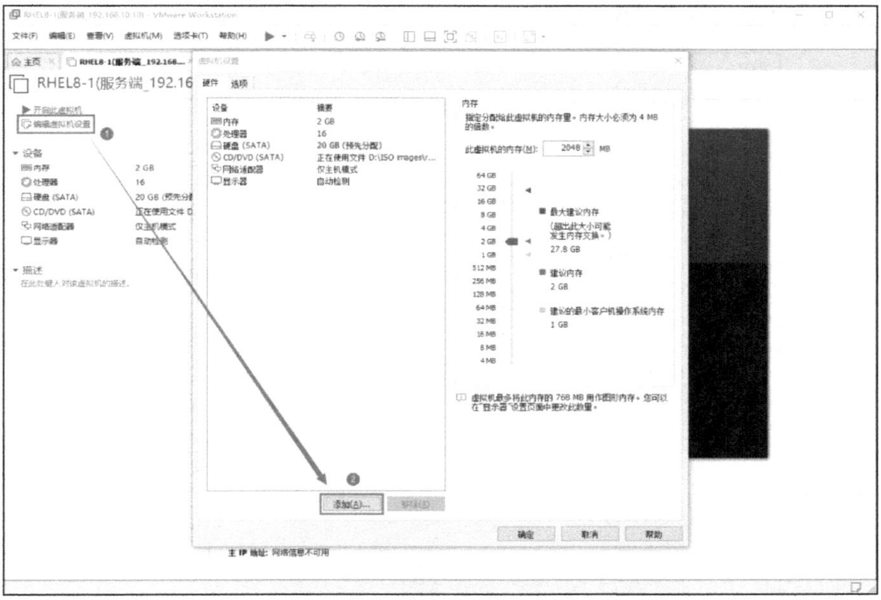

图 6-7　在虚拟机系统中添加硬件设备

选择想要添加的硬件类型为“硬盘”，然后单击“下一步”按钮就可以了，如图 6-8 所示。这确实没有什么需要进一步解释的。

图 6-8　选择添加硬件类型

选择虚拟硬盘的类型为 SATA，并单击“下一步”按钮，如图 6-9 所示。这样虚拟机中的设备名称过一会儿后应该为/dev/sdb。

图 6-9　选择硬盘设备类型

选中“创建新虚拟磁盘”单选按钮（而不是其他选项），再次单击“下一步”按钮，如图 6-10 所示。

图 6-10 选择“创建新虚拟磁盘”选项

将“最大磁盘大小”设置为默认的 20GB。这个数值是限制这台虚拟机所使用的最大硬盘空间，而不是立即将其填满，因此默认 20GB 就很合适了。单击“下一步”按钮，如图 6-11 所示。

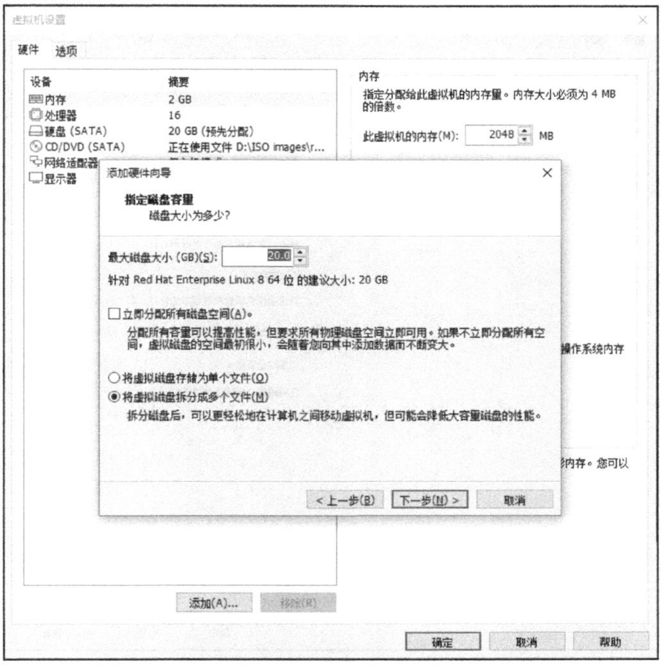

图 6-11 设置硬盘的最大使用空间

设置磁盘文件的文件名和保存位置（这里采用默认设置即可，无须修改），直接单击“完成”按钮，如图 6-12 所示。

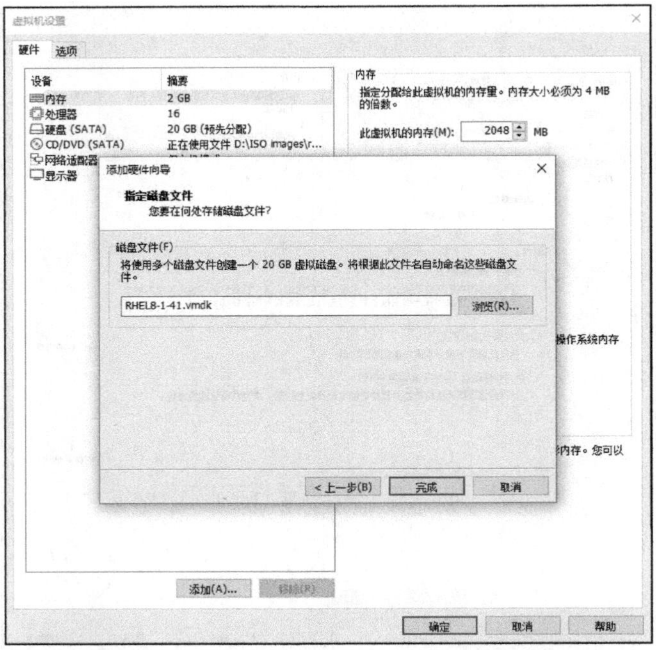

图 6-12　设置磁盘文件的文件名和保存位置

将新硬盘添加好后就可以看到设备信息了。这里不需要做任何修改，直接单击“确定”按钮后就可以启虚拟机了，如图 6-13 所示。

图 6-13　查看虚拟机硬件设置信息

在虚拟机中模拟添加了硬盘设备后就应该能看到抽象后的硬盘设备文件了。按照前文讲解的 udev 服务命名规则，第二个被识别的 SATA 设备应该会被保存为/dev/sdb，这个就是硬盘设备文件了。但在开始使用该硬盘之前还需要进行分区操作，例如从中取出一个 2GB 的分区设备以供后面的操作使用。

6.5.1 fdisk 命令

fdisk 命令用于新建、修改及删除磁盘的分区表信息，英文全称为“format disk”，语法格式为“fdisk 磁盘名称”。

在 Linux 系统中，管理硬盘设备最常用的方法就当属 fdisk 命令了。它提供了集添加、删除、转换分区等功能于一身的“一站式分区服务”。不过与前面讲解的直接写到命令后面的参数不同，这条命令的参数（见表 6-5）是交互式的一问一答的形式，因此在管理硬盘设备时特别方便，可以根据需求动态调整。

表 6-5　　fdisk 命令中的参数以及作用

参数	作用
m	查看全部可用的参数
n	添加新的分区
d	删除某个分区信息
l	列出所有可用的分区类型
t	改变某个分区的类型
p	查看分区表信息
w	保存并退出
q	不保存直接退出

首先使用 fdisk 命令来尝试管理/dev/sdb 硬盘设备。在看到提示信息后输入参数 p 来查看硬盘设备内已有的分区信息，其中包括了硬盘的容量大小、扇区个数等信息：

```
[root@linuxprobe~]# fdisk /dev/sdb

Welcome to fdisk (util-linux 2.32.1).
Changes will remain in memory only, until you decide to write them.
Be careful before using the write command.

Device does not contain a recognized partition table.
Created a new DOS disklabel with disk identifier 0x88b2c2b0.

Command (m for help): p
Disk /dev/sdb: 20 GiB, 21474836480 bytes, 41943040 sectors
Units: sectors of 1 * 512 = 512 bytes
Sector size (logical/physical): 512 bytes / 512 bytes
I/O size (minimum/optimal): 512 bytes / 512 bytes
Disklabel type: dos
Disk identifier: 0x88b2c2b0
```

输入参数 n 尝试添加新的分区。系统会要求用户是选择继续输入参数 p 来创建主分区，还是输入参数 e 来创建扩展分区。这里输入参数 p 来创建一个主分区：

```
Command (m for help): n
Partition type
   p   primary (0 primary, 0 extended, 4 free)
   e   extended (container for logical partitions)
Select (default p): p
```

在确认创建一个主分区后，系统要求用户先输入主分区的编号。在前文得知，主分区的编号范围是 1～4，因此这里输入默认的 1 就可以了。接下来系统会提示定义起始的扇区位置，这不需要改动，敲击回车键保留默认设置即可，系统会自动计算出最靠前的空闲扇区的位置。最后，系统会要求定义分区的结束扇区位置，这其实就是要去定义整个分区的大小是多少。我们不用去计算扇区的个数，只需要输入+2G 即可创建出一个容量为 2GB 的硬盘分区。

```
Partition number (1-4, default 1): 1
First sector (2048-41943039, default 2048): 此处敲击回车键即可
Last sector, +sectors or +size{K,M,G,T,P} (2048-41943039, default 41943039): +2G

Created a new partition 1 of type 'Linux' and of size 2 GiB.
```

再次使用参数 p 来查看硬盘设备中的分区信息。果然就能看到一个名称为/dev/sdb1、起始扇区位置为 2048、结束扇区位置为 4196351 的主分区了。这时千万不要直接关闭窗口，而应该敲击参数 w 后按回车键，这样分区信息才是真正地写入成功啦。

```
Command (m for help): p
Disk /dev/sdb: 20 GiB, 21474836480 bytes, 41943040 sectors
Units: sectors of 1 * 512 = 512 bytes
Sector size (logical/physical): 512 bytes / 512 bytes
I/O size (minimum/optimal): 512 bytes / 512 bytes
Disklabel type: dos
Disk identifier: 0x88b2c2b0

Device     Boot Start     End Sectors Size Id Type
/dev/sdb1        2048 4196351 4194304   2G 83 Linux

Command (m for help): w
The partition table has been altered.
Calling ioctl() to re-read partition table.
Syncing disks.
```

分区信息中第 6 个字段的 Id 值是一个编码，用于标识该分区的作用，可帮助用户快速了解该分区的作用，一般没必要修改。使用 l 参数查看一下磁盘编码都有哪些，然后在 6.6 节进行 SWAP 操作时再修改吧：

```
Command (m for help): l

 0  Empty           24  NEC DOS         81  Minix / old Lin bf  Solaris
 1  FAT12           27  Hidden NTFS Win 82  Linux swap / So c1  DRDOS/sec (FAT-
 2  XENIX root      39  Plan 9          83  Linux           c4  DRDOS/sec (FAT-
 3  XENIX usr       3c  PartitionMagic  84  OS/2 hidden or  c6  DRDOS/sec (FAT-
 4  FAT16 <32M      40  Venix 80286     85  Linux extended  c7  Syrinx
 5  Extended        41  PPC PReP Boot   86  NTFS volume set da  Non-FS data
 6  FAT16           42  SFS             87  NTFS volume set db  CP/M / CTOS / .
```

```
 7  HPFS/NTFS/exFAT 4d  QNX4.x          88  Linux plaintext de  Dell Utility
 8  AIX             4e  QNX4.x 2nd part 8e  Linux LVM       df  BootIt
 9  AIX bootable    4f  QNX4.x 3rd part 93  Amoeba          e1  DOS access
 a  OS/2 Boot Manag 50  OnTrack DM      94  Amoeba BBT      e3  DOS R/O
 b  W95 FAT32       51  OnTrack DM6 Aux 9f  BSD/OS          e4  SpeedStor
 c  W95 FAT32 (LBA) 52  CP/M            a0  IBM Thinkpad hi ea  Rufus alignment
 e  W95 FAT16 (LBA) 53  OnTrack DM6 Aux a5  FreeBSD         eb  BeOS fs
 f  W95 Ext'd (LBA) 54  OnTrackDM6      a6  OpenBSD         ee  GPT
10  OPUS            55  EZ-Drive        a7  NeXTSTEP        ef  EFI (FAT-12/16/
11  Hidden FAT12    56  Golden Bow      a8  Darwin UFS      f0  Linux/PA-RISC b
12  Compaq diagnost 5c  Priam Edisk     a9  NetBSD          f1  SpeedStor
14  Hidden FAT16 <3 61  SpeedStor       ab  Darwin boot     f4  SpeedStor
16  Hidden FAT16    63  GNU HURD or Sys af  HFS / HFS+      f2  DOS secondary
17  Hidden HPFS/NTF 64  Novell Netware  b7  BSDI fs         fb  VMware VMFS
18  AST SmartSleep  65  Novell Netware  b8  BSDI swap       fc  VMware VMKCORE
1b  Hidden W95 FAT3 70  DiskSecure Mult bb  Boot Wizard hid fd  Linux raid auto
1c  Hidden W95 FAT3 75  PC/IX           bc  Acronis FAT32 L fe  LANstep
1e  Hidden W95 FAT1 80  Old Minix       be  Solaris boot    ff  BBT
```

在上述步骤执行完毕之后，Linux 系统会自动把这个硬盘主分区抽象成/dev/sdb1 设备文件。可以使用 file 命令查看该文件的属性，但我在讲课和工作中发现，有些时候系统并没有自动把分区信息同步给 Linux 内核，而且这种情况似乎还比较常见（但不能算作严重的 bug）。可以输入 partprobe 命令手动将分区信息同步到内核，而且一般推荐连续两次执行该命令，效果会更好。如果使用这个命令都无法解决问题，那么就重启计算机吧，这个“杀手锏”百试百灵，一定会有用的。

```
[root@linuxprobe ]# file /dev/sdb1
/dev/sdb1: cannot open `/dev/sdb1' (No such file or directory)
[root@linuxprobe ]# partprobe
[root@linuxprobe ]# partprobe
[root@linuxprobe ]# file /dev/sdb1
/dev/sdb1: block special
```

如果硬件存储设备没有进行格式化，则 Linux 系统无法得知怎么在其上写入数据。因此，在对存储设备进行分区后还需要进行格式化操作。在 Linux 系统中用于格式化操作的命令是 mkfs。这条命令很有意思，因为在 Shell 终端中输入 mkfs 名后再敲击两下用于补齐命令的 Tab 键，会有如下所示的效果：

```
[root@linuxprobe~]# mkfs
mkfs         mkfs.ext2    mkfs.ext4    mkfs.minix   mkfs.vfat
mkfs.cramfs  mkfs.ext3    mkfs.fat     mkfs.msdos   mkfs.xfs
```

对！这个 mkfs 命令很贴心地把常用的文件系统名称用后缀的方式保存成了多个命令文件，用起来也非常简单——mkfs.文件类型名称。例如要将分区为 XFS 的文件系统进行格式化，则命令应为 mkfs.xfs /dev/sdb1。

```
[root@linuxprobe~]# mkfs.xfs /dev/sdb1
meta-data=/dev/sdb1              isize=512    agcount=4, agsize=131072 blks
         =                       sectsz=512   attr=2, projid32bit=1
         =                       crc=1        finobt=1, sparse=1, rmapbt=0
         =                       reflink=1
data     =                       bsize=4096   blocks=524288, imaxpct=25
```

```
         =                      sunit=0         swidth=0 blks
naming   =version 2             bsize=4096      ascii-ci=0, ftype=1
log      =internal log          bsize=4096      blocks=2560, version=2
         =                      sectsz=512      sunit=0 blks, lazy-count=1
realtime =none                  extsz=4096      blocks=0, rtextents=0
```

终于完成了存储设备的分区和格式化操作，接下来就是要来挂载并使用存储设备了。与之相关的步骤也非常简单：首先是创建一个用于挂载设备的挂载点目录；然后使用 mount 命令将存储设备与挂载点进行关联；最后使用 df -h 命令来查看挂载状态和硬盘使用量信息。

```
[root@linuxprobe~]# mkdir /newFS
[root@linuxprobe~]# mount /dev/sdb1 /newFS
[root@linuxprobe~]# df -h
Filesystem              Size  Used Avail Use% Mounted on
devtmpfs                969M     0  969M   0% /dev
tmpfs                   984M     0  984M   0% /dev/shm
tmpfs                   984M  9.6M  974M   1% /run
tmpfs                   984M     0  984M   0% /sys/fs/cgroup
/dev/mapper/rhel-root    17G  3.9G   14G  23% /
/dev/sr0                6.7G  6.7G     0 100% /media/cdrom
/dev/sda1              1014M  152M  863M  15% /boot
tmpfs                   197M   16K  197M   1% /run/user/42
tmpfs                   197M  3.5M  194M   2% /run/user/0
/dev/sdb1               2.0G   47M  2.0G   3% /newFS
```

6.5.2 du 命令

du 命令用查看分区或目录所占用的磁盘容量大小，英文全称为“disk usage”，语法格式为“du -sh 目录名称”。

既然存储设备已经顺利挂载，接下来就可以尝试通过挂载点目录向存储设备中写入文件了。在写入文件之前，先来看一个用于查看文件数据占用量的 du 命令。简单来说，该命令就是用来查看一个或多个文件占用了多大的硬盘空间。

在使用 Window 系统时，我们总会遇到“C 盘容量不足，清理垃圾后又很快被占满”的情况。在 Linux 系统中可以使用 du -sh /*命令来查看在 Linux 系统根目录下所有一级目录分别占用的空间大小，在 1s 之内就能找到哪个目录占用的空间最多：

```
[root@linuxprobe~]# du -sh /*
0       /bin
113M    /boot
0       /dev
29M     /etc
12K     /home
0       /lib
0       /lib64
6.7 G   /media
0       /mnt
0       /newFS
0       /opt
0       /proc
8.6 M   /root
```

```
9.6  M  /run
0       /sbin
0       /srv
0       /sys
12K     /tmp
3.5  G  /usr
155M /var
```

先从某些目录中复制过来一批文件，然后查看这些文件总共占用了多大的容量：

```
[root@linuxprobe~]# cp -rf /etc/* /newFS
[root@linuxprobe~]# ls /newFS
adjtime                hostname              profile.d
aliases                hosts                 protocols
alsa                   hosts.allow           pulse
alternatives           hosts.deny            qemu-ga
anacrontab             hp                    qemu-kvm
asound.conf            idmapd.conf           radvd.conf
………………省略部分输入信息………………
[root@linuxprobe~]# du -sh /newFS
39M /newFS/
```

细心的读者一定还记得，前面在讲解 mount 命令时提到，使用 mount 命令挂载的设备文件会在系统下一次重启的时候失效。如果想让这个设备文件的挂载永久有效，则需要把挂载的信息写入配置文件中：

```
[root@linuxprobe~]# vim /etc/fstab
#
# /etc/fstab
# Created by anaconda on Tue Jul 21 05:03:40 2020
#
# Accessible filesystems, are maintained under '/dev/disk/'.
# See man pages fstab(5), findfs(8), mount(8) and blkid(8) for more info.
#
# After editing, run 'systemctl daemon-reload' to update systemd
# units generated from this file.
#
/dev/mapper/rhel-root                     /             xfs      defaults     0 0
UUID=812b1f7c-8b5b-43da-8c06-b9999e0fe48b /boot         xfs      defaults     0 0
/dev/mapper/rhel-swap                     swap          swap     defaults     0 0
/dev/cdrom                                /media/cdrom  iso9660  defaults     0 0
/dev/sdb1                                 /newFS        xfs      defaults     0 0
```

6.6 添加交换分区

交换（SWAP）分区是一种通过在硬盘中预先划分一定的空间，然后把内存中暂时不常用的数据临时存放到硬盘中，以便腾出物理内存空间让更活跃的程序服务来使用的技术，其设计目的是为了解决真实物理内存不足的问题。通俗来讲就是让硬盘帮内存分担压力。但由于交换分区毕竟是通过硬盘设备读写数据的，速度肯定要比物理内存慢，所以只有当真实的物理内存耗尽后才会调用交换分区的资源。

交换分区的创建过程与前文讲到的挂载并使用存储设备的过程非常相似。在对/dev/sdb存储设备进行分区操作前，有必要先说一下交换分区的划分建议：在生产环境中，交换分区的大小一般为真实物理内存的 1.5～2 倍。为了让大家更明显地感受交换分区空间的变化，这里取出一个大小为 5GB 的主分区作为交换分区资源：

```
[root@linuxprobe~]# fdisk /dev/sdb
Welcome to fdisk (util-linux 2.32.1).
Changes will remain in memory only, until you decide to write them.
Be careful before using the write command.

Command (m for help): n
Partition type
   p   primary (1 primary, 0 extended, 3 free)
   e   extended (container for logical partitions)
Select (default p): p
Partition number (2-4, default 2): 敲击回车键即可
First sector (4196352-41943039, default 4196352): 敲击回车键即可
Last sector, +sectors or +size{K,M,G,T,P} (4196352-41943039, default 41943039): +5G

Created a new partition 2 of type 'Linux' and of size 5 GiB.
```

在上面的操作结束后，我们就得到了一个容量为 5GB 的新分区。然后尝试修改硬盘的标识码，这里将其改成 82（Linux swap）以方便以后知道它的作用：

```
Command (m for help): t
Partition number (1,2, default 2): 2
Hex code (type L to list all codes): 82

Changed type of partition 'Linux' to 'Linux swap / Solaris'.

Command (m for help): p
Disk /dev/sdb: 20 GiB, 21474836480 bytes, 41943040 sectors
Units: sectors of 1 * 512 = 512 bytes
Sector size (logical/physical): 512 bytes / 512 bytes
I/O size (minimum/optimal): 512 bytes / 512 bytes
Disklabel type: dos
Disk identifier: 0x88b2c2b0

Device     Boot   Start      End  Sectors Size Id Type
/dev/sdb1          2048  4196351  4194304   2G 83 Linux
/dev/sdb2       4196352 14682111 10485760   5G 82 Linux swap / Solaris
```

搞定！敲击 w 参数退出分区表编辑工具：

```
Command (m for help): w
The partition table has been altered.
Calling ioctl() to re-read partition table.
Syncing disks.
```

下面来看一下两个与交换分区相关的简单命令。

mkswap 命令用于对新设备进行交换分区格式化，英文全称为“make swap”，语法格式为“mkswap 设备名称”。

```
[root@linuxprobe~]# mkswap /dev/sdb2
Setting up swapspace version 1, size = 5 GiB (5368705024 bytes)
no label, UUID=45a4047c-49bf-4c88-9b99-f6ac93908485
```

swapon 命令用于激活新的交换分区设备，英文全称为“swap on”，语法格式为“swapon 设备名称”。

使用 swapon 命令把准备好的 SWAP 硬盘设备正式挂载到系统中。可以使用 free -m 命令查看交换分区的大小变化（由 2047MB 增加到 7167MB）：

```
[root@linuxprobe~]# free -m
       total        used         free       shared  buff/cache available
Mem:    1966        1391          105           12         469        384
Swap:   2047           9         2038
[root@linuxprobe~]# swapon /dev/sdb2
[root@linuxprobe~]# free -m
       total        used         free       shared  buff/cache available
Mem:    1966        1395          101           12         469        380
Swap:   7167           9         7158
```

为了能够让新的交换分区设备在重启后依然生效，需要按照下面的格式将相关信息写入配置文件中，并记得保存：

```
[root@linuxprobe~]# vim /etc/fstab
#
# /etc/fstab
# Created by anaconda on Tue Jul 21 05:03:40 2020
#
# Accessible filesystems, are maintained under '/dev/disk/'.
# See man pages fstab(5), findfs(8), mount(8) and blkid(8) for more info.
#
# After editin, run 'systemctl daemon-reload' to update systemd
# units generated from this file.
#
/dev/mapper/rhel-root                     /             xfs     defaults    1 1
UUID=812b1f7c-8b5b-43da-8c06-b9999e0fe48b /boot         xfs     defaults    1 2
/dev/mapper/rhel-swap                     swap          swap    defaults    0 0
/dev/cdrom                                /media/cdrom  iso9660 defaults    0 0
/dev/sdb1                                 /newFS        xfs     defaults    0 0
/dev/sdb2                                 swap          swap    defaults    0 0
```

6.7 磁盘容量配额

本书在前面曾经讲到，Linux 系统的设计初衷就是让许多人一起使用并执行各自的任务，从而成为多用户、多任务的操作系统。但是，硬件资源是固定且有限的，如果某些用户不断地在 Linux 系统上创建文件或者存放电影，硬盘空间总有一天会被占满。针对这种情况，root 管理员就需要使用磁盘容量配额服务来限制某位用户或某个用户组针对特定文件夹可以使用的最大硬盘空间或最大文件个数，一旦达到这个最大值就不再允许继续使用。可以使用 quota 技术进行磁盘容量配额管理，从而限制用户的硬盘可用容量或所能创建的最大文件个数。quota

技术还有软限制和硬限制的功能。

- **软限制**：当达到软限制时会提示用户，但仍允许用户在限定的额度内继续使用。
- **硬限制**：当达到硬限制时会提示用户，且强制终止用户的操作。

RHEL 8 系统中已经安装了 quota 磁盘容量配额服务程序包，但存储设备却默认没有开启对 quota 技术的支持，此时需要手动编辑配置文件并重启一次系统，让系统中的启动目录（/boot）能够支持 quota 磁盘配额技术。

```
[root@linuxprobe~]# vim /etc/fstab
#
# /etc/fstab
# Created by anaconda on Tue Jul 21 05:03:40 2020
#
# Accessible filesystems, are maintained under '/dev/disk/'.
# See man pages fstab(5), findfs(8), mount(8) and blkid(8) for more info.
#
# After editing, run 'systemctl daemon-reload' to update systemd
# units generated from this file.
#
/dev/mapper/rhel-root                     /            xfs     defaults         1 1
UUID=812b1f7c-8b5b-43da-8c06-b9999e0fe48b /boot        xfs     defaults,uquota  1 2
/dev/mapper/rhel-swap                     swap         swap    defaults         0 0
/dev/cdrom                                /media/cdrom iso9660 defaults         0 0
/dev/sdb1                                 /newFS       xfs     defaults         0 0
/dev/sdb2                                 swap         swap    defaults         0 0
[root@linuxprobe~]# reboot
```

另外，对于学习过早期的 Linux 系统，或者具有 RHEL 5/6 系统使用经验的读者来说，这里需要特别注意。早期的 Linux 系统要想让硬盘设备支持 quota 磁盘容量配额服务，使用的是 usrquota 参数，而 RHEL 7/8 系统使用的则是 uquota 参数。在重启系统后使用 mount 命令查看，即可发现/boot 目录已经支持 quota 磁盘配额技术了：

```
[root@linuxprobe~]# mount | grep boot
/dev/sda1 on /boot type xfs (rw,relatime,seclabel,attr2,inode64,usrquota)
```

接下来创建一个用于检查 quota 磁盘容量配额效果的用户 tom，并针对/boot 目录增加其他人的写权限，保证用户能够正常写入数据：

```
[root@linuxprobe~]# useradd tom
[root@linuxprobe~]# chmod -R o+w /boot
```

6.7.1 xfs_quota 命令

xfs_quota 命令用于管理设备的磁盘容量配额，语法格式为“xfs_quota [参数] 配额 文件系统”。

这是一个专门针对 XFS 文件系统来管理 quota 磁盘容量配额服务而设计的命令。其中，-c 参数用于以参数的形式设置要执行的命令；-x 参数是专家模式，让运维人员能够对 quota 服务进行更多复杂的配置。接下来使用 xfs_quota 命令来设置用户 tom 对/boot 目录的 quota 磁盘容量配额。具体的限额控制包括：硬盘使用量的软限制和硬限制分别为 3MB 和 6MB；创建文件数量的软限制和硬限制分别为 3 个和 6 个。

```
[root@linuxprobe~]# xfs_quota -x -c 'limit bsoft=3m bhard=6m isoft=3 ihard=6 tom' /boot
[root@linuxprobe~]# xfs_quota -x -c report /boot
User quota on /boot (/dev/sda1)
                               Blocks
User ID          Used       Soft       Hard    Warn/Grace
---------- --------------------------------------------------
root           114964          0          0     00 [--------]
tom                 0       3072       6144     00 [--------]
```

上面所使用的参数分为两组，分别是 isoft/ihard 与 bsoft/bhard，下面深入讲解一下。在 6.3 节中曾经讲过，在 Linux 系统中每个文件都会使用一个独立的 inode 信息块来保存属性信息，一个文件对应一个 inode 信息块，所以 isoft 和 ihard 就是通过限制系统最大使用的 inode 个数来限制了文件数量。bsoft 和 bhard 则是代表文件所占用的 block 大小，也就是文件占用的最大容量的总统计。

soft 是软限制，超过该限制后也只是将操作记录写到日志中，不对用户行为进行限制。而 hard 是硬限制，一旦超过系统就会马上禁止，用户再也不能创建或新占任何的硬盘容量。

当配置好上述各种软硬限制后，尝试切换到一个普通用户，然后分别尝试创建一个体积为 5MB 和 8MB 的文件。可以发现，在创建 8MB 的文件时受到了系统限制：

```
[root@linuxprobe~]# su - tom
[tom@linuxprobe~]$ cd /boot
[tom@linuxprobe boot]$ dd if=/dev/zero of=/boot/tom bs=5M count=1
1+0 records in
1+0 records out
5242880 bytes (5.2 MB, 5.0 MiB) copied, 0.00298178 s, 1.8 GB/s
[tom@linuxprobe boot]$ dd if=/dev/zero of=/boot/tom bs=8M count=1
dd: error writing '/boot/tom': Disk quota exceeded
1+0 records in
0+0 records out
4194304 bytes (4.2 MB, 4.0 MiB) copied, 0.00398607 s, 1.1 GB/s
```

6.7.2 edquota 命令

edquota 命令用于管理系统的磁盘配额，英文全称为“edit quota”，语法格式为“edquota [参数] 用户名”。

在为用户设置了 quota 磁盘容量配额限制后，可以使用 edquota 命令按需修改限额的数值。其中，-u 参数表示要针对哪个用户进行设置；-g 参数表示要针对哪个用户组进行设置，如表 6-6 所示。

表 6-6　　edquota 命令中可用的参数以及作用

参数	作用
-u	对某个用户进行设置
-g	对某个用户组进行设置

续表

参数	作用
-p	复制原有的规则到新的用户/组
-t	限制宽限期限

edquota 命令会调用 Vi 或 Vim 编辑器来让 root 管理员修改要限制的具体细节，记得用 wq 保存退出。下面把用户 tom 的硬盘使用量的硬限额从 5MB 提升到 8MB：

```
[tom@linuxprobe~]$ exit
[root@linuxprobe~]# edquota -u tom
Disk quotas for user tom (uid 1001):
  Filesystem   blocks    soft      hard     inodes     soft     hard
  /dev/sda1    4096      3072      8192          1        3        6
[root@linuxprobe~]# su - tom
[tom@linuxprobe~]$ cd /boot
[tom@linuxprobe boot]$ dd if=/dev/zero of=/boot/tom bs=8M count=1
1+0 records in
1+0 records out
8388608 bytes (8.4 MB, 8.0 MiB) copied, 0.0185476 s, 452 MB/s
```

6.8 VDO（虚拟数据优化）

VDO（Virtual Data Optimize，虚拟数据优化）是一种通过压缩或删除存储设备上的数据来优化存储空间的技术。VDO 是红帽公司收购了 Permabit 公司后获取的新技术，并与 2019-2020 年前后，多次在 RHEL 7.5/7.6/7.7 上进行测试，最终随 RHEL 8 系统正式公布。VDO 技术的关键就是对硬盘内原有的数据进行删重操作，它有点类似于我们平时使用的网盘服务，在第一次正常上传文件时速度特别慢，在第二次上传相同的文件时仅作为一个数据指针，几乎可以达到“秒传”的效果，无须再多占用一份空间，也不用再漫长等待。除了删重操作，VDO 技术还可以对日志和数据库进行自动压缩，进一步减少存储浪费的情况。VDO 针对各种类型文件的压缩效果如表 6-7 所示。

表 6-7　VDO 针对各种类型文件的压缩效果

文件名	描述	类型	原始大小（KB）	实际占用空间（KB）
dickens	狄更斯文集	英文原文	9953	9948
mozilla	Mozilla 的 1.0 可执行文件	可执行程序	50020	33228
mr	医用 resonanse 图像	图片	9736	9272
nci	结构化的化学数据库	数据库	32767	10168
ooffice	OpenOffice 1.01 DLL	可执行程序	6008	5640
osdb	基准测试用的 MySQL 格式示例数据库	数据库	9849	9824
reymont	瓦迪斯瓦夫·雷蒙特的图书	PDF	6471	6312
samba	samba 源代码	src 源码	21100	11768

续表

文件名	描述	类型	原始大小（KB）	实际占用空间（KB）
sao	星空数据	天文格式的 bin 文件	7081	7036
webster	辞海	HTML	40487	40144
xml	XML 文件	HTML	5220	2180
x-ray	透视医学图片	医院数据	8275	8260

VDO 技术支持本地存储和远程存储，可以作为本地文件系统、iSCSI 或 Ceph 存储下的附加存储层使用。红帽公司在 VDO 介绍页面中提到，在部署虚拟机或容器时，建议采用逻辑存储与物理存储为 10：1 的比例进行配置，即 1TB 物理存储对应 10TB 逻辑存储；而部署对象存储时（例如使用 Ceph）则采用逻辑存储与物理存储为 3：1 的比例进行配置，即使用 1TB 物理存储对应 3TB 逻辑存储。

简而言之，VDO 技术能省空间！

有两种特殊情况需要提前讲一下。其一，公司服务器上已有的 dm-crypt 之类的技术是可以与 VDO 技术兼容的，但记得要先对卷进行加密再使用 VDO。因为加密会使重复的数据变得有所不同，因此删重操作无法实现。要始终记得把加密层放到 VDO 之下，如图 6-14 所示。

图 6-14　VDO 技术拓扑图

其二，VDO 技术不可叠加使用，1TB 的物理存储提升成 10TB 的逻辑存储没问题，但是再用 10TB 翻成 100TB 就不行了。左脚踩右脚，真的没法飞起来。

通过 6.5 节的学习，相信同学们已经把对硬盘进行分区、格式化、挂载操作的方法拿捏得死死的了。我们把虚拟机关闭，添加一块容量为 20GB 的新 SATA 硬盘进来，开机后就能看到这块名称为/dev/sdc 的新硬盘了：

```
[root@linuxprobe~]# ls -l /dev/sdc
brw-rw----. 1 root disk 8, 32 Jan 6 22:26 /dev/sdc
```

RHEL/CentOS 8 系统中默认已经启用了 VDO 技术。VDO 技术现在是红帽公司自己的技术，兼容性自然没得说。如果您所用的系统没有安装 VDO 的话也不要着急，用 dnf 命令即可完成安装：

```
[root@linuxprobe~]# dnf install kmod-kvdo vdo
Updating Subscription Management repositories.
Unable to read consumer identity
This system is not registered to Red Hat Subscription Management. You can use
subscription-manager to register.
Last metadata expiration check: 0:01:56 ago on Wed 06 Jan 2021 10:37:19 PM CST.
Package kmod-kvdo-6.2.0.293-50.el8.x86_64 is already installed.
```

```
Package vdo-6.2.0.293-10.el8.x86_64 is already installed.
Dependencies resolved.
Nothing to do.
Complete!
```

首先，创建一个全新的 VDO 卷。

新添加进来的物理设备就是使用 vdo 命令来管理的，其中 name 参数代表新的设备卷的名称；device 参数代表由哪块磁盘进行制作；vdoLogicalSize 参数代表制作后的设备大小。依据红帽公司推荐的原则，20GB 硬盘将翻成 200GB 的逻辑存储：

```
[root@linuxprobe~]# vdo create --name=storage --device=/dev/sdc --vdoLogicalSize=200G
Creating VDO storage
Starting VDO storage
Starting compression on VDO storage
VDO instance 0 volume is ready at /dev/mapper/storage
```

注：

Linux 命令行严格区别大小写，vdoLogicalSize 参数中的 L 与 S 字母必须大写。

在创建成功后，使用 status 参数查看新建卷的概述信息：

```
[root@linuxprobe~]# vdo status --name=storage
VDO status:
  Date: '2021-01-06 22:51:33+08:00'
  Node: linuxprobe.com
Kernel module:
  Loaded: true
  Name: kvdo
  Version information:
    kvdo version: 6.2.0.293
Configuration:
  File: /etc/vdoconf.yml
  Last modified: '2021-01-06 22:49:33'
VDOs:
  storage:
    Acknowledgement threads: 1
    Activate: enabled
    Bio rotation interval: 64
    Bio submission threads: 4
    Block map cache size: 128M
    Block map period: 16380
    Block size: 4096
    CPU-work threads: 2
    Compression: enabled
    Configured write policy: auto
    Deduplication: enabled
………………省略部分输出信息………………
```

有上可见，在输出信息中包含了 VDO 卷创建的时间、主机名、版本、是否压缩（Compression）及是否删重（Deduplication）等关键信息。

接下来，对新建卷进行格式化操作并挂载使用。

新建的 VDO 卷设备会被乖乖地存放在/dev/mapper 目录下，并以设备名称命名，对它操作就行。另外，挂载前可以用 udevadm settle 命令对设备进行一次刷新操作，避免刚才的配置没有生效：

```
[root@linuxprobe~]# mkfs.xfs /dev/mapper/storage
meta-data=/dev/mapper/storage    isize=512      agcount=4, agsize=13107200 blks
         =                       sectsz=4096    attr=2, projid32bit=1
         =                       crc=1          finobt=1, sparse=1, rmapbt=0
         =                       reflink=1
data     =                       bsize=4096     blocks=52428800, imaxpct=25
         =                       sunit=0        swidth=0 blks
naming   =version 2              bsize=4096     ascii-ci=0, ftype=1
log      =internal log           bsize=4096     blocks=25600, version=2
         =                       sectsz=4096    sunit=1 blks, lazy-count=1
realtime =none                   extsz=4096     blocks=0, rtextents=0
[root@linuxprobe~]# udevadm settle
[root@linuxprobe~]# mkdir /storage
[root@linuxprobe~]# mount /dev/mapper/storage /storage
```

如果想查看设备的实际使用情况，使用 vdostats 命令即可。human-readable 参数的作用是将存储容量自动进位，以人们更易读的方式输出（比如，显示 20G 而不是 20971520K）：

```
[root@linuxprobe~]# vdostats --human-readable
Device                    Size      Used Available Use% Space saving%
/dev/mapper/storage      20.0G      4.0G     16.0G  20%           99%
```

这里显示的 Size 是实际物理存储的空间大小（即 20.0GB 是硬盘的大小），如果想看逻辑存储空间，可以使用 df 命令进行查看：

```
[root@linuxprobe~]# df -h
Filesystem             Size  Used Avail Use% Mounted on
devtmpfs               969M     0  969M   0% /dev
tmpfs                  984M     0  984M   0% /dev/shm
tmpfs                  984M  9.6M  974M   1% /run
tmpfs                  984M     0  984M   0% /sys/fs/cgroup
/dev/mapper/rhel-root   17G  3.9G   14G  23% /
/dev/sr0               6.7G  6.7G     0 100% /media/cdrom
/dev/sda1             1014M  152M  863M  15% /boot
tmpfs                  197M   16K  197M   1% /run/user/42
tmpfs                  197M  3.5M  194M   2% /run/user/0
/dev/sdb1              2.0G   47M  2.0G   3% /newFS
/dev/mapper/storage    200G  2.4G  198G   2% /storage
```

随便复制一个大文件过来，看看占用了多少容量，以及空间节省率（Space saving）是多少：

```
[root@linuxprobe~]# ls -lh /media/cdrom/images/install.img
-r--r--r--. 1 root root 448M Apr 4 2019 /media/cdrom/images/install.img
[root@linuxprobe~]# cp /media/cdrom/images/install.img /storage/
[root@linuxprobe~]# ls -lh /storage/install.img
-r--r--r--. 1 root root 448M Jan  6 23:06 /storage/install.img
[root@linuxprobe~]# vdostats --human-readable
Device                    Size      Used Available Use% Space saving%
/dev/mapper/storage      20.0G      4.4G     15.6G  22%           18%
```

效果不明显，再复制一份相同的文件过来，看看这次占用了多少空间：

```
[root@linuxprobe~]# cp /media/cdrom/images/install.img /storage/rhel.img
[root@linuxprobe~]# vdostats --human-readable
Device                    Size      Used Available Use% Space saving%
/dev/mapper/storage      20.0G      4.5G     15.5G  22%           55%
```

是不是感觉很棒？！原先448MB的文件这次只占用了不到100MB的容量，空间节省率也从18%提升到了55%。当然这还仅仅是两次操作而已，好处就已经如此明显了。

最后，将设备设置成永久挂载生效，一直提供服务。

VDO设备卷在创建后会一直存在，但需要手动编辑/etc/fstab文件后才能在下一次重启后自动挂载生效，为我们所用。对于这种逻辑存储设备，其实不太建议使用/dev/mapper/storage作为设备名进行挂载。不如试试前面所说的UUID吧：

```
[root@linuxprobe~]# blkid /dev/mapper/storage
/dev/mapper/storage: UUID="cd4e9f12-e16a-415c-ae76-8de069076713" TYPE="xfs"
```

打开/etc/fstab文件，把对应的字段填写完整。建议再加上_netdev参数，表示等系统及网络都启动后再挂载VDO设备卷，以保证万无一失。

```
[root@linuxprobe~]# vim /etc/fstab
#
# /etc/fstab
# Created by anaconda on Tue Jul 21 05:03:40 2020
#
# Accessible filesystems, are maintained under '/dev/disk/'.
# See man pages fstab(5), findfs(8), mount(8) and blkid(8) for more info.
#
# After editing, run 'systemctl daemon-reload' to update systemd
# units generated from this file.
#
/dev/mapper/rhel-root                     /            xfs     defaults          1 1
UUID=812b1f7c-8b5b-43da-8c06-b9999e0fe48b /boot        xfs     defaults,uquota   1 2
/dev/mapper/rhel-swap                     swap         swap    defaults          0 0
/dev/cdrom                                /media/cdrom iso9660 defaults          0 0
/dev/sdb1                                 /newFS       xfs     defaults          0 0
/dev/sdb2                                 swap         swap    defaults          0 0
UUID=cd4e9f12-e16a-415c-ae76-8de069076713 /storage     xfs     defaults,_netdev  0 0
```

6.9 软硬方式链接

在引领大家学习完本章所有的硬盘管理知识之后，刘遄老师终于可以放心大胆地讲解Linux系统中的"快捷方式"了。在Windows系统中，快捷方式就是指向原始文件的一个链接文件，可以让用户从不同的位置来访问原始的文件；原文件一旦被删除或剪切到其他地方，会导致链接文件失效。但是，这个看似简单的东西在Linux系统中可不太一样。

Linux系统中存在软链接和硬链接两种不同的类型。

- **软链接（soft link）**：也叫符号链接（symbolic link），仅仅包含所链接文件的名称和路径，很像一个记录地址的标签。当原始文件被删除或移动后，新的链接文件也会随之失效，不能被访问。可以针对文件、目录设置软链接，跨文件系统进行链接也不是问题。从这一点来看，它与Windows系统的"快捷方式"具有一样的性质。用户访问软链接的效果如图 6-15 所示。

➢ **硬链接**（hard link）：可以将它理解为一个"指向原始文件 block 的指针"，系统会创建出一个与原来一模一样的 inode 信息块。所以，硬链接文件与原始文件其实是一模一样的，只是名字不同。每添加一个硬链接，该文件的 inode 个数就会增加 1；而且只有当该文件的 inode 个数为 0 时，才算彻底将它删除。换言之，由于硬链接实际上是指向原文件 block 的指针，因此即便原始文件被删除，依然可以通过硬链接文件来访问。需要注意的是，由于技术的局限性，不能跨分区对目录文件进行硬链接。用户访问硬链接的效果如图 6-16 所示。

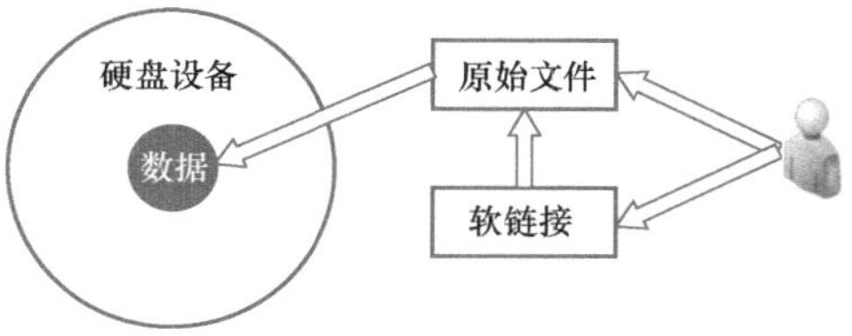

图 6-15　软链接原理示意图

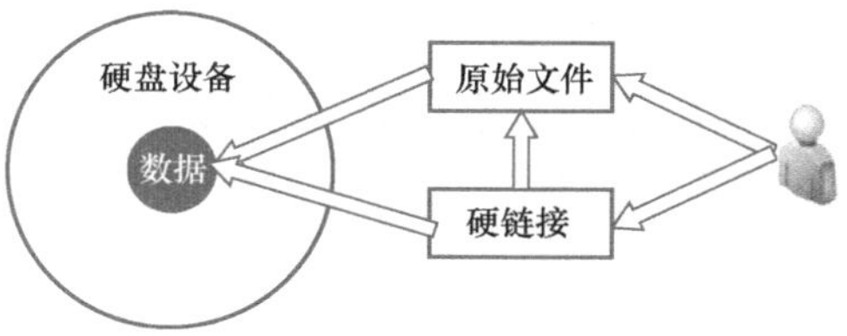

图 6-16　硬链接原理示意图

注：

大家翻开手头这本书的目录页，看一下目录标题和对应的页码就应该能够理解了。链接文件就是指向实际内容所在位置的一个标签，通过这个标签，可以找到对应的数据。

ln 命令

ln 命令用于创建文件的软硬链接，英文全称为"link"，语法格式为"ln [参数]原始文件名 链接文件名"。

ln 命令的可用参数以及作用如表 6-8 所示。在使用 ln 命令时，是否添加-s 参数，将创建出性质不同的两种"快捷方式"。因此如果没有扎实的理论知识和实践经验做铺垫，尽管能够成功完成实验，但永远不会明白为什么会成功。

表 6-8　　ln 命令中可用的参数以及作用

参数	作用
-s	创建"符号链接"（如果不带-s 参数，则默认创建硬链接）
-f	强制创建文件或目录的链接
-i	覆盖前先询问
-v	显示创建链接的过程

为了更好地理解软链接、硬链接的不同性质，我们先创建出一个文件，为其创建一个软链接：

```
[root@linuxprobe~]# echo "Welcome to linuxprobe.com" > old.txt
[root@linuxprobe~]# ln -s old.txt new.txt
[root@linuxprobe~]# cat old.txt
Welcome to linuxprobe.com
[root@linuxprobe~]# cat new.txt
Welcome to linuxprobe.com
[root@linuxprobe~]# ls -l old.txt
-rw-r--r-- 1 root root 26 Jan 11 00:08 old.txt
```

原始文件名为 old，新的软链接文件名为 new。删掉原始文件后，软链接文件立刻就无法读取了：

```
[root@linuxprobe~]# rm -f old.txt
[root@linuxprobe~]# cat new.txt
cat: readit.txt: No such file or directory
```

接下来针对原始文件 old 创建一个硬链接，即相当于针对原始文件的硬盘存储位置创建了一个指针。这样一来，新创建的这个硬链接就不再依赖于原始文件的名称等信息，也不会因为原始文件的删除而导致无法读取了。同时可以看到创建硬链接后，原始文件的硬盘链接数量增加到了 2。

```
[root@linuxprobe~]# echo "Welcome to linuxprobe.com" > old.txt
[root@linuxprobe~]# ln old.txt new.txt
[root@linuxprobe~]# cat old.txt
Welcome to linuxprobe.com
[root@linuxprobe~]# cat new.txt
Welcome to linuxprobe.com
[root@linuxprobe~]# ls -l old.txt
-rw-r--r-- 2 root root 26 Jan 11 00:13 old.txt
```

这是一个非常有意思的现象。创建的硬链接文件竟然会让文件属性第二列的数字变成了 2，这个数字表示的是文件的 inode 信息块的数量。相信同学们已经非常肯定地知道，即便删除了原始文件，新的文件也会一如既往地可以读取，因为只有当文件 inode 数量被“清零”时，才真正代表这个文件被删除了。

```
[root@linuxprobe~]# rm -f old.txt
[root@linuxprobe~]# cat new.txt
Welcome to linuxprobe.com
```

复习题

1. /home 目录与/root 目录内存放的文件有何相同点以及不同点？

   答：这两个目录都是用来存放用户家目录数据的，但是，/root 目录存放的是 root 管理员的家目录数据。

2. 假如一个设备的文件名称为/dev/sdb，可以确认它是主板第二个插槽上的设备吗？

   答：不一定，因为设备的文件名称是由系统的识别顺序来决定的。

3. 如果硬盘中需要 5 个分区，则至少需要几个逻辑分区？

   答：可以选用创建 3 个主分区+1 个扩展分区的方法，然后把扩展分区再分成 2 个逻辑分区，即有了 5 个分区。

4. /dev/sda5 是主分区还是逻辑分区？

   答：逻辑分区。

5. 哪个服务决定了设备在/dev 目录中的名称？

   答：udev 设备管理器服务。

6. 用一句话来描述挂载操作。

   答：当用户需要使用硬盘设备或分区中的数据时，需要先将其与一个已存在的目录文件进行关联，而这个关联动作就是“挂载”。

7. 在配置 quota 磁盘容量配额服务时，软限制数值必须小于硬限制数值么？

   答：不一定，软限制数值可以小于等于硬限制数值。

8. VDO 技术能够提升硬盘的物理存储空间么？

   答：不可以，VDO 是通过压缩或删重操作来提高硬盘的逻辑空间大小。

9. 若原始文件被改名，那么之前创建的硬链接还能访问到这个原始文件么？

   答：可以。

第 7 章

使用 RAID 与 LVM 磁盘阵列技术

本章讲解了如下内容：

- RAID（独立冗余磁盘阵列）；
- LVM（逻辑卷管理器）。

在学习了第 6 章讲解的硬盘设备分区、格式化、挂载等知识后，本章将深入讲解各个常用 RAID（Redundant Array of Independent Disks，独立冗余磁盘阵列）技术方案的特性，并通过实际部署 RAID 10、RAID 5+备份盘等方案来更直观地查看 RAID 的强大效果，以便进一步满足生产环境对硬盘设备的 IO 读写速度和数据冗余备份机制的需求。同时，考虑到用户可能会动态调整存储资源，本章还将介绍 LVM（Logical Volume Manager，逻辑卷管理器）的部署、扩容、缩小、快照以及卸载删除的相关知识。相信读者在学完本章内容后，可以在企业级生产环境中灵活运用 RAID 和 LVM 来满足对存储资源的高级管理需求。

7.1 RAID（独立冗余磁盘阵列）

近年来，CPU 的处理性能保持着高速增长。2017 年，Intel 公司发布了 i9-7980XE 处理器芯片，率先让家用电脑达到了 18 核心 36 线程。2020 年末，AMD 公司又推出了“线程撕裂者”系统处理器 3990X，家用电脑自此也可以轻松驾驭 64 核心 128 线程的处理器小怪兽了。但与此同时，硬盘设备的性能提升却不是很大，逐渐成为当代计算机整体性能的瓶颈。而且，由于硬盘设备需要进行持续、频繁、大量的 IO 操作，相较于其他设备，其损坏几率也大幅增加，导致重要数据丢失的几率也随之增加。

硬盘设备是计算机中较容易出现故障的元器件之一，加之由于其需要存储数据的特殊性质，不能像 CPU、内存、电源甚至主板那样在出现故障后更换新的就好，所以在生产环境中一定要未雨绸缪，提前做好数据的冗余及异地备份等工作。

1988 年，美国加利福尼亚大学伯克利分校首次提出并定义了 RAID 技术的概念。RAID 技术通过把多个硬盘设备组合成一个容量更大、安全性更好的磁盘阵列，并把数据切割成多个区段后分别存放在各个不同的物理硬盘设备上，然后利用分散读写技术来提升磁盘阵列整体的性能，同时把多个重要数据的副本同步到不同的物理硬盘设备上，从而起到了非常好的数据冗余备份效果。

任何事物都有它的两面性。RAID 技术确实具有非常好的数据冗余备份功能，但是它也相应地提高了成本支出。就像原本我们只有一个电话本，但是为了避免遗失，我们把联系人号码信息写成了两份，自然要为此多买一个电话本，这也就相应地提升了成本支出。RAID 技术的设计初衷是减少因为采购硬盘设备带来的费用支出，但是与数据本身的价值相比较，现代企业更看重的则是 RAID 技术所具备的冗余备份机制以及带来的硬盘吞吐量的提升。也就是说，RAID 不仅降低了硬盘设备损坏后丢失数据的几率，还提升了硬盘设备的读写速度，所以它在绝大多数运营商或大中型企业中得到了广泛部署和应用。

出于成本和技术方面的考虑，需要针对不同的需求在数据可靠性及读写性能上做出权衡，制定出满足各自需求的不同方案。目前已有的 RAID 磁盘阵列的方案至少有十几种，而刘遄老师接下来会详细讲解 RAID 0、RAID 1、RAID 5 与 RAID 10 这 4 种最常见的方案。这 4 种方案的对比如表 7-1 所示，其中 n 代表硬盘总数。

表 7-1　　RAID 0、1、5、10 方案技术对比

RAID 级别	最少硬盘	可用容量	读写性能	安全性	特点
0	2	n	n	低	追求最大容量和速度；但是任何一块硬盘损坏，数据将全部异常
1	2	$n/2$	n	高	追求最大安全性，只要阵列中有一块硬盘可用，数据就不受影响
5	3	$n-1$	$n-1$	中	在控制成本的前提下，追求硬盘的最大容量、速度及安全性，允许有一块硬盘出现异常，且数据不受影响
10	4	$n/2$	$n/2$	高	综合 RAID 1 和 RAID 0 的优点，追求硬盘的速度和安全性，允许有一半硬盘出现异常（不可发生在同一阵列中），且数据不受影响

7.1.1 RAID 0

RAID 0 技术把多块物理硬盘设备（至少两块）通过硬件或软件的方式串联在一起，组成一个大的卷组，并将数据依次写入各个物理硬盘中。这样一来，在最理想的状态下，硬盘设备的读写性能会提升数倍，但是若任意一块硬盘发生故障，将导致整个系统的数据都受到破坏。通俗来说，RAID 0 技术能够有效地提升硬盘数据的吞吐速度，但是不具备数据备份和错误修复能力。如图 7-1 所示，数据被分别写入到不同的硬盘设备中，即硬盘 A 和硬盘 B 设备会分别保存数据资料，最终实现提升读取、写入速度的效果。

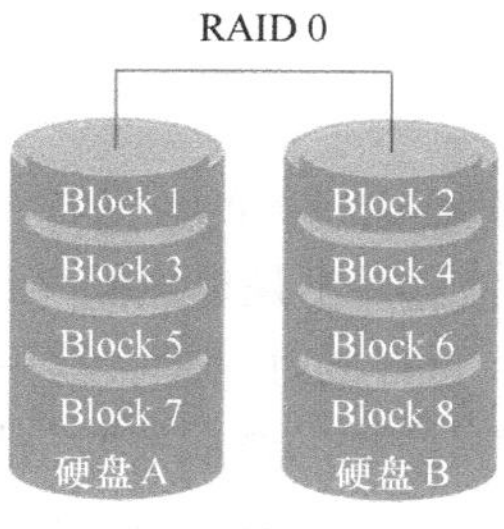

图 7-1　RAID 0 技术示意图

7.1.2 RAID 1

尽管 RAID 0 技术提升了硬盘设备的读写速度，但它是将数据依次写入到各个物理硬盘中。也就是说，它的数据是分开存放的，其中任何一块硬盘发生故障都会损坏整个系统的数据。因此，如果生产环境对硬盘设备的读写速度没有要求，而是希望增加数据的安全性时，就需要用到 RAID 1 技术了。

在图 7-2 所示的 RAID 1 技术示意图中可以看到，它是把两块以上的硬盘设备进行绑定，在写入数据时，是将数据同时写入到多块硬盘设备上（可以将其视为数据的镜像或备份）。当其中某一块硬盘发生故障后，一般会立即自动以热交换的方式来恢复数据的正常使用。

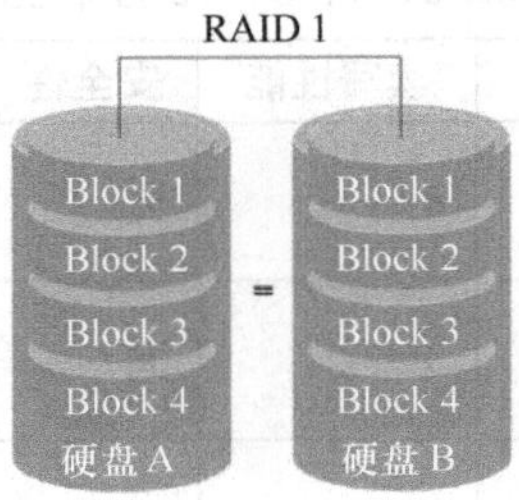

图 7-2　RAID 1 技术示意图

考虑到在进行写入操作时因硬盘切换带来的开销，因此 RAID 1 的速度会比 RAID 0 有微弱地降低。但在读取数据的时候，操作系统可以分别从两块硬盘中读取信息，因此理论读取速度的峰值可以是硬盘数量的倍数。另外，平时只要保证有一块硬盘稳定运行，数据就不会出现损坏的情况，可靠性较高。

RAID 1 技术虽然十分注重数据的安全性，但是因为是在多块硬盘设备中写入了相同的数据，因此硬盘设备的利用率得以下降。从理论上来说，图 7-2 所示的硬盘空间的真实可用率只有 50%，由 3 块硬盘设备组成的 RAID 1 磁盘阵列的可用率只有 33%左右；以此类推。而且，由于需要把数据同时写入到两块以上的硬盘设备，这无疑也在一定程度上增大了系统计算功能的负载。

那么，有没有一种 RAID 方案既考虑到了硬盘设备的读写速度和数据安全性，还兼顾了成本问题呢？实际上，单从数据安全和成本问题上来讲，就不可能在保持原有硬盘设备的利用率且还不增加新设备的情况下，能大幅提升数据的安全性。刘遄老师也没有必要忽悠各位读者，下面将要讲解的 RAID 5 技术虽然在理论上兼顾了三者（读写速度、数据安全性、成本），但实际上更像是对这三者的“相互妥协”。

7.1.3 RAID 5

如图 7-3 所示，RAID5 技术是把硬盘设备的数据奇偶校验信息保存到其他硬盘设备中。RAID 5 磁盘阵列中数据的奇偶校验信息并不是单独保存到某一块硬盘设备中，而是存储到除自身以外的其他每一块硬盘设备上。这样的好处是，其中任何一设备损坏后不至于出现致命缺陷。图 7-3 中 Parity 部分存放的就是数据的奇偶校验信息。换句话说，就是 RAID 5 技术实际上没有备份硬盘中的真实数据信息，而是当硬盘设备出现问题后通过奇偶校验信息来尝试重建损坏的数据。RAID 这样的技术特性“妥协”地兼顾了硬盘设备的读写速度、数据安全性与存储成本问题。

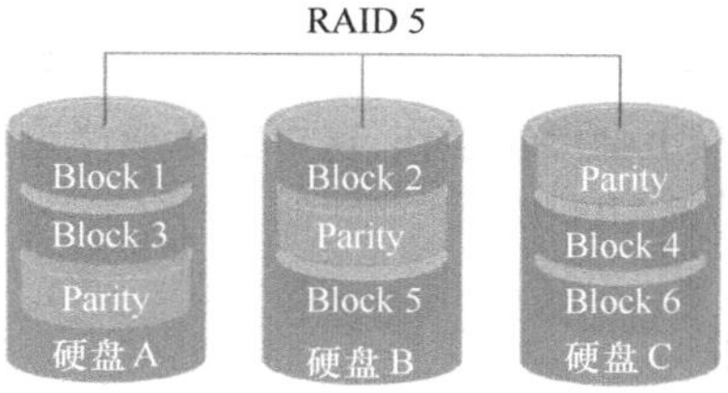

图 7-3　RAID 5 技术示意图

RAID 5 最少由 3 块硬盘组成，使用的是硬盘切割（Disk Striping）技术。相较于 RAID 1 级别，好处就在于保存的是奇偶校验信息而不是一模一样的文件内容，所以当重复写入某个文件时，RAID 5 级别的磁盘阵列组只需要对应一个奇偶校验信息就可以，效率更高，存储成本也会随之降低。

7.1.4 RAID 10

RAID 5 技术是出于硬盘设备的成本问题对读写速度和数据的安全性能有了一定的妥协，但是大部分企业更在乎的是数据本身的价值而非硬盘价格，因此在生产环境中主要使用 RAID 10 技术。

顾名思义，RAID 10 技术是 RAID 1+RAID 0 技术的一个“组合体”。如图 7-4 所示，RAID 10 技术需要至少 4 块硬盘来组建，其中先分别两两制作成 RAID 1 磁盘阵列，以保证数据的安全性；然后再对两个 RAID 1 磁盘阵列实施 RAID 0 技术，进一步提高硬盘设备的读写速度。这样从理论上来讲，只要坏的不是同一阵列中的所有硬盘，那么最多可以损坏 50%的硬盘设备而不丢失数据。由于 RAID 10 技术继承了 RAID 0 的高读写速度和 RAID 1 的数据安全性，在不考虑成本的情况下 RAID 10 的性能也超过了 RAID 5，因此当前成为广泛使用的一种存储技术。

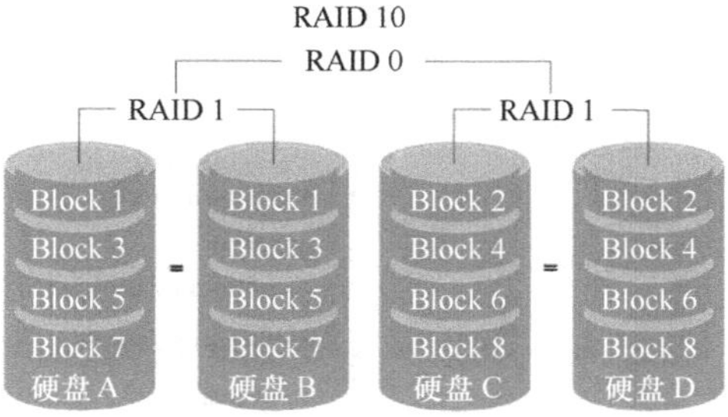

图 7-4　RAID 10 技术示意图

注：

由于 RAID 10 是由 RAID 1 和 RAID 0 组成的，因此正确的叫法是“RAID 一零”，而不是“RAID 十”。

仔细查看图 7-4 可以发现，RAID 10 是先对信息进行分割，然后再两两一组制作镜像。也就是先将 RAID 1 作为最低级别的组合，然后再使用 RAID 0 技术将 RAID 1 磁盘阵列组合到一起，将它们视为“一整块”硬盘。而 RAID 01 则相反，它是先将硬盘分为两组，然后使用 RAID 0 作为最低级别的组合，再将这两组 RAID 0 硬盘通过 RAID 1 技术组合到一起。

RAID 10 技术和 RAID 01 技术的区别非常明显。在 RAID 10 中，任何一块硬盘损坏都不会影响到数据安全性，其余硬盘均会正常运作。但在 RAID 01 中，只要有任何一块硬盘损坏，最低级别的 RAID 0 磁盘阵列马上会停止运作，这可能造成严重隐患。所以 RAID 10 远比 RAID 01 常见，很多主板甚至不支持 RAID 01。

7.1.5 部署磁盘阵列

在具备了第 6 章的硬盘设备管理基础之后，再来部署 RAID 和 LVM 就变得十分轻松了。首先，需要在虚拟机中添加 4 块硬盘设备来制作一个 RAID 10 磁盘阵列，如图 7-5 所示。这里不再详述添加硬盘的步骤，大家自己操作就行。记得硬盘要用 SCSI 或 SATA 接口的类型，大小默认 20GB 就可以。

这几块硬盘设备是模拟出来的，不需要特意去买几块真实的物理硬盘插到电脑上。需要注意的是，一定要记得在关闭系统之后，再在虚拟机中添加硬盘设备，否则可能会因为计算机架构的不同而导致虚拟机系统无法识别新添加的硬盘设备。

当前，生产环境中用到的服务器一般都配备 RAID 阵列卡，尽管服务器的价格越来越便宜，但是我们没有必要为了做一个实验而去单独购买一台服务器，而是可以学会使用 mdadm 命令在 Linux 系统中创建和管理软件 RAID 磁盘阵列，而且它涉及的理论知识和操作过程与生产环境中的完全一致。

mdadm 命令用于创建、调整、监控和管理 RAID 设备，英文全称为“multiple devices admin”，语法格式为“mdadm 参数 硬盘名称”。

图 7-5 添加 4 块硬盘设备

mdadm 命令中的常用参数及作用如表 7-2 所示。

表 7-2　　mdadm 命令中的常用参数及作用

参数	作用
-a	检测设备名称
-n	指定设备数量
-l	指定 RAID 级别
-C	创建
-v	显示过程
-f	模拟设备损坏
-r	移除设备
-Q	查看摘要信息
-D	查看详细信息
-S	停止 RAID 磁盘阵列

接下来，使用 mdadm 命令创建 RAID 10，名称为“/dev/md0”。

第 6 章中讲到，udev 是 Linux 系统内核中用来给硬件命名的服务，其命名规则也非常简单。我们可以通过命名规则猜测到第二个 SCSI 存储设备的名称会是/dev/sdb，然后依此类推。使用硬盘设备来部署 RAID 磁盘阵列很像是将几位同学组成一个班级，但总不能将班级命名为/dev/sdbcde 吧。尽管这样可以一眼看出它是由哪些元素组成的，但是并不利于记忆和阅读。更何况如果使用 10、50、100 个硬盘来部署 RAID 磁盘阵列呢？

此时，就需要使用 mdadm 中的参数了。其中，-C 参数代表创建一个 RAID 阵列卡；-v 参数显示创建的过程，同时在后面追加一个设备名称/dev/md0，这样/dev/md0 就是创建后的 RAID 磁盘阵列的名称；-n 4 参数代表使用 4 块硬盘来部署这个 RAID 磁盘阵列；而-l 10 参数则代表 RAID 10 方案；最后再加上 4 块硬盘设备的名称就搞定了。

```
[root@linuxprobe~]# mdadm -Cv /dev/md0 -n 4 -l 10 /dev/sdb /dev/sdc /dev/sdd /dev/sde
mdadm: layout defaults to n2
mdadm: layout defaults to n2
mdadm: chunk size defaults to 512K
mdadm: size set to 20954112K
mdadm: Defaulting to version 1.2 metadata
mdadm: array /dev/md0 started.
```

初始化过程大约需要 1 分钟左右，期间可以用-D 参数进行查看。也可以用-Q 参数查看简要信息：

```
[root@linuxprobe~]# mdadm -Q /dev/md0
/dev/md0: 39.97GiB raid10 4 devices, 0 spares. Use mdadm --detail for more detail.
```

同学们可能会好奇，为什么 4 块 20GB 大小的硬盘组成的磁盘阵列组，可用空间只有 39.97GB 呢？

这里不得不提到 RAID 10 技术的原理。它通过两两一组硬盘组成的 RAID 1 磁盘阵列保证了数据的可靠性，其中每一份数据都会被保存两次，因此导致硬盘存在 50%的使用率和 50%的冗余率。这样一来，80GB 的硬盘容量也就只有一半了。

等两三分钟后，把制作好的 RAID 磁盘阵列格式化为 Ext4 格式：

```
[root@linuxprobe~]# mkfs.ext4 /dev/md0
mke2fs 1.44.3 (10-July-2018)
Creating filesystem with 10477056 4k blocks and 2621440 inodes
Filesystem UUID: d1c68318-a919-4211-b4dc-c4437bcfe9da
Superblock backups stored on blocks:
    32768, 98304, 163840, 229376, 294912, 819200, 884736, 1605632, 2654208,
    4096000, 7962624

Allocating group tables: done
Writing inode tables: done
Creating journal (65536 blocks): done
Writing superblocks and filesystem accounting information: done
```

随后，创建挂载点，将硬盘设备进行挂载操作：

```
[root@linuxprobe~]# mkdir /RAID
[root@linuxprobe~]# mount /dev/md0 /RAID
[root@linuxprobe~]# df -h
Filesystem              Size  Used Avail Use% Mounted on
devtmpfs                969M     0  969M   0% /dev
tmpfs                   984M     0  984M   0% /dev/shm
tmpfs                   984M  9.6M  975M   1% /run
tmpfs                   984M     0  984M   0% /sys/fs/cgroup
/dev/mapper/rhel-root    17G  3.9G   14G  23% /
/dev/sr0                6.7G  6.7G     0 100% /media/cdrom
/dev/sda1              1014M  152M  863M  15% /boot
tmpfs                   197M   16K  197M   1% /run/user/42
tmpfs                   197M  3.5M  194M   2% /run/user/0
/dev/md0                 40G   49M   38G   1% /RAID
```

再来查看/dev/md0 磁盘阵列设备的详细信息，确认 RAID 级别（Raid Level）、阵列大小（Array Size）和总硬盘数（Total Devices）都是否正确：

```
[root@linuxprobe~]# mdadm -D /dev/md0
/dev/md0:
           Version : 1.2
     Creation Time : Wed Jan 13 08:24:58 2021
        Raid Level : raid10
        Array Size : 41908224 (39.97 GiB 42.91 GB)
     Used Dev Size : 20954112 (19.98 GiB 21.46 GB)
      Raid Devices : 4
     Total Devices : 4
       Persistence : Superblock is persistent

       Update Time : Thu Jan 14 04:49:57 2021
             State : clean
    Active Devices : 4
   Working Devices : 4
    Failed Devices : 0
     Spare Devices : 0

            Layout : near=2
        Chunk Size : 512K
```

```
Consistency Policy : resync

              Name : localhost.localdomain:0  (local to host linuxprobe.com)
              UUID : 289f501b:3f5f70f9:79189d77:f51ca11a
            Events : 17

    Number   Major   Minor   RaidDevice State
       0       8       16        0      active sync set-A   /dev/sdb
       1       8       32        1      active sync set-B   /dev/sdc
       2       8       48        2      active sync set-A   /dev/sdd
       3       8       64        3      active sync set-B   /dev/sde
```

如果想让创建好的 RAID 磁盘阵列能够一直提供服务，不会因每次的重启操作而取消，那么一定要记得将信息添加到/etc/fstab 文件中，这样可以确保在每次重启后 RAID 磁盘阵列都是有效的。

```
[root@linuxprobe~]# echo "/dev/md0 /RAID ext4 defaults 0 0" >> /etc/fstab
[root@linuxprobe~]# cat /etc/fstab
#
# /etc/fstab
# Created by anaconda on Tue Jul 21 05:03:40 2020
#
# Accessible filesystems, are maintained under '/dev/disk/'.
# See man pages fstab(5), findfs(8), mount(8) and blkid(8) for more info.
#
# After editing, run 'systemctl daemon-reload' to update systemd
# units generated from this file.
#
/dev/mapper/rhel-root                       /              xfs        defaults   0 0
UUID=2db66eb4-d9c1-4522-8fab-ac074cd3ea0b   /boot          xfs        defaults   0 0
/dev/mapper/rhel-swap                       swap           swap       defaults   0 0
/dev/cdrom                                  /media/cdrom   iso9660    defaults   0 0
/dev/md0                                    /RAID          ext4       defaults   0 0
```

7.1.6 损坏磁盘阵列及修复

之所以在生产环境中部署 RAID 10 磁盘阵列，就是为了提高存储设备的 IO 读写速度及数据的安全性，但因为我们的硬盘设备是在虚拟机中模拟出来的，所以对于读写速度的改善可能并不直观。下面决定给同学们讲解一下 RAID 磁盘阵列损坏后的处理方法，以确保大家以后在步入运维岗位后不会因为突发事件而手忙脚乱。

在确认有一块物理硬盘设备出现损坏而不能再继续正常使用后，应该使用 mdadm 命令将其移除，然后查看 RAID 磁盘阵列的状态，可以发现状态已经改变：

```
[root@linuxprobe~]# mdadm /dev/md0 -f /dev/sdb
mdadm: set /dev/sdb faulty in /dev/md0
[root@linuxprobe~]# mdadm -D /dev/md0
/dev/md0:
           Version : 1.2
     Creation Time : Thu Jan 14 05:12:20 2021
        Raid Level : raid10
        Array Size : 41908224 (39.97 GiB 42.91 GB)
```

```
    Used Dev Size : 20954112 (19.98 GiB 21.46 GB)
     Raid Devices : 4
    Total Devices : 4
      Persistence : Superblock is persistent

      Update Time : Thu Jan 14 05:33:06 2021
            State : clean, degraded
   Active Devices : 3
  Working Devices : 3
   Failed Devices : 1
    Spare Devices : 0

           Layout : near=2
       Chunk Size : 512K

Consistency Policy : resync

    Name : localhost.localdomain:0  (local to host linuxprobe.com)
    UUID : 81ee0668:7627c733:0b170c41:cd12f376
  Events : 19

  Number   Major   Minor   RaidDevice State
     -       0       0        0      removed
     1       8      32        1      active sync set-B   /dev/sdc
     2       8      48        2      active sync set-A   /dev/sdd
     3       8      64        3      active sync set-B   /dev/sde

     0       8      16        -      faulty   /dev/sdb
```

刚刚使用的-f 参数是让硬盘模拟损坏的效果。为了能够彻底地将故障盘移除，还要再执行一步操作：

```
[root@linuxprobe~]# mdadm /dev/md0 -r /dev/sdb
mdadm: hot removed /dev/sdb from /dev/md0
```

在RAID 10级别的磁盘阵列中，当RAID 1磁盘阵列中存在一个故障盘时并不影响RAID 10磁盘阵列的使用。当购买了新的硬盘设备后再使用mdadm命令予以替换即可，在此期间可以在/RAID 目录中正常地创建或删除文件。由于我们是在虚拟机中模拟硬盘，所以先重启系统，然后再把新的硬盘添加到RAID磁盘阵列中。

更换硬盘后再次使用-a 参数进行添加操作，系统默认会自动开始数据的同步工作。使用-D参数即可看到整个过程和进度（用百分比表示）：

```
[root@linuxprobe~]# mdadm /dev/md0 -a /dev/sdb
mdadm: added /dev/sdb
[root@linuxprobe~]# mdadm -D /dev/md0
/dev/md0:
           Version : 1.2
     Creation Time : Thu Jan 14 05:12:20 2021
        Raid Level : raid10
        Array Size : 41908224 (39.97 GiB 42.91 GB)
     Used Dev Size : 20954112 (19.98 GiB 21.46 GB)
      Raid Devices : 4
     Total Devices : 4
       Persistence : Superblock is persistent
```

```
       Update Time : Thu Jan 14 05:37:32 2021
             State : clean, degraded, recovering
    Active Devices : 3
   Working Devices : 4
    Failed Devices : 0
     Spare Devices : 1

            Layout : near=2
        Chunk Size : 512K

Consistency Policy : resync

    Rebuild Status : 77% complete

  Name : localhost.localdomain:0  (local to host linuxprobe.com)
  UUID : 81ee0668:7627c733:0b170c41:cd12f376
  Events : 34

    Number   Major   Minor   RaidDevice State
       4       8       16        0      spare rebuilding   /dev/sdb
       1       8       32        1      active sync set-B   /dev/sdc
       2       8       48        2      active sync set-A   /dev/sdd
       3       8       64        3      active sync set-B   /dev/sde
```

这时候可能会有学生举手提问了："老师，我们公司机房的阵列卡上有 30 多块硬盘呢，就算知道/dev/sdb 硬盘发生了故障，我也不知道该替换哪一块啊，要是错拔了好设备那就麻烦了。"其实不用担心，因为一旦硬盘发生故障，服务器上相应的指示灯也会变成红灯（或者变成一直闪烁的黄灯），如图 7-6 所示。

图 7-6　硬盘故障灯

7.1.7　磁盘阵列+备份盘

RAID 10 磁盘阵列中最多允许 50%的硬盘设备发生故障，但是存在这样一种极端情况，即同一 RAID 1 磁盘阵列中的硬盘设备若全部损坏，也会导致数据丢失。换句话说，在 RAID 10 磁盘阵列中，如果 RAID 1 中的某一块硬盘出现了故障，而我们正在前往修复的路上，恰巧该 RAID 1 磁盘阵列中的另一块硬盘设备也出现故障，那么数据就被彻底丢失了。刘遄老师可真不是乌鸦嘴，这种 RAID 1 磁盘阵列中的硬盘设备同时损坏的情况还真被我的学生遇到过。

在这样的情况下，该怎么办呢？其实，完全可以使用 RAID 备份盘技术来预防这类事故。该技术的核心理念就是准备一块足够大的硬盘，这块硬盘平时处于闲置状态，一旦 RAID 磁盘阵列中有硬盘出现故障后则会马上自动顶替上去。这样很棒吧！

为了避免多个实验之间相互发生冲突，我们需要保证每个实验的相对独立性，为此需要大家自行将虚拟机还原到初始状态。另外，由于刚才已经演示了 RAID 10 磁盘阵列的部署方法，现在来看一下 RAID 5 的部署效果。部署 RAID 5 磁盘阵列时，至少需要用到 3 块硬盘，还需要再加一块备份硬盘（也叫热备盘），所以总计需要在虚拟机中模拟 4 块硬盘设备，如图 7-7 所示。

图 7-7　重置虚拟机后，再添加 4 块硬盘设备

现在创建一个 RAID 5 磁盘阵列+备份盘。在下面的命令中，参数-n 3 代表创建这个 RAID 5 磁盘阵列所需的硬盘数，参数-l 5 代表 RAID 的级别，而参数-x 1 则代表有一块备份盘。当查看/dev/md0（即 RAID 5 磁盘阵列的名称）磁盘阵列的时候，就能看到有一块备份盘在等待中了。

```
[root@linuxprobe~]# mdadm -Cv /dev/md0 -n 3 -l 5 -x 1 /dev/sdb /dev/sdc /dev/sdd /dev/sde
mdadm: layout defaults to left-symmetric
mdadm: layout defaults to left-symmetric
mdadm: chunk size defaults to 512K
mdadm: size set to 20954112K
mdadm: Defaulting to version 1.2 metadata
mdadm: array /dev/md0 started.
[root@linuxprobe~]# mdadm -D /dev/md0
/dev/md0:
           Version : 1.2
     Creation Time : Thu Jan 14 06:12:32 2021
        Raid Level : raid5
        Array Size : 41908224 (39.97 GiB 42.91 GB)
     Used Dev Size : 20954112 (19.98 GiB 21.46 GB)
      Raid Devices : 3
     Total Devices : 4
       Persistence : Superblock is persistent

       Update Time : Thu Jan 14 06:14:16 2021
             State : clean
    Active Devices : 3
```

```
   Working Devices : 4
    Failed Devices : 0
     Spare Devices : 1

            Layout : left-symmetric
        Chunk Size : 512K

Consistency Policy : resync

    Name : localhost.localdomain:0  (local to host linuxprobe.com)
    UUID : cf0c34b6:3b08edfb:85dfa14f:e2bffc1e
  Events : 18

    Number   Major   Minor   RaidDevice State
       0       8       16        0      active sync   /dev/sdb
       1       8       32        1      active sync   /dev/sdc
       4       8       48        2      active sync   /dev/sdd

       3       8       64        -      spare   /dev/sde
```

现在将部署好的 RAID 5 磁盘阵列格式化为 Ext4 文件格式，然后挂载到目录上，之后就能够使用了：

```
[root@linuxprobe~]# mkfs.ext4 /dev/md0
mke2fs 1.44.3 (10-July-2018)
Creating filesystem with 10477056 4k blocks and 2621440 inodes
Filesystem UUID: ff016386-1126-4799-8a5b-d716242276ec
Superblock backups stored on blocks:
        32768, 98304, 163840, 229376, 294912, 819200, 884736, 1605632, 2654208,
        4096000, 7962624

Allocating group tables: done
Writing inode tables: done
Creating journal (65536 blocks): done
Writing superblocks and filesystem accounting information: done
[root@linuxprobe~]# mkdir /RAID
[root@linuxprobe~]# echo "/dev/md0 /RAID ext4 defaults 0 0" >> /etc/fstab
```

由 3 块硬盘组成的 RAID 5 磁盘阵列，其对应的可用空间是 n-1，也就是 40GB。热备盘的空间不计算进来，平时完全就是在“睡觉”，只有在意外出现时才会开始工作。

```
[root@linuxprobe~]# mount -a
[root@linuxprobe~]# df -h
Filesystem             Size  Used Avail Use% Mounted on
devtmpfs               969M     0  969M   0% /dev
tmpfs                  984M     0  984M   0% /dev/shm
tmpfs                  984M  9.6M  974M   1% /run
tmpfs                  984M     0  984M   0% /sys/fs/cgroup
/dev/mapper/rhel-root   17G  3.9G   14G  23% /
/dev/sr0               6.7G  6.7G     0 100% /media/cdrom
/dev/sda1             1014M  152M  863M  15% /boot
tmpfs                  197M   16K  197M   1% /run/user/42
tmpfs                  197M  3.5M  194M   2% /run/user/0
/dev/md0                40G   49M   38G   1% /RAID
```

最后是见证奇迹的时刻！我们再次把硬盘设备/dev/sdb 移出磁盘阵列，然后迅速查看/dev/md0 磁盘阵列的状态，就会发现备份盘已经被自动顶替上去并开始了数据同步。RAID 中的这种备份盘技术非常实用，可以在保证 RAID 磁盘阵列数据安全性的基础上进一步提高数据可靠性。所以，如果公司不差钱的话，还是买上一块备份盘以防万一吧。

```
[root@linuxprobe~]# mdadm /dev/md0 -f /dev/sdb
mdadm: set /dev/sdb faulty in /dev/md0
[root@linuxprobe~]# mdadm -D /dev/md0
/dev/md0:
           Version : 1.2
     Creation Time : Thu Jan 14 06:12:32 2021
        Raid Level : raid5
        Array Size : 41908224 (39.97 GiB 42.91 GB)
     Used Dev Size : 20954112 (19.98 GiB 21.46 GB)
      Raid Devices : 3
     Total Devices : 4
       Persistence : Superblock is persistent

       Update Time : Thu Jan 14 06:24:38 2021
             State : clean
    Active Devices : 3
   Working Devices : 3
    Failed Devices : 1
     Spare Devices : 0

            Layout : left-symmetric
        Chunk Size : 512K

Consistency Policy : resync

     Name : localhost.localdomain:0  (local to host linuxprobe.com)
     UUID : cf0c34b6:3b08edfb:85dfa14f:e2bffc1e
   Events : 37

    Number   Major   Minor   RaidDevice State
       3       8       64        0      active sync   /dev/sde
       1       8       32        1      active sync   /dev/sdc
       4       8       48        2      active sync   /dev/sdd

       0       8       16        -      faulty   /dev/sdb
```

是不是感觉很有意思呢？另外考虑到篇幅限制，我们一直没有复制、粘贴/RAID 目录中文件的信息，有兴趣的同学可以自己动手试一下。里面的文件内容非常安全，不会出现丢失的情况。如果后面想再添加一块热备盘进来，使用-a 参数就可以了。

7.1.8 删除磁盘阵列

在生产环境中，RAID 磁盘阵列部署后一般不会被轻易停用。但万一赶上了，还是要知道怎么将磁盘阵列删除。前面那种 RAID 5+热备盘损坏的情况是比较复杂的，所以以这种情形来进行讲解是再好不过了。

首先，需要将所有的磁盘都设置成停用状态：

```
[root@linuxprobe~]# umount /RAID
[root@linuxprobe~]# mdadm /dev/md0 -f /dev/sdc
mdadm: set /dev/sdc faulty in /dev/md0
[root@linuxprobe~]# mdadm /dev/md0 -f /dev/sdd
mdadm: set /dev/sdd faulty in /dev/md0
[root@linuxprobe~]# mdadm /dev/md0 -f /dev/sde
mdadm: set /dev/sde faulty in /dev/md0
```

然后再逐一移除出去：

```
[root@linuxprobe~]# mdadm /dev/md0 -r /dev/sdb
mdadm: hot removed /dev/sdb from /dev/md0
[root@linuxprobe~]# mdadm /dev/md0 -r /dev/sdc
mdadm: hot removed /dev/sdc from /dev/md0
[root@linuxprobe~]# mdadm /dev/md0 -r /dev/sdd
mdadm: hot removed /dev/sdd from /dev/md0
[root@linuxprobe~]# mdadm /dev/md0 -r /dev/sde
mdadm: hot removed /dev/sde from /dev/md0
```

如果着急，也可以用“mdadm /dev/md0 -f /dev/sdb -r /dev/sdb”这一条命令搞定。但是，在早期版本的服务器中，这条命令中的-f 和-r 不能一起使用，因此保守起见，还是一步步地操作吧。

将所有的硬盘都移除后，再来查看磁盘阵列组的状态：

```
[root@linuxprobe~]# mdadm -D /dev/md0
/dev/md0:
           Version : 1.2
     Creation Time : Fri Jan 15 08:53:41 2021
        Raid Level : raid5
        Array Size : 41908224 (39.97 GiB 42.91 GB)
     Used Dev Size : 20954112 (19.98 GiB 21.46 GB)
      Raid Devices : 3
     Total Devices : 0
       Persistence : Superblock is persistent

       Update Time : Fri Jan 15 09:00:57 2021
             State : clean, FAILED
    Active Devices : 0
    Failed Devices : 0
     Spare Devices : 0

            Layout : left-symmetric
        Chunk Size : 512K

Consistency Policy : resync

    Number   Major   Minor   RaidDevice State
       -       0       0        0      removed
       -       0       0        1      removed
       -       0       0        2      removed
```

很棒！下面继续停用整个 RAID 磁盘阵列，咱们的工作就彻底完成了：

```
[root@linuxprobe~]# mdadm --stop /dev/md0
mdadm: stopped /dev/md0
[root@linuxprobe~]# ls /dev/md0
ls: cannot access '/dev/md0': No such file or directory
```

在有一些老版本的服务器中，在使用--stop参数后依然会保留设备文件。这很明显是没有处理干净，这时再执行一下“mdadm --remove /dev/md0”命令即可。同学们可以记一下，以备不时之需。

7.2 LVM（逻辑卷管理器）

前面学习的硬盘设备管理技术虽然能够有效地提高硬盘设备的读写速度以及数据的安全性，但是在硬盘分好区或者部署为RAID磁盘阵列之后，再想修改硬盘分区大小就不容易了。换句话说，当用户想要随着实际需求的变化调整硬盘分区的大小时，会受到硬盘“灵活性”的限制。这时就需要用到另外一项非常普及的硬盘设备资源管理技术了——逻辑卷管理器（Logical Volume Manager，LVM）。LVM允许用户对硬盘资源进行动态调整。

LVM是Linux系统用于对硬盘分区进行管理的一种机制，理论性较强，其创建初衷是为了解决硬盘设备在创建分区后不易修改分区大小的缺陷。尽管对传统的硬盘分区进行强制扩容或缩容从理论上来讲是可行的，但是却可能造成数据的丢失。而LVM技术是在硬盘分区和文件系统之间添加了一个逻辑层，它提供了一个抽象的卷组，可以把多块硬盘进行卷组合并。这样一来，用户不必关心物理硬盘设备的底层架构和布局，就可以实现对硬盘分区的动态调整。LVM的技术架构如图7-8所示。

为了帮助大家理解，我们来看一个吃货的例子。比如小明家里想吃馒头，但是面粉不够了，于是妈妈从隔壁老王家、老李家、老张家分别借来一些面粉，准备蒸馒头吃。首先需要把这些面粉（物理卷[Physical Volume，PV]）揉成一个大面团（卷组[Volume Group]，VG），然后再把这个大面团分割成一个个小馒头（逻辑卷[Logical Volume，LV]），而且每个小馒头的重量必须是每勺面粉（基本单元[Physical Extent，PE]）的倍数。

在日常的使用中，如果卷组（VG）的剩余容量不足，可以随时将新的物理卷（PV）加入到里面，进行不断地扩容。由于担心同学们还是不理解，这里准备了一张逻辑卷管理器的使用流程示意图，如图7-9所示。

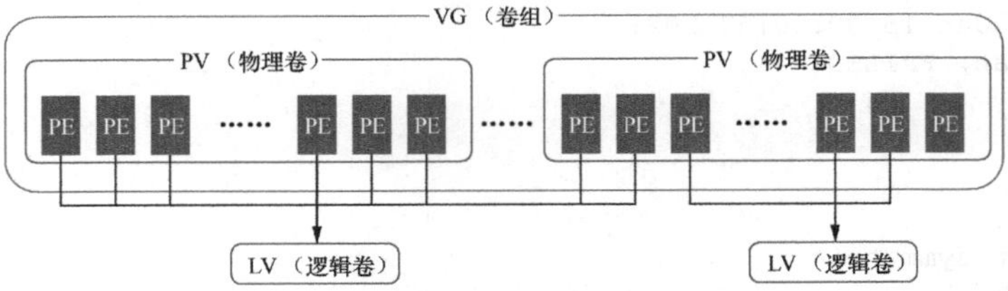

图7-8　逻辑卷管理器的技术结构

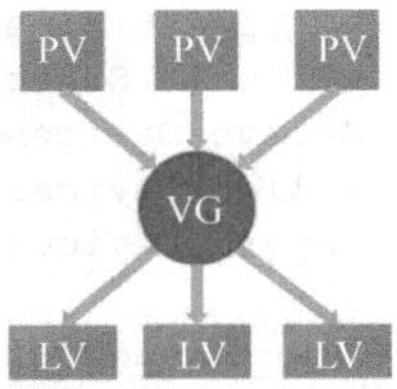

图7-9　逻辑卷管理器使用流程图

物理卷处于LVM中的最底层，可以将其理解为物理硬盘、硬盘分区或者RAID磁盘阵列。卷组建立在物理卷之上，一个卷组能够包含多个物理卷，而且在卷组创建之后也可以继续向其中添加新的物理卷。逻辑卷是用卷组中空闲的资源建立的，并且逻辑卷在建立后可以动态地扩展或缩小空间。这就是LVM的核心理念。

7.2.1 部署逻辑卷

一般而言，在生产环境中无法在最初时就精确地评估每个硬盘分区在日后的使用情况，因此会导致原先分配的硬盘分区不够用。比如，伴随着业务量的增加，用于存放交易记录的数据库目录的体积也随之增加；因为分析并记录用户的行为从而导致日志目录的体积不断变大，这些都会导致原有的硬盘分区在使用上捉襟见肘。而且，还存在对较大的硬盘分区进行精简缩容的情况。

我们可以通过部署 LVM 来解决上述问题。部署时，需要逐个配置物理卷、卷组和逻辑卷，常用的部署命令如表 7-3 所示。

表 7-3　　常用的 LVM 部署命令

功能/命令	物理卷管理	卷组管理	逻辑卷管理
扫描	pvscan	vgscan	lvscan
建立	pvcreate	vgcreate	lvcreate
显示	pvdisplay	vgdisplay	lvdisplay
删除	pvremove	vgremove	lvremove
扩展		vgextend	lvextend
缩小		vgreduce	lvreduce

为了避免多个实验之间相互发生冲突，请大家自行将虚拟机还原到初始状态，并重新添加两块新硬盘设备，如图 7-10 所示。然后开机。

图 7-10　在虚拟机中添加两块新的硬盘设备

在虚拟机中添加两块新硬盘设备的目的，是为了更好地演示 LVM 理念中用户无须关心底层物理硬盘设备的特性。我们先对这两块新硬盘进行创建物理卷的操作，可以将该操作简单理解成让硬盘设备支持 LVM 技术，或者理解成是把硬盘设备加入到 LVM 技术可用的硬件资源池中，然后对这两块硬盘进行卷组合并，卷组的名称允许由用户自定义。接下来，根据需求把合并后的卷组切割出一个约为 150MB 的逻辑卷设备，最后把这个逻辑卷设备格式化成

Ext4文件系统后挂载使用。下文将对每一个步骤做一些简单的描述。

第1步：让新添加的两块硬盘设备支持LVM技术。

```
[root@linuxprobe~]# pvcreate /dev/sdb /dev/sdc
  Physical volume "/dev/sdb" successfully created.
  Physical volume "/dev/sdc" successfully created.
```

第2步：把两块硬盘设备加入到storage卷组中，然后查看卷组的状态。

```
[root@linuxprobe~]# vgcreate storage /dev/sdb /dev/sdc
 Volume group "storage" successfully created
[root@linuxprobe~]# vgdisplay
  --- Volume group ---
  VG Name               storage
  System ID
  Format                lvm2
  Metadata Areas        2
  Metadata Sequence No  1
  VG Access             read/write
  VG Status             resizable
  MAX LV                0
  Cur LV                0
  Open LV               0
  Max PV                0
  Cur PV                2
  Act PV                2
  VG Size               39.99 GiB
  PE Size               4.00 MiB
  Total PE              10238
  Alloc PE / Size       0 / 0
  Free  PE / Size       10238 / 39.99 GiB
  VG UUID               HPwsm4-lOvI-8O0Q-TG54-BkyI-ONYE-owlGLd
………………省略部分输出信息………………
```

第3步：切割出一个约为150MB的逻辑卷设备。

这里需要注意切割单位的问题。在对逻辑卷进行切割时有两种计量单位。第一种是以容量为单位，所使用的参数为-L。例如，使用-L 150M生成一个大小为150MB的逻辑卷。另外一种是以基本单元的个数为单位，所使用的参数为-l。每个基本单元的大小默认为4MB。例如，使用-l 37可以生成一个大小为37×4MB=148MB的逻辑卷。

```
[root@linuxprobe~]# lvcreate -n vo -l 37 storage
 Logical volume "vo" created.
[root@linuxprobe~]# lvdisplay
  --- Logical volume ---
  LV Path                /dev/storage/vo
  LV Name                vo
  VG Name                storage
  LV UUID                AsDGJj-G6Uo-HG4q-auD6-lmyn-aLY0-o36HEj
  LV Write Access        read/write
  LV Creation host, time linuxprobe.com, 2021-01-15 00:47:35 +0800
  LV Status              available
  # open                 0
  LV Size                148.00 MiB
  Current LE             37
```

```
  Segments                1
  Allocation              inherit
  Read ahead sectors      auto
  - currently set to      8192
  Block device            253:2
………………省略部分输出信息………………
```

第 4 步：把生成好的逻辑卷进行格式化，然后挂载使用。

Linux 系统会把 LVM 中的逻辑卷设备存放在/dev 设备目录中（实际上就是个快捷方式），同时会以卷组的名称来建立一个目录，其中保存了逻辑卷的设备映射文件（即/dev/卷组名称/逻辑卷名称）。

```
[root@linuxprobe ~]# mkfs.ext4 /dev/storage/vo
mke2fs 1.44.3 (10-July-2018)
Creating filesystem with 151552 1k blocks and 38000 inodes
Filesystem UUID: 429cbc28-4463-4a1b-b601-02a7cf81a1b2
Superblock backups stored on blocks:
        8193, 24577, 40961, 57345, 73729

Allocating group tables: done
Writing inode tables: done
Creating journal (4096 blocks): done
Writing superblocks and filesystem accounting information: done
[root@linuxprobe~]# mkdir /linuxprobe
[root@linuxprobe~]# mount /dev/storage/vo /linuxprobe
```

对了，如果使用了逻辑卷管理器，则不建议用 XFS 文件系统，因为 XFS 文件系统自身就可以使用 xfs_growfs 命令进行磁盘扩容。这虽然不比 LVM 灵活，但起码也够用。在实测阶段我们发现，在有一些服务器上，XFS 与 LVM 的兼容性并不好。

第 5 步：查看挂载状态，并写入配置文件，使其永久生效。

```
[root@linuxprobe~]# df -h
Filesystem              Size  Used Avail Use% Mounted on
devtmpfs                969M     0  969M   0% /dev
tmpfs                   984M     0  984M   0% /dev/shm
tmpfs                   984M  9.6M  974M   1% /run
tmpfs                   984M     0  984M   0% /sys/fs/cgroup
/dev/mapper/rhel-root    17G  3.9G   14G  23% /
/dev/sr0                6.7G  6.7G     0 100% /media/cdrom
/dev/sda1              1014M  152M  863M  15% /boot
tmpfs                   197M   16K  197M   1% /run/user/42
tmpfs                   197M  3.4M  194M   2% /run/user/0
/dev/mapper/storage-vo  140M  1.6M  128M   2% /linuxprobe
[root@linuxprobe~]# echo "/dev/storage/vo /linuxprobe ext4 defaults 0 0" >> /etc/fstab
[root@linuxprobe~]# cat /etc/fstab
#
# /etc/fstab
# Created by anaconda on Tue Jul 21 05:03:40 2020
#
# Accessible filesystems, are maintained under '/dev/disk/'.
# See man pages fstab(5), findfs(8), mount(8) and blkid(8) for more info.
#
# After editing, run 'systemctl daemon-reload' to update systemd
```

```
# units generated from this file.
#
/dev/mapper/rhel-root                          /               xfs       defaults   0 0
UUID=2db66eb4-d9c1-4522-8fab-ac074cd3ea0b      /boot           xfs       defaults   0 0
/dev/mapper/rhel-swap                          swap            swap      defaults   0 0
/dev/cdrom                                     /media/cdrom    iso9660   defaults   0 0
/dev/storage/vo                                /linuxprobe     ext4      defaults   0 0
```

注：

细心的同学应该又发现了一个小问题：刚刚明明写的是 148MB，怎么这里只有 140MB 了呢？这是因为硬件厂商的制造标准是 1GB=1,000MB、1MB = 1,000KB、1KB = 1,000B，而计算机系统的算法是 1GB=1,024MB、1MB = 1,024KB、1KB = 1,024B，因此有 3%左右的“缩水”是正常情况。

7.2.2 扩容逻辑卷

在前面的实验中，卷组是由两块硬盘设备共同组成的。用户在使用存储设备时感知不到设备底层的架构和布局，更不用关心底层是由多少块硬盘组成的，只要卷组中有足够的资源，就可以一直为逻辑卷扩容。扩容前请一定要记得卸载设备和挂载点的关联。

```
[root@linuxprobe~]# umount /linuxprobe
```

第 1 步：把上一个实验中的逻辑卷 vo 扩展至 290MB。

```
[root@linuxprobe~]# lvextend -L 290M /dev/storage/vo
Rounding size to boundary between physical extents: 292.00 MiB.
Size of logical volume storage/vo changed from 148 MiB (37 extents) to 292 MiB
(73 extents).
Logical volume storage/vo successfully resized.
```

第 2 步：检查硬盘的完整性，确认目录结构、内容和文件内容没有丢失。一般情况下没有报错，均为正常情况。

```
[root@linuxprobe~]# e2fsck -f /dev/storage/vo
e2fsck 1.44.3 (10-July-2018)
Pass 1: Checking inodes, blocks, and sizes
Pass 2: Checking directory structure
Pass 3: Checking directory connectivity
Pass 4: Checking reference counts
Pass 5: Checking group summary information
/dev/storage/vo: 11/38000 files (0.0% non-contiguous), 10453/151552 blocks
```

第 3 步：重置设备在系统中的容量。刚刚是对 LV（逻辑卷）设备进行了扩容操作，但系统内核还没有同步到这部分新修改的信息，需要手动进行同步。

```
[root@linuxprobe~]# resize2fs /dev/storage/vo
resize2fs 1.44.3 (10-July-2018)
Resizing the filesystem on /dev/storage/vo to 299008 (1k) blocks.
The filesystem on /dev/storage/vo is now 299008 (1k) blocks long.
```

第 4 步：重新挂载硬盘设备并查看挂载状态。

```
[root@linuxprobe~]# mount -a
[root@linuxprobe~]# df -h
Filesystem                Size  Used Avail Use% Mounted on
devtmpfs                  969M     0  969M   0% /dev
tmpfs                     984M     0  984M   0% /dev/shm
tmpfs                     984M  9.6M  974M   1% /run
tmpfs                     984M     0  984M   0% /sys/fs/cgroup
/dev/mapper/rhel-root      17G  3.9G   14G  23% /
/dev/sr0                  6.7G  6.7G     0 100% /media/cdrom
/dev/sda1                1014M  152M  863M  15% /boot
tmpfs                     197M   16K  197M   1% /run/user/42
tmpfs                     197M  3.4M  194M   2% /run/user/0
/dev/mapper/storage-vo    279M  2.1M  259M   1% /linuxprobe
```

7.2.3 缩小逻辑卷

相较于扩容逻辑卷，在对逻辑卷进行缩容操作时，数据丢失的风险更大。所以在生产环境中执行相应操作时，一定要提前备份好数据。另外，Linux 系统规定，在对 LVM 逻辑卷进行缩容操作之前，要先检查文件系统的完整性（当然这也是为了保证数据的安全）。在执行缩容操作前记得先把文件系统卸载掉。

```
[root@linuxprobe~]# umount /linuxprobe
```

第 1 步：检查文件系统的完整性。

```
[root@linuxprobe~]# e2fsck -f /dev/storage/vo
e2fsck 1.44.3 (10-July-2018)
Pass 1: Checking inodes, blocks, and sizes
Pass 2: Checking directory structure
Pass 3: Checking directory connectivity
Pass 4: Checking reference counts
Pass 5: Checking group summary information
/dev/storage/vo: 11/74000 files (0.0% non-contiguous), 15507/299008 blocks
```

第 2 步：通知系统内核将逻辑卷 vo 的容量减小到 120MB。

```
[root@linuxprobe~]# resize2fs /dev/storage/vo 120M
resize2fs 1.44.3 (10-July-2018)
Resizing the filesystem on /dev/storage/vo to 122880 (1k) blocks.
The filesystem on /dev/storage/vo is now 122880 (1k) blocks long.
```

第 3 步：将 LV（逻辑卷）的容量修改为 120MB。

```
[root@linuxprobe~]# lvreduce -L 120M /dev/storage/vo
  WARNING: Reducing active logical volume to 120.00 MiB.
  THIS MAY DESTROY YOUR DATA (filesystem etc.)
Do you really want to reduce storage/vo? [y/n]: y
  Size of logical volume storage/vo changed from 292 MiB (73 extents) to 120 
MiB (30 extents).
  Logical volume storage/vo successfully resized.
```

咦？缩容的步骤跟扩容的步骤不一样啊。缩容操作为什么是先通知系统内核设备的容量要改变成120MB，然后再正式进行缩容操作呢？举个例子大家就明白了。小强是一名初中生，开学后看到班里有位同学纹了身，他感觉很酷，自己也想纹但又怕家里责骂，于是他回家后就说："妈妈，我纹身了。"如果妈妈的反应很平和，那么他就可以放心大胆地去纹身了。如果妈妈强烈不同意，他马上就可以哈哈一笑，说："逗着玩呢。"这样也就不会挨打了。

缩容操作也是同样的道理，先通知系统内核自己想缩小逻辑卷，如果在执行resize2fs命令后系统没有报错，再正式操作。

第4步：重新挂载文件系统并查看系统状态。

```
[root@linuxprobe~]# mount -a
[root@linuxprobe~]# df -h
Filesystem                Size  Used Avail Use% Mounted on
devtmpfs                  969M     0  969M   0% /dev
tmpfs                     984M     0  984M   0% /dev/shm
tmpfs                     984M  9.6M  974M   1% /run
tmpfs                     984M     0  984M   0% /sys/fs/cgroup
/dev/mapper/rhel-root      17G  3.9G   14G  23% /
/dev/sr0                  6.7G  6.7G     0 100% /media/cdrom
/dev/sda1                1014M  152M  863M  15% /boot
tmpfs                     197M   16K  197M   1% /run/user/42
tmpfs                     197M  3.4M  194M   2% /run/user/0
/dev/mapper/storage-vo    113M  1.6M  103M   2% /linuxprobe
```

7.2.4 逻辑卷快照

LVM还具备有"快照卷"功能，该功能类似于虚拟机软件的还原时间点功能。例如，对某一个逻辑卷设备做一次快照，如果日后发现数据被改错了，就可以利用之前做好的快照卷进行覆盖还原。LVM的快照卷功能有两个特点：

- 快照卷的容量必须等同于逻辑卷的容量；
- 快照卷仅一次有效，一旦执行还原操作后则会被立即自动删除。

在正式操作前，先看看VG（卷组）中的容量是否够用：

```
[root@linuxprobe~]# vgdisplay
  --- Volume group ---
  VG Name               storage
  System ID
  Format                lvm2
  Metadata Areas        2
  Metadata Sequence No  4
  VG Access             read/write
  VG Status             resizable
  MAX LV                0
  Cur LV                1
  Open LV               1
  Max PV                0
  Cur PV                2
  Act PV                2
  VG Size               39.99 GiB
  PE Size               4.00 MiB
  Total PE              10238
  Alloc PE / Size       30 / 120.00 MiB
  Free  PE / Size       10208 / <39.88 GiB
```

```
  VG UUID                k3ZnaP-wGPr-TQJ5-PCtA-0RgO-jvsi-9elZ5M
………………省略部分输出信息………………
```

通过卷组的输出信息可以清晰看到，卷组中已经使用了 120MB 的容量，空闲容量还有 39.88GB。接下来用重定向往逻辑卷设备所挂载的目录中写入一个文件。

```
[root@linuxprobe~]# echo "Welcome to Linuxprobe.com" > /linuxprobe/readme.txt
[root@linuxprobe~]# ls -l /linuxprobe
total 14
drwx------. 2 root root 12288 Jan 15 01:11 lost+found
-rw-r--r--. 1 root root    26 Jan 15 07:01 readme.txt
```

第 1 步：使用-s 参数生成一个快照卷，使用-L 参数指定切割的大小，需要与要做快照的设备容量保持一致。另外，还需要在命令后面写上是针对哪个逻辑卷执行的快照操作，稍后数据也会还原到这个相应的设备上。

```
[root@linuxprobe~]# lvcreate -L 120M -s -n SNAP /dev/storage/vo
 Logical volume "SNAP" created
[root@linuxprobe~]# lvdisplay
  --- Logical volume ---
  LV Path                /dev/storage/SNAP
  LV Name                SNAP
  VG Name                storage
  LV UUID                qd716w-3Iv1-6E3X-RGkC-t5xl-170r-rDZSEf
  LV Write Access        read/write
  LV Creation host, time linuxprobe.com, 2021-01-15 07:02:44 +0800
  LV snapshot status     active destination for vo
  LV Status              available
  # open                 0
  LV Size                120.00 MiB
  Current LE             30
  COW-table size         120.00 MiB
  COW-table LE           30
  Allocated to snapshot  0.01%
  Snapshot chunk size    4.00 KiB
  Segments               1
  Allocation             inherit
  Read ahead sectors     auto
  - currently set to     8192
  Block device           253:5
………………省略部分输出信息………………
```

第 2 步：在逻辑卷所挂载的目录中创建一个 100MB 的垃圾文件，然后再查看快照卷的状态。可以发现存储空间的占用量上升了。

```
[root@linuxprobe~]# dd if=/dev/zero of=/linuxprobe/files count=1 bs=100M
1+0 records in
1+0 records out
104857600 bytes (105 MB, 100 MiB) copied, 0.312057 s, 336 MB/s
[root@linuxprobe~]# lvdisplay
  --- Logical volume ---
  LV Path                /dev/storage/SNAP
  LV Name                SNAP
  VG Name                storage
  LV UUID                qd716w-3Iv1-6E3X-RGkC-t5xl-170r-rDZSEf
```

```
  LV Write Access        read/write
  LV Creation host, time linuxprobe.com, 2021-01-15 07:02:44 +0800
  LV snapshot status     active destination for vo
  LV Status              available
  # open                 0
  LV Size                120.00 MiB
  Current LE             30
  COW-table size         120.00 MiB
  COW-table LE           30
  Allocated to snapshot  83.71%
  Snapshot chunk size    4.00 KiB
  Segments               1
  Allocation             inherit
  Read ahead sectors     auto
  - currently set to     8192
  Block device           253:5
………………省略部分输出信息………………
```

第 3 步：为了校验快照卷的效果，需要对逻辑卷进行快照还原操作。在此之前记得先卸载掉逻辑卷设备与目录的挂载。

lvconvert 命令用于管理逻辑卷的快照，语法格式为“lvconvert [参数]快照卷名称”。

使用 lvconvert 命令能自动恢复逻辑卷的快照，在早期的 RHEL/CentOS 5 版本中要写全格式：“--mergesnapshot”，而从 RHEL 6 到 RHEL 8，已经允许用户只输入--merge 参数进行操作了，系统会自动分辨设备的类型。

```
[root@linuxprobe~]# umount /linuxprobe
[root@linuxprobe~]# lvconvert --merge /dev/storage/SNAP
  Merging of volume storage/SNAP started.
  storage/vo: Merged: 36.41%
  storage/vo: Merged: 100.00%
```

第 4 步：快照卷会被自动删除掉，并且刚刚在逻辑卷设备被执行快照操作后再创建出来的 100MB 的垃圾文件也被清除了。

```
[root@linuxprobe~]# mount -a
[root@linuxprobe~]# cd /linuxprobe/
[root@linuxprobe linuxprobe]# ls
lost+found readme.txt
[root@linuxprobe linuxprobe]# cat readme.txt
Welcome to Linuxprobe.com
```

7.2.5 删除逻辑卷

当生产环境中想要重新部署 LVM 或者不再需要使用 LVM 时，则需要执行 LVM 的删除操作。为此，需要提前备份好重要的数据信息，然后依次删除逻辑卷、卷组、物理卷设备，这个顺序不可颠倒。

第 1 步：取消逻辑卷与目录的挂载关联，删除配置文件中永久生效的设备参数。

```
[root@linuxprobe~]# umount /linuxprobe
[root@linuxprobe~]# vim /etc/fstab
#
```

```
# /etc/fstab
# Created by anaconda on Tue Jul 21 05:03:40 2020
#
# Accessible filesystems, are maintained under '/dev/disk/'.
# See man pages fstab(5), findfs(8), mount(8) and blkid(8) for more info.
#
# After editing, run 'systemctl daemon-reload' to update systemd
# units generated from this file.
#
/dev/mapper/rhel-root        /                     xfs      defaults  0 0
UUID=2db66eb4-d9c1-4522-8fab-ac074cd3ea0b  /boot   xfs      defaults  0 0
/dev/mapper/rhel-swap        swap                  swap     defaults  0 0
/dev/cdrom                   /media/cdrom          iso9660  defaults  0 0
/dev/storage/vo              /linuxprobe           ext4     defaults  0 0
```

第 2 步：删除逻辑卷设备，需要输入 y 来确认操作。

```
[root@linuxprobe~]# lvremove /dev/storage/vo
Do you really want to remove active logical volume storage/vo? [y/n]: y
  Logical volume "vo" successfully removed
```

第 3 步：删除卷组，此处只写卷组名称即可，不需要设备的绝对路径。

```
[root@linuxprobe~]# vgremove storage
  Volume group "storage" successfully removed
```

第 4 步：删除物理卷设备。

```
[root@linuxprobe~]# pvremove /dev/sdb /dev/sdc
  Labels on physical volume "/dev/sdb" successfully wiped.
  Labels on physical volume "/dev/sdc" successfully wiped.
```

在上述操作执行完毕之后，再执行 lvdisplay、vgdisplay、pvdisplay 命令来查看 LVM 的信息时就不会再看到相关信息了（前提是上述步骤的操作是正确的）。干净利落！

复习题

1. RAID 技术主要是为了解决什么问题？

   答：RAID 技术可以解决存储设备的读写速度问题及数据的冗余备份问题。

2. RAID 0 和 RAID 5 哪个更安全？

   答：RAID 0 没有数据冗余功能，因此 RAID 5 更安全。

3. 假设使用 4 块硬盘来部署 RAID 10 方案，外加一块备份盘，最多可以允许几块硬盘同时损坏呢？

   答：最多允许 5 块硬盘设备中的 3 块设备同时损坏。

4. 位于 LVM 最底层的是物理卷还是卷组？

   答：最底层的是物理卷，然后再通过物理卷组成卷组。

5. LVM对逻辑卷的扩容和缩容操作有何异同点呢?

答：扩容和缩容操作都需要先取消逻辑卷与目录的挂载关联；扩容操作是先扩容后检查文件系统完整性，而缩容操作为了保证数据的安全，需要先检查文件系统完整性再缩容。

6. LVM的快照卷能使用几次?

答：只可使用一次，而且使用后即自动删除。

7. LVM的删除顺序是怎么样的?

答：依次移除逻辑卷、卷组和物理卷。

第 8 章

使用 iptables 与 firewalld 防火墙

本章讲解了如下内容：

- 防火墙管理工具；
- iptables；
- firewalld；
- 服务的访问控制列表；
- Cockpit 驾驶舱管理工具。

保障数据的安全性是继保障数据的可用性之后最为重要的一项工作。防火墙作为公网与内网之间的保护屏障，在保障数据的安全性方面起着至关重要的作用。考虑到大家还不了解 RHEL 7/8 中新增的 firewalld 防火墙与先前版本中 iptables 防火墙之间的区别，刘遄老师决定先带领读者从理论层面和实际层面正确地认识这两款防火墙之间的关系。

本章将分别使用 iptables、firewall-cmd、firewall-config 和 TCP Wrapper 等防火墙策略配置服务来完成数十个根据真实工作需求而设计的防火墙策略配置实验。在学习完这些实验之后，各位读者不仅能够熟练地过滤请求的流量、基于服务程序的名称对流量进行允许和拒绝操作，还可以使用 Cockpit 轻松监控系统的运行状态，确保 Linux 系统的安全性万无一失。

8.1 防火墙管理工具

众所周知，相较于企业内网，外部的公网环境更加恶劣，罪恶丛生。在公网与企业内网之间充当保护屏障的防火墙（见图 8-1）虽然有软件或硬件之分，但主要功能都是依据策略对穿越防火墙自身的流量进行过滤。就像家里安装的防盗门一样，目的是保护亲人和财产安全。防火墙策略可以基于流量的源目地址、端口号、协议、应用等信息来定制，然后防火墙使用预先定制的策略规则监控出入的流量，若流量与某一条策略规则相匹配，则执行相应的处理，反之则丢弃。这样一来，就能够保证仅有合法的流量在企业内网和外部公网之间流动了。

图 8-1　防火墙作为公网与内网之间的保护屏障

从 RHEL 7 系统开始，firewalld 防火墙正式取代了 iptables 防火墙。对于接触 Linux 系统比较早或学习过 RHEL 5/6 系统的读者来说，当他们发现曾经掌握的知识在 RHEL 7/8 中不再适用，需要全新学习 firewalld 时，难免会有抵触心理。其实，iptables 与 firewalld 都不是真正的防火墙，它们都只是用来定义防火墙策略的防火墙管理工具而已；或者说，它们只是一种服务。iptables 服务会把配置好的防火墙策略交由内核层面的 netfilter 网络过滤器来处理，而 firewalld 服务则是把配置好的防火墙策略交由内核层面的 nftables 包过滤框架来处理。换句话说，当前在 Linux 系统中其实存在多个防火墙管理工具，旨在方便运维人员管理 Linux 系统中的防火墙策略，我们只需要配置妥当其中的一个就足够了。

虽然这些工具各有优劣，但它们在防火墙策略的配置思路上是保持一致的。大家甚至可以不用完全掌握本章介绍的内容，只要在这多个防火墙管理工具中任选一款并将其学透，就足以满足日常的工作需求了。

8.2 iptables

在早期的 Linux 系统中，默认使用的是 iptables 防火墙管理服务来配置防火墙。尽管新型的 firewalld 防火墙管理服务已经被投入使用多年，但是大量的企业在生产环境中依然出于各种原因而继续使用 iptables。考虑到 iptables 在当前生产环境中还具有顽强的生命力，以及为了使大家在求职面试过程中被问到 iptables 的相关知识时能胸有成竹，刘遄老师觉得还是有必要在本书中好好地讲解一下这项技术。更何况前文也提到，各个防火墙管理工具的配置思路是一致的，在掌握了 iptables 后再学习其他防火墙管理工具时，也有借鉴意义。

8.2.1 策略与规则链

防火墙会按照从上到下的顺序来读取配置的策略规则，在找到匹配项后就立即结束匹配工作并去执行匹配项中定义的行为（即放行或阻止）。如果在读取完所有的策略规则之后没有匹配项，就去执行默认的策略。一般而言，防火墙策略规则的设置有两种："通"（即放行）和"堵"（即阻止）。当防火墙的默认策略为拒绝时（堵），就要设置允许规则（通），否则谁都进不来；如果防火墙的默认策略为允许，就要设置拒绝规则，否则谁都能进来，防火墙也就失去了防范的作用。

iptables 服务把用于处理或过滤流量的策略条目称之为规则，多条规则可以组成一个规则链，而规则链则依据数据包处理位置的不同进行分类，具体如下：

- 在进行路由选择前处理数据包（PREROUTING）；
- 处理流入的数据包（INPUT）；
- 处理流出的数据包（OUTPUT）；
- 处理转发的数据包（FORWARD）；
- 在进行路由选择后处理数据包（POSTROUTING）。

一般来说，从内网向外网发送的流量一般都是可控且良性的，因此使用最多的就是 INPUT 规则链，该规则链可以增大黑客人员从外网入侵内网的难度。

比如在您居住的社区内，物业管理公司有两条规定：禁止小商小贩进入社区；各种车辆在进入社区时都要登记。显而易见，这两条规定应该是用于社区的正门的（流量必须经过的地方），而不是每家每户的防盗门上。根据前面提到的防火墙策略的匹配顺序，可能会存在多种情况。比如，来访人员是小商小贩，则直接会被物业公司的保安拒之门外，也就无须再对车辆进行登记。如果来访人员乘坐一辆汽车进入社区正门，则“禁止小商小贩进入社区”的第一条规则就没有被匹配到，因此按照顺序匹配第二条策略，即需要对车辆进行登记。如果是社区居民要进入正门，则这两条规定都不会匹配到，因此会执行默认的放行策略。

但是，仅有策略规则还不能保证社区的安全，保安还应该知道采用什么样的动作来处理这些匹配的流量，比如“允许”“拒绝”“登记”“不理它”。这些动作对应到 iptables 服务的术语中分别是 ACCEPT（允许流量通过）、REJECT（拒绝流量通过）、LOG（记录日志信息）、DROP（拒绝流量通过）。“允许流量通过”和“记录日志信息”都比较好理解，这里需要着重讲解的是 REJECT 和 DROP 的不同点。就 DROP 来说，它是直接将流量丢弃而且不响应；REJECT 则会在拒绝流量后再回复一条“信息已经收到，但是被扔掉了”信息，从而让流量发送方清晰地看到数据被拒绝的响应信息。

下面举一个例子，让各位读者更直观地理解这两个拒绝动作的不同之处。比如有一天您正在家里看电视，突然听到有人敲门，您透过防盗门的猫眼一看是推销商品的，便会在不需要的情况下开门并拒绝他们（REJECT）。但如果看到的是债主带了十几个小弟来讨债，此时不仅要拒绝开门，还要默不作声，伪装成自己不在家的样子（DROP）。

注：

在红帽认证考试中必须用 REJECT 进行拒绝，好让用于判分的脚本得到反应，以获得分值。而在工作中更多建议用 DROP 进行拒绝，这可以隐藏服务器的运行状态。这样做有很多好处。

当把 Linux 系统中的防火墙策略设置为 REJECT 动作后，流量发送方会看到端口不可达的响应：

```
[root@linuxprobe~]# ping -c 4 192.168.10.10
PING 192.168.10.10 (192.168.10.10) 56(84) bytes of data.
From 192.168.10.10 icmp_seq=1 Destination Port Unreachable
From 192.168.10.10 icmp_seq=2 Destination Port Unreachable
From 192.168.10.10 icmp_seq=3 Destination Port Unreachable
From 192.168.10.10 icmp_seq=4 Destination Port Unreachable
--- 192.168.10.10 ping statistics ---
4 packets transmitted, 0 received, +4 errors, 100% packet loss, time 302ms
```

而把 Linux 系统中的防火墙策略修改成 DROP 动作后，流量发送方会看到响应超时的提醒。但是流量发送方无法判断流量是被拒绝，还是接收方主机当前不在线：

```
[root@linuxprobe~]# ping -c 4 192.168.10.10
PING 192.168.10.10 (192.168.10.10) 56(84) bytes of data.

--- 192.168.10.10 ping statistics ---
4 packets transmitted, 0 received, 100% packet loss, time 3000ms
```

8.2.2 基本的命令参数

iptables 是一款基于命令行的防火墙策略管理工具，具有大量的参数，学习难度较大。好在对于日常的防火墙策略配置来讲，大家无须深入了解诸如“四表五链”的理论概念，只需要掌握常用的参数并做到灵活搭配即可，这就足以应对日常工作了。

根据 OSI 七层模型的定义，iptables 属于工作在第二三四层的服务，所以可以根据流量的源地址、目的地址、传输协议、服务类型等信息进行匹配；一旦匹配成功，iptables 就会根据策略规则所预设的动作来处理这些流量。另外，再次提醒一下，防火墙策略规则的匹配顺序是从上到下的，因此要把较为严格、优先级较高的策略规则放到前面，以免发生错误。表 8-1 总结归纳了常用的 iptables 命令参数。再次强调，无须死记硬背这些参数，只需借助下面的实验来理解掌握即可。

表 8-1　　iptables 中常用的参数以及作用

参数	作用
-P	设置默认策略
-F	清空规则链
-L	查看规则链
-A	在规则链的末尾加入新规则
-I num	在规则链的头部加入新规则
-D num	删除某一条规则
-s	匹配来源地址 IP/MASK，加叹号“!”表示除这个 IP 外
-d	匹配目标地址
-i 网卡名称	匹配从这块网卡流入的数据
-o 网卡名称	匹配从这块网卡流出的数据
-p	匹配协议，如 TCP、UDP、ICMP
--dport num	匹配目标端口号
--sport num	匹配来源端口号

实验 1：在 iptables 命令后添加-L 参数查看已有的防火墙规则链。

```
[root@linuxprobe~]# iptables -L
Chain INPUT (policy ACCEPT)
target     prot opt source               destination
ACCEPT     udp  --  anywhere             anywhere             udp dpt:domain
ACCEPT     tcp  --  anywhere             anywhere             tcp dpt:domain
ACCEPT     udp  --  anywhere             anywhere             udp dpt:bootps
ACCEPT     tcp  --  anywhere             anywhere             tcp dpt:bootps

Chain FORWARD (policy ACCEPT)
target     prot opt source               destination
ACCEPT     all  --  anywhere             192.168.122.0/24     ctstate RELATED,
ESTABLISHED
ACCEPT     all  --  192.168.122.0/24     anywhere
ACCEPT     all  --  anywhere             anywhere
REJECT     all  --  anywhere             anywhere             reject-with icmp-
port-unreachable
REJECT     all  --  anywhere             anywhere             reject-with icmp-
port-unreachable

Chain OUTPUT (policy ACCEPT)
```

```
target     prot opt source               destination
ACCEPT     udp  --  anywhere             anywhere             udp dpt:bootpc
```

实验 2：在 iptables 命令后添加-F 参数清空已有的防火墙规则链。

```
[root@linuxprobe~]# iptables -F
[root@linuxprobe~]# iptables -L
Chain INPUT (policy ACCEPT)
target     prot opt source               destination

Chain FORWARD (policy ACCEPT)
target     prot opt source               destination

Chain OUTPUT (policy ACCEPT)
target     prot opt source               destination
```

实验 3：把 INPUT 规则链的默认策略设置为拒绝。

```
[root@linuxprobe~]# iptables -P INPUT DROP
[root@linuxprobe~]# iptables -L
Chain INPUT (policy DROP)
target     prot opt source               destination

Chain FORWARD (policy ACCEPT)
target     prot opt source               destination

Chain OUTPUT (policy ACCEPT)
target     prot opt source               destination
```

前文提到，防火墙策略规则的设置无非有两种方式："通"和"堵"。当把 INPUT 链设置为默认拒绝后，就要往里面写入允许策略了，否则所有流入的数据包都会被默认拒绝掉。同学们需要留意的是，规则链的默认策略拒绝动作只能是 DROP，而不能是 REJECT。

实验 4：向 INPUT 链中添加允许 ICMP 流量进入的策略规则。

在日常运维工作中，经常会使用 ping 命令来检查对方主机是否在线，而向防火墙的 INPUT 规则链中添加一条允许 ICMP 流量进入的策略规则就默认允许了这种 ping 命令检测行为。

```
[root@linuxprobe~]# iptables -I INPUT -p icmp -j ACCEPT
[root@linuxprobe~]# ping -c 4 192.168.10.10
PING 192.168.10.10 (192.168.10.10) 56(84) bytes of data.
64 bytes from 192.168.10.10: icmp_seq=1 ttl=64 time=0.154 ms
64 bytes from 192.168.10.10: icmp_seq=2 ttl=64 time=0.041 ms
64 bytes from 192.168.10.10: icmp_seq=3 ttl=64 time=0.038 ms
64 bytes from 192.168.10.10: icmp_seq=4 ttl=64 time=0.046 ms

--- 192.168.10.10 ping statistics ---
4 packets transmitted, 4 received, 0% packet loss, time 104ms
rtt min/avg/max/mdev = 0.038/0.069/0.154/0.049 ms
```

实验 5：删除 INPUT 规则链中刚刚加入的那条策略（允许 ICMP 流量），并把默认策略设置为允许。

使用-F 参数会清空已有的所有防火墙策略；使用-D 参数可以删除某一条指定的策略，因此更加安全和准确。

```
[root@linuxprobe~]# iptables -D INPUT 1
```

```
[root@linuxprobe~]# iptables -P INPUT ACCEPT
[root@linuxprobe~]# iptables -L
Chain INPUT (policy ACCEPT)
target     prot opt source               destination

Chain FORWARD (policy ACCEPT)
target     prot opt source               destination

Chain OUTPUT (policy ACCEPT)
target     prot opt source               destination
```

实验 6：将 INPUT 规则链设置为只允许指定网段的主机访问本机的 22 端口，拒绝来自其他所有主机的流量。

要对某台主机进行匹配，可直接写出它的 IP 地址；如需对网段进行匹配，则需要写为子网掩码的形式（比如 192.168.10.0/24）。

```
[root@linuxprobe~]# iptables -I INPUT -s 192.168.10.0/24 -p tcp --dport 22 -j ACCEPT
[root@linuxprobe~]# iptables -A INPUT -p tcp --dport 22 -j REJECT
[root@linuxprobe~]# iptables -L
Chain INPUT (policy ACCEPT)
target prot opt source destination
 ACCEPT tcp -- 192.168.10.0/24 anywhere tcp dpt:ssh
 REJECT tcp -- anywhere anywhere tcp dpt:ssh reject-with icmp-port-unreachable
………………省略部分输出信息………………
```

再次重申，防火墙策略规则是按照从上到下的顺序匹配的，因此一定要把允许动作放到拒绝动作前面，否则所有的流量就将被拒绝掉，从而导致任何主机都无法访问我们的服务。另外，这里提到的 22 号端口是 ssh 服务使用的（有关 ssh 服务，请见第 9 章），这里先挖个坑，等大家学完第 9 章后可再验证这个实验的效果。

在设置完上述 INPUT 规则链之后，使用 IP 地址在 192.168.10.0/24 网段内的主机访问服务器（即前面提到的设置了 INPUT 规则链的主机）的 22 端口，效果如下：

```
[root@Client A~]# ssh 192.168.10.10
The authenticity of host '192.168.10.10 (192.168.10.10)' can't be established.
ECDSA key fingerprint is SHA256:5d52kZi1la/FJK4v4jibLBZhLqzGqbJAskZiME6ZXpQ.
Are you sure you want to continue connecting (yes/no)? yes
Warning: Permanently added '192.168.10.10' (ECDSA) to the list of known hosts.
root@192.168.10.10's password: 此处输入服务器密码
Activate the web console with: systemctl enable --now cockpit.socket

Last login: Wed Jan 20 16:30:28 2021 from 192.168.10.1
```

然后，再使用 IP 地址在 192.168.20.0/24 网段内的主机访问服务器的 22 端口（虽网段不同，但已确认可以相互通信），效果如下：

```
[root@Client B~]# ssh 192.168.10.10
Connecting to 192.168.10.10:22...
Could not connect to '192.168.10.10' (port 22): Connection failed.
```

由上可以看到，提示连接请求被拒绝了（Connection failed）。

实验 7：向 INPUT 规则链中添加拒绝所有人访问本机 12345 端口的策略规则。

```
[root@linuxprobe~]# iptables -I INPUT -p tcp --dport 12345 -j REJECT
```

```
[root@linuxprobe~]# iptables -I INPUT -p udp --dport 12345 -j REJECT
[root@linuxprobe~]# iptables -L
Chain INPUT (policy ACCEPT)
target prot opt source destination
 REJECT udp -- anywhere anywhere udp dpt:italk reject-with icmp-port-unreachable
 REJECT tcp -- anywhere anywhere tcp dpt:italk reject-with icmp-port-unreachable
 ACCEPT tcp -- 192.168.10.0/24 anywhere tcp dpt:ssh
 REJECT tcp -- anywhere anywhere tcp dpt:ssh reject-with icmp-port-unreachable
………………省略部分输出信息………………
```

实验 8：向 INPUT 规则链中添加拒绝 192.168.10.5 主机访问本机 80 端口（Web 服务）的策略规则。

```
[root@linuxprobe~]# iptables -I INPUT -p tcp -s 192.168.10.5 --dport 80 -j REJECT
[root@linuxprobe~]# iptables -L
Chain INPUT (policy ACCEPT)
target prot opt source destination
 REJECT tcp -- 192.168.10.5 anywhere tcp dpt:http reject-with icmp-port-unreachable
 REJECT udp -- anywhere anywhere udp dpt:italk reject-with icmp-port-unreachable
 REJECT tcp -- anywhere anywhere tcp dpt:italk reject-with icmp-port-unreachable
 ACCEPT tcp -- 192.168.10.0/24 anywhere tcp dpt:ssh
 REJECT tcp -- anywhere anywhere tcp dpt:ssh reject-with icmp-port-unreachable
………………省略部分输出信息………………
```

实验 9：向 INPUT 规则链中添加拒绝所有主机访问本机 1000～1024 端口的策略规则。

前面在添加防火墙策略时，使用的是-I 参数，它默认会把规则添加到最上面的位置，因此优先级是最高的。如果工作中需要添加一条最后“兜底”的规则，那就用-A 参数吧。这两个参数的效果差别还是很大的：

```
[root@linuxprobe~]# iptables -A INPUT -p tcp --dport 1000:1024 -j REJECT
[root@linuxprobe~]# iptables -A INPUT -p udp --dport 1000:1024 -j REJECT
[root@linuxprobe~]# iptables -L
Chain INPUT (policy ACCEPT)
target prot opt source destination
 REJECT tcp -- 192.168.10.5 anywhere tcp dpt:http reject-with icmp-port-unreachable
 REJECT udp -- anywhere anywhere udp dpt:italk reject-with icmp-port-unreachable
 REJECT tcp -- anywhere anywhere tcp dpt:italk reject-with icmp-port-unreachable
 ACCEPT tcp -- 192.168.10.0/24 anywhere tcp dpt:ssh
 REJECT tcp -- anywhere anywhere tcp dpt:ssh reject-with icmp-port-unreachable
 REJECT tcp -- anywhere anywhere tcp dpts:cadlock2:1024 reject-with icmp-port-
 unreachable
 REJECT udp -- anywhere anywhere udp dpts:cadlock2:1024 reject-with icmp-port-
 unreachable
………………省略部分输出信息………………
```

有关 iptables 命令的知识讲解到此就结束了，大家是不是意犹未尽？考虑到 Linux 防火墙的发展趋势，大家只要能把上面的实例吸收消化，就可以完全搞定日常的 iptables 配置工作了。但是请特别注意，使用 iptables 命令配置的防火墙规则默认会在系统下一次重启时失效，如果想让配置的防火墙策略永久生效，还要执行保存命令：

```
[root@linuxprobe~]# iptables-save
# Generated by xtables-save v1.8.2 on Wed Jan 20 16:56:27 2021
………………省略部分输出信息………………
```

对了，如果公司服务器是 5/6/7 版本的话，对应的保存命令应该是：

```
[root@linuxprobe~]# service iptables save
iptables: Saving firewall rules to /etc/sysconfig/iptables: [ OK ]
```

8.3 firewalld

RHEL 8 系统中集成了多款防火墙管理工具，其中 firewalld（Dynamic Firewall Manager of Linux systems，Linux 系统的动态防火墙管理器）服务是默认的防火墙配置管理工具，它拥有基于 CLI（命令行界面）和基于 GUI（图形用户界面）的两种管理方式。

相较于传统的防火墙管理配置工具，firewalld 支持动态更新技术并加入了区域（zone）的概念。简单来说，区域就是 firewalld 预先准备了几套防火墙策略集合（策略模板），用户可以根据生产场景的不同而选择合适的策略集合，从而实现防火墙策略之间的快速切换。例如，我们有一台笔记本电脑，每天都要在办公室、咖啡厅和家里使用。按常理来讲，这三者的安全性按照由高到低的顺序来排列，应该是家庭、公司办公室、咖啡厅。当前，我们希望为这台笔记本电脑制定如下防火墙策略规则：在家中允许访问所有服务；在办公室内仅允许访问文件共享服务；在咖啡厅仅允许上网浏览。在以往，我们需要频繁地手动设置防火墙策略规则，而现在只需要预设好区域集合，然后轻点鼠标就可以自动切换了，从而极大地提升了防火墙策略的应用效率。firewalld 中常见的区域名称（默认为 public）以及相应的策略规则如表 8-2 所示。

表 8-2　　firewalld 中常用的区域名称及策略规则

区域	默认规则策略
trusted	允许所有的数据包
home	拒绝流入的流量，除非与流出的流量相关；而如果流量与 ssh、mdns、ipp-client、smba-client、dhcpv6-client 服务相关，则允许流量
internal	等同于 home 区域
work	拒绝流入的流量，除非与流出的流量相关；而如果流量与 ssh、ipp-client 与 dhcpv6-client 服务相关，则允许流量
public	拒绝流入的流量，除非与流出的流量相关；而如果流量与 ssh、dhcpv6-client 服务相关，则允许流量
external	拒绝流入的流量，除非与流出的流量相关；而如果流量与 ssh 服务相关，则允许流量
dmz	拒绝流入的流量，除非与流出的流量相关；而如果流量与 ssh 服务相关，则允许流量
block	拒绝流入的流量，除非与流出的流量相关
drop	拒绝流入的流量，除非与流出的流量相关

8.3.1 终端管理工具

第 2 章在讲解 Linux 命令时曾经提到，命令行终端是一种极富效率的工作方式，firewall-cmd 是 firewalld 防火墙配置管理工具的 CLI（命令行界面）版本。它的参数一般都是以“长格式”来提供的。大家不要一听到长格式就头大，因为 RHEL 8 系统支持部分命令的参数补齐，其中就包含这条命令（很酷吧）。也就是说，现在除了能用 Tab 键自动补齐命令或文件名等内容之外，还可以用 Tab 键来补齐表 8-3 中所示的长格式参数。这太棒了！。

表 8-3 firewall-cmd 命令中使用的参数以及作用

参数	作用
--get-default-zone	查询默认的区域名称
--set-default-zone=<区域名称>	设置默认的区域，使其永久生效
--get-zones	显示可用的区域
--get-services	显示预先定义的服务
--get-active-zones	显示当前正在使用的区域与网卡名称
--add-source=	将源自此 IP 或子网的流量导向指定的区域
--remove-source=	不再将源自此 IP 或子网的流量导向某个指定区域
--add-interface=<网卡名称>	将源自该网卡的所有流量都导向某个指定区域
--change-interface=<网卡名称>	将某个网卡与区域进行关联
--list-all	显示当前区域的网卡配置参数、资源、端口以及服务等信息
--list-all-zones	显示所有区域的网卡配置参数、资源、端口以及服务等信息
--add-service=<服务名>	设置默认区域允许该服务的流量
--add-port=<端口号/协议>	设置默认区域允许该端口的流量
--remove-service=<服务名>	设置默认区域不再允许该服务的流量
--remove-port=<端口号/协议>	设置默认区域不再允许该端口的流量
--reload	让“永久生效”的配置规则立即生效，并覆盖当前的配置规则
--panic-on	开启应急状况模式
--panic-off	关闭应急状况模式

与 Linux 系统中其他的防火墙策略配置工具一样，使用 firewalld 配置的防火墙策略默认为运行时（Runtime）模式，又称为当前生效模式，而且会随着系统的重启而失效。如果想让配置策略一直存在，就需要使用永久（Permanent）模式了，方法就是在用 firewall-cmd 命令正常设置防火墙策略时添加--permanent 参数，这样配置的防火墙策略就可以永久生效了。但是，永久生效模式有一个“不近人情”的特点，就是使用它设置的策略只有在系统重启之后才能自动生效。如果想让配置的策略立即生效，需要手动执行 firewall-cmd --reload 命令。

注：

Runtime：当前立即生效，重启后失效。
Permanent：当前不生效，重启后生效。

接下来的实验都很简单，但是提醒大家一定要仔细查看使用的是 Runtime 模式还是 Permanent 模式。如果不关注这个细节，就算正确配置了防火墙策略，也可能无法达到预期的效果。

实验 1：查看 firewalld 服务当前所使用的区域。

这是一步非常重要的操作。在配置防火墙策略前，必须查看当前生效的是哪个区域，否则配置的防火墙策略将不会立即生效。

```
[root@linuxprobe~]# firewall-cmd --get-default-zone
public
```

实验 2：查询指定网卡在 firewalld 服务中绑定的区域。

在生产环境中，服务器大多不止有一块网卡。一般来说，充当网关的服务器有两块网卡，一块对公网，另外一块对内网，那么这两块网卡在审查流量时所用的策略肯定也是不一致的。因此，可以根据网卡针对的流量来源，为网卡绑定不同的区域，实现对防火墙策略的灵活管控。

```
[root@linuxprobe~]# firewall-cmd --get-zone-of-interface=ens160
public
```

实验 3：把网卡默认区域修改为 external，并在系统重启后生效。

```
[root@linuxprobe~]# firewall-cmd --permanent --zone=external --change-interface=ens160
The interface is under control of NetworkManager, setting zone to 'external'.
success
[root@linuxprobe~]# firewall-cmd --permanent --get-zone-of-interface=ens160
external
```

实验 4：把 firewalld 服务的默认区域设置为 public。

默认区域也叫全局配置，指的是对所有网卡都生效的配置，优先级较低。在下面的代码中可以看到，当前默认区域为 public，而 ens160 网卡的区域为 external。此时便是以网卡的区域名称为准。

通俗来说，默认区域就是一种通用的政策。例如，食堂为所有人准备了一次性餐具，而环保主义者则会自己携带碗筷。如果您自带了碗筷，就可以用自己的；反之就用食堂统一提供的。

```
[root@linuxprobe~]# firewall-cmd --set-default-zone=public
Warning: ZONE_ALREADY_SET: public
success
[root@linuxprobe~]# firewall-cmd --get-default-zone
public
[root@linuxprobe~]# firewall-cmd --get-zone-of-interface=ens160
externa
```

实验 5：启动和关闭 firewalld 防火墙服务的应急状况模式。

如果想在 1s 的时间内阻断一切网络连接，有什么好办法呢？大家下意识地会说："拔掉网线！"这是一个物理级别的高招。但是，如果人在北京，服务器在异地呢？panic 紧急模式在这个时候就派上用场了。使用--panic-on 参数会立即切断一切网络连接，而使用--panic-off 则会恢复网络连接。切记，紧急模式会切断一切网络连接，因此在远程管理服务器时，在按下回车键前一定要三思。

```
[root@linuxprobe~]# firewall-cmd --panic-on
success
[root@linuxprobe~]# firewall-cmd --panic-off
success
```

实验 6：查询 SSH 和 HTTPS 协议的流量是否允许放行。

在工作中可以不使用--zone 参数指定区域名称，firewall-cmd 命令会自动依据默认区域进行查询，从而减少用户输入量。但是，如果默认区域与网卡所绑定的不一致时，就会发生冲突，因此规范写法的 zone 参数是一定要加的。

```
[root@linuxprobe~]# firewall-cmd --zone=public --query-service=ssh
yes
[root@linuxprobe~]# firewall-cmd --zone=public --query-service=https
no
```

实验 7：把 HTTPS 协议的流量设置为永久允许放行，并立即生效。

默认情况下进行的修改都属于 Runtime 模式，即当前生效而重启后失效，因此在工作和考试中尽量避免使用。而在使用--permanent 参数时，则是当前不会立即看到效果，而在重启或重新加载后方可生效。于是，在添加了允许放行 HTTPS 流量的策略后，查询当前模式策略，发现依然是不允许放行 HTTPS 协议的流量：

```
[root@linuxprobe~]# firewall-cmd --permanent --zone=public --add-service=https
success
[root@linuxprobe~]# firewall-cmd --zone=public --query-service=https
no
```

不想重启服务器的话，就用--reload 参数吧：

```
[root@linuxprobe~]# firewall-cmd --reload
success
[root@linuxprobe~]# firewall-cmd --zone=public --query-service=https
yes
```

实验 8：把 HTTP 协议的流量设置为永久拒绝，并立即生效。

由于在默认情况下 HTTP 协议的流量就没有被允许，所以会有“Warning: NOT_ENABLED: http”这样的提示信息，因此对实际操作没有影响。

```
[root@linuxprobe~]# firewall-cmd --permanent --zone=public --remove-service=http
Warning: NOT_ENABLED: http
success
[root@linuxprobe~]# firewall-cmd --reload
success
```

实验 9：把访问 8080 和 8081 端口的流量策略设置为允许，但仅限当前生效。

```
[root@linuxprobe~]# firewall-cmd --zone=public --add-port=8080-8081/tcp
success
[root@linuxprobe~]# firewall-cmd --zone=public --list-ports
8080-8081/tcp
```

实验 10：把原本访问本机 888 端口的流量转发到 22 端口，要且求当前和长期均有效。

第 9 章介绍的 SSH 远程控制协议是基于 TCP/22 端口传输控制指令的，如果想让用户通过其他端口号也能访问 ssh 服务，就可以试试端口转发技术了。通过这项技术，新的端口号在收到用户请求后会自动转发到原本服务的端口上，使得用户能够通过新的端口访问到原本的服务。

来举个例子帮助大家理解。假设小强是电子厂的工人，他喜欢上了三号流水线上的工人小花，但不好意思表白，于是写了一封情书并交给门卫张大爷，希望由张大爷转交给小花。这样一来，情书（信息）的传输由从小强到小花，变成了小强到张大爷再到小花，情书（信息）依然能顺利送达。

使用 firewall-cmd 命令实现端口转发的格式有点长，这里为大家总结好了：

```
firewall-cmd --permanent --zone=<区域> --add-forward-port=port=<源端口号>:proto=
<协议>:toport=<目标端口号>:toaddr=<目标 IP 地址>
```

上述命令中的目标 IP 地址一般是服务器本机的 IP 地址：

```
[root@linuxprobe~]# firewall-cmd --permanent --zone=public --add-forward-port=
port=888:proto=tcp:toport=22:toaddr=192.168.10.10
success
[root@linuxprobe~]# firewall-cmd --reload
success
```

在客户端使用 ssh 命令尝试访问 192.168.10.10 主机的 888 端口，访问成功：

```
[root@client A~]# ssh -p 888 192.168.10.10
The authenticity of host '[192.168.10.10]:888 ([192.168.10.10]:888)' can't be
established.
ECDSA key fingerprint is b8:25:88:89:5c:05:b6:dd:ef:76:63:ff:1a:54:02:1a.
Are you sure you want to continue connecting (yes/no)? yes
Warning: Permanently added '[192.168.10.10]:888' (ECDSA) to the list of known
hosts.
root@192.168.10.10's password:此处输入远程 root 管理员的密码
Last login: Sun Jul 19 21:43:48 2021 from 192.168.10.10
```

实验 11：富规则的设置。

富规则也叫复规则，表示更细致、更详细的防火墙策略配置，它可以针对系统服务、端口号、源地址和目标地址等诸多信息进行更有针对性的策略配置。它的优先级在所有的防火墙策略中也是最高的。比如，我们可以在 firewalld 服务中配置一条富规则，使其拒绝 192.168.10.0/24 网段的所有用户访问本机的 ssh 服务（22 端口）：

```
[root@linuxprobe~]# firewall-cmd --permanent --zone=public --add-rich-rule=
"rule family="ipv4" source address="192.168.10.0/24" service name="ssh" reject"
success
[root@linuxprobe~]# firewall-cmd --reload
success
```

在客户端使用 ssh 命令尝试访问 192.168.10.10 主机的 ssh 服务（22 端口）：

```
[root@client A~]# ssh 192.168.10.10
Connecting to 192.168.10.10:22...
Could not connect to '192.168.10.10' (port 22): Connection failed.
```

注：

“一个男人”和“一个高个子、大眼睛、脸右侧有个酒窝的男人”相比，很明显后者的描述更加精准，减少了错误匹配的概率，应该优先匹配。

8.3.2 图形管理工具

在各种版本的 Linux 系统中，几乎没有能让刘遄老师欣慰并推荐的图形化工具，但是 firewall-config 做到了。它是 firewalld 防火墙配置管理工具的 GUI（图形用户界面）版本，几乎可以实现所有以命令行来执行的操作。毫不夸张地说，即使读者没有扎实的 Linux 命令基础，也完全可以通过它来妥善配置 RHEL 8 中的防火墙策略。但在默认情况下系统并没有提供 firewall-config 命令，我们需要自行用 dnf 命令进行安装，所以需要先配置软件仓库。

首先将虚拟机的“CD/DVD（SATA）”光盘选项设置为“使用 ISO 映像文件”，然后选择已经下载好的系统镜像，如图 8-2 所示。

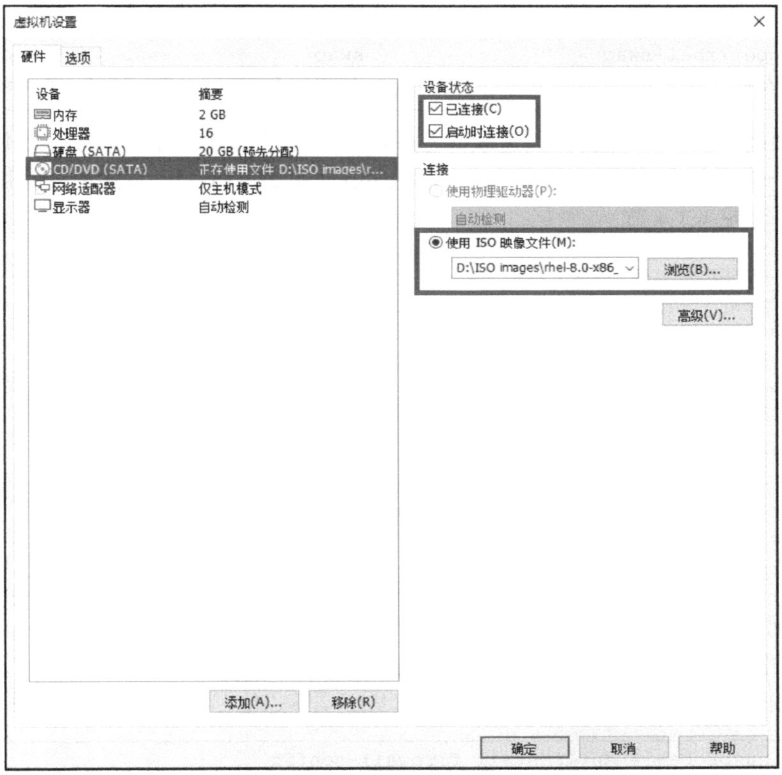

图 8-2　将虚拟机的光盘设备指向 ISO 镜像

注：

下载后的系统镜像是以.iso 结尾的文件，选中即可，无须解压。

然后，把光盘设备中的系统镜像挂载到/media/cdrom 目录：

```
[root@linuxprobe~]# mkdir -p /media/cdrom
[root@linuxprobe~]# mount /dev/cdrom /media/cdrom
mount: /media/cdrom: WARNING: device write-protected, mounted read-only.
```

为了能够让软件仓库一直为用户提供服务，更加严谨的做法是将系统镜像文件的挂载信息写入到/etc/fstab 文件中，以保证万无一失：

```
[root@linuxprobe~]# vim /etc/fstab
#
# /etc/fstab
# Created by anaconda on Tue Jul 21 05:03:40 2021
#
# Accessible filesystems, are maintained under '/dev/disk/'.
# See man pages fstab(5), findfs(8), mount(8) and blkid(8) for more info.
#
# After editing, run 'systemctl daemon-reload' to update systemd
# units generated from this file.
#
/dev/mapper/rhel-root                       /             xfs      defaults    0 0
UUID=2db66eb4-d9c1-4522-8fab-ac074cd3ea0b   /boot         xfs      defaults    0 0
/dev/mapper/rhel-swap                       swap          swap     defaults    0 0
/dev/cdrom                                  /media/cdrom  iso9660  defaults    0 0
```

最后，使用 Vim 文本编辑器创建软件仓库的配置文件。与之前版本的系统不同，RHEL 8 需要配置两个软件仓库（即[BaseOS]与[AppStream]），且缺一不可。下述命令中用到的具体参数的含义，可参见 4.1.4 节。

```
[root@linuxprobe~]# vim /etc/yum.repos.d/rhel8.repo
[BaseOS]
name=BaseOS
baseurl=file:///media/cdrom/BaseOS
enabled=1
gpgcheck=0
[AppStream]
name=AppStream
baseurl=file:///media/cdrom/AppStream
enabled=1
gpgcheck=0
```

在正确配置完软件仓库文件后，就可以开始用 yum 或 dnf 命令安装软件了。这两个命令在实际操作中除了名字不同外，执行方法完全一致，大家可随时用 yum 来替代 dnf 命令。下面安装 firewalld 图形用户界面工具：

```
[root@linuxprobe~]# dnf install firewall-config
Updating Subscription Management repositories.
Unable to read consumer identity
This system is not registered to Red Hat Subscription Management. You can use
subscription-manager to register.
AppStream                                          3.1 MB/s | 3.2 kB     00:00
BaseOS                                             2.7 MB/s | 2.7 kB     00:00
Dependencies resolved.
===============================================================================
 Package            Arch        Version          Repository       Size
===============================================================================
Installing:
 firewall-config    noarch     0.6.3-7.el8      AppStream        157 k

Transaction Summary
```

```
================================================================================
Install  1 Package

Total size: 157 k
Installed size: 1.1 M
Is this ok [y/N]: y
Downloading Packages:
Running transaction check
Transaction check succeeded.
Running transaction test
Transaction test succeeded.
Running transaction
  Preparing        :                                          1/1
  Installing       :  firewall-config-0.6.3-7.el8.noarch      1/1
  Running scriptlet: firewall-config-0.6.3-7.el8.noarch      1/1
  Verifying        :  firewall-config-0.6.3-7.el8.noarch      1/1
Installed products updated.

Installed:
  firewall-config-0.6.3-7.el8.noarch

Complete!
```

安装成功后，firewall-config 工具的界面如图 8-3 所示，其功能具体如下。

- 1：选择运行时（Runtime）或永久（Permanent）模式的配置。
- 2：可选的策略集合区域列表。
- 3：常用的系统服务列表。
- 4：主机地址的黑白名单。
- 5：当前正在使用的区域。
- 6：管理当前被选中区域中的服务。
- 7：管理当前被选中区域中的端口。
- 8：设置允许被访问的协议。
- 9：设置允许被访问的端口。
- 10：开启或关闭 SNAT（源网络地址转换）技术。
- 11：设置端口转发策略。
- 12：控制请求 icmp 服务的流量。
- 13：管理防火墙的富规则。
- 14：被选中区域的服务，若勾选了相应服务前面的复选框，则表示允许与之相关的流量。
- 15：firewall-config 工具的运行状态。

除了图 8-3 中列出的功能，还有用于将网卡与区域绑定的 Interfaces 选项，以及用于将 IP 地址与区域绑定的 Sources 选项。另外再啰唆一句。在使用 firewall-config 工具配置完防火墙策略之后，无须进行二次确认，因为只要有修改内容，它就自动进行保存。

下面进行动手实践环节。

先将当前区域中请求 http 服务的流量设置为允许放行，但仅限当前生效。具体配置如图 8-4 所示。

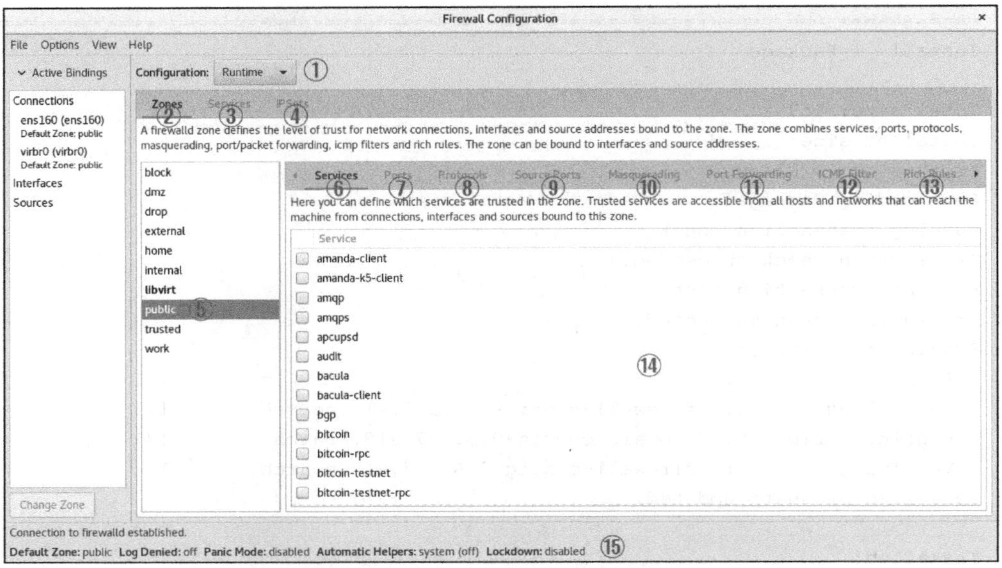

图 8-3 firewall-config 的图形界面

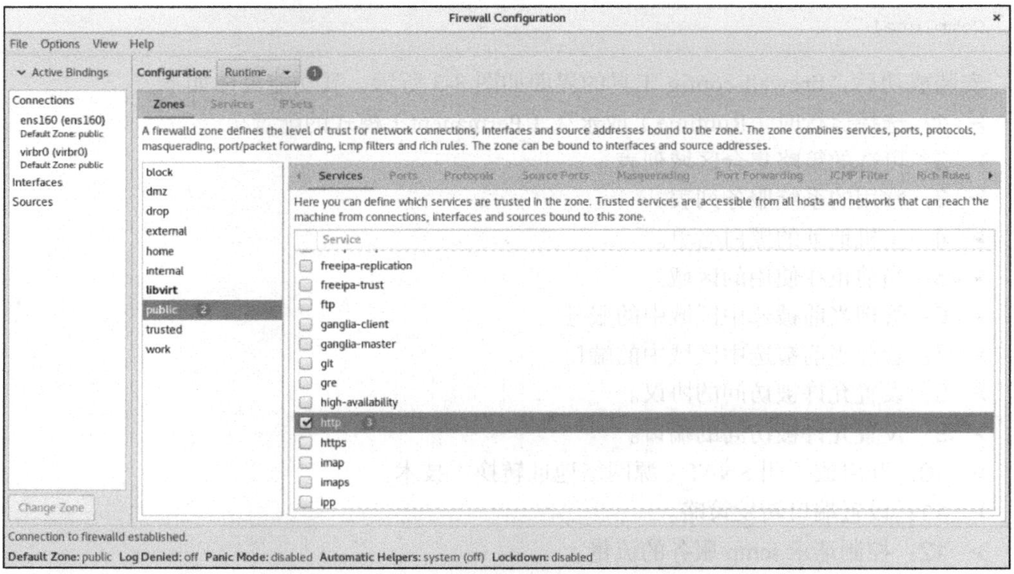

图 8-4 允许放行请求 http 服务的流量

尝试添加一条防火墙策略规则，使其放行访问 8080～8088 端口（TCP 协议）的流量，并将其设置为永久生效，以达到系统重启后防火墙策略依然生效的目的。在按照图 8-5 所示的界面配置完毕之后，还需要在 Options 菜单中单击 Reload Firewalld 命令，让配置的防火墙策略立即生效（见图 8-6）。这与在命令行中使用--reload 参数的效果一样。

前面在讲解 firewall-config 工具的功能时，曾经提到了 SNAT（Source Network Address Translation，源网络地址转换）技术。SNAT 是一种为了解决 IP 地址匮乏而设计的技术，它可以使得多个内网中的用户通过同一个外网 IP 接入 Internet。该技术的应用非常广泛，甚至可以说我们每天都在使用，只不过没有察觉到罢了。比如，当通过家中的网关设备（无线路由器）访问本书配套站点 www.linuxprobe.com 时，就用到了 SNAT 技术。

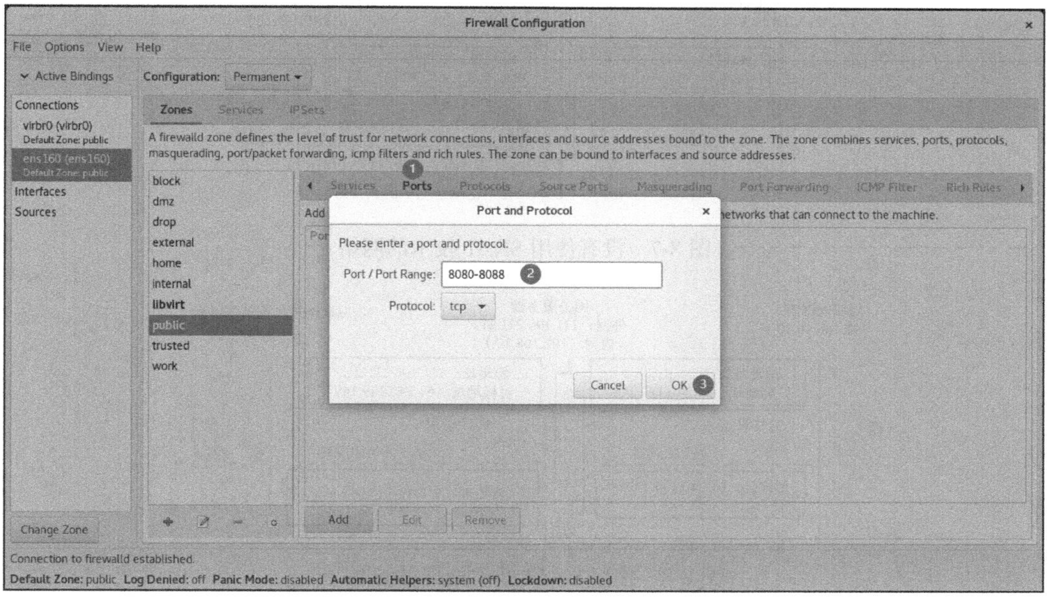

图 8-5　放行访问 8080～8088 端口的流量

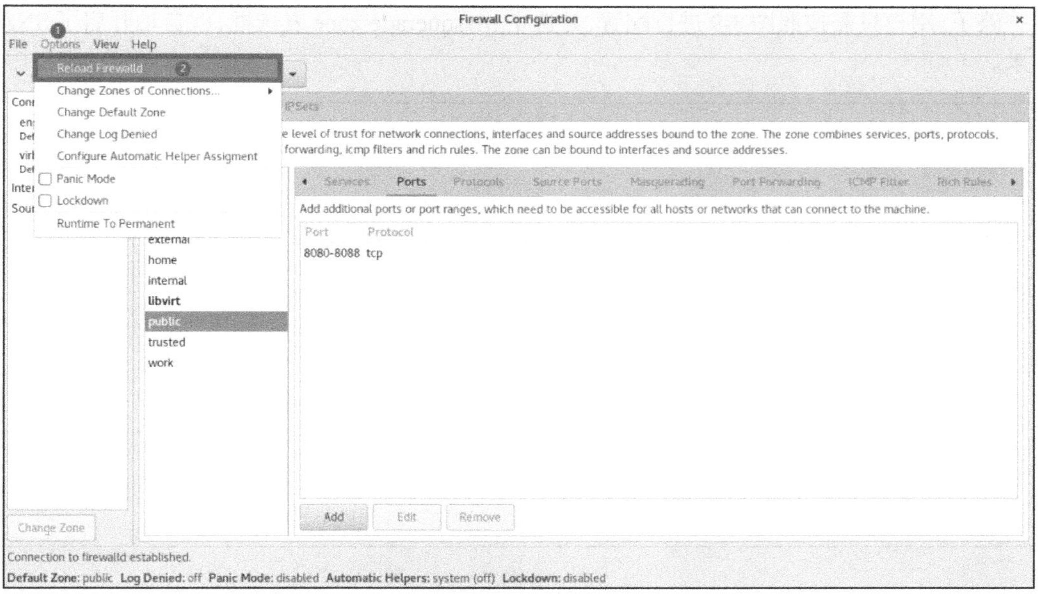

图 8-6　让配置的防火墙策略规则立即生效

大家可以看一下在网络中不使用 SNAT 技术（见图 8-7）和使用 SNAT 技术（见图 8-8）时的情况。在图 8-7 所示的局域网中有多台 PC，如果网关服务器没有应用 SNAT 技术，则互联网中的网站服务器在收到 PC 的请求数据包，并回送响应数据包时，将无法在网络中找到这个私有网络的 IP 地址，所以 PC 也就收不到响应数据包了。在图 8-8 所示的局域网中，由于网关服务器应用了 SNAT 技术，所以互联网中的网站服务器会将响应数据包发给网关服务器，再由后者转发给局域网中的 PC。

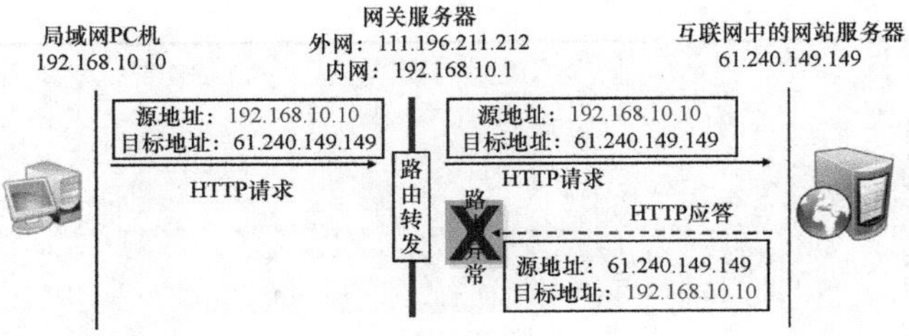

图 8-7　没有使用 SNAT 技术的网络

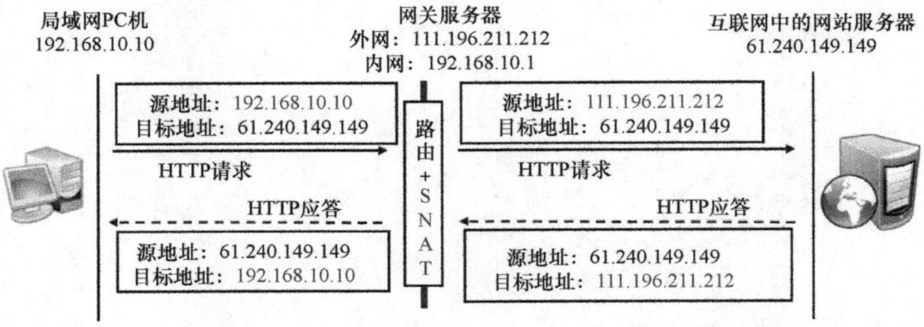

图 8-8　使用 SNAT 技术处理过的网络

使用 iptables 命令实现 SNAT 技术是一件很麻烦的事情，但是在 firewall-config 中却是小菜一碟了。用户只需按照图 8-9 进行配置，并选中 Masquerade zone 复选框，就自动开启了 SNAT 技术。

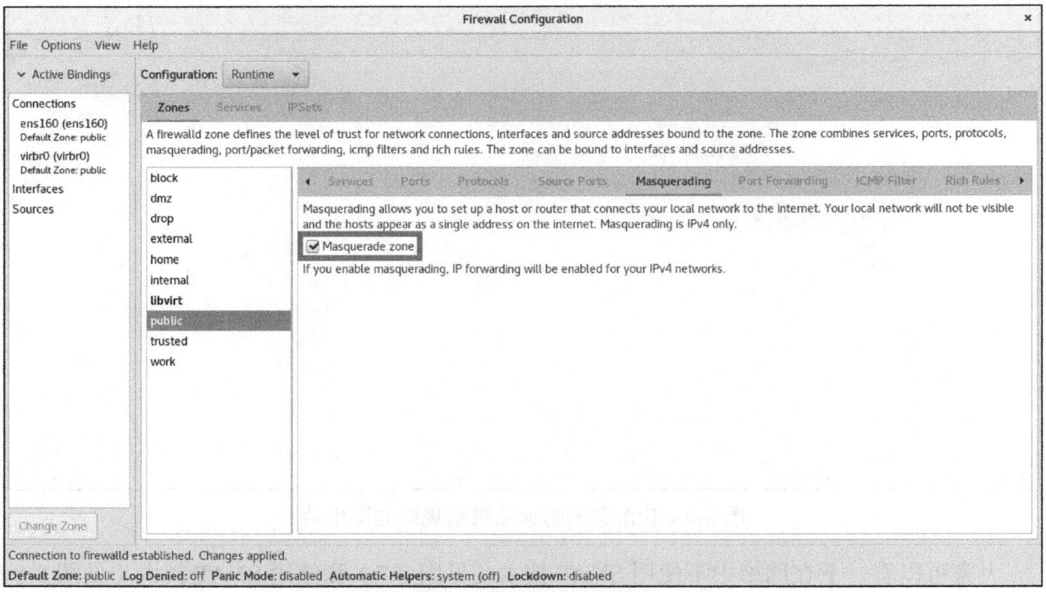

图 8-9　开启防火墙的 SNAT 技术

为了让大家直观查看不同工具在实现相同功能时的区别，针对前面使用 firewall-cmd 配置的防火墙策略规则，这里使用 firewall-config 工具进行了重新演示：将本机 888 端口的流量转发到 22 端口，且要求当前和长期均有效，具体如图 8-10 和图 8-11 所示。

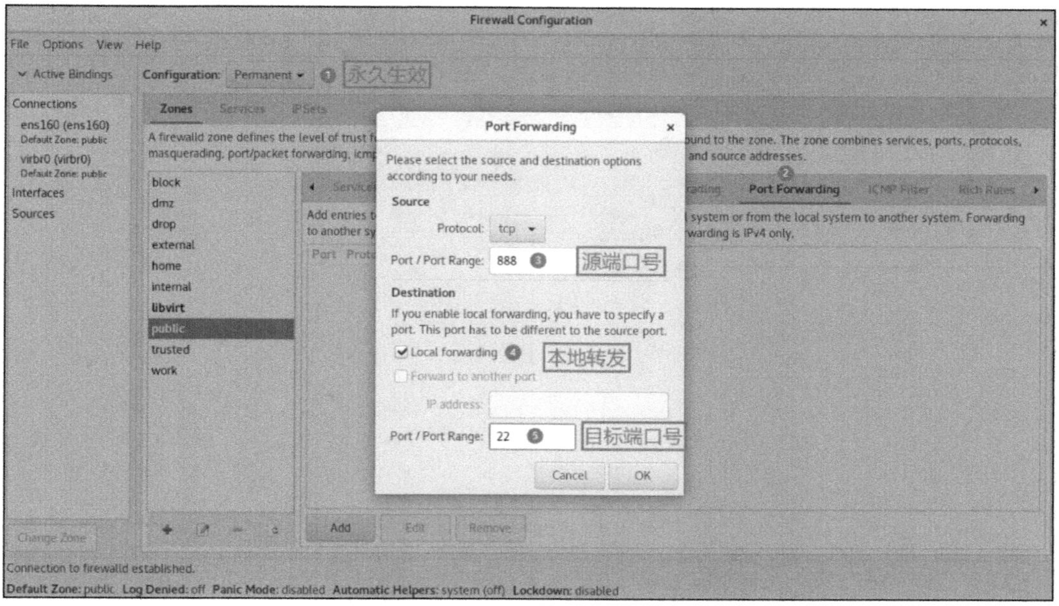

图 8-10　配置本地的端口转发

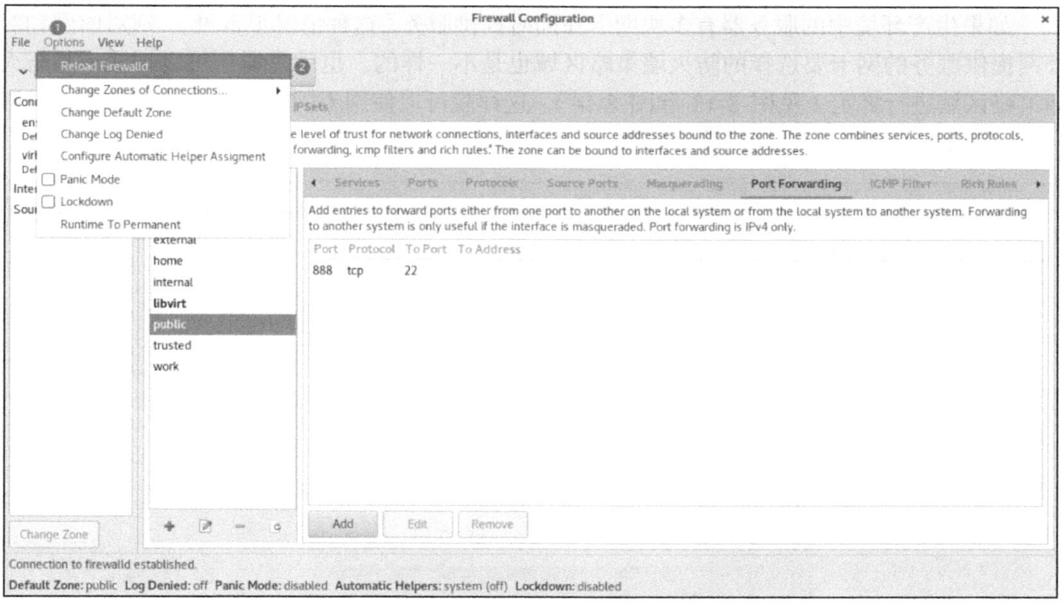

图 8-11　让防火墙策略规则立即生效

用命令配置富规则可真辛苦，幸好我们现在有了图形用户界面的工具。让 192.168.10.20 主机访问本机的 1234 端口号，如图 8-12 所示。其中 Element 选项能够根据服务名称、端口号、协议等信息进行匹配；Source 与 Destination 选项后的 inverted 复选框代表反选功能，将其选中则代表对已填写信息进行反选，即选中填写信息以外的主机地址；Log 复选框在选中后，日志不仅会被记录到日志文件中，而且还可以在设置日志的级别（Level）后，再将日志记录到日志文件中，以方便后续的筛查。

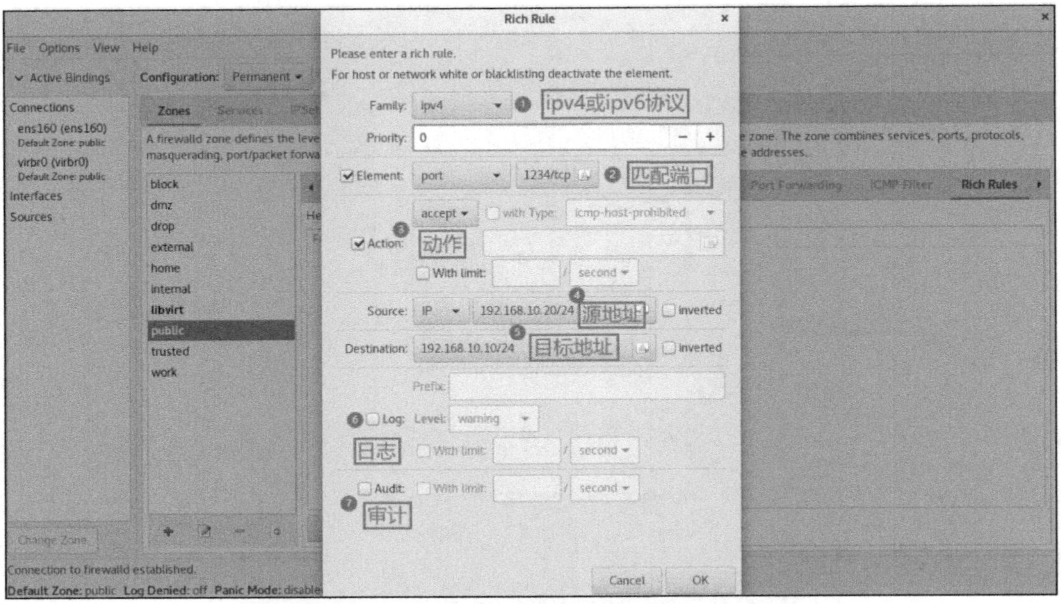

图 8-12　配置防火墙富规则策略

如果生产环境中的服务器有多块网卡在同时提供服务（这种情况很常见），则对内网和对外网提供服务的网卡要选择的防火墙策略区域也是不一样的。也就是说，可以把网卡与防火墙策略区域进行绑定（见图 8-13 和图 8-14），这样就可以使用不同的防火墙区域策略，对源自不同网卡的流量进行有针对性的监控，效果会更好。

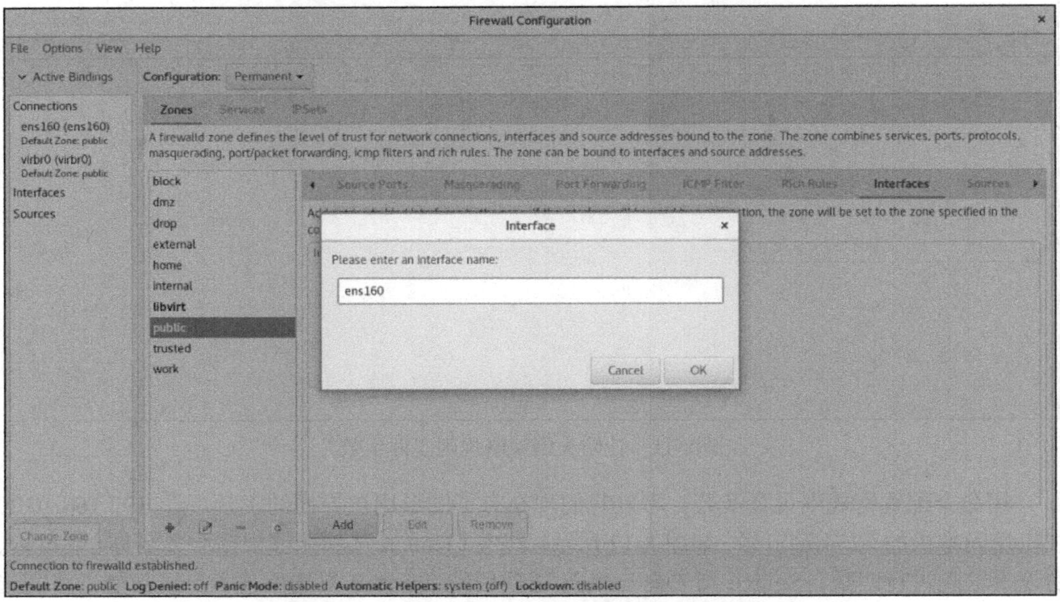

图 8-13　把网卡与防火墙策略区域进行绑定

最后再提一句，firewall-config 工具真的非常实用，很多原本复杂的长命令被图形化按钮替代，设置规则也简单明了，足以应对日常工作。所以再次向大家强调配置防火墙策略的原则——只要能实现所需的功能，用什么工具请随君便。

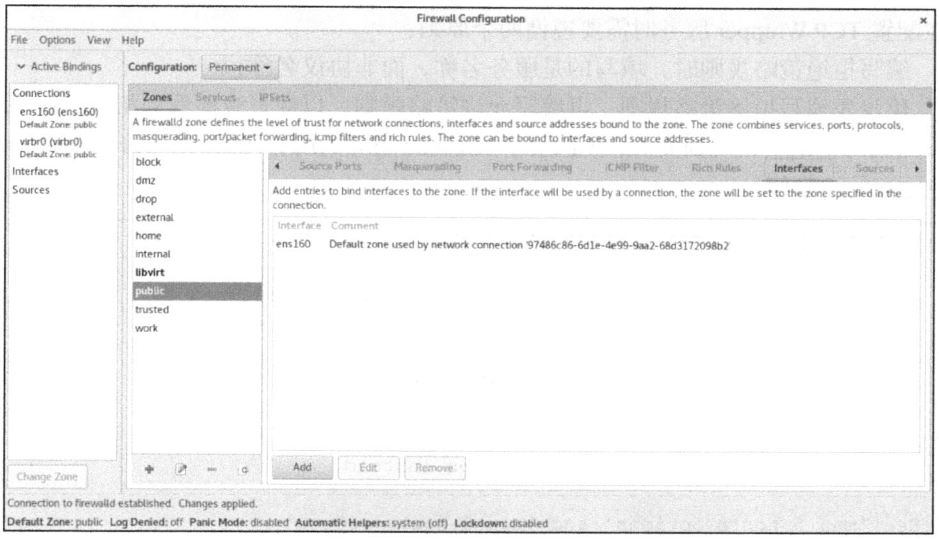

图 8-14 网卡与策略区域绑定完成

8.4 服务的访问控制列表

TCP Wrapper 是 RHEL 6/7 系统中默认启用的一款流量监控程序，它能够根据来访主机的地址与本机的目标服务程序做出允许或拒绝的操作。在 RHEL 8 版本中，它已经被 firewalld 正式替代。换句话说，Linux 系统中其实有两个层面的防火墙，第一种是前面讲到的基于 TCP/IP 协议的流量过滤工具，而 TCP Wrapper 服务则是能允许或禁止 Linux 系统提供服务的防火墙，从而在更高层面保护了 Linux 系统的安全运行。

TCP Wrapper 服务的防火墙策略由两个控制列表文件所控制，用户可以编辑允许控制列表文件来放行对服务的请求流量，也可以编辑拒绝控制列表文件来阻止对服务的请求流量。控制列表文件修改后会立即生效，系统将会先检查允许控制列表文件（/etc/hosts.allow），如果匹配到相应的允许策略则放行流量；如果没有匹配，则会进一步匹配拒绝控制列表文件（/etc/hosts.deny），若找到匹配项则拒绝该流量。如果这两个文件都没有匹配到，则默认放行流量。

由于 RHEL 8 版本已经不再支持 TCP Wrapper 服务程序，因此我们接下来选择在一台老版本的服务器上进行实验。TCP Wrapper 服务的控制列表文件配置起来并不复杂，常用的参数如表 8-4 所示。

表 8-4 TCP Wrapper 服务的控制列表文件中常用的参数

客户端类型	示例	满足示例的客户端列表
单一主机	192.168.10.10	IP 地址为 192.168.10.10 的主机
指定网段	192.168.10.	IP 段为 192.168.10.0/24 的主机
指定网段	192.168.10.0/255.255.255.0	IP 段为 192.168.10.0/24 的主机
指定 DNS 后缀	.linuxprobe.com	所有 DNS 后缀为.linuxprobe.com 的主机
指定主机名称	www.linuxprobe.com	主机名称为 www.linuxprobe.com 的主机
指定所有客户端	ALL	所有主机全部包括在内

在配置 TCP Wrapper 服务时需要遵循两个原则：

- 编写拒绝策略规则时，填写的是服务名称，而非协议名称；
- 建议先编写拒绝策略规则，再编写允许策略规则，以便直观地看到相应的效果。

下面编写拒绝策略规则文件，禁止访问本机 sshd 服务的所有流量（无须修改/etc/hosts.deny 文件中原有的注释信息）：

```
[root@linuxprobe~]# vim /etc/hosts.deny
#
# hosts.deny This file contains access rules which are used to
# deny connections to network services that either use
# the tcp_wrappers library or that have been
# started through a tcp_wrappers-enabled xinetd.
#
# The rules in this file can also be set up in
# /etc/hosts.allow with a 'deny' option instead.
#
# See 'man 5 hosts_options' and 'man 5 hosts_access'
# for information on rule syntax.
# See 'man tcpd' for information on tcp_wrappers
sshd:*

[root@linuxprobe~]# ssh 192.168.10.10
ssh_exchange_identification: read: Connection reset by peer
```

接下来，在允许策略规则文件中添加一条规则，使其放行源自 192.168.10.0/24 网段，且访问本机 sshd 服务的所有流量。可以看到，服务器立刻就放行了访问 sshd 服务的流量，效果非常直观：

```
[root@linuxprobe~]# vim /etc/hosts.allow
#
# hosts.allow This file contains access rules which are used to
# allow or deny connections to network services that
# either use the tcp_wrappers library or that have been
# started through a tcp_wrappers-enabled xinetd.
#
# See 'man 5 hosts_options' and 'man 5 hosts_access'
# for information on rule syntax.
# See 'man tcpd' for information on tcp_wrappers
sshd:192.168.10.

[root@linuxprobe~]# ssh 192.168.10.10
The authenticity of host '192.168.10.10 (192.168.10.10)' can't be established.
ECDSA key fingerprint is 70:3b:5d:37:96:7b:2e:a5:28:0d:7e:dc:47:6a:fe:5c.
Are you sure you want to continue connecting (yes/no)? yes
Warning: Permanently added '192.168.10.10' (ECDSA) to the list of known hosts.
root@192.168.10.10's password:
Last login: Wed May 4 07:56:29 2021
[root@linuxprobe~]#
```

8.5 Cockpit 驾驶舱管理工具

首先，Cockpit 是一个英文单词，即“（飞机、船或赛车的）驾驶舱、驾驶座”（见图 8-15），它用名字传达出了功能丰富的特性。其次，Cockpit 是一个基于 Web 的图形化服务管理工具，对用户相当友好，即便是新手也可以轻松上手。而且它天然具备很好的跨平台性，因此被广泛应用于服务器、容器、虚拟机等多种管理场景。最后，红帽公司对 Cockpit 也十分看重，直接将它默认安装到了 RHEL 8 系统中，由此衍生的 CentOS 和 Fedora 也都标配有 Cockpit。

图 8-15　驾驶舱示意图

Cockpit 在默认情况下就已经被安装到系统中。下面执行 dnf 命令对此进行确认：

```
[root@linuxprobe~]# dnf install cockpit
Updating Subscription Management repositories.
Unable to read consumer identity
This system is not registered to Red Hat Subscription Management. You can use
subscription-manager to register.
AppStream                               3.1 MB/s | 3.2 kB     00:00
BaseOS                                  2.7 MB/s | 2.7 kB     00:00
Package cockpit-185-2.el8.x86_64 is already installed.
Dependencies resolved.
Nothing to do.
Complete!
```

但是，Cockpit 服务程序在 RHEL 8 版本中没有自动运行，下面将它开启并加入到开机启动项中：

```
[root@linuxprobe~]# systemctl start cockpit
[root@linuxprobe~]# systemctl enable cockpit.socket
Created symlink /etc/systemd/system/sockets.target.wants/cockpit.socket
→ /usr/lib/systemd/system/cockpit.socket.
```

在 Cockpit 服务启动后，打开系统自带的浏览器，在地址栏中输入“本机地址:9090”即可访问。由于访问 Cockpit 的流量会使用 HTTPS 进行加密，而证书又是在本地签发的，因此还需要进行添加并信任本地证书的操作，如图 8-16 与图 8-17 所示。进入 Cockpit 的登录界面后，输入 root 管理员的账号与系统密码，单击 Log In 按钮后即可进入，如图 8-18 所示。

进入 Cockpit 的 Web 界面，发现里面可谓“别有洞天”。Cockpit 总共分为 13 个功能模块：系统状态（System）、日志信息（Logs）、硬盘存储（Storage）、网卡网络（Networking）、账户安全（Accounts）、服务程序（Services）、软件仓库（Applications）、报告分析（Diagnostic Reports）、内核排错（Kernel Dump）、SElinux、更新软件（Software Updates）、订阅服务（Subscriptions）、终端界面（Terminal）。下面逐一进行讲解。

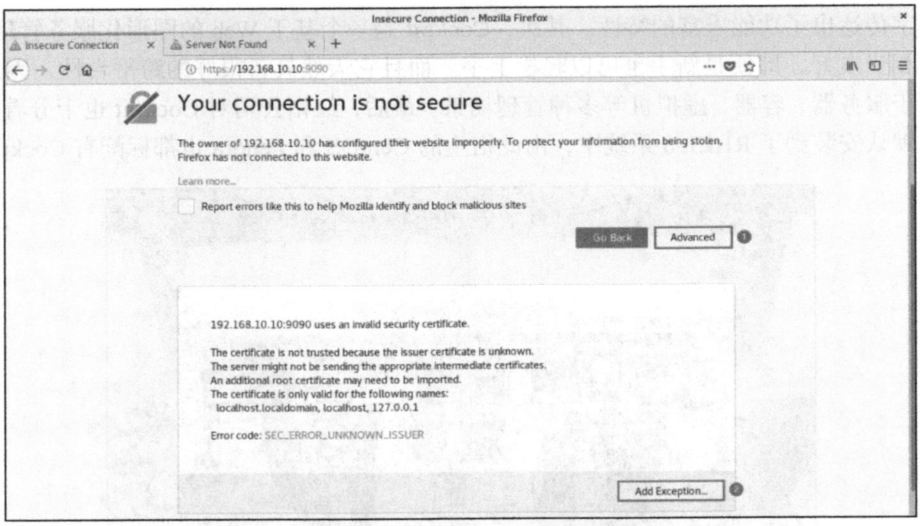

图 8-16　添加额外允许的证书

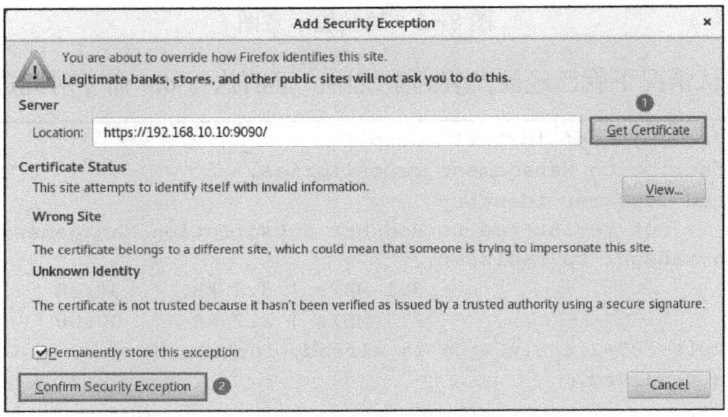

图 8-17　确认信任本地证书

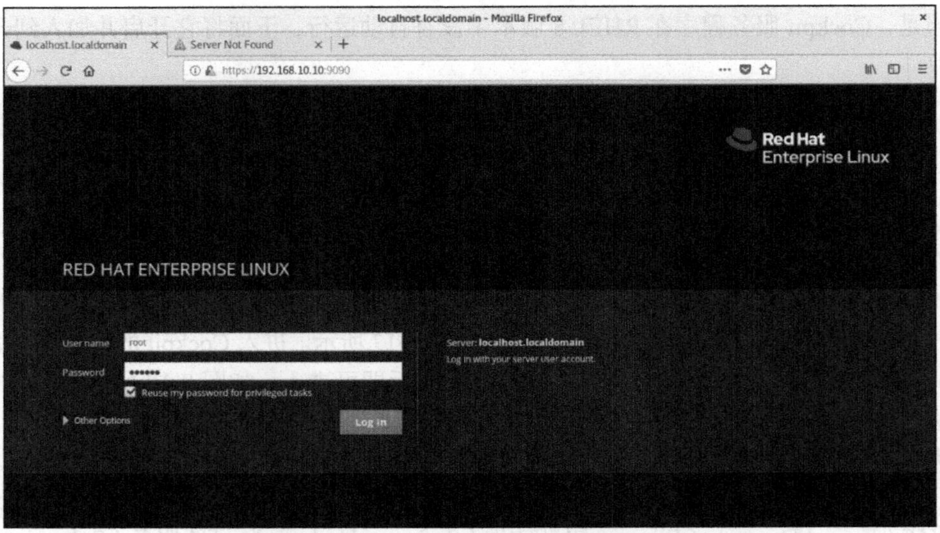

图 8-18　输入登录账号与系统密码

1. System

进入 Cockpit 界面后默认显示的便是 System（系统）界面，在该界面中能够看到系统架构、版本、主机名与时间等信息，还能够动态地展现出 CPU、硬盘、内存和网络的复杂情况，这有点类似于 Web 版的“Winodws 系统任务管理器”，属实好用，如图 8-19 所示。

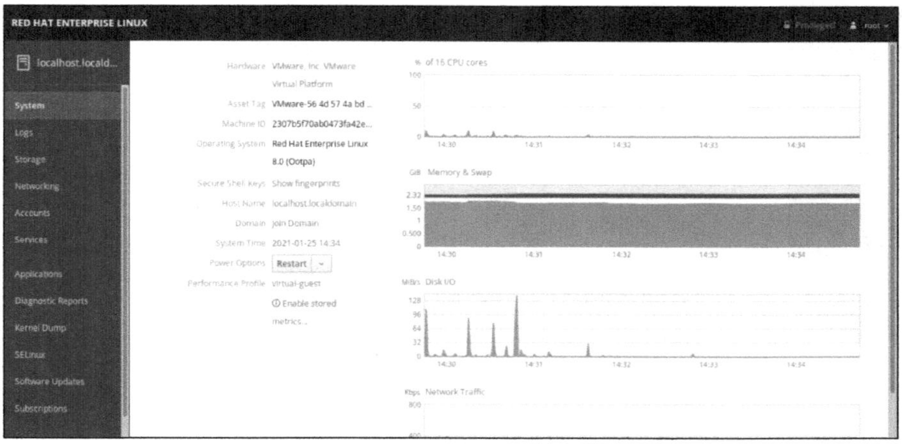

图 8-19 System 界面

2. Logs

这个模块能够提供系统的全部日志，但是同学们可能会好奇，“为什么图 8-20 中的内容这么有限呢”？原因出在图 8-20 中的两个选项中：时间和日志级别。通过这两个选项可以让用户更快地找到所需信息，而不是像/var/log/message 文件那样一股脑儿地都抛给用户。

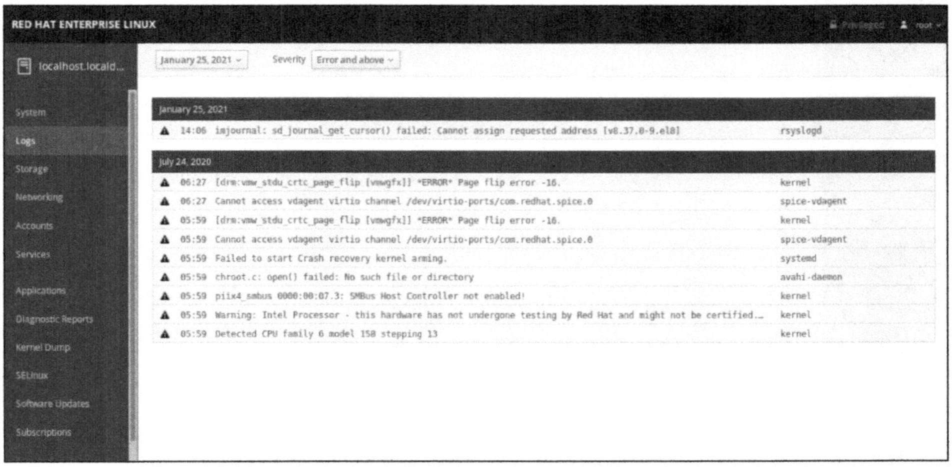

图 8-20 Logs 界面

3. Storage

这个功能模块是同学们最喜欢的一个模块，原因不是这个模块显示了硬盘的 I/O 读写负载情况，而是可以让用户通过该界面，用鼠标创建出 RAID、LVM、VDO 和 iSCSI 等存储设备，如图 8-21 所示。是的，您没有看错，RAID 和 LVM 都可以用鼠标进行创建了，是不是很开心呢？

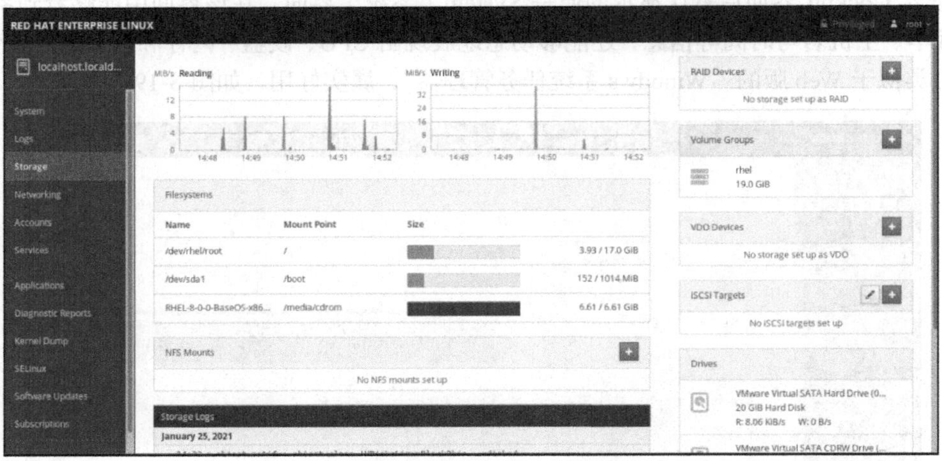

图 8-21　Storage 界面

4. Networking

既然名为 Networking 模块，那么动态看网卡的输出和接收值肯定是这个模块的标配功能了。如图 8-22 所示，我们不仅可以在这里进行网卡的绑定（Bonding）和聚合（Team），还可以创建桥接网卡及添加 VLAN。图 8-22 的最下方会单独列出与网卡相关的日志信息。

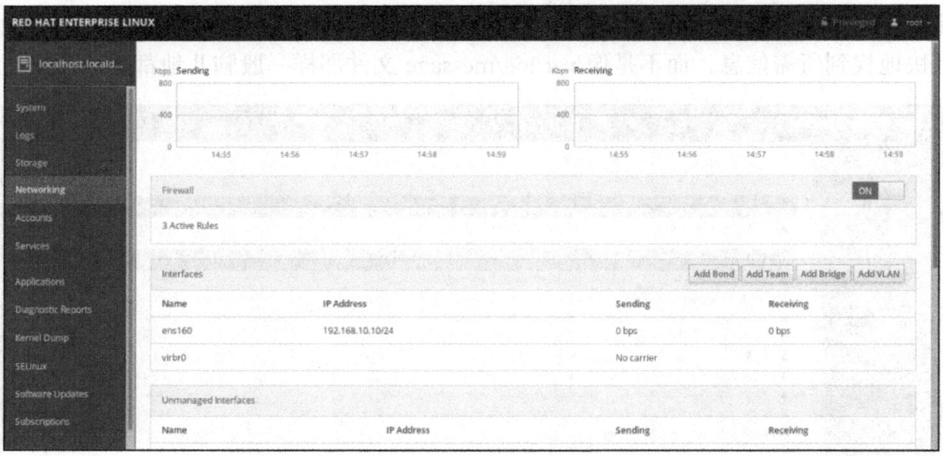

图 8-22　Networking 界面

5. Accounts

大家千万别小看 Accounts 模块，虽然它的功能界面有些简陋（见图 8-23），只有一个用于创建账户的按钮，但只要点击进入某个用户的管理界面中，马上会发现“别有洞天”，如图 8-24 所示。这个界面中的功能非常丰富，我们在这里可以对用户进行重命名，设置用户的权限，还可以锁定、修改密码以及创建 SSH 密钥信息。

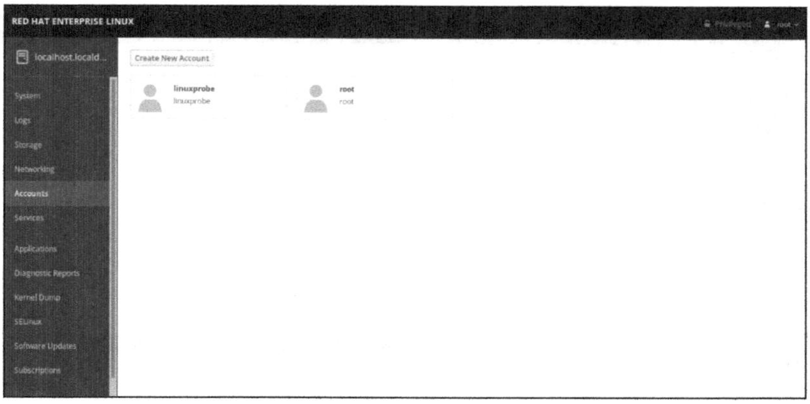

图 8-23　Accounts 界面

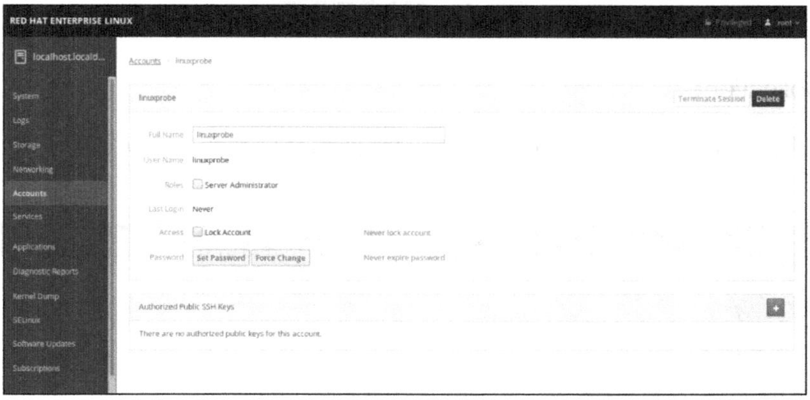

图 8-24　用户管理界面

6. Services

在 Services 功能模块的界面中（见图 8-25），可以查看系统中已有的服务列表和运行状态。单击某一服务，进入该服务的管理界面后（见图 8-26），可以对具体的服务进行开启、关闭操作。在 Services 功能模块中设置了服务并将其加入到开机启动项后，在系统重启后也依然会为用户提供服务。

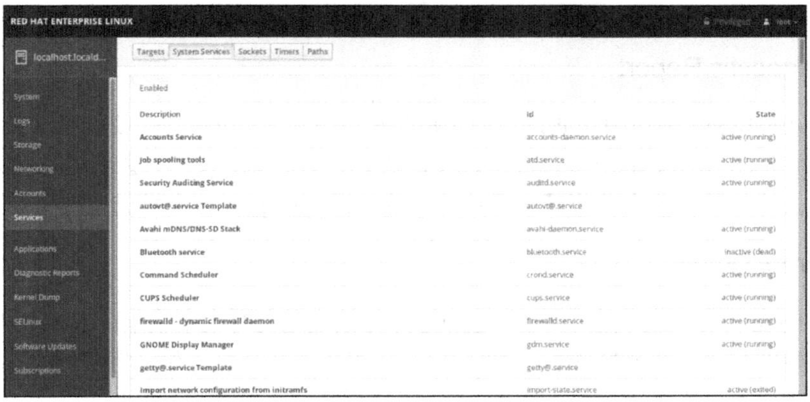

图 8-25　Services 界面

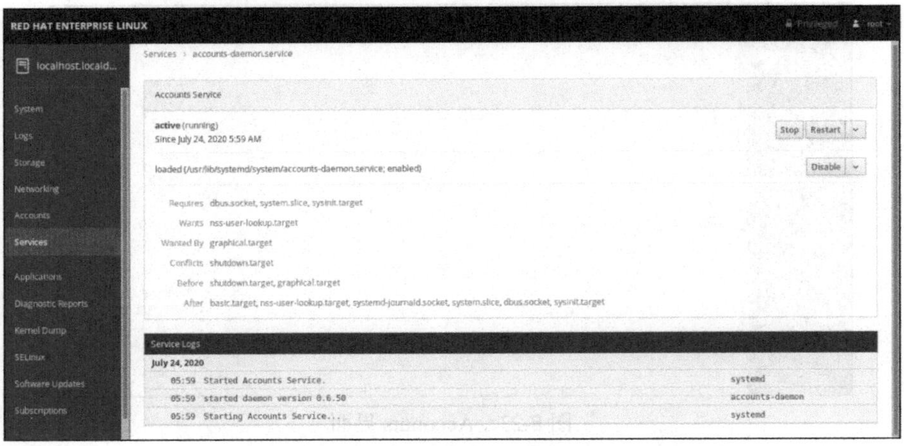

图 8-26　服务管理界面

7. Applications

后期采用 Cockpit 或红帽订阅服务安装的软件都会显示在这个功能模块中，如图 8-27 所示。

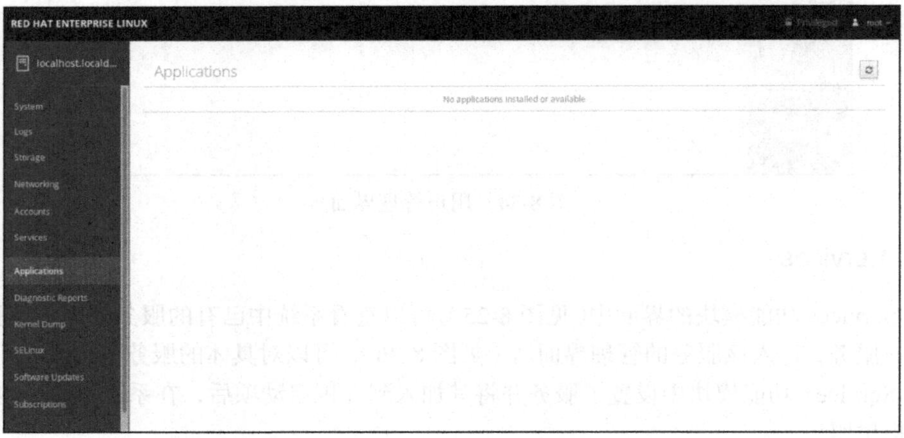

图 8-27　Applications 界面

8. Diagnostic Report

Diagnostic Report 模块的功能是帮助用户收集及分析系统的信息，找到系统出现问题的原因，界面如图 8-28 所示。单击 Create Report 按钮后大约两分钟左右，会出现如图 8-29 所示的界面。好吧，摊牌了，这个功能其实很鸡肋，就是将 sosreport 命令做成了一个网页按钮。

9. Kernel Dump

Kernel Dump（Kdump）是一个在系统崩溃、死锁或死机时用来收集内核参数的一个服务。举例来说，如果有一天系统崩溃了，这时 Kdump 服务就会开始工作，将系统的运行状态和内核数据收集到一个名为 dump core 的文件中，以便后续让运维人员分析并找出问题所在。由于我们在安装系统时没有启动该服务，所以可以等到后续使用时再开启该功能界面（见图 8-30）。

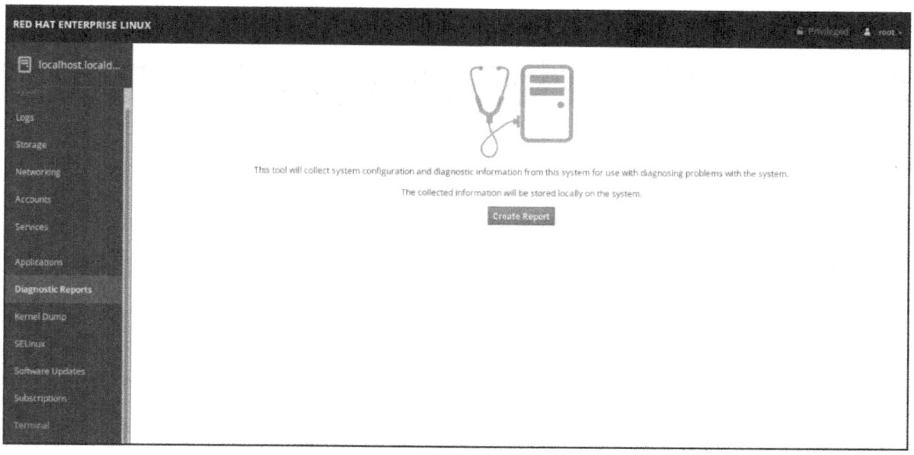

图 8-28 Diagnostic Report 界面

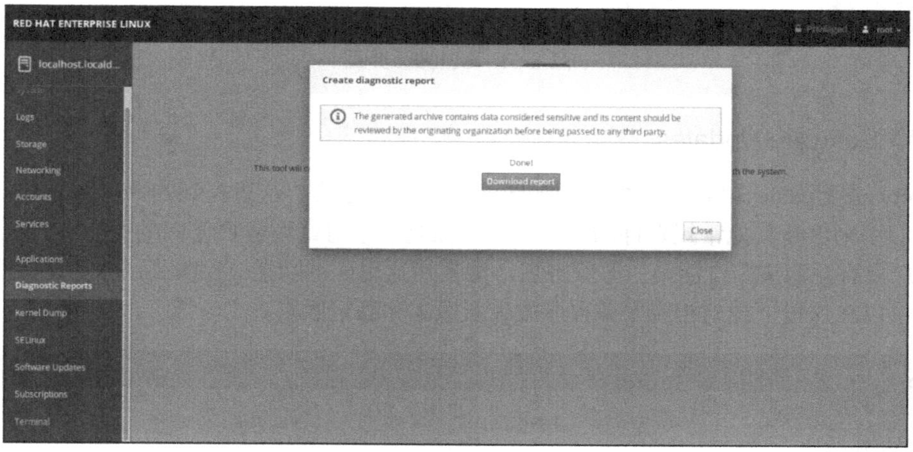

图 8-29 报告生成完毕

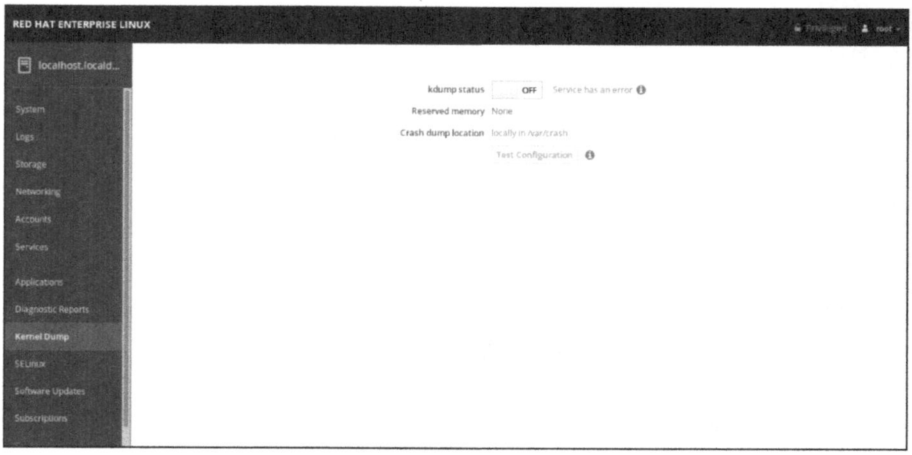

图 8-30 Kernel Dump 界面

10. SELinux

图 8-31 所示为 SELinux 服务的控制按钮和警告信息界面，第 10 章将详细介绍 SELinux

安全子系统，这里暂时略过。

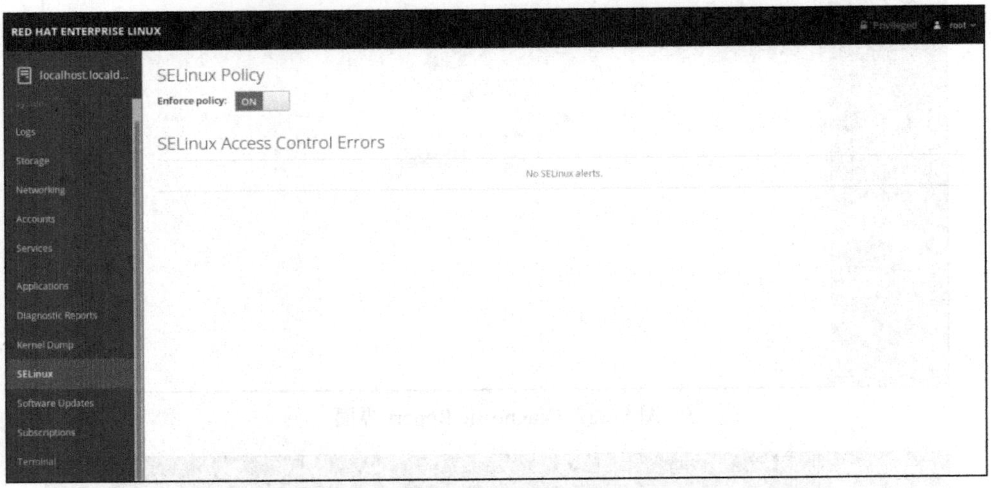

图 8-31 SElinux 界面

11. Software Updates

Software Updates 功能模块的界面如图 8-32 所示。但是，这里提到的 Software Updates 并不是我们用来更新其他常规软件的一个界面，而是用来对红帽客户订阅的服务进行更新的界面。用户只有在购买了红帽第三方服务后才能使用这里面的功能。在购买了红帽订阅服务后，用户便可以在这里下载到相应服务程序的最新版本和稳定版本。

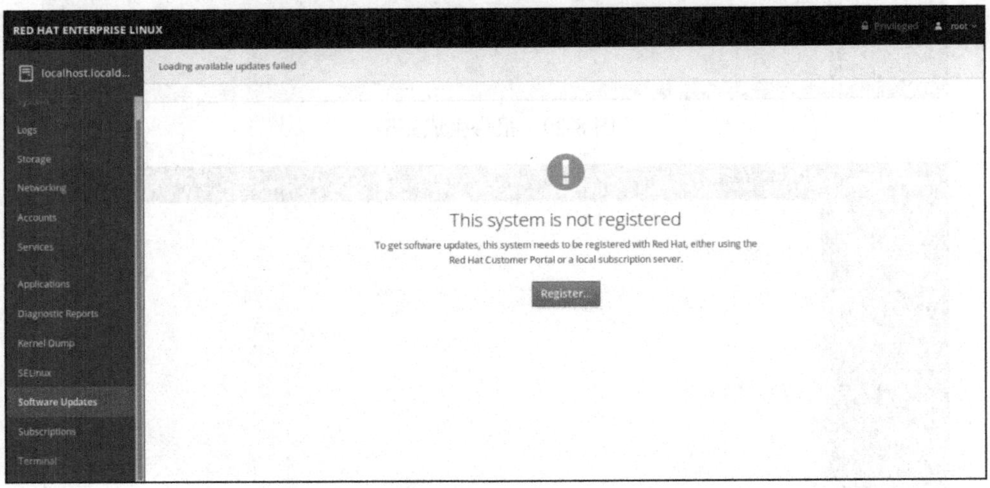

图 8-32 Software Updates 界面

12. Subscriptions

Subscriptions 功能模块的界面如图 8-33 所示。这里依然是一则红帽公司的“小广告”——如果想成为尊贵的红帽服务用户，要付费购买订阅服务。个人用户无须购买，而且这对我们的后续实验没有任何影响。

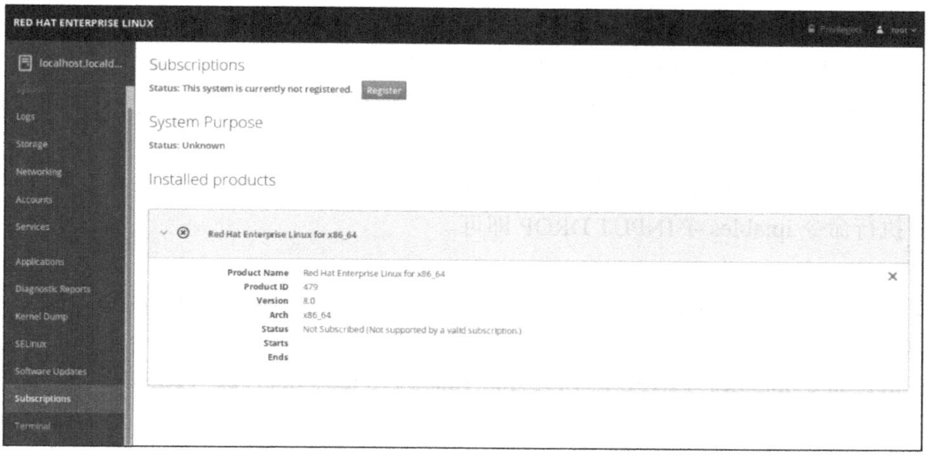

图 8-33　Subscriptions 界面

13. Terminal

压轴的总是在最后。Terminal 功能模块的界面如图 8-34 所示。Cockpit 服务提供了 Shell 终端的在线控制平台，可方便用户通过网页上的终端功能管理服务器。这个功能深受运维人员喜爱。

图 8-34　Terminal 界面

至此，相信各位读者已经充分掌握了防火墙的管理能力。防火墙管理工具有很多种，我们任选其一即可。在配置后续的服务前，大家要记得检查网络和防火墙的状态，以避免出现服务明明配置正确，但无法从外部访问的情况，最终影响实验效果。

好了，休息一下，准备下一章的学习！

复习题

1. 在 RHEL 8 系统中，iptables 是否已经被 firewalld 服务彻底取代？

　答：没有，iptables 和 firewalld 服务均可用于 RHEL 8 系统。

2. 请简述防火墙策略规则中 DROP 和 REJECT 的不同之处。

   答：DROP 的动作是丢包，不响应；REJECT 是拒绝请求，同时向发送方回送拒绝信息。

3. 如何把 iptables 服务的 INPUT 规则链默认策略设置为 DROP？

   答：执行命令 iptables -P INPUT DROP 即可。

4. 怎样编写一条防火墙策略规则，使得 iptables 服务可以禁止源自 192.168.10.0/24 网段的流量访问本机的 sshd 服务（22 端口）？

   答：执行命令 iptables -I INPUT -s 192.168.10.0/24 -p tcp --dport 22 -j REJECT 即可。

5. 请简述 firewalld 中区域的作用。

   答：可以依据不同的工作场景来调用不同的 firewalld 区域，实现大量防火墙策略规则的快速切换。

6. 如何在 firewalld 中把默认的区域设置为 dmz？

   答：执行命令 firewall-cmd --set-default-zone=dmz 即可。

7. 如何让 firewalld 中以永久（Permanent）模式配置的防火墙策略规则立即生效？

   答：执行命令 firewall-cmd --reload。

8. 使用 SNAT 技术的目的是什么？

   答：SNAT 是一种为了解决 IP 地址匮乏而设计的技术，它可以使得多个内网中的用户通过同一个外网 IP 接入 Internet。

9. TCP Wrapper 服务分别有允许策略配置文件和拒绝策略配置文件，请问匹配顺序是怎么样的？

   答：TCP Wrapper 会先依次匹配允许策略配置文件，然后再依次匹配拒绝策略配置文件；如果都没有匹配到，则默认放行流量。

10. 默认情况下如何使用 Cockpit 服务？

    答：Cockpit 服务默认占用 9090 端口号，可直接用浏览器访问 Cockpit 的 Web 界面。

第 9 章

使用 ssh 服务管理远程主机

本章讲解了如下内容：

- 配置网络服务；
- 远程控制服务；
- 不间断会话服务；
- 检索日志信息。

本章讲解了如何使用 nmtui 命令配置网卡参数，以及通过 nmcli 命令查看网络信息并管理网络会话服务，从而让读者能够在不同工作场景中快速地切换网络运行参数；还讲解了如何手工绑定 round-robin（轮询）模式双网卡，实现网络的负载均衡。

本章深入介绍了 SSH 协议与 sshd 服务程序的理论知识、Linux 系统的远程管理方法以及在系统中配置服务程序的方法，并采用实验的形式演示了使用基于密码与密钥验证的 sshd 服务程序进行远程访问，以及使用 Tmux 服务程序远程管理 Linux 系统的不间断会话等技术。本章详细讲解了日志系统的理论知识，并使用 journalctl 命令基于各种条件进行日志信息的检索，以快速定位工作中的故障点。

当读者掌握了本章的内容之后，也就完全具备了对 Linux 系统进行配置管理的知识。而且后续章节中将陆续引入大量实用服务的配置内容，读者将会使用本章学习的知识进行配置。这样一方面能够让读者对生产环境中用到的大多数热门服务程序有一个广泛且深入的认识，另一方面也可以掌握相应的配置方法。

9.1 配置网络服务

9.1.1 配置网卡参数

截至目前，大家已经完全可以利用当前所学的知识来管理 Linux 系统了。当然，大家的水平完全可以更进一步，当有朝一日登顶技术巅峰时，您一定会感谢现在正在努力学习的自己。

我们接下来将学习如何在 Linux 系统上配置服务。但是在此之前，必须先保证主机之间能够顺畅地通信。如果网络不通，即便服务部署得再正确，用户也无法顺利访问。所以，配置网络并确保网络的连通性是学习部署 Linux 服务之前最后一个重要的知识点。

4.1.3 节讲解了如何使用 Vim 文本编辑器来配置网卡参数。其实，在 RHEL 8 系统中至少有 5 种网络的配置方法，刘遄老师尽量在本书中为大家逐一演示。这里教给大家的是使用 nmtui 命令来配置网络，其具体的配置步骤如图 9-1 至图 9-8 所示。当遇到不容易理解的内容时，会额外进行解释说明。

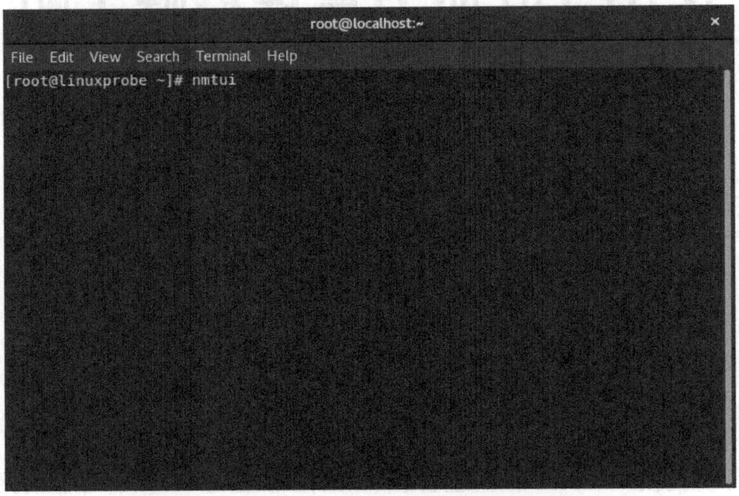

图 9-1　执行 nmtui 命令运行网络配置工具

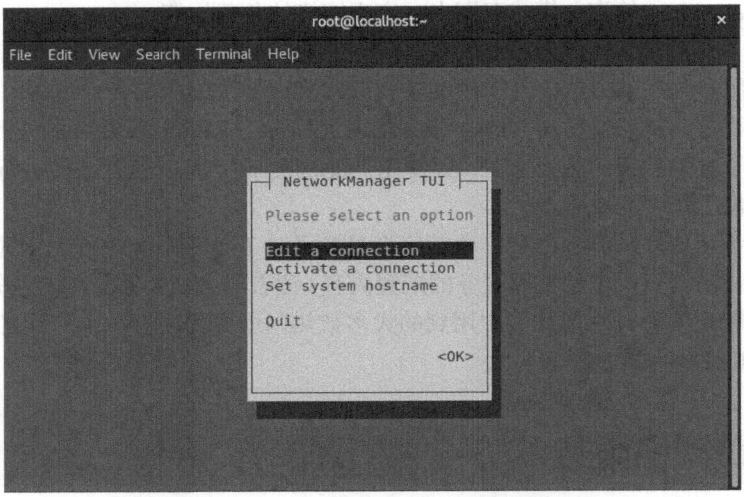

图 9-2　选中 Edit a connection 并按下回车键

在 RHEL 5、RHEL 6 系统及其他大多数早期的 Linux 系统中，网卡的名称一直都是 eth0、eth1、eth2、……；在 RHEL 7 中则变成了类似于 eno16777736 这样的名字；而在 RHEL 8 系统中网卡的最新名称是类似于 ens160、ens192 这样的，所以经验丰富的运维老手光看网卡名称大致就能猜出系统的版本了。不过除了网卡的名称发生变化之外，其他一切几乎照旧，因此这里演示的网络配置实验完全可以适用于各种版本的 Linux 系统。

现在，在服务器主机的网络配置信息中填写 IP 地址 192.168.10.10/24。24 表示子网掩码中的前 24 位为网络号，后 8 位是主机号（与写成 255.255.255.0 的效果一样）。网关、DNS 等信息暂可不必填写，等用到时再补充。

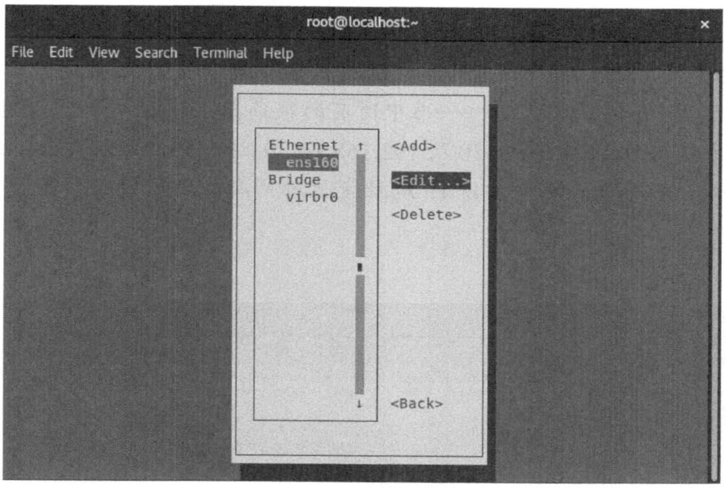

图 9-3 选中要配置的网卡名称，然后按下 Edit 按钮

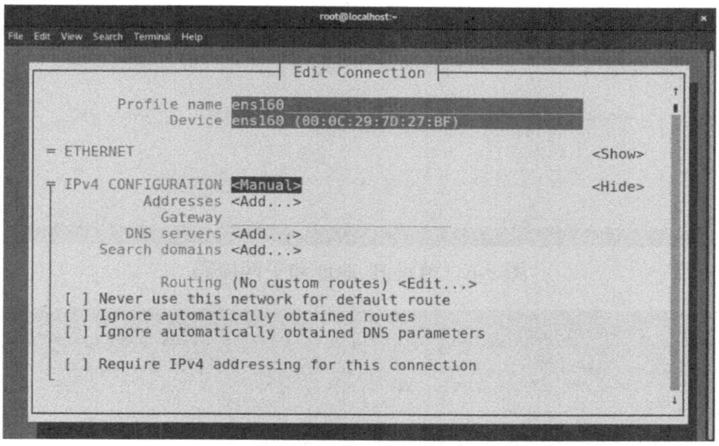

图 9-4 把网卡 IPv4 的配置方式改成 Manual（手动）

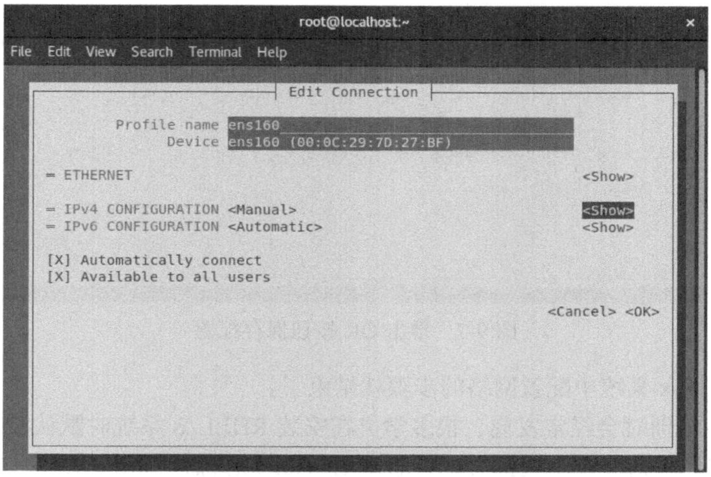

图 9-5 按下 Show 按钮

注：

再多提一句，咱们这本《Linux 就该这么学（第 2 版）》不仅学习门槛低、简单易懂，而且还有一个潜在的优势——书中所有的服务器主机 IP 地址均为 192.168.10.10，而客户端主机均为 192.168.10.20 及 192.168.10.30。这样的好处就是，在后面部署 Linux 服务的时候，不用每次都要考虑 IP 地址变化的问题，从而可以心无旁骛地关注配置细节。

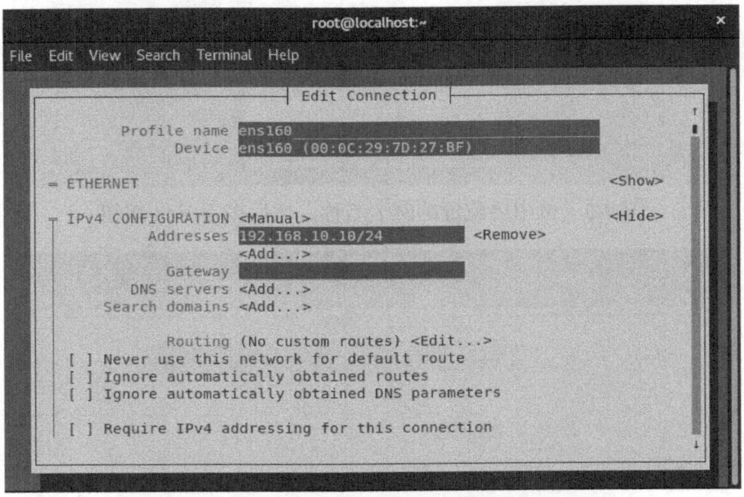

图 9-6 填写 IP 地址和子网掩码

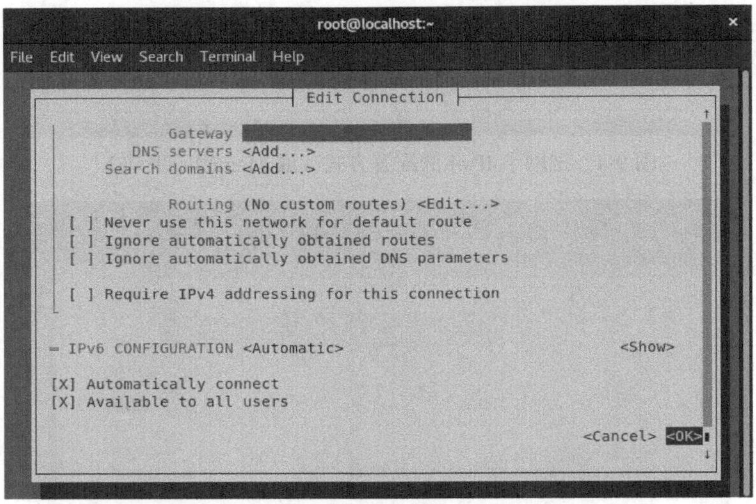

图 9-7 单击 OK 按钮保存配置

至此，在 Linux 系统中配置网络的步骤就结束了。

刘遄老师在培训时会经常发现，很多学员在安装 RHEL 8 系统时默认没有激活网卡。如果各位读者有同样的情况也不用担心，只需使用 Vim 编辑器将网卡配置文件中的 ONBOOT 参数修改成 yes，这样在系统重启后网卡就被激活了。

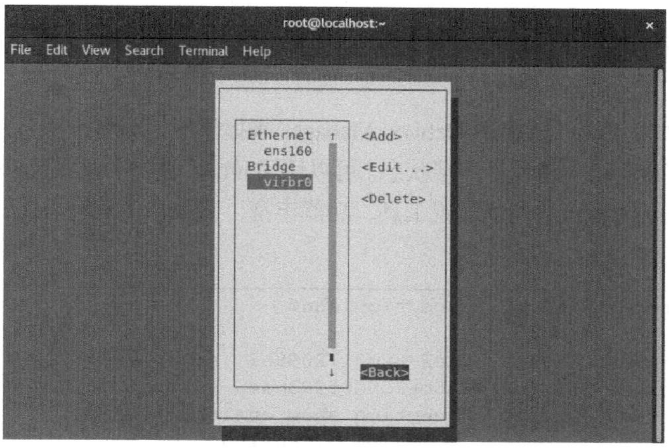

图 9-8 单击 Back 按钮结束配置工作

```
[root@linuxprobe~]# vim /etc/sysconfig/network-scripts/ifcfg-ens160
TYPE=Ethernet
PROXY_METHOD=none
BROWSER_ONLY=no
BOOTPROTO=none
DEFROUTE=yes
IPV4_FAILURE_FATAL=no
IPV6INIT=yes
IPV6_AUTOCONF=yes
IPV6_DEFROUTE=yes
IPV6_FAILURE_FATAL=no
IPV6_ADDR_GEN_MODE=stable-privacy
NAME=ens160
UUID=97486c86-6d1e-4e99-9aa2-68d3172098b2
DEVICE=ens160
ONBOOT=yes
HWADDR=00:0C:29:7D:27:BF
IPADDR=192.168.10.10
PREFIX=24
IPV6_PRIVACY=no
```

当修改完 Linux 系统中的服务配置文件后，并不会对服务程序立即产生效果。要想让服务程序获取到最新的配置文件，需要手动重启相应的服务，之后就可以看到网络畅通了：

```
[root@linuxprobe~]# nmcli connection reload ens160
[root@linuxprobe~]# nmcli connection up ens160
Connection successfully activated (D-Bus active path: /org/freedesktop/
NetworkManager/ActiveConnection/6)
[root@linuxprobe~]# ping 192.168.10.10
PING 192.168.10.10 (192.168.10.10) 56(84) bytes of data.
64 bytes from 192.168.10.10: icmp_seq=1 ttl=64 time=0.122 ms
64 bytes from 192.168.10.10: icmp_seq=2 ttl=64 time=0.048 ms
64 bytes from 192.168.10.10: icmp_seq=3 ttl=64 time=0.106 ms
64 bytes from 192.168.10.10: icmp_seq=4 ttl=64 time=0.043 ms

--- 192.168.10.10 ping statistics ---
4 packets transmitted, 4 received, 0% packet loss, time 61ms
rtt min/avg/max/mdev = 0.043/0.079/0.122/0.036 ms
```

9.1.2 创建网络会话

RHEL 和 CentOS 系统默认使用 NetworkManager 来提供网络服务，这是一种动态管理网络配置的守护进程，能够让网络设备保持连接状态。可以使用 nmcli 命令来管理 NetworkManager 服务程序。nmcli 是一款基于命令行的网络配置工具，功能丰富，参数众多。它可以轻松地查看网络信息或网络状态：

```
[root@linuxprobe~]# nmcli connection show
NAME     UUID                                  TYPE      DEVICE
ens160   97486c86-6d1e-4e99-9aa2-68d3172098b2  ethernet  ens160
virbr0   e5fca1ee-7020-4c21-a65b-259d0f993b44  bridge    virbr0
[root@linuxprobe~]# nmcli connection show ens160
connection.id:                         ens160
connection.uuid:                       97486c86-6d1e-4e99-9aa2-68d3172098b2
connection.stable-id:                  --
connection.type:                       802-3-ethernet
connection.interface-name:             ens160
connection.autoconnect:                yes
………………省略部分输出信息………………
```

另外，RHEL 8 系统支持网络会话功能，允许用户在多个配置文件中快速切换（非常类似于 firewalld 防火墙服务中的区域技术）。如果我们在公司网络中使用笔记本电脑时需要手动指定网络的 IP 地址，而回到家中则是使用 DHCP 自动分配 IP 地址，这就需要麻烦地频繁修改 IP 地址，但是使用了网络会话功能后一切就简单多了——只需在不同的使用环境中激活相应的网络会话，就可以实现网络配置信息的自动切换了。

使用 nmcli 命令并按照“connection add con-name type ifname”的格式来创建网络会话。假设将公司网络中的网络会话称之为 company，将家庭网络中的网络会话称之为 house，现在依次创建各自的网络会话。

使用 con-name 参数指定公司所使用的网络会话名称 company，然后依次用 ifname 参数指定本机的网卡名称（千万要以实际环境为准，不要照抄书上的 ens160），用 autoconnect no 参数将网络会话设置为默认不被自动激活，以及用 ip4 及 gw4 参数手动指定网络的 IP 地址：

```
[root@linuxprobe~]# nmcli connection add con-name company ifname ens160
autoconnect no type ethernet ip4 192.168.10.10/24 gw4 192.168.10.1
Connection 'company' (6ac8f3ad-0846-42f4-819a-e1ae84f4da86) successfully added.
```

使用 con-name 参数指定家庭所使用的网络会话名称 house。因为要从外部 DHCP 服务器自动获得 IP 地址，所以这里不需要进行手动指定。

```
[root@linuxprobe~]# nmcli connection add con-name house type ethernet ifname ens160
Connection 'house' (d848242a-4bdf-4446-9079-6e12ab5d1f15) successfully added.
```

在成功创建网络会话后，可以使用 nmcli 命令查看创建的所有网络会话：

```
[root@linuxprobe~]# nmcli connection show
NAME     UUID                                  TYPE      DEVICE
ens160   97486c86-6d1e-4e99-9aa2-68d3172098b2  ethernet  ens160
virbr0   e5fca1ee-7020-4c21-a65b-259d0f993b44  bridge    virbr0
company  6ac8f3ad-0846-42f4-819a-e1ae84f4da86  ethernet  --
house    d848242a-4bdf-4446-9079-6e12ab5d1f15  ethernet  --
```

使用 nmcli 命令配置过的网络会话是永久生效的，这样当我们上班后，顺手启动 company 网络会话，网卡信息就自动配置好了：

```
[root@linuxprobe~]# nmcli connection up company
Connection successfully activated (D-Bus active path: /org/freedesktop/
NetworkManager/ActiveConnection/6)
[root@linuxprobe~]# ifconfig
ens160: flags=4163<UP,BROADCAST,RUNNING,MULTICAST>  mtu 1500
        inet 192.168.10.88  netmask 255.255.255.0  broadcast 192.168.10.255
        inet6 fe80::320e:a005:dfa1:431c  prefixlen 64  scopeid 0x20
        ether 00:0c:29:7d:27:bf  txqueuelen 1000  (Ethernet)
        RX packets 66  bytes 5469 (5.3 KiB)
        RX errors 0  dropped 0  overruns 0  frame 0
        TX packets 99  bytes 11255 (10.9 KiB)
        TX errors 0  dropped 0 overruns 0  carrier 0  collisions 0
………………省略部分输出信息………………
```

如果大家使用的是虚拟机，请把虚拟机系统的网卡（网络适配器）切换成桥接模式，如图 9-9 所示。然后重启虚拟机系统即可。

图 9-9　设置虚拟机网卡的模式

这样操作过后就能使用家庭中的路由器设备了。启动 house 家庭会话，看一下效果：

```
[root@linuxprobe~]# nmcli connection up house
Connection successfully activated (D-Bus active path: /org/freedesktop/
NetworkManager/ActiveConnection/4)
[root@linuxprobe~]# ifconfig
ens160: flags=4163<UP,BROADCAST,RUNNING,MULTICAST>  mtu 1500
        inet 192.168.0.107  netmask 255.255.255.0  broadcast 192.168.0.255
        inet6 fe80::f209:dc47:4004:3868  prefixlen 64  scopeid 0x20
        ether 00:0c:29:7d:27:bf  txqueuelen 1000  (Ethernet)
        RX packets 22  bytes 6924 (6.7 KiB)
```

```
        RX errors 0  dropped 0  overruns 0  frame 0
        TX packets 82  bytes 10582 (10.3 KiB)
        TX errors 0  dropped 0 overruns 0  carrier 0  collisions 0
………………省略部分输出信息………………
```

如果启用 company 会话成功，但启用 house 会话失败且不能获取到动态地址，则证明您的配置是正确的，问题出在了外部网络环境。有 3 种常见的情况，首先，您家中的设备没有连接路由器，而是通过拨号网络或共享 WiFi 的方式上网；其次，还在上学或上班的读者在浏览网页前必须通过学校或公司的验证页面才能访问互联网；最后，检查物理机的防火墙设置，可暂时关闭后再重试。

后续不需要网络会话时，直接用 delete 命令就能删除，特别简单：

```
[root@linuxprobe~]# nmcli connection delete house
Connection 'house' (d848242a-4bdf-4446-9079-6e12ab5d1f15) successfully deleted.
[root@linuxprobe~]# nmcli connection delete company
Connection 'company' (6ac8f3ad-0846-42f4-819a-e1ae84f4da86) successfully deleted.
```

9.1.3 绑定两块网卡

一般来讲，生产环境必须提供 7×24 小时的网络传输服务。借助于网卡绑定技术，不仅能够提高网络传输速度，更重要的是，还可以确保在其中一块网卡出现故障时，依然可以正常提供网络服务。假设我们对两块网卡实施了绑定技术，这样在正常工作中它们会共同传输数据，使得网络传输的速度变得更快；而且即使有一块网卡突然出现了故障，另外一块网卡便会立即自动顶替上去，保证数据传输不会中断。

下面来看一下如何绑定网卡。

在虚拟机系统中再添加一块网卡设备，请确保两块网卡都处在同一种网络连接模式中，如图 9-10 和图 9-11 所示。处于相同模式的网卡设备才可以进行网卡绑定，否则这两块网卡无法互相传送数据。

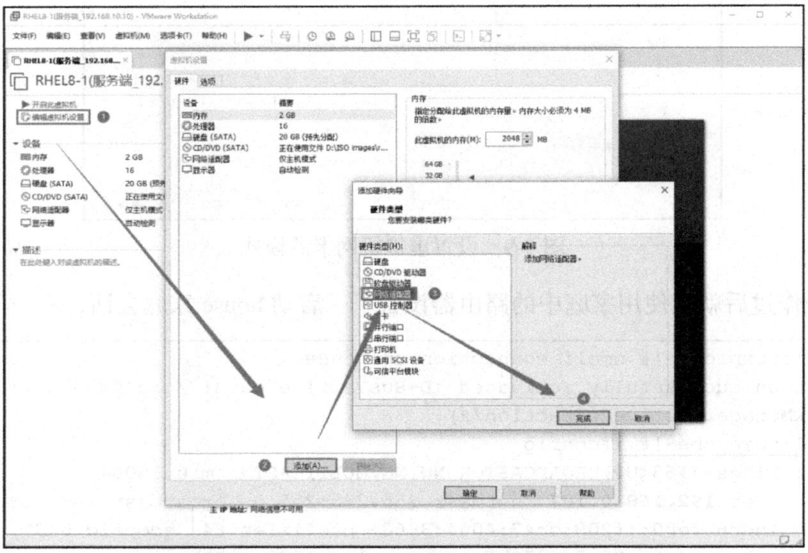

图 9-10　在虚拟机中再添加一块网卡设备

图 9-11　确保两块网卡处在同一个网络连接中（即网卡模式相同）

前面是使用 nmtui 命令来配置网络信息，这次我们使用 nmcli 命令来配置网卡设备的绑定参数。这样可以确保大家同时学到两个命令，而不用依赖于某个特定的命令了。网卡绑定的理论知识类似于前面学习的 RAID 硬盘组，我们需要对参与绑定的网卡设备逐个进行“初始设置”。需要注意的是，如图 9-12 所示，左侧的 ens160 及 ens192 这些原本独立的网卡设备此时需要被配置成为一块“从属”网卡，服务于右侧的 bond0“主”网卡，不应该再有自己的 IP 地址等信息。在进行了初始设置之后，它们就可以支持网卡绑定。

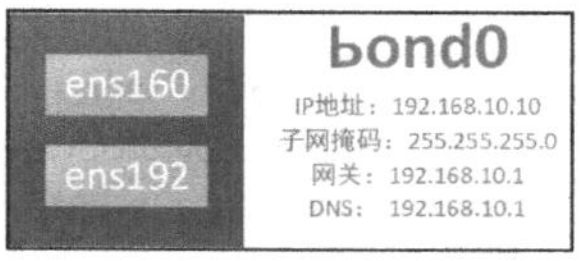

图 9-12　网卡绑定信息示意图

1. 创建出一个 bond 网卡

使用 nmcli 命令配置网络信息有一定的难度，所以咱们放到了第 9 章才开始讲解。首先使用如下命令创建一个 bond 网卡。其中，命令与参数的意思是创建一个类型为 bond（绑定）、名称为 bond0、网卡名为 bond0 的绑定设备，绑定模式为 balance-rr：

```
[root@linuxprobe~]# nmcli connection add type bond con-name bond0 ifname bond0
bond.options "mode=balance-rr"
Connection 'bond0' (b37b720d-c5fa-43f8-8578-820d19811f32) successfully added.
```

这里使用的是 balance-rr 网卡绑定模式，其中 rr 是 round-robin 的缩写，全称为轮循模式。round-robin 的特点是会根据设备顺序依次传输数据包，提供负载均衡的效果，让带宽的性能更好一些；而且一旦某个网卡发生故障，会马上切换到另外一台网卡设备上，保证网络传输不被中断。active-backup 是另外一种比较常用的网卡绑定模式，它的特点是平时只有一块网卡正常工作，另一个网卡随时待命，一旦工作中的网卡发生损坏，待命的网卡会自动顶替上去。可见，这种网卡绑定模式的冗余能力比较强，因此也称为主备模式。

比如，有一台用于提供 NFS 或者 Samba 服务的文件服务器，它所能提供的最大网络传输速度为 100Mbit/s，但是访问该服务器的用户数量特别多，因此它的访问压力也很大。在生产环境中，网络的可靠性是极为重要的，而且网络的传输速度也必须得以保证。针对这样的情况，比较好的选择就是使用 balance-rr 网卡绑定模式了。因为 balance-rr 模式能够让两块网卡同时一起工作，当其中一块网卡出现故障后能自动备援，且无须交换机设备支援，从而提供了可靠的网络传输保障。

2. 向 bond0 设备添加从属网卡

刚才创建成功的 bond0 设备当前仅仅是个名称，里面并没有真正能为用户传输数据的网卡设备，接下来使用下面的命令把 ens160 和 ens192 网卡添加进来。其中，con-name 参数后面接的是从属网卡的名称（可以随时设置）；ifname 参数后面接的是两块网卡的名称。大家一定要以真实的网卡名称为准，不要直接复制这里的名字：

```
[root@linuxprobe~]# nmcli connection add type ethernet slave-type bond con-name
bond0-port1 ifname ens160 master bond0
Connection 'bond0-port1' (8a2f77ee-cc92-4c11-9292-d577ccf8753d) successfully added.
[root@linuxprobe~]# nmcli connection add type ethernet slave-type bond con-name
bond0-port2 ifname ens192 master bond0
Connection 'bond0-port2' (b1ca9c47-3051-480a-9623-fbe4bf731a89) successfully added.
```

3. 配置 bond0 设备的网络信息

配置网络参数的方法有很多，为了让这个实验的配置过程更加具有一致性，下面还是用 nmcli 命令依次配置网络的 IP 地址及子网掩码、网关、DNS、搜索域和手动配置等参数。如果同学们不习惯这个命令，也可以直接编辑网卡配置文件，或使用 nmtui 命令完成下面的操作：

```
[root@linuxprobe~]# nmcli connection modify bond0 ipv4.addresses 192.168.10.10/24
[root@linuxprobe~]# nmcli connection modify bond0 ipv4.gateway 192.168.10.1
[root@linuxprobe~]# nmcli connection modify bond0 ipv4.dns  192.168.10.1
[root@linuxprobe~]# nmcli connection modify bond0 ipv4.dns-search linuxprobe.com
[root@linuxprobe~]# nmcli connection modify bond0 ipv4.method manual
```

4. 启动它！

接下来就是激动人心的时刻了，启动它吧！再顺便看一下设备的详细列表：

```
[root@linuxprobe~]# nmcli connection up bond0
Connection successfully activated (master waiting for slaves) (D-Bus active
path: /org/freedesktop/NetworkManager/ActiveConnection/22)
[root@linuxprobe~]# nmcli device status
DEVICE       TYPE      STATE      CONNECTION
bond0        bond      connected  bond0
ens160       ethernet  connected  ens160
virbr0       bridge    connected  virbr0
ens192       ethernet  connected  bond0-port2
lo           loopback  unmanaged  --
virbr0-nic   tun       unmanaged  --
```

当用户接下来访问主机 IP 地址 192.168.10.10 时，主机实际上是由两块网卡在共同提供服务。可以在本地主机执行 ping 192.168.10.10 命令检查网络的连通性。为了检验网卡绑定技术的自动备援功能，可以突然在虚拟机硬件配置中随机移除一块网卡设备，如图 9-13 所示。

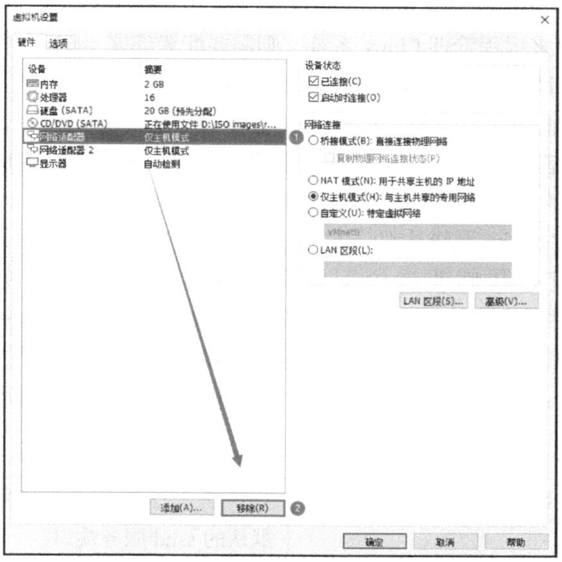

图 9-13　随机移除任意一块网卡

可以非常清晰地看到网卡切换的过程（一般只丢失一个数据包），另外一块网卡会继续为用户提供服务。

```
[root@linuxprobe~]# ping 192.168.10.10
PING 192.168.10.10 (192.168.10.10) 56(84) bytes of data.
64 bytes from 192.168.10.10: icmp_seq=1 ttl=64 time=0.109 ms
64 bytes from 192.168.10.10: icmp_seq=2 ttl=64 time=0.102 ms
64 bytes from 192.168.10.10: icmp_seq=3 ttl=64 time=0.066 ms
ping: sendmsg: Network is unreachable
64 bytes from 192.168.10.10: icmp_seq=5 ttl=64 time=0.065 ms
64 bytes from 192.168.10.10: icmp_seq=6 ttl=64 time=0.048 ms
64 bytes from 192.168.10.10: icmp_seq=7 ttl=64 time=0.042 ms
64 bytes from 192.168.10.10: icmp_seq=8 ttl=64 time=0.079 ms
^C
--- 192.168.10.10 ping statistics ---
8 packets transmitted, 7 received, 12% packet loss, time 7006ms
rtt min/avg/max/mdev = 0.042/0.073/0.109/0.023 ms
```

由于在 RHEL 8 系统中，网卡绑定切换间隔为 1 毫秒（也就是 1/1000 秒），因此发生一个丢包的情况大概率不会出现。

9.2　远程控制服务

9.2.1　配置 sshd 服务

SSH（Secure Shell）是一种能够以安全的方式提供远程登录的协议，也是目前远程管理

Linux 系统的首选方式。在此之前，一般使用 FTP 或 Telnet 来进行远程登录。但是因为它们以明文的形式在网络中传输账户密码和数据信息，因此很不安全，很容易受到黑客发起的中间人攻击，轻则篡改传输的数据信息，重则直接抓取服务器的账户密码。

想要使用 SSH 协议来远程管理 Linux 系统，则需要配置部署 sshd 服务程序。sshd 是基于 SSH 协议开发的一款远程管理服务程序，不仅使用起来方便快捷，而且能够提供两种安全验证的方法：

- **基于密码的验证**——用账户和密码来验证登录；
- **基于密钥的验证**——需要在本地生成密钥对，然后把密钥对中的公钥上传至服务器，并与服务器中的公钥进行比较；该方式相较来说更安全。

前文曾多次强调“Linux 系统中的一切都是文件”，因此在 Linux 系统中修改服务程序的运行参数，实际上就是在修改程序配置文件的过程。sshd 服务的配置信息保存在/etc/ssh/sshd_config 文件中。运维人员一般会把保存着最主要配置信息的文件称为主配置文件，而配置文件中有许多以井号（#）开头的注释行，要想让这些配置参数生效，需要在修改参数后再去掉前面的井号。sshd 服务配置文件中包含的重要参数如表 9-1 所示。

表 9-1　　sshd 服务配置文件中包含的参数以及作用

参数	作用
Port 22	默认的 sshd 服务端口
ListenAddress 0.0.0.0	设定 sshd 服务器监听的 IP 地址
Protocol 2	SSH 协议的版本号
HostKey /tc/ssh/ssh_host_key	SSH 协议版本为 1 时，DES 私钥存放的位置
HostKey /etc/ssh/ssh_host_rsa_key	SSH 协议版本为 2 时，RSA 私钥存放的位置
HostKey /etc/ssh/ssh_host_dsa_key	SSH 协议版本为 2 时，DSA 私钥存放的位置
PermitRootLogin yes	设定是否允许 root 管理员直接登录
StrictModes yes	当远程用户的私钥改变时直接拒绝连接
MaxAuthTries 6	最大密码尝试次数
MaxSessions 10	最大终端数
PasswordAuthentication yes	是否允许密码验证
PermitEmptyPasswords no	是否允许空密码登录（很不安全）

接下来的实验会使用两台虚拟机，一台充当服务器，另外一台充当客户端，其 IP 地址及作用如表 9-2 所示。

表 9-2　　sshd 服务实验机器简介

主机地址	操作系统	作用
192.168.10.10	Linux	服务器
192.168.10.20	Linux	客户端

在 RHEL 8 系统中，已经默认安装并启用了 sshd 服务程序。接下来在客户端使用 ssh 命令远程连接服务器，其格式为“ssh [参数]主机 IP 地址”，要退出登录则执行 exit 命令。第一次访问时需要输入 yes 来确认对方主机的指纹信息：

```
[root@Client~]# ssh 192.168.10.10
The authenticity of host '192.168.10.10 (192.168.10.10)' can't be established.
```

```
ECDSA key fingerprint is SHA256:5d52kZi1la/FJK4v4jibLBZhLqzGqbJAskZiME6ZXpQ.
Are you sure you want to continue connecting (yes/no)? yes
Warning: Permanently added '192.168.10.10' (ECDSA) to the list of known hosts.
root@192.168.10.10's password: 此处输入服务器管理员密码
Activate the web console with: systemctl enable --now cockpit.socket

Last login: Fri Jul 24 06:26:58 2020
[root@Server~]#
[root@Server~]# exit
logout
Connection to 192.168.10.10 closed.
```

如果禁止以 root 管理员的身份远程登录到服务器，则可以大大降低被黑客暴力破解密码的概率。下面进行相应配置。首先使用 Vim 文本编辑器打开服务器上的 sshd 服务主配置文件，然后把第 46 行#PermitRootLogin yes 参数前的井号（#）去掉，并把参数值 yes 改成 no，这样就不再允许 root 管理员远程登录了。记得最后保存文件并退出。

```
[root@Server~]# vim /etc/ssh/sshd_config
 ………………省略部分输出信息………………
 43 # Authentication:
 44
 45 #LoginGraceTime 2m
 46 PermitRootLogin no
 47 #StrictModes yes
 48 #MaxAuthTries 6
 49 #MaxSessions 10
 ………………省略部分输出信息………………
```

再次提醒的是，一般的服务程序并不会在配置文件修改之后立即获得最新的参数。如果想让新配置文件生效，则需要手动重启相应的服务程序。最好也将这个服务程序加入到开机启动项中，这样系统在下一次启动时，该服务程序便会自动运行，继续为用户提供服务。

```
[root@Server~]# systemctl restart sshd
[root@Server~]# systemctl enable sshd
```

这样一来，当 root 管理员再来尝试访问 sshd 服务程序时，系统会提示“不可访问”的错误信息。虽然 sshd 服务程序的参数相对比较简单，但这就是在 Linux 系统中配置服务程序的正确方法。大家要做的是举一反三、活学活用，这样即便以后遇到了陌生的服务，也一样可以搞定了。

```
[root@Client~]# ssh 192.168.10.10
root@192.168.10.10's password:此处输入服务器管理员密码
Permission denied, please try again.
```

为了避免后续实验中不能用 root 管理员账号登录，请大家动手把上面的参数修改回来：

```
[root@Server~]# vim /etc/ssh/sshd_config
………………省略部分输出信息………………
 43 # Authentication:
 44
 45 #LoginGraceTime 2m
 46 PermitRootLogin yes
```

```
 47 #StrictModes yes
 48 #MaxAuthTries 6
 49 #MaxSessions 10
………………省略部分输出信息………………
[root@Server~]# systemctl restart sshd
[root@Server~]# systemctl enable sshd
```

如果想使用 Windows 系统进行访问也没问题。首先确保网络是可以通信的，随后从 Xshell、PuTTY、SecureCRT、SSH Secure Shell Client 等工具中选择一个喜欢的登录工具，远程连接一下试试看，效果如图 9-14～图 9-16 所示。

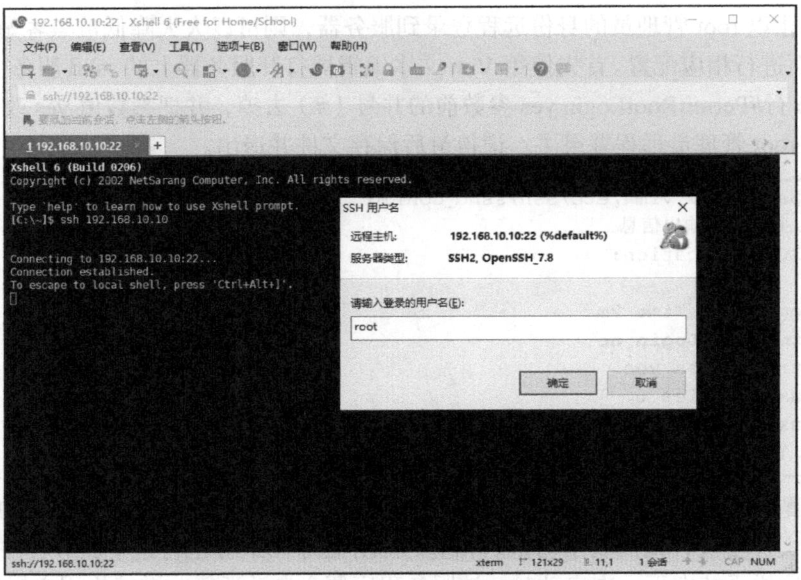

图 9-14 输入远程登录的账号名称

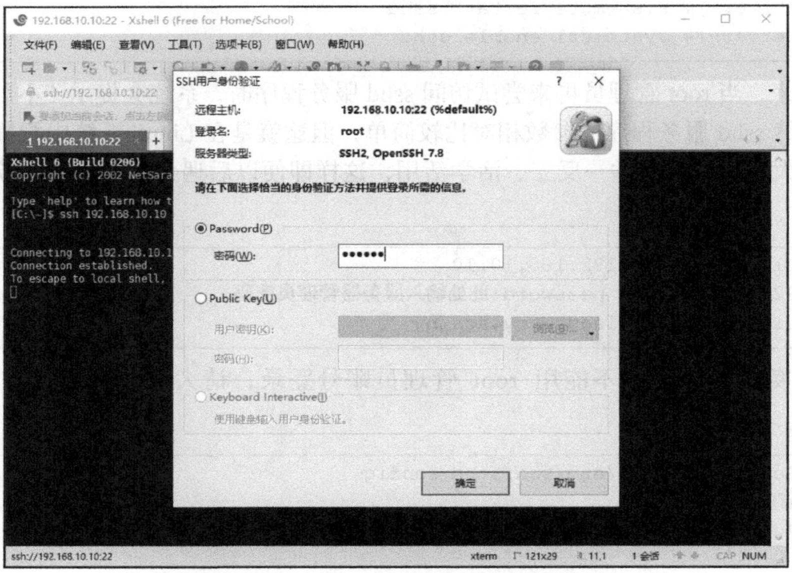

图 9-15 输入远程登录的账号密码

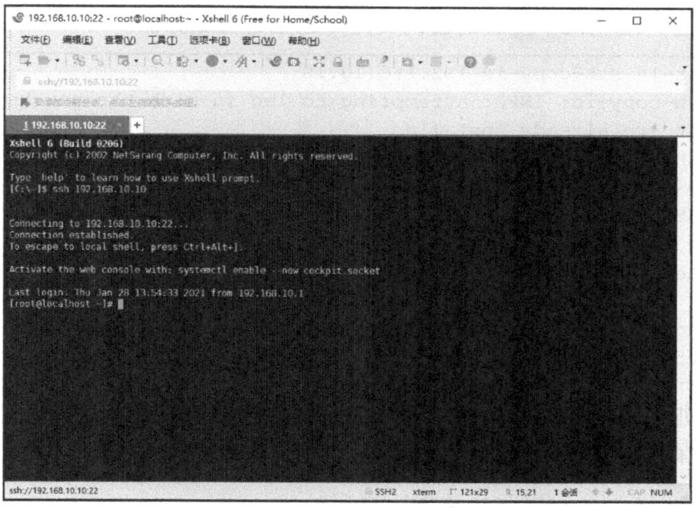

图 9-16 远程登录成功

9.2.2 安全密钥验证

加密是对信息进行编码和解码的技术，它通过一定的算法（密钥）将原本能被直接阅读的明文信息转换成密文形式。密钥即是密文的钥匙，有私钥和公钥之分。在传输数据时，如果担心被他人监听或截获，就可以在传输前先使用公钥对数据加密处理，然后再进行传送。这样，只有掌握私钥的用户才能解密这段数据，除此之外的其他人即便截获了数据，一般也很难将其破译为明文信息。

一言以蔽之，在生产环境中使用密码进行验证终归存在着被暴力破解或嗅探截获的风险。如果正确配置了密钥验证方式，那么 sshd 服务程序将更加安全。下面进行具体的配置，其步骤如下。

第 1 步：在客户端主机中生成"密钥对"，记住是客户端。

```
[root@Client~]# ssh-keygen
Generating public/private rsa key pair.
Enter file in which to save the key (/root/.ssh/id_rsa): 按回车键或设置密钥的存储路径
Enter passphrase (empty for no passphrase): 按回车键或设置密钥的密码
Enter same passphrase again: 再次按回车键或设置密钥的密码
Your identification has been saved in /root/.ssh/id_rsa.
Your public key has been saved in /root/.ssh/id_rsa.pub.
The key fingerprint is:
SHA256:kHa7B8V0nk63evABRrfZhxUpLM5Hx0I6gb7isNG9Hkg root@linuxprobe.com
The key's randomart image is:
+---[RSA 2048]----+
|           o.=.o.+|
|        . + =oB X |
|      + o =oO O o|
|     . o + *.+ ..|
|      .ES . + o  |
|     o.o.=    + . |
|      =.o.o . o  |
|     . . o.  .   |
|         ..      |
+----[SHA256]-----+
```

第 2 步：把客户端主机中生成的公钥文件传送至远程服务器。

```
[root@Client~]# ssh-copy-id 192.168.10.10
/usr/bin/ssh-copy-id: INFO: attempting to log in with the new key(s), to filter
out any that are already installed
/usr/bin/ssh-copy-id: INFO: 1 key(s) remain to be installed -- if you are
prompted now it is to install the new keys
root@192.168.10.10's password: 此处输入服务器管理员密码

Number of key(s) added: 1

Now try logging into the machine, with:   "ssh '192.168.10.10'"
and check to make sure that only the key(s) you wanted were added.
```

第 3 步：对服务器进行设置，使其只允许密钥验证，拒绝传统的密码验证方式。记得在修改配置文件后保存并重启 sshd 服务程序。

```
[root@Server~]# vim /etc/ssh/sshd_config
………………省略部分输出信息………………
# To disable tunneled clear text passwords, change to no here!
#PasswordAuthentication yes
#PermitEmptyPasswords no
PasswordAuthentication no

………………省略部分输出信息………………
[root@Server~]# systemctl restart sshd
```

第 4 步：客户端尝试登录到服务器，此时无须输入密码也可成功登录，特别方便。

```
[root@Client~]# ssh 192.168.10.10
Activate the web console with: systemctl enable --now cockpit.socket

Last failed login: Thu Jan 28 13:44:09 CST 2021 from 192.168.10.20 on ssh:notty
There were 2 failed login attempts since the last successful login.
Last login: Thu Jan 28 13:22:34 2021 from 192.168.10.20
```

但是，如果用户没有密钥信息，即便有密码也会被拒绝，系统甚至不会给用户输入密码的机会，如图 9-17 所示。

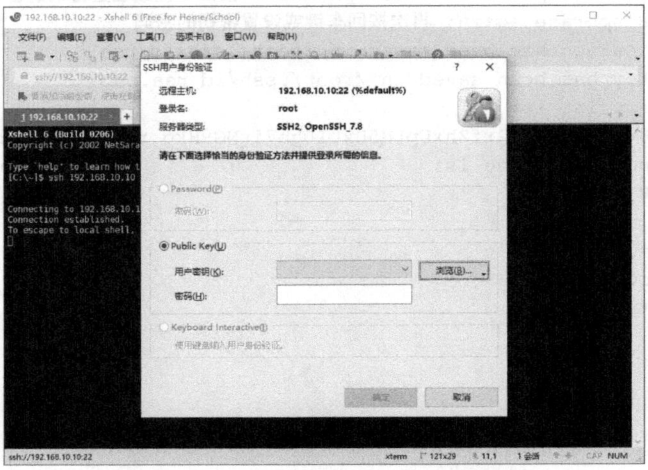

图 9-17　无密钥访问远程服务器被拒

9.2.3 远程传输命令

不知道读者有没有考虑一个问题：既然 SSH 协议可以让用户远程控制服务器、传输命令信息，那么是不是也能传输文件呢？

scp（secure copy）是一个基于 SSH 协议在网络之间进行安全传输的命令，其格式为“scp [参数]本地文件 远程账户@远程 IP 地址:远程目录”。

与第 2 章讲解的 cp 命令不同，cp 命令只能在本地硬盘中进行文件复制，而 scp 不仅能够通过网络传送数据，而且所有的数据都将进行加密处理。例如，如果想把一些文件通过网络从一台主机传递到其他主机，这两台主机又恰巧都是 Linux 系统，这时使用 scp 命令就可以轻松完成文件的传递了。scp 命令中可用的参数以及作用如表 9-3 所示。

表 9-3　　　　scp 命令中可用的参数及作用

参数	作用
-v	显示详细的连接进度
-P	指定远程主机的 sshd 端口号
-r	用于传送文件夹
-6	使用 IPv6 协议

在使用 scp 命令把文件从本地复制到远程主机时，首先需要以绝对路径的形式写清本地文件的存放位置。如果要传送整个文件夹内的所有数据，还需要额外添加参数-r 进行递归操作。然后写上要传送到的远程主机的 IP 地址，远程服务器便会要求进行身份验证了。当前用户名称为 root，而密码则为远程服务器的密码。如果想使用指定用户的身份进行验证，可使用用户名@主机地址的参数格式。最后需要在远程主机的 IP 地址后面添加冒号，并在后面写上要传送到远程主机的哪个文件夹中。只要参数正确并且成功验证了用户身份，即可开始传送工作。由于 scp 命令是基于 SSH 协议进行文件传送的，而 9.2.2 节又设置好了密钥验证，因此当前在传输文件时，并不需要账户和密码。

```
[root@Client~]# echo "Welcome to LinuxProbe.Com" > readme.txt
[root@Client~]# scp /root/readme.txt 192.168.10.10:/home
readme.txt                              100%   26    13.6KB/s   00:00
```

此外，还可以使用 scp 命令把远程服务器上的文件下载到本地主机，其命令格式为“scp [参数]远程用户@远程 IP 地址:远程文件 本地目录”。这样就无须先登录远程主机再进行文件传送了，也就省去了很多周折。例如，可以把远程主机的系统版本信息文件下载过来。

```
[root@Client~]# scp 192.168.10.10:/etc/redhat-release /root
[root@Client~]# scp 192.168.10.10:/etc/redhat-release /root
redhat-release                         100%   45    23.6KB/s   00:00
[root@Client~]# cat redhat-release
Red Hat Enterprise Linux release 8.0 (Ootpa)
```

9.3 不间断会话服务

大家在学习 sshd 服务时，不知有没有注意到这样一个事情：当与远程主机的会话被关闭时，在远程主机上运行的命令也随之被中断。

如果正在使用命令来打包文件，或者正在使用脚本安装某个服务程序，中途是绝对不能关闭在本地打开的终端窗口或断开网络连接的，甚至连网速的波动都有可能导致任务中断，此时只能重新进行远程连接并重新开始任务。还有些时候，我们正在执行文件打包操作，同时又想用脚本来安装某个服务程序，这时会因为打包操作的输出信息占满用户的屏幕界面，而只能再打开一个执行远程会话的终端窗口。时间久了，难免会忘记这些打开的终端窗口是做什么用的了。

Terminal Multiplexer（终端复用器，简称为 Tmux）是一款能够实现多窗口远程控制的开源服务程序。简单来说就是为了解决网络异常中断或为了同时控制多个远程终端窗口而设计的程序。用户还可以使用 Tmux 服务程序同时在多个远程会话中自由切换，能够实现如下功能。

- **会话恢复**：即便网络中断，也可让会话随时恢复，确保用户不会失去对远程会话的控制。
- **多窗口**：每个会话都是独立运行的，拥有各自独立的输入输出终端窗口，终端窗口内显示过的信息也将被分开隔离保存，以便下次使用时依然能看到之前的操作记录。
- **会话共享**：当多个用户同时登录到远程服务器时，便可以使用会话共享功能让用户之间的输入输出信息共享。

在 RHEL 8 系统中，默认没有安装 Tmux 服务程序，因此需要配置软件仓库来安装它。配置软件仓库的步骤请见 8.3.2 节，BaseOS 和 AppStream 都要配置，这里直接开始安装 Tmux：

```
[root@linuxprobe~]# dnf install tmux
Updating Subscription Management repositories.
Unable to read consumer identity
This system is not registered to Red Hat Subscription Management. You can use
subscription-manager to register.
AppStream                                    3.1 MB/s | 3.2 kB     00:00
BaseOS                                       2.7 MB/s | 2.7 kB     00:00
Dependencies resolved.
================================================================================
 Package      Arch         Version        Repository     Size
================================================================================
Installing:
 tmux         x86_64       2.7-1.el8      BaseOS         317 k

Transaction Summary
================================================================================
Install  1 Package

Total size: 317 k
Installed size: 770 k
Is this ok [y/N]: y
Downloading Packages:
Running transaction check
Transaction check succeeded.
Running transaction test
Transaction test succeeded.
Running transaction
  Preparing        :                                                      1/1
  Installing       : tmux-2.7-1.el8.x86_64                                1/1
  Running scriptlet: tmux-2.7-1.el8.x86_64                                1/1
  Verifying        : tmux-2.7-1.el8.x86_64                                1/1
Installed products updated.
```

```
Installed:
  tmux-2.7-1.el8.x86_64

Complete!
```

注：

简捷起见，刘遄老师将对后面章节中出现的软件安装信息进行过滤——把重复性高及无意义的非必要信息省略。

9.3.1　管理远程会话

Tmux 服务能做的事情非常多，例如创建不间断会话、恢复离线工作、将界面切分为不同的窗格、共享会话等。下面直接敲击 tmux 命令进入会话窗口中，如图 9-18 所示。

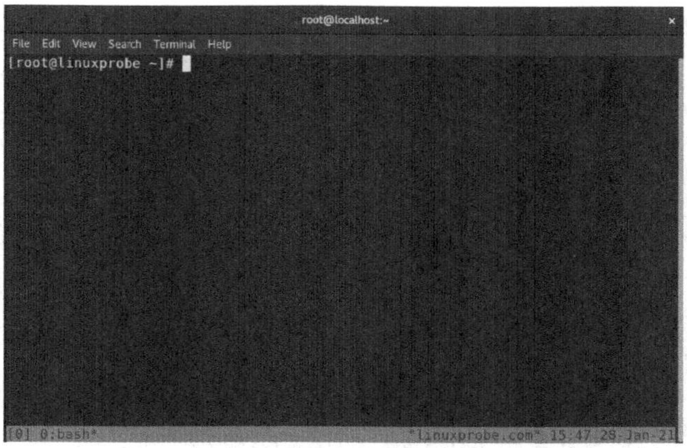

图 9-18　Tumx 服务程序会话窗口

不难发现，会话窗口的底部出现了一个绿色的状态栏，里面分别显示的是会话编号、名称、主机名及系统时间。

退出会话窗口的命令是 exit，敲击后即可返回到正常的终端界面，如图 9-19 所示。

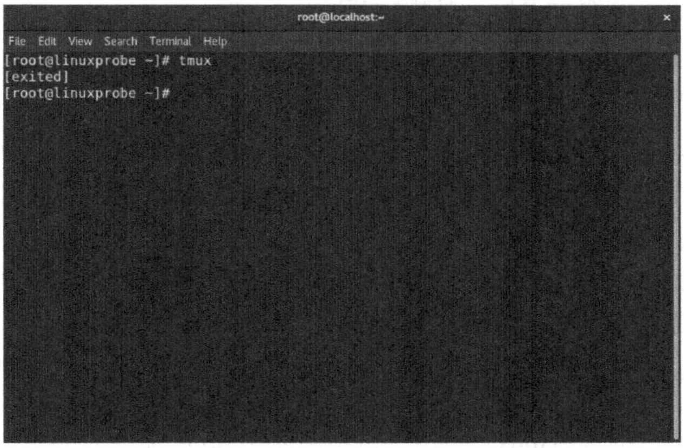

图 9-19　从会话窗口退回到终端界面

会话窗口的编号是从 0 开始自动排序（即 0、1、2、3、……），会话窗口数量少的时候还没关系，数量多的时候区分起来就很麻烦了。接下来创建一个指定名称为 backup 的会话窗口。请各位读者留心观察，当在命令行中敲下下面这条命令的一瞬间，屏幕会快速闪动一下，这时就已经进入 Tmux 会话中了，在里面执行的任何操作都会被后台记录下来。

```
[root@linuxprobe~]# tmux new -s backup
```

假设我们突然要去忙其他事情，但会话窗口中执行的进程还不能被中断，此时便可以用 detach 参数将会话隐藏到后台。虽然看起来与刚才没有不同，但实际上可以看到当前的会话正在工作中：

```
[root@linuxprobe~]# tmux detach
[detached (from session backup)]
```

如果觉得每次输入 detach 参数都很麻烦，可以直接如图 9-20 所示关闭中断窗口（这与进行远程连接时突然断网具有相同的效果），Tmux 服务程序会自动帮我们进行保存。

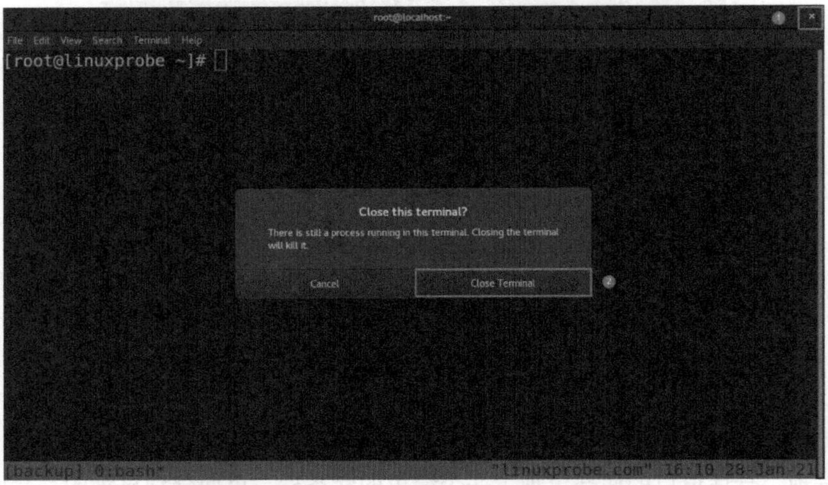

图 9-20　强行关闭会话窗口

这样操作之后，服务和进程都会一直在后台默默运行，不会因为窗口被关闭而造成数据丢失。不放心的话可以查看一下后台有哪些会话：

```
[root@linuxprobe~]# tmux ls
backup: 1 windows (created Thu Jan 28 15:57:40 2021) [80x23]
```

在传统的远程控制中，如果突然关闭会话窗口，一定会导致正在运行的命令也突然终止，但是在 Tmux 的不间断会话服务中则不会这样。我们只需查看一下刚刚关闭的离线会话名称，然后尝试恢复回来，这个会话就可以继续工作了。回归到 backup 会话中的方法很简单，直接在 tmux 命令后面加 attach 和会话编号或会话名称就可以。关闭会话窗口之前正在进行的一切工作状态都会被原原本本地呈现出来，丝毫不受影响：

```
[root@linuxprobe~]# tmux attach -t backup
```

如果不再需要使用这个 Tmux 会话了，也不用先在 tmux 命令后面添加 attach，再执行 exit 命令退出，而是可以直接使用 kill 命令杀死这个会话。

```
[root@linuxprobe~]# tmux attach -t backup
[exited]
[root@linuxprobe~]# tmux ls
no server running on /tmp/tmux-0/default
```

在日常的生产环境中，其实并不是必须先创建会话，然后再开始工作。可以直接使用 tmux 命令执行要运行的指令，这样命令中的一切操作都会被记录下来，当命令执行结束后，后台会话也会自动结束。

```
[root@linuxprobe~]# tmux new "vim memo.txt"
```

9.3.2 管理多窗格

在实际工作中，一个 Shell 终端窗口总是不够用，这怎么办呢？Tmux 服务有个多窗格功能，能够把一个终端界面按照上下或左右进行切割，从而使得能同时做多件事情，而且之间互不打扰，特别方便。

先创建一个会话。使用“tmux split-window”命令可以创建上下切割的多窗格终端界面，如图 9-21 所示。使用“tmux split-window -h”命令可以创建左右切割的多窗格终端界面，如图 9-22 所示。

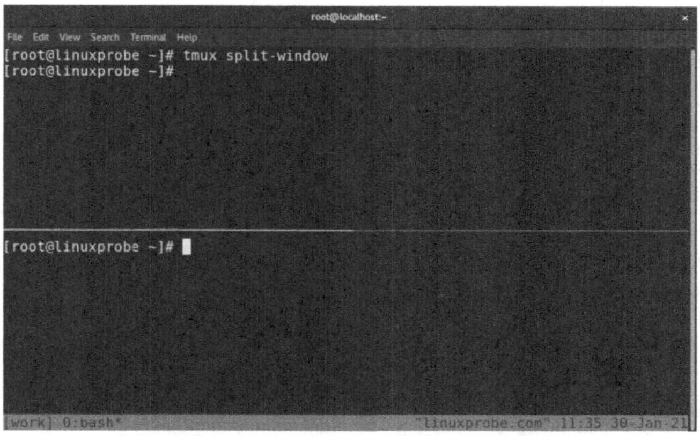

图 9-21　上下切割的多窗格

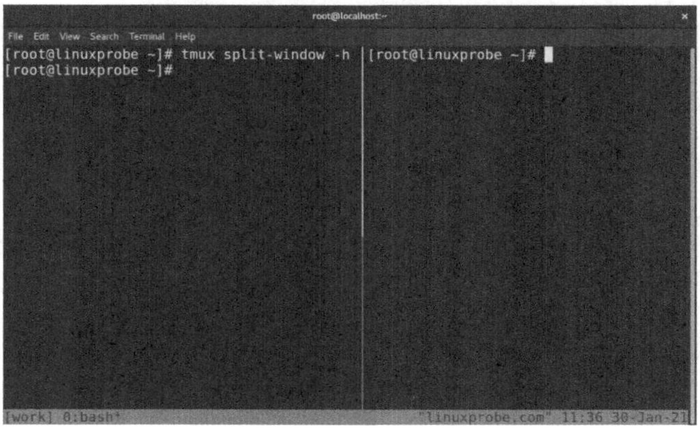

图 9-22　左右切割的多窗格

创建多窗格终端界面后，我们同时做几件事情都不会乱了。如果觉得两个窗格还不够，那就再执行几次上面的命令吧，退出时执行 exit 命令即可。

呀！一不小心创建得太多了，当前正在使用的窗格变得特别小，看不到输入内容了，怎么办呢？不要着急！可以同时按下"Ctrl + B +方向键"调整窗格的尺寸。例如，现在使用的窗格有些小，想向右扩大一些，则同时如下"Ctrl + B +右箭头键"就行了。

如果需要切换到其他窗格进行工作，但又不能关闭当前的窗格，则可使用如表 9-4 所示的命令进行切换。

表 9-4　　Tmux 不间断会话多窗格的切换命令

命令	作用
tmux select-pane -U	切换至上方的窗格
tmux select-pane -D	切换至下方的窗格
tmux select-pane -L	切换至左方的窗格
tmux select-pane -R	切换至右方的窗格

假如想调整窗格的位置，把上面与下面的窗格位置互换，则可以用如表 9-5 所示的命令进行互换。

表 9-5　　Tmux 不间断会话多窗格的互换命令

命令	作用
tmux swap-pane -U	将当前窗格与上方的窗格互换
tmux swap-pane -D	将当前窗格与下方的窗格互换
tmux swap-pane -L	将当前窗格与左方的窗格互换
tmux swap-pane -R	将当前窗格与右方的窗格互换

如图 9-23 所示，原本执行过 uptime 命令的窗格在下方，只需要在该窗格中执行"tmux swap-pane -U"命令即可与上方窗格互换位置，效果如图 9-24 所示。

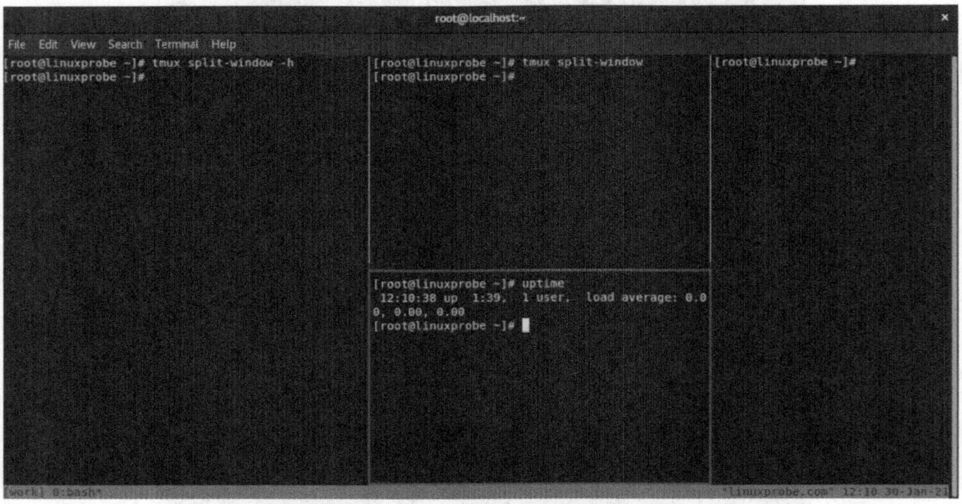

图 9-23　切换窗格位置前

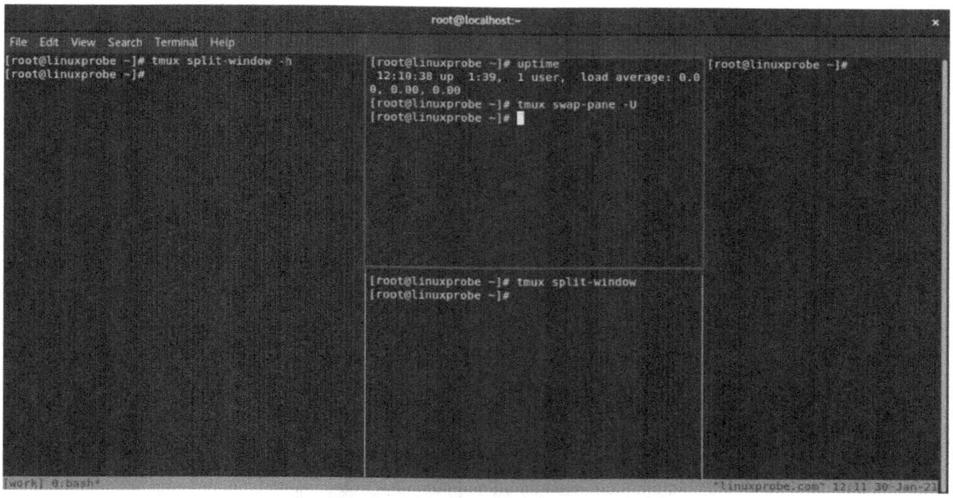

图 9-24 切换窗格位置后

在工作中，通过输入命令来切换窗格难免有些麻烦，实际上 Tmux 服务为用户提供了一系列快捷键来执行窗格的切换。方法是先同时按下 Ctrl+B 组合键，然后松手后再迅速按下其他后续按键，而不是一起按下。用于操作会话窗格的常见快捷键如表 9-6 所示。

表 9-6 操作 Tmux 会话窗格相关的常用快捷键

快捷键	作用
%	划分为左右两个窗格
"	划分为上下两个窗格
;	切换至上一个窗格
o	切换至下一个窗格
{	将当前窗格与上一个窗格位置互换
}	将当前窗格与下一个窗格位置互换
x	关闭窗格
!	将当前窗格拆分成独立窗口，而不在与其他窗格同处一个界面
q	显示窗格编号

请大家一定要注意，在通过快捷键来操作会话窗格时，一定是先按下 Ctrl+B 组合键后，再敲击其他按键，否则操作不生效。假设现在有如图 9-25 所示的两个窗格，我们想将这两个窗口的位置互换。操作方法是先同时按下 Ctrl+B 组合键，然后松手，再按下“}”键，即可实现，最终效果如图 9-26 所示。

在学会了 Tmux 服务的这些操作之后，日常管理就不成问题了。这里提及的命令和快捷键不建议死记硬背，工作时可以把书放在案头，随用随查即可。

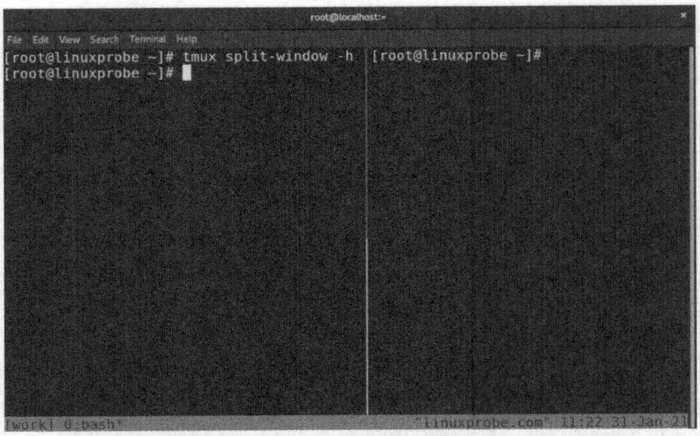

图 9-25 窗格互换前

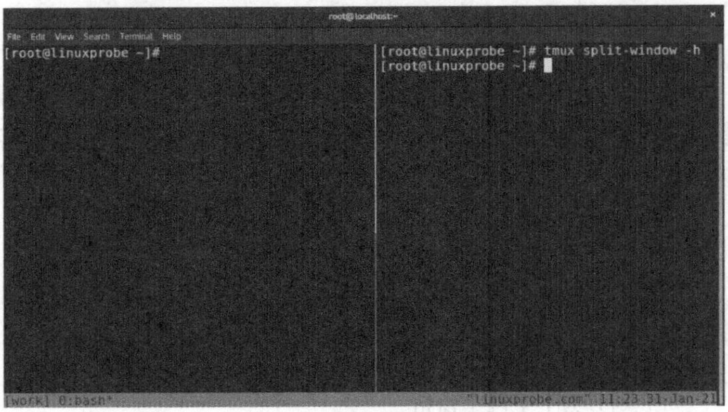

图 9-26 窗格互换后

9.3.3 会话共享功能

Tmux 服务不仅可以确保用户在极端情况下也不丢失对系统的远程控制，保证了生产环境中远程工作的不间断性，而且它还具有会话共享、分屏切割窗格、会话锁定等实用的功能。其中，会话共享功能是一件很酷的事情，当多个用户同时控制服务器的时候，它可以把服务器屏幕内容共享出来。也就是说，每个用户都能够看到相同的内容，还能一起同时操作。会话共享功能的技术拓扑如图 9-27 所示。

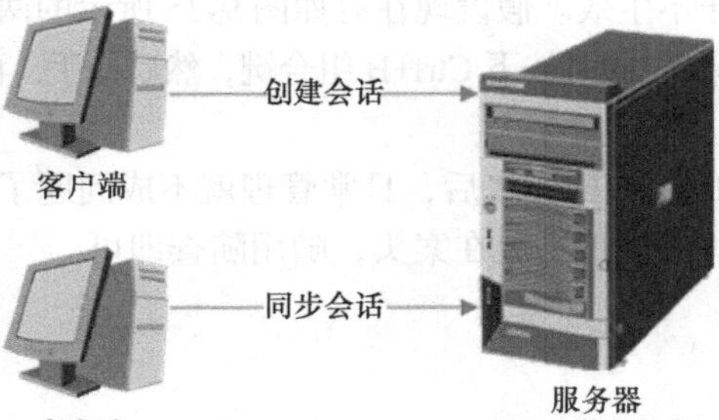

图 9-27 会话共享功能的技术拓扑

要实现会话共享功能，首先使用 ssh 服务将客户端 A 远程连接到服务器，随后使用 Tmux 服务创建一个新的会话窗口，名称为 share：

```
[root@client A~]# ssh 192.168.10.10
The authenticity of host '192.168.10.10 (192.168.10.10)' can't be established.
ECDSA key fingerprint is SHA256:5d52kZi1la/FJK4v4jibLBZhLqzGqbJAskZiME6ZXpQ.
Are you sure you want to continue connecting (yes/no)? yes
Warning: Permanently added '192.168.10.10' (ECDSA) to the list of known hosts.
root@192.168.10.10's password: 此处输入服务器管理员密码
Activate the web console with: systemctl enable --now cockpit.socket

Last login: Fri Jul 24 06:26:58 2020
[root@client A~]# tmux new -s share
```

然后，使用 ssh 服务将客户端 B 也远程连接到服务器，并执行获取远程会话的命令。接下来，两台客户端就能看到相同的内容了。

```
[root@client B~]# ssh 192.168.10.10
The authenticity of host '192.168.10.10 (192.168.10.10)' can't be established.
ECDSA key fingerprint is SHA256:5d52kZi1la/FJK4v4jibLBZhLqzGqbJAskZiME6ZXpQ.
Are you sure you want to continue connecting (yes/no)? yes
Warning: Permanently added '192.168.10.10' (ECDSA) to the list of known hosts.
root@192.168.10.10's password: 此处输入服务器管理员密码
Activate the web console with: systemctl enable --now cockpit.socket

Last login: Fri Jul 24 06:26:58 2020
[root@client B~]# tmux attach-session -t share
```

操作完成后，两台客户端的所有终端信息都会被实时同步，它们可以一起共享同一个会话窗口，特别方便。为了让大家更好地感受会话共享功能的强大之处，读者可以从两台不同的客户端同时远程控制到服务器上面，我们也可以在同一台电脑上创建出两个窗格（见图 9-28）来模拟这一行为，更能清晰地看到数据被同步的过程。

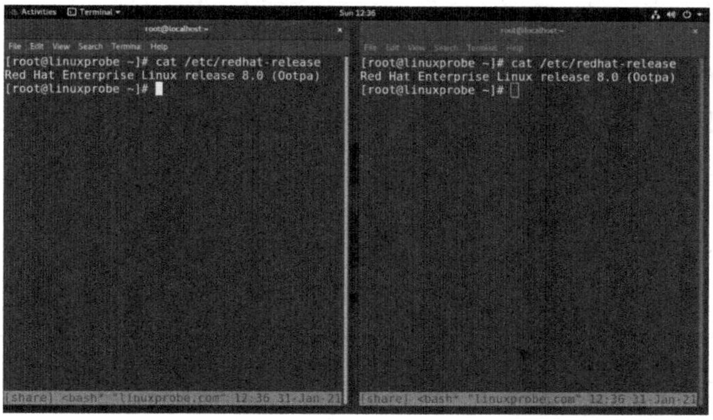

图 9-28　终端界面进行会话同步

9.4　检索日志信息

Linux 系统拥有十分强大且灵活的日志系统，用于保存几乎所有的操作记录和服务运行状态，并且按照“报错”“警告”“提示”和“其他”等标注进行了分类。运维管理员可以根据所需的信息进行检索，快速找出想要的信息，因此对于了解系统运行状态有着不错的帮助作用。

在 RHEL 8 系统中，默认的日志服务程序是 rsyslog。可以将 rsyslog 理解成之前的 syslogd 服务的增强版本，它更加注重日志的安全性和性能指标。为了便于日后的检索，不同的日志信息会被写入到不同的文件中。在 Linux 系统中，常见的日志文件如表 9-7 所示。

表 9-7　　常见的日志文件保存路径

文件路径	作用
/var/log/boot.log	系统开机自检事件及引导过程等信息
/var/log/lastlog	用户登录成功时间、终端名称及 IP 地址等信息
/var/log/btmp	记录登录失败的时间、终端名称及 IP 地址等信息
/var/log/messages	系统及各个服务的运行和报错信息
/var/log/secure	系统安全相关的信息
/var/log/wtmp	系统启动与关机等相关信息

在日常工作中，/var/log/message 这个综合性的文件用得最多。在处理 Linux 系统中出现的各种故障时，一般是最先发现故障的症状，而找到故障的原因则一定离不开日志信息的帮忙。

从理论上讲，日志文件分为下面 3 种类型。

- **系统日志**：主要记录系统的运行情况和内核信息。
- **用户日志**：主要记录用户的访问信息，包含用户名、终端名称、登入及退出时间、来源 IP 地址和执行过的操作等。
- **程序日志**：稍微大一些的服务一般都会保存一份与其同名的日志文件，里面记录着服务运行过程中各种事件的信息；每个服务程序都有自己独立的日志文件，且格式相差较大。

只有快速地定位故障点，才能对症下药，及时解决各种系统问题。

上面提到，每个稍微大一些的服务都有自己独立的日志文件，为了让用户在检索信息时不至于特别麻烦，journalctl 命令应运而生。journalctl 命令用于检索和管理系统日志信息，英文全称为“journal control”，语法格式为“journalctl 参数”。它可以根据事件、类型、服务名称等信息进行信息检索，从而大大提高了日常排错的效率。journalctl 命令的常见参数如表 9-8 所示。大家可以先混个脸熟，然后再开始实验。

表 9-8　　journalctl 命令中的常用参数以及作用

参数	作用
-k	内核日志
-b	启动日志
-u	指定服务
-n	指定条数
-p	指定类型
-f	实时刷新（追踪日志）
--since	指定时间
--disk-usage	占用空间

现在准备动手动手操练起来！首先查看系统中最后 5 条日志信息：

```
[root@linuxprobe~]# journalctl -n 5
-- Logs begin at 2020-07-24 05:59:38 CST, end at 2020-07-25 13:39:51 CS>
Jan 31 13:33:54 linuxprobe.com systemd[1]: Started Fingerprint Authentic>
Jan 31 13:33:55 linuxprobe.com gnome-keyring-daemon[2533]: couldn't init>
Jan 31 13:33:55 linuxprobe.com gdm-password][4983]: gkr-pam: unlocked lo>
Jan 31 13:33:56 linuxprobe.com NetworkManager[1203]:   [1612071236>
Jan 31 13:39:51 linuxprobe.com cupsd[1230]: REQUEST localhost - - "POST >
lines 1-6/6 (END)
```

还可以使用-f 参数实时刷新日志的最新内容（这与第 2 章介绍的 tail -f /var/log/message 命令的效果相同）：

```
[root@linuxprobe~]# journalctl -f
-- Logs begin at Fri 2020-07-24 05:59:38 CST. --
Jan 31 13:33:54 localhost.localdomain dbus-daemon[1058]: [system] Activating via
systemd: service name='net.reactivated.Fprint' unit='fprintd.service' requested by ':
1.172' (uid=0 pid=2600 comm="/usr/bin/gnome-shell " label="unconfined_u:unconfined_r:
unconfined_t:s0-s0:c0.c1023")
Jan 31 13:33:54 localhost.localdomain systemd[1]: Starting Fingerprint
Authentication Daemon...
Jan 31 13:33:54 localhost.localdomain dbus-daemon[1058]: [system] Successfully
activated service 'net.reactivated.Fprint'
Jan 31 13:33:54 localhost.localdomain systemd[1]: Started Fingerprint
Authentication Daemon.
………………省略部分输出信息………………
```

在 rsyslog 服务程序中，日志根据重要程度被分为 9 个等级，如表 9-9 所示。这样的好处是，我们可以直击最重要的信息，而不用担心会被海啸般的输出内容所淹没。大家可以将表 9-9 留存，以备日后工作中进行查阅。

表 9-9 日志信息等级分类

日志等级	说明
emerg	系统出现严重故障，比如内核崩溃
alert	应立即修复的故障，比如数据库损坏
crit	危险性较高的故障，比如硬盘损坏导致程序运行失败
err	危险性一般的故障，比如某个服务启动或运行失败
warning	警告信息，比如某个服务参数或功能出错
notice	不严重的一般故障，只是需要抽空处理的情况
info	通用性消息，用于提示一些有用的信息
debug	调试程序所产生的信息
none	没有优先级，不进行日志记录

如果只想看系统中较高级别的报错信息，可以在 journalctl 命令中用-p 参数进行指定：

```
[root@linuxprobe~]# journalctl -p crit
-- Logs begin at Fri 2020-07-24 05:59:38 CST, end at Sun 2021-01-31 15:06:07 CST. --
Jul 24 05:59:38 localhost.localdomain kernel: Detected CPU family 6 model 158
stepping 13
Jul 24 05:59:38 localhost.localdomain kernel: Warning: Intel Processor - this
```

```
hardware has not undergone testing by Red Hat and might not be certified. Please
consult https://hardware.redhat.com for certified hardware.
………………省略部分输出信息………………
```

我们不仅能够根据日志等级进行检索，还可以用--since 参数按照今日（today）、近 *N* 小时（hour）、指定时间范围的格式进行检索，找出最近的日志数据。来看下面几个例子。

仅查询今日的日志信息：

```
[root@linuxprobe~]# journalctl --since today
-- Logs begin at Fri 2020-07-24 05:59:38 CST, end at Sun 2021-01-31 15:10:01 CST. --
Jan 31 12:48:25 localhost.localdomain systemd[1]: Starting update of the root
trust anchor >
Jan 31 12:48:25 localhost.localdomain rsyslogd[1392]: imjournal: sd_journal_get_
cursor() fail>
Jan 31 12:48:25 localhost.localdomain rsyslogd[1392]: imjournal: journal
reloaded... [v8.3>
Jan 31 12:48:25 localhost.localdomain systemd[1]: Started update of the root
trust anchor for>
Jan 31 12:48:25 localhost.localdomain sssd[kcm][2764]: Shutting down
………………省略部分输出信息………………
```

仅查询最近 1 小时的日志信息：

```
[root@linuxprobe~]# journalctl --since "-1 hour"
-- Logs begin at Fri 2020-07-24 05:59:38 CST, end at Sun 2021-01-31 15:10:01 CST. --
Jan 31 14:25:36 localhost.localdomain systemd[1]: Starting dnf makecache...
Jan 31 14:25:36 localhost.localdomain dnf[5516]: Updating Subscription Management
repositories.
Jan 31 14:25:36 localhost.localdomain dnf[5516]: Unable to read consumer identity
Jan 31 14:25:36 localhost.localdomain dnf[5516]: This system is not registered
to Red Hat>
Jan 31 14:25:36 localhost.localdomain dnf[5516]: Metadata cache refreshed recently.
Jan 31 14:25:36 localhost.localdomain systemd[1]: Started dnf makecache.
………………省略部分输出信息………………
```

仅查询 12 点整到 14 点整的日志信息：

```
[root@linuxprobe~]# journalctl --since "12:00" --until "14:00"
-- Logs begin at Fri 2020-07-24 05:59:38 CST, end at Sun 2021-01-31 15:10:01 CST. --
Jan 31 12:48:25 localhost.localdomain systemd[1]: Starting update of the root
trust anchor>
Jan 31 12:48:25 localhost.localdomain rsyslogd[1392]: imjournal: sd_journal_get_
cursor()>
Jan 31 12:48:25 localhost.localdomain rsyslogd[1392]: imjournal: journal
reloaded... [v8.37>
Jan 31 12:48:25 localhost.localdomain systemd[1]: Started update of the root
trust anchor>
Jan 31 12:48:25 localhost.localdomain sssd[kcm][2764]: Shutting down
Jan 31 12:48:30 localhost.localdomain systemd[1]: Starting SSSD Kerberos Cache
Manager...
Jan 31 12:48:30 localhost.localdomain systemd[1]: Started SSSD Kerberos Cache
Manager.
Jan 31 12:48:30 localhost.localdomain sssd[kcm][3981]: Starting up
………………省略部分输出信息………………
```

仅查询从2020年7月1日至2020年8月1日的日志信息：

```
[root@linuxprobe~]# journalctl --since "2020-07-01" --until "2020-08-01"
-- Logs begin at Fri 2020-07-24 05:59:38 CST, end at Sun 2021-01-31 15:10:01 CST. --
Jul 24 05:59:38 localhost.localdomain kernel: Linux version 4.18.0-80.el8.x86_
64 (mockbuild>
Jul 24 05:59:38 localhost.localdomain kernel: Command line: BOOT_IMAGE=(hd0,
msdos1)/vmlinuz>
Jul 24 05:59:38 localhost.localdomain kernel: Disabled fast string operations
Jul 24 05:59:38 localhost.localdomain kernel: x86/fpu: Supporting XSAVE feature
0x001: 'x87>
Jul 24 05:59:38 localhost.localdomain kernel: x86/fpu: Supporting XSAVE feature
0x002: 'SSE>
Jul 24 05:59:38 localhost.localdomain kernel: x86/fpu: Supporting XSAVE feature
0x004: 'AVX>
Jul 24 05:59:38 localhost.localdomain kernel: x86/fpu: xstate_offset[2]:  576,
xstate_sizes>
Jul 24 05:59:38 localhost.localdomain kernel: x86/fpu: Enabled xstate features
0x7, context>
Jul 24 05:59:38 localhost.localdomain kernel: BIOS-provided physical RAM map:
………………省略部分输出信息………………
```

下面我们来看个不一样的：查询指定服务的日志信息。在默认情况下，所有的日志信息都是混在一起的。如果想看具体某项服务的日志信息，可以使用_SYSTEMD_UNIT参数进行查询，服务名称的后面要有“.service”，这是标准服务名称的写法。

```
[root@linuxprobe~]# journalctl -u sshd
-- Logs begin at Mon 2020-09-14 15:35:27 CST, end at Sun 2021-01-31 17:26:15 CST. --
Nov 09 13:50:03 iZuf61gqesu0zmrcsma8x4Z sshd[1218]: Server listening on 0.0.0.0
port 22.
Nov 09 13:58:45 iZuf61gqesu0zmrcsma8x4Z sshd[1218]: Received signal 15; terminating.
-- Reboot --
Nov 09 13:59:29 iZuf61gqesu0zmrcsma8x4Z sshd[1127]: Server listening on 0.0.0.0
port 22.
Nov 09 14:12:12 iZuf61gqesu0zmrcsma8x4Z sshd[1262]: Accepted password for root
from 111.196
Nov 09 14:12:12 iZuf61gqesu0zmrcsma8x4Z sshd[1262]: pam_unix(sshd:session):
session opened
Nov 09 14:14:31 iZuf61gqesu0zmrcsma8x4Z sshd[1127]: Received signal 15; terminating.
………………省略部分输出信息………………
```

恭喜您！又学习完了一章。按照本书内容结构的划分，从第10章开始将介绍各种服务的配置方法。随着实验的成功，相信大家的学习乐趣也会翻倍提升。一定要坚持下去哦！

复习题

1. 在Linux系统中有多种方法可以配置网络参数，请列举几种。

   答：配置网络参数可以使用nmtui命令、nmcli命令、nm-connection-editor命令或者直接编辑网络配置文件来实现对网络参数的修改。

2. 在 RHEL 8 系统中使用网络会话技术的目的是什么？

答：使用 nmcli 命令来管理网络会话的目的是为了快速切换网络参数，以便适应不同的工作场景。

3. 请简述网卡绑定技术 balaner-rr 模式的特点。

答：平时两块网卡均工作，且自动备援，无须交换机设备提供辅助支持。

4. 在 Linux 系统中，当通过修改其配置文件中的参数来配置服务程序时，若想要让新配置的参数生效，还需要执行什么操作？

答：需要重新启动相关的服务程序，或让服务程序重新加载配置文件，或重启系统。

5. sshd 服务的密码验证与密钥验证方式，哪个更安全？

答：一般情况下，密钥验证方式更加安全。若用户有更高的安全需求，还可以再对密钥文件进行密码加密，从而实现双重加密。

6. 想要把本地文件/root/out.txt 传送到地址为 192.168.10.20 的远程主机的/home 目录下，且本地主机与远程主机均为 Linux 系统，最为简便的传送方式是什么？

答：执行命令 scp /root/out.txt root@192.168.10.20:/home，并在进行密码验证后即可开始传送。

7. Tmux 服务程序能够让用户实现远程控制的不间断会话，即便网络发生中断也不丢失对远程主机的会话控制。那么，当想要恢复一个名为 linux 的会话窗口时，应该怎么做呢？

答：执行命令 tmux attach -t linux 即可恢复这个会话窗口。

第 10 章

使用 Apache 服务部署静态网站

本章讲解了如下内容：

- 网站服务程序；
- 配置服务文件参数；
- SELinux 安全子系统；
- 个人用户主页功能；
- 虚拟主机功能；
- Apache 的访问控制。

本章先向读者科普什么是 Web 服务程序以及 Web 服务程序的用处，然后通过对比当前主流的 Web 服务程序来使读者更好地理解其各自的优势及特点，最后通过对 httpd 服务程序中"全局配置参数""区域配置参数"及"注释信息"的理论讲解和实战部署，确保读者学会 Web 服务程序的配置方法，并真正掌握在 Linux 系统中配置服务的技巧。

本章还会讲解 SELinux 服务的作用、3 种工作模式以及策略管理方法，确保读者掌握 SELinux 域和 SELinux 安全上下文的配置方法，并依次完成多个基于 httpd 服务程序的实用功能的部署实验，其中包括 httpd 服务程序的基本部署、个人用户主页功能和密码加密认证方式的实现，以及分别基于 IP 地址、主机名（域名）、端口号部署虚拟主机网站功能。

10.1 网站服务程序

1970 年，作为互联网前身的 ARPANET（阿帕网）已初具雏形，并开始向非军用部门开放，许多大学和商业机构开始陆续接入。虽然彼时阿帕网的规模（只有 4 台主机联网运行）还不如现在的局域网成熟，但是它依然为网络技术的进步打下了扎实的基础。

想必大多数人都是通过访问网站而开始接触互联网的吧。我们平时访问的网站服务就是 Web 网络服务，一般是指允许用户通过浏览器访问互联网中各种资源的服务。如图 10-1 所示，Web 网络服务是一种被动访问的服务程序，即只有接收到互联网中其他主机发出的请求后才会响应，最终用于提供服务程序的 Web 服务器会通过 HTTP（超文本传输协议）或 HTTPS（安全超文本传输协议）把请求的内容传送给用户。

目前能够提供 Web 网络服务的程序有 IIS、Nginx 和 Apache 等。其中，IIS（Internet Information Service，互联网信息服务）是 Windows 系统中默认的 Web 服务程序，这是一款图形化的网站管理工具，不仅可以提供 Web 网站服务，还可以提供 FTP、NMTP、SMTP 等服务。但是，IIS 只能在 Windows 系统中使用，暂时不在我们的学习范围之内。

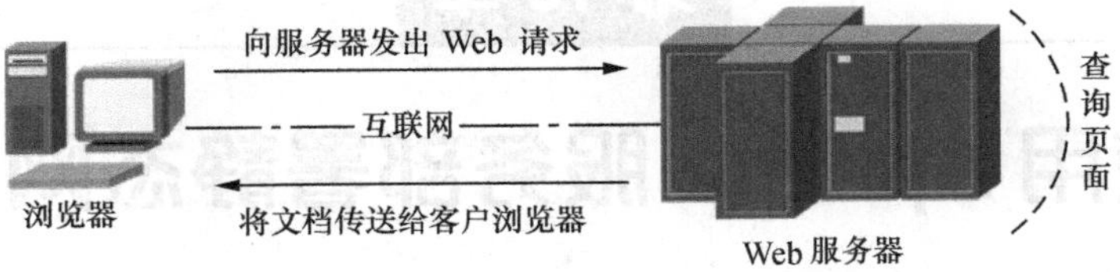

图 10-1　主机与 Web 服务器之间的通信

2004 年 10 月 4 日，为俄罗斯知名门户站点而开发的 Web 服务程序 Nginx 横空出世。Nginx 程序作为一款轻量级的网站服务软件，因其稳定性和丰富的功能而快速占领服务器市场，但 Nginx 最被认可的还是其系统资源消耗低且并发能力强的特性，因此得到了国内诸如新浪、网易、腾讯等门户网站的青睐。本书将在第 20 章讲解 Nginx 服务程序。

Apache 程序是目前拥有很高市场占有率的 Web 服务程序之一，其跨平台和安全性广泛被认可且拥有快速、可靠、简单的 API 扩展。图 10-2 所示为 Apache 服务基金会的著名 Logo，它的名字取自美国印第安人的土著语，寓意为“拥有高超的作战策略和无穷的耐性”。Apache 服务程序可以运行在 Linux 系统、UNIX 系统甚至是 Windows 系统中，它支持基于 IP、域名及端口号的虚拟主机功能，支持多种认证方式，集成有代理服务器模块、安全 Socket 层（SSL），能够实时监视服务状态与定制日志消息，并支持各类丰富的模块。

注：

Apache 程序是 RHEL 5、6、7、8 系统中默认的 Web 服务程序，其相关知识点一直也是 RHCSA 和 RHCE 认证考试的重点内容。

The Apache
Software Foundation
Community-led development since 1999.

图 10-2　Apache 软件基金会著名的 Logo

总体来说，Nginx 服务程序作为后起之秀，已经通过自身的优势与努力赢得了大批站长的信赖。本书配套的在线学习站点 https://www.linuxprobe.com 就是基于 Nginx 服务程序部署的，不得不说 Nginx 真的很棒！

但是，Apache 程序作为老牌的 Web 服务程序，一方面在 Web 服务器软件市场具有相当高的占有率，另一方面 Apache 也是 RHEL 8 系统中默认的 Web 服务程序，而且还是 RHCSA 和 RHCE 认证考试的必考内容，因此无论从实际应用角度还是从应对红帽认证考试的角度，我们都有必要好好学习 Apache 服务程序的部署，并深入挖掘其可用的丰富功能。

我们再来回忆一下软件仓库的配置过程。

第 1 步：把系统镜像挂载到/media/cdrom 目录。

```
[root@linuxprobe~]# mkdir -p /media/cdrom
[root@linuxprobe~]# mount /dev/cdrom /media/cdrom
mount: /media/cdrom: WARNING: device write-protected, mounted read-only.
```

第 2 步：使用 Vim 文本编辑器创建软件仓库的配置文件，下述命令中具体参数的含义可参考 4.1.4 节。

```
[root@linuxprobe~]# vim /etc/yum.repos.d/rhel8.repo
[BaseOS]
name=BaseOS
baseurl=file:///media/cdrom/BaseOS
enabled=1
gpgcheck=0
[AppStream]
name=AppStream
baseurl=file:///media/cdrom/AppStream
enabled=1
gpgcheck=0
```

第 3 步：动手安装 Apache 服务程序。注意，在使用 dnf 命令进行安装时，跟在命令后面的 Apache 服务的软件包名称为 httpd。

```
[root@linuxprobe~]# dnf install httpd
Updating Subscription Management repositories.
Unable to read consumer identity
This system is not registered to Red Hat Subscription Management. You can use
subscription-manager to register.
AppStream                             3.1 MB/s | 3.2 kB     00:00
BaseOS                                2.7 MB/s | 2.7 kB     00:00
Dependencies resolved.
===============================================================================
 Package      Arch   Version      Repository     Size
===============================================================================
Installing:
 httpd     x86_64 2.4.37-10.module+el8+2764+7127e69e   AppStream 1.4 M
Installing dependencies:
 apr                x86_64 1.6.3-9.el8                    AppStream 125 k
 apr-util           x86_64 1.6.1-6.el8                    AppStream 105 k
 httpd-filesystem  noarch 2.4.37-10.module+el8+7127e69e AppStream 34 k
 httpd-tools       x86_64 2.4.37-10.module+el8+7127e69e AppStream 101 k
 mod_http2         x86_64 1.11.3-1.module+el8+605475b7  AppStream 156 k
 redhat-logos-httpd noarch 80.7-1.el8                   BaseOS     25 k
Installing weak dependencies:
 apr-util-bdb       x86_64 1.6.1-6.el8                  AppStream  25 k
 apr-util-openssl   x86_64 1.6.1-6.el8                  AppStream  27 k
Enabling module streams:
 httpd                      2.4

Transaction Summary
===============================================================================
Install  9 Packages

Total size: 2.0 M
Installed size: 5.4 M
Is this ok [y/N]: y
Downloading Packages:
Running transaction check
Transaction check succeeded.
Running transaction test
Transaction test succeeded.
………………省略部分输出信息………………
Complete!
```

第 4 步：启用 httpd 服务程序并将其加入到开机启动项中，使其能够随系统开机而运行，从而持续为用户提供 Web 服务。

```
[root@linuxprobe~]# systemctl start httpd
[root@linuxprobe~]# systemctl enable httpd
Created symlink /etc/systemd/system/multi-user.target.wants/httpd.service→
/usr/lib/systemd/system/httpd.service.
```

大家在浏览器（这里以 Firefox 浏览器为例）的地址栏中输入 http://127.0.0.1 并按回车键，就可以看到用于提供 Web 服务的默认页面了，如图 10-3 所示。

```
[root@linuxprobe~]# firefox
```

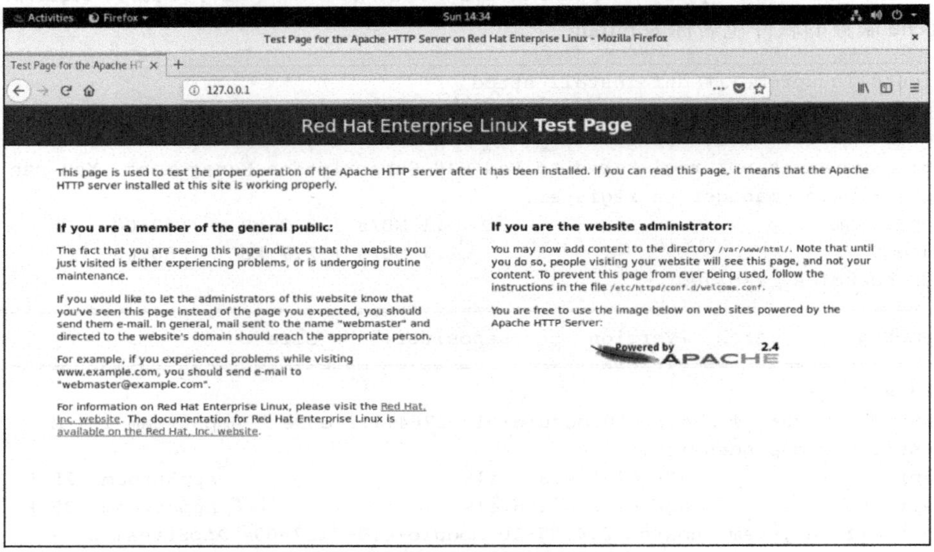

图 10-3 httpd 服务程序的默认页面

10.2 配置服务文件参数

需要提醒大家的是，前文介绍的 httpd 服务程序的安装和运行，仅仅是 httpd 服务程序的一些皮毛，我们依然有很长的道路要走。在 Linux 系统中配置服务，其实就是修改服务的配置文件。因此，还需要知道这些配置文件的所在位置以及用途。httpd 服务程序的主要配置文件及存放位置如表 10-1 所示。

表 10-1 Linux 系统中的配置文件

作用	文件名称
服务目录	/etc/httpd
主配置文件	/etc/httpd/conf/httpd.conf
网站数据目录	/var/www/html
访问日志	/var/log/httpd/access_log
错误日志	/var/log/httpd/error_log

主配置文件中保存的是最重要的服务参数，一般会被保存到/etc 目录中以软件名称命名的一个文件夹之中，名字为“服务名称.conf”，例如这里的“/etc/httpd/conf/httpd.conf”。大家在熟悉以后就能记住了。

大家在首次打开 httpd 服务程序的主配置文件后，可能会吓一跳——竟然有 356 行！这得至少需要一周的时间才能看完吧？！但是，大家只要仔细观看就会发现刘遄老师在这里调皮了。因为在这个配置文件中，所有以井号（#）开始的行都是注释行，其目的是对 httpd 服务程序的功能或某一行参数进行介绍，我们不需要逐行研究这些内容。

在 httpd 服务程序的主配置文件中，存在 3 种类型的信息：注释行信息、全局配置、区域配置，如图 10-4 所示。

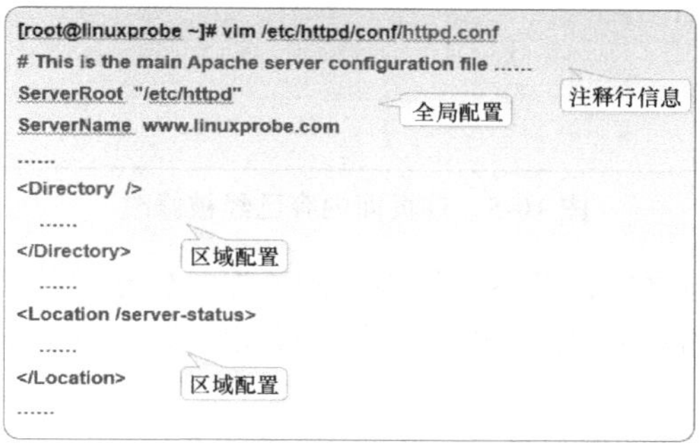

图 10-4　httpd 服务主配置文件的参数结构

各位读者在学习第 4 章时已经接触过注释行信息，因此这里主要讲解全局配置参数与区域配置参数的区别。顾名思义，全局配置参数就是一种全局性的配置参数，可作用于所有的子站点，既保证了子站点的正常访问，也有效降低了频繁写入重复参数的工作量。区域配置参数则是单独针对每个独立的子站点进行设置的。就像在大学食堂里面打饭，食堂负责打饭的阿姨先给每位同学来一碗标准大小的米饭（全局配置），然后再根据每位同学的具体要求盛放他们想吃的菜（区域配置）。在 httpd 服务程序主配置文件中，最为常用的参数如表 10-2 所示。

表 10-2　　配置 httpd 服务程序时最常用的参数以及用途描述

参数	作用
ServerRoot	服务目录
ServerAdmin	管理员邮箱
User	运行服务的用户
Group	运行服务的用户组
ServerName	网站服务器的域名
DocumentRoot	网站数据目录
Listen	监听的 IP 地址与端口号
DirectoryIndex	默认的索引页页面
ErrorLog	错误日志文件
CustomLog	访问日志文件
Timeout	网页超时时间，默认为 300 秒

从表 10-2 中可知，DocumentRoot 参数用于定义网站数据的保存路径，其参数的默认值是/var/www/html（即把网站数据存放到这个目录中）；而当前网站普遍的首页面名称是 index.html，因此可以向/var/www/html/index.html 文件中写入一段内容，替换掉 httpd 服务程序的默认首页面。该操作会立即生效。

```
[root@linuxprobe~]# echo "Welcome To LinuxProbe.Com" > /var/www/html/index.html
[root@linuxprobe~]# firefox
```

在执行上述操作之后，再在 Firefox 浏览器中刷新 httpd 服务程序，可以看到该程序的首页面内容已经发生了改变，如图 10-5 所示。

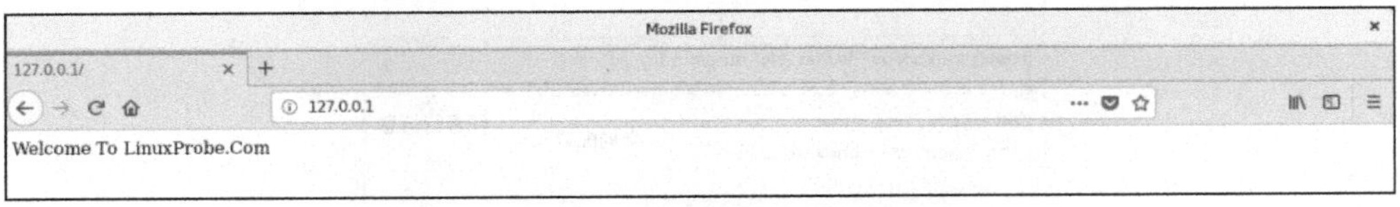

图 10-5　首页面内容已经被修改

大家在完成这个实验之后，是不是信心爆棚了呢？！在默认情况下，网站数据保存在/var/www/html 目录中，如果想把保存网站数据的目录修改为/home/wwwroot 目录，该怎么操作呢？且看下文。

第 1 步：建立网站数据的保存目录，并创建首页文件。

```
[root@linuxprobe~]# mkdir /home/wwwroot
[root@linuxprobe~]# echo "The New Web Directory" > /home/wwwroot/index.html
```

第 2 步：打开 httpd 服务程序的主配置文件，将约第 122 行用于定义网站数据保存路径的参数 DocumentRoot 修改为/home/wwwroot，同时还需要将约第 127 行与第 134 行用于定义目录权限的参数 Directory 后面的路径也修改为/home/wwwroot。配置文件修改完毕后即可保存并退出。

```
[root@linuxprobe~]# vim /etc/httpd/conf/httpd.conf
………………省略部分输出信息………………
117 #
118 # DocumentRoot: The directory out of which you will serve your
119 # documents. all requests are taken from this directory, but
120 # symbolic links and aliases may be used to point to other locations.
121 #
122 DocumentRoot "/home/wwwroot"
123
124 #
125 # Relax access to content within /var/www.
126 #
127 <Directory "/home/wwwroot">
128     AllowOverride None
129     # Allow open access:
130     Require all granted
131 </Directory>
132
133 # Further relax access to the default document root:
134 <Directory "/home/wwwroot">
………………省略部分输出信息………………
```

第 3 步：重新启动 httpd 服务程序并验证效果，浏览器刷新页面后的内容如图 10-6 所示。奇怪！怎么提示权限不足了？

```
[root@linuxprobe~]# systemctl restart httpd
[root@linuxprobe~]# firefox
```

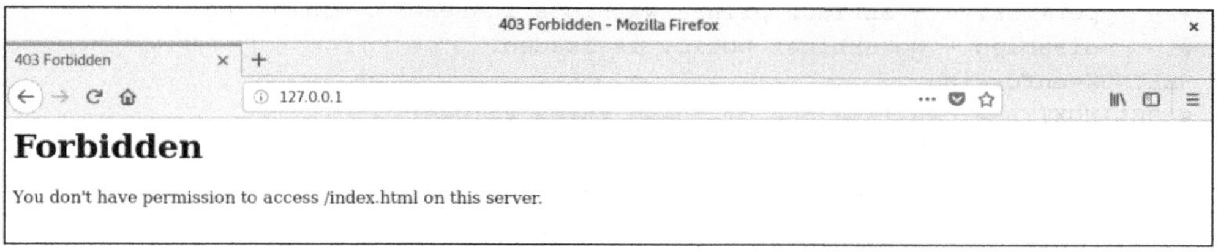

图 10-6 Web 页面提示权限不足

10.3 SELinux 安全子系统

SELinux（Security-Enhanced Linux）是美国国家安全局在 Linux 开源社区的帮助下开发的一个强制访问控制（MAC，Mandatory Access Control）的安全子系统。Linux 系统使用 SELinux 技术的目的是为了让各个服务进程都受到约束，使其仅获取到本应获取的资源。

例如，您在自己的电脑上下载了一个美图软件，正全神贯注地使用它给照片进行美颜的时候，它却在后台默默监听着浏览器中输入的密码信息，而这显然不应该是它应做的事情（哪怕是访问电脑中的图片资源，都情有可原）。SELinux 安全子系统就是为了杜绝此类情况而设计的，它能够从多方面监控违法行为：对服务程序的功能进行限制（SELinux 域限制可以确保服务程序做不了出格的事情）；对文件资源的访问进行限制（SELinux 安全上下文确保文件资源只能被其所属的服务程序进行访问）。

注：

如果一般权限和防火墙是“门窗”的话，那么 SELinux 便是在门窗外面安装的“防护栏”，可以让系统内部更加安全。

刘遄老师经常会把 SELinux 域和 SELinux 安全上下文称为 Linux 系统中的双保险，系统内的服务程序只能规规矩矩地拿到自己所应该获取的资源，这样即便黑客入侵了系统，也无法利用系统内的服务程序进行越权操作。但是，非常可惜的是，SELinux 服务比较复杂，配置难度也很大，加之很多运维人员对这项技术理解不深，从而导致很多服务器在部署好 Linux 系统后直接将 SELinux 禁用了。这绝对不是明智的选择。

SELinux 服务有 3 种配置模式，具体如下。

- **enforcing**：强制启用安全策略模式，将拦截服务的不合法请求。
- **permissive**：遇到服务越权访问时，只发出警告而不强制拦截。
- **disabled**：对于越权的行为不警告也不拦截。

本书中所有的实验都是在强制启用安全策略模式下进行的，虽然在禁用 SELinux 服务后确实能够减少报错几率，但这在生产环境中相当不推荐。建议大家检查一下自己的系统，查看 SELinux 服务主配置文件中定义的默认状态。如果是 permissive 或 disabled，建议赶紧修改为 enforcing。

```
[root@linuxprobe~]# vim /etc/selinux/config
# This file controls the state of SELinux on the system.
# SELINUX= can take one of these three values:
#     enforcing - SELinux security policy is enforced.
#     permissive - SELinux prints warnings instead of enforcing.
#     disabled - No SELinux policy is loaded.
SELINUX=enforcing
# SELINUXTYPE= can take one of these three values:
#     targeted - Targeted processes are protected,
#     minimum - Modification of targeted policy. Only selected processes are protected.
#     mls - Multi Level Security protection.
SELINUXTYPE=targeted
```

SELinux 服务的主配置文件中，定义的是 SELinux 的默认运行状态，可以将其理解为系统重启后的状态，因此它不会在更改后立即生效。可以使用 getenforce 命令获得当前 SELinux 服务的运行模式：

```
[root@linuxprobe~]# getenforce
Enforcing
```

为了确认图 10-6 所示的结果是因为 SELinux 而导致的，可以用 setenforce [0|1]命令修改 SELinux 当前的运行模式（0 为禁用，1 为启用）。注意，这种修改只是临时的，在系统重启后就会失效：

```
[root@linuxprobe~]# setenforce 0
[root@linuxprobe~]# getenforce
Permissive
```

再次刷新网页，就会看到正常的网页内容了，如图 10-7 所示。可见，问题是出在了 SELinux 服务上。

```
[root@linuxprobe wwwroot]# firefox
```

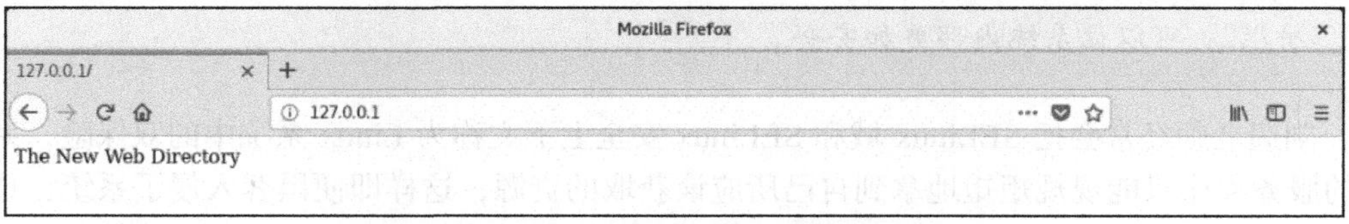

图 10-7　页面内容按照预期显示

现在，我们来回忆一下前面的操作中到底是哪里出了问题？

httpd 服务程序的功能是允许用户访问网站内容，因此 SELinux 肯定会默认放行用户对网站的请求操作。但是，我们将网站数据的默认保存目录修改为/home/wwwroot，这就产生问题了。在 6.1 节中讲到，/home 目录是用来存放普通用户的家目录数据的，而现在，httpd 提供的网站服务却要去获取普通用户家目录中的数据，这显然违反了 SELinux 的监管原则。

现在，把 SELinux 服务恢复到强制启用安全策略模式，然后分别查看原始网站数据的保存目录与当前网站数据的保存目录是否拥有不同的 SELinux 安全上下文值。

在 ls 命令中，-Z 参数用于查看文件的安全上下文值，-d 参数代表对象是个文件夹。

```
[root@linuxprobe~]# setenforce 1
[root@linuxprobe~]# ls -Zd /var/www/html
drwxr-xr-x. root root system_u:object_r:httpd_sys_content_t:s0 /var/www/html
[root@linuxprobe~]# ls -Zd /home/wwwroot
drwxrwxrwx. root root unconfined_u:object_r:home_root_t:s0 /home/wwwroot
```

在文件上设置的 SELinux 安全上下文是由用户段、角色段以及类型段等多个信息项共同组成的。其中，用户段 system_u 代表系统进程的身份，角色段 object_r 代表文件目录的角色，类型段 httpd_sys_content_t 代表网站服务的系统文件。由于 SELinux 服务实在太过复杂，现在大家只需要简单熟悉 SELinux 服务的作用就可以，刘遄老师未来会在本书的进阶篇中单独拿出一个章节仔细讲解 SELinux 服务。

针对当前这种情况，我们只需要使用 semanage 命令，将当前网站目录/home/wwwroot 的 SELinux 安全上下文修改为跟原始网站目录的一样就行了。

semanage 命令

semanage 命令用于管理 SELinux 的策略，英文全称为“SELinux manage”，语法格式为“semanage [参数] [文件]”。

SELinux 服务极大地提升了 Linux 系统的安全性，将用户权限牢牢地锁在笼子里。semanage 命令不仅能够像传统的 chcon 命令那样设置文件、目录的策略，还能够管理网络端口、消息接口（这些新特性将在本章后文中涵盖）。使用 semanage 命令时，经常用到的几个参数及其作用如表 10-3 所示。

表 10-3　semanage 命令中的常用参数以及作用

参数	作用
-l	查询
-a	添加
-m	修改
-d	删除

例如，向新的网站数据目录中新添加一条 SELinux 安全上下文，让这个目录以及里面的所有文件能够被 httpd 服务程序访问到：

```
[root@linuxprobe~]# semanage fcontext -a -t httpd_sys_content_t /home/wwwroot
[root@linuxprobe~]# semanage fcontext -a -t httpd_sys_content_t /home/wwwroot/*
```

注意，在执行上述设置之后，还无法立即访问网站，还需要使用 restorecon 命令将设置好的 SELinux 安全上下文立即生效。在使用 restorecon 命令时，可以加上-Rv 参数对指定的目录进行递归操作，以及显示 SELinux 安全上下文的修改过程。最后，再次刷新页面，就可以正常看到网页内容了，结果如图 10-8 所示。

```
[root@linuxprobe~]# restorecon -Rv /home/wwwroot/
Relabeled /home/wwwroot from unconfined_u:object_r:user_home_dir_t:s0 to
unconfined_u:object_r:httpd_sys_content_t:s0
Relabeled /home/wwwroot/index.html from unconfined_u:object_r:user_home_t:s0 to
```

```
unconfined_u:object_r:httpd_sys_content_t:s0
[root@linuxprobe~]# firefox
```

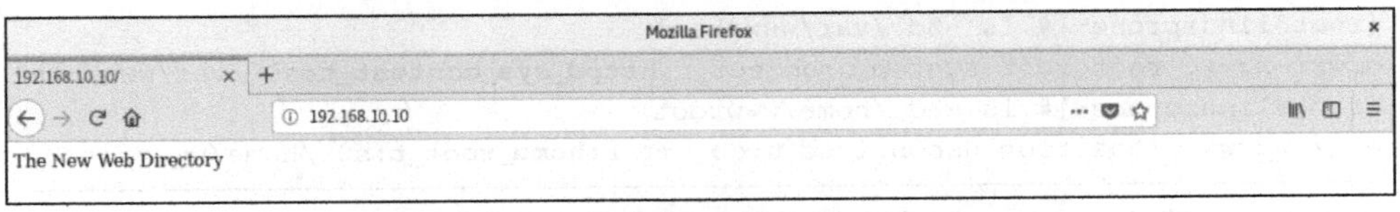

图 10-8 正常看到网页内容

真可谓是一波三折！原本认为只要把 httpd 服务程序配置妥当就可以大功告成，结果却反复受到了 SELinux 安全上下文的限制。所以，建议大家在配置 httpd 服务程序时，一定要细心、耐心。一旦成功配妥 httpd 服务程序，就会发现 SELinux 服务并没有那么难。

注：

在 RHCSA、RHCE 或 RHCA 考试中，都需要先重启您的机器然后再执行判分脚本。因此，建议读者在日常工作中要养成将所需服务添加到开机启动项中的习惯，比如这里就需要添加 systemctl enable httpd 命令。

10.4 个人用户主页功能

如果想在系统中为每位用户建立一个独立的网站，通常的方法是基于虚拟网站主机功能来部署多个网站。但这个工作会让管理员苦不堪言（尤其是用户数量很庞大时），而且在用户自行管理网站时，还会碰到各种权限限制，需要为此做很多额外的工作。其实，httpd 服务程序提供的个人用户主页功能完全可以胜任这个工作。该功能可以让系统内所有的用户在自己的家目录中管理个人的网站，而且访问起来也非常容易。

第 1 步：在 httpd 服务程序中，默认没有开启个人用户主页功能。为此，我们需要编辑下面的配置文件，然后在第 17 行的 UserDir disabled 参数前面加上井号（#），表示让 httpd 服务程序开启个人用户主页功能；同时再把第 24 行的 UserDir public_html 参数前面的井号（#）去掉（UserDir 参数表示网站数据在用户家目录中的保存目录名称，即 public_html 目录）。最后，在修改完毕后记得保存。

```
[root@linuxprobe~]# vim /etc/httpd/conf.d/userdir.conf
  1 #
  2 # UserDir: The name of the directory that is appended onto a user's home
  3 # directory if a~user request is received.
  4 #
  5 # The path to the end user account 'public_html' directory must be
  6 # accessible to the webserver userid.  This usually means that~userid
  7 # must have permissions of 711, ~userid/public_html must have permissions
  8 # of 755, and documents contained therein must be world-readable.
  9 # Otherwise, the client will only receive a "403 Forbidden" message.
 10 #
 11 <IfModule mod_userdir.c>
 12     #
 13     # UserDir is disabled by default since it can confirm the presence
 14     # of a username on the system (depending on home directory
```

```
    # permissions).
    #
    # UserDir disabled

    #
    # To enable requests to /~user/ to serve the user's public_html
    # directory, remove the "UserDir disabled" line above, and uncomment
    # the following line instead:
    #
      UserDir public_html
</IfModule>

#
# Control access to UserDir directories.  The following is an example
# for a site where these directories are restricted to read-only.
#
<Directory "/home/*/public_html">
    AllowOverride FileInfo AuthConfig Limit Indexes
    Options MultiViews Indexes SymLinksIfOwnerMatch IncludesNoExec
    Require method GET POST OPTIONS
</Directory>
```

第 2 步：在用户家目录中建立用于保存网站数据的目录及首页面文件。另外，还需要把家目录的权限修改为 755，保证其他人也有权限读取里面的内容。

```
[root@linuxprobe home]# su - linuxprobe
[linuxprobe@linuxprobe~]$ mkdir public_html
[linuxprobe@linuxprobe~]$ echo "This is linuxprobe's website" > public_html/index.html
[linuxprobe@linuxprobe~]$ chmod -R 755 /home/linuxprobe
```

第 3 步：重新启动 httpd 服务程序，在浏览器的地址栏中输入网址，其格式为“网址/~用户名”（其中的波浪号是必需的，而且网址、波浪号、用户名之间没有空格）。从理论上来讲，现在就可以看到用户的个人网站了。出乎意料的是，系统显示报错页面，如图 10-9 所示。这一定还是 SELinux 惹的祸。

```
[linuxprobe@linuxprobe~]$ exit
logout
[root@linuxprobe~]# systemctl restart httpd
```

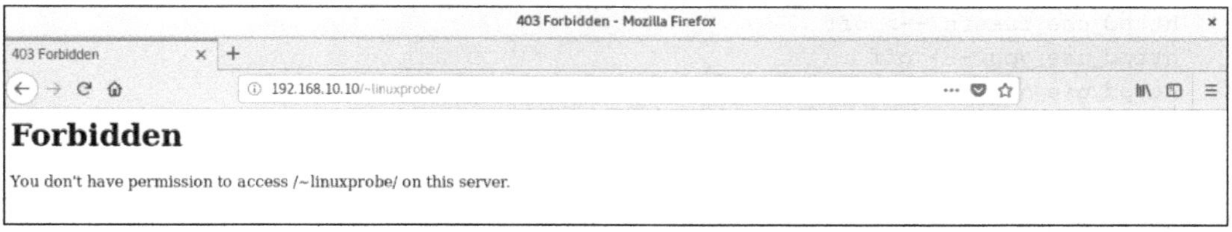

图 10-9　禁止访问用户的个人网站

第 4 步：思考这次报错的原因是什么。httpd 服务程序在提供个人用户主页功能时，该用户的网站数据目录本身就应该是存放到与这位用户对应的家目录中的，所以应该不需要修改家目录的 SELinux 安全上下文。但是，前文还讲到了 SELinux 域的概念。SELinux 域确保服务程序不能执行违规的操作，只能本本分分地为用户提供服务。httpd 服务中突然开启的这项个人用户主页功能到底有没有被 SELinux 域默认允许呢？

接下来使用 getsebool 命令查询并过滤出所有与 HTTP 协议相关的安全策略。其中，off 为禁止状态，on 为允许状态。

```
[root@linuxprobe~]# getsebool -a | grep http
httpd_anon_write --> off
httpd_builtin_scripting --> on
httpd_can_check_spam --> off
httpd_can_connect_ftp --> off
httpd_can_connect_ldap --> off
httpd_can_connect_mythtv --> off
httpd_can_connect_zabbix --> off
httpd_can_network_connect --> off
httpd_can_network_connect_cobbler --> off
httpd_can_network_connect_db --> off
httpd_can_network_memcache --> off
httpd_can_network_relay --> off
httpd_can_sendmail --> off
httpd_dbus_avahi --> off
httpd_dbus_sssd --> off
httpd_dontaudit_search_dirs --> off
httpd_enable_cgi --> on
httpd_enable_ftp_server --> off
httpd_enable_homedirs --> off
httpd_execmem --> off
httpd_graceful_shutdown --> off
httpd_manage_ipa --> off
httpd_mod_auth_ntlm_winbind --> off
httpd_mod_auth_pam --> off
httpd_read_user_content --> off
httpd_run_ipa --> off
httpd_run_preupgrade --> off
httpd_run_stickshift --> off
httpd_serve_cobbler_files --> off
httpd_setrlimit --> off
httpd_ssi_exec --> off
httpd_sys_script_anon_write --> off
httpd_tmp_exec --> off
httpd_tty_comm --> off
httpd_unified --> off
httpd_use_cifs --> off
httpd_use_fusefs --> off
httpd_use_gpg --> off
httpd_use_nfs --> off
httpd_use_openstack --> off
httpd_use_sasl --> off
httpd_verify_dns --> off
mysql_connect_http --> off
named_tcp_bind_http_port --> off
prosody_bind_http_port --> off
```

面对如此多的 SELinux 域安全策略规则，实在没有必要逐个理解它们，我们只要能通过名字大致猜测出相关的策略用途就足够了。比如，想要开启 httpd 服务的个人用户主页功能，那么用到的 SELinux 域安全策略应该是 httpd_enable_homedirs 吧？大致确定后就可以用 setsebool 命令来修改 SELinux 策略中各条规则的布尔值了。大家一定要记得在 setsebool 命令后面加上-P 参数，让修改后的 SELinux 策略规则永久生效且立即生效。随后刷新网页，其效果如图 10-10 所示。

```
[root@linuxprobe~]# setsebool -P httpd_enable_homedirs=on
[root@linuxprobe~]# firefox
```

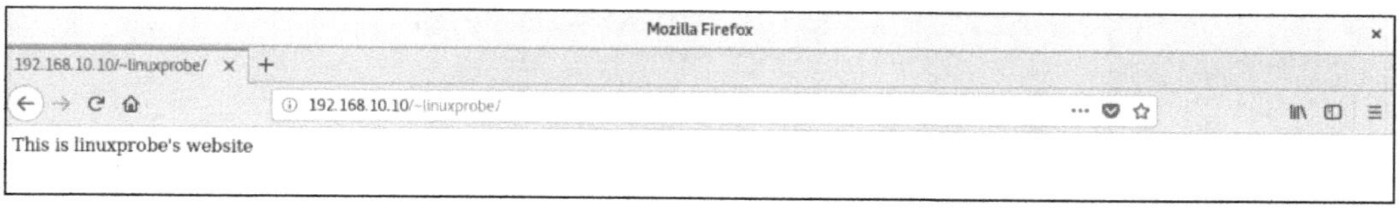

图 10-10　正常看到个人用户主页面中的内容

有时，网站的拥有者并不希望直接将网页内容显示出来，而只想让通过身份验证的用户看到里面的内容，这时就可以在网站中添加密码功能了。

第 1 步：先使用 htpasswd 命令生成密码数据库。-c 参数表示第一次生成；后面再分别添加密码数据库的存放文件，以及验证要用到的用户名称（该用户不必是系统中已有的本地账户）。

```
[root@linuxprobe~]# htpasswd -c /etc/httpd/passwd linuxprobe
New password:此处输入用于网页验证的密码
Re-type new password:再输入一遍进行确认
Adding password for user linuxprobe
```

第 2 步：继续编辑个人用户主页功能的配置文件。把第 31～37 行的参数信息修改成下列内容，其中以井号（#）开头的内容为添加的注释信息，可将其忽略。随后保存并退出配置文件，重启 httpd 服务程序即可生效。

```
[root@linuxprobe~]# vim /etc/httpd/conf.d/userdir.conf
………………省略部分输出信息………………
 27 #
 28 # Control access to UserDir directories.  The following is an example
 29 # for a site where these directories are restricted to read-only.
 30 #
 31 <Directory "/home/*/public_html">
 32     AllowOverride all
        #刚刚生成出的密码验证文件保存路径
 33     authuserfile "/etc/httpd/passwd"
        #当用户访问网站时的提示信息
 34     authname "My privately website"
        #验证方式为密码模式
 35     authtype basic
        #访问网站时需要验证的用户名称
 36     require user linuxprobe
 37 </Directory>
[root@linuxprobe~]# systemctl restart httpd
```

此后，当用户再想访问某个用户的个人网站时，就必须输入账户和密码才能正常访问了。另外，验证时使用的账户和密码是用 htpasswd 命令生成的专门用于网站登录的账户和密码，而不是系统中的账户和密码，请不要搞错了。登录界面如图 10-11 与图 10-12 所示。

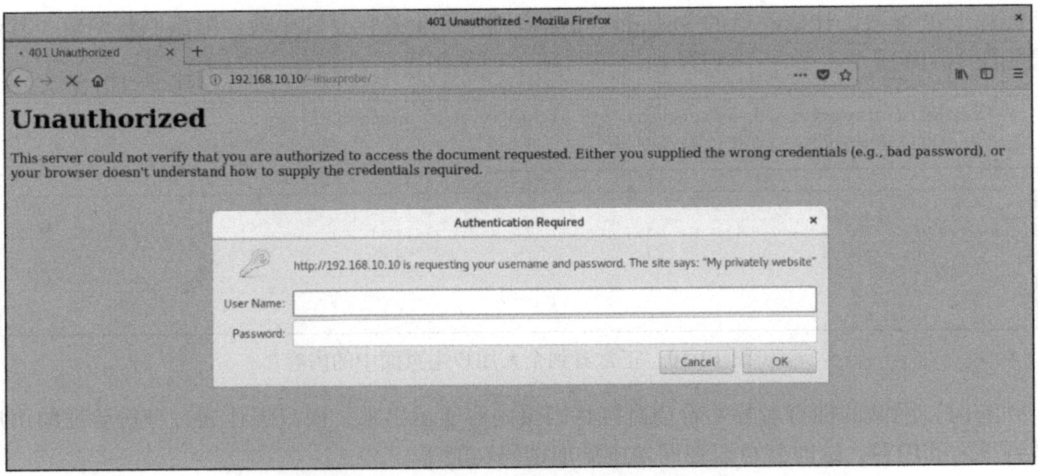

图 10-11　需要输入账户和密码才能访问

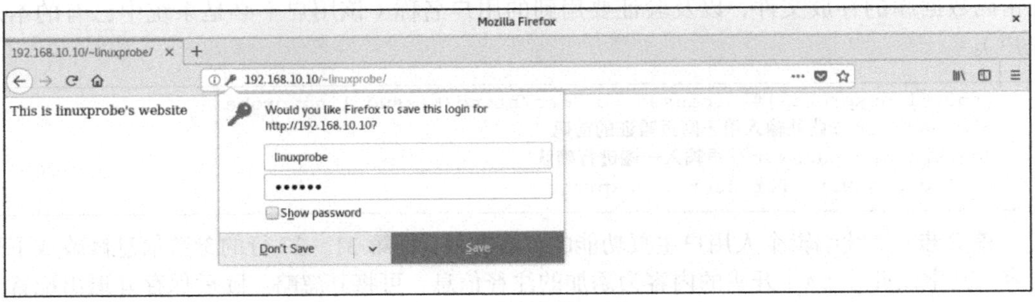

图 10-12　密码验证成功

10.5　虚拟主机功能

如果每台运行 Linux 系统的服务器上只能运行一个网站，那么人气低、流量小的草根站长就要被迫承担高昂的服务器租赁费用了，这显然也会造成硬件资源的浪费。在虚拟专用服务器（Virtual Private Server，VPS）与云计算技术诞生以前，IDC 服务供应商为了能够更充分地利用服务器资源，同时也为了降低购买门槛，纷纷启用了虚拟主机功能。

利用虚拟主机功能，可以把一台处于运行状态的物理服务器分割成多个“虚拟的服务器”。但是，该技术无法实现目前云主机技术的硬件资源隔离，而只能让这些虚拟的服务器共同使用物理服务器的硬件资源，供应商只能限制硬盘的使用空间大小。出于各种考虑的因素（主要是价格低廉），目前依然有很多企业或个人站长在使用虚拟主机的形式来部署网站。

Apache 的虚拟主机功能是服务器基于用户请求的不同 IP 地址、主机域名或端口号，提供多个网站同时为外部提供访问服务的技术。如图 10-13 所示，用户请求的资源不同，最终获取到的网页内容也各不相同。如果大家之前没有做过网站，可能不太理解其中的原理，等一会儿搭建出实验环境并看到实验效果之后，一定就能明白了。

再次提醒大家，在做每个实验之前请先将虚拟机还原到最初始的状态，以免多个实验之间相互产生冲突。

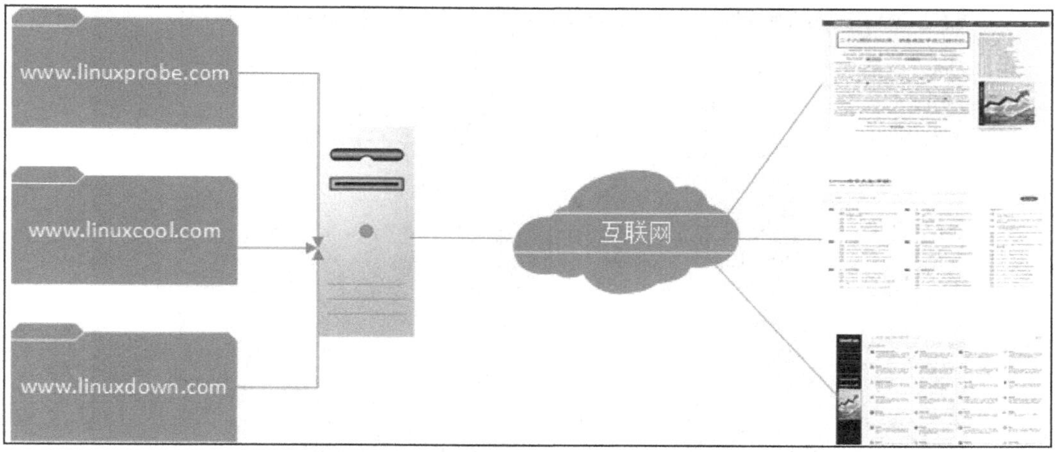

图 10-13 用户请求网站资源

10.5.1 基于 IP 地址

如果一台服务器有多个 IP 地址，而且每个 IP 地址与服务器上部署的每个网站一一对应，这样当用户请求访问不同的 IP 地址时，会访问到不同网站的页面资源。而且，每个网站都有一个独立的 IP 地址，这对搜索引擎优化也大有裨益。因此以这种方式提供虚拟网站主机功能不仅最常见，而且也受到了网站站长的欢迎（尤其是草根站长）。

第 4 章和第 9 章分别讲解了用于配置网络的两种方法，大家在实验中和工作中可随意选择。就当前的实验来讲，需要配置的 IP 地址如图 10-14 所示。在配置完毕并重启网络服务之后，记得检查网络的连通性，确保 3 个 IP 地址均可正常访问，如图 10-15 所示（这很重要，一定要测试好，然后再进行下一步）。

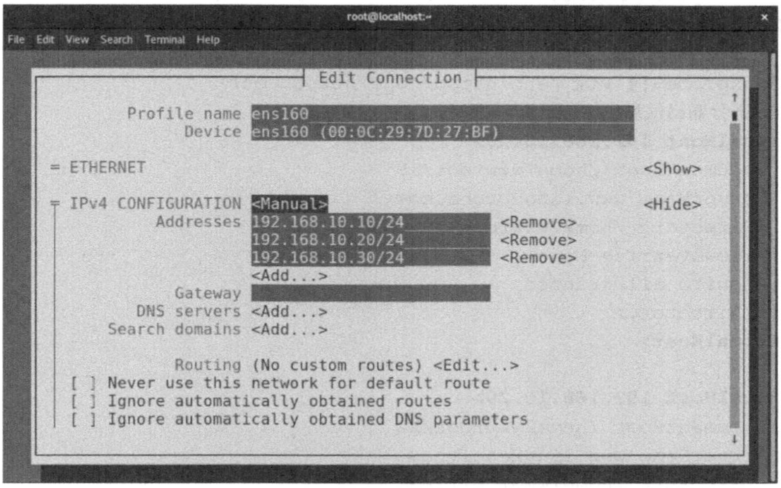

图 10-14 使用 nmtui 命令配置网络参数

```
[root@linuxprobe~]# nmcli connection up ens160
Connection successfully activated (D-Bus active path: /org/freedesktop/
NetworkManager/ActiveConnection/6)
```

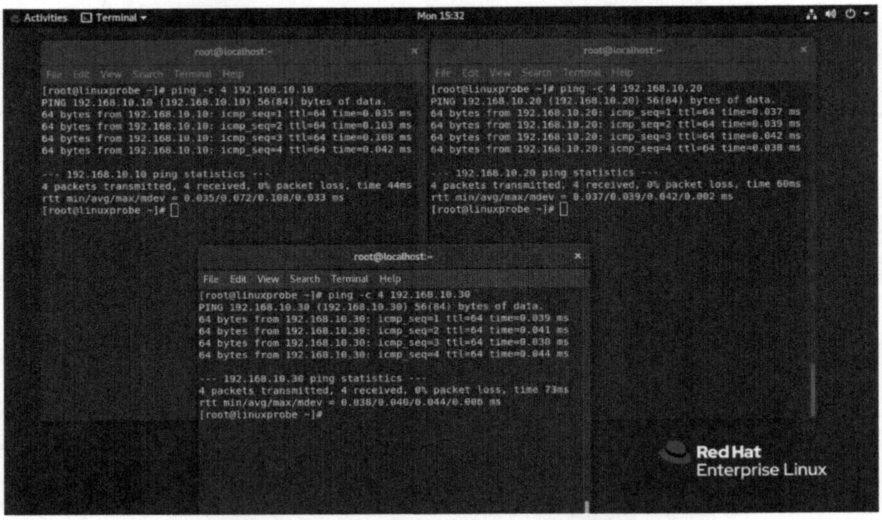

图 10-15　分别检查 3 个 IP 地址的连通性

第 1 步：分别在/home/wwwroot 中创建用于保存不同网站数据的 3 个目录，并向其中分别写入网站的首页文件。每个首页文件中应有明确区分不同网站内容的信息，方便稍后能更直观地检查效果。

```
[root@linuxprobe~]# mkdir -p /home/wwwroot/10
[root@linuxprobe~]# mkdir -p /home/wwwroot/20
[root@linuxprobe~]# mkdir -p /home/wwwroot/30
[root@linuxprobe~]# echo "IP:192.168.10.10" > /home/wwwroot/10/index.html
[root@linuxprobe~]# echo "IP:192.168.10.20" > /home/wwwroot/20/index.html
[root@linuxprobe~]# echo "IP:192.168.10.30" > /home/wwwroot/30/index.html
```

第 2 步：从 httpd 服务的配置文件中大约第 132 行处开始，分别追加写入 3 个基于 IP 地址的虚拟主机网站参数，然后保存并退出。记得需要重启 httpd 服务，这些配置才生效。

```
[root@linuxprobe~]# vim /etc/httpd/conf/httpd.conf
………………省略部分输出信息………………
132 <VirtualHost 192.168.10.10>
133     DocumentRoot /home/wwwroot/10
134     ServerName www.linuxprobe.com
135     <Directory /home/wwwroot/10>
136     AllowOverride None
137     Require all granted
138     </Directory>
139 </VirtualHost>

140 <VirtualHost 192.168.10.20>
141     DocumentRoot /home/wwwroot/20
142     ServerName www.linuxcool.com
143     <Directory /home/wwwroot/20>
144     AllowOverride None
145     Require all granted
146     </Directory>
147 </VirtualHost>

148 <VirtualHost 192.168.10.30>
```

```
    DocumentRoot /home/wwwroot/30
    ServerName www.linuxdown.com
    <Directory /home/wwwroot/30>
    AllowOverride None
    Require all granted
    </Directory>
</VirtualHost>
………………省略部分输出信息………………
[root@linuxprobe~]# systemctl restart httpd
```

第 3 步：此时访问网站，则会看到 httpd 服务程序的默认首页面中显示“权限不足”。大家现在应该立刻就反应过来——这是 SELinux 在捣鬼。由于当前的/home/wwwroot 目录及里面的网站数据目录的 SELinux 安全上下文与网站服务不吻合，因此 httpd 服务程序无法获取到这些网站数据目录。我们需要手动把新的网站数据目录的 SELinux 安全上下文设置正确（见前文的实验），并使用 restorecon 命令让新设置的 SELinux 安全上下文立即生效，这样就可以立即看到网站的访问效果了，如图 10-16 所示。

```
[root@linuxprobe~]# semanage fcontext -a -t httpd_sys_content_t /home/wwwroot
[root@linuxprobe~]# semanage fcontext -a -t httpd_sys_content_t /home/wwwroot/10
[root@linuxprobe~]# semanage fcontext -a -t httpd_sys_content_t /home/wwwroot/10/*
[root@linuxprobe~]# semanage fcontext -a -t httpd_sys_content_t /home/wwwroot/20
[root@linuxprobe~]# semanage fcontext -a -t httpd_sys_content_t /home/wwwroot/20/*
[root@linuxprobe~]# semanage fcontext -a -t httpd_sys_content_t /home/wwwroot/30
[root@linuxprobe~]# semanage fcontext -a -t httpd_sys_content_t /home/wwwroot/30/*
[root@linuxprobe~]# restorecon -Rv /home/wwwroot
Relabeled /home/wwwroot from unconfined_u:object_r:user_home_dir_t:s0 to
unconfined_u:object_r:httpd_sys_content_t:s0
Relabeled /home/wwwroot/10 from unconfined_u:object_r:user_home_t:s0 to unconfined_
u:object_r:httpd_sys_content_t:s0
Relabeled /home/wwwroot/10/index.html from unconfined_u:object_r:user_home_t:s0
to unconfined_u:object_r:httpd_sys_content_t:s0
Relabeled /home/wwwroot/20 from unconfined_u:object_r:user_home_t:s0 to unconfined_
u:object_r:httpd_sys_content_t:s0
Relabeled /home/wwwroot/20/index.html from unconfined_u:object_r:user_home_t:s0
to unconfined_u:object_r:httpd_sys_content_t:s0
Relabeled /home/wwwroot/30 from unconfined_u:object_r:user_home_t:s0 to
unconfined_u:object_r:httpd_sys_content_t:s0
Relabeled /home/wwwroot/30/index.html from unconfined_u:object_r:user_home_t:
s0 to unconfined_u:object_r:httpd_sys_content_t:s0
[root@linuxprobe~]# firefox
```

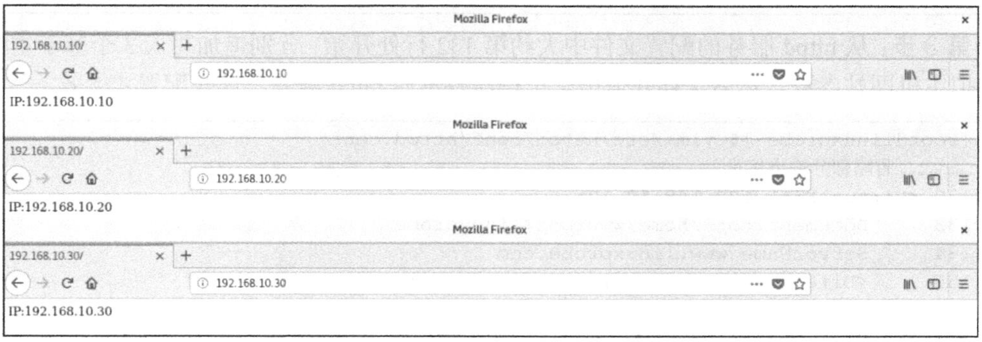

图 10-16　基于不同的 IP 地址访问虚拟主机网站

10.5.2 基于主机域名

当服务器无法为每个网站都分配一个独立 IP 地址的时候，可以尝试让 Apache 自动识别用户请求的域名，从而根据不同的域名请求来传输不同的内容。在这种情况下的配置更加简单，只需要保证位于生产环境中的服务器上有一个可用的 IP 地址（这里以 192.168.10.10 为例）就可以了。由于当前还没有介绍如何配置 DNS 解析服务，因此需要手动定义 IP 地址与域名之间的对应关系。/etc/hosts 是 Linux 系统中用于强制把某个主机域名解析到指定 IP 地址的配置文件。简单来说，只要这个文件配置正确，即使网络参数中没有 DNS 信息也依然能够将域名解析为某个 IP 地址。

第 1 步：手动定义 IP 地址与域名之间对应关系的配置文件，保存并退出后会立即生效。可以通过分别 ping 这些域名来验证域名是否已经成功解析为 IP 地址。

```
[root@linuxprobe~]# vim /etc/hosts
127.0.0.1   localhost localhost.localdomain localhost4 localhost4.localdomain4
::1         localhost localhost.localdomain localhost6 localhost6.localdomain6
192.168.10.10   www.linuxprobe.com www.linuxcool.com www.linuxdown.com
[root@linuxprobe~]# ping -c 4 www.linuxprobe.com
PING www.linuxprobe.com (192.168.10.10) 56(84) bytes of data.
64 bytes from www.linuxprobe.com (192.168.10.10): icmp_seq=1 ttl=64 time=0.070 ms
64 bytes from www.linuxprobe.com (192.168.10.10): icmp_seq=2 ttl=64 time=0.077 ms
64 bytes from www.linuxprobe.com (192.168.10.10): icmp_seq=3 ttl=64 time=0.061 ms
64 bytes from www.linuxprobe.com (192.168.10.10): icmp_seq=4 ttl=64 time=0.069 ms
--- www.linuxprobe.com ping statistics ---
4 packets transmitted, 4 received, 0% packet loss, time 2999ms
rtt min/avg/max/mdev = 0.061/0.069/0.077/0.008 ms
[root@linuxprobe~]#
```

第 2 步：分别在/home/wwwroot 中创建用于保存不同网站数据的 3 个目录，并向其中分别写入网站的首页文件。每个首页文件中应有明确区分不同网站内容的信息，方便稍后能更直观地检查效果。

```
[root@linuxprobe~]# mkdir -p /home/wwwroot/linuxprobe
[root@linuxprobe~]# mkdir -p /home/wwwroot/linuxcool
[root@linuxprobe~]# mkdir -p /home/wwwroot/linuxdown
[root@linuxprobe~]# echo "www.linuxprobe.com" > /home/wwwroot/linuxprobe/index.html
[root@linuxprobe~]# echo "www.linuxcool.com" > /home/wwwroot/linuxcool/index.html
[root@linuxprobe~]# echo "www.linuxdown.com" > /home/wwwroot/linuxdown/index.html
```

第 3 步：从 httpd 服务的配置文件中大约第 132 行处开始，分别追加写入 3 个基于主机名的虚拟主机网站参数，然后保存并退出。记得需要重启 httpd 服务，这些配置才生效。

```
[root@linuxprobe~]# vim /etc/httpd/conf/httpd.conf
………………省略部分输出信息………………
132 <VirtualHost 192.168.10.10>
133     Documentroot /home/wwwroot/linuxprobe
134     ServerName www.linuxprobe.com
135     <Directory /home/wwwroot/linuxprobe>
136     AllowOverride None
137     Require all granted
138     </Directory>
```

```
</VirtualHost>

<VirtualHost 192.168.10.10>
    Documentroot /home/wwwroot/linuxcool
    ServerName www.linuxcool.com
    <Directory /home/wwwroot/linuxcool>
    AllowOverride None
    Require all granted
    </Directory>
</VirtualHost>

<VirtualHost 192.168.10.10>
    Documentroot /home/wwwroot/linuxdown
    ServerName www.linuxdown.com
    <Directory /home/wwwroot/linuxdown>
    AllowOverride None
    Require all granted
    </Directory>
</VirtualHost>
………………省略部分输出信息………………
[root@linuxprobe~]# systemctl restart httpd
```

第 4 步：因为当前的网站数据目录还是在/home/wwwroot 目录中，因此还是必须要正确设置网站数据目录文件的 SELinux 安全上下文，使其与网站服务功能相吻合。最后记得用 restorecon 命令让新配置的 SELinux 安全上下文立即生效，这样就可以立即访问到虚拟主机网站了，效果如图 10-17 所示。

```
[root@linuxprobe~]# semanage fcontext -a -t httpd_sys_content_t /home/wwwroot
[root@linuxprobe~]# semanage fcontext -a -t httpd_sys_content_t /home/wwwroot/linuxprobe
[root@linuxprobe~]# semanage fcontext -a -t httpd_sys_content_t /home/wwwroot/linuxprobe/*
[root@linuxprobe~]# semanage fcontext -a -t httpd_sys_content_t /home/wwwroot/linuxcool
[root@linuxprobe~]# semanage fcontext -a -t httpd_sys_content_t /home/wwwroot/linuxcool/*
[root@linuxprobe~]# semanage fcontext -a -t httpd_sys_content_t /home/wwwroot/linuxdown
[root@linuxprobe~]# semanage fcontext -a -t httpd_sys_content_t /home/wwwroot/linuxdown/*
[root@linuxprobe~]# restorecon -Rv /home/wwwroot
Relabeled /home/wwwroot from unconfined_u:object_r:user_home_dir_t:s0 to unconfined_
u:object_r:httpd_sys_content_t:s0
Relabeled /home/wwwroot/linuxprobe from unconfined_u:object_r:user_home_t:s0 to
unconfined_u:object_r:httpd_sys_content_t:s0
Relabeled /home/wwwroot/linuxprobe/index.html from unconfined_u:object_r:user_
home_t:s0 to unconfined_u:object_r:httpd_sys_content_t:s0
Relabeled /home/wwwroot/linuxcool from unconfined_u:object_r:user_home_t:s0 to
unconfined_u:object_r:httpd_sys_content_t:s0
Relabeled /home/wwwroot/linuxcool/index.html from unconfined_u:object_r:user_home_
t:s0 to unconfined_u:object_r:httpd_sys_content_t:s0
Relabeled /home/wwwroot/linuxdown from unconfined_u:object_r:user_home_t:s0 to
unconfined_u:object_r:httpd_sys_content_t:s0
Relabeled /home/wwwroot/linuxdown/index.html from unconfined_u:object_r:user_
home_t:s0 to unconfined_u:object_r:httpd_sys_content_t:s0
[root@linuxprobe~]# firefox
```

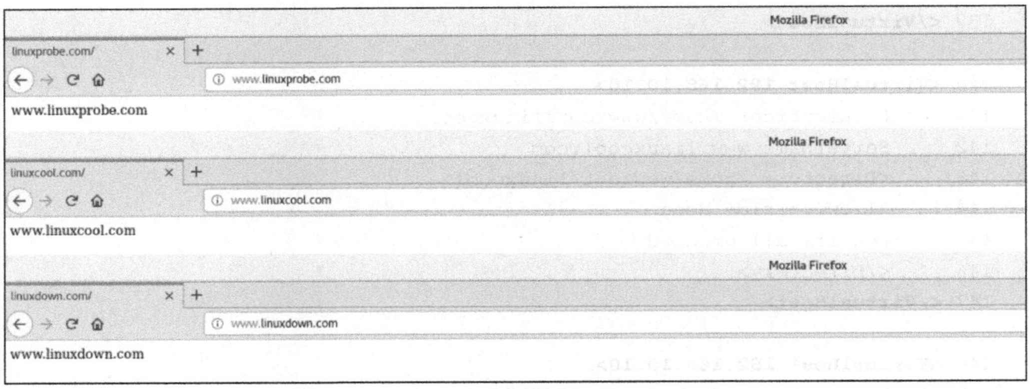

图 10-17　基于主机域名访问虚拟主机网站

10.5.3　基于端口号

基于端口号的虚拟主机功能可以让用户通过指定的端口号来访问服务器上的网站资源。在使用 Apache 配置虚拟网站主机功能时，基于端口号的配置方式是最复杂的。因此我们不仅要考虑 httpd 服务程序的配置因素，还需要考虑到 SELinux 服务对新开设端口的监控。一般来说，使用 80、443、8080 等端口号来提供网站访问服务是比较合理的，如果使用其他端口号则会受到 SELinux 服务的限制。

在接下来的实验中，我们不但要考虑到目录上应用的 SELinux 安全上下文的限制，还需要考虑 SELinux 域对 httpd 服务程序的管控。

第 1 步：分别在/home/wwwroot 中创建用于保存不同网站数据的 3 个目录，并向其中分别写入网站的首页文件。每个首页文件中应有明确区分不同网站内容的信息，方便稍后能更直观地检查效果。

```
[root@linuxprobe~]# mkdir -p /home/wwwroot/6111
[root@linuxprobe~]# mkdir -p /home/wwwroot/6222
[root@linuxprobe~]# mkdir -p /home/wwwroot/6333
[root@linuxprobe~]# echo "port:6111" > /home/wwwroot/6111/index.html
[root@linuxprobe~]# echo "port:6222" > /home/wwwroot/6222/index.html
[root@linuxprobe~]# echo "port:6333" > /home/wwwroot/6333/index.html
```

第 2 步：在 httpd 服务配置文件的第 46 行～48 行分别添加用于监听 6111、6222 和 6333 端口的参数。

```
[root@linuxprobe~]# vim /etc/httpd/conf/httpd.conf
………………省略部分输出信息………………
 37 # Listen: Allows you to bind Apache to specific IP addresses and/or
 38 # ports, instead of the default. See also the
 39 # directive.
 40 #
 41 # Change this to Listen on specific IP addresses as shown below to
 42 # prevent Apache from glomming onto all bound IP addresses.
 43 #
 44 #Listen 12.34.56.78:80
 45 Listen 80
 46 Listen 6111
 47 Listen 6222
```

```
48 Listen 6333
………………省略部分输出信息………………
```

第 3 步：从 httpd 服务的配置文件中大约第 134 行处开始，分别追加写入 3 个基于端口号的虚拟主机网站参数，然后保存并退出。记得需要重启 httpd 服务，这些配置才生效。

```
[root@linuxprobe~]# vim /etc/httpd/conf/httpd.conf
………………省略部分输出信息………………
134 <VirtualHost 192.168.10.10:6111>
135     DocumentRoot /home/wwwroot/6111
136     ServerName www.linuxprobe.com
137     <Directory /home/wwwroot/6111>
138     AllowOverride None
139     Require all granted
140     </Directory>
141 </VirtualHost>

142 <VirtualHost 192.168.10.10:6222>
143     DocumentRoot /home/wwwroot/6222
144     ServerName www.linuxcool.com
145     <Directory /home/wwwroot/6222>
146     AllowOverride None
147     Require all granted
148     </Directory>
149 </VirtualHost>

150 <VirtualHost 192.168.10.10:6333>
151     DocumentRoot /home/wwwroot/6333
152     ServerName www.linuxdown.com
153     <Directory /home/wwwroot/6333>
154     AllowOverride None
155     Require all granted
156     </Directory>
157 </VirtualHost>
………………省略部分输出信息………………
```

第 4 步：因为我们把网站数据目录存放在/home/wwwroot 目录中，因此还是必须要正确设置网站数据目录文件的 SELinux 安全上下文，使其与网站服务功能相吻合。最后记得用 restorecon 命令让新配置的 SELinux 安全上下文立即生效。

```
[root@linuxprobe~]# semanage fcontext -a -t httpd_sys_content_t /home/wwwroot
[root@linuxprobe~]# semanage fcontext -a -t httpd_sys_content_t /home/wwwroot/6111
[root@linuxprobe~]# semanage fcontext -a -t httpd_sys_content_t /home/wwwroot/6111/*
[root@linuxprobe~]# semanage fcontext -a -t httpd_sys_content_t /home/wwwroot/6222
[root@linuxprobe~]# semanage fcontext -a -t httpd_sys_content_t /home/wwwroot/6222/*
[root@linuxprobe~]# semanage fcontext -a -t httpd_sys_content_t /home/wwwroot/6333
[root@linuxprobe~]# semanage fcontext -a -t httpd_sys_content_t /home/wwwroot/6333/*
[root@linuxprobe~]# restorecon -Rv /home/wwwroot/
Relabeled /home/wwwroot from unconfined_u:object_r:user_home_dir_t:s0 to
unconfined_u:object_r:httpd_sys_content_t:s0
Relabeled /home/wwwroot/6111 from unconfined_u:object_r:user_home_t:s0 to
unconfined_u:object_r:httpd_sys_content_t:s0
Relabeled /home/wwwroot/6111/index.html from unconfined_u:object_r:user_home_t:
s0 to unconfined_u:object_r:httpd_sys_content_t:s0
Relabeled /home/wwwroot/6222 from unconfined_u:object_r:user_home_t:s0 to
```

```
unconfined_u:object_r:httpd_sys_content_t:s0
Relabeled /home/wwwroot/6222/index.html from unconfined_u:object_r:user_home_t:
s0 to unconfined_u:object_r:httpd_sys_content_t:s0
Relabeled /home/wwwroot/6333 from unconfined_u:object_r:user_home_t:s0 to
unconfined_u:object_r:httpd_sys_content_t:s0
Relabeled /home/wwwroot/6333/index.html from unconfined_u:object_r:user_home_t:
s0 to unconfined_u:object_r:httpd_sys_content_t:s0
[root@linuxprobe~]# systemctl restart httpd
Job for httpd.service failed because the control process exited with error code.
See "systemctl status httpd.service" and "journalctl -xe" for details.
```

见鬼了！在妥当配置 httpd 服务程序和 SELinux 安全上下文并重启 httpd 服务后，竟然出现报错信息。这是因为 SELinux 服务检测到 6111、6222 和 6333 端口原本不属于 Apache 服务应该需要的资源，但现在却以 httpd 服务程序的名义监听使用了，所以 SELinux 会拒绝使用 Apache 服务使用这 3 个端口。可以使用 semanage 命令查询并过滤出所有与 HTTP 协议相关且 SELinux 服务允许的端口列表。

```
[root@linuxprobe~]# semanage port -l | grep http
http_cache_port_t            tcp      8080, 8118, 8123, 10001-10010
http_cache_port_t            udp      3130
http_port_t                  tcp      80, 81, 443, 488, 8008, 8009, 8443, 9000
pegasus_http_port_t          tcp      5988
pegasus_https_port_t         tcp      5989
```

第 5 步：SELinux 允许的与 HTTP 协议相关的端口号中默认没有包含 6111、6222 和 6333，因此需要将这 3 个端口号手动添加进去。该操作会立即生效，而且在系统重启过后依然有效。设置好后再重启 httpd 服务程序，然后就可以看到网页内容了，结果如图 10-18 所示。

```
[root@linuxprobe~]# semanage port -a -t http_port_t -p tcp 6111
[root@linuxprobe~]# semanage port -a -t http_port_t -p tcp 6222
[root@linuxprobe~]# semanage port -a -t http_port_t -p tcp 6333
[root@linuxprobe~]# semanage port -l | grep http
http_cache_port_t            tcp      8080, 8118, 8123, 10001-10010
http_cache_port_t            udp      3130
http_port_t                  tcp      6333, 6222, 6111, 80, 81, 443, 488, 8008,
                                      8009, 8443, 9000
pegasus_http_port_t          tcp      5988
pegasus_https_port_t         tcp      5989
[root@linuxprobe~]# systemctl restart httpd
[root@linuxprobe~]# firefox
```

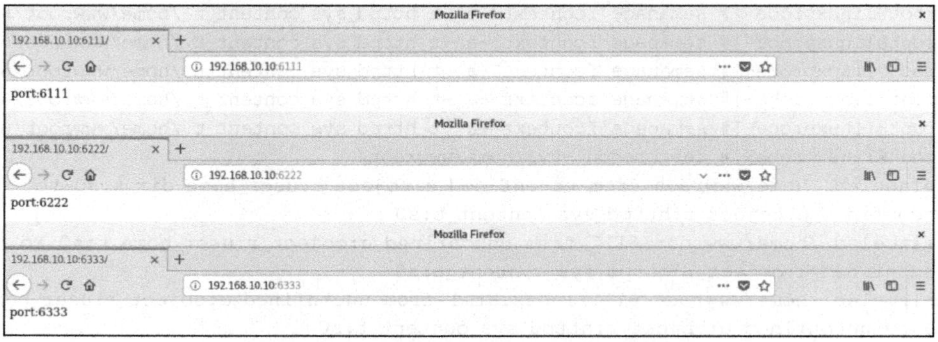

图 10-18 基于端口号访问虚拟主机网站

10.6 Apache 的访问控制

Apache 可以基于源主机名、源 IP 地址或源主机上的浏览器特征等信息对网站上的资源进行访问控制。它通过 Allow 指令允许某个主机访问服务器上的网站资源，通过 Deny 指令实现禁止访问。在允许或禁止访问网站资源时，还会用到 Order 指令，这个指令用来定义 Allow 或 Deny 指令起作用的顺序，其匹配原则是按照顺序进行匹配，若匹配成功则执行后面的默认指令。比如“Order Allow, Deny”表示先将源主机与允许规则进行匹配，若匹配成功则允许访问请求，反之则拒绝访问请求。

第 1 步：先在服务器上的网站数据目录中新建一个子目录，并在这个子目录中创建一个包含 Successful 单词的首页文件。

```
[root@linuxprobe~]# mkdir /var/www/html/server
[root@linuxprobe~]# echo "Successful" > /var/www/html/server/index.html
```

第 2 步：打开 httpd 服务的配置文件，在第 161 行后面添加下述规则来限制源主机的访问。这段规则的含义是允许使用 Firefox 浏览器的主机访问服务器上的首页文件，除此之外的所有请求都将被拒绝。使用 Firefox 浏览器的访问效果如图 10-19 所示，使用其他浏览器的访问效果如图 10-20 所示。

```
[root@linuxprobe~]# vim /etc/httpd/conf/httpd.conf
………………省略部分输出信息………………
161 <Directory "/var/www/html/server">
162     SetEnvIf User-Agent "Firefox" ff=1
163     Order allow,deny
164     Allow from env=ff
165 </Directory>
………………省略部分输出信息………………
[root@linuxprobe~]# systemctl restart httpd
[root@linuxprobe~]# firefox
```

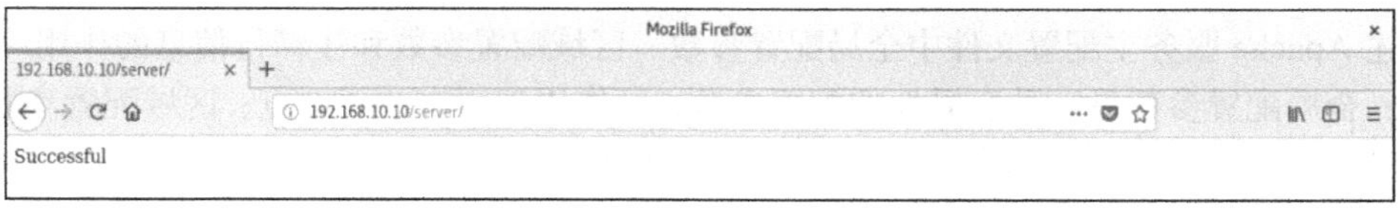

图 10-19 Firefox 浏览器成功访问

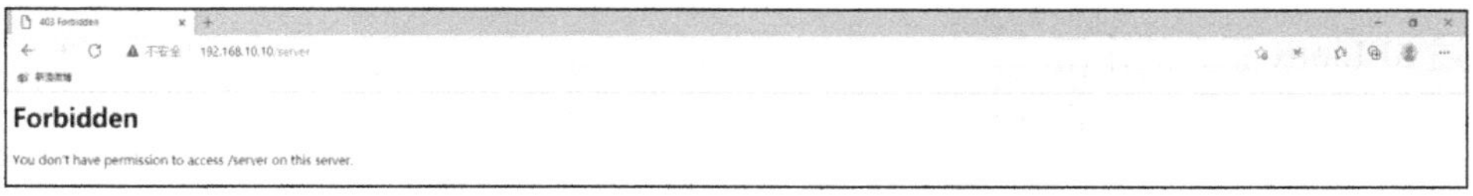

图 10-20 其他浏览器访问失败

除了匹配源主机的浏览器特征之外，还可以通过匹配源主机的 IP 地址进行访问控制。例如，我们只允许 IP 地址为 192.168.10.20 的主机访问网站资源，那么就可以在 httpd 服务配置文件的第 161 行后面添加下述规则。这样在重启 httpd 服务程序后再用本机（即服务器，其 IP 地址为 192.168.10.10）来访问网站的首页面时就会提示访问被拒绝了，如图 10-21 所示。

```
[root@linuxprobe~]# vim /etc/httpd/conf/httpd.conf
………………省略部分输出信息………………
<Directory "/var/www/html/server">
    Order allow,deny
    Allow from 192.168.10.20
</Directory>
………………省略部分输出信息………………
[root@linuxprobe~]# systemctl restart httpd
[root@linuxprobe~]# firefox
```

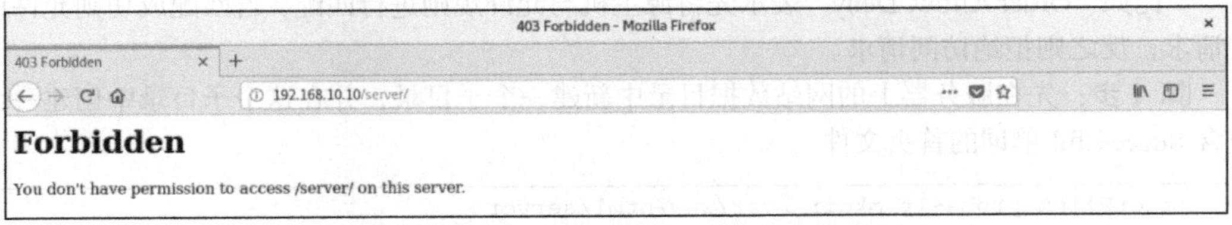

图 10-21　因 IP 地址不符合要求而被拒绝访问

复习题

1. 什么是 Web 网络服务？
   答：一种允许用户通过浏览器访问互联网中各种资源的服务。

2. 相较于 Nginx 服务程序，Apache 服务程序最大的优势是什么？
   答：Apache 服务程序具备跨平台特性、安全性，而且拥有快速、可靠、简单的 API 扩展。

3. httpd 服务程序没有检查到首页文件，会提示报错信息吗？
   答：不会，httpd 服务在未找到网站首页文件时，会向访客显示一个默认页面。

4. 简述 Apache 服务主配置文件中全局配置参数、区域配置参数和注释行信息的作用。
   答：全局配置参数是一种全局性的配置参数，可作用于所有的子站点；区域配置参数则是单独针对每个独立的子站点设置的；而注释行信息一般是对服务程序的功能或某一行参数进行介绍的。

5. 简述 SELinux 服务的作用。
   答：为了让各个服务进程都受到约束，使其仅获取到本应获取的资源。

6. 在使用 getenforce 命令查看 SELinux 服务模式时，发现其配置模式为 permissive，这代表强制开启模式吗？
   答：不是，强制开启模式是 enforcing，而 permissive 是只发出警告而不强制拦截的模式。

7. 在使用 semanage 命令修改了文件上应用的 SELinux 安全上下文后，还需要执行什么命令才可以让更改立即生效？

答：还需要执行 restorecon 命令即可让新的 SELinux 安全上下文参数立即生效。

8. 要想查询并过滤出所有与 HTTP 协议相关的 SELinux 域策略有哪些，应该怎么做呢？

答：可以结合管道符来实现，即执行 getsebool -a | grep http 命令。

9. Apache 服务程序可以基于哪些资源来创建虚拟主机网站呢？

答：可以基于 IP 地址、主机名（域名）或者端口号创建虚拟主机网站。

10. 相对于基于 IP 地址和基于主机名（域名）配置的虚拟主机网站来说，使用端口号配置虚拟主机网站有哪些特点？

答：在使用端口号来配置虚拟主机网站时，必须要考虑到 SELinux 域对 httpd 服务程序所用端口号的控制策略，还要在 httpd 服务程序的主配置文件中使用 Listen 参数来开启要监听的端口号。

第 11 章

使用 vsftpd 服务传输文件

本章讲解了如下内容：

- 文件传输协议；
- vsftpd 服务程序；
- TFTP（简单文件传输协议）。

本章开篇讲解了什么是文件传输协议（File Transfer Protocol，FTP），以及如何部署 vsftpd 服务程序，然后深度剖析了 vsftpd 主配置文件中最常用的参数及其作用，并完整演示了 vsftpd 服务程序 3 种认证模式（匿名开放模式、本地用户模式、虚拟用户模式）的配置方法。本章还涵盖了可插拔认证模块（Pluggable Authentication Module，PAM）的原理、作用以及实用的配置方法。

读者可以通过本章介绍的实战内容进一步练习 SELinux 服务的配置方法，掌握简单文件传输协议（Trivial File Transfer Protocol，TFTP）的理论及配置方法，以及学习刘遄老师在服务部署和排错方面的经验技巧，以便灵活应对生产环境中遇到的各种问题。

11.1 文件传输协议

一般来讲，人们将计算机联网的首要目的就是获取资料，而文件传输是一种非常重要的获取资料的方式。今天的互联网是由几千万台个人计算机、工作站、服务器、小型机、大型机、巨型机等具有不同型号、不同架构的物理设备共同组成的，而且即便是个人计算机，也可能会装有 Windows、Linux、UNIX、macOS 等不同的操作系统。为了能够在如此复杂多样的设备之间解决文件传输的问题，文件传输协议（FTP）应运而生。

FTP 是一种在互联网中进行文件传输的协议，基于客户端/服务器模式，默认使用 20、21 号端口，其中端口 20 用于进行数据传输，端口 21 用于接受客户端发出的相关 FTP 命令与参数。FTP 服务器普遍部署于内网中，具有容易搭建、方便管理的特点。而且有些 FTP 客户端工具还可以支持文件的多点下载以及断点续传技术，因此得到了广大用户的青睐。FTP 的传输拓扑如图 11-1 所示。

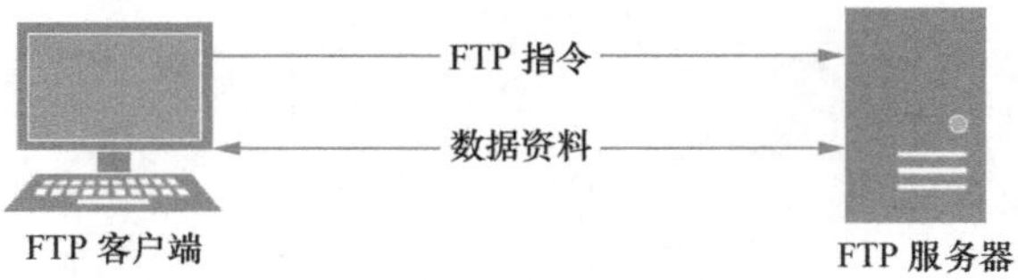

图 11-1 FTP 的传输拓扑

FTP 服务器是按照 FTP 协议在互联网上提供文件存储和访问服务的主机，FTP 客户端则是向服务器发送连接请求，以建立数据传输链路的主机。FTP 协议有下面两种工作模式。

- **主动模式**：FTP 服务器主动向客户端发起连接请求。
- **被动模式**：FTP 服务器等待客户端发起连接请求（默认工作模式）。

第 8 章在学习防火墙服务配置时曾经讲过，防火墙一般是用于过滤从外网进入内网的流量，因此有些时候需要将 FTP 的工作模式设置为主动模式，才可以传输数据。

由于 FTP、HTTP、Telnet 等协议的数据都是使用明文进行传输的，因此从设计上就是不可靠的。人们为了满足以密文方式传输文件的需求，发明了 vsftpd 服务程序。vsftpd（very secure ftp daemon，非常安全的 FTP 守护进程）是一款运行在 Linux 操作系统上的 FTP 服务程序，不仅完全开源而且免费。此外，它还具有很高的安全性、传输速度，以及支持虚拟用户验证等其他 FTP 服务程序不具备的特点。在不影响使用的前提下，管理者可以自行决定客户端是采用匿名开放、本地用户还是虚拟用户的验证方式来登录 vsftpd 服务器。这样即便黑客拿到了虚拟用户的账号密码，也不见得能成功登录 vsftpd 服务器。

在配置妥当软件仓库之后，就可以安装 vsftpd 服务程序了。无论是使用 yum 还是 dnf 命令都可以安装，这里优先选择使用 dnf 命令。

```
[root@linuxprobe~]# dnf install vsftpd
Updating Subscription Management repositories.
Unable to read consumer identity
This system is not registered to Red Hat Subscription Management. You can use
subscription-manager to register.
AppStream                                     3.1 MB/s | 3.2 kB     00:00
BaseOS                                        2.7 MB/s | 2.7 kB     00:00
Dependencies resolved.
===============================================================================
 Package            Arch      Version            Repository     Size
===============================================================================
Installing:
 vsftpd             x86_64    3.0.3-28.el8       AppStream      180 k

Transaction Summary
===============================================================================
Install  1 Package

Total size: 180 k
Installed size: 356 k
Is this ok [y/N]: y
Downloading Packages:
Running transaction check
Transaction check succeeded.
Running transaction test
Transaction test succeeded.
Running transaction
  Preparing        :                                          1/1
  Installing       : vsftpd-3.0.3-28.el8.x86_64               1/1
  Running scriptlet: vsftpd-3.0.3-28.el8.x86_64               1/1
  Verifying        : vsftpd-3.0.3-28.el8.x86_64               1/1
Installed products updated.

Installed:
  vsftpd-3.0.3-28.el8.x86_64
```

```
Complete!
```

iptables 防火墙管理工具默认禁止了 FTP 协议的端口号，因此在正式配置 vsftpd 服务程序之前，为了避免这些默认的防火墙策略“捣乱”，还需要清空 iptables 防火墙的默认策略，并把当前已经被清理的防火墙策略状态保存下来：

```
[root@linuxprobe~]# iptables -F
[root@linuxprobe~]# iptables-save
```

然后再把 FTP 协议添加到 firewalld 服务的允许列表中（前期准备工作一定要做充足）：

```
[root@linuxprobe~]# firewall-cmd --permanent --zone=public --add-service=ftp
success
[root@linuxprobe~]# firewall-cmd --reload
success
```

vsftpd 服务程序的主配置文件（/etc/vsftpd/vsftpd.conf）内容总长度有 127 行之多，但其中大多数参数在开头都添加了井号（#），从而成为注释信息，大家没有必要在注释信息上花费太多的时间。我们可以在 grep 命令后面添加-v 参数，过滤并反选出没有包含井号（#）的参数行（即过滤掉所有的注释信息），然后将过滤后的参数行通过输出重定向符写回原始的主配置文件中。这样操作之后，就只剩下 12 行有效参数了，马上就不紧张了：

```
[root@linuxprobe~]# mv /etc/vsftpd/vsftpd.conf /etc/vsftpd/vsftpd.conf_bak
[root@linuxprobe~]# grep -v "#" /etc/vsftpd/vsftpd.conf_bak > /etc/vsftpd/vsftpd.conf
[root@linuxprobe~]# cat /etc/vsftpd/vsftpd.conf
anonymous_enable=NO
local_enable=YES
write_enable=YES
local_umask=022
dirmessage_enable=YES
xferlog_enable=YES
connect_from_port_20=YES
xferlog_std_format=YES
listen=NO
listen_ipv6=YES
pam_service_name=vsftpd
userlist_enable=YES
```

表 11-1 中罗列了 vsftpd 服务程序主配置文件中常用的参数以及作用。当前大家只需要简单了解即可，在后续的实验中将演示这些参数的用法，以帮助大家熟悉并掌握。

表 11-1　　vsftpd 服务程序常用的参数以及作用

参数	作用
listen=[YES|NO]	是否以独立运行的方式监听服务
listen_address=IP 地址	设置要监听的 IP 地址
listen_port=21	设置 FTP 服务的监听端口
download_enable=[YES|NO]	是否允许下载文件
userlist_enable=[YES|NO] userlist_deny=[YES|NO]	设置用户列表为“允许”还是“禁止”操作

续表

参数	作用
max_clients=0	最大客户端连接数，0 为不限制
max_per_ip=0	同一 IP 地址的最大连接数，0 为不限制
anonymous_enable=[YES|NO]	是否允许匿名用户访问
anon_upload_enable=[YES|NO]	是否允许匿名用户上传文件
anon_umask=022	匿名用户上传文件的 umask 值
anon_root=/var/ftp	匿名用户的 FTP 根目录
anon_mkdir_write_enable=[YES|NO]	是否允许匿名用户创建目录
anon_other_write_enable=[YES|NO]	是否开放匿名用户的其他写入权限（包括重命名、删除等操作权限）
anon_max_rate=0	匿名用户的最大传输速率（字节/秒），0 为不限制
local_enable=[YES|NO]	是否允许本地用户登录 FTP
local_umask=022	本地用户上传文件的 umask 值
local_root=/var/ftp	本地用户的 FTP 根目录
chroot_local_user=[YES|NO]	是否将用户权限禁锢在 FTP 目录，以确保安全
local_max_rate=0	本地用户最大传输速率（字节/秒），0 为不限制

11.2 vsftpd 服务程序

vsftpd 作为更加安全的文件传输协议服务程序，允许用户以 3 种认证模式登录 FTP 服务器。

- **匿名开放模式**：是最不安全的一种认证模式，任何人都可以无须密码验证而直接登录到 FTP 服务器。
- **本地用户模式**：是通过 Linux 系统本地的账户密码信息进行认证的模式，相较于匿名开放模式更安全，而且配置起来也很简单。但是如果黑客破解了账户的信息，就可以畅通无阻地登录 FTP 服务器，从而完全控制整台服务器。
- **虚拟用户模式**：更安全的一种认证模式，它需要为 FTP 服务单独建立用户数据库文件，虚拟出用来进行密码验证的账户信息，而这些账户信息在服务器系统中实际上是不存在的，仅供 FTP 服务程序进行认证使用。这样，即使黑客破解了账户信息也无法登录服务器，从而有效降低了破坏范围和影响。

ftp 是 Linux 系统中以命令行界面的方式来管理 FTP 传输服务的客户端工具。我们首先手动安装这个 ftp 客户端工具，以便在后续实验中查看结果。

```
[root@linuxprobe~]# dnf install ftp
Updating Subscription Management repositories.
Unable to read consumer identity
This system is not registered to Red Hat Subscription Management. You can use
subscription-manager to register.
Last metadata expiration check: 0:00:30 ago on Tue 02 Mar 2021 09:38:50 PM CST.
Dependencies resolved.
================================================================================
 Package          Arch        Version        Repository     Size
```

```
================================================================================
Installing:
 ftp             x86_64       0.17-78.el8    AppStream       70 k

Transaction Summary
================================================================================
Install  1 Package

Total size: 70 k
Installed size: 112 k
Is this ok [y/N]: y
Downloading Packages:
Running transaction check
Transaction check succeeded.
Running transaction test
Transaction test succeeded.
Running transaction
  Preparing         :                                                     1/1
  Installing        : ftp-0.17-78.el8.x86_64                              1/1
  Running scriptlet: ftp-0.17-78.el8.x86_64                               1/1
  Verifying         : ftp-0.17-78.el8.x86_64                              1/1
Installed products updated.

Installed:
  ftp-0.17-78.el8.x86_64

Complete!
```

如果大家想用 Windows 主机测试实验的效果，则可以从 FileZilla、FireFTP、SmartFTP、WinSCP 和 Cyberduck 中挑一个喜欢的工具并从网上下载。它们的功能会比 ftp 命令更加强大。

11.2.1 匿名访问模式

前文提到，在 vsftpd 服务程序中，匿名开放模式是最不安全的一种认证模式。任何人都可以无须密码验证而直接登录 FTP 服务器。这种模式一般用来访问不重要的公开文件（在生产环境中尽量不要存放重要文件）。当然，如果采用第 8 章中介绍的防火墙管理工具（如 TCP Wrapper 服务程序）将 vsftpd 服务程序允许访问的主机范围设置为企业内网，也可以提供基本的安全性。

vsftpd 服务程序默认关闭了匿名开放模式，我们需要做的就是开放匿名用户的上传、下载文件的权限，以及让匿名用户创建、删除、更名文件的权限。需要注意的是，针对匿名用户放开这些权限会带来潜在危险，我们只是为了在 Linux 系统中练习配置 vsftpd 服务程序而放开了这些权限，不建议在生产环境中如此行事。表 11-2 罗列了可以向匿名用户开放的权限参数以及作用。

表 11-2　　向匿名用户开放的权限参数以及作用

参数	作用
anonymous_enable=YES	允许匿名访问模式
anon_umask=022	匿名用户上传文件的 umask 值
anon_upload_enable=YES	允许匿名用户上传文件
anon_mkdir_write_enable=YES	允许匿名用户创建目录
anon_other_write_enable=YES	允许匿名用户修改目录名称或删除目录

```
[root@linuxprobe~]# vim /etc/vsftpd/vsftpd.conf
anonymous_enable=YES
anon_umask=022
anon_upload_enable=YES
anon_mkdir_write_enable=YES
anon_other_write_enable=YES
local_enable=YES
write_enable=YES
local_umask=022
dirmessage_enable=YES
xferlog_enable=YES
connect_from_port_20=YES
xferlog_std_format=YES
listen=NO
listen_ipv6=YES
pam_service_name=vsftpd
userlist_enable=YES
```

在 vsftpd 服务程序的主配置文件中正确填写参数，然后保存并退出。还需要重启 vsftpd 服务程序，让新的配置参数生效。在此需要提醒各位读者，在生产环境中或者在 RHCSA、RHCE、RHCA 认证考试中一定要把配置过的服务程序加入到开机启动项中，以保证服务器在重启后依然能够正常提供传输服务：

```
[root@linuxprobe~]# systemctl restart vsftpd
[root@linuxprobe~]# systemctl enable vsftpd
Created symlink /etc/systemd/system/multi-user.target.wants/vsftpd.service→ /
usr/lib/systemd/system/vsftpd.service.
```

现在就可以在客户端执行 ftp 命令连接到远程的 FTP 服务器了。在 vsftpd 服务程序的匿名开放认证模式下，其账户统一为 anonymous，密码为空。而且在连接 FTP 服务器后，默认访问的是/var/ftp 目录。可以切换到该目录下的 pub 目录中，然后尝试创建一个新的目录文件，以检验是否拥有写入权限：

```
[root@linuxprobe~]# ftp 192.168.10.10
Connected to 192.168.10.10 (192.168.10.10).
220 (vsFTPd 3.0.3)
Name (192.168.10.10:root): anonymous
331 Please specify the password.
Password:此处敲击回车即可
230 Login successful.
Remote system type is UNIX.
Using binary mode to transfer files.
ftp> cd pub
250 Directory successfully changed.
ftp> mkdir files
550 Permission denied.
```

系统显示拒绝创建目录！我们明明在前面清空了 iptables 防火墙策略，而且也在 vsftpd 服务程序的主配置文件中添加了允许匿名用户创建目录和写入文件的权限啊。建议大家先不要着急往下看，而是自己思考一下这个问题的解决办法，以锻炼您的 Linux 系统排错能力。

前文提到，在 vsftpd 服务程序的匿名开放认证模式下，默认访问的是/var/ftp 目录。查看该目录的权限得知，只有 root 管理员才有写入权限。怪不得系统会拒绝操作呢！下面将目录的所有者身份改成系统账户 ftp 即可，这样应该可以了吧？

```
[root@linuxprobe~]# ls -ld /var/ftp/pub
drwxr-xr-x. 2 root root 6 Aug 13 2021 /var/ftp/pub
[root@linuxprobe~]# chown -R ftp /var/ftp/pub
[root@linuxprobe~]# ls -ld /var/ftp/pub
drwxr-xr-x. 2 ftp root 6 Aug 13 2021 /var/ftp/pub
[root@linuxprobe~]# ftp 192.168.10.10
Connected to 192.168.10.10 (192.168.10.10).
220 (vsFTPd 3.0.3)
Name (192.168.10.10:root): anonymous
331 Please specify the password.
Password:此处敲击回车即可
230 Login successful.
Remote system type is UNIX.
Using binary mode to transfer files.
ftp> cd pub
250 Directory successfully changed.
ftp> mkdir files
550 Create directory operation failed.
```

系统再次报错！尽管在使用 ftp 命令登入 FTP 服务器后，在创建目录时系统依然提示操作失败，但是报错信息却发生了变化。在没有写入权限时，系统提示“权限拒绝”（Permission denied），所以刘遄老师怀疑是权限的问题。但现在系统提示“创建目录的操作失败”（Create directory operation failed），想必各位读者也应该意识到是 SELinux 服务在“捣乱”了吧。

下面使用 getsebool 命令查看与 FTP 相关的 SELinux 域策略都有哪些：

```
[root@linuxprobe~]# getsebool -a | grep ftp
ftpd_anon_write --> off
ftpd_connect_all_unreserved --> off
ftpd_connect_db --> off
ftpd_full_access --> off
ftpd_use_cifs --> off
ftpd_use_fusefs --> off
ftpd_use_nfs --> off
ftpd_use_passive_mode --> off
httpd_can_connect_ftp --> off
httpd_enable_ftp_server --> off
tftp_anon_write --> off
tftp_home_dir --> off
```

我们可以根据经验（需要长期培养，别无它法）和策略的名称判断出是 ftpd_full_access--> off 策略规则导致了操作失败。接下来修改该策略规则，并且在设置时使用-P 参数让修改过的策略永久生效，确保在服务器重启后依然能够顺利写入文件。

```
[root@linuxprobe~]# setsebool -P ftpd_full_access=on
```

等 SELinux 域策略修改完毕后，就能够顺利执行文件的创建、修改及删除等操作了：

```
[root@linuxprobe~]# ftp 192.168.10.10
Connected to 192.168.10.10 (192.168.10.10).
220 (vsFTPd 3.0.3)
Name (192.168.10.10:root): anonymous
```

```
331 Please specify the password.
Password:此处敲击回车即可
230 Login successful.
Remote system type is UNIX.
Using binary mode to transfer files.
ftp> cd pub
250 Directory successfully changed.
ftp> mkdir files
257 "/pub/files" created
ftp> rename files database
350 Ready for RNTO.
250 Rename successful.
ftp> rmdir database
250 Remove directory operation successful.
ftp> exit
221 Goodbye.
```

在上面的操作中，由于权限不足，所以我们将/var/ftp/pub 目录的所有者设置成 ftp 用户本身。除了这种方法，也可以通过设置权限的方法让其他用户获取到写入权限（例如 777 这样的权限）。但是，由于 vsftpd 服务自身带有安全保护机制，因此不要直接修改/var/ftp 的权限，这有可能导致服务被“安全锁定”而不能登录。一定要记得是对里面的 pub 目录修改权限哦：

```
[root@linuxprobe~]# chmod -R 777 /var/ftp
[root@linuxprobe~]# ftp 192.168.10.10
Connected to 192.168.10.10 (192.168.10.10).
220 (vsFTPd 3.0.3)
Name (192.168.10.10:root): anonymous
331 Please specify the password.
Password:此处敲击回车即可
500 OOPS: vsftpd: refusing to run with writable root inside chroot()
Login failed.
421 Service not available, remote server has closed connection
```

注：

再次提醒各位读者，在进行下一次实验之前，一定记得将虚拟机还原到最初始的状态，以免多个实验相互产生冲突。

11.2.2 本地用户模式

相较于匿名开放模式，本地用户模式要更安全，而且配置起来也很简单。如果大家之前用的是匿名开放模式，现在就可以将它关了，然后开启本地用户模式。针对本地用户模式的权限参数以及作用如表 11-3 所示。

表 11-3 本地用户模式使用的权限参数以及作用

参数	作用
anonymous_enable=NO	禁止匿名访问模式
local_enable=YES	允许本地用户模式
write_enable=YES	设置可写权限

续表

参数	作用
local_umask=022	本地用户模式创建文件的 umask 值
userlist_deny=YES	启用“禁止用户名单”，名单文件为 ftpusers 和 user_list
userlist_enable=YES	开启用户作用名单文件功能

默认情况下本地用户所需的参数都已经存在，不需要修改。而 umask 这个参数还是头一次见到，我们一起来看一下。umask 一般被称为“权限掩码”或“权限补码”，能够直接影响到新建文件的权限值。例如在 Linux 系统中，新建的普通文件的权限是 644，新建的目录的权限是 755。虽然大家对此都习以为常，但是有考虑过权限为什么是这些数字么？

其实，普通文件的默认权限是 666，目录的默认权限是 777，这都是写在系统配置文件中的。但默认值不等于最终权限值。umask 参数的默认值是 022，根据公式“默认权限−umask＝实际权限”，所以普通文件的默认权限到手后就剩下 644，而目录文件就剩下 755 了。

如果大家还不明白，我们再来看一个例子。我们每个人的收入都要纳税，税就相当于 umask 值。如果政府想让每个人到手的收入多一些，那么就减少税（umask）；如果想让每个人到手的收入少一些，那么就多加税（umask）。也就是说，umask 实际是权限的反掩码，通过它可以调整文件最终的权限大小。相信这样一来，这样大家应该明白了。

好啦，说的有点远了。接下来配置本地用户的参数：

```
[root@linuxprobe~]# vim /etc/vsftpd/vsftpd.conf
anonymous_enable=NO
local_enable=YES
write_enable=YES
local_umask=022
dirmessage_enable=YES
xferlog_enable=YES
connect_from_port_20=YES
xferlog_std_format=YES
listen=NO
listen_ipv6=YES
pam_service_name=vsftpd
userlist_enable=YES
```

在 vsftpd 服务程序的主配置文件中正确填写参数，然后保存并退出。还需要重启 vsftpd 服务程序，让新的配置参数生效。在执行完上一个实验并还原虚拟机之后，还需要将配置好的服务添加到开机启动项中，以便在系统重启自后依然可以正常使用 vsftpd 服务。

```
[root@linuxprobe~]# systemctl restart vsftpd
[root@linuxprobe~]# systemctl enable vsftpd
Created symlink /etc/systemd/system/multi-user.target.wants/vsftpd.service→ /usr/lib/systemd/system/vsftpd.service.
```

按理来讲，现在已经完全可以用本地用户的身份登录 FTP 服务器了。但是在使用 root 管理员的身份登录后，系统提示如下的错误信息：

```
[root@linuxprobe~]# ftp 192.168.10.10
Connected to 192.168.10.10 (192.168.10.10).
220 (vsFTPd 3.0.3)
Name (192.168.10.10:root): root
530 Permission denied.
```

```
Login failed.
ftp>
```

可见，在我们输入 root 管理员的密码之前，就已经被系统拒绝访问了。这是因为 vsftpd 服务程序所在的目录中默认存放着两个名为“用户名单”的文件（ftpusers 和 user_list）。不知道大家是否已看过一部日本电影“死亡笔记”，里面就提到有一个黑色封皮的小本子，只要将别人的名字写进去，这人就会挂掉。vsftpd 服务程序目录中的这两个文件也有类似的功能——只要里面写有某位用户的名字，就不再允许这位用户登录到 FTP 服务器上。

```
[root@linuxprobe~]# cat /etc/vsftpd/user_list
# vsftpd userlist
# If userlist_deny=NO, only allow users in this file
# If userlist_deny=YES (default), never allow users in this file, and
# do not even prompt for a password.
# Note that the default vsftpd pam config also checks /etc/vsftpd/ftpusers
# for users that are denied.
bin
daemon
adm
lp
sync
shutdown
halt
mail
news
uucp
operator
games
nobody
[root@linuxprobe~]# cat /etc/vsftpd/ftpusers
# Users that are not allowed to login via ftp
bin
daemon
adm
lp
sync
shutdown
halt
mail
news
uucp
operator
games
nobody
```

果然如此！vsftpd 服务程序为了保证服务器的安全性而默认禁止了 root 管理员和大多数系统用户的登录行为，这样可以有效地避免黑客通过 FTP 服务对 root 管理员密码进行暴力破解。如果您确认在生产环境中使用 root 管理员不会对系统安全产生影响，只需按照上面的提示删除掉 root 用户名即可。也可以选择 ftpusers 和 user_list 文件中不存在的一个普通用户尝试登录 FTP 服务器：

```
[root@linuxprobe~]# ftp 192.168.10.10
Connected to 192.168.10.10 (192.168.10.10).
220 (vsFTPd 3.0.3)
Name (192.168.10.10:root): root
```

```
331 Please specify the password.
Password:此处输入该用户的密码
230 Login successful.
Remote system type is UNIX.
Using binary mode to transfer files.
ftp>
```

在继续后面的实验之前，不知道大家有没有思考过这样一个问题：为什么同样是禁止用户登录的功能，却要制作两个一模一样的文件呢？

这个小玄机其实就在 user_list 文件上面。如果把上面主配置文件中 userlist_deny 的参数值改成 NO，那么 user_list 列表就变成了强制白名单。它的功能与之前完全相反，只允许列表内的用户访问，拒绝其他人的访问。

另外，在采用本地用户模式登录 FTP 服务器后，默认访问的是该用户的家目录，而且该目录的默认所有者、所属组都是该用户自己，因此不存在写入权限不足的情况。但是当前的操作仍然被拒绝，这是因为我们刚才将虚拟机系统还原到最初的状态了。为此，需要再次开启 SELinux 域中对 FTP 服务的允许策略：

```
[root@linuxprobe~]# getsebool -a | grep ftp
ftpd_anon_write --> off
ftpd_connect_all_unreserved --> off
ftpd_connect_db --> off
ftpd_full_access --> off
ftpd_use_cifs --> off
ftpd_use_fusefs --> off
ftpd_use_nfs --> off
ftpd_use_passive_mode --> off
httpd_can_connect_ftp --> off
httpd_enable_ftp_server --> off
tftp_anon_write --> off
tftp_home_dir --> off
[root@linuxprobe~]# setsebool -P ftpd_full_access=on
```

刘遄老师再啰唆几句。在实验课程和生产环境中设置 SELinux 域策略时，一定记得添加-P 参数，否则服务器在重启后就会按照原有的策略进行控制，从而导致配置过的服务无法使用。

在配置妥当后再使用本地用户尝试登录 FTP 服务器，分别执行文件的创建、重命名及删除等命令。操作均成功！

```
[root@linuxprobe vsftpd]# ftp 192.168.10.10
Connected to 192.168.10.10 (192.168.10.10).
220 (vsFTPd 3.0.3)
Name (192.168.10.10:root): root
331 Please specify the password.
Password:此处输入该用户的密码
230 Login successful.
Remote system type is UNIX.
Using binary mode to transfer files.
ftp> mkdir files
257 "/root/files" created
ftp> rename files database
350 Ready for RNTO.
250 Rename successful.
ftp> rmdir database
```

```
250 Remove directory operation successful.
ftp> exit
221 Goodbye.
```

注：

在完成本实验后请先还原虚拟机快照再进行下一个实验，否则可能导致配置文件冲突而报错。

11.2.3　虚拟用户模式

最后讲解的虚拟用户模式是这 3 种模式中最安全的一种认证模式，是专门创建出一个账号来登录 FTP 传输服务的，而且这个账号不能用于以 SSH 方式登录服务器。当然，因为它的安全性较之于前面两种模式有了提升，所以配置流程也会稍微复杂一些。

第 1 步：重新安装 vsftpd 服务。创建用于进行 FTP 认证的用户数据库文件，其中奇数行为账户名，偶数行为密码。例如，分别创建 zhangsan 和 lisi 两个用户，密码均为 redhat：

```
[root@linuxprobe~]# cd /etc/vsftpd/
[root@linuxprobe vsftpd]# vim vuser.list
zhangsan
redhat
lisi
redhat
```

由于明文信息既不安全，也不符合让 vsftpd 服务程序直接加载的格式，因此需要使用 db_load 命令用哈希（hash）算法将原始的明文信息文件转换成数据库文件，并且降低数据库文件的权限（避免其他人看到数据库文件的内容），然后再把原始的明文信息文件删除。

```
[root@linuxprobe vsftpd]# db_load -T -t hash -f vuser.list vuser.db
[root@linuxprobe vsftpd]# chmod 600 vuser.db
[root@linuxprobe vsftpd]# rm -f vuser.list
```

第 2 步：创建 vsftpd 服务程序用于存储文件的根目录以及用于虚拟用户映射的系统本地用户。vsftpd 服务用于存储文件的根目录指的是，当虚拟用户登录后所访问的默认位置。

由于 Linux 系统中的每一个文件都有所有者、所属组属性，例如使用虚拟账户"张三"新建了一个文件，但是系统中找不到账户"张三"，就会导致这个文件的权限出现错误。为此，需要再创建一个可以映射到虚拟用户的系统本地用户。简单来说，就是让虚拟用户默认登录到与之有映射关系的这个系统本地用户的家目录中。虚拟用户创建的文件的属性也都归属于这个系统本地用户，从而避免 Linux 系统无法处理虚拟用户所创建文件的属性权限。

为了方便管理 FTP 服务器上的数据，可以把这个系统本地用户的家目录设置为/var 目录（该目录用来存放经常发生改变的数据）。并且为了安全起见，将这个系统本地用户设置为不允许登录 FTP 服务器，这不会影响虚拟用户登录，而且还能够避免黑客通过这个系统本地用户进行登录。

```
[root@linuxprobe~]# useradd -d /var/ftproot -s /sbin/nologin virtual
[root@linuxprobe~]# ls -ld /var/ftproot/
drwx------. 3 virtual virtual 74 Jul 14 17:50 /var/ftproot/
[root@linuxprobe~]# chmod -Rf 755 /var/ftproot/
```

第 3 步：建立用于支持虚拟用户的 PAM 文件。

PAM（可插拔认证模块）是一种认证机制，通过一些动态链接库和统一的 API 把系统提供的服务与认证方式分开，使得系统管理员可以根据需求灵活调整服务程序的不同认证方式。要想把 PAM 功能和作用完全讲透，至少要一个章节的篇幅才行（对该主题感兴趣的读者敬请关注本书的进阶篇，里面会详细讲解 PAM）。

通俗来讲，PAM 是一组安全机制的模块，系统管理员可以用来轻易地调整服务程序的认证方式，而不必对应用程序进行任何修改。PAM 采取了分层设计（应用程序层、应用接口层、鉴别模块层）的思想，其结构如图 11-2 所示。

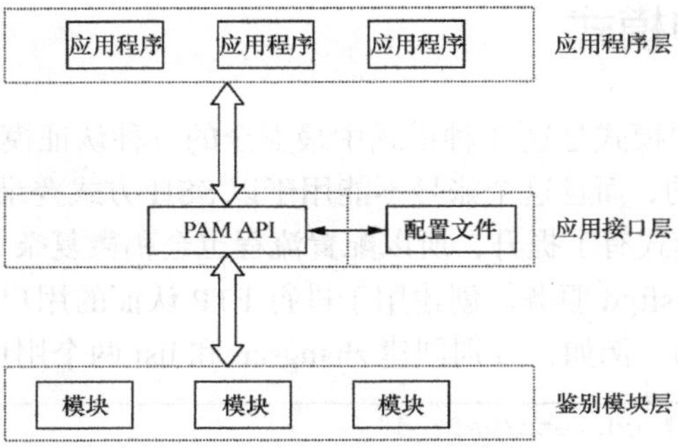

图 11-2　PAM 的分层设计结构

新建一个用于虚拟用户认证的 PAM 文件 vsftpd.vu，其中 PAM 文件内的“db=”参数为使用 db_load 命令生成的账户密码数据库文件的路径，但不用写数据库文件的后缀：

```
[root@linuxprobe~]# vim /etc/pam.d/vsftpd.vu
auth       required     pam_userdb.so db=/etc/vsftpd/vuser
account    required     pam_userdb.so db=/etc/vsftpd/vuser
```

第 4 步：在 vsftpd 服务程序的主配置文件中通过 pam_service_name 参数将 PAM 认证文件的名称修改为 vsftpd.vu。PAM 作为应用程序层与鉴别模块层的连接纽带，可以让应用程序根据需求灵活地在自身插入所需的鉴别功能模块。当应用程序需要 PAM 认证时，则需要在应用程序中定义负责认证的 PAM 配置文件，实现所需的认证功能。

例如，在 vsftpd 服务程序的主配置文件中默认就带有参数 pam_service_name=vsftpd，表示登录 FTP 服务器时是根据/etc/pam.d/vsftpd 文件进行安全认证的。现在我们要做的就是把 vsftpd 主配置文件中原有的 PAM 认证文件 vsftpd 修改为新建的 vsftpd.vu 文件即可。该操作中用到的参数以及作用如表 11-4 所示。

表 11-4　　利用 PAM 文件进行认证时使用的参数以及作用

参数	作用
anonymous_enable=NO	禁止匿名开放模式
local_enable=YES	允许本地用户模式
guest_enable=YES	开启虚拟用户模式
guest_username=virtual	指定虚拟用户账户
pam_service_name=vsftpd.vu	指定 PAM 文件
allow_writeable_chroot=YES	允许对禁锢的 FTP 根目录执行写入操作，而且不拒绝用户的登录请求

```
[root@linuxprobe~]# vim /etc/vsftpd/vsftpd.conf
anonymous_enable=NO
local_enable=YES
write_enable=YES
guest_enable=YES
guest_username=virtual
allow_writeable_chroot=YES
local_umask=022
dirmessage_enable=YES
xferlog_enable=YES
connect_from_port_20=YES
xferlog_std_format=YES
listen=NO
listen_ipv6=YES
pam_service_name=vsftpd.vu
userlist_enable=YES
```

第 5 步：为虚拟用户设置不同的权限。虽然账户 zhangsan 和 lisi 都是用于 vsftpd 服务程序认证的虚拟账户，但是我们依然想对这两人进行区别对待。比如，允许张三上传、创建、修改、查看、删除文件，只允许李四查看文件。这可以通过 vsftpd 服务程序来实现。只需新建一个目录，在里面分别创建两个以 zhangsan 和 lisi 命名的文件，其中在名为 zhangsan 的文件中写入允许的相关权限（使用匿名用户的参数）：

```
[root@linuxprobe~]# mkdir /etc/vsftpd/vusers_dir/
[root@linuxprobe~]# cd /etc/vsftpd/vusers_dir/
[root@linuxprobe vusers_dir]# touch lisi
[root@linuxprobe vusers_dir]# vim zhangsan
anon_upload_enable=YES
anon_mkdir_write_enable=YES
anon_other_write_enable=YES
```

然后再次修改 vsftpd 主配置文件，通过添加 user_config_dir 参数来定义这两个虚拟用户不同权限的配置文件所存放的路径。为了让修改后的参数立即生效，需要重启 vsftpd 服务程序并将该服务添加到开机启动项中：

```
[root@linuxprobe~]# vim /etc/vsftpd/vsftpd.conf
anonymous_enable=NO
local_enable=YES
write_enable=YES
guest_enable=YES
guest_username=virtual
allow_writeable_chroot=YES
local_umask=022
dirmessage_enable=YES
xferlog_enable=YES
connect_from_port_20=YES
xferlog_std_format=YES
listen=NO
listen_ipv6=YES
pam_service_name=vsftpd.vu
userlist_enable=YES
user_config_dir=/etc/vsftpd/vusers_dir
[root@linuxprobe~]# systemctl restart vsftpd
[root@linuxprobe~]# systemctl enable vsftpd
Created symlink /etc/systemd/system/multi-user.target.wants/vsftpd.service→ /
usr/lib/systemd/system/vsftpd.service.
```

第 6 步：设置 SELinux 域允许策略，然后使用虚拟用户模式登录 FTP 服务器。相信大家可以猜到，SELinux 会继续来捣乱。所以，先按照前面实验中的步骤开启 SELinux 域的允许策略，以免再次出现操作失败的情况：

```
[root@linuxprobe~]# getsebool -a | grep ftp
ftpd_anon_write --> off
ftpd_connect_all_unreserved --> off
ftpd_connect_db --> off
ftpd_full_access --> off
ftpd_use_cifs --> off
ftpd_use_fusefs --> off
ftpd_use_nfs --> off
ftpd_use_passive_mode --> off
httpd_can_connect_ftp --> off
httpd_enable_ftp_server --> off
tftp_anon_write --> off
tftp_home_dir --> off
[root@linuxprobe~]# setsebool -P ftpd_full_access=on
```

此时，不但可以使用虚拟用户模式成功登录到 FTP 服务器，还可以分别使用账户 zhangsan 和 lisi 来检验他们的权限。李四只能登录，没有其他权限：

```
[root@linuxprobe~]# ftp 192.168.10.10
Connected to 192.168.10.10 (192.168.10.10).
220 (vsFTPd 3.0.3)
Name (192.168.10.10:root): lisi
331 Please specify the password.
Password:此处输入虚拟用户的密码
230 Login successful.
Remote system type is UNIX.
Using binary mode to transfer files.
ftp> mkdir files
550 Permission denied.
ftp> exit
221 Goodbye.
```

而张三不仅可以登录，还可以创建、改名和删除文件，因此张三的权限是满的。当然，大家在生产环境中一定要根据真实需求来灵活配置参数，不要照搬这里的实验操作。

```
[root@linuxprobe vusers_dir]# ftp 192.168.10.10
Connected to 192.168.10.10 (192.168.10.10).
220 (vsFTPd 3.0.3)
Name (192.168.10.10:root): zhangsan
331 Please specify the password.
Password:此处输入虚拟用户的密码
230 Login successful.
Remote system type is UNIX.
Using binary mode to transfer files.
ftp> mkdir files
257 "/files" created
ftp> rename files database
350 Ready for RNTO.
250 Rename successful.
ftp> rmdir database
250 Remove directory operation successful.
```

最后总结一下在使用不同的方式登录文件传输服务器后，默认所在的位置，如表 11-5 所示。这样，大家在登录后就可以心里有底，不用担心把文件传错了目录。

表 11-5　　使用不同方式登录后的所在的位置

登录方式	默认目录
匿名公开	/var/ftp
本地用户	该用户的家目录
虚拟用户	对应映射用户的家目录

11.3　TFTP（简单文件传输协议）

简单文件传输协议（Trivial File Transfer Protocol，TFTP）是一种基于 UDP 协议在客户端和服务器之间进行简单文件传输的协议。顾名思义，它提供不复杂、开销不大的文件传输服务，可将其当作 FTP 协议的简化版本。

TFTP 的命令功能不如 FTP 服务强大，甚至不能遍历目录，在安全性方面也弱于 FTP 服务。而且，由于 TFTP 在传输文件时采用的是 UDP 协议，占用的端口号为 69，因此文件的传输过程也不像 FTP 协议那样可靠。但是，因为 TFTP 不需要客户端的权限认证，也就减少了无谓的系统和网络带宽消耗，因此在传输琐碎（trivial）不大的文件时，效率更高。

接下来在系统上安装相关的软件包，进行体验。其中，tftp-server 是服务程序，tftp 是用于连接测试的客户端工具，xinetd 是管理服务（后面会讲到）：

```
[root@linuxprobe~]# dnf install tftp-server tftp xinetd
Updating Subscription Management repositories.
Unable to read consumer identity
This system is not registered to Red Hat Subscription Management. You can use
subscription-manager to register.
AppStream                                  3.1 MB/s | 3.2 kB     00:00
BaseOS                                     2.7 MB/s | 2.7 kB     00:00
Dependencies resolved.
================================================================================
 Package          Arch        Version          Repository      Size
================================================================================
Installing:
 tftp             x86_64      5.2-24.el8         AppStream       42 k
 tftp-server      x86_64      5.2-24.el8         AppStream       50 k
 xinetd           x86_64      2:2.3.15-23.el8    AppStream      135 k

Transaction Summary
================================================================================
Install  3 Packages

Total size: 227 k
Installed size: 397 k
Is this ok [y/N]: y
Downloading Packages:
Running transaction check
Transaction check succeeded.
Running transaction test
Transaction test succeeded.
Running transaction
```

```
  Preparing          :                                              1/1
   Installing         : xinetd-2:2.3.15-23.el8.x86_64               1/3
   Running scriptlet: xinetd-2:2.3.15-23.el8.x86_64                 1/3
   Installing         : tftp-server-5.2-24.el8.x86_64               2/3
   Running scriptlet: tftp-server-5.2-24.el8.x86_64                 2/3
   Installing         : tftp-5.2-24.el8.x86_64                      3/3
   Running scriptlet: tftp-5.2-24.el8.x86_64                        3/3
   Verifying          : tftp-5.2-24.el8.x86_64                      1/3
   Verifying          : tftp-server-5.2-24.el8.x86_64               2/3
   Verifying          : xinetd-2:2.3.15-23.el8.x86_64               3/3
Installed products updated.

Installed:
  tftp-5.2-24.el8.x86_64  tftp-server-5.2-24.el8.x86_64  xinetd-2:2.3.15-23.
el8.x86_64

Complete!
```

在 Linux 系统中，TFTP 服务是使用 xinetd 服务程序来管理的。xinetd 服务可以用来管理多种轻量级的网络服务，而且具有强大的日志功能。它专门用于控制那些比较小的应用程序的开启与关闭，有点类似于带有独立开关的插线板（见图 11-3），想开启那个服务，就编辑对应的 xinetd 配置文件的开关参数。

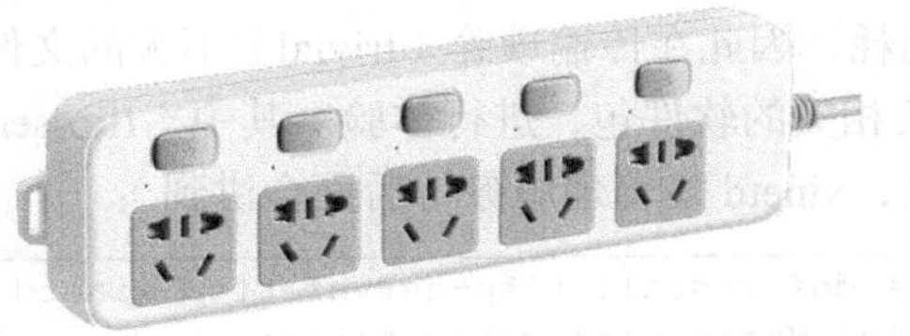

图 11-3　一个带有独立开关的插线板

简单来说，在安装 TFTP 软件包后，还需要在 xinetd 服务程序中将其开启。在 RHEL 8 系统中，tftp 所对应的配置文件默认不存在，需要用户根据示例文件（/usr/share/doc/xinetd/sample.conf）自行创建。大家可以直接将下面的内容复制到文件中，就可以使用了：

```
[root@linuxprobe~]# vim /etc/xinetd.d/tftp
service tftp
{
        socket_type             = dgram
        protocol                = udp
        wait                    = yes
        user                    = root
        server                  = /usr/sbin/in.tftpd
        server_args             = -s /var/lib/tftpboot
        disable                 = no
        per_source              = 11
        cps                     = 100 2
        flags                   = IPv4
}
```

然后，重启 xinetd 服务并将它添加到系统的开机启动项中，以确保 TFTP 服务在系统重启后依然处于运行状态。考虑到有些系统的防火墙默认没有允许 UDP 协议的 69 端口，因此需要手动将该端口号加入到防火墙的允许策略中：

```
[root@linuxprobe~]# systemctl restart tftp
[root@linuxprobe~]# systemctl enable tftp
[root@linuxprobe~]# systemctl restart xinetd
[root@linuxprobe~]# systemctl enable xinetd
[root@linuxprobe~]# firewall-cmd --zone=public --permanent --add-port=69/udp
success
[root@linuxprobe~]# firewall-cmd --reload
success
```

TFTP 的根目录为/var/lib/tftpboot。可以使用刚才安装好的 tftp 命令尝试访问其中的文件，亲身体验 TFTP 服务的文件传输过程。在使用 tftp 命令访问文件时，可能会用到表 11-6 中的参数。

表 11-6　　tftp 命令中可用的参数以及作用

参数	作用
?	帮助信息
put	上传文件
get	下载文件
verbose	显示详细的处理信息
status	显示当前的状态信息
binary	使用二进制进行传输
ascii	使用 ASCII 码进行传输
timeout	设置重传的超时时间
quit	退出

```
[root@linuxprobe ~]# echo "i love linux" > /var/lib/tftpboot/readme.txt
[root@linuxprobe ~]# tftp 192.168.10.10
tftp> get readme.txt
tftp> quit
[root@linuxprobe~]# ls
anaconda-ks.cfg  Documents  initial-setup-ks.cfg  Pictures  readme.txt  Videos
Desktop          Downloads  Music                 Public    Templates
[root@linuxprobe ~]# cat readme.txt
i love linux
```

当然，TFTP 服务的玩法还不止于此，第 19 章会将 TFTP 服务与其他软件相搭配，组合出一套完整的自动化部署系统方案。大家继续加油！

复习题

1. 简述 FTP 协议的功能作用以及所占用的端口号。

   答： FTP 是一种在互联网中进行文件传输的协议，默认使用 20、21 号端口，其中端口 20 用于进行数据传输，端口 21 用于接受客户端发起的相关 FTP 命令与参数。

2. vsftpd 服务程序提供的 3 种用户认证模式各自有什么特点？

   答： 匿名开放模式是任何人都可以无须密码认证即可直接登录 FTP 服务器的验证方式；

本地用户模式是通过系统本地的账户密码信息登录 FTP 服务器的认证方式；虚拟用户模式是通过创建独立的 FTP 用户数据库文件来进行认证并登录 FTP 服务器的认证方式，相较来说它也是最安全的认证模式。

3. 使用匿名开放模式登录到一台用 vsftpd 服务程序部署的 FTP 服务器上时，默认的 FTP 根目录是什么？

答：使用匿名开放模式登录后的 FTP 根目录是/var/ftp 目录，该目录内默认还会有一个名为 pub 的子目录。

4. 简述 PAM 的功能作用。

答：PAM 是一组安全机制的模块（插件），系统管理员可以用来轻易地调整服务程序的认证方式，而不必对应用程序进行过多修改。

5. 使用虚拟用户模式登录 FTP 服务器的所有用户的权限都是一样的吗？

答：不一定，可以通过分别定义用户权限文件来为每一位用户设置不同的权限。

6. TFTP 协议与 FTP 协议有什么不同？

答：TFTP 协议提供不复杂、开销不大的文件传输服务（可将其当作 FTP 协议的简化版本）。

第 12 章

使用 Samba 或 NFS 实现文件共享

本章讲解了如下内容：

- Samba 文件共享服务；
- NFS（网络文件系统）；
- autofs 自动挂载服务。

本章首先通过比较文件传输和文件共享这两种资源交换方式来引入 Samba 服务的理论知识，并介绍 SMB 协议与 Samba 服务程序的起源和发展过程，然后通过实验的方式部署文件共享服务来深入了解 Samba 服务中相关参数的作用，并在实验最后分别使用 Windows 系统和 Linux 系统访问共享的文件资源，确保读者彻底掌握文件共享服务的配置方法。

本章还讲解了如何配置网络文件系统（Network File System，NFS）服务来简化 Linux 系统之间的文件共享工作，以及通过部署 NFS 服务在多台 Linux 系统之间挂载并使用资源。在管理设备挂载信息时，使用 autofs 服务不仅可以正常满足设备挂载的使用需求，还能进一步提高服务器硬件资源和网络带宽的利用率。

刘遄老师相信，当各位读者认真学习完本章内容之后，一定会深刻理解在 Linux 系统之间共享文件资源以及在 Linux 系统与 Windows 系统之间共享文件资源的工作机制，并彻底掌握相应的配置方法。

12.1 Samba 文件共享服务

上一章讲解的 FTP 文件传输服务确实可以让主机之间的文件传输变得简单方便，但是 FTP 协议的本质是传输文件，而非共享文件，因此要想通过客户端直接在服务器上修改文件内容还是一件比较麻烦的事情。

1987 年，微软公司和英特尔公司共同制定了 SMB（Server Messages Block，服务器消息块）协议，旨在解决局域网内的文件或打印机等资源的共享问题，这也使得在多个主机之间共享文件变得越来越简单。到了 1991 年，当时还在读大学的 Tridgwell 为了解决 Linux 系统与 Windows 系统之间的文件共享问题，基于 SMB 协议开发出了 SMBServer 服务程序。这是一款开源的文件共享软件，经过简单配置就能够实现 Linux 系统与 Windows 系统之间的文件共享工作。当时，Tridgwell 想把这款软件的名字 SMBServer 注册成为商标，但却被商标局以“SMB 是没有意义的字符”为由而拒绝了申请。后来 Tridgwell 不断翻看词典，突然看到一个拉丁舞蹈的名字——Samba，而且这个热情洋溢的舞蹈名字中又恰好包含了“SMB”，于是

Samba 服务程序的名字由此诞生（见图 12-1）。Samba 服务程序现在已经成为在 Linux 系统与 Windows 系统之间共享文件的最佳选择。

图 12-1　Samba 服务程序的 Logo

Samba 服务程序的配置方法与之前讲解的很多服务的配置方法类似，首先需要先通过软件仓库来安装 Samba 服务程序（Samba 服务程序的名字也恰巧是软件包的名字）。顺带再安装一个 samba-client 软件包，这是一会儿用于测试共享目录的客户端程序：

```
[root@linuxprobe~]# dnf install samba samba-client
Updating Subscription Management repositories.
Unable to read consumer identity
This system is not registered to Red Hat Subscription Management. You can use
subscription-manager to register.
Last metadata expiration check: 0:00:17 ago on Fri 05 Mar 2021 04:54:36 PM CST.
Dependencies resolved.
================================================================================
 Package              Arch        Version          Repository    Sizet
================================================================================
Installing:
 samba                x86_64      4.9.1-8.el8      BaseOS        708 k
 samba-client         x86_64      4.9.1-8.el8      BaseOS        636 k
Installing dependencies:
 samba-common-tools   x86_64      4.9.1-8.el8      BaseOS        461 k
 samba-libs           x86_64      4.9.1-8.el8      BaseOS        177 k

Transaction Summary
================================================================================
Install  4 Packages
………………省略部分输出信息………………
Installed:
  samba-4.9.1-8.el8.x86_64                     samba-client-4.9.1-8.el8.x86_64
  samba-common-tools-4.9.1-8.el8.x86_64        samba-libs-4.9.1-8.el8.x86_64

Complete!
```

安装完毕后打开 Samba 服务程序的主配置文件，好在参数并不多，只有 37 行。其中第 17～22 行代表共享每位登录用户的家目录内容。虽然在某些情况下这可以更方便地共享文件，但这个默认操作着实有些危险，建议不要共享，将其删除掉。第 24～29 行是用 SMB 协议共享本地的打印机设备，方便局域网内的用户远程使用打印机设备。当前我们没有打印机设备，因此建议也将其删除掉，不共享。最后的第 31～37 行依然为共享打印机设备的参数，同样建议予以删除。

```
[root@linuxprobe~]# vim /etc/samba/smb.conf
  1 # See smb.conf.example for a more detailed config file or
  2 # read the smb.conf manpage.
  3 # Run 'testparm' to verify the config is correct after
  4 # you modified it.
  5
  6 [global]
  7         workgroup = SAMBA
  8         security = user
```

```

        passdb backend = tdbsam

         printing = cups
         printcap name = cups
         load printers = yes
         cups options = raw

[homes]
         comment = Home Directories
         valid users = %S, %D%w%S
         browseable = No
         read only = No
         inherit acls = Yes

[printers]
         comment = All Printers
         path = /var/tmp
         printable = Yes
         create mask = 0600
         browseable = No

[print$]
         comment = Printer Drivers
         path = /var/lib/samba/drivers
         write list = @printadmin root
         force group = @printadmin
         create mask = 0664
         directory mask = 0775
```

在对 Samba 服务的主配置文件进行一顿删减操作之后，最后的有效配置参数只剩下了 8 行。所剩不多的参数中，还能继续删除不需要的参数。例如，第 5～8 行参数中所提到的 cups 的全称为 Common UNIX Printing System（通用 UNIX 打印系统），依然是用于打印机或打印服务器的，继续予以删除。

```
[root@linuxprobe~]# cat /etc/samba/smb.conf
  1 [global]
  2         workgroup = SAMBA
  3         security = user
  4         passdb backend = tdbsam
  5         printing = cups
  6         printcap name = cups
  7         load printers = yes
  8         cups options = raw
```

注：

删除掉不需要的代码是常规操作。通过关闭非必要的功能，可以让服务程序"轻装前进"，让服务程序把硬件资源都用到刀刃上，使其具有更好的性能。而且，还能让运维人员更快地找到所需的代码。与 100 行代码相比，从 10 行代码中找到一个参数要容易很多。所以只要对参数有正确的认识，那么就大胆地操作吧！

为了避免在工作中使用到了打印机服务而不知如何配置，下面对上述代码进行详细的注释说明（见表 12-1），大家可以留存备查。

表 12-1　　Samba 服务程序中的参数以及作用

行数	参数	作用
1	# See smb.conf.example for a more detailed config file or	注释信息
2	# read the smb.conf manpage.	注释信息
3	# Run 'testparm' to verify the config is correct after	注释信息
4	# you modified it.	注释信息
5	[global]	全局参数
6	workgroup = SAMBA	工作组名称
7		
8	security = user	安全验证的方式，总共有 4 种
9		
10	passdb backend = tdbsam	定义用户后台的类型，总共有 3 种
11		
12	printing = cups	打印服务协议
13	printcap name = cups	打印服务名称
14	load printers = yes	是否加载打印机
15	cups options = raw	打印机的选项
16		
17	[homes]	共享名称
18	comment = Home Directories	描述信息
19	valid users = %S, %D%w%S	可用账户
20	browseable = No	指定共享信息是否在“网上邻居”中可见
21	read only = No	是否只读
22	inherit acls = Yes	是否继承访问控制列表
23		
24	[printers]	共享名称
25	comment = All Printers	描述信息
26	path = /var/tmp	共享路径
27	printable = Yes	是否可打印
28	create mask = 0600	文件权限
29	browseable = No	指定共享信息是否在“网上邻居”中可见
30		
31	[print$]	共享名称
32	comment = Printer Drivers	描述信息
33	path = /var/lib/samba/drivers	共享路径
34	write list = @printadmin root	可写入文件的用户列表
35	force group = @printadmin	用户组列表
36	create mask = 0664	文件权限
37	directory mask = 0775	目录权限

在上面的代码中，security 参数代表用户登录 Samba 服务时采用的验证方式。总共有 4 种可用参数。

- **share**：代表主机无须验证密码。这相当于 vsftpd 服务的匿名公开访问模式，比较方便，但安全性很差。
- **user**：代表登录 Samba 服务时需要使用账号密码进行验证，通过后才能获取到文件。这是默认的验证方式，最为常用。
- **domain**：代表通过域控制器进行身份验证，用来限制用户的来源域。
- **server**：代表使用独立主机验证来访用户提供的密码。这相当于集中管理账号，并不常用。

在最早期的 RHEL/CentOS 系统中，Samba 服务使用的是 PAM（可插拔认证模块）来调用本地账号和密码信息，后来在 5、6 版本中替换成了用 smbpasswd 命令来设置独立的 Samba 服务账号和密码。到了 RHEL 7/8 版本，则又进行了一次改革，将传统的验证方式换成使用 tdbsam 数据库进行验证。这是一个专门用于保存 Samba 服务账号密码的数据库，用户需要用 pdbedit 命令进行独立的添加操作，下文中会有实战演示。

12.1.1 配置共享资源

Samba 服务程序的主配置文件与前面学习过的 Apache 服务很相似，包括全局配置参数和区域配置参数。全局配置参数用于设置整体的资源共享环境，对里面的每一个独立的共享资源都有效。区域配置参数则用于设置单独的共享资源，且仅对该资源有效。创建共享资源的方法很简单，只要将表 12-2 中的参数写入到 Samba 服务程序的主配置文件中，然后重启该服务即可。

表 12-2　　用于设置 Samba 服务程序的参数以及作用

参数	作用
[database]	共享名称为 database
comment = Do not arbitrarily modify the database file	警告用户不要随意修改数据库
path = /home/database	共享目录为/home/database
public = no	关闭“所有人可见”
writable = yes	允许写入操作

第 1 步：创建用于访问共享资源的账户信息。在 RHEL 8 系统中，Samba 服务程序默认使用的是用户密码认证模式（user）。这种认证模式可以确保仅让有密码且受信任的用户访问共享资源，而且认证过程也十分简单。不过，只有建立账户信息数据库之后，才能使用用户密码认证模式。另外，Samba 服务程序的数据库要求账户必须在当前系统中已经存在，否则日后创建文件时将导致文件的权限属性混乱不堪，由此引发错误。

pdbedit 命令用于管理 Samba 服务程序的账户信息数据库，格式为“pdbedit [选项] 账户”。在第一次把账户信息写入到数据库时需要使用-a 参数，以后在执行修改密码、删除账户等操作时就不再需要该参数了。pdbedit 命令中使用的参数以及作用如表 12-3 所示。

表 12-3　　　　　　用于 pdbedit 命令的参数以及作用

参数	作用
-a 用户名	建立 Samba 用户
-x 用户名	删除 Samba 用户
-L	列出用户列表
-Lv	列出用户详细信息的列表

```
[root@linuxprobe~]# id linuxprobe
uid=1000(linuxprobe) gid=1000(linuxprobe) groups=1000(linuxprobe)
[root@linuxprobe~]# pdbedit -a -u linuxprobe
new password:此处输入该账户在 Samba 服务数据库中的密码
retype new password:再次输入密码进行确认
Unix username:        linuxprobe
NT username:
Account Flags:        [U          ]
User SID:             S-1-5-21-650031181-3622628401-3290108334-1000
Primary Group SID:    S-1-5-21-650031181-3622628401-3290108334-513
Full Name:            linuxprobe
Home Directory:       \\linuxprobe\linuxprobe
HomeDir Drive:
Logon Script:
Profile Path:         \\linuxprobe\linuxprobe\profile
Domain:               LINUXPROBE
Account desc:
Workstations:
Munged dial:
Logon time:           0
Logoff time:          Wed, 06 Feb 2036 23:06:39 CST
Kickoff time:         Wed, 06 Feb 2036 23:06:39 CST
Password last set:    Fri, 05 Mar 2021 18:52:35 CST
Password can change:  Fri, 05 Mar 2021 18:52:35 CST
Password must change: never
Last bad password   : 0
Bad password count  : 0
Logon hours         : FFFFFFFFFFFFFFFFFFFFFFFFFFFFFFFFFFFFFFFFFF
```

第 2 步：创建用于共享资源的文件目录。在创建时，不仅要考虑到文件读写权限的问题，而且由于/home 目录是系统中普通用户的家目录，因此还需要考虑应用于该目录的 SELinux 安全上下文所带来的限制。在 Samba 的帮助手册中显示，正确的文件上下文值应该是 samba_share_t，所以只需要修改完毕后执行 restorecon 命令，就能让应用于目录的新 SELinux 安全上下文立即生效。

```
[root@linuxprobe~]# mkdir /home/database
[root@linuxprobe~]# chown -Rf linuxprobe:linuxprobe /home/database
[root@linuxprobe~]# semanage fcontext -a -t samba_share_t /home/database
[root@linuxprobe~]# restorecon -Rv /home/database
Relabeled /home/database from unconfined_u:object_r:user_home_dir_t:s0 to
unconfined_u:object_r:samba_share_t:s0
```

第 3 步：设置 SELinux 服务与策略，使其允许通过 Samba 服务程序访问普通用户家目录。执行 getsebool 命令，筛选出所有与 Samba 服务程序相关的 SELinux 域策略，根据策略的名称（和经验）选择出正确的策略条目进行开启即可：

```
[root@linuxprobe~]# getsebool -a | grep samba
samba_create_home_dirs --> off
samba_domain_controller --> off
samba_enable_home_dirs --> off
samba_export_all_ro --> off
samba_export_all_rw --> off
samba_load_libgfapi --> off
samba_portmapper --> off
samba_run_unconfined --> off
samba_share_fusefs --> off
samba_share_nfs --> off
sanlock_use_samba --> off
tmpreaper_use_samba --> off
use_samba_home_dirs --> off
virt_use_samba --> off
[root@linuxprobe~]# setsebool -P samba_enable_home_dirs on
```

第 4 步：在 Samba 服务程序的主配置文件中，根据表 12-2 所提到的格式写入共享信息。

```
[root@linuxprobe~]# vim /etc/samba/smb.conf
[global]
        workgroup = SAMBA
        security = user
        passdb backend = tdbsam
[database]
        comment = Do not arbitrarily modify the database file
        path = /home/database
        public = no
        writable = yes
```

第 5 步：Samba 服务程序的配置工作基本完毕。Samba 服务程序在 Linux 系统中的名字为 smb，所以重启 smb 服务并加入到启动项中，保证在重启服务器后依然能够为用户持续提供服务。

```
[root@linuxprobe~]# systemctl restart smb
[root@linuxprobe~]# systemctl enable smb
Created symlink /etc/systemd/system/multi-user.target.wants/smb.service→ /usr/
lib/systemd/system/smb.service.
```

为了避免防火墙限制用户访问，这里将 iptables 防火墙清空，再把 Samba 服务添加到 firewalld 防火墙中，确保万无一失。

```
[root@linuxprobe~]# iptables -F
[root@linuxprobe~]# iptables-save
[root@linuxprobe~]# firewall-cmd --zone=public --permanent --add-service=samba
success
[root@linuxprobe~]# firewall-cmd --reload
success
```

第 6 步：可以使用“systemctl status smb”命令查看服务器是否启动了 Samba 服务。如果想进一步查看 Samba 服务都共享了哪些目录，则可以使用 smbclient 命令来查看共享详情；-U 参数指定了用户名称（用哪位用户挂载了 Samba 服务，就用哪位用户的身份进行查看）；-L 参数列出了共享清单。

```
[root@linuxprobe~]# smbclient -U linuxprobe -L 192.168.10.10
```

```
Enter SAMBA\linuxprobe's password: 输入该账户在 Samba 服务数据库中的密码

        Sharename       Type      Comment
        ---------       ----      -------
        database        Disk      Do not arbitrarily modify the database file
        IPC$            IPC       IPC Service (Samba 4.9.1)
Reconnecting with SMB1 for workgroup listing.

        Server               Comment
        ---------            -------

        Workgroup            Master
        ---------            -------
```

12.1.2 Windows 挂载共享

无论 Samba 共享服务是部署 Windows 系统上还是部署在 Linux 系统上，通过 Windows 系统进行访问时，其步骤和方法都是一样的。下面假设 Samba 共享服务部署在 Linux 系统上，并通过 Windows 系统来访问 Samba 服务。Samba 共享服务器和 Windows 客户端的 IP 地址可以根据表 12-4 来设置。

表 12-4　　Samba 服务器和 Windows 客户端使用的操作系统以及 IP 地址

主机名称	操作系统	IP 地址
Samba 共享服务器	RHEL 8	192.168.10.10
Linux 客户端	RHEL 8	192.168.10.20
Windows 客户端	Windows 10	192.168.10.30

要在 Windows 系统中访问共享资源，只需要单击 Windows 系统的“开始”按钮后输入两个反斜杠，然后再添加服务器的 IP 地址即可，如图 12-2 所示。

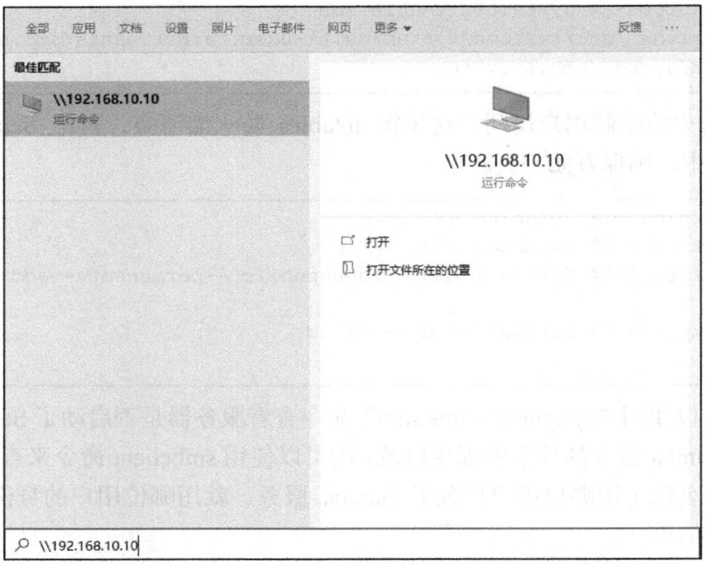

图 12-2　在 Windows 系统中访问共享资源

现在应该就能看到 Samba 共享服务的登录界面了。刘遄老师在这里先使用 linuxprobe 账户的系统本地密码尝试登录，结果出现了如图 12-3 所示的报错信息。由此可以验证，在 RHEL 8 系统中，Samba 服务程序使用的是独立的账户信息数据库。所以，即便在 Linux 系统中有一个 linuxprobe 账户，Samba 服务程序使用的账户信息数据库中也有一个同名的 linuxprobe 账户，大家一定要弄清楚它们各自所对应的密码，它们仅仅是名称相同而已。

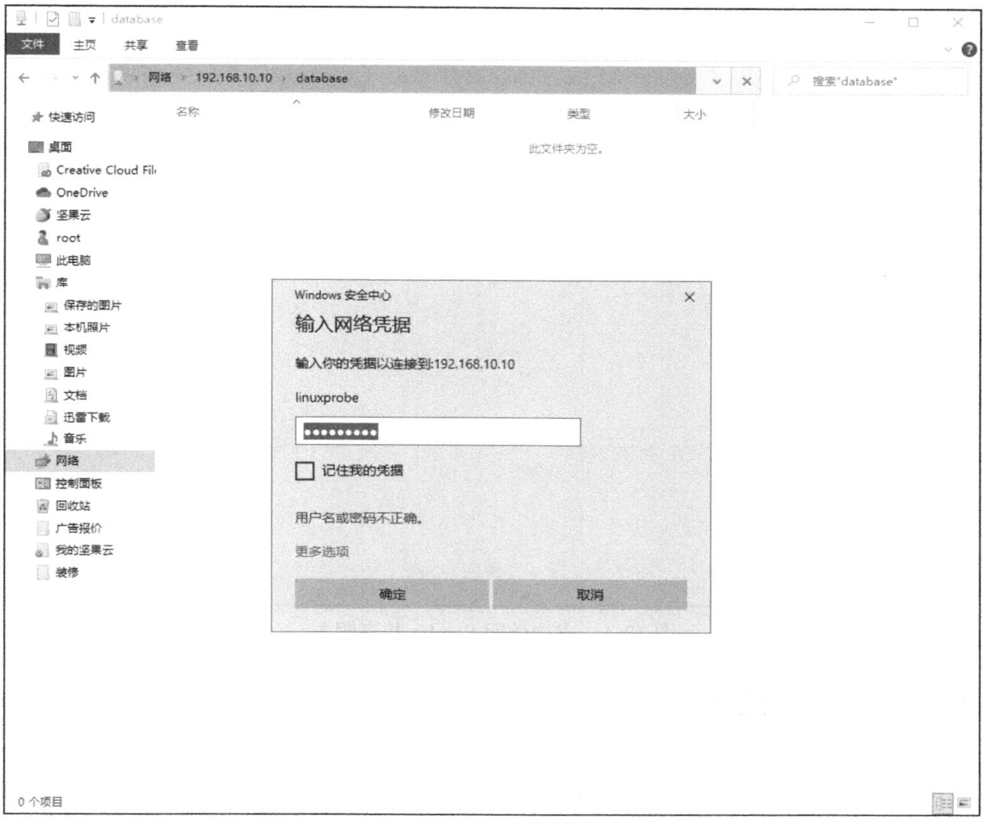

图 12-3 访问 Samba 共享服务提示出错

在正确输入 Samba 服务数据库中的 linuxprobe 账户名以及使用 pdbedit 命令设置的密码后，就可以登录到 Samba 服务程序的共享界面中了，如图 12-4 所示。此时，可以尝试执行查看、写入、更名、删除文件等操作。

由于 Windows 系统的缓存原因，有可能您在第二次登录时提供了正确的账户和密码，依然会报错，这时只需要重新启动一下 Windows 客户端就没问题了（如果 Windows 系统依然报错，请检查上述步骤是否有做错的地方）。

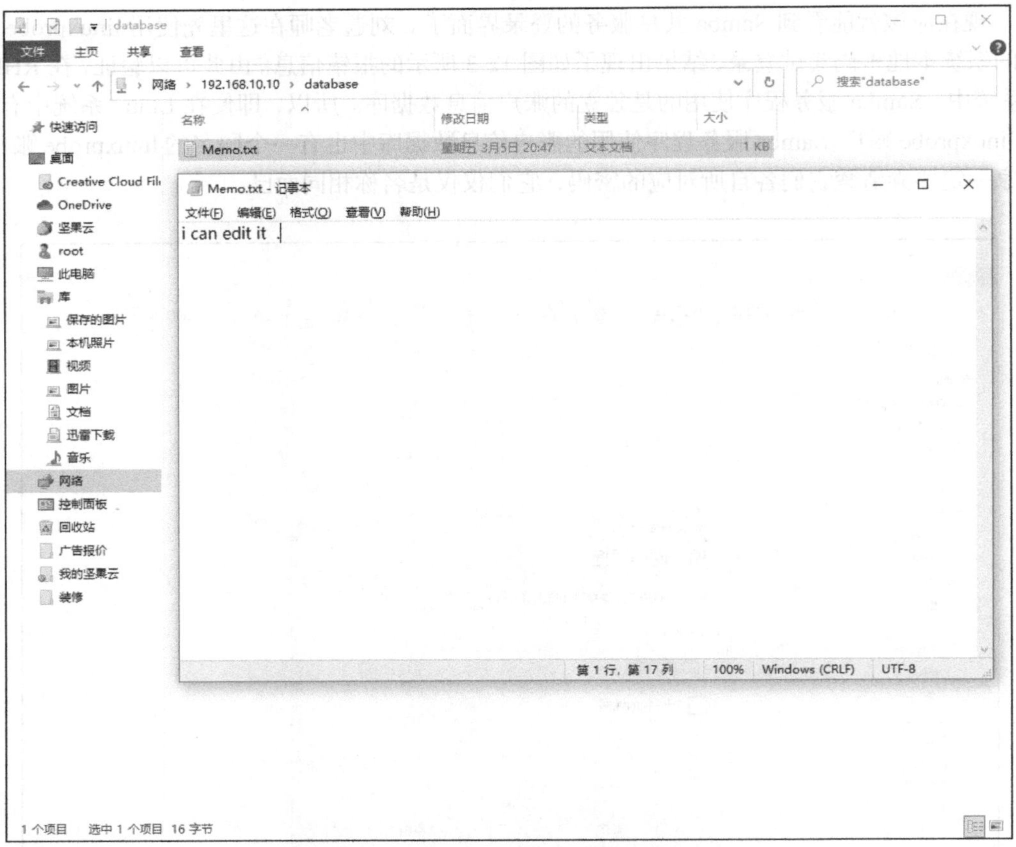

图 12-4 成功访问 Samba 共享服务

12.1.3 Linux 挂载共享

上面的实验操作可能会让各位读者误以为 Samba 服务程序只是为了解决 Linux 系统和 Windows 系统的资源共享问题而设计的。其实，Samba 服务程序还可以实现 Linux 系统之间的文件共享。请各位读者按照表 12-5 来设置 Samba 服务程序所在主机（即 Samba 共享服务器）和 Linux 客户端使用的 IP 地址，然后在客户端安装支持文件共享服务的软件包（cifs-utils）。

表 12-5 Samba 共享服务器和 Linux 客户端各自使用的操作系统以及 IP 地址

主机名称	操作系统	IP 地址
Samba 共享服务器	RHEL 8	192.168.10.10
Linux 客户端	RHEL 8	192.168.10.20
Windows 客户端	Windows 10	192.168.10.30

```
[root@linuxprobe~]# dnf install cifs-utils
Updating Subscription Management repositories.
Unable to read consumer identity
This system is not registered to Red Hat Subscription Management. You can use
subscription-manager to register.
AppStream                                    3.1 MB/s | 3.2 kB     00:00
```

```
BaseOS                                      2.7 MB/s | 2.7 kB     00:00
Dependencies resolved.
================================================================================
 Package              Arch          Version        Repository      Size
================================================================================
Installing:
 cifs-utils          x86_64        6.8-2.el8      BaseOS          93 k

Transaction Summary
================================================================================
Install  1 Package
………………省略部分输出信息………………
Installed:
  cifs-utils-6.8-2.el8.x86_64
Complete!
```

安装好软件包后，在 Linux 客户端创建一个用于挂载 Samba 服务共享资源的目录。这个目录可以与服务器上的共享名称同名，以便于日后查找。mount 命令中的-t 参数用于指定协议类型，-o 参数用于指定用户名和密码，最后追加上服务器 IP 地址、共享名称和本地挂载目录即可。服务器 IP 地址后面的共享名称指的是配置文件中[database]的值，而不是服务器本地挂载的目录名称。虽然这两个值可能一样，但大家应该认出它们的区别。

```
[root@linuxprobe~]# mkdir /database
[root@linuxprobe~]# mount -t cifs -o username=linuxprobe,password=redhat //192.
168.10.10/database /database
[root@linuxprobe~]# df -h
Filesystem                  Size  Used Avail Use% Mounted on
devtmpfs                    969M     0  969M   0% /dev
tmpfs                       984M     0  984M   0% /dev/shm
tmpfs                       984M  9.6M  974M   1% /run
tmpfs                       984M     0  984M   0% /sys/fs/cgroup
/dev/mapper/rhel-root        17G  3.9G   14G  23% /
/dev/sr0                    6.7G  6.7G     0 100% /media/cdrom
/dev/sda1                  1014M  152M  863M  15% /boot
tmpfs                       197M   16K  197M   1% /run/user/42
tmpfs                       197M  3.4M  194M   2% /run/user/0
//192.168.10.10/database     17G  3.9G   14G  23% /database
```

如果在每次重启电脑后都需要使用 mount 命令手动挂载远程共享目录，是不是觉得很麻烦呢？其实可以按照 Samba 服务的用户名、密码、共享域的顺序将相关信息写入一个认证文件中，然后让/etc/fstab 文件和系统自动加载它。为了保证不被其他人随意看到，最后把这个认证文件的权限修改为仅 root 管理员才能够读写：

```
[root@linuxprobe~]# vim auth.smb
username=linuxprobe
password=redhat
domain=SAMBA
[root@linuxprobe~]# chmod 600 auth.smb
```

将挂载信息写入/etc/fstab 文件中，以确保共享挂载信息在服务器重启后依然生效：

```
[root@linuxprobe~]# vim /etc/fstab
#
```

```
# /etc/fstab
# Created by anaconda on Thu Feb 25 10:42:11 2021
#
# Accessible filesystems, are maintained under '/dev/disk/'.
# See man pages fstab(5), findfs(8), mount(8) and blkid(8) for more info.
#
# After editing, run 'systemctl daemon-reload' to update systemd
# units generated from this file.
#
/dev/mapper/rhel-root                        /            xfs       defaults          0 0
UUID=37d0bdc6-d70d-4cc0-b356-51195ad90369    /boot        xfs       defaults          1 0
/dev/mapper/rhel-swap                        swap         swap      defaults          0 0
/dev/cdrom                                   /media/cdrom iso9660   defaults          0 0
//192.168.10.10/database    database    cifs      credentials=/root/auth.smb    0 0
[root@linuxprobe~]# mount -a
```

Linux 客户端成功地挂载了 Samba 服务的共享资源。进入到挂载目录/database 后就可以看到 Windows 系统访问 Samba 服务程序时留下来的文件了（即文件 Memo.txt）。当然，也可以对该文件进行读写操作并保存。

```
[root@linuxprobe~]# cat /database/Memo.txt
i can edit it .
```

12.2 NFS（网络文件系统）

如果大家觉得 Samba 服务程序的配置太麻烦，而且恰巧需要共享文件的主机都是 Linux 系统，此时非常推荐大家在客户端部署 NFS（网络文件系统）服务来共享文件。NFS 服务可以将远程 Linux 系统上的文件共享资源挂载到本地主机的目录上，从而使得本地主机（Linux 客户端）基于 TCP/IP 协议，像使用本地主机上的资源那样读写远程 Linux 系统上的共享文件。

由于 RHEL 8 系统中默认已经安装了 NFS 服务，外加 NFS 服务的配置步骤也很简单，因此刘遄老师在授课时会将其戏称为 Need For Speed（极品飞车）。接下来，准备配置 NFS 服务。首先请使用软件仓库检查自己的 RHEL 8 系统中是否已经安装了 NFS 软件包：

```
[root@linuxprobe~]# dnf install nfs-utils
Updating Subscription Management repositories.
Unable to read consumer identity
This system is not registered to Red Hat Subscription Management. You can use
subscription-manager to register.
Last metadata expiration check: 0:00:12 ago on Sat 06 Mar 2021 04:48:38 AM CST.
Package nfs-utils-1:2.3.3-14.el8.x86_64 is already installed.
Dependencies resolved.
Nothing to do.
Complete!
```

第 1 步：为了检验 NFS 服务配置的效果，我们需要使用两台 Linux 主机（一台充当 NFS 服务器，一台充当 NFS 客户端），并按照表 12-6 来设置它们所使用的 IP 地址。

表 12-6　　两台 Linux 主机所使用的操作系统以及 IP 地址

主机名称	操作系统	IP 地址
NFS 服务器	RHEL 8	192.168.10.10
NFS 客户端	RHEL 8	192.168.10.20

另外，不要忘记配置好防火墙，以免默认的防火墙策略禁止正常的 NFS 共享服务。

```
[root@linuxprobe~]# iptables -F
[root@linuxprobe~]# iptables-save
[root@linuxprobe~]# firewall-cmd --permanent --zone=public --add-service=nfs
success
[root@linuxprobe~]# firewall-cmd --permanent --zone=public --add-service=rpc-bind
success
[root@linuxprobe~]# firewall-cmd --permanent --zone=public --add-service=mountd
success
[root@linuxprobe~]# firewall-cmd --reload
success
```

第 2 步：在 NFS 服务器上建立用于 NFS 文件共享的目录，并设置足够的权限确保其他人也有写入权限。

```
[root@linuxprobe~]# mkdir /nfsfile
[root@linuxprobe~]# chmod -R 777 /nfsfile
[root@linuxprobe~]# echo "welcome to linuxprobe.com" > /nfsfile/readme
```

第 3 步：NFS 服务程序的配置文件为/etc/exports，默认情况下里面没有任何内容。我们可以按照"共享目录的路径 允许访问的 NFS 客户端（共享权限参数）"的格式，定义要共享的目录与相应的权限。

例如，如果想要把/nfsfile 目录共享给 192.168.10.0/24 网段内的所有主机，让这些主机都拥有读写权限，在将数据写入到 NFS 服务器的硬盘中后才会结束操作，最大限度保证数据不丢失，以及把来访客户端 root 管理员映射为本地的匿名用户等，则可以按照下面命令中的格式，将表 12-7 中的参数写到 NFS 服务程序的配置文件中。

表 12-7　　用于配置 NFS 服务程序配置文件的参数

参数	作用
ro	只读
rw	读写
root_squash	当 NFS 客户端以 root 管理员访问时，映射为 NFS 服务器的匿名用户
no_root_squash	当 NFS 客户端以 root 管理员访问时，映射为 NFS 服务器的 root 管理员
all_squash	无论 NFS 客户端使用什么账户访问，均映射为 NFS 服务器的匿名用户
sync	同时将数据写入到内存与硬盘中，保证不丢失数据
async	优先将数据保存到内存，然后再写入硬盘；这样效率更高，但可能会丢失数据

请注意，NFS 客户端地址与权限之间没有空格。

```
[root@linuxprobe~]# vim /etc/exports
/nfsfile 192.168.10.*(rw,sync,root_squash)
```

在 NFS 服务的配置文件中巧用通配符能够实现很多便捷功能。比如，匹配 IP 地址就有 3 种方法：第一种是直接写*号，代表任何主机都可以访问；第二种则是实验中采用的 192.168.10.*通配格式，代表来自 192.168.10.0/24 网段的主机；第三种则是直接写对方的 IP 地址，如 192.168.10.20，代表仅允许某个主机进行访问。

第 4 步：启动和启用 NFS 服务程序。由于在使用 NFS 服务进行文件共享之前，需要使用 RPC（Remote Procedure Call，远程过程调用）服务将 NFS 服务器的 IP 地址和端口号等信息发送给客户端。因此，在启动 NFS 服务之前，还需要顺带重启并启用 rpcbind 服务程序，并将这两个服务一并加入开机启动项中。

```
[root@linuxprobe~]# systemctl restart rpcbind
[root@linuxprobe~]# systemctl enable rpcbind
[root@linuxprobe~]# systemctl start nfs-server
[root@linuxprobe~]# systemctl enable nfs-server
Created symlink /etc/systemd/system/multi-user.target.wants/nfs-server.service
→ /usr/lib/systemd/system/nfs-server.service.
```

NFS 客户端的配置步骤也十分简单。先使用 showmount 命令查询 NFS 服务器的远程共享信息，该命令的必要参数如表 12-8 所示，其输出格式为“共享的目录名称 允许使用客户端地址”。

表 12-8　　showmount 命令中可用的参数以及作用

参数	作用
-e	显示 NFS 服务器的共享列表
-a	显示本机挂载的文件资源的情况 NFS 资源的情况
-v	显示版本号

```
[root@linuxprobe~]# showmount -e 192.168.10.10
Export list for 192.168.10.10:
/nfsfile 192.168.10.*
```

然后在 NFS 客户端创建一个挂载目录。使用 mount 命令并结合-t 参数，指定要挂载的文件系统的类型，并在命令后面写上服务器的 IP 地址、服务器上的共享目录以及要挂载到本地系统（即客户端）的目录。

```
[root@linuxprobe~]# mkdir /nfsfile
[root@linuxprobe~]# mount -t nfs 192.168.10.10:/nfsfile /nfsfile
[root@linuxprobe~]# df -h
Filesystem               Size  Used Avail Use% Mounted on
devtmpfs                 969M     0  969M   0% /dev
tmpfs                    984M     0  984M   0% /dev/shm
tmpfs                    984M  9.6M  974M   1% /run
tmpfs                    984M     0  984M   0% /sys/fs/cgroup
/dev/mapper/rhel-root     17G  3.9G   14G  23% /
/dev/sr0                 6.7G  6.7G     0 100% /media/cdrom
/dev/sda1               1014M  152M  863M  15% /boot
tmpfs                    197M   16K  197M   1% /run/user/42
tmpfs                    197M  3.4M  194M   2% /run/user/0
192.168.10.10:/nfsfile    17G  3.9G   14G  23% /nfsfile
```

挂载成功后就应该能够顺利地看到在执行前面的操作时写入的文件内容了。如果希望 NFS 文件共享服务能一直有效，则需要将其写入到 fstab 文件中：

```
[root@linuxprobe~]# cat /nfsfile/readme
welcome to linuxprobe.com
[root@linuxprobe~]# vim /etc/fstab
#
# /etc/fstab
# Created by anaconda on Thu Feb 25 10:42:11 2021
#
# Accessible filesystems, are maintained under '/dev/disk/'.
# See man pages fstab(5), findfs(8), mount(8) and blkid(8) for more info.
#
# After editing, run 'systemctl daemon-reload' to update systemd
# units generated from this file.
#
/dev/mapper/rhel-root                       /              xfs      defaults    0 0
UUID=37d0bdc6-d70d-4cc0-b356-51195ad90369   /boot          xfs      defaults    0 0
/dev/mapper/rhel-swap                       swap           swap     defaults    0 0
/dev/cdrom                                  /media/cdrom   iso9660  defaults    0 0
192.168.10.10:/nfsfile                      /nfsfile       nfs      defaults    0 0
```

12.3 autofs 自动挂载服务

无论是 Samba 服务还是 NFS 服务，都要把挂载信息写入到/etc/fstab 中，这样远程共享资源就会自动随服务器开机而进行挂载。虽然这很方便，但是如果挂载的远程资源太多，则会给网络带宽和服务器的硬件资源带来很大负载。如果在资源挂载后长期不使用，也会造成服务器硬件资源的浪费。可能会有读者说，“可以在每次使用之前执行 mount 命令进行手动挂载”。这是一个不错的选择，但是每次都需要先挂载再使用，您不觉得麻烦吗？

autofs 自动挂载服务可以帮我们解决这一问题。与 mount 命令不同，autofs 服务程序是一种 Linux 系统守护进程，当检测到用户试图访问一个尚未挂载的文件系统时，将自动挂载该文件系统。换句话说，将挂载信息填入/etc/fstab 文件后，系统在每次开机时都自动将其挂载，而 autofs 服务程序则是在用户需要使用该文件系统时才去动态挂载，从而节约了网络资源和服务器的硬件资源。

首先需要自行安装 autofs 服务程序：

```
[root@linuxprobe~]# dnf install autofs
Updating Subscription Management repositories.
Unable to read consumer identity
This system is not registered to Red Hat Subscription Management. You can use
subscription-manager to register.
Last metadata expiration check: 0:28:58 ago on Sat 06 Mar 2021 04:57:01 AM CST.
Dependencies resolved.
==============================================================================
Package        Arch        Version              Repository        Size
==============================================================================
```

```
Installing:
autofs        x86_64    1:5.1.4-29.el8    BaseOS        755 k

Transaction Summary
===============================================================================
Install  1 Package
………………省略部分输出信息………………
Installed:
  autofs-1:5.1.4-29.el8.x86_64

Complete!
```

处于生产环境中的 Linux 服务器，一般会同时管理许多设备的挂载操作。如果把这些设备挂载信息都写入 autofs 服务的主配置文件中，无疑会让主配置文件臃肿不堪，不利于服务执行效率，也不利于日后修改里面的配置内容。因此，在 autofs 服务程序的主配置文件中需要按照“挂载目录 子配置文件”的格式进行填写。挂载目录是设备挂载位置的上一级目录。例如，光盘设备一般挂载到/media/cdrom 目录中，那么挂载目录写成/media 即可。对应的子配置文件则是对这个挂载目录内的挂载设备信息作进一步的说明。子配置文件需要用户自行定义，文件名字没有严格要求，但后缀建议以.misc 结束。具体的配置参数如第 7 行的加粗字所示。

```
[root@linuxprobe~]# vim /etc/auto.master
#
# Sample auto.master file
# This is a 'master' automounter map and it has the following format:
# mount-point [map-type[,format]:]map [options]
# For details of the format look at auto.master(5).
#
/media  /etc/iso.misc
/misc   /etc/auto.misc
#
# NOTE: mounts done from a hosts map will be mounted with the
#       "nosuid" and "nodev" options unless the "suid" and "dev"
#       options are explicitly given.
#
/net    -hosts
#
# Include /etc/auto.master.d/*.autofs
# The included files must conform to the format of this file.
#
+dir:/etc/auto.master.d
#
# If you have fedfs set up and the related binaries, either
# built as part of autofs or installed from another package,
# uncomment this line to use the fedfs program map to access
# your fedfs mounts.
#/nfs4  /usr/sbin/fedfs-map-nfs4 nobind
#
# Include central master map if it can be found using
# nsswitch sources.
#
# Note that if there are entries for /net or /misc (as
# above) in the included master map any keys that are the
# same will not be seen as the first read key seen takes
# precedence.
```

```
#
+auto.master
```

在子配置文件中，应按照“挂载目录 挂载文件类型及权限 :设备名称”的格式进行填写。例如，要把光盘设备挂载到/media/iso 目录中，可将挂载目录写为 iso，而-fstype 为文件系统格式参数，iso9660 为光盘设备格式，ro、nosuid 及 nodev 为光盘设备具体的权限参数，/dev/cdrom 则是定义要挂载的设备名称。配置完成后再顺手将 autofs 服务程序启动并加入到系统启动项中：

```
[root@linuxprobe~]# vim /etc/iso.misc
iso  -fstype=iso9660,ro,nosuid,nodev :/dev/cdrom
[root@linuxprobe~]# systemctl start autofs
[root@linuxprobe~]# systemctl enable autofs
Created symlink /etc/systemd/system/multi-user.target.wants/autofs.service→ /
usr/lib/systemd/system/autofs.service.
```

接下来将发生一件非常有趣的事情。先查看当前的光盘设备挂载情况，确认光盘设备没有被挂载上，而且/media 目录中根本就没有 iso 子目录：

```
[root@linuxprobe~]# umount /dev/cdrom
[root@linuxprobe~]# df -h
Filesystem               Size  Used Avail Use% Mounted on
devtmpfs                 969M     0  969M   0% /dev
tmpfs                    984M     0  984M   0% /dev/shm
tmpfs                    984M  9.6M  974M   1% /run
tmpfs                    984M     0  984M   0% /sys/fs/cgroup
/dev/mapper/rhel-root     17G  3.9G   14G  23% /
/dev/sda1               1014M  152M  863M  15% /boot
tmpfs                    197M   16K  197M   1% /run/user/42
tmpfs                    197M  3.4M  194M   2% /run/user/0
192.168.10.10:/nfsfile    17G  3.9G   14G  23% /nfsfile
[root@linuxprobe~]# cd /media
[root@linuxprobe media]# ls
[root@linuxprobe media]#
```

但是，我们却可以使用 cd 命令切换到这个 iso 子目录中，而且光盘设备会被立即自动挂载上，然后也就能顺利查看光盘内的内容了。

```
[root@linuxprobe media]# cd iso
[root@linuxprobe iso]# ls
AppStream  EULA              images      RPM-GPG-KEY-redhat-beta
BaseOS     extra_files.json  isolinux    RPM-GPG-KEY-redhat-release
EFI        GPL               media.repo  TRANS.TBL
[root@linuxprobe iso]# df -h
Filesystem               Size  Used Avail Use% Mounted on
devtmpfs                 969M     0  969M   0% /dev
tmpfs                    984M     0  984M   0% /dev/shm
tmpfs                    984M  9.6M  974M   1% /run
tmpfs                    984M     0  984M   0% /sys/fs/cgroup
/dev/mapper/rhel-root     17G  3.9G   14G  23% /
/dev/sda1               1014M  152M  863M  15% /boot
tmpfs                    197M   16K  197M   1% /run/user/42
tmpfs                    197M  3.4M  194M   2% /run/user/0
192.168.10.10:/nfsfile    17G  3.9G   14G  23% /nfsfile
/dev/sr0                 6.7G  6.7G     0 100% /media/iso
```

注：

咦？怎么光盘设备的名称变成了/dev/sr0 呢？实际上它和/dev/cdrom 是快捷方式的关系，只是名称不同而已。

```
[root@linuxprobe~]# ls -l /dev/cdrom
lrwxrwxrwx. 1 root root 3 Feb 26 00:09 /dev/cdrom -> sr0
```

是不是很有方便？！趁着刚学的知识还没忘，我们再对 NFS 服务动手试试吧。

首先把 NFS 共享目录卸载掉。在 autofs 服务程序的主配置文件中会有一个“/misc /etc/auto.misc”参数，这个 auto.misc 相当于自动挂载的参考文件，它默认就已经存在，所以这里不需要进行任何操作：

```
[root@linuxprobe~]# umount /nfsfile
[root@linuxprobe~]# vim /etc/auto.master
#
# Sample auto.master file
# This is a 'master' automounter map and it has the following format:
# mount-point [map-type[,format]:]map [options]
# For details of the format look at auto.master(5).
#
/media   /etc/iso.misc
/misc    /etc/auto.misc
………………省略部分输出信息………………
```

接下来找到这个对应的 auto.misc 文件，填写本地挂载的路径和 NFS 服务器的挂载信息：

```
[root@linuxprobe~]# vim /etc/auto.misc
#
# This is an automounter map and it has the following format
# key [ -mount-options-separated-by-comma ] location
# Details may be found in the autofs(5) manpage
nfsfile          192.168.10.10:/nfsfile
cd               -fstype=iso9660,ro,nosuid,nodev :/dev/cdrom

# the following entries are samples to pique your imagination
#linux           -ro,soft,intr           ftp.example.org:/pub/linux
#boot            -fstype=ext2            :/dev/hda1
#floppy          -fstype=auto            :/dev/fd0
#floppy          -fstype=ext2            :/dev/fd0
#e2floppy        -fstype=ext2            :/dev/fd0
#jaz             -fstype=ext2            :/dev/sdc1
#removable       -fstype=ext2            :/dev/hdd
```

在填写完毕后重启 autofs 服务程序，当用户进入到/misc/nfsfile 目录时，便会自动挂载共享信息：

```
[root@linuxprobe~]# systemctl restart autofs
[root@linuxprobe~]# cd /misc/nfsfile
[root@linuxprobe nfsfile]# df -h
Filesystem                Size  Used Avail Use% Mounted on
devtmpfs                  969M     0  969M   0% /dev
tmpfs                     984M     0  984M   0% /dev/shm
tmpfs                     984M  9.6M  974M   1% /run
```

```
tmpfs                      984M     0  984M   0% /sys/fs/cgroup
/dev/mapper/rhel-root       17G  3.9G   14G  23% /
/dev/sda1                 1014M  152M  863M  15% /boot
tmpfs                      197M   16K  197M   1% /run/user/42
tmpfs                      197M  3.4M  194M   2% /run/user/0
192.168.10.10:/nfsfile      17G  3.9G   14G  23% /misc/nfsfile
/dev/sr0                   6.7G  6.7G     0 100% /media/iso
```

真棒！又学习到了一个全新的技能。有了 autofs 服务，我们的工作变得更加便捷，也就不用总想着挂载设备的问题了，它会帮我们自动完成。

稍作休息，准备继续前进！

复习题

1. 要想实现 Linux 系统与 Windows 系统之间的文件共享，能否使用 NFS 服务？

   答：不可以，应该使用 Samba 服务程序，NFS 服务仅能实现 Linux 系统之间的文件共享。

2. 用于管理 Samba 服务程序的独立账户信息数据库的命令是什么？

   答：pdbedit 命令用于管理 Samba 服务程序的账户信息数据库。

3. 简述在 Windows 系统中使用 Samba 服务程序来共享资源的方法。

   答：在“开始”菜单的输入框中按照\\192.168.10.10 的格式输入访问命令并回车执行即可。在 Windows 的“运行”命令框中按照\\192.168.10.10 的格式输入访问命令并按回车键即可。

4. 简述在 Linux 系统中使用 Samba 服务程序来共享资源的步骤方法。

   答：首先应创建密码认证文件以及挂载目录，然后把挂载信息写入/etc/fstab 文件中，最后执行 mount -a 命令挂载使用。

5. 如果在 Linux 系统中默认没有安装 NFS 服务程序，则需要安装什么软件包呢？

   答：NFS 服务程序的软件包名字为 nfs-utils，因此执行 yum install nfs-utils 命令即可。

6. 在使用 NFS 服务共享资源时，若希望无论 NFS 客户端使用什么账户来访问共享资源，都会被映射为本地匿名用户，则需要添加哪个参数。

   答：需要添加 all_squash 参数，以便更好地保证服务器的安全。

7. 客户端在查看远程 NFS 服务器上的共享资源列表时，需要使用哪个命令？

   答：使用 showmount 命令即可看到 NFS 服务器上的资源共享情况。

8. 简述 autofs 服务程序的作用。

   答：实现动态灵活的设备挂载操作，而且只有检测到用户试图访问一个尚未挂载的文件系统时，才自动挂载该文件系统。

第 13 章

使用 BIND 提供域名解析服务

本章讲解了如下内容：

- DNS 域名解析服务；
- 安装 bind 服务程序；
- 部署从服务器；
- 安全的加密传输；
- 部署缓存服务器；
- 分离解析技术。

本章讲解了 DNS 域名解析服务的原理以及作用，介绍了域名查询功能中正向解析与反向解析的作用，并通过实验的方式演示了如何在 DNS 主服务器上部署正、反解析工作模式，以便让大家深刻体会到 DNS 域名查询的便利以及强大。

本章还介绍了如何部署 DNS 从服务器以及 DNS 缓存服务器来提升用户的域名查询体验，以及如何使用 chroot 牢笼机制插件来保障 bind 服务程序的可靠性，并向大家演示如何在主服务器与从服务器之间部署 TSIG 密钥加密功能，来进一步保障迭代查询中数据的安全性。最后，本章还从实战层面讲解了 DNS 分离解析技术，让来自不同国家、不同地区的用户都能获得最优的网站访问体验。

相信大家在学完本章内容之后，一定会对 bind 服务程序有更深入的了解和认识，并能深刻地体会到作为互联网基础设施中重要一环的 DNS 域名解析服务，在互联网中所承担的重要角色和发挥的重要作用。

13.1 DNS 域名解析服务

相较于由数字构成的 IP 地址，域名更容易被理解和记忆，所以我们通常更习惯通过域名的方式来访问网络中的资源。但是，网络中的计算机之间只能基于 IP 地址来相互识别对方的身份，而且要想在互联网中传输数据，也必须基于外网的 IP 地址来完成。

为了降低用户访问网络资源的门槛，域名系统（Domain Name System，DNS）技术应运而生。这是一项用于管理和解析域名与 IP 地址对应关系的技术。简单来说，就是能够接受用户输入的域名或 IP 地址，然后自动查找与之匹配（或者说具有映射关系）的 IP 地址或域名，即将域名解析为 IP 地址（正向解析），或将 IP 地址解析为域名（反向解析）。这样一来，只需要在浏览器中输入域名就能打开想要访问的网站了。DNS 域名解析技术的正向解析也是我们最常使用的一种工作模式。

鉴于互联网中的域名和 IP 地址对应关系数据库太过庞大，DNS 域名解析服务采用了类似目录树的层次结构来记录域名与 IP 地址之间的对应关系，从而形成了一个分布式的数据库系统，如图 13-1 所示。

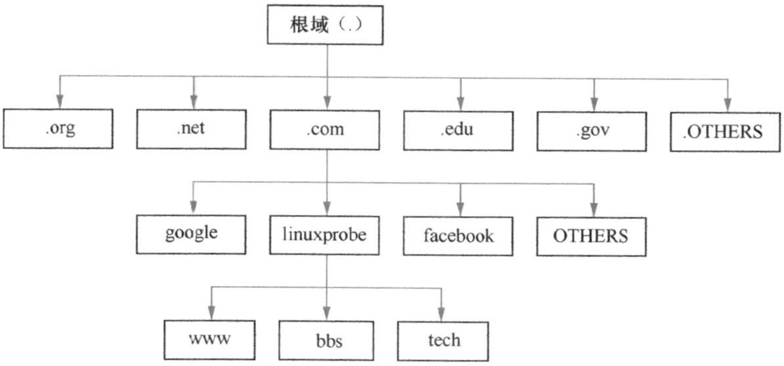

图 13-1　DNS 域名解析服务采用的目录树层次结构

域名后缀一般分为国际域名和国内域名。原则上来讲，域名后缀都有严格的定义，但在实际使用时可以不必严格遵守。目前最常见的域名后缀有.com（商业组织）、.org（非营利组织）、.gov（政府部门）、.net（网络服务商）、.edu（教育机构）、.pub（公共大众）、.cn（中国国家顶级域名）等。

当今世界的信息化程度越来越高，大数据、云计算、物联网、人工智能等新技术不断涌现，全球网民的数量据说也超过了 53 亿，而且每年还在以 7%的速度迅速增长。这些因素导致互联网中的域名数量进一步激增，被访问的频率也进一步加大。假设全球网民每人每天只访问一个网站域名，而且只访问一次，也会产生 53 亿次的查询请求，如此庞大的请求数量肯定无法被某一台服务器全部处理掉。DNS 技术作为互联网基础设施中重要的一环，为了为网民提供不间断、稳定且快速的域名查询服务，保证互联网的正常运转，提供了下面 3 种类型的服务器。

- **主服务器**：在特定区域内具有唯一性，负责维护该区域内的域名与 IP 地址之间的对应关系。
- **从服务器**：从主服务器中获得域名与 IP 地址的对应关系并进行维护，以防主服务器宕机等情况。
- **缓存服务器**：通过向其他域名解析服务器查询获得域名与 IP 地址的对应关系，并将经常查询的域名信息保存到服务器本地，以此来提高重复查询时的效率。

简单来说，主服务器是用于管理域名和 IP 地址对应关系的真正服务器，从服务器帮助主服务器"打下手"，分散部署在各个国家、省市或地区，以便让用户就近查询域名，从而减轻主服务器的负载压力。缓存服务器不太常用，一般部署在企业内网的网关位置，用于加速用户的域名查询请求。

DNS 域名解析服务采用分布式的数据结构来存放海量的"区域数据"信息，在执行用户发起的域名查询请求时，具有递归查询和迭代查询两种方式。所谓递归查询，是指 DNS 服务器在收到用户发起的请求时，必须向用户返回一个准确的查询结果。如果 DNS 服务器本地没有存储与之对应的信息，则该服务器需要询问其他服务器，并将返回的查询结果提交给用户。而迭代查询则是指，DNS 服务器在收到用户发起的请求时，并不直接回复查询结果，而是告诉另一台 DNS 服务器的地址，用户再向这台 DNS 服务器提交请求，这样依次反复，直到返回查询结果。

由此可见，当用户向就近的一台 DNS 服务器发起对某个域名的查询请求之后（这里以 www.linuxprobe.com 为例），其查询流程大致如图 13-2 所示。

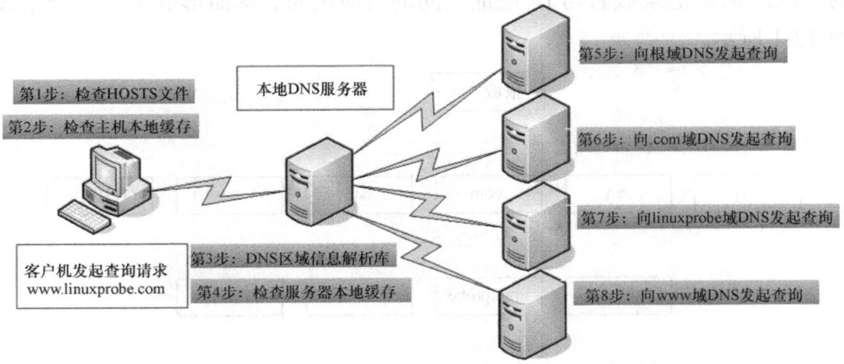

图 13-2 向 DNS 服务器发起域名查询请求的流程

当用户向网络指定的 DNS 服务器发起一个域名请求时，通常情况下会有本地 DNS 服务器向上级的 DNS 服务器发送迭代查询请求；如果该 DNS 服务器没有要查询的信息，则会进一步向上级 DNS 服务器发送迭代查询请求，直到获得准确的查询结果为止。其中最高级、最权威的根 DNS 服务器总共有 13 台，分布在世界各地，其管理单位、具体的地理位置，以及 IP 地址如表 13-1 所示。

表 13-1　　13 台根 DNS 服务器的具体信息

名称	管理单位	地理位置	IP 地址
A	INTERNIC.NET	美国弗吉尼亚州	198.41.0.4
B	美国信息科学研究所	美国加利弗尼亚州	128.9.0.107
C	PSINet 公司	美国弗吉尼亚州	192.33.4.12
D	马里兰大学	美国马里兰州	128.8.10.90
E	美国航空航天管理局	美国加利弗尼亚州	192.203.230.10
F	因特网软件联盟	美国加利弗尼亚州	192.5.5.241
G	美国国防部网络信息中心	美国弗吉尼亚州	192.112.36.4
H	美国陆军研究所	美国马里兰州	128.63.2.53
I	Autonomica 公司	瑞典斯德哥尔摩	192.36.148.17
J	VeriSign 公司	美国弗吉尼亚州	192.58.128.30
K	RIPE NCC	英国伦敦	193.0.14.129
L	IANA	美国弗吉尼亚州	199.7.83.42
M	WIDE Project	日本东京	202.12.27.33

注：

这里提到的 13 台根域服务器并非真的只有 13 台服务器，没有哪台服务器能独立承受住如此大的请求量，这是技术圈习惯的叫法而已。实际上用于根域名的服务器总共有 504 台，它们从 A 到 M 进行了排序，并共用 13 个 IP 地址，以此进行负载均衡，以抵抗分布式拒绝服务（DDoS）攻击。

随着互联网接入设备数量的增长，原有的 IPv4 体系已经不能满足需求，IPv6 协议在全球开始普及。基于 IPv6 的新型地址结构为新增根服务器提供了契机。我国的“下一代互联网国家工程中心”于 2013 年联合日本、美国相关运营机构和专业人士发起“雪人计划”，提出以 IPv6 为基础、面向新兴应用、自主可控的一整套根服务器解决方案和技术体系，并于 2017 年 11 月在全球完成 25 台 IPv6 根服务器的架设（我国部署了其中的 4 台，打破了我国过去没有根服务器的困境）。

13.2 安装 bind 服务程序

BIND（Berkeley Internet Name Domain，伯克利因特网名称域）服务是全球范围内使用最广泛、最安全可靠且高效的域名解析服务程序。DNS 域名解析服务作为互联网基础设施服务，其责任之重可想而知，因此建议大家在生产环境中安装部署 bind 服务程序时加上 chroot（俗称牢笼机制）扩展包，以便有效地限制 bind 服务程序仅能对自身的配置文件进行操作，以确保整个服务器的安全。

```
[root@linuxprobe~]# yum install bind-chroot
Loaded plugins: langpacks, product-id, subscription-manager
Updating Subscription Management repositories.
Unable to read consumer identity
This system is not registered to Red Hat Subscription Management. You can use
subscription-manager to register.
AppStream                                3.1 MB/s | 3.2 kB     00:00
BaseOS                                   2.7 MB/s | 2.7 kB     00:00
Dependencies resolved.
================================================================================
 Package          Arch      Version                Repository       Size
================================================================================
Installing:
 bind-chroot   x86_64   32:9.11.4-16.P2.el8   AppStream  99 k
Installing dependencies:
 bind          x86_64   32:9.11.4-16.P2.el8   AppStream  2.1 M

Transaction Summary
================================================================================
Install  2 Packages
………………省略部分输出信息………………
Installed:
  bind-chroot-32:9.11.4-16.P2.el8.x86_64      bind-32:9.11.4-16.P2.el8.x86_64

Complete!
```

从上面的代码中可以看到，作为主程序的 bind 有 2.1MB，而作为安全插件的 bind-chroot 仅有 99KB。

bind 服务程序的配置并不简单，因为要想为用户提供健全的 DNS 查询服务，要在本地保存相关的域名数据库，而如果把所有域名和 IP 地址的对应关系都写入到某个配置文件中，估计要有上千万条的参数，这样既不利于程序的执行效率，也不方便日后的修改和维护。因此在 bind 服务程序中有下面这 3 个比较关键的文件。

➢ **主配置文件（/etc/named.conf）**：只有 59 行，而且在去除注释信息和空行之后，实际有效的参数仅有 30 行左右，这些参数用来定义 bind 服务程序的运行。

- **区域配置文件（/etc/named.rfc1912.zones）**：用来保存域名和 IP 地址对应关系的所在位置。类似于图书的目录，对应着每个域和相应 IP 地址所在的具体位置，当需要查看或修改时，可根据这个位置找到相关文件。
- **数据配置文件目录（/var/named）**：该目录用来保存域名和 IP 地址真实对应关系的数据配置文件。

在 Linux 系统中，bind 服务程序的名称为 named。首先需要在/etc 目录中找到该服务程序的主配置文件，然后把第 11 行和第 19 行的地址均修改为 any，分别表示服务器上的所有 IP 地址均可提供 DNS 域名解析服务，以及允许所有人对本服务器发送 DNS 查询请求。这两个地方一定要修改准确。

```
[root@linuxprobe~]# vim /etc/named.conf
  1 //
  2 // named.conf
  3 //
  4 // Provided by Red Hat bind package to configure the BIND named DNS
  5 // server as a caching only nameserver (as a localhost DNS resolver).
  6 //
  7 // See /usr/share/doc/bind*/sample/ for example configuration files.
  8 //
  9
 10 options {
 11         listen-on port 53 { any; };
 12         listen-on-v6 port 53 { ::1; };
 13         directory       "/var/named";
 14         dump-file       "/var/named/data/cache_dump.db";
 15         statistics-file "/var/named/data/named_stats.txt";
 16         memstatistics-file "/var/named/data/named_mem_stats.txt";
 17         secroots-file   "/var/named/data/named.secroots";
 18         recursing-file  "/var/named/data/named.recursing";
 19         allow-query     { any; };
 20
 21         /*
 22          - If you are building an AUTHORITATIVE DNS server, do NOT enable
            recursion.
 23          - If you are building a RECURSIVE (caching) DNS server, you need
            to enable
 24            recursion.
 25          - If your recursive DNS server has a public IP address, you MUST
            enable access
 26            control to limit queries to your legitimate users. Failing to
               do so will
 27            cause your server to become part of large scale DNS amplification
 28            attacks. Implementing BCP38 within your network would greatly
 29            reduce such attack surface
 30         */
 31         recursion yes;
 32
 33         dnssec-enable yes;
 34         dnssec-validation yes;
 35
 36         managed-keys-directory "/var/named/dynamic";
```

```

        pid-file "/run/named/named.pid";
        session-keyfile "/run/named/session.key";

        /* https://fedoraproject.org/wiki/Changes/CryptoPolicy */
        include "/etc/crypto-policies/back-ends/bind.config";
};

logging {
        channel default_debug {
                file "data/named.run";
                severity dynamic;
        };
};

zone "." IN {
        type hint;
        file "named.ca";
};

include "/etc/named.rfc1912.zones";
include "/etc/named.root.key";

```

如前所述，bind 服务程序的区域配置文件（/etc/named.rfc1912.zones）用来保存域名和 IP 地址对应关系的所在位置。在这个文件中，定义了域名与 IP 地址解析规则保存的文件位置以及服务类型等内容，而没有包含具体的域名、IP 地址对应关系等信息。服务类型有 3 种，分别为 hint（根区域）、master（主区域）、slave（辅助区域），其中常用的 master 和 slave 指的就是主服务器和从服务器。将域名解析为 IP 地址的正向解析参数和将 IP 地址解析为域名的反向解析参数分别如图 13-3 和图 13-4 所示。

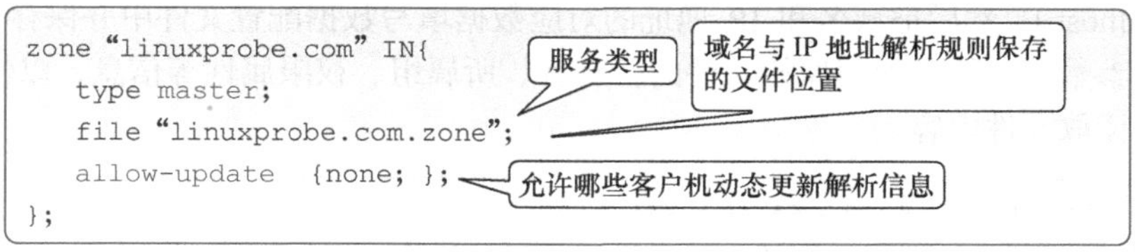

图 13-3 正向解析参数

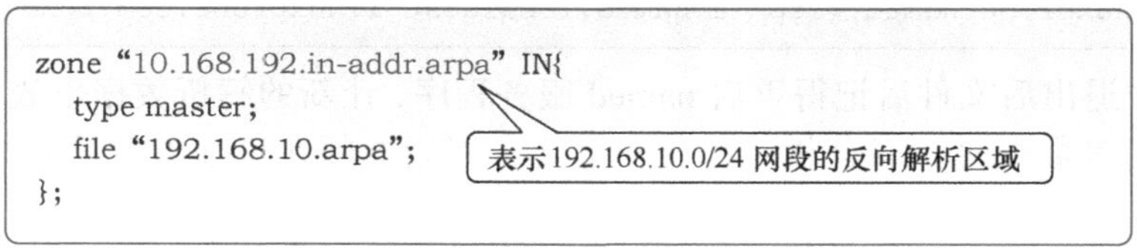

图 13-4 反向解析参数

下面的实验中会分别修改 bind 服务程序的主配置文件、区域配置文件与数据配置文件。如果在实验中遇到了 bind 服务程序启动失败的情况，而您认为这是由于参数写错而导致的，则可以执行 named-checkconf 命令和 named-checkzone 命令，分别检查主配置文件与数据配置文件中语法或参数的错误。

13.2.1 正向解析实验

在 DNS 域名解析服务中，正向解析是指根据域名（主机名）查找到对应的 IP 地址。也就是说，当用户输入了一个域名后，bind 服务程序会自动进行查找，并将匹配到的 IP 地址返给用户，如图 13-5 所示。这也是最常用的 DNS 工作模式。

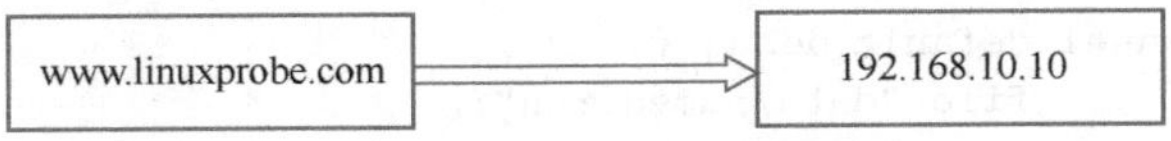

图 13-5 正向解析技术示意图

第 1 步：编辑区域配置文件。该文件中默认已经有了一些无关紧要的解析参数，旨在让用户有一个参考。可以将下面的参数添加到区域配置文件的最下面。当然，也可以将该文件中的原有信息全部清空，而只保留自己的域名解析信息。

```
[root@linuxprobe~]# vim /etc/named.rfc1912.zones
zone "linuxprobe.com" IN {
        type master;
        file "linuxprobe.com.zone";
        allow-update {none;};
};
```

注：

配置文件中的代码缩进仅是为了提升阅读体验，有无缩进对参数效果均没有任何影响。

第 2 步：编辑数据配置文件。可以从/var/named 目录中复制一份正向解析的模板文件（named.localhost），然后把域名和 IP 地址的对应数据填写数据配置文件中并保存。在复制时记得加上-a 参数，这可以保留原始文件的所有者、所属组、权限属性等信息，以便让 bind 服务程序顺利读取文件内容。

```
[root@linuxprobe~]# cd /var/named/
[root@linuxprobe named]# ls -al named.localhost
-rw-r-----. 1 root named 152 Jun 21 2007 named.localhost
[root@linuxprobe named]# cp -a named.localhost linuxprobe.com.zone
```

在保存并退出后文件后记得重启 named 服务程序，让新的解析数据生效。考虑到正向解析文件中的参数较多，而且相对都比较重要，刘遄老师在每个参数后面都作了简要的说明。

```
[root@linuxprobe named]# vim linuxprobe.com.zone
[root@linuxprobe named]# systemctl restart named
[root@linuxprobe named]# systemctl enable named
Created symlink /etc/systemd/system/multi-user.target.wants/named.service→ /
usr/lib/systemd/system/named.service.
```

$TTL 1D	#生存周期为 1 天				
@	IN SOA	linuxprobe.com.	root.linuxprobe.com.	(	
#授权信息开始:		#DNS 区域的地址	#域名管理员的邮箱（不要用@符号）		
0;serial					#更新序列号
1D;refresh					#更新时间
1H;retry					#重试延时
1W;expire					#失效时间
3H);minimum					#无效解析记录的缓存时间
NS		ns.linuxprobe.com.	#域名服务器记录		
ns	IN A	192.168.10.10	#地址记录（ns.linuxprobe.com.）		
www	IN A	192.168.10.10	#地址记录（www.linuxprobe.com.）		

在解析文件中，A 记录类型表示将域名指向一个 IPv4 地址，而 AAAA 表示将域名指向一个 IPv6 地址。此外，还有 8 种记录类型，如表 13-2 所示，供各位读者日后备查：

表 13-2　　域名解析记录类型

记录类型	作用
A	将域名指向一个 IPv4 地址
CNAME	将域名指向另外一个域名
AAAA	将域名指向一个 IPv6 地址
NS	将子域名指定由其他 DNS 服务器解析
MX	将域名指向邮件服务器地址
SRV	记录提供特定的服务的服务器
TXT	文本内容一般为 512 字节，常作为反垃圾邮件的 SPF（Sender Policy Framework，发送方策略框架）记录
CAA	CA 证书颁发机构授权校验
显性 URL	将域名重定向到另外一个地址
隐性 URL	与显性 URL 类似，但是会隐藏真实目标地址

第 3 步：检验解析结果。为了检验解析结果，一定要先把 Linux 系统网卡中的 DNS 地址参数修改成本机 IP 地址（见图 13-6），这样就可以使用由本机提供的 DNS 查询服务了。nslookup 命令用于检测能否从 DNS 服务器中查询到域名与 IP 地址的解析记录，进而更准确地检验 DNS 服务器是否已经能够为用户提供服务。

```
[root@linuxprobe named]# nmcli connection up ens160
Connection successfully activated (D-Bus active path: /org/freedesktop/
NetworkManager/ActiveConnection/4)
[root@linuxprobe named]# nslookup
Name:   www.linuxprobe.com
Address: 192.168.10.10
> ns.linuxprobe.com
```

```
Server:         192.168.10.10
Address:        192.168.10.10#53

Name:   ns.linuxprobe.com
Address: 192.168.10.10
```

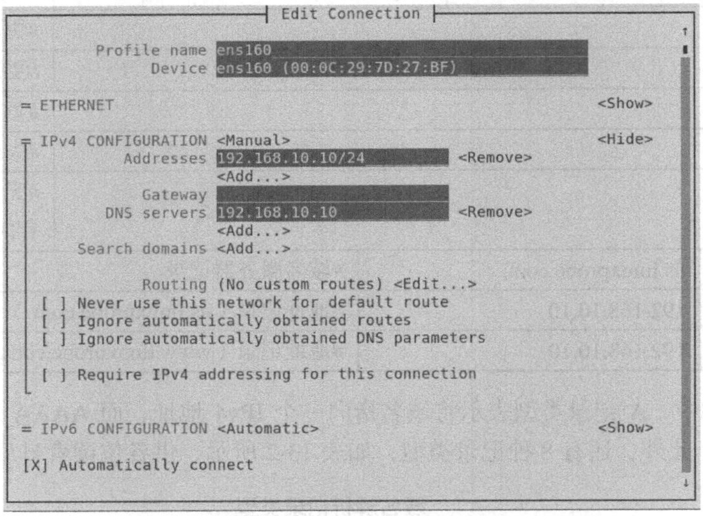

图 13-6 配置网卡 DNS 参数信息

若解析出的结果不是 192.168.10.10，则很有可能是虚拟机选择了联网模式，并由互联网 DNS 服务器进行了解析。此时应确认服务器信息是否为“Address: 192.168.10.10#53”，即由本地服务器 192.168.10.10 的 53 端口号进行解析；若不是，则重启网络后再试一下。

13.2.2 反向解析实验

在 DNS 域名解析服务中，反向解析的作用是将用户提交的 IP 地址解析为对应的域名信息，它一般用于对某个 IP 地址上绑定的所有域名进行整体屏蔽，屏蔽由某些域名发送的垃圾邮件。它也可以针对某个 IP 地址进行反向解析，大致判断出有多少个网站运行在上面。当购买虚拟主机时，可以使用这一功能验证虚拟主机提供商是否有严重的超售问题。图 13-7 所示为对 IP 地址所关联的域名信息进行反推。

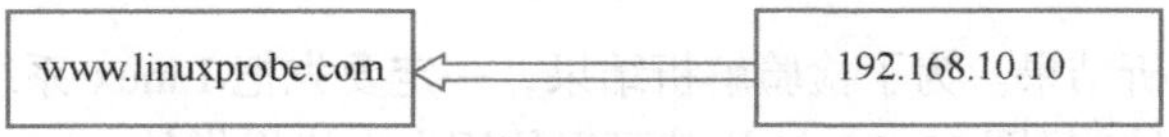

图 13-7 反向解析技术示意图

第 1 步：编辑区域配置文件。在编辑该文件时，除了不要写错格式之外，还需要记住此处定义的数据配置文件名称，因为一会儿还需要在/var/named 目录中建立与其对应的同名文件。反向解析是把 IP 地址解析成域名格式，因此在定义 zone（区域）时应该要把 IP 地址反写，比如原来是 192.168.10.0，反写后应该就是 10.168.192，而且只需写出 IP 地址的网络位即可。把下列参数添加至正向解析参数的后面。

```
[root@linuxprobe~]# vim /etc/named.rfc1912.zones
zone "linuxprobe.com" IN {
```

```
        type master;
        file "linuxprobe.com.zone";
        allow-update {none;};
};
zone "10.168.192.in-addr.arpa" IN {
        type master;
        file "192.168.10.arpa";
        allow-update {none;};
};
```

第 2 步：编辑数据配置文件。首先从/var/named 目录中复制一份反向解析的模板文件（named.loopback），然后把下面的参数填写到文件中。其中，IP 地址仅需要写主机位，如图 13-8 所示。

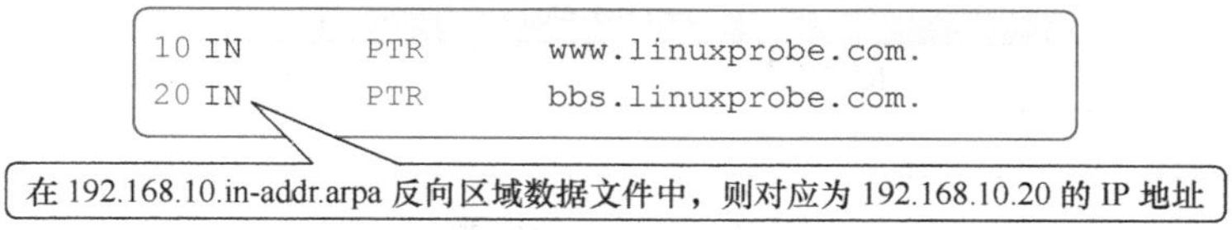

图 13-8　反向解析文件中 IP 地址参数规范

```
[root@linuxprobe~]# cd /var/named
[root@linuxprobe named]# cp -a named.loopback 192.168.10.arpa
[root@linuxprobe named]# vim 192.168.10.arpa
[root@linuxprobe named]# systemctl restart named
```

$TTL 1D				
@	IN SOA	Linuxprobe.com.	Root.linuxprobe.com.	(
				0;serial
				1D;refresh
				1H;retry
				1W;expire
				3H);minimum
	NS	ns.linuxprobe.com.		
ns	A	192.168.10.10		
10	PTR	ns.linuxprobe.com.	#PTR 为指针记录，仅用于反向解析	
10	PTR	www.linuxprobe.com.		
20	PTR	bbs.linuxprobe.com.		

第 3 步：检验解析结果。在前面的正向解析实验中，已经把系统网卡中的 DNS 地址参数修改成了本机 IP 地址，因此可以直接使用 nslookup 命令来检验解析结果，仅需输入 IP 地址即可查询到对应的域名信息。

```
[root@linuxprobe~]# nslookup
> 192.168.10.10
10.10.168.192.in-addr.arpa name = www.linuxprobe.com.
> 192.168.10.20
20.10.168.192.in-addr.arpa name = bbs.linuxprobe.com.
```

13.3 部署从服务器

作为重要的互联网基础设施服务，保证 DNS 域名解析服务的正常运转至关重要，只有这样才能提供稳定、快速且不间断的域名查询服务。在 DNS 域名解析服务中，从服务器可以从主服务器上获取指定的区域数据文件，从而起到备份解析记录与负载均衡的作用。因此，通过部署从服务器不仅可以减轻主服务器的负载压力，还可以提升用户的查询效率。

在本实验中，主服务器与从服务器分别使用的操作系统和 IP 地址如表 13-3 所示。

表 13-3　　主服务器与从服务器分别使用的操作系统与 IP 地址信息

主机名称	操作系统	IP 地址
主服务器	RHEL 8	192.168.10.10
从服务器	RHEL 8	192.168.10.20

第 1 步：在主服务器的区域配置文件中允许该从服务器的更新请求，即修改 allow-update {允许更新区域信息的主机地址;};参数，然后重启主服务器的 DNS 服务程序。

```
[root@linuxprobe~]# vim /etc/named.rfc1912.zones
zone "linuxprobe.com" IN {
        type master;
        file "linuxprobe.com.zone";
        allow-update { 192.168.10.20; };
};
zone "10.168.192.in-addr.arpa" IN {
        type master;
        file "192.168.10.arpa";
        allow-update { 192.168.10.20; };
};
[root@linuxprobe~]# systemctl restart named
```

第 2 步：在主服务器上配置防火墙放行规则，让 DNS 协议流量可以被顺利传递。

```
[root@linuxprobe~]# iptables -F
[root@linuxprobe~]# firewall-cmd --permanent --zone=public --add-service=dns
success
[root@linuxprobe~]# firewall-cmd --reload
success
```

第 3 步：在从服务器上安装 bind-chroot 软件包（输出信息省略）。修改配置文件，让从服务器也能够对外提供 DNS 服务，并且测试其与主服务器的网络连通性。

```
[root@linuxprobe~]# dnf install bind-chroot
[root@linuxprobe~]# vim /etc/named.conf
//
// named.conf
//
// Provided by Red Hat bind package to configure the BIND name DNS
// server as a caching only nameserver (as a localhost DNS resolver).
//
// See /usr/share/doc/bind*/sample/ for example configuration files.
//
```

```

options {
          listen-on port 53 { any; };
          listen-on-v6 port 53 { ::1; };
          directory       "/var/named";
          dump-file       "/var/named/data/cache_dump.db";
          statistics-file "/var/named/data/named_stats.txt";
          memstatistics-file "/var/named/data/named_mem_stats.txt";
          secroots-file   "/var/named/data/named.secroots";
          recursing-file  "/var/named/data/named.recursing";
          allow-query     { any; };
………………省略部分输出信息………………
[root@linuxprobe~]# ping -c 4 192.168.10.10
PING 192.168.10.10 (192.168.10.10) 56(84) bytes of data.
64 bytes from 192.168.10.10: icmp_seq=1 ttl=64 time=2.44 ms
64 bytes from 192.168.10.10: icmp_seq=2 ttl=64 time=3.31 ms
64 bytes from 192.168.10.10: icmp_seq=3 ttl=64 time=0.503 ms
64 bytes from 192.168.10.10: icmp_seq=4 ttl=64 time=0.359 ms

--- 192.168.10.10 ping statistics ---
4 packets transmitted, 4 received, 0% packet loss, time 15ms
rtt min/avg/max/mdev = 0.359/1.654/3.311/1.262 ms
```

第 4 步：在从服务器中填写主服务器的 IP 地址与要抓取的区域信息，然后重启服务。注意此时的服务类型应该是 slave（从），而不再是 master（主）。masters 参数后面应该为主服务器的 IP 地址，而且 file 参数后面定义的是同步数据配置文件后要保存到的位置，稍后可以在该目录内看到同步的文件。

```
[root@linuxprobe~]# vim /etc/named.rfc1912.zones
zone "linuxprobe.com" IN {
        type slave;
        masters { 192.168.10.10; };
        file "slaves/linuxprobe.com.zone";
};
zone "10.168.192.in-addr.arpa" IN {
        type slave;
        masters { 192.168.10.10; };
        file "slaves/192.168.10.arpa";
};
[root@linuxprobe~]# systemctl restart named
```

注：

这里的 masters 参数比正常的主服务类型 master 多了个字母 s，表示可以有多个主服务器。请大家小心，不要漏掉哦。

第 5 步：检验解析结果。当从服务器的 DNS 服务程序在重启后，一般就已经自动从主服务器上同步了数据配置文件，而且该文件默认会放置在区域配置文件中所定义的目录位置中。随后修改从服务器的网络参数，把 DNS 地址参数修改成 192.168.10.20，这样即可使用从服务器自身提供的 DNS 域名解析服务。最后就可以使用 nslookup 命令顺利看到解析结果了。

```
[root@linuxprobe~]# cd /var/named/slaves
[root@linuxprobe slaves]# ls
```

```
192.168.10.arpa linuxprobe.com.zone
[root@linuxprobe slaves]# nslookup
> www.linuxprobe.com
Server:         192.168.10.20
Address:        192.168.10.20#53

Name:   www.linuxprobe.com
Address: 192.168.10.10
> 192.168.10.10
10.10.168.192.in-addr.arpa      name = www.linuxprobe.com.
```

如果大家的解析地址与上面的不一致，很可能是从服务器的网络 DNS 地址没有指向到本机。修改一下就可以搞定啦！

13.4 安全的加密传输

前文反复提及，域名解析服务是互联网基础设施中重要的一环，几乎所有的网络应用都依赖于 DNS 才能正常运行。如果 DNS 服务发生故障，那么即便 Web 网站或电子邮件系统服务等都正常运行，用户也无法找到并使用它们了。

互联网中的绝大多数 DNS 服务器（超过 95%）都是基于 BIND 域名解析服务搭建的，而 bind 服务程序为了提供安全的解析服务，已经对 TSIG（见 RFC 2845）加密机制提供了支持。TSIG 主要是利用了密码编码的方式来保护区域信息的传输（Zone Transfer），即 TSIG 加密机制保证了 DNS 服务器之间传输域名区域信息的安全性。

接下来的实验依然使用了表 13-2 中的两台服务器。

书接上回。前面在从服务器上配妥 bind 服务程序并重启后，即可看到从主服务器中获取到的数据配置文件。

```
[root@linuxprobe~]# ls -al /var/named/slaves/
total 8
drwxrwx---. 2 named named  56 Mar 12 09:53 .
drwxrwx--T. 6 root  named 141 Mar 12 09:57 ..
-rw-r--r--. 1 named named 436 Mar 12 09:53 192.168.10.arpa
-rw-r--r--. 1 named named 282 Mar 12 09:53 linuxprobe.com.zone
[root@linuxprobe~]# rm -rf /var/named/slaves/*
```

第 1 步：在主服务器中生成密钥。dnssec-keygen 命令用于生成安全的 DNS 服务密钥，其格式为“dnssec-keygen [参数]”，常用的参数以及作用如表 13-4 所示。

表 13-4　　dnssec-keygen 命令的常用参数

参数	作用
-a	指定加密算法，包括 RSAMD5（RSA）、RSASHA1、DSA、NSEC3RSASHA1、NSEC3DSA 等
-b	密钥长度（HMAC-MD5 的密钥长度在 1～512 位之间）
-n	密钥的类型（HOST 表示与主机相关）

使用下述命令生成一个主机名称为 master-slave 的 128 位 HMAC-MD5 算法的密钥文件。在执行该命令后默认会在当前目录中生成公钥和私钥文件，我们需要把私钥文件中 Key 参数后面的值记录下来，一会儿要将其写入传输配置文件中。

```
[root@linuxprobe~]# dnssec-keygen -a HMAC-MD5 -b 128 -n HOST master-slave
Kmaster-slave.+157+62533
[root@linuxprobe~]# ls -l Kmaster-slave.+157+62533.*
-rw-------. 1 root root  56 Mar 14 09:54 Kmaster-slave.+157+62533.key
-rw-------. 1 root root 165 Mar 14 09:54 Kmaster-slave.+157+62533.private
[root@linuxprobe~]# cat Kmaster-slave.+157+62533.private
Private-key-format: v1.3
Algorithm: 157 (HMAC_MD5)
Key: NI6icnb74FxHx2gK+0MVOg==
Bits: AAA=
Created: 20210314015436
Publish: 20210314015436
Activate: 20210314015436
```

第 2 步：在主服务器中创建密钥验证文件。进入 bind 服务程序用于保存配置文件的目录，把刚刚生成的密钥名称、加密算法和私钥加密字符串按照下面的格式写入 tansfer.key 传输配置文件中。为了安全起见，需要将文件的所属组修改成 named，并将文件权限设置得要小一点，然后设置该文件的一个硬链接，并指向/etc 目录。

```
[root@linuxprobe~]# cd /var/named/chroot/etc/
[root@linuxprobe etc]# vim transfer.key
key "master-slave" {
        algorithm hmac-md5;
        secret "NI6icnb74FxHx2gK+0MVOg==";
};
[root@linuxprobe etc]# chown root:named transfer.key
[root@linuxprobe etc]# chmod 640 transfer.key
[root@linuxprobe etc]# ln transfer.key /etc/transfer.key
```

第 3 步：开启并加载 bind 服务的密钥验证功能。首先需要在主服务器的主配置文件中加载密钥验证文件，然后进行设置，使得只允许带有 master-slave 密钥认证的 DNS 服务器同步数据配置文件。

```
[root@linuxprobe~]# vim /etc/named.conf
//
// named.conf
//
// Provided by Red Hat bind package to configure the BIND named DNS
// server as a caching only nameserver (as a localhost DNS resolver).
//
// See /usr/share/doc/bind*/sample/ for example configuration files.
//
include "/etc/transfer.key";
options {
        listen-on port 53 { any; };
        listen-on-v6 port 53 { ::1; };
        directory       "/var/named";
        dump-file       "/var/named/data/cache_dump.db";
        statistics-file "/var/named/data/named_stats.txt";
        memstatistics-file "/var/named/data/named_mem_stats.txt";
        secroots-file   "/var/named/data/named.secroots";
        recursing-file  "/var/named/data/named.recursing";
```

```
 19         allow-query     { any; };
 20         allow-transfer { key master-slave; };
………………省略部分输出信息………………
[root@linuxprobe~]# systemctl restart named
```

至此，DNS 主服务器的 TSIG 密钥加密传输功能就已经配置完成。然后清空 DNS 从服务器同步目录中所有的数据配置文件，再次重启 bind 服务程序。这时就已经不能像刚才那样自动获取到数据配置文件了。

```
[root@linuxprobe~]# rm -rf /var/named/slaves/*
[root@linuxprobe~]# systemctl restart named
[root@linuxprobe~]# ls  /var/named/slaves/
```

第 4 步：配置从服务器，使其支持密钥验证。配置 DNS 从服务器和主服务器的方法大致相同，都需要在 bind 服务程序的配置文件目录中创建密钥认证文件，并设置相应的权限，然后设置该文件的一个硬链接，并指向/etc 目录。

```
[root@linuxprobe~]# cd /var/named/chroot/etc/
[root@linuxprobe etc]# vim transfer.key
key "master-slave" {
        algorithm hmac-md5;
        secret "NI6icnb74FxHx2gK+0MVOg==";
};
[root@linuxprobe etc]# chown root:named transfer.key
[root@linuxprobe etc]# chmod 640 transfer.key
[root@linuxprobe etc]# ln transfer.key /etc/transfer.key
```

第 5 步：开启并加载从服务器的密钥验证功能。这一步的操作步骤也同样是在主配置文件中加载密钥认证文件，然后按照指定的格式写上主服务器的 IP 地址和密钥名称。注意，密钥名称等参数位置不要太靠前，大约在第 51 行比较合适，否则 bind 服务程序会因为没有加载完预设参数而报错：

```
[root@linuxprobe etc]# vim /etc/named.conf
  1 //
  2 // named.conf
  3 //
  4 // Provided by Red Hat bind package to configure the BIND named DNS
  5 // server as a caching only nameserver (as a localhost DNS resolver ).
  6 //
  7 // See /usr/share/doc/bind*/sample/ for example configuration files.
  8 //
  9 include "/etc/transfer.key";
 10 options {
 11         listen-on port 53 { any; };
 12         listen-on-v6 port 53 { ::1; };
 13         directory       "/var/named";
 14         dump-file       "/var/named/data/cache_dump.db";
 15         statistics-file "/var/named/data/named_stats.txt";
 16         memstatistics-file "/var/named/data/named_mem_stats.txt";
 17         secroots-file   "/var/named/data/named.secroots";
 18         recursing-file  "/var/named/data/named.recursing";
 19         allow-query     { any; };
```

```

        /*
         - If you are building an AUTHORITATIVE DNS server, do NOT enable recursion.
         - If you are building a RECURSIVE (caching) DNS server, you need to enable
           recursion.
         - If your recursive DNS server has a public IP address, you MUST enable access
           control to limit queries to your legitimate users. Failing to do so will
           cause your server to become part of large scale DNS amplification
           attacks. Implementing BCP38 within your network would greatly
           reduce such attack surface
        */
        recursion yes;

        dnssec-enable yes;
        dnssec-validation yes;

        managed-keys-directory "/var/named/dynamic";

        pid-file "/run/named/named.pid";
        session-keyfile "/run/named/session.key";

        /* https://fedoraproject.org/wiki/Changes/CryptoPolicy */
        include "/etc/crypto-policies/back-ends/bind.config";
};

logging {
        channel default_debug {
                file "data/named.run";
                severity dynamic;
        };
};
server 192.168.10.10
{
        keys { master-slave; };
};
zone "." IN {
        type hint;
        file "named.ca";
};

include "/etc/named.rfc1912.zones";
include "/etc/named.root.key";

```

第 6 步：DNS 从服务器同步域名区域数据。现在，两台服务器的 bind 服务程序都已经配置妥当，并匹配到了相同的密钥认证文件。接下来在从服务器上重启 bind 服务程序，可以发现又能顺利地同步到数据配置文件了。

```
[root@linuxprobe~]# systemctl restart named
[root@linuxprobe~]# ls /var/named/slaves/
192.168.10.arpa  linuxprobe.com.zone
```

第 7 步：再次进行解析验证。功能正常。请大家注意观察，是由 192.168.10.20 从服务器进行解析的。

```
[root@linuxprobe etc]# nslookup www.linuxprobe.com
Server:          192.168.10.20
Address:         192.168.10.20#53

Name:   www.linuxprobe.com
Address: 192.168.10.10

[root@linuxprobe etc]# nslookup 192.168.10.10
10.10.168.192.in-addr.arpa      name = www.linuxprobe.com.
```

13.5　部署缓存服务器

DNS 缓存服务器是一种不负责域名数据维护的 DNS 服务器。简单来说，缓存服务器就是把用户经常使用到的域名与 IP 地址的解析记录保存在主机本地，从而提升下次解析的效率。DNS 缓存服务器一般用于经常访问某些固定站点而且对这些网站的访问速度有较高要求的企业内网中，但实际的应用并不广泛。而且，缓存服务器是否可以成功解析还与指定的上级 DNS 服务器的允许策略有关，因此当前仅需了解即可。

第 1 步：配置系统的双网卡参数。前面讲到，缓存服务器一般用于企业内网，旨在降低内网用户查询 DNS 的时间消耗。因此，为了更加贴近真实的网络环境，实现外网查询功能，我们需要在缓存服务器中再添加一块网卡，并按照表 13-5 所示的信息配置出两台 Linux 虚拟机系统。图 13-9 所示为缓存服务器实验环境的结构拓扑，客户端不局限于一台。

表 13-5　　用于配置 Linux 虚拟机系统所需的参数信息

主机名称	操作系统	IP 地址
缓存服务器	RHEL 8	网卡（外网）：根据物理设备的网络参数进行配置（通过 DHCP 或手动方式指定 IP 地址与网关等信息） 网卡（内网）：192.168.10.10
客户端	RHEL 8	192.168.10.20

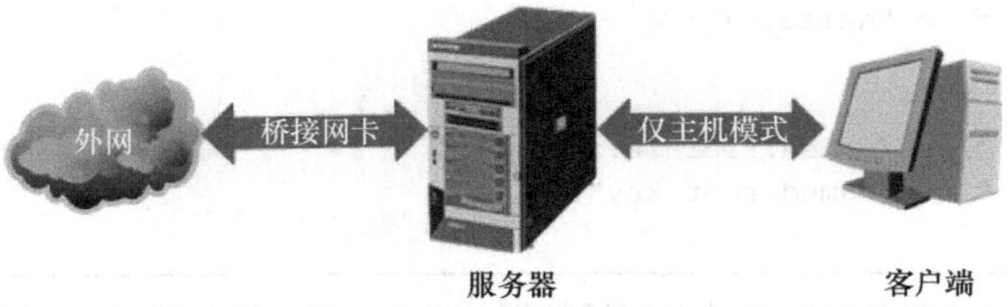

图 13-9　缓存服务器实验环境拓扑

第 2 步：还需要在虚拟机软件中将新添加的网卡设置为"桥接模式"，如图 13-10 所示。然后设置成与物理设备相同的网络参数（此处需要大家按照物理设备真实的网络参数来配置）。图 13-11 所示为以 DHCP 方式获取 IP 地址与网关等信息，重启网络服务后的效果如图 13-12 所示。

图 13-10　新添加一块桥接网卡

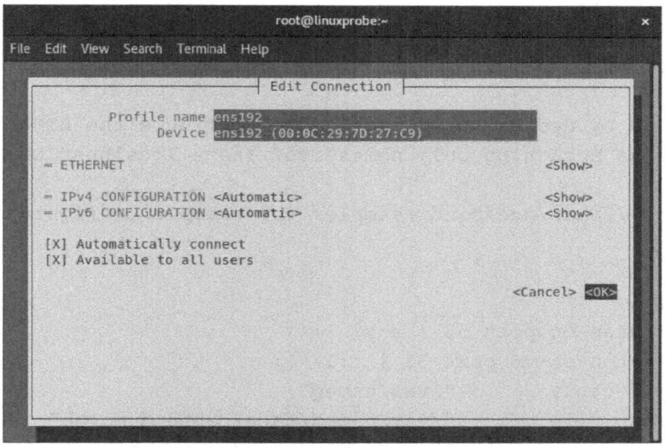

图 13-11　以 DHCP 方式获取网络参数

注：

新添加的网卡设备默认没有配置文件，需要自行输入网卡名称和类型。另外，记得让新的网卡参数生效：

```
[root@linuxprobe~]# nmcli connection up ens192
Connection successfully activated (D-Bus active path: /org/freedesktop
/NetworkManager/ActiveConnection/5)
```

图 13-12 查看网卡的工作状态

第 3 步：在 bind 服务程序的主配置文件中添加缓存转发参数。在大约第 20 行处添加一行参数“forwarders { 上级 DNS 服务器地址; };”，上级 DNS 服务器地址指的是获取数据配置文件的服务器。考虑到查询速度、稳定性、安全性等因素，刘遄老师在这里使用的是北京市公共 DNS 服务器的地址 210.73.64.1。如果大家也使用该地址，请先测试是否可以 ping 通，以免导致 DNS 域名解析失败。

```
[root@linuxprobe~]# vim /etc/named.conf
  1 //
  2 // named.conf
  3 //
  4 // Provided by Red Hat bind package to configure the BIND named DNS
  5 // server as a caching only nameserver (as a localhost DNS resolver).
  6 //
  7 // See /usr/share/doc/bind*/sample/ for example configuration files.
  8 //
  9
 10 options {
 11         listen-on port 53 { any; };
 12         listen-on-v6 port 53 { ::1; };
 13         directory       "/var/named";
 14         dump-file       "/var/named/data/cache_dump.db";
 15         statistics-file "/var/named/data/named_stats.txt";
 16         memstatistics-file "/var/named/data/named_mem_stats.txt";
 17         secroots-file   "/var/named/data/named.secroots";
 18         recursing-file  "/var/named/data/named.recursing";
 19         allow-query     { any; };
 20         forwarders { 210.73.64.1; };
………………省略部分输出信息………………
[root@linuxprobe~]# systemctl restart named
```

对了，如果您也将虚拟机系统还原到了最初始的状态，记得把防火墙的放行规则一并设置完成：

```
[root@linuxprobe~]# iptables -F
[root@linuxprobe~]# iptables-save
```

```
[root@linuxprobe~]# firewall-cmd --permanent --zone=public --add-service=dns
success
[root@linuxprobe~]# firewall-cmd --reload
success
```

第 4 步：重启 DNS 服务，验证成果。把客户端主机的 DNS 服务器地址参数修改为 DNS 缓存服务器的 IP 地址 192.168.10.10，如图 13-13 所示。这样即可让客户端使用本地 DNS 缓存服务器提供的域名查询解析服务。

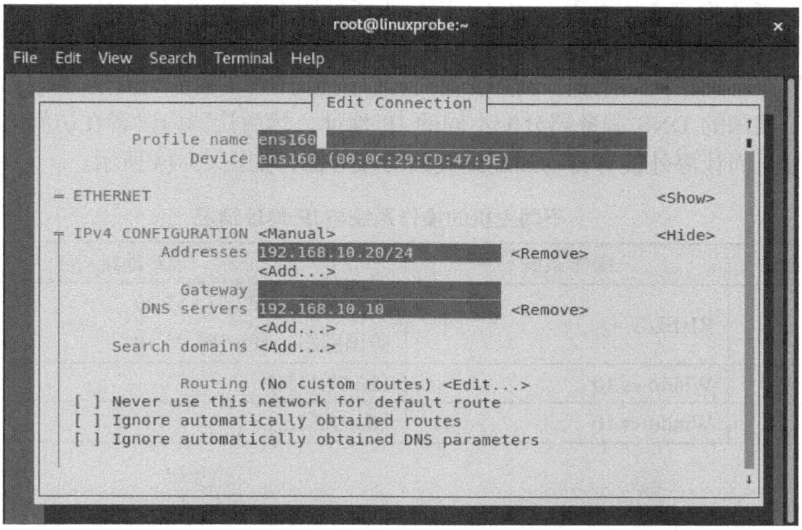

图 13-13　设置客户端主机的 DNS 服务器地址参数

在将客户端主机的网络参数设置妥当后重启网络服务，即可使用 nslookup 命令来验证实验结果（如果解析失败，请读者留意是否是上级 DNS 服务器选择的问题）。其中，Server 参数为域名解析记录提供的服务器地址，因此可见是由本地 DNS 缓存服务器提供的解析内容。

```
[root@linuxprobe~]# nmcli connection up ens160
Connection successfully activated (D-Bus active path: /org/freedesktop/NetworkManager/ActiveConnection/4)
[root@linuxprobe~]# nslookup
> www.linuxprobe.com
Server:         192.168.10.10
Address:        192.168.10.10#53

Non-authoritative answer:
www.linuxprobe.com      canonical name = www.linuxprobe.com.w.kunlunno.com.
Name:   www.linuxprobe.com.w.kunlunno.com
Address: 139.215.131.226
```

最后与大家分享一下实验心得。这个缓存 DNS 服务的配置参数只有一行参数，因此不存在写错的可能性。如果出错了，则大概率有两个可能：上述的 210.73.64.1 服务器可能停用，此时可以改为 8.8.8.8 或 114.114.114.114 再重新尝试；有可能是本地网络参数没有生效而导致的，需要检查 nslookup 输出结果中服务器的地址是否正确。

13.6 分离解析技术

现在，喜欢看这本《Linux 就该这么学（第 2 版）》的海外读者越来越多，如果继续把本书配套的网站服务器（https://www.linuxprobe.com）架设在北京市的机房内，则海外读者的访问速度势必会很慢。可如果把服务器架设在海外的机房，也将增大国内读者的访问难度。

为了满足海内外读者的需求，于是可以购买多台服务器并分别部署在全球各地，然后再使用 DNS 服务的分离解析功能，即可让位于不同地理范围内的读者通过访问相同的网址，从不同的服务器获取到相同的数据。例如，我们可以按照表 13-6 所示，分别为处于北京的 DNS 服务器和处于美国的 DNS 服务器分配不同的 IP 地址，然后让国内读者在访问时自动匹配到北京的服务器，而让海外读者自动匹配到美国的服务器，如图 13-14 所示。

表 13-6　　不同主机的操作系统与 IP 地址情况

主机名称	操作系统	IP 地址
DNS 服务器	RHEL 8	北京网络：122.71.115.10 美国网络：106.185.25.10
北京用户	Windows 10	122.71.115.1
海外用户	Windows 10	106.185.25.1

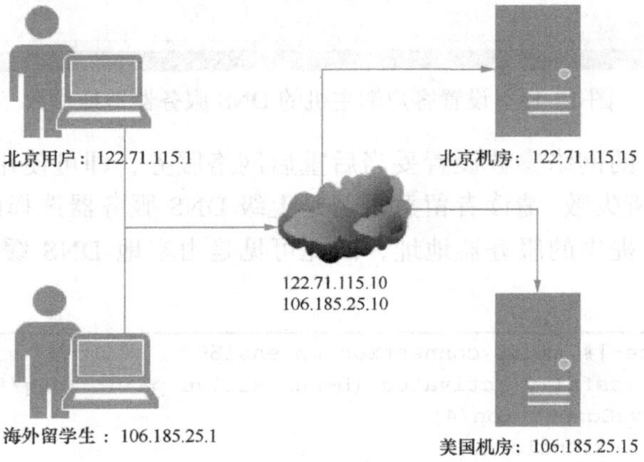

图 13-14　DNS 分离解析技术

为了解决海外读者访问 https://www.linuxprobe.com 时的速度问题，刘遄老师已经在美国机房购买并架设好了相应的网站服务器，接下来需要手动部署 DNS 服务器并实现分离解析功能，以便让不同地理区域的读者在访问相同的域名时，能解析出不同的 IP 地址。

注：

建议读者将虚拟机还原到初始状态，并重新安装 bind 服务程序，以免多个实验之间相互产生冲突。

第 1 步：修改 bind 服务程序的主配置文件，把第 11 行的监听端口与第 19 行的允许查询主机修改为 any。由于配置的 DNS 分离解析功能与 DNS 根服务器配置参数有冲突，所以需要把第 52～55 行的根域信息删除。

```
[root@linuxprobe ~]# vim /etc/named.conf
………………省略部分输出信息………………

logging {
        channel default_debug {
                file "data/named.run";
                severity dynamic;
        };
};

zone "." IN {
        type hint;
        file "named.ca";
};

include "/etc/named.rfc1912.zones";
include "/etc/named.root.key";

………………省略部分输出信息………………
```

第 2 步：编辑区域配置文件。把区域配置文件中原有的数据清空，然后按照以下格式写入参数。首先使用 acl 参数分别定义两个变量名称（china 与 america），当下面需要匹配 IP 地址时只需写入变量名称即可，这样不仅容易阅读识别，而且也利于修改维护。这里的难点是理解 view 参数的作用。它的作用是通过判断用户的 IP 地址是中国的还是美国的，然后去分别加载不同的数据配置文件（linuxprobe.com.china 或 linuxprobe.com.america）。这样，当把相应的 IP 地址分别写入到数据配置文件后，即可实现 DNS 的分离解析功能。这样一来，当中国的用户访问 linuxprobe.com 域名时，便会按照 linuxprobe.com.china 数据配置文件内的 IP 地址找到对应的服务器。

```
[root@linuxprobe~]# vim /etc/named.rfc1912.zones
acl "china" { 122.71.115.0/24; };
acl "america" { 106.185.25.0/24; };
view "china"{
        match-clients { "china"; };
        zone "linuxprobe.com" {
        type master;
        file "linuxprobe.com.china";
        };
};
view "america" {
        match-clients { "america"; };
        zone "linuxprobe.com" {
        type master;
        file "linuxprobe.com.america";
        };
};
```

第 3 步：建立数据配置文件。分别通过模板文件创建出两份不同名称的区域数据文件，其名称应与上面区域配置文件中的参数相对应。

```
[root@linuxprobe~]# cd /var/named
[root@linuxprobe named]# cp -a named.localhost linuxprobe.com.china
[root@linuxprobe named]# cp -a named.localhost linuxprobe.com.america
[root@linuxprobe named]# vim linuxprobe.com.china
```

$TTL 1D	#生存周期为 1 天				
@	IN SOA	linuxprobe.com.	root.linuxprobe.com.	(	
	#授权信息开始:	#DNS 区域的地址	#域名管理员的邮箱(不要用@符号)		
				0;serial	#更新序列号
				1D;refresh	#更新时间
				1H;retry	#重试延时
				1W;expire	#失效时间
				3H);minimum	#无效解析记录的缓存时间
	NS	ns.linuxprobe.com.		#域名服务器记录	
ns	IN A	122.71.115.10		#地址记录(ns.linuxprobe.com.)	
www	IN A	122.71.115.15		#地址记录(www.linuxprobe.com.)	

```
[root@linuxprobe named]# vim linuxprobe.com.America
```

$TTL 1D	#生存周期为 1 天				
@	IN SOA	linuxprobe.com.	root.linuxprobe.com.	(	
	#授权信息开始:	#DNS 区域的地址	#域名管理员的邮箱(不要用@符号)		
				0;serial	#更新序列号
				1D;refresh	#更新时间
				1H;retry	#重试延时
				1W;expire	#失效时间
				3H);minimum	#无效解析记录的缓存时间
	NS	ns.linuxprobe.com.		#域名服务器记录	
ns	IN A	106.185.25.10		#地址记录(ns.linuxprobe.com.)	
www	IN A	106.185.25.15		#地址记录(www.linuxprobe.com.)	

其中，122.71.115.15 和 106.185.25.15 两台主机并没有在实验环节中配置，需要大家自行设置。如果不想太过麻烦，可以直接将 www.linuxprobe.com 域名解析到 122.71.115.10 和 106.185.25.10 服务器上面，这样只需要准备一台服务器就够了。

第 4 步：重新启动 named 服务程序，验证结果。将客户端主机（Windows 系统或 Linux 系统均可）的 IP 地址分别设置为 122.71.115.1 与 106.185.25.1，将 DNS 地址分别设置为服务器主机的两个 IP 地址。这样，当尝试使用 nslookup 命令解析域名时就能清晰地看到解析结果，分别如图 13-15 与图 13-16 所示。

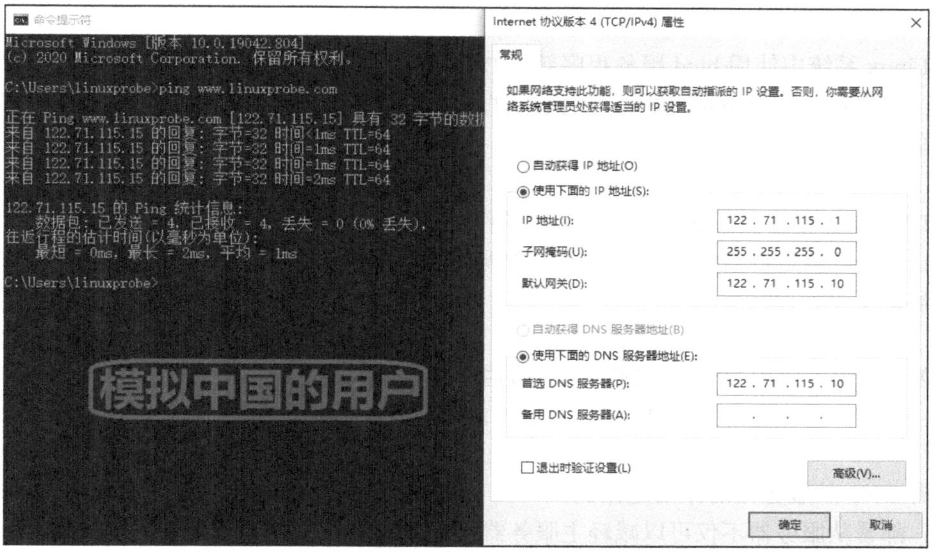

图 13-15　模拟中国用户的域名解析操作

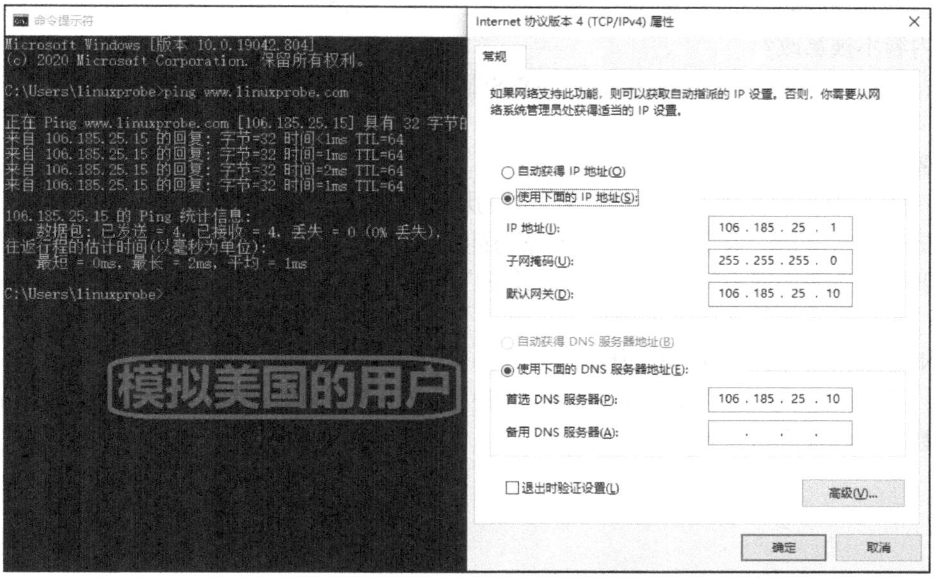

图 13-16　模拟美国用户的域名解析

恭喜大家！又学完了一个新的章节，休息一下继续学习吧。

复习题

1. DNS 技术提供的 3 种类型的服务器分别是什么？
答：DNS 主服务器、DNS 从服务器与 DNS 缓存服务器。

2. DNS 服务器之间传输区域数据文件时，使用的是递归查询还是迭代查询？
答：DNS 服务器之间是迭代查询，用户与 DNS 服务器之间是递归查询。

3. 在 Linux 系统中使用 bind 服务程序部署 DNS 服务时，为什么推荐安装 chroot 插件？
答：能有效地限制 bind 服务程序仅能对自身的配置文件进行操作，以确保整个服务器的安全。

4. 在 DNS 服务中，正向解析和反向解析的作用是什么？
答：正向解析是将指定的域名转换为 IP 地址，而反向解析则是将 IP 地址转换为域名。正向解析模式更为常用。

5. 是否可以限制使用 DNS 域名解析服务的主机？如何限制？
答：是的，修改主配置文件中第 17 行的 allow-query 参数即可。

6. 部署 DNS 从服务器的作用是什么？
答：部署从服务器不仅可以减轻主服务器的负载压力，还可以提升用户的查询效率。

7. 当用户与 DNS 服务器之间传输数据配置文件时，是否可以使用 TSIG 加密机制来确保文件内容不被篡改？
答：不能，TSIG 加密机制保障的是 DNS 服务器与 DNS 服务器之间迭代查询的安全。

8. 部署 DNS 缓存服务器的作用是什么？
答：DNS 缓存服务器把用户经常使用到的域名与 IP 地址的解析记录保存在主机本地，从而提升下次解析的效率。一般用于经常访问某些固定站点而且对这些网站的访问速度有较高要求的企业内网中，但实际的应用并不广泛。

9. DNS 分离解析技术的作用是什么？
答：可以让位于不同地理范围内的用户通过访问相同的网址，从不同的服务器获取到相同的数据，以提升访问效率。

第 14 章

使用 DHCP 动态管理主机地址

本章讲解了如下内容：

- 动态主机配置协议；
- 部署 dhcpd 服务程序；
- 自动管理 IP 地址；
- 分配固定 IP 地址。

本章讲解动态主机配置协议（DHCP，Dynamic Host Configuration Protocol），该协议用于自动管理局域网内主机的 IP 地址、子网掩码、网关地址及 DNS 地址等参数，可以有效地提升 IP 地址的利用率，提高配置效率，并降低管理与维护成本。

本章详细讲解了在 Linux 系统中配置部署 dhcpd 服务程序的方法，剖析了 dhcpd 服务程序配置文件内每个参数的作用，并通过自动分配 IP 地址、绑定 IP 地址与 MAC 地址等实验，让各位读者更直观地体会 DHCP 的强大之处。

14.1 动态主机配置协议

动态主机配置协议（DHCP）是一种基于 UDP 协议且仅限于在局域网内部使用的网络协议，主要用于大型的局域网环境或者存在较多移动办公设备的局域网环境中，用途是为局域网内部的设备或网络供应商自动分配 IP 地址等参数，提供网络配置的“全家桶”服务。

简单来说，DHCP 就是让局域网中的主机自动获得网络参数的服务。在图 14-1 所示的拓扑图中存在多台主机，如果手动配置每台主机的网络参数会相当麻烦，日后维护起来也让人头大。而且当机房内的主机数量进一步增加时（比如有 100 台，甚至 1000 台），这个手动配置以及维护工作的工作量足以让运维人员崩溃。借助于 DHCP，不仅可以为主机自动分配网络参数，还可以确保主机使用的 IP 地址是唯一的，更重要的是，还能为特定主机分配固定的 IP 地址。

DHCP 的应用十分广泛，无论是服务器机房还是家庭、机场、咖啡馆，都会见到它的身影。比如，本书的某位读者开了一家咖啡厅，在为顾客提供咖啡的同时，还为顾客免费提供无线上网服务。这样一来，顾客就可以一边惬意地喝着咖啡，一边连着无线网络刷朋友圈了。但是，作为咖啡厅老板的您，肯定不希望（也没有时间）为每一位造访的顾客手动设置 IP 地址、子网掩码、网关地址等信息。另外，考虑到咖啡馆使用的内网网段一般为 192.168.10.0/24（C 类私有地址），最多能容纳的主机数为 200 多台。而咖啡厅一天的客流量肯定不止 200 人。如果采用手动方式为他们分配 IP 地址，则当他们在离开咖啡厅时并不会自动释放这个 IP 地址，这就可能出现 IP 地址不够用的情况。这一方面会造成 IP 地址的浪费，另外一方面也增加了 IP 地址的管理成本。而使用 DHCP，这一切都迎刃而解——老板只需安心服务好顾客，为其提供美味的咖啡；顾客通过运行 DHCP 的服务器自动获得上网所需的 IP 地址，等离开咖啡厅时 IP 地址将被 DHCP 服务器收回，以备其他顾客使用。

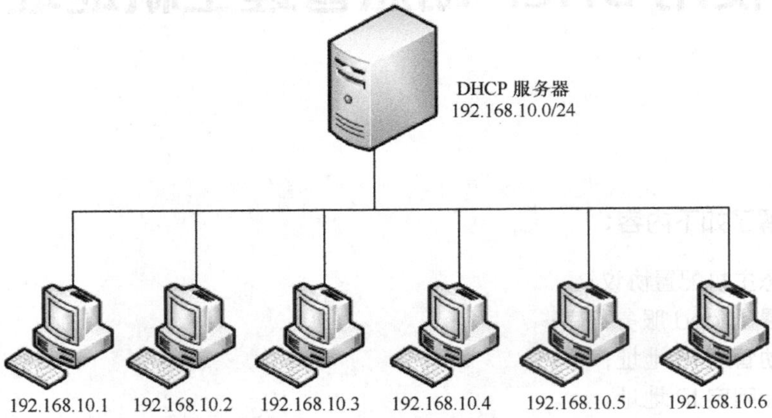

图 14-1　DHCP 的拓扑示意图

既然确定在今后的生产环境中肯定离不开 DHCP 了，那么也就有必要好好地熟悉一下 DHCP 涉及的常见术语了。

- **作用域**：一个完整的 IP 地址段，DHCP 根据作用域来管理网络的分布、IP 地址的分配及其他配置参数。
- **超级作用域**：用于管理处于同一个物理网络中的多个逻辑子网段，它包含了可以统一管理的作用域列表。
- **排除范围**：把作用域中的某些 IP 地址排除，确保这些 IP 地址不会分配给 DHCP 客户端。
- **地址池**：在定义了 DHCP 的作用域并应用了排除范围后，剩余的用来动态分配给客户端的 IP 地址范围。
- **租约**：DHCP 客户端能够使用动态分配的 IP 地址的时间。
- **预约**：保证网络中的特定设备总是获取到相同的 IP 地址。

14.2 部署 dhcpd 服务程序

dhcpd 是 Linux 系统中用于提供 DHCP 的服务程序。尽管 DHCP 的功能十分强大，但是 dhcpd 服务程序的配置步骤却十分简单，这也在很大程度上降低了在 Linux 中实现动态主机管理服务的门槛。

在确认软件仓库配置妥当之后，安装 dhcpd 服务程序，其软件包名称为 dhcp-server：

```
[root@linuxprobe~]# dnf install -y dhcp-server
Updating Subscription Management repositories.
Unable to read consumer identity
This system is not registered to Red Hat Subscription Management. You can use
subscription-manager to register.
AppStream                                        3.1 MB/s | 3.2 kB     00:00
```

```
BaseOS                                        2.7 MB/s | 2.7 kB     00:00
Dependencies resolved.
================================================================================
 Package        Arch          Version          Repository     Size
================================================================================
Installing:
 dhcp-server  x86_64        12:4.3.6-30.el8  BaseOS         529 k

Transaction Summary
================================================================================
Install  1 Package
……………省略部分输出信息………………
Installed:
  dhcp-server-12:4.3.6-30.el8.x86_64

Complete!
```

查看 dhcpd 服务程序的配置文件内容：

```
[root@linuxprobe~]# cat /etc/dhcp/dhcpd.conf
#
# DHCP Server Configuration file.
#   see /usr/share/doc/dhcp-server/dhcpd.conf.example
#   see dhcpd.conf(5) man page
#
```

是的，您没有看错！dhcp 的服务程序的配置文件中只有 3 行注释语句，这意味着我们需要自行编写这个文件。如果读者不知道怎么编写，可以看一下配置文件中第 2 行的参考示例文件，其组成架构如图 14-2 所示。

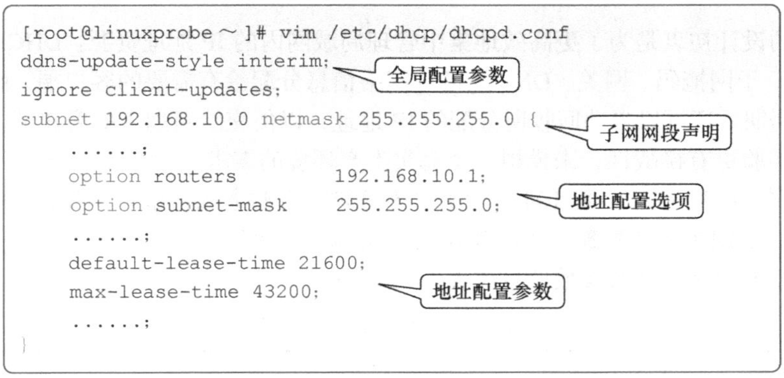

图 14-2　dhcpd 服务程序配置文件的架构

一个标准的配置文件应该包括全局配置参数、子网网段声明、地址配置选项以及地址配置参数。其中，全局配置参数用于定义 dhcpd 服务程序的整体运行参数；子网网段声明用于配置整个子网段的地址属性。

考虑到 dhcpd 服务程序配置文件的可用参数比较多，这里挑选了最常用的参数（见表 14-1），并逐一进行了简单介绍，以便为接下来的实验打好基础。

表 14-1　　dhcpd 服务程序配置文件中使用的常见参数以及作用

参数	作用
ddns-update-style 类型	定义 DNS 服务动态更新的类型，类型包括 none（不支持动态更新）、interim（互动更新模式）与 ad-hoc（特殊更新模式）
allow/ignore client-updates	允许/忽略客户端更新 DNS 记录
default-lease-time 21600	默认超时时间
max-lease-time 43200	最大超时时间
option domain-name-servers 8.8.8.8	定义 DNS 服务器地址
option domain-name "domain.org"	定义 DNS 域名
range	定义用于分配的 IP 地址池
option subnet-mask	定义客户端的子网掩码
option routers	定义客户端的网关地址
broadcast-address 广播地址	定义客户端的广播地址
ntp-server IP 地址	定义客户端的网络时间服务器（NTP）
nis-servers IP 地址	定义客户端的 NIS 域服务器的地址
hardware 硬件类型 MAC 地址	指定网卡接口的类型与 MAC 地址
server-name 主机名	向 DHCP 客户端通知 DHCP 服务器的主机名
fixed-address IP 地址	将某个固定的 IP 地址分配给指定主机
time-offset 偏移差	指定客户端与格林尼治时间的偏移差

14.3　自动管理 IP 地址

DHCP 的设计初衷是为了更高效地集中管理局域网内的 IP 地址资源。DHCP 服务器会自动把 IP 地址、子网掩码、网关、DNS 地址等网络信息分配给有需要的客户端，而且当客户端的租约时间到期后还可以自动回收所分配的 IP 地址，以便交给新加入的客户端。

为了让实验更有挑战性，来模拟一个真实生产环境的需求：

"机房运营部门：明天会有 100 名学员自带笔记本电脑来我司培训学习，请保证他们能够使用机房的本地 DHCP 服务器自动获取 IP 地址并正常上网"。

机房所用的网络地址及参数信息如表 14-2 所示。

表 14-2　　机房所用的网络地址及参数信息

参数名称	值
默认租约时间	21600 秒
最大租约时间	43200 秒
IP 地址范围	192.168.10.50～192.168.10.150
子网掩码	255.255.255.0
网关地址	192.168.10.1
DNS 服务器地址	192.168.10.1
搜索域	linuxprobe.com

在了解了真实需求以及机房网络中的配置参数之后，按照表 14-3 来配置 DHCP 服务器以及客户端。

表 14-3　　DHCP 服务器以及客户端的配置信息

主机类型	操作系统	IP 地址
DHCP 服务器	RHEL 8	192.168.10.1
DHCP 客户端	Windows 10	使用 DHCP 自动获取

前文讲到，作用域一般是个完整的 IP 地址段，而地址池中的 IP 地址才是真正供客户端使用的，因此地址池应该小于或等于作用域的 IP 地址范围。另外，由于 VMware Workstation 虚拟机软件自带 DHCP 服务，为了避免与自己配置的 dhcpd 服务程序产生冲突，应该先按照图 14-3 和图 14-4 将虚拟机软件自带的 DHCP 功能关闭。

图 14-3　单击虚拟机软件的"虚拟网络编辑器"菜单

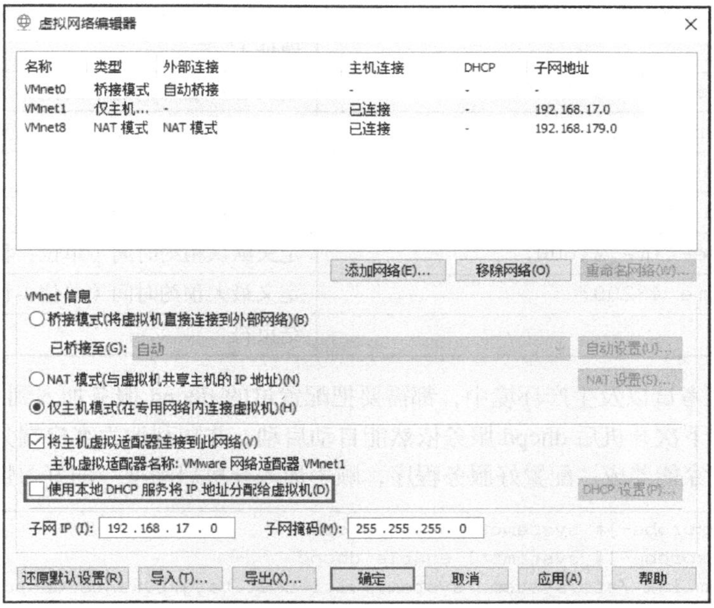

图 14-4　关闭虚拟机自带的 DHCP 功能

可随意开启几台客户端，准备进行验证。但是一定要注意，DHCP 客户端与服务器需要处于同一种网络模式——仅主机模式（Hostonly），否则就会产生物理隔离，从而无法获取 IP 地址。建议开启 1～3 台客户端虚拟机验证一下效果就好，以免物理主机的 CPU 和内存的负载太高。

在确认 DHCP 服务器的 IP 地址等网络信息配置妥当后，就可以配置 dhcpd 服务程序了。请注意，在配置 dhcpd 服务程序时，配置文件中的每行参数后面都需要以分号（;）结尾，这是规定。另外，dhcpd 服务程序配置文件内的参数都十分重要，因此在表 14-4 中罗列出了每一行参数，并对其用途进行了简单介绍。

```
[root@linuxprobe~]# vim /etc/dhcp/dhcpd.conf
ddns-update-style none;
ignore client-updates;
subnet 192.168.10.0 netmask 255.255.255.0 {
        range 192.168.10.50 192.168.10.150;
        option subnet-mask 255.255.255.0;
        option routers 192.168.10.1;
        option domain-name "linuxprobe.com";
        option domain-name-servers 192.168.10.1;
        default-lease-time 21600;
        max-lease-time 43200;
}
```

表 14-4　　dhcpd 服务程序配置文件中使用的参数以及作用

参数	作用
ddns-update-style none;	设置 DNS 服务不自动进行动态更新
ignore client-updates;	忽略客户端更新 DNS 记录
subnet 192.168.10.0 netmask 255.255.255.0 {	作用域为 192.168.10.0/24 网段
range 192.168.10.50 192.168.10.150;	IP 地址池为 192.168.10.50-150（约 100 个 IP 地址）
option subnet-mask 255.255.255.0;	定义客户端默认的子网掩码
option routers 192.168.10.1;	定义客户端的网关地址
option domain-name "linuxprobe.com";	定义默认的搜索域
option domain-name-servers 192.168.10.1;	定义客户端的 DNS 地址
default-lease-time 21600;	定义默认租约时间（单位：秒）
max-lease-time 43200;	定义最大预约时间（单位：秒）
}	结束符

在红帽认证考试以及生产环境中，都需要把配置过的 dhcpd 服务加入到开机启动项中，以确保当服务器下次开机后 dhcpd 服务依然能自动启动，并顺利地为客户端分配 IP 地址等信息。真心建议大家能养成“配置好服务程序，顺手加入开机启动项”的好习惯。

```
[root@linuxprobe~]# systemctl start dhcpd
[root@linuxprobe~]# systemctl enable dhcpd
Created symlink /etc/systemd/system/multi-user.target.wants/dhcpd.service→ /
usr/lib/systemd/system/dhcpd.service.
```

把 dhcpd 服务程序配置妥当之后就可以开启客户端来检验 IP 分配效果了。在日常工作中，Windows 10 是主流的桌面操作系统，所以只要确保两个主机都处于同一个网络模式内，然后像如图 14-5 那样设置 Windows 系统的网络为 DHCP 模式，再稍等片刻即可自动获取到网卡信息了，如图 14-6 所示。特别方便！

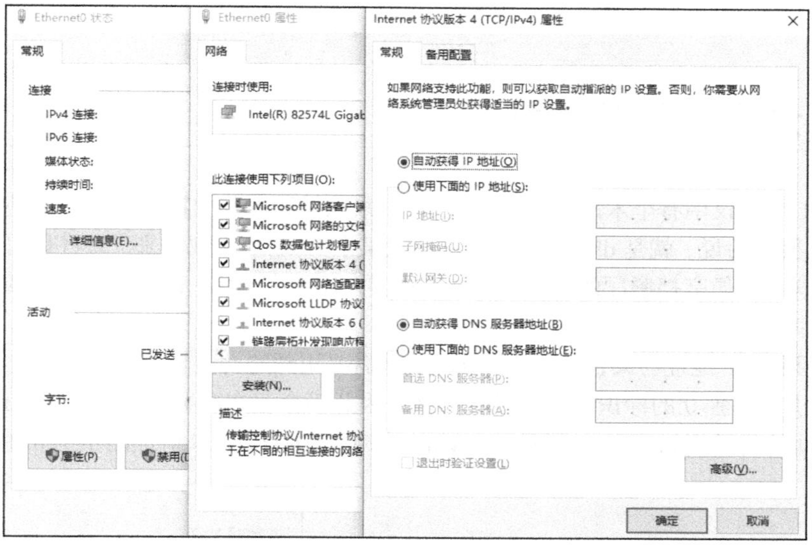

图 14-5　设置网络模式

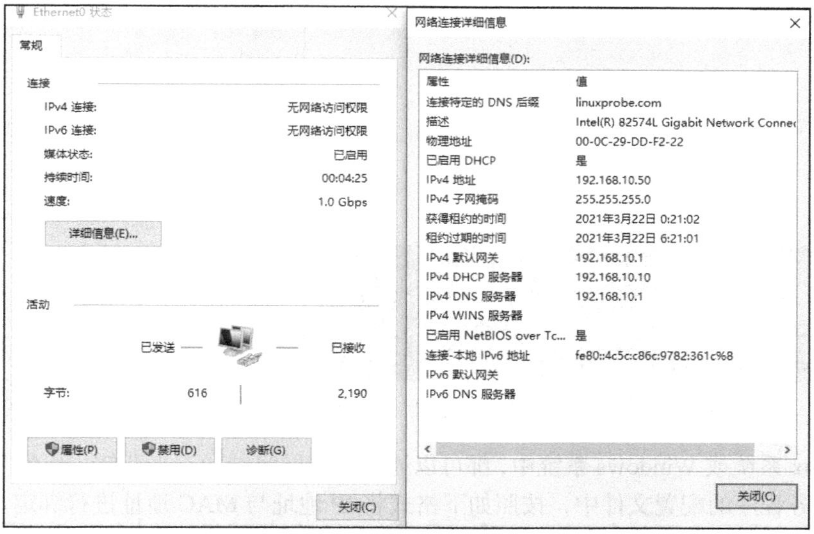

图 14-6　自动获取到 IP 地址

如果是在生产环境中配置 dhcpd 服务，则有可能会因为 DHCP 没有被防火墙放行而导致失败，此时执行下面的命令即可：

```
[root@linuxprobe~]# firewall-cmd --zone=public --permanent --add-service=dhcp
success
[root@linuxprobe~]# firewall-cmd --reload
success
```

在正常情况下，DHCP 的运作会经历 4 个过程：请求、提供、选择和确认。当客户端顺利获得一个 IP 地址及相关的网络信息后，就会发送一个 ARP（Address Resolution Protocol，地址解析协议）请求给服务器。在 dhcpd 服务程序收到这条信息后，也不会再把这个 IP 地址分配给其他主机，从根源上避免了 IP 地址冲突的情况。

14.4 分配固定 IP 地址

在 DHCP 协议中有个术语是“预约”，它用来确保局域网中特定的设备总是获取到固定的 IP 地址。换句话说，就是 dhcpd 服务程序会把某个 IP 地址私藏下来，只将其用于相匹配的特定设备。这有点像高档餐厅的预约服务，虽然客人还没有到场，但是桌子上会放个写着“已预定”的小牌子。

要想把某个 IP 地址与某台主机进行绑定，就需要用到这台主机的 MAC 地址。这个 MAC 地址即网卡上一串独立的标识符，具备唯一性，因此不会存在冲突的情况。在 Linux 系统中查看 MAC 地址的示例如图 14-7 所示，在 Windows 系统中查 MAC 地址的示例如图 14-8 所示。

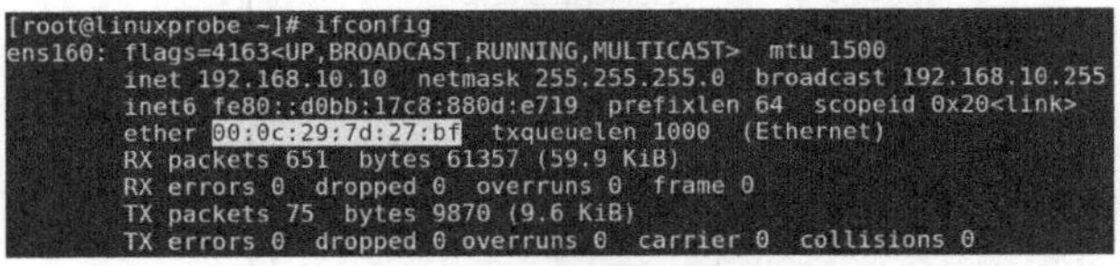

图 14-7　在 Linux 系统中查看网卡 MAC 地址

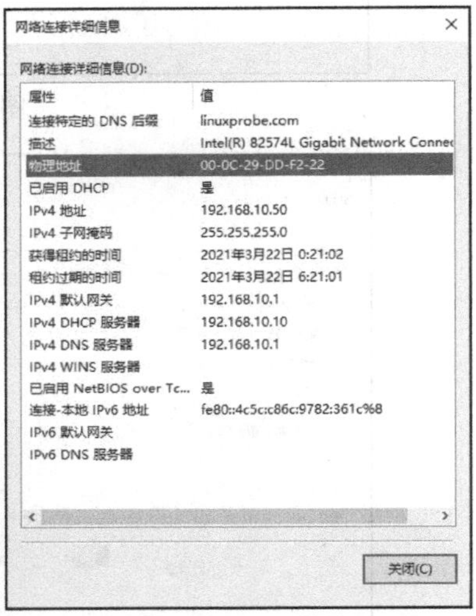

图 14-8　在 Windows 系统中查看网卡 MAC 地址

在 Linux 系统或 Windows 系统中，都可以通过查看网络的状态来获知主机的 MAC 地址。在 dhcpd 服务程序的配置文件中，按照如下格式将 IP 地址与 MAC 地址进行绑定。

host 主机名称 {			
	hardware	ethernet	该主机的 MAC 地址;
	fixed-address	欲指定的 IP 地址;	
}			

如果不方便查看主机的 MAC 地址，该怎么办呢？比如，要给老板使用的主机绑定 IP 地址，总不能随便就去查看老板的主机信息吧。针对这种情况，这里告诉大家一个好办法。我们首先启动 dhcpd 服务程序，为老板的主机分配一个 IP 地址，这样就会在 DHCP 服务器本地的日志文件中保存这次的 IP 地址分配记录。然后查看日志文件，就可以获悉主机的 MAC 地址了（即下面加粗的内容）。

```
[root@linuxprobe~]# tail -f /var/log/messages
………………省略部分输出信息………………
Mar 22 00:28:54 linuxprobe cupsd[1206]: REQUEST linuxprobe.com- - "POST / HTTP/
```

```
1.1" 200 183 Renew-Subscription client-error-not-found
Mar 22 00:29:35 linuxprobe dhcpd[30959]: DHCPREQUEST for 192.168.10.50 from 00:
0c:29:dd:f2:22 (DESKTOP-3OGV50E) via ens160
Mar 22 00:29:35 linuxprobe dhcpd[30959]: DHCPACK on 192.168.10.50 to 00:0c:29:
dd:f2:22 (DESKTOP-3OGV50E) via ens160
```

之前刘遄老师在线下讲课时，讲完 DHCP 服务后总会看到有些学员在挠头。起初我很不理解，毕竟 dhcpd 服务程序是 Linux 系统中一个很简单的实验，总共就那么十几行的配置参数，大家还能写错？后来发现了原因——有些学员是以 Windows 系统为对象进行的 IP 与 MAC 地址的绑定实验。而在 Windows 系统中看到的 MAC 地址，其格式类似于 00-0c-29-dd-f2-22，间隔符为减号（-）。但是在 Linux 系统中，MAC 地址的间隔符则变成了冒号（:）。

```
[root@linuxprobe~]# vim /etc/dhcp/dhcpd.conf
ddns-update-style none;
ignore client-updates;
subnet 192.168.10.0 netmask 255.255.255.0 {
        range 192.168.10.50 192.168.10.150;
        option subnet-mask 255.255.255.0;
        option routers 192.168.10.1;
        option domain-name "linuxprobe.com";
        option domain-name-servers 192.168.10.1;
        default-lease-time 21600;
        max-lease-time 43200;
        host linuxprobe {
                hardware ethernet 00:0c:29:dd:f2:22;
                fixed-address 192.168.10.88;
                }
}
```

确认参数填写正确后就可以保存并退出配置文件，然后就可以重启 dhcpd 服务程序了。

```
[root@linuxprobe~]# systemctl restart dhcpd
```

需要说明的是，如果您刚刚为这台主机分配了 IP 地址，由于它的 IP 地址租约时间还没有到期，因此不会立即换成新绑定的 IP 地址。要想立即查看绑定效果，则需要重启一下客户端的网络服务，如图 14-9 所示。

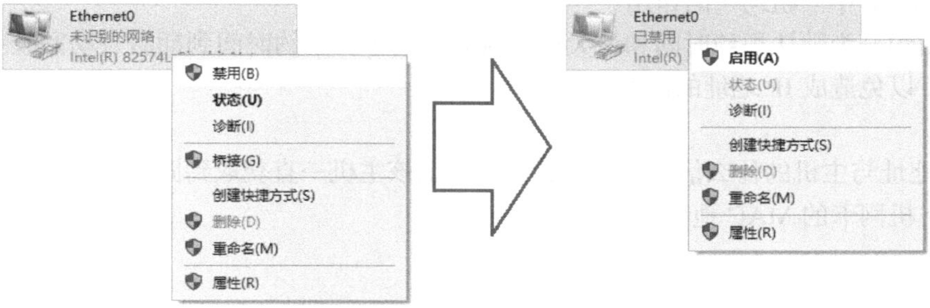

图 14-9 重启网络服务

然后就能看到效果了，如图 14-10 所示。

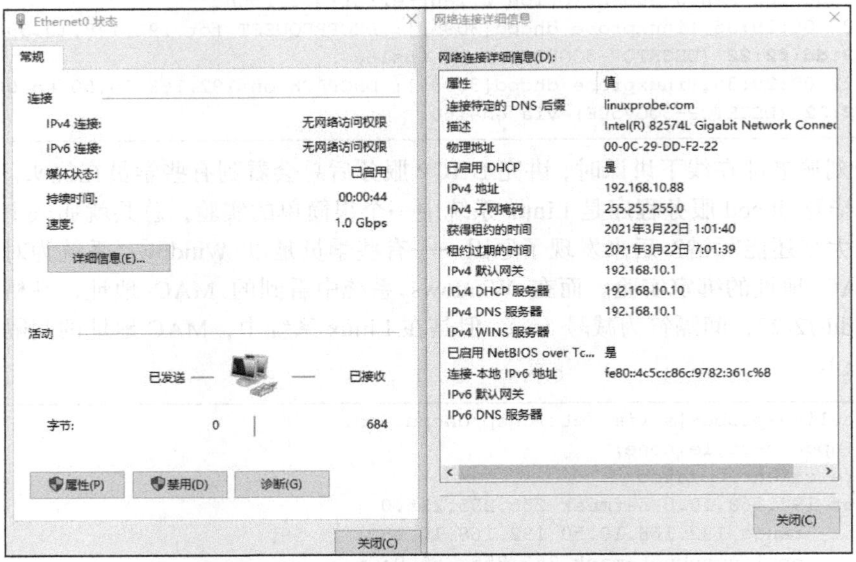

图 14-10 查看绑定后的网卡信息

复习题

1. 简述 DHCP 的主要用途。
   答：为局域网内部的设备或网络供应商自动分配 IP 地址等参数。

2. DHCP 能够为客户端分配什么网卡资源？
   答：可为客户端分配 IP 地址、子网掩码、网关地址以及 DNS 地址等信息。

3. 真正供用户使用的 IP 地址范围是作用域还是地址池？
   答：地址池，因为作用域内还会包含要排除掉的 IP 地址。

4. 简述 DHCP 中“租约”的作用。
   答：租约分为默认租约时间和最大租约时间，用于在租约时间到期后自动回收主机的 IP 地址，以免造成 IP 地址的浪费。

5. 把 IP 地址与主机的什么信息绑定，就可以保证该主机一直获取到固定的 IP 地址？
   答：主机网卡的 MAC 地址。

第 15 章

使用 Postfix 与 Dovecot 部署邮件系统

本章讲解了如下内容：

- 电子邮件系统；
- 部署基础的电子邮件系统；
- 设置用户别名信箱；
- Linux 邮件客户端。

电子邮件（Email）系统是我们在日常工作、生活中最常用的一个网络服务。本章将首先介绍电子邮件系统的起源，然后介绍 SMTP、POP3、IMAP4 等常见的电子邮件协议，以及 MUA、MTA、MDA 这 3 种服务角色的作用。本章将完整地演示在 Linux 系统中使用 Postfix 和 Dovecot 服务程序配置电子邮件系统服务的方法，并重点讲解常用的配置参数，此外还将结合 bind 服务程序提供的 DNS 域名解析服务来验证客户端主机与服务器之间的邮件收发功能。

本章最后还介绍了如何在电子邮件系统中设置用户别名，以帮助大家在生产环境中更好地控制、管理电子邮件账户以及信箱地址，以及如何使用 Thunderbird 客户端完成日常的邮件收发工作。

15.1 电子邮件系统

20 世纪 60 年代，美苏两国正处于冷战时期。美国军方认为应该在科学技术上保持其领先的地位，这样有助于在未来的战争中取得优势。美国国防部由此发起了一项名为 ARPANET 的科研项目，即大家现在所熟知的阿帕网计划。阿帕网是当今互联网的雏形，它也是世界上第一个运营的数据包交换网络。但是阿帕网很快在 1971 年遇到了严峻的问题——参与阿帕网科研项目的科学家分布在美国不同的地区，甚至还会因为时差的影响而不能及时分享各自的研究成果。因此，科学家们迫切需要一种能够借助于网络在计算机之间传输数据的方法。

尽管本书第 10 章和第 11 章介绍的 Web 服务和 FTP 文件传输服务也能实现数据交换，但是这些服务的数据传输方式就像“打电话”那样，需要双方同时在线才能完成传输工作。如果对方的主机宕机或者科研人员因故离开，就有可能错过某些科研成果了。好在当时麻省理工学院的 Ray Tomlinson 博士也参与到了阿帕网计划的科研项目中，他觉得有必要设计一种类似于“信件”的传输服务，并为信件准备一个“信箱”，这样即便对方临时离线也能完成数据的接收，等上线后再进行处理即可。于是，Ray Tomlinson 博士用了近一年的时间完成了电子邮件（Email）的设计，并在 1971 年秋天使用 SNDMSG 软件向自己的另一台计算机发送出了人类历史上第一封电子邮件——电子邮件系统在互联网中由此诞生！

既然要在互联网中给他人发送电子邮件，那么对方用户用于接收电子邮件的名称必须是唯一的，否则电子邮件可能会同时发给多个重名的用户，又或者干脆大家都收不到邮件。因此，Ray Tomlinson 博士决定选择使用“姓名@计算机主机名称”的格式来规范电子信箱的名称。选择使用@符号作为间隔符的原因其实也很简单，因为 Ray Tomlinson 博士觉得人类的名字和计算机主机名称中应该不会有这么一个@符号，所以就选择了这个符号。

电子邮件系统基于邮件协议来完成电子邮件的传输，常见的邮件协议有下面这些。

- **简单邮件传输协议（Simple Mail Transfer Protocol，SMTP）**：用于发送和中转发出的电子邮件，占用服务器的 TCP/25 端口。
- **邮局协议版本 3（Post Office Protocol 3）**：用于将电子邮件存储到本地主机，占用服务器的 TCP/110 端口。
- **Internet 消息访问协议版本 4（Internet Message Access Protocol 4）**：用于在本地主机上访问邮件，占用服务器的 TCP/143 端口。

在电子邮件系统中，为用户收发邮件的服务器名为邮件用户代理（Mail User Agent，MUA）。另外，既然电子邮件系统能够让用户在离线的情况下依然可以完成数据的接收，肯定得有一个用于保存用户邮件的“信箱”服务器，这个服务器的名字为邮件投递代理（Mail Delivery Agent，MDA），其工作职责是把来自于邮件传输代理（Mail Transfer Agent，MTA）的邮件保存到本地的收件箱中。其中，这个 MTA 的工作职责是转发处理不同电子邮件服务供应商之间的邮件，把来自于 MUA 的邮件转发到合适的 MTA 服务器。例如，我们从新浪信箱向谷歌信箱发送一封电子邮件，这封电子邮件的传输过程如图 15-1 所示。

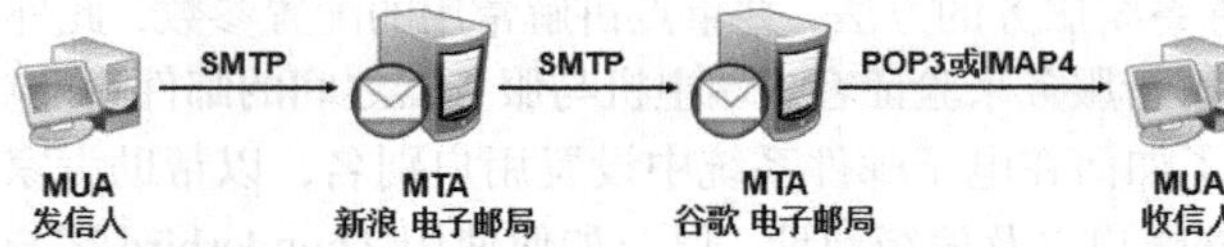

图 15-1　电子邮件的传输过程

总体来说，一般的网络服务程序在传输信息时就像拨打电话，需要双方同时保持在线，而在电子邮件系统中，用户发送邮件后不必等待投递工作完成即可下线。如果对方邮件服务器（MTA）宕机或对方临时离线，则发件服务器（MTA）就会把要发送的内容自动地暂时保存到本地，等检测到对方邮件服务器恢复后会立即再次投递，期间一般无须运维人员维护处理，随后收信人（MUA）就能在自己的信箱中找到这封邮件了。

大家在生产环境中部署企业级的电子邮件系统时，有 4 个注意事项请留意。

- **添加反垃圾与反病毒模块**：它能够很有效地阻止垃圾邮件或病毒邮件对企业信箱的干扰。
- **对邮件加密**：可有效保护邮件内容不被黑客盗取和篡改。
- **添加邮件监控审核模块**：可有效地监控企业全体员工的邮件中是否有敏感词，是否有透露企业资料等违规行为。
- **保障稳定性**：电子邮件系统的稳定性至关重要，运维人员应做到保证电子邮件系统的稳定运行，并及时做好防范分布式拒绝服务（Distributed Denial of Service，DDoS）攻击的准备。

15.2　部署基础的电子邮件系统

一个最基础的电子邮件系统肯定要能提供发件服务和收件服务，为此需要使用基于 SMTP

的 Postfix 服务程序提供发件服务功能，并使用基于 POP3 协议的 Dovecot 服务程序提供收件服务功能。这样一来，用户就可以使用 Outlook Express 或 Foxmail 等客户端服务程序正常收发邮件了。电子邮件系统的工作流程如图 15-2 所示。

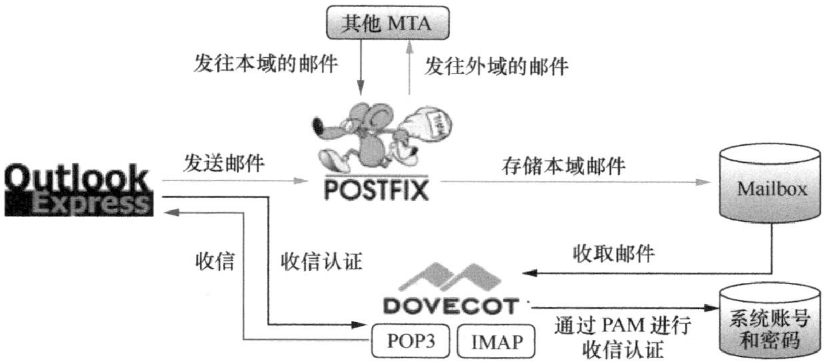

图 15-2　电子邮件系统的工作流程

在诸多早期的 Linux 系统中，默认使用的发件服务是由 Sendmail 服务程序提供的，而在 RHEL 8 系统中已经替换为 Postfix 服务程序。相较于 Sendmail 服务程序，Postfix 服务程序减少了很多不必要的配置步骤，而且在稳定性、并发性方面也有很大改进。

一般而言，我们的信箱地址类似于 root@linuxprobe.com 这样，也就是按照“用户名@主机地址（域名）”格式来规范的。如果您给我一串“root@192.168.10.10”的信息，我可能猜不到这是一个邮箱地址，没准会将它当作 SSH 协议的连接信息。因此，要想更好地检验电子邮件系统的配置效果，需要先部署 bind 服务程序，为电子邮件服务器和客户端提供 DNS 域名解析服务。

第 1 步：配置服务器主机名称，需要保证服务器主机名称与发信域名保持一致。

```
[root@linuxprobe~]# vim /etc/hostname
mail.linuxprobe.com
[root@linuxprobe~]# hostname
mail.linuxprobe.com
```

注：

修改主机名称文件后如果没有立即生效，可以重启服务器；或者再执行一条“hostnamectl set-hostname mail.linuxprobe.com”命令，立即设置主机名称。

第 2 步：清空 iptables 防火墙默认策略，并保存策略状态，避免因防火墙中默认存在的策略阻止了客户端 DNS 解析域名及收发邮件。

```
[root@linuxprobe~]# iptables -F
[root@linuxprobe~]# iptables-save
```

别忘记 firewalld 防火墙，把 DNS 协议加入到 firewalld 防火墙的允许列表中。

```
[root@linuxprobe~]# firewall-cmd --permanent --zone=public --add-service=dns
success
[root@linuxprobe~]# firewall-cmd --reload
success
```

第 3 步：为电子邮件系统提供域名解析。由于第 13 章已经讲解了 bind-chroot 服务程序的配置方法，因此这里只提供主配置文件、区域配置文件和域名数据文件的配置内容，其余配置步骤请大家自行完成。

```
[root@linuxprobe~]# dnf install bind-chroot
[root@linuxprobe~]# cat /etc/named.conf
//
// named.conf
//
// Provided by Red Hat bind package to configure the BIND named DNS
// server as a caching only nameserver (as a localhost DNS resolver).
//
// See /usr/share/doc/bind*/sample/ for example configuration files.
//

options {
        listen-on port 53 { any; };
        listen-on-v6 port 53 { ::1; };
        directory       "/var/named";
        dump-file       "/var/named/data/cache_dump.db";
        statistics-file "/var/named/data/named_stats.txt";
        memstatistics-file "/var/named/data/named_mem_stats.txt";
        secroots-file   "/var/named/data/named.secroots";
        recursing-file  "/var/named/data/named.recursing";
        allow-query     { any; };

………………省略部分输出信息………………
[root@linuxprobe~]# cat /etc/named.rfc1912.zones
zone "linuxprobe.com" IN {
        type master;
        file "linuxprobe.com.zone";
        allow-update {none;};
};
```

建议在复制正向解析模板文件时，在 cp 命令后面追加-a 参数，以便让新文件继承原文件的属性和权限信息：

```
[root@linuxprobe~]# cp -a /var/named/named.localhost /var/named/linuxprobe.com.zone
[root@linuxprobe~]# cat /var/named/linuxprobe.com.zone
```

$TTL 1D				
@	IN SOA	linuxprobe.com.	root.linuxprobe.com.	{
				0;serial
				1D;refresh
				1H;retry
				1W;rexpire
				3H);minimum
	NS	ns.linuxprobe.com.		
ns	IN A	192.168.10.10		
@	IN MX 10	mail.linuxprobe.com.		
mail	IN A	192.168.10.10		

```
[root@linuxprobe~]# systemctl restart named
[root@linuxprobe~]# systemctl enable named
Created symlink /etc/systemd/system/multi-user.target.wants/named.service→ /
usr/lib/systemd/system/named.service.
```

修改好配置文件后记得重启 bind 服务程序，这样电子邮件系统所对应的服务器主机名即为 mail.linuxprobe.com，而邮件域为@linuxprobe.com。把服务器的 DNS 地址修改成本地 IP 地址，如图 15-3 所示。

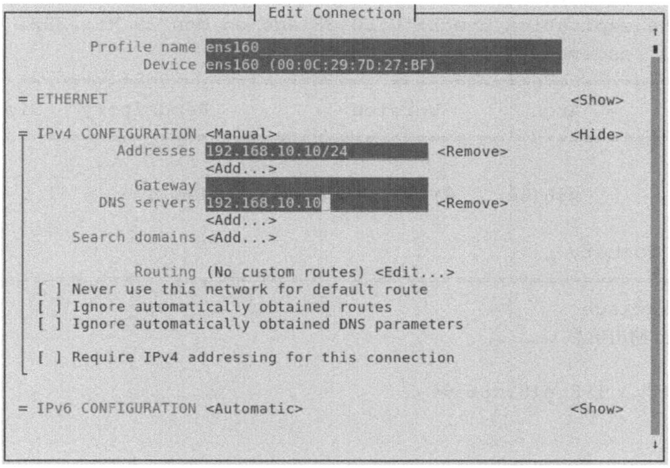

图 15-3 配置服务器的 DNS 地址

让新配置的网卡参数立即生效：

```
[root@linuxprobe~]# nmcli connection up ens160
Connection successfully activated (D-Bus active path: /org/freedesktop/NetworkManager/
ActiveConnection/4)
```

最后，对主机名执行 ping 命令，若能 ping 通，则证明上述操作全部正确。注意，在执行 ping 操作时，也会获得主机名对应的 IP 地址，证明上述操作全部正确：

```
[root@linuxprobe~]# ping -c 4  mail.linuxprobe.com
PING mail.linuxprobe.com (192.168.10.10) 56(84) bytes of data.
64 bytes from mail.linuxprobe.com (192.168.10.10): icmp_seq=1 ttl=64 time=0.040 ms
64 bytes from mail.linuxprobe.com (192.168.10.10): icmp_seq=2 ttl=64 time=0.057 ms
64 bytes from mail.linuxprobe.com (192.168.10.10): icmp_seq=3 ttl=64 time=0.037 ms
64 bytes from mail.linuxprobe.com (192.168.10.10): icmp_seq=4 ttl=64 time=0.052 ms

--- mail.linuxprobe.com ping statistics ---
4 packets transmitted, 4 received, 0% packet loss, time 45ms
rtt min/avg/max/mdev = 0.037/0.046/0.057/0.010 ms
```

15.2.1 配置 Postfix 服务程序

Postfix 是一款由 IBM 资助研发的免费开源电子邮件服务程序，能够很好地兼容 Sendmail 服务程序，可以方便 Sendmail 用户迁移到 Postfix 服务上。Postfix 服务程序的邮件收发能力强于 Sendmail 服务，而且能自动增加、减少进程的数量来保证电子邮件系统的高性能与稳定性。另外，Postfix 服务程序由许多小模块组成，每个小模块都可以完成特定的功能，因此可在生产工作环境中根据需求灵活搭配。

第 1 步：安装 Postfix 服务程序。

```
[root@linuxprobe~]# dnf install postfix
Updating Subscription Management repositories.
Unable to read consumer identity
This system is not registered to Red Hat Subscription Management. You can use
subscription-manager to register.
Last metadata expiration check: 0:10:38 ago on Mon 29 Mar 2021 06:40:32 AM CST.
Dependencies resolved.
================================================================================
 Package          Arch         Version               Repository    Size
================================================================================
Installing:
 postfix          x86_64      2:3.3.1-8.el8          BaseOS        1.5 M

Transaction Summary
================================================================================
Install  1 Package
………………省略部分输出信息………………
Installed:
  postfix-2:3.3.1-8.el8.x86_64

Complete!
```

第 2 步：配置 Postfix 服务程序。大家如果是首次看到 Postfix 服务程序主配置文件（/etc/postfix/main.cf），估计会被 738 行的内容给吓到。其实不用担心，这里面绝大多数的内容依然是注释信息。刘遄老师在本书中一直强调正确学习 Linux 系统的方法，并坚信"负责任的好老师不应该是书本的搬运工，而应该是一名优质内容的提炼者"，因此在翻遍了配置参数的介绍，以及结合多年的运维经验后，最终总结出了 7 个最应该掌握的参数，如表 15-1 所示。

表 15-1　　Postfix 服务程序主配置文件中的重要参数

参数	作用
myhostname	邮局系统的主机名
mydomain	邮局系统的域名
myorigin	从本机发出邮件的域名名称
inet_interfaces	监听的网卡接口
mydestination	可接收邮件的主机名或域名
mynetworks	设置可转发哪些主机的邮件
relay_domains	设置可转发哪些网域的邮件

在 Postfix 服务程序的主配置文件中，总计需要修改 5 处。首先是在第 95 行定义一个名为 myhostname 的变量，用来保存服务器的主机名称。请大家记住这个变量的名称，下面的参数需要调用它：

```
[root@linuxprobe~]# vim /etc/postfix/main.cf
 86
```

```
87 # INTERNET HOST AND DOMAIN NAMES
88 #
89 # The myhostname parameter specifies the internet hostname of this
90 # mail system. The default is to use the fully-qualified domain name
91 # from gethostname(). $myhostname is used as a default value for many
92 # other configuration parameters.
93 #
94 #myhostname = host.domain.tld
95 myhostname = mail.linuxprobe.com
96
```

然后在第 102 行定义一个名为 mydomain 的变量，用来保存邮件域的名称。大家也要记住这个变量名称，下面将调用它：

```
96
97 # The mydomain parameter specifies the local internet domain name.
98 # The default is to use $myhostname minus the first component.
99 # $mydomain is used as a default value for many other configuration
100 # parameters.
101 #
102 mydomain = linuxprobe.com
103
```

在第 118 行调用前面的 mydomain 变量，用来定义发出邮件的域。调用变量的好处是避免重复写入信息，以及便于日后统一修改：

```
105 #
106 # The myorigin parameter specifies the domain that locally-posted
107 # mail appears to come from. The default is to append $myhostname,
108 # which is fine for small sites.  If you run a domain with multiple
109 # machines, you should (1) change this to $mydomain and (2) set up
110 # a domain-wide alias database that aliases each user to
111 # user@that.users.mailhost.
112 #
113 # For the sake of consistency between sender and recipient addresses,
114 # myorigin also specifies the default domain name that is appended
115 # to recipient addresses that have no @domain part.
116 #
117 #myorigin = $myhostname
118 myorigin = $mydomain
119
```

第 4 处修改是在第 135 行定义网卡监听地址。可以指定要使用服务器的哪些 IP 地址对外提供电子邮件服务；也可以干脆写成 all，表示所有 IP 地址都能提供电子邮件服务：

```
121
122 # The inet_interfaces parameter specifies the network interface
123 # addresses that this mail system receives mail on.  By default,
124 # the software claims all active interfaces on the machine. The
125 # parameter also controls delivery of mail to user@[ip.address].
126 #
127 # See also the proxy_interfaces parameter, for network addresses that
128 # are forwarded to us via a proxy or network address translator.
129 #
130 # Note: you need to stop/start Postfix when this parameter changes.
```

```
#
#inet_interfaces = all
#inet_interfaces = $myhostname
#inet_interfaces = $myhostname, localhost
inet_interfaces = all

```

最后一处修改是在第 183 行定义可接收邮件的主机名或域名列表。这里可以直接调用前面定义好的 myhostname 和 mydomain 变量（如果不想调用变量，也可以直接调用变量中的值）：

```
151
152 # The mydestination parameter specifies the list of domains that this
153 # machine considers itself the final destination for.
154 #
155 # These domains are routed to the delivery agent specified with the
156 # local_transport parameter setting. By default, that is the UNIX
157 # compatible delivery agent that lookups all recipients in /etc/passwd
158 # and /etc/aliases or their equivalent.
159 #
160 # The default is $myhostname + localhost.$mydomain + localhost.  On
161 # a mail domain gateway, you should also include $mydomain.
162 #
163 # Do not specify the names of virtual domains - those domains are
164 # specified elsewhere (see VIRTUAL_README).
165 #
166 # Do not specify the names of domains that machine is backup MX
167 # host for. Specify those names via the relay_domains settings for
168 # the SMTP server, or use permit_mx_backup if you are lazy (see
169 # STANDARD_CONFIGURATION_README).
170 #
171 # The local machine is always the final destination for mail addressed
172 # to user@[the.net.work.address] of an interface that the mail system
173 # receives mail on (see the inet_interfaces parameter).
174 #
175 # Specify a list of host or domain names, /file/name or type:table
176 # patterns, separated by commas and/or whitespace. A /file/name
177 # pattern is replaced by its contents; a type:table is matched when
178 # a name matches a lookup key (the right-hand side is ignored).
179 # Continue long lines by starting the next line with whitespace.
180 #
181 # See also below, section "REJECTING MAIL FOR UNKNOWN LOCAL USERS".
182 #
183 mydestination = $myhostname, $mydomain
184 #mydestination = $myhostname, localhost.$mydomain, localhost, $mydomain
185 #mydestination = $myhostname, localhost.$mydomain, localhost, $mydomain,
186 #       mail.$mydomain, www.$mydomain, ftp.$mydomain
187
```

第 3 步：创建电子邮件系统的登录账户。Postfix 与 vsftpd 服务程序一样，都可以调用本地系统的账户和密码，因此在本地系统创建常规账户即可。最后重启配置妥当的 postfix 服务程序，并将其添加到开机启动项中。大功告成！

```
[root@linuxprobe~]# useradd liuchuan
[root@linuxprobe~]# echo "linuxprobe" | passwd --stdin liuchuan
```

```
Changing password for user liuchuan.
passwd: all authentication tokens updated successfully.
[root@linuxprobe~]# systemctl restart postfix
[root@linuxprobe~]# systemctl enable  postfix
Created symlink /etc/systemd/system/multi-user.target.wants/postfix.service→ /
usr/lib/systemd/system/postfix.service.
```

15.2.2 配置 Dovecot 服务程序

Dovecot 是一款能够为 Linux 系统提供 IMAP 和 POP3 电子邮件服务的开源服务程序，安全性极高，配置简单，执行速度快，而且占用的服务器硬件资源也较少，因此是一款值得推荐的收件服务程序。

第 1 步：安装 Dovecot 服务程序软件包。

```
[root@linuxprobe~]# dnf install -y dovecot
Updating Subscription Management repositories.
Unable to read consumer identity
This system is not registered to Red Hat Subscription Management. You can use
subscription-manager to register.
Last metadata expiration check: 0:49:52 ago on Mon 29 Mar 2021 06:40:32 AM CST.
Dependencies resolved.
================================================================================
 Package         Arch       Version                 Repository     Size
================================================================================
Installing:
 dovecot        x86_64    1:2.2.36-5.el8       AppStream     4.6 M
Installing dependencies:
 clucene-core   x86_64   2.3.3.4-31. e8e3d20git.el8  AppStream   590 k

Transaction Summary
================================================================================
Install  2 Packages
………………省略部分输出信息………………

Installed:
  dovecot-1:2.2.36-5.el8.x86_64
  clucene-core-2.3.3.4-31.20130812.e8e3d20git.el8.x86_64

Complete!
```

第 2 步：配置部署 Dovecot 服务程序。在 Dovecot 服务程序的主配置文件中进行如下修改。首先是第 24 行，把 Dovecot 服务程序支持的电子邮件协议修改为 imap、pop3 和 lmtp。然后在这一行下面添加一行参数，允许用户使用明文进行密码验证。之所以这样操作，是因为 Dovecot 服务程序为了保证电子邮件系统的安全而默认强制用户使用加密方式进行登录，而由于当前还没有加密系统，因此需要添加该参数来允许用户的明文登录。

```
[root@linuxprobe~]# vim /etc/dovecot/dovecot.conf
………………省略部分输出信息………………
 22
 23 # Protocols we want to be serving.
 24 protocols = imap pop3 lmtp
```

```
25 disable_plaintext_auth = no
26
………………省略部分输出信息………………
```

在主配置文件的第 49 行，设置允许登录的网段地址，也就是说我们可以在这里限制只有来自于某个网段的用户才能使用电子邮件系统。如果想允许所有人都能使用，则不用修改本参数：

```
44
45 # Space separated list of trusted network ranges. Connections from these
46 # IPs are allowed to override their IP addresses and ports (logging and
47 # for authentication checks). disable_plaintext_auth is also ignored for
48 # these networks. Typically you'd specify your IMAP proxy servers here.
49 login_trusted_networks = 192.168.10.0/24
50
```

第 3 步：配置邮件格式与存储路径。在 Dovecot 服务程序单独的子配置文件中，定义一个路径，用于指定要将收到的邮件存放到服务器本地的哪个位置。这个路径默认已经定义好了，只需要将该配置文件中第 25 行前面的井号（#）删除即可。

```
[root@linuxprobe~]# vim /etc/dovecot/conf.d/10-mail.conf
  1 ##
  2 ## Mailbox locations and namespaces
  3 ##
  4
  5 # Location for users' mailboxes. The default is empty, which means that Dovecot
  6 # tries to find the mailboxes automatically. This won't work if the user
  7 # doesn't yet have any mail, so you should explicitly tell Dovecot the full
  8 # location.
  9 #
 10 # If you're using mbox, giving a path to the INBOX file (eg. /var/mail/%u)
 11 # isn't enough. You'll also need to tell Dovecot where the other mailboxes are
 12 # kept. This is called the "root mail directory", and it must be the first
 13 # path given in the mail_location setting.
 14 #
 15 # There are a few special variables you can use, eg.:
 16 #
 17 #   %u - username
 18 #   %n - user part in user@domain, same as %u if there's no domain
 19 #   %d - domain part in user@domain, empty if there's no domain
 20 #   %h - home directory
 21 #
 22 # See doc/wiki/Variables.txt for full list. Some examples:
 23 #
 24 #   mail_location = maildir:~/Maildir
 25     mail_location = mbox:~/mail:INBOX=/var/mail/%u
 26 #   mail_location = mbox:/var/mail/%d/%1n/%n:INDEX=/var/indexes/%d/%1n/%n
 27 #
………………省略部分输出信息………………
```

然后切换到配置 Postfix 服务程序时创建的 boss 账户，并在家目录中建立用于保存邮件的目录。记得要重启 Dovecot 服务并将其添加到开机启动项中。至此，对 Dovecot 服务程序的配置部署步骤全部结束。

```
[root@linuxprobe~]# su - liuchuan
[liuchuan@linuxprobe~]$ mkdir -p mail/.imap/INBOX
[liuchuan@linuxprobe~]$ exit
logout
[root@linuxprobe~]# systemctl restart dovecot
[root@linuxprobe~]# systemctl enable  dovecot
Created symlink /etc/systemd/system/multi-user.target.wants/dovecot.service→ /
usr/lib/systemd/system/dovecot.service.
```

大家肯定觉得少了点什么吧。是的，还要记得把上面提到的邮件协议在防火墙中的策略予以放行，这样客户端就能正常访问了：

```
[root@linuxprobe~]# firewall-cmd --permanent --zone=public --add-service=imap
success
[root@linuxprobe~]# firewall-cmd --permanent --zone=public --add-service=pop3
success
[root@linuxprobe~]# firewall-cmd --permanent --zone=public --add-service=smtp
success
[root@linuxprobe~]# firewall-cmd --reload
success
```

15.2.3 客户使用电子邮件系统

如何得知电子邮件系统已经能够正常收发邮件了呢？可以使用 Windows 操作系统中自带的 Outlook 软件来进行测试（也可以使用其他电子邮件客户端来测试，比如 Foxmail）。请按照表 15-2 来设置电子邮件系统及 DNS 服务器和客户端主机的 IP 地址，以便能正常解析邮件域名。设置后的结果如图 15-4 所示。

表 15-2　服务器与客户端的操作系统与 IP 地址

主机名称	操作系统	IP 地址
电子邮件系统及 DNS 服务器	RHEL 8	192.168.10.10
客户端主机	Windows 10	192.168.10.30

第 1 步：在 Windows 10 系统中运行 Outlook 软件程序。由于各位读者使用的 Windows 10 系统版本不一定相同，因此本书决定采用 Outlook 2010 版本为对象进行实验。如果您想要与这里的实验环境尽量保持一致，可在本书配套站点的软件资源库页面（https://www.linuxprobe.com/tools）下载并安装 Outlook 2010 软件。在初次运行该软件时会出现一个“Microsoft Outlook 2010 启动”页面，引导大家完成该软件的配置过程，如图 15-5 所示。

第 2 步：配置电子邮件账户。在图 15-6 所示的“账户配置”页面中单击“是”单选按钮，然后单击“下一步”按钮。

第 3 步：填写电子邮件账户信息，在图 15-7 所示的页面中，在“您的姓名”文本框中输入您的名字（可以为自定义的任意名字），在“电子邮件地址”文本框中输入服务器系统内的账户名和发件域，在“密码”文本框中输入该账户在服务器内的登录密码。填写完毕之后，单击“下一步”按钮。

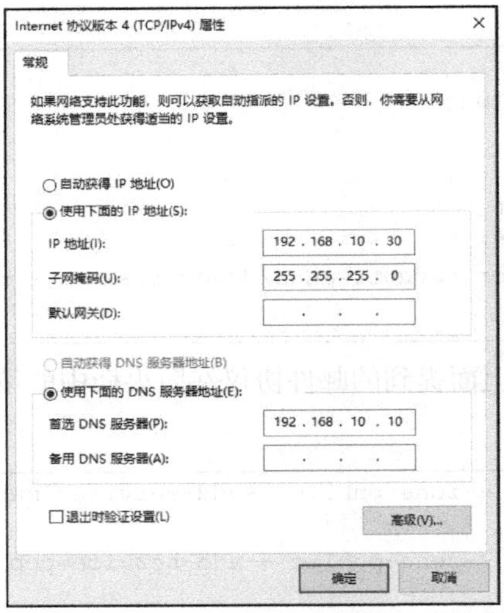

图 15-4　配置 Windows 10 系统的网络参数

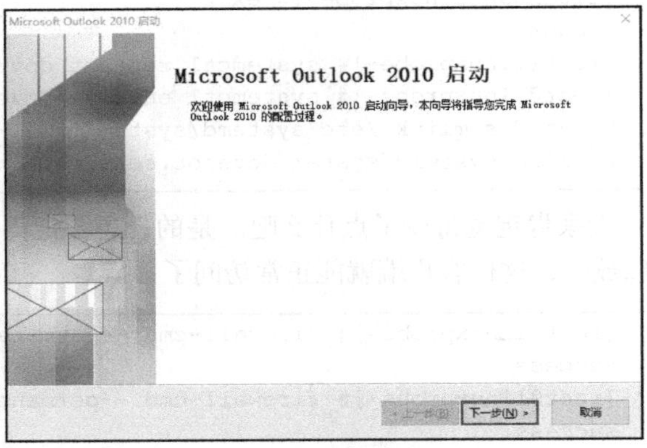

图 15-5　Outlook 2010 启动向导

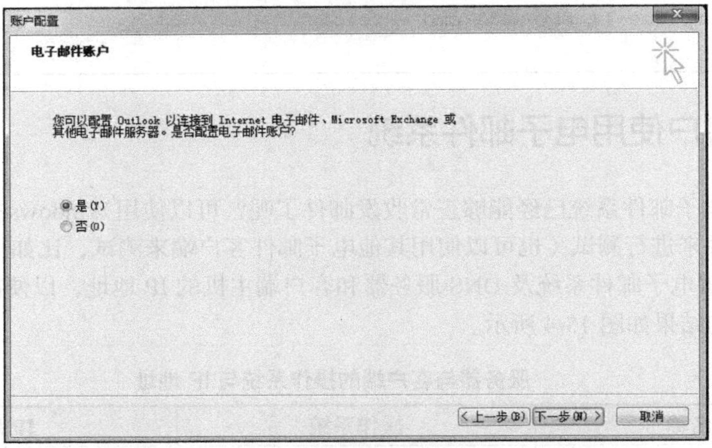

图 15-6　配置电子邮件账户

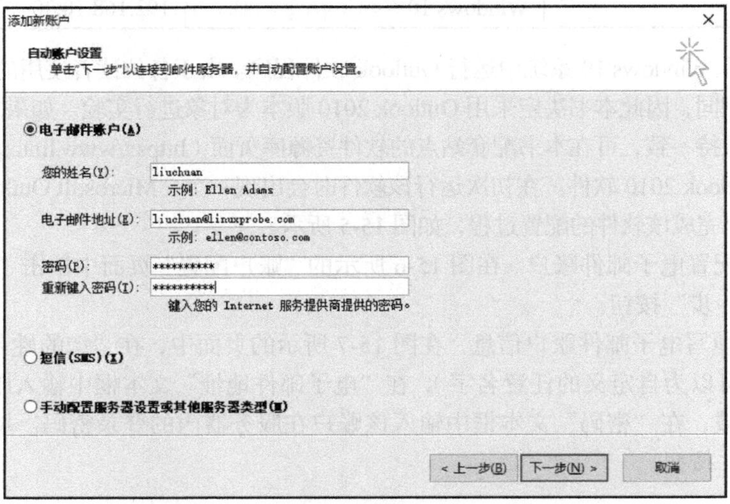

图 15-7　填写电子邮件账户信息

第 4 步：进行电子邮件服务登录验证。由于当前没有可用的 SSL 加密服务，因此在 Dovecot 服务程序的主配置文件中写入了一条参数，让用户可以使用明文登录到电子邮件服务。Outlook 软件默认会通过 SSL 加密协议尝试登录电子邮件服务，所以在进行图 15-8 所示的"搜索 liuchuan@linuxprobe.com 服务器设置"大约 30～60 秒后，系统会出现登录失败的报错信息。此时只需再次单击"下一步"按钮，即可让 Outlook 软件通过非加密的方式验证登录，如图 15-9 所示。最后验证成功的界面如图 15-10 所示，点击"完成"按钮，一切搞定！

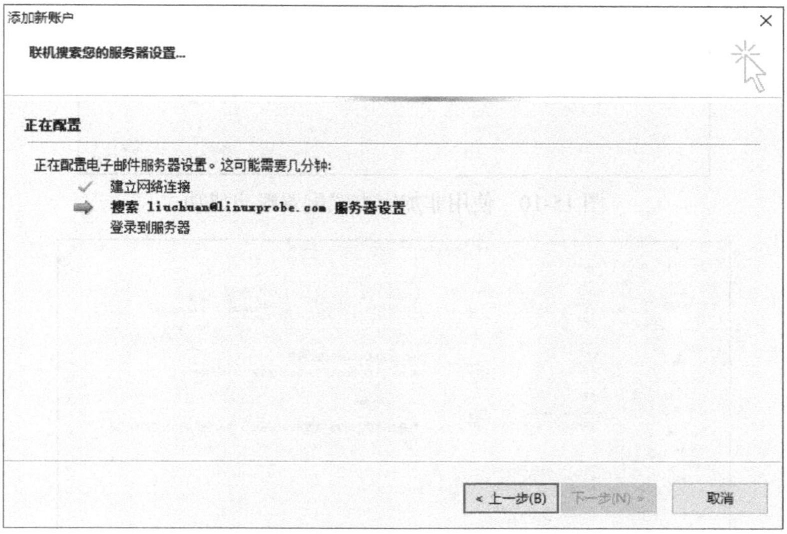

图 15-8　进行电子邮件服务验证登录

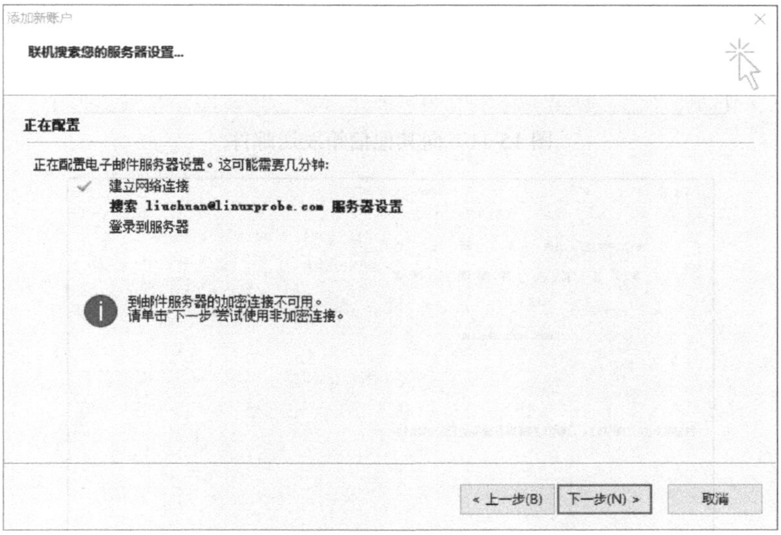

图 15-9　使用非加密的方式进行电子邮件服务验证登录

第 5 步：向其他信箱发送邮件。在成功登录 Outlook 软件后即可尝试编写并发送新邮件了。只需在软件界面的空白处单击鼠标右键，在弹出的菜单中单击"新建电子邮件"选项（见图 15-11），然后在邮件界面中填写收件人的信箱地址以及完整的邮件内容后单击"发送"按钮，如图 15-12 所示。

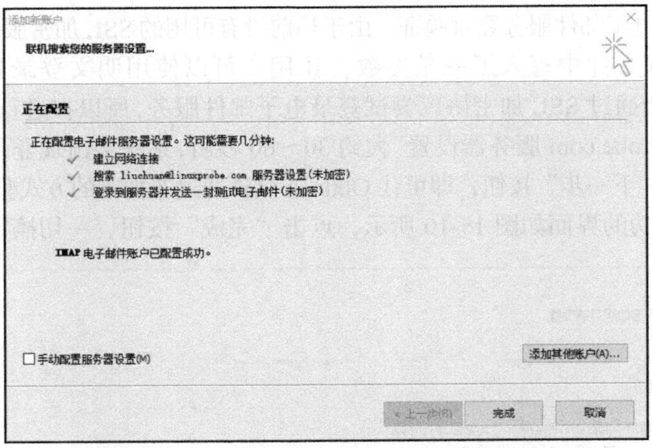

图 15-10　使用非加密方式配置账户成功

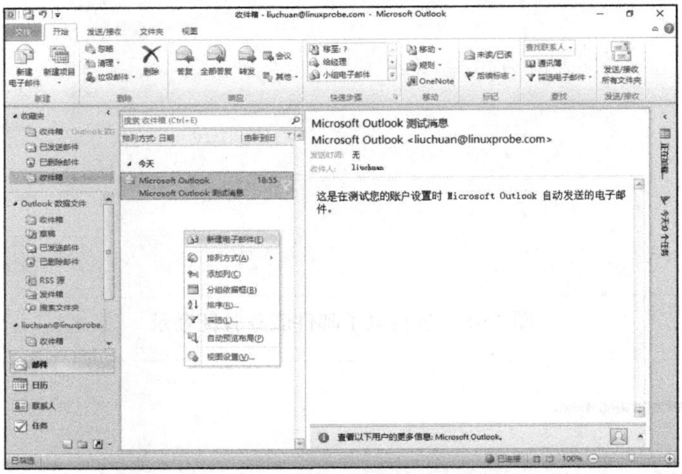

图 15-11　向其他信箱发送邮件

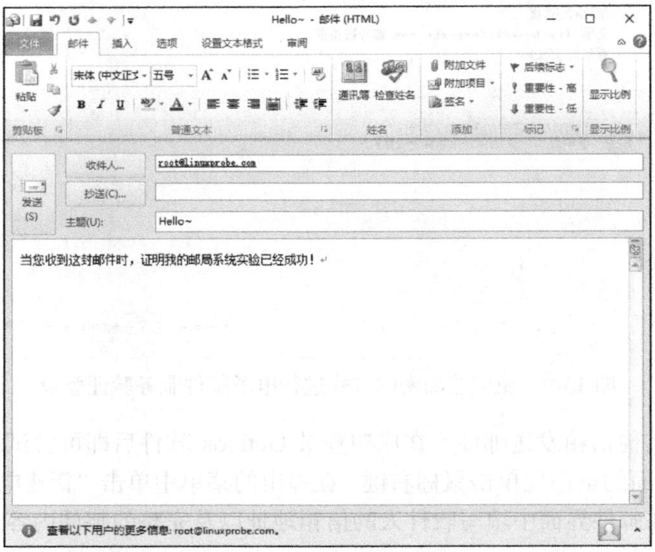

图 15-12　填写收件人信箱地址并编写完整的邮件内容

当使用 Outlook 软件成功发送邮件后，便可以在电子邮件服务器上查看到新邮件提醒了，在 RHEL 8 系统中查看邮件的命令是 mailx，需要自行安装（输出信息省略）。要想查看邮件的完整内容，只需输入收件人姓名前面的编号即可。

```
[root@linuxprobe~]# dnf install mailx
[root@linuxprobe~]# mailx
Heirloom Mail version 12.5 7/5/10.  Type ? for help.
"/var/spool/mail/root": 1 message 1 new
>N  1 liuchuan              Tue Mar 30 01:35  97/3257  "Hello~"
& 1
Message  1:
From liuchuan@linuxprobe.com  Tue Mar 30 01:35:29 2021
Return-Path: <liuchuan@linuxprobe.com>
X-Original-To: root@linuxprobe.com
Delivered-To: root@linuxprobe.com
From: "liuchuan" <liuchuan@linuxprobe.com>
To: <root@linuxprobe.com>
Subject: Hello~
Date: Mon, 29 Mar 2021 19:49:30 +0800
Content-Type: multipart/alternative;
        boundary="----=_NextPart_000_0001_01D724D4.A28BB310"
X-Mailer: Microsoft Outlook 14.0
Thread-Index: AdckkVaUrscA9j2EQ3evqG++j6aSSA==
Content-Language: zh-cn
Status: R

Content-Type: text/plain;
        charset="gb2312"

当您收到这封邮件时，证明我的邮局系统实验已经成功！

& quit
Held 1 message in /var/spool/mail/root
[root@linuxprobe~]#
```

15.3 设置用户别名信箱

用户别名功能是一项简单实用的邮件账户伪装技术，可以用来设置多个虚拟信箱的账户以接收发送的邮件，从而保证自身的邮件地址不被泄露；还可以用来接收自己的多个信箱中的邮件。刚才我们已经顺利地向 root 账户发送了邮件，下面再向 bin 账户发送一封邮件，如图 15-13 所示。

在邮件发送后登录到服务器，然后尝试以 bin 账户的身份登录。由于 bin 账户在 Linux 系统中是系统账户，默认的 Shell 终端是/sbin/nologin，因此在以 bin 账户登录时，系统会提示当前账户不可用。但是，在电子邮件服务器上使用 mail 命令后，却看到这封原本要发送给 bin 账户的邮件已经被存放到 root 账户的信箱中。

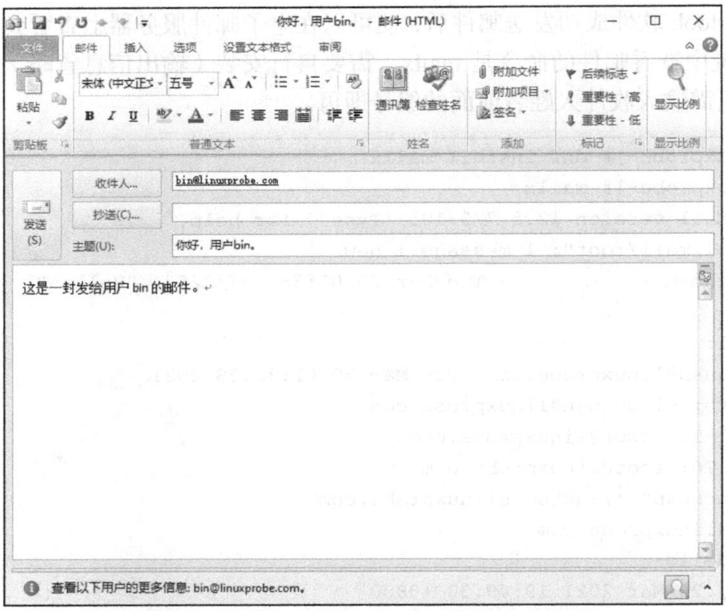

图 15-13　向服务器上的 bin 账户发送邮件

```
[root@linuxprobe~]# su - bin
This account is currently not available.
[root@linuxprobe~]# mailx
Heirloom Mail version 12.5 7/5/10.  Type ? for help.
"/var/spool/mail/root": 2 messages 1 new
    1 liuchuan              Tue Mar 30 01:35  98/3268  "Hello~"
>N  2 liuchuan              Tue Mar 30 03:53  97/3251  "你好，用户 bin。"
& 2
Message  2:
From liuchuan@linuxprobe.com  Tue Mar 30 03:53:37 2021
Return-Path: <liuchuan@linuxprobe.com>
X-Original-To: bin@linuxprobe.com
Delivered-To: bin@linuxprobe.com
From: "liuchuan" <liuchuan@linuxprobe.com>
To: <bin@linuxprobe.com>
Subject: 你好，用户 bin。
Date: Mon, 29 Mar 2021 22:07:39 +0800
Content-Type: multipart/alternative;
        boundary="----=_NextPart_000_000E_01D724E7.EEF35A10"
X-Mailer: Microsoft Outlook 14.0
Thread-Index: AdckpJ6n2QIfRYAZTB20gA9VTep2dg==
Content-Language: zh-cn
Status: R

Content-Type: text/plain;
     charset="gb2312"

这是一封发给用户 bin 的邮件。

& quit
Held 2 messages in /var/spool/mail/root
[root@linuxprobe~]#
```

太奇怪了！明明发送给 bin 账户的邮件怎么会被 root 账户收到了呢？其实，这就是使用用户别名技术来实现的。在 aliases 邮件别名服务的配置文件中可以看到，里面定义了大量的用户别名，这些用户别名大多数是 Linux 系统本地的系统账户，而在冒号（:）间隔符后面的 root 账户则是用来接收这些账户邮件的人。用户别名可以是 Linux 系统内的本地用户，也可以是完全虚构的用户名字。

注：

下述命令会显示大量的内容，考虑到篇幅限制，这里已经做了部分删减，其实际的输出名单将是这里的两倍多。

```
[root@linuxprobe~]# cat /etc/aliases
#
#  Aliases in this file will NOT be expanded in the header from
#  Mail, but WILL be visible over networks or from /bin/mail.
#
#       >>>>>>>>>>       The program "newaliases" must be run after
#       >> NOTE >>       this file is updated for any changes to
#       >>>>>>>>>>       show through to sendmail.
#

# Basic system aliases -- these MUST be present.
mailer-daemon:  postmaster
postmaster:     root

# General redirections for pseudo accounts.
bin:            root
daemon:         root
adm:            root
lp:             root
sync:           root
shutdown:       root
halt:           root
mail:           root
news:           root
uucp:           root
operator:       root
………………省略部分输出信息………………
```

现在大家能猜出是怎么一回事了吧。原来 aliases 邮件别名服务的配置文件专门用来定义用户别名与邮件接收人的映射。除了使用本地系统中系统账户的名称外，我们还可以自行定义一些别名来接收邮件。例如，创建一个名为 dream 的账户，而真正接收该账户邮件的应该是 root 账户。

```
[root@linuxprobe~]# cat /etc/aliases
#
#  Aliases in this file will NOT be expanded in the header from
#  Mail, but WILL be visible over networks or from /bin/mail.
#
#       >>>>>>>>>>       The program "newaliases" must be run after
#       >> NOTE >>       this file is updated for any changes to
#       >>>>>>>>>>       show through to sendmail.
```

```
#
# Basic system aliases -- these MUST be present.
mailer-daemon:  postmaster
postmaster:     root

# General redirections for pseudo accounts.
dream:          root
bin:            root
daemon:         root
adm:            root
lp:             root
sync:           root
shutdown:       root
halt:           root
mail:           root
news:           root
uucp:           root
operator:       root
………………省略部分输出信息………………
```

保存并退出 aliases 邮件别名服务的配置文件后，需要再执行一下 newaliases 命令，其目的是让新的用户别名配置文件立即生效。然后再次尝试发送邮件，如图 15-14 所示。

```
[root@linuxprobe~]# newaliases
```

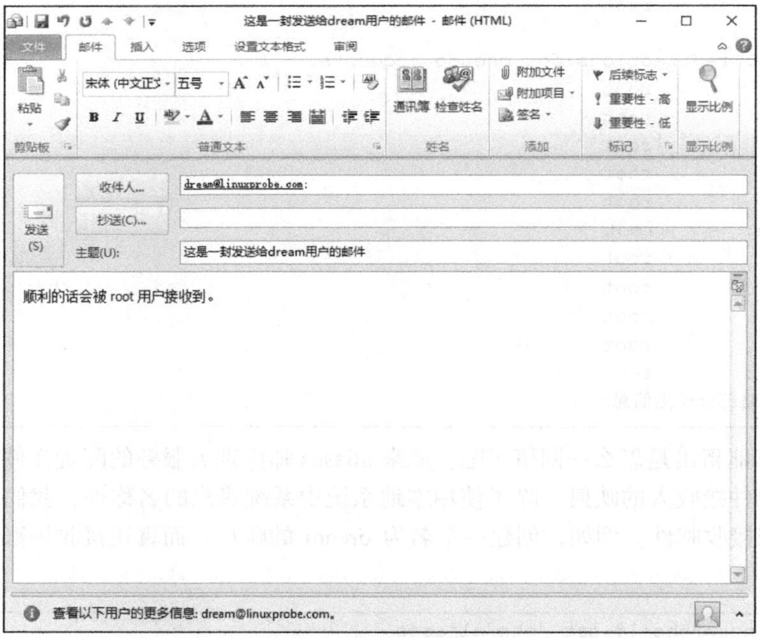

图 15-14　向服务器上的 dream 用户发送邮件

这时，使用 root 账户在服务器上执行 mail 命令后，就能看到这封原本要发送给 dream 账户的邮件了。最后，再啰唆一句，用户别名技术不仅应用广泛，而且配置也很简单。所以这里要提醒大家的是，今后千万不要看到有些网站上提供了很多客服信箱就轻易相信别人，没准发往这些客服信箱的邮件会被同一个人收到。

```
[root@linuxprobe~]# mailx
Heirloom Mail version 12.5 7/5/10.  Type ? for help.
"/var/spool/mail/root": 3 messages 1 new
    1 liuchuan              Tue Mar 30 01:35  98/3268  "Hello~"
    2 liuchuan              Tue Mar 30 03:53  98/3262  "你好，用户bin。"
>N  3 liuchuan              Tue Mar 30 04:12  98/3317  "这是一封发送给dream用户的邮件"
& 3
Message  3:
From liuchuan@linuxprobe.com  Tue Mar 30 04:12:19 2021
Return-Path: <liuchuan@linuxprobe.com>
X-Original-To: dream@linuxprobe.com
Delivered-To: dream@linuxprobe.com
From: "liuchuan" <liuchuan@linuxprobe.com>
To: <dream@linuxprobe.com>
Subject: 这是一封发送给dream用户的邮件
Date: Mon, 29 Mar 2021 22:26:21 +0800
Content-Type: multipart/alternative;
        boundary="----=_NextPart_000_0009_01D724EA.8B9A4750"
X-Mailer: Microsoft Outlook 14.0
Thread-Index: Adckpw3r2QT7QwGITceHTJdfioQeQQ==
Content-Language: zh-cn
Status: R

Content-Type: text/plain;
        charset="gb2312"

顺利的话会被root用户接收到。

& quit
Held 3 messages in /var/spool/mail/root
```

15.4 Linux 邮件客户端

对于我们大多数人而言，如今更多的是使用浏览器或以智能手机的方式来收发电子邮件。但是，为了更快地加载邮件，或是为了使用更为丰富的编辑功能，有时还是要依赖专门的邮件客户端才能完成。在 Linux 系统下可选的邮件客户端有数十种，例如 Thunderbird、Evolution、Gear、Elementary Mail、KMail、Mailspring、Sylpheed、Claws Mail 等。

过去，经常会有同学抱怨，“要是能在 Linux 系统下办公就太好了，这样就可以把生产环境迁移到开源产品上了”。现在，趁着这个机会，为大家介绍一款刘遄老师正在使用的邮件客户端——Thunderbird，相信在使用的用户足够多之后，会有更多优秀的开源软件进入到人们的视野，让在 Linux 系统下办公不再是奢望。

Thunderbird 是由 Mozilla 基金会（Firefox 浏览器的生产厂商）发布的一款电子邮件客户端，操作简单，支持跨平台，拥有各种插件和丰富的功能，而且兼具 Firefox 浏览器的各种优势，用户可以轻松上手。

RHEL 8 系统的光盘镜像中已经包含了 Thunderbird 客户端的安装包，配置好软件仓库后即可一键安装：

```
[root@linuxprobe~]# dnf install -y thunderbird
Updating Subscription Management repositories.
Unable to read consumer identity
This system is not registered to Red Hat Subscription Management. You can use
subscription-manager to register.
AppStream                                           3.1 MB/s | 3.2 kB     00:00
BaseOS                                              2.1 MB/s | 2.7 kB     00:00
Dependencies resolved.
================================================================================
 Package          Arch         Version        Repository          Size
================================================================================
Installing:
 thunderbird      x86_64      60.5.0-1.el8   AppStream           79 M

Transaction Summary
================================================================================
Install  1 Package
………………省略部分输出信息………………
Installed:
  thunderbird-60.5.0-1.el8.x86_64

Complete!
```

这款图形化的客户端程序有两种打开方式。一种是通过在终端中输入 thunderbird 命令后按回车键；另外一种方式是在 RHEL8 桌面左上角的 Activities 程序菜单中单击 Thunderbird 客户端的图标将其打开，如图 15-15 所示。

```
[root@linuxprobe~]# thunderbird
```

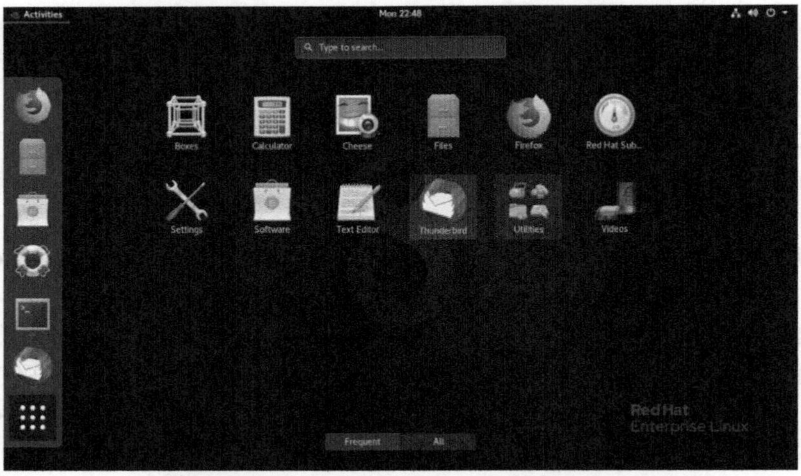

图 15-15　在程序菜单中单击邮件客户端图标

在初次进入 Thunderbird 客户端界面时，会要求用户填写邮件账户的名称、地址和密码，如图 15-16 所示。账户不一定要与系统中的账户名称相同，可以理解成是邮件发送人的昵称，密码则是系统中账户的密码，然后单击 Continue 按钮。

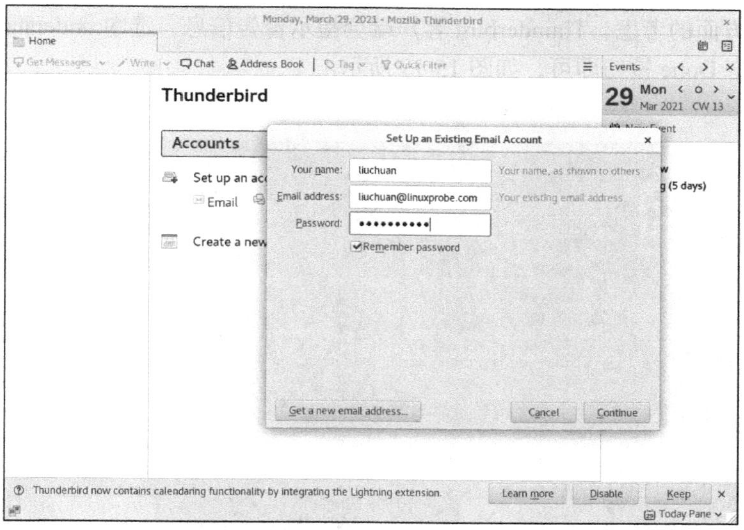

图 15-16　配置客户端的账号、地址和密码

接下来单击 Manual config 按钮，进一步配置连接信息，如图 15-17 所示。

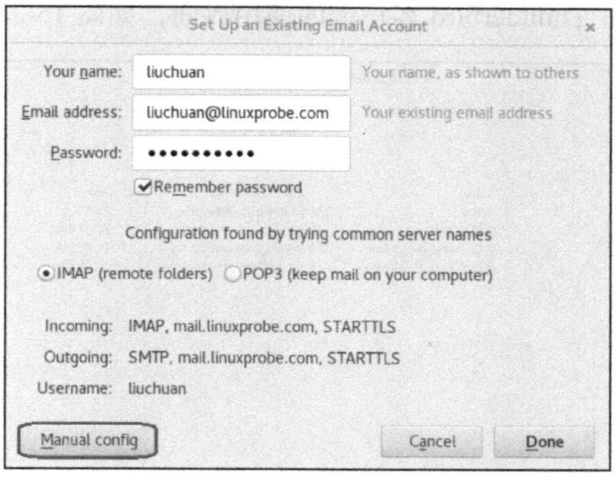

图 15-17　进入到手动配置模式

由于当前没有设置 SSL 邮局加密，因此在如图 15-18 所示的手动配置模式中，需要将 SSL 选项更改为 None，并将 Authentication 设置为 Normal password。

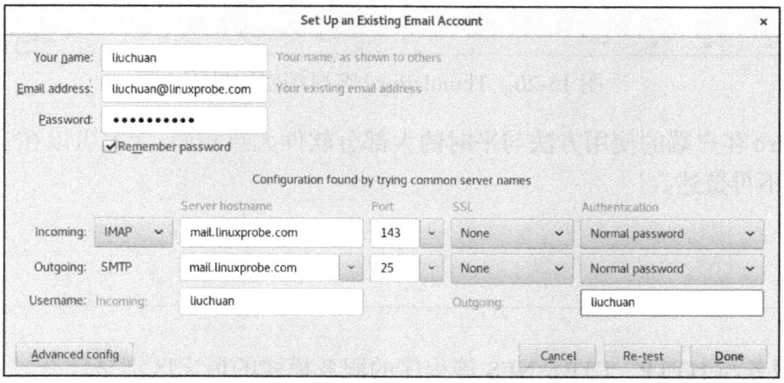

图 15-18　手动配置连接信息

出于安全方面的考虑，Thunderbird 客户端会提示警告信息。选中 understand the risks 复选框，然后单击 Done 按钮即可，如图 15-19 所示。

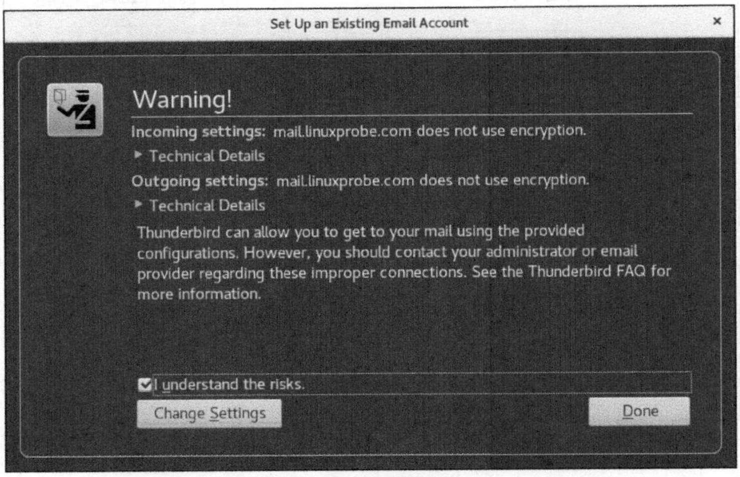

图 15-19　安全警告信息

接下来便顺利来到了 Thunderbird 客户端的使用界面，如图 15-20 所示。

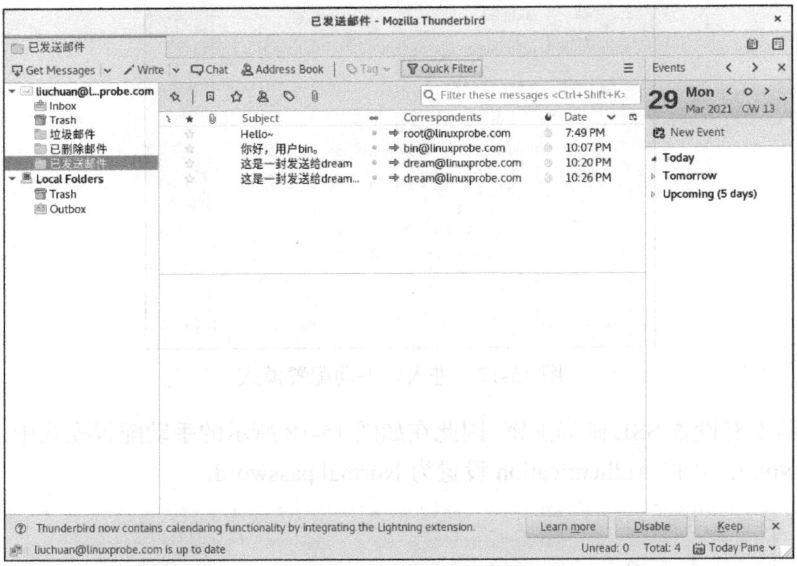

图 15-20　Thunderbird 客户端使用界面

Thunderbird 客户端的使用方法与平时的大部分软件大致相同，大家可以在安装后多操作、多探索，这里不再赘述。

复习题

1．电子邮件服务与 HTTP、FTP、NFS 等程序的服务模式的最大区别是什么？

答：当对方主机宕机或对方临时离线时，使用电子邮件服务依然可以发送数据。

2. 常见的电子邮件协议有哪些?
   答：SMTP、POP3 和 IMAP4。

3. 电子邮件系统中 MUA、MTA、MDA 这 3 种服务角色的用途分别是什么?
   答：MUA 用于收发邮件，MTA 用于转发邮件，MDA 用于保存邮件。

4. 使用 Postfix 与 Dovecot 部署电子邮件系统前，需要先做什么?
   答：需要先配置部署 DNS 域名解析服务，以便提供信箱地址解析功能。

5. 能否让 Dovecot 服务程序限制允许连接的主机范围?
   答：可以，在 Dovecot 服务程序的主配置文件中修改 login_trusted_networks 参数值即可，这样可在不修改防火墙策略的情况下限制来访的主机范围。

6. 使用 Outlook 软件连接电子邮件服务器的地址 mail.linuxprobe.com 时，提示找不到服务器或连接超时，这可能是什么原因导致的呢?
   答：很有可能是 DNS 域名解析问题引起的连接超时，可在服务器与客户端分别执行 ping mail.linuxprobe.com 命令，测试是否可以正常解析出 IP 地址。

7. 如何定义用户别名信箱以及让其立即生效?
   答：可直接修改邮件别名服务的配置文件，并在保存退出后执行 newaliases 命令即可让新的用户别名立即生效。

第 16 章

使用 Ansible 服务实现自动化运维

本章讲解了如下内容：

- Ansible 介绍与安装；
- 设置主机清单；
- 运行临时命令；
- 剧本文件实战；
- 创建及使用角色；
- 创建和使用逻辑卷；
- 判断主机组名；
- 管理文件属性；
- 管理密码库文件。

Ansible 是最近几年特别火的一款开源运维自动化工具，它能够帮助运维人员肉眼可见地提高工作效率，并减少人为失误。Ansible 有上千个功能丰富且实用的模块，而且有详尽的帮助信息可供查阅，因此即便是小白用户也可以轻松上手。

本章首先介绍了 Ansible 服务的产生背景、相关术语以及主机清单的配置，期间会带领大家深入学习 ping、yum、firewalld、service、template、setup、lvol、lvg、copy、file、debug 等十余个常用的 Ansible 模块，以满足日常工作中的需要。然后，本章采用动手实操的方式介绍了从系统中加载角色、从外部环境获取角色以及自行创建角色的方法，旨在让读者能够学到如何在生产环境中掌控任务工作流程。此外，本章借助于通过精心编写的 playbook（剧本）文件，以动手实操的方式介绍了创建逻辑卷设备，依据主机改写文件、管理文件属性的方法。本章最后以使用 Ansible 的 vault 对变量以及剧本文件进行加密来收尾。

本章全面涵盖了 Ansible 的使用细节，且内容环环相扣，相信读者在学完本章内容之后会有酣畅淋漓之感。

16.1 Ansible 介绍与安装

Ansible 目前是运维自动化工具中最简单、容易上手的一款优秀软件，能够用来管理各种资源。用户可以使用 Ansible 自动部署应用程序，以此实现 IT 基础架构的全面部署。例如，借助于 Ansible，我们可以轻松地对服务器进行初始化配置、安全基线配置，以及进行更新和打补丁操作。相较于 Chef、Puppet、SaltStack 等 C/S（客户端/服务器）架构的自动化工具来讲，尽管 Ansible 的性能并不是最好的，但由于它基于 SSH 远程会话协议，不需要客户端程序，只要知道受管主机的账号密码，就能直接用 SSH 协议进行远程控制，因此使用起来优势明显。

2012 年 2 月，程序员 Michael DeHaan 发布了 Ansible 的第一个版本。Michael DeHaan 在配置管理和架构设计方面拥有丰富的经验，他此前红帽公司任职时，就研发了 Cobbler 自动化系统安装工具。在就职于红帽公司的期间，他被各种自动化软件折磨了好久，最终决定自己打造一款集众多软件的优点于一身的自动化工具。Ansible 由此诞生。由于 Ansible 实在太好用了，以至于它在 GitHub 上的 star 和 fork 数量是 SaltStack 的两倍多，这足以看出受欢迎的程度。2015 年，Ansible 正式被红帽公司收购，其发展潜力更是不可估量。

使用自动化运维工具，可以肉眼可见地提高运维人员的工作效率，并减少人为错误。Ansible 服务本身并没有批量部署的功能，它仅仅是一个框架，真正具有批量部署能力的是其所运行的模块。Ansible 内置了上千个模块，会在安装 Ansible 时一并安装，通过调用指定的模块，就能实现特定的功能。Ansible 内置的模块非常丰富，几乎可以满足一切需求，使用起来也非常简单，一条命令甚至影响上千台主机。如果需要更高级的功能，也可以运用 Python 语言对 Ansible 进行二次开发。

当前，Ansible 已经被 Amazon、Google、Microsoft、Cisco、HP、VMware、Twitter 等大科技公司接纳并投入使用。红帽公司更是对自家产品进行了不遗余力的支持。从 2020 年 8 月 1 日起，RHCE 考试的内容由配置多款服务转变成 Ansible 专项考题内容。现在，要想顺利拿到 RHCE 认证，真的有必要好好学习一下本章了。

在正式介绍 Ansible 之前，我们先普及一下相关的专用术语，好让大家对术语有统一的理解，以便在后续实验时能直奔主题。这里整理的与 Ansible 相关的专用术语如表 16-1 所示。

表 16-1　　Ansible 的专用术语对照表

英文	中文	含义
control node	控制节点	安装了 Ansible 服务的主机，也称为 Ansible 控制端，主要是用来发布运行任务、调用功能模块，以及对其他主机进行批量控制
managed node	受控节点	被 Ansible 服务所管理的主机，也被称为受控主机或客户端，是模块命令的被执行对象
inventory	主机清单	受控节点的列表，可以是 IP 地址、主机名或者域名
module	模块	用于实现特定功能的代码；Ansiblie 默认带有上千款模块；可以在 Ansible Galaxy 中选择更多的模块
task	任务	要在 Ansible 客户端上执行的操作
playbook	剧本	通过 YAML 语言编写的可重复执行的任务列表；把重复性的操作写入到剧本文件中后，下次可直接调用剧本文件来执行这些操作
role	角色	从 Ansible 1.2 版本开始引入的新特性，用于结构化地组织剧本；通过调用角色可实现一连串的功能

由于受控节点不需要安装客户端，外加 SSH 协议是 Linux 系统的标配，因此可以直接通过 SSH 协议进行远程控制。在控制节点上，也不用每次都重复开启服务程序，使用 ansible 命令直接调用模块进行控制即可。

RHEL 8 系统的镜像文件默认不带有 Ansible 服务程序，需要从 Extra Packages for

Enterprise Linux（EPEL）扩展软件包仓库获取。EPEL 软件包仓库由红帽公司提供，是一个用于创建、维护和管理企业版 Linux 的高质量软件扩展仓库，通用于 RHEL、CentOS、Oracle Linux 等多种红帽系企业版系统，目的是对于默认系统仓库软件包进行扩展。

下面准备在系统上部署 Ansible 服务程序。

第 1 步：在“虚拟机设置”界面中，将“网络适配器”的“网络连接”选项调整为“桥接模式”，并将系统的网卡设置成“Automatic（DHCP）”模式，如图 16-1 及图 16-2 所示。

图 16-1 将“网络连接”设置为“桥接模式”

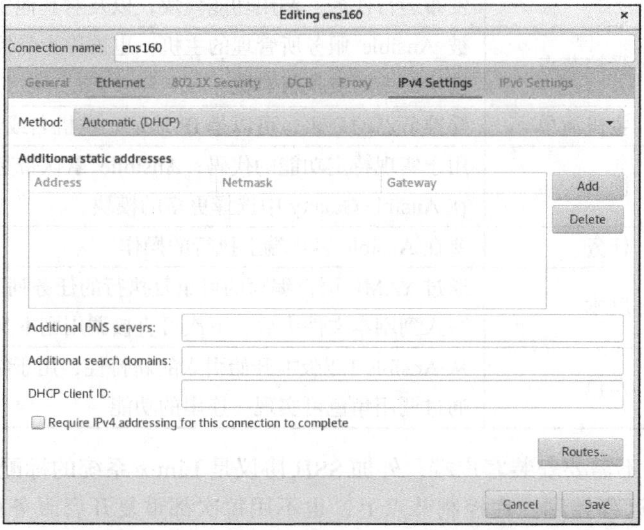

图 16-2 将网卡设置为“Automatic（DHCP）”模式

在大多数情况下，只要把虚拟机设置成桥接模式，且 Linux 系统的网卡信息与物理机相同，然后再重启网络服务，就可以连接外部网络了。如果不放心，可以通过 ping 命令进行测试。

```
[root@linuxprobe~]# nmcli connection up ens160
Connection successfully activated (D-Bus active path: /org/freedesktop/
NetworkManager/ActiveConnection/4)
[root@linuxprobe~]# ping -c 4 www.linuxprobe.com
PING www.linuxprobe.com.w.kunlunno.com (124.95.157.160) 56(84) bytes of data.
64 bytes from www.linuxprobe.com (124.95.157.160): icmp_seq=1 ttl=53 time=17.1 ms
64 bytes from www.linuxprobe.com (124.95.157.160): icmp_seq=2 ttl=53 time=15.6 ms
64 bytes from www.linuxprobe.com (124.95.157.160): icmp_seq=3 ttl=53 time=16.8 ms
64 bytes from www.linuxprobe.com (124.95.157.160): icmp_seq=4 ttl=53 time=17.5 ms

--- www.linuxprobe.com.w.kunlunno.com ping statistics ---
4 packets transmitted, 4 received, 0% packet loss, time 10ms
rtt min/avg/max/mdev = 15.598/16.732/17.452/0.708 ms
```

第 2 步：在原有软件仓库配置的下方，追加 EPEL 扩展软件包安装源的信息。

```
[root@linuxprobe~]# vim /etc/yum.repos.d/rhel.repo
[BaseOS]
name=BaseOS
baseurl=file:///media/cdrom/BaseOS
enabled=1
gpgcheck=0

[AppStream]
name=AppStream
baseurl=file:///media/cdrom/AppStream
enabled=1
gpgcheck=0

[EPEL]
name=EPEL
baseurl=https://dl.fedoraproject.org/pub/epel/8/Everything/x86_64/
enabled=1
gpgcheck=0
```

第 3 步：安装！

```
[root@linuxprobe~]# dnf install -y ansible
Updating Subscription Management repositories.
Unable to read consumer identity
This system is not registered to Red Hat Subscription Management. You can use
subscription-manager to register.
Last metadata expiration check: 0:01:31 ago on Sun 04 Apr 2021 02:23:32 AM CST.
Dependencies resolved.
================================================================================
 Package                Arch         Version          Repository      Size
================================================================================
Installing:
 ansible                noarch       2.9.18-2.el8     EPEL             17 M
Installing dependencies:
 python3-babel          noarch       2.5.1-3.el8      AppStream       4.8 M
 python3-jinja2         noarch       2.10-9.el8       AppStream       537 k
 python3-jmespath       noarch       0.9.0-11.el8     AppStream        45 k
 python3-markupsafe     x86_64       0.23-19.el8      AppStream        39 k
```

```
python3-pyasn1          noarch     0.3.7-6.el8      AppStream        126 k
libsodium               x86_64     1.0.18-2.el8     EPEL             162 k
python3-bcrypt          x86_64     3.1.6-2.el8.1    EPEL              44 k
python3-pynacl          x86_64     1.3.0-5.el8      EPEL             100 k
sshpass                 x86_64     1.06-9.el8       EPEL              27 k
Installing weak dependencies:
python3-paramiko        noarch     2.4.3-1.el8      EPEL             289 k
Transaction Summary
===============================================================================
Install  11 Packages

……………省略部分输出信息…………

Installed:
ansible-2.9.18-2.el8.noarch          python3-paramiko-2.4.3-1.el8.noarch
python3-babel-2.5.1-3.el8.noarch     python3-jinja2-2.10-9.el8.noarch
python3-jmespath-0.9-11.el8.noarch   python3-markupsafe-0.23-19.el8.x86_64
python3-pyasn1-0.3.7-6.el8.noarch    libsodium-1.0.18-2.el8.x86_64
python3-bcrypt-3.1.6-2.el8.1.x86_64  python3-pynacl-1.3.0-5.el8.x86_64
sshpass-1.06-9.el8.x86_64

Complete!
```

安装完毕后，Ansible 服务便默认已经启动。使用--version 参数可以看到 Ansible 服务的版本及配置信息。

```
[root@linuxprobe~]# ansible --version
ansible 2.9.18
  config file = /etc/ansible/ansible.cfg
  configured module search path = ['/root/.ansible/plugins/modules', '/usr/
  share/ansible/plugins/modules']
  ansible python module location = /usr/lib/python3.6/site-packages/ansible
  executable location = /usr/bin/ansible
  python version = 3.6.8 (default, Jan 11 2019, 02:17:16) [GCC 8.2.1 20180905
  (Red Hat 8.2.1-3)]
```

16.2 设置主机清单

在初次使用 Ansible 服务时，大家可能会遇到这种情况：参数明明已经修改了，但却不生效。这是因为 Ansible 服务的主配置文件存在优先级的顺序关系，默认存放在/etc/ansible 目录中的主配置文件优先级最低。如果在当前目录或用户家目录中也存放着一份主配置文件，则以当前目录或用户家目录中的主配置文件为主。同时存在多个 Ansible 服务主配置文件时，具体优先级顺序如表 16-2 所示。

表 16-2　　Ansible 服务主配置文件优先级顺序

优先级	级文件位置
高	./ansible.cfg
中	~/ansible.cfg
低	/etc/ansible/ansible.cfg

既然 Ansible 服务是用于实现主机批量自动化控制的管理工具，受管的主机一定不是一两台台，而是数十台甚至成百上千台，那么主机清单（inventory）在生产环境中就可以帮上大忙了。用户可以把要管理的主机 IP 地址预先写入/etc/ansible/hosts 文件，这样后续再通过执行 ansible 命令来执行任务时就自动包含这些主机了，也就不需要每次都重复输入受管主机的地址了。例如，要管理 5 台主机，对应的 IP 地址如表 16-3 所示。

表 16-3　　受管主机的信息

操作系统	IP 地址	功能用途
RHEL 8	192.168.10.20	dev
RHEL 8	192.168.10.21	test
RHEL 8	192.168.10.22	prod
RHEL 8	192.168.10.23	prod
RHEL 8	192.168.10.24	balancers

首先需要说明的是，受管主机的系统默认使用 RHEL 8，这是为了避免大家在准备实验机阶段产生歧义而给出的建议值，也可以用其他 Linux 系统。主机清单文件/etc/ansible/hosts 中默认存在大量的注释信息，建议全部删除，然后替换成实验信息。

```
[root@linuxprobe~]# vim /etc/ansible/hosts
192.168.10.20
192.168.10.21
192.168.10.22
192.168.10.23
192.168.10.24
```

为了增加实验难度，“通吃”生产环境中的常见需求，我们又为这 5 台主机分别规划了功能用途，有开发机（dev）、测试机（test）、产品机（prod）（两台）和负载均衡机（balancers）。在对主机进行分组标注后，后期在管理时就方便多了。

```
[root@linuxprobe~]# vim /etc/ansible/hosts
[dev]
192.168.10.20
[test]
192.168.10.21
[prod]
192.168.10.22
192.168.10.23
[balancers]
192.168.10.24
```

主机清单文件在修改后会立即生效，一般使用“ansible-inventory --graph”命令以结构化的方式显示出受管主机的信息。因为我们对受管主机进行了分组，因此这种方式非常便于我们的阅读。

```
[root@linuxprobe~]# ansible-inventory --graph
@all:
  |--@balancers:
  |  |--192.168.10.24
  |--@dev:
  |  |--192.168.10.20
```

```
|--@prod:
|  |--192.168.10.22
|  |--192.168.10.23
|--@test:
|  |--192.168.10.21
|--@ungrouped:
```

等等！先不要着急开始后面的实验。前文讲过，Ansible 服务是基于 SSH 协议进行自动化控制的，这是开展后面实验的前提条件。第 9 章曾经讲到，sshd 服务在初次连接时会要求用户接受一次对方主机的指纹信息。准备输入受管主机的账号和密码。例如，正常的第一次 SSH 远程连接过程是这样的：

```
[root@linuxprobe~]# ssh 192.168.10.10
The authenticity of host '192.168.10.10 (192.168.10.10)' can't be established.
ECDSA key fingerprint is SHA256:QRW1wrqdwN0PI2bsUvBlW5XOIpBjE+ujCB8yiCqjMQQ.
Are you sure you want to continue connecting (yes/no)? yes
Warning: Permanently added '192.168.10.10' (ECDSA) to the list of known hosts.
root@192.168.10.10's password: 此处应输入管理员密码后回车确认
Activate the web console with: systemctl enable --now cockpit.socket

Last login: Mon Mar 29 06:30:15 2021
[root@linuxprobe~]#
```

众所周知，自动化运维的一个好处就是能提高工作效率。但是，如果每次执行操作都要输入受管主机的密码，也是比较麻烦的事情。好在 Ansible 服务已经对此有了解决办法，那就是使用如表 16-4 所示的变量。

表 16-4　　Ansible 常用变量汇总

参数	作用
ansible_ssh_host	受管主机名
ansible_ssh_port	端口号
ansible_ssh_user	默认账号
ansible_ssh_pass	默认密码
ansible_shell_type	Shell 终端类型

用户只需要将对应的变量及信息填写到主机清单文件中，在执行任务时便会自动对账号和密码进行匹配，而不用每次重复输入它们。继续修改主机清单文件：

```
[root@linuxprobe~]# vim /etc/ansible/hosts
[dev]
192.168.10.20
[test]
192.168.10.21
[prod]
192.168.10.22
192.168.10.23
[balancers]
192.168.10.24
[all:vars]
ansible_user=root
ansible_password=redhat
```

还剩最后一步。将 Ansible 主配置文件中的第 71 行设置成默认不需要 SSH 协议的指纹验证，以及将第 107 行设置成默认执行剧本时所使用的管理员名称为 root：

```
[root@linuxprobe~]# vim /etc/ansible/ansible.cfg
69
70 # uncomment this to disable SSH key host checking
71 host_key_checking = False
72
………………省略部分输出信息………………
104
105 # default user to use for playbooks if user is not specified
106 # (/usr/bin/ansible will use current user as default)
107 remote_user = root
108
```

不需要重启服务，在以上操作完全搞定后就可以开始后面的实验了。由于刚才是将 Ansible 服务器设置成了桥接及 DHCP 模式，现在请同学们自行将网络适配器修改回“仅主机模式”（见图 16-3）以及 192.168.10.10/24 的 IP 地址。在修改完成后重启网卡，然后自行在主机之间执行 ping 操作。保证主机之间的网络能够互通是后续实验的基石。

```
[root@linuxprobe~]# ifconfig
ens160: flags=4163<UP,BROADCAST,RUNNING,MULTICAST>  mtu 1500
        inet 192.168.10.10  netmask 255.255.255.0  broadcast 192.168.10.255
        inet6 fe80::d0bb:17c8:880d:e719  prefixlen 64  scopeid 0x20
        ether 00:0c:29:7d:27:bf  txqueuelen 1000  (Ethernet)
        RX packets 32  bytes 5134 (5.0 KiB)
        RX errors 0  dropped 0  overruns 0  frame 0
        TX packets 43  bytes 4845 (4.7 KiB)
        TX errors 0  dropped 0 overruns 0  carrier 0  collisions 0
………………省略部分输出信息………………
```

图 16-3　将网络适配器改回“仅主机模式”

16.3 运行临时命令

Ansible 服务的强大之处在于只需要一条命令，便可以操控成千上万台的主机节点，而 ansible 命令便是最得力的工具之一。前文提到，Ansible 服务实际上只是一个框架，能够完成工作的是模块化功能代码。Ansible 的常用模块大致有 20 多个（见表 16-5），本书将会在后面的实验中逐一详解。

偶尔遇到书中没有提及的模块，大家可以使用“ansible-doc 模块名称”的命令格式自行查询，或是使用 ansibe-doc -l 命令列出所有的模块信息以供选择。

表 16-5 Ansible 服务的常用模块名称及作用

模块名称	模块作用
ping	检查受管主机的网络是否能够连通
yum	安装、更新及卸载软件包
yum_repository	管理主机的软件仓库配置文件
template	复制模板文件到受管主机
copy	新建、修改及复制文件
user	创建、修改及删除用户
group	创建、修改及删除用户组
service	启动、关闭及查看服务状态
get_url	从网络中下载文件
file	设置文件权限及创建快捷方式
cron	添加、修改及删除计划任务
command	直接执行用户指定的命令
shell	直接执行用户指定的命令（支持特殊字符）
debug	输出调试或报错信息
mount	挂载硬盘设备文件
filesystem	格式化硬盘设备文件
lineinfile	通过正则表达式修改文件内容
setup	收集受管主机上的系统及变量信息
firewalld	添加、修改及删除防火墙策略
lvg	管理主机的物理卷及卷组设备
lvol	管理主机的逻辑卷设备

在 Ansible 服务中，ansible 是用于执行临时任务的命令，也就在是执行后即结束（与剧本文件的可重复执行不同）。在使用 ansible 命令时，必须指明受管主机的信息，如果已经设置过主机清单文件（/etc/ansible/hosts），则可以使用 all 参数来指代全体受管主机，或是用 dev、test 等主机组名称来指代某一组的主机。

ansible 命令常用的语法格式为“ansible 受管主机节点 -m 模块名称[-a 模块参数]”，常见的参数如表 16-6 所示。其中，-a 是要传递给模块的参数，只有功能极其简单的模块才不需要额外参数，所以大多情况下-m 与-a 参数都会同时出现。

表 16-6 ansible 命令的常用参数

参数	作用
-k	手动输入 SSH 协议的密码
-i	指定主机清单文件
-m	指定要使用的模块名
-M	指定要使用的模块路径
-S	使用 su 命令
-T	设置 SSH 协议的连接超时时间
-a	设置传递给模块的参数
--version	查看版本信息
-h	帮助信息

如果想实现某个功能，但是却不知道用什么模块，又或者是知道了模块名称，但不清楚模块具体的作用，则建议使用 ansible-doc 命令进行查找。例如，列举出当前 Ansible 服务所支持的所有模块信息：

```
[root@linuxprobe~]# ansible-doc -l
a10_server              Manage A10 Networks AX/SoftAX/Thunder/v...
a10_server_axapi3       Manage A10 Networks AX/SoftAX/Thunder/v...
a10_service_group       Manage A10 Networks AX/SoftAX/Thunder/v...
a10_virtual_server      Manage A10 Networks AX/SoftAX/Thunder/v...
aci_aaa_user            Manage AAA users (aaa:User)
aci_aaa_user_certificate    Manage AAA user certificates (aaa:User...
aci_access_port_block_to_access_port  Manage port blocks of Fabric interface ...
aci_access_port_to_interface_policy_leaf_profile    Manage Fabric interface
policy leaf pro...
aci_access_sub_port_block_to_access_port   Manage sub port blocks of Fabric
interf...
aci_aep                  Manage attachable Access Entity Profile...
aci_aep_to_domain        Bind AEPs to Physical or Virtual Domain...
aci_bd_subnet            Manage Subnets (fv:Subnet)
………………省略部分输出信息………………
```

一般情况下，很难通过名称来判别一个模块的作用，要么是参考模块后面的介绍信息，要么是平时多学多练，进行积累。例如，接下来随机查看一个模块的详细信息。ansible-doc 命令会在屏幕上显示出这个模块的作用、可用参数及实例等信息：

```
[root@linuxprobe~]# ansible-doc a10_server
> A10_SERVER    (/usr/lib/python3.6/site-packages/ansible/modules/network/a10/
a10_server.py)

     Manage SLB (Server Load Balancer) server objects on A10 Networks devices
via aXAPIv2.

  * This module is maintained by The Ansible Community
………………省略部分输出信息………………
```

在 16.2 节，已经成功地将受管主机的 IP 地址填写到主机清单文件中，接下来小试牛刀，检查一下这些主机的网络连通性。ping 模块用于进行简单的网络测试（类似于常用的 ping 命令）。可以使用 ansible 命令直接针对所有主机调用 ping 模块，不需要增加额外的参数，返回值若为 SUCCESS，则表示主机当前在线。

```
[root@linuxprobe~]# ansible all -m ping
192.168.10.20 | SUCCESS => {
    "ansible_facts": {
        "discovered_interpreter_python": "/usr/libexec/platform-python"
    },
    "changed": false,
    "ping": "pong"
}
192.168.10.21 | SUCCESS => {
    "ansible_facts": {
        "discovered_interpreter_python": "/usr/libexec/platform-python"
    },
    "changed": false,
    "ping": "pong"
}
192.168.10.22 | SUCCESS => {
    "ansible_facts": {
        "discovered_interpreter_python": "/usr/libexec/platform-python"
    },
    "changed": false,
    "ping": "pong"
}
192.168.10.23 | SUCCESS => {
    "ansible_facts": {
        "discovered_interpreter_python": "/usr/libexec/platform-python"
    },
    "changed": false,
    "ping": "pong"
}192.168.10.24 | SUCCESS => {
    "ansible_facts": {
        "discovered_interpreter_python": "/usr/libexec/platform-python"
    },
    "changed": false,
    "ping": "pong"
}
```

注：

由于 5 台受控主机的输出信息大致相同，因此为了提升读者的阅读体验，本章后续的输出结果默认仅保留 192.168.10.20 主机的输出值，其余相同的输出信息将会被省略。

是不是感觉很方便呢？！一次就能知道所有主机的在线情况。除了使用-m 参数直接指定模块名称之外，还可以用-a 参数将参数传递给模块，让模块的功能更高级，更好地满足当前生产的需求。例如，yum_repository 模块的作用是管理主机的软件仓库，能够添加、修改及删除软件仓库的配置信息，参数相对比较复杂。遇到这种情况时，建议先用 ansible-doc 命令对其进行了解。尤其是下面的 EXAMPLES 结构段会有该模块的实例，对用户来说有非常高的参考价值。

```
[root@linuxprobe~]# ansible-doc yum_repository
> YUM_REPOSITORY    (/usr/lib/python3.6/site-packages/ansible/modules/packaging>

        Add or remove YUM repositories in RPM-based Linux
        distributions. If you wish to update an existing repository
        definition use [ini_file] instead.

  * This module is maintained by The Ansible Core Team

……………………省略部分输出信息………………

EXAMPLES:

- name: Add repository
  yum_repository:
    name: epel
    description: EPEL YUM repo
    baseurl: https://download.fedoraproject.org/pub/epel/$releasever/$basearch/

- name: Add multiple repositories into the same file (1/2)
  yum_repository:
    name: epel
    description: EPEL YUM repo
    file: external_repos
    baseurl: https://download.fedoraproject.org/pub/epel/$releasever/$basearch/
    gpgcheck: no

- name: Add multiple repositories into the same file (2/2)
  yum_repository:
    name: rpmforge
    description: RPMforge YUM repo
    file: external_repos
    baseurl: http://apt.sw.be/redhat/el7/en/$basearch/rpmforge
```

还好，参数并不是很多，而且与此前学过的/etc/yum.repos.d/目录中的配置文件基本相似。现在，想为主机清单中的所有服务器新增一个如表 16-7 所示的软件仓库，该怎么操作呢？

表 16-7　新增软件仓库的信息

仓库名称	EX294_BASE
仓库描述	EX294 base software
仓库地址	file:///media/cdrom/BaseOS
GPG 签名	启用
GPG 密钥文件	file:///media/cdrom/RPM-GPG-KEY-redhat-release

我们可以对照着 EXAMPLE 实例段，逐一对应填写需求值和参数，其标准格式是在-a 参数后接整体参数（用单引号圈起），而各个参数字段的值则用双引号圈起。这是最严谨的写法。在执行下述命令后如果出现 CHANGED 字样，则表示修改已经成功：

```
[root@linuxprobe~]# ansible all -m yum_repository -a 'name="EX294_BASE" description
="EX294 base software" baseurl="file:///media/cdrom/BaseOS" gpgcheck=yes enabled=1
gpgkey="file:///media/cdrom/RPM-GPG-KEY-redhat-release"'
```

```
192.168.10.20 | CHANGED => {
    "ansible_facts": {
        "discovered_interpreter_python": "/usr/libexec/platform-python"
    },
    "changed": true,
    "repo": "EX294_BASE",
    "state": "present"
}
```

在命令执行成功后，可以到主机清单中的任意机器上查看新建成功的软件仓库配置文件。尽管这个实验的参数很多，但是并不难。

```
[root@linuxprobe~]# cat /etc/yum.repos.d/EX294_BASE.repo
[EX294_BASE]
baseurl = file:///media/cdrom/BaseOS
enabled = 1
gpgcheck = 1
gpgkey = file:///media/cdrom/RPM-GPG-KEY-redhat-release
name = EX294 base software
```

16.4 剧本文件实战

在很多情况下，仅仅执行单个命令或调用某一个模块，根本无法满足复杂工作的需要。Ansible 服务允许用户根据需求，在类似于 Shell 脚本的模式下编写自动化运维脚本，然后由程序自动、重复地执行，从而大大提高了工作效率。

Ansible 服务的剧本（playbook）文件采用 YAML 语言编写，具有强制性的格式规范，它通过空格将不同信息分组，因此有时会因一两个空格错位而导致报错。大家在使用时要万分小心。YAML 文件的开头需要先写 3 个减号（---），多个分组的信息需要间隔一致才能执行，而且上下也要对齐，后缀名一般为.yml。剧本文件在执行后，会在屏幕上输出运行界面，内容会根据工作的不同而变化。在运行界面中，绿色表示成功，黄色表示执行成功并进行了修改，而红色则表示执行失败。

剧本文件的结构由 4 部分组成，分别是 target、variable、task、handler，其各自的作用如下。

➢ **target**：用于定义要执行剧本的主机范围。

➢ **variable**：用于定义剧本执行时要用到的变量。

➢ **task**：用于定义将在远程主机上执行的任务列表。

➢ **handler**：用于定义执行完成后需要调用的后续任务。

YAML 语言编写的 Ansible 剧本文件会按照从上到下的顺序自动运行，其形式类似于第 4 章介绍的 Shell 脚本，但格式有严格的要求。例如，创建一个名为 packages.yml 的剧本，让 dev、test 和 prod 组的主机可以自动安装数据库软件，并且将 dev 组主机的软件更新至最新。

安装和更新软件需要使用 yum 模块。先看一下帮助信息中的示例吧：

```
[root@linuxprobe~]# ansible-doc yum
> YUM    (/usr/lib/python3.6/site-packages/ansible/modules/packaging/os/yum.py)
```

```
        Installs, upgrade, downgrades, removes, and lists packages and
        groups with the `yum' package manager. This module only works
        on Python 2. If you require Python 3 support see the [dnf]
        module.

  * This module is maintained by The Ansible Core Team
  * note: This module has a corresponding action plugin.

………………省略部分输出信息………………

EXAMPLES:

- name: install the latest version of Apache
  yum:
    name: httpd
    state: latest
```

在配置 Ansible 剧本文件时，ansible-doc 命令提供的帮助信息真是好用。在知道 yum 模块的使用方法和格式后，就可以开始编写剧本了。初次编写剧本文件时，请务必看准格式，模块及 play（动作）格式也要上下对齐，否则会出现“参数一模一样，但不能执行”的情况。

综上，一个剧本正确的写法应该是：

```
[root@linuxprobe~]# vim packages.yml
---
- name: 安装软件包
  hosts: dev,test,prod
  tasks:
          - name: one
            yum:
                    name: mariadb
                    state: latest
[root@linuxprobe~]#
```

其中，name 字段表示此项 play（动作）的名字，用于在执行过程中提示用户执行到了哪一步，以及帮助管理员在日后阅读时能想起这段代码的作用。大家可以在 name 字段自行命名，没有任何限制。hosts 字段表示要在哪些主机上执行该剧本，多个主机组之间用逗号间隔；如果需要对全部主机进行操作，则使用 all 参数。tasks 字段用于定义要执行的任务，每个任务都要有一个独立的 name 字段进行命名，并且每个任务的 name 字段和模块名称都要严格上下对齐，参数要单独缩进。

而错误的剧本文件是下面这样的：

```
[root@linuxprobe~]# vim packages.yml
---
- name: 安装软件包
  hosts: dev,test,prod
  tasks:
          - name: one
            yum:
            name: mariadb
            state: latest
```

大家可以感受到 YAML 语言对格式要求有多严格吧。

在编写 Ansible 剧本文件时，RHEL 8 系统自带的 Vim 编辑器具有自动缩进功能，这可以给我们提供很多帮助。在确认无误后就可以用 ansible-playbook 命令运行这个剧本文件了。

```
[root@linuxprobe~]# ansible-playbook packages.yml

PLAY [安装软件包]
****************************************************************

TASK [Gathering Facts]
****************************************************************
ok: [192.168.10.20]
ok: [192.168.10.21]
ok: [192.168.10.22]
ok: [192.168.10.23]

TASK [one]
****************************************************************
changed: [192.168.10.20]
changed: [192.168.10.21]
changed: [192.168.10.22]
changed: [192.168.10.23]

PLAY RECAP
****************************************************************
192.168.10.20 : ok=2 changed=1  unreachable=0  failed=0  skipped=0  rescued=0  ignored=0
192.168.10.21 : ok=2 changed=1  unreachable=0  failed=0  skipped=0  rescued=0  ignored=0
192.168.10.22 : ok=2 changed=1  unreachable=0  failed=0  skipped=0  rescued=0  ignored=0
192.168.10.23 : ok=2 changed=1  unreachable=0  failed=0  skipped=0  rescued=0  ignored=0
```

在执行成功后，我们主要观察最下方的输出信息。其中，ok 和 changed 表示执行及修改成功。如遇到 unreachable 或 failed 大于 0 的情况，建议手动检查剧本是否在所有主机中都正确运行了，以及有无安装失败的情况。在正确执行过 packages.yml 文件后，随机切换到 dev、test、prod 组中的任意一台主机上，再次安装 mariadb 软件包，此时会提示该服务已经存在。这说明刚才的操作一切顺利！

```
[root@linuxprobe~]# dnf install mariadb
Updating Subscription Management repositories.
Unable to read consumer identity
This system is not registered to Red Hat Subscription Management. You can use
subscription-manager to register.
Last metadata expiration check: 1:05:53 ago on Thu 15 Apr 2021 08:29:11 AM CST.
Package mariadb-3:10.3.11-1.module+el8+2765+cfa4f87b.x86_64 is already installed.
Dependencies resolved.
Nothing to do.
Complete!
```

16.5 创建及使用角色

在日常编写剧本时，会存在剧本越来越长的情况，这不利于进行阅读和维护，而且还无法让其他剧本灵活地调用其中的功能代码。角色（role）这一功能则是自 Ansible 1.2 版本开始引入的新特性，用于层次性、结构化地组织剧本。角色功能分别把变量、文件、任务、模块及处理器配置放在各个独立的目录中，然后对其进行便捷加载。简单来说，角色功能是把常用的一些功能"类模块化"，然后在用的时候加载即可。

Ansible 服务的角色功能类似于编程中的封装技术——将具体的功能封装起来，用户不仅可以方便地调用它，而且甚至可以不用完全理解其中的原理。就像普通消费者不需要深入理解汽车刹车是如何实现的，制动总泵、刹车分泵、真空助力器、刹车盘、刹车鼓、刹车片或 ABS 泵都藏于底层结构中，用户只需要用脚轻踩刹车踏板就能制动汽车。这便是技术封装的好处。

角色的好处就在于将剧本组织成了一个简洁的、可重复调用的抽象对象，使得用户把注意力放到剧本的宏观大局上，统筹各个关键性任务，只有在需要时才去深入了解细节。角色的获取有 3 种方法，分别是加载系统内置角色、从外部环境获取角色以及自行创建角色。

16.5.1 加载系统内置角色

在使用 RHEL 系统的内置角色时，我们不需要联网就能实现。用户只需要配置好软件仓库的配置文件，然后安装包含系统角色的软件包 rhel-system-roles，随后便可以在系统中找到它们了，然后就能够使用剧本文件调用角色了。

```
[root@linuxprobe~]# dnf install -y rhel-system-roles
Updating Subscription Management repositories.
Unable to read consumer identity
This system is not registered to Red Hat Subscription Management. You can use
subscription-manager to register.
Last metadata expiration check: 1:06:26 ago on Tue 13 Apr 2021 07:22:03 AM CST.
Dependencies resolved.
================================================================================
 Package              Arch      Version       Repository     Size
================================================================================
Installing:
 rhel-system-roles   noarch   1.0-5.el8    AppStream     127 k

Transaction Summary
================================================================================
Install  1 Package

………………省略部分输出信息………………

Installed:
  rhel-system-roles-1.0-5.el8.noarch

Complete!
```

安装完毕后，使用 ansible-galaxy list 命令查看 RHEL 8 系统中有哪些自带的角色可用：

```
[root@linuxprobe~]# ansible-galaxy list
# /usr/share/ansible/roles
- linux-system-roles.kdump, (unknown version)
- linux-system-roles.network, (unknown version)
- linux-system-roles.postfix, (unknown version)
- linux-system-roles.selinux, (unknown version)
```

```
  - linux-system-roles.timesync, (unknown version)
  - rhel-system-roles.kdump, (unknown version)
  - rhel-system-roles.network, (unknown version)
  - rhel-system-roles.postfix, (unknown version)
  - rhel-system-roles.selinux, (unknown version)
  - rhel-system-roles.timesync, (unknown version)
  # /etc/ansible/roles
  [WARNING]: - the configured path /root/.ansible/roles does not exist.
```

大家千万不要低估这些由系统镜像自带的角色，它们在日常的工作中能派上大用场。这些角色的主要功能如表 16-8 所示。

表 16-8　　RHEL 系统自带的角色

角色名称	作用
rhel-system-roles.kdump	配置 kdump 崩溃恢复服务
rhel-system-roles.network	配置网络接口
rhel-system-roles.selinux	配置 SELinux 策略及模式
rhel-system-roles.timesync	配置网络时间协议
rhel-system-roles.postfix	配置邮件传输服务
rhel-system-roles.firewall	配置防火墙服务
rhel-system-roles.tuned	配置系统调优选项

以 rhel-system-roles.timesync 角色为例，它用于设置系统的时间和 NTP 服务，让主机能够同步准确的时间信息。剧本模板文件存放在/usr/share/doc/rhel-system-roles/目录中，可以复制过来修改使用：

```
[root@linuxprobe~]# cp /usr/share/doc/rhel-system-roles/timesync/example-
timesync-playbook.yml timesync.yml
```

NTP 服务器主要用于同步计算机的时间，可以提供高精度的时间校准服务，帮助计算机校对系统时钟。在复制来的剧本模板文件中，删除掉多余的代码，将 NTP 服务器的地址填写到 timesync_ntp_servers 变量的 hostname 字段中即可。该变量的参数含义如表 16-9 所示。稍后 timesync 角色就会自动为用户配置参数信息了。

表 16-9　　timesync_ntp_servers 变量的参数含义

参数	作用
hostname	NTP 服务器的主机名
iburst	启用快速同步

```
[root@linuxprobe~]# vim timesync.yml
---
- hosts: all
  vars:
    timesync_ntp_servers:
      - hostname: pool.ntp.org
        iburst: yes
  roles:
    - rhel-system-roles.timesync
```

16.5.2 从外部环境获取角色

Ansible Galaxy 是 Ansible 的一个官方社区，用于共享角色和功能代码，用户可以在网站自由地共享和下载 Ansible 角色。该社区是管理和使用角色的不二之选。

在图 16-4 所示的 Ansible Galaxy 官网中，左侧有 3 个功能选项，分别是首页（Home）、搜索（Search）以及社区（Community）。单击 Search 按钮进入到搜索界面，这里以 nginx 服务为例进行搜索，即可找到 Nginx 官方发布的角色信息，如图 16-5 所示。

图 16-4　Ansible Galaxy 的官网首页面

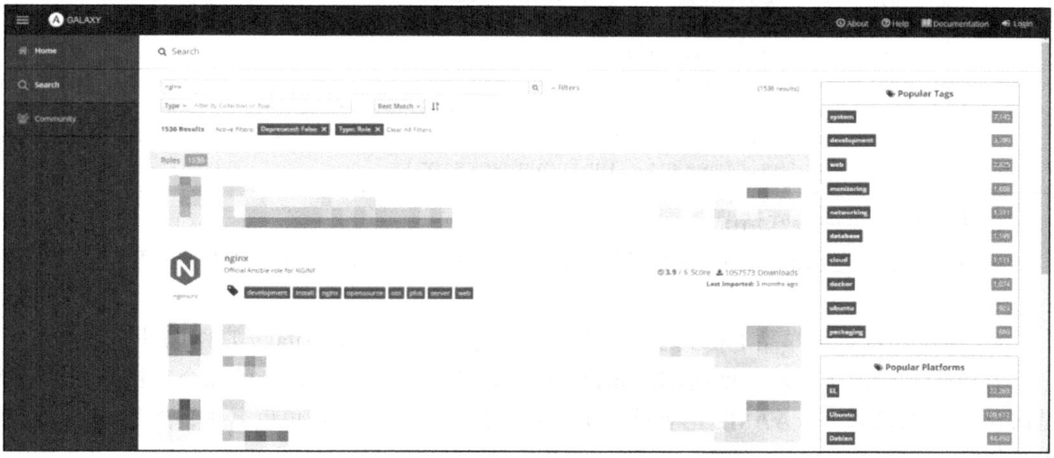

图 16-5　在搜索界面中找到的 nginx 角色信息

当单击 nginx 角色进入到详情页面后，会显示这个项目的软件版本、评分、下载次数等信息。在 Installation 字段可以看到相应的安装方式，如图 16-6 所示。在保持虚拟机能够连接外网的前提下，可以按这个页面提示的命令进行安装。

这时，如果需要使用这个角色，可以在虚拟机联网的状态下直接按照“ansible-galaxy install 角色名称”的命令格式自动获取：

```
[root@linuxprobe~]# ansible-galaxy install nginxinc.nginx
- downloading role 'nginx', owned by nginxinc
- downloading role from https://github.com/nginxinc/ansible-role-nginx/archive/
0.19.1.tar.gz
```

```
  - extracting nginxinc.nginx to /etc/ansible/roles/nginxinc.nginx
  - nginxinc.nginx (0.19.1) was installed successfully
```

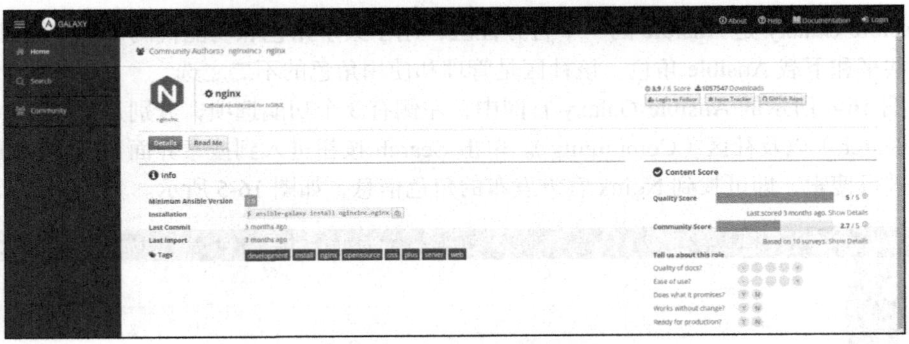

图 16-6　nginx 角色的详情页

执行完毕后，再次查看系统中已有的角色，便可找到 nginx 角色信息了：

```
[root@linuxprobe~]# ansible-galaxy list
# /etc/ansible/roles
- nginxinc.nginx, 0.19.1
# /usr/share/ansible/roles
- linux-system-roles.kdump, (unknown version)
- linux-system-roles.network, (unknown version)
- linux-system-roles.postfix, (unknown version)
- linux-system-roles.selinux, (unknown version)
- linux-system-roles.timesync, (unknown version)
- rhel-system-roles.kdump, (unknown version)
- rhel-system-roles.network, (unknown version)
- rhel-system-roles.postfix, (unknown version)
- rhel-system-roles.selinux, (unknown version)
- rhel-system-roles.timesync, (unknown version)
```

这里还存在两种特殊情况。

- 在国内访问 Ansible Galaxy 官网时可能存在不稳定的情况，导致访问不了或者网速较慢。
- 某位作者是将作品上传到了自己的网站，或者除 Ansible Galaxy 官网以外的其他平台。

在这两种情况下，就不能再用“ansible-galaxy install 角色名称”的命令直接加载了，而是需要手动先编写一个 YAML 语言格式的文件，指明网址链接和角色名称，然后再用-r 参数进行加载。

例如，刘遄老师在本书的配套网站（www.linuxprobe.com）上传了一个名为 nginx_core 的角色软件包（一个用于对 nginx 网站进行保护的插件）。这时需要编写如下所示的一个 yml 配置文件：

```
[root@linuxprobe~]# cat nginx.yml
---
- src: https://www.linuxprobe.com/Software/nginxinc-nginx_core-0.3.0.tar.gz
  name: nginx-core
```

随后使用 ansible-galaxy 命令的-r 参数加载这个文件，即可查看到新角色信息了：

```
[root@linuxprobe~]# ansible-galaxy install -r nginx.yml
```

```
- downloading role from https://www.linuxprobe.com/nginxinc-nginx_core-0.3.0.tar.gz
- extracting nginx to /etc/ansible/roles/nginx
- nginx was installed successfully
[root@linuxprobe~]# ansible-galaxy list
# /etc/ansible/roles
- nginx-core, (unknown version)
- nginxinc.nginx, 0.19.1
# /usr/share/ansible/roles
- linux-system-roles.kdump, (unknown version)
- linux-system-roles.network, (unknown version)
- linux-system-roles.postfix, (unknown version)
- linux-system-roles.selinux, (unknown version)
- linux-system-roles.timesync, (unknown version)
- rhel-system-roles.kdump, (unknown version)
- rhel-system-roles.network, (unknown version)
- rhel-system-roles.postfix, (unknown version)
- rhel-system-roles.selinux, (unknown version)
- rhel-system-roles.timesync, (unknown version)
```

16.5.3 自行创建角色

除了能够使用系统自带的角色和从 Ansible Galaxy 中获取的角色之外，也可以自行创建符合工作需求的角色。这种定制化的编写工作能够更好地贴合生产环境的实际情况，但难度也会稍高一些。

接下来将会创建一个名为 apache 的新角色，它能够帮助我们自动安装、运行 httpd 网站服务，设置防火墙的允许规则，以及根据每个主机生成独立的 index.html 首页文件。用户在调用这个角色后能享受到“一条龙”的网站部署服务。

在 Ansible 的主配置文件中，第 68 行定义的是角色保存路径。如果用户新建的角色信息不在规定的目录内，则无法使用 ansible-galaxy list 命令找到。因此需要手动填写新角色的目录路径，或是进入/etc/ansible/roles 目录内再进行创建。为了避免后期角色信息过于分散导致不好管理，我们还是决定在默认目录下进行创建，不再修改。

```
[root@linuxprobe roles]# vim /etc/ansible/ansible.cfg
 66
 67 # additional paths to search for roles in, colon separated
 68 #roles_path    = /etc/ansible/roles
 69
```

在 ansible-galaxy 命令后面跟一个 init 参数，创建一个新的角色信息，且建立成功后便会在当前目录下生成出一个新的目录：

```
[root@linuxprobe~]# cd /etc/ansible/roles
[root@linuxprobe roles]# ansible-galaxy init apache
- Role apache was created successfully
[root@linuxprobe roles]# ls
apache nginx nginxinc.nginx
```

此时的 apache 即是角色名称，也是用于存在角色信息的目录名称。切换到该目录下，查看它的结构：

```
[root@linuxprobe roles]# cd apache
```

```
[root@linuxprobe apache]# ls
defaults  files  handlers  meta  README.md  tasks  templates  tests  vars
```

在创建新角色时，最关键的便是能够正确理解目录结构。通俗来说，就是要把正确的信息放入正确的目录中，这样在调用角色时才能有正确的效果。角色信息对应的目录结构及含义如表 16-10 所示。

表 16-10　　Ansible 角色的目录结构及含义

目录	含义
defaults	包含角色变量的默认值（优先级低）
files	包含角色执行任务时所引用的静态文件
handlers	包含角色的处理程序定义
meta	包含角色的作者、许可证、平台和依赖关系等信息
tasks	包含角色所执行的任务
templates	包含角色任务所使用的 Jinja2 模板
tests	包含用于测试角色的剧本文件
vars	包含角色变量的默认值（优先级高）

下面准备创建新角色。

第 1 步：打开用于定义角色任务的 tasks/main.yml 文件。在该文件中不需要定义要执行的主机组列表，因为后面会单独编写剧本进行调用，此时应先对 apache 角色能做的事情（任务）有一个明确的思路，在调用角色后 yml 文件会按照从上到下的顺序自动执行。

- **任务 1**：安装 httpd 网站服务。
- **任务 2**：运行 httpd 网站服务，并加入到开机启动项中。
- **任务 3**：配置防火墙，使其放行 HTTP 协议。
- **任务 4**：根据每台主机的变量值，生成不同的主页文件。

先写出第一个任务。使用 yum 模块安装 httpd 网站服务程序（注意格式）：

```
[root@linuxprobe apache]# vim tasks/main.yml
---
- name: one
  yum:
          name: httpd
          state: latest
```

第 2 步：使用 service 模块启动 httpd 网站服务程序，并加入到启动项中，保证能够一直为用户提供服务。在初次使用模块前，先用 ansible-doc 命令查看一下帮助和实例信息。由于篇幅的限制，这里对信息进行了删减，仅保留了有用的内容。

```
[root@linuxprobe apache]# ansible-doc service
> SERVICE    (/usr/lib/python3.6/site-packages/ansible/modules/system/service.py)

        Controls services on remote hosts. Supported init systems
        include BSD init, OpenRC, SysV, Solaris SMF, systemd, upstart.
        For Windows targets, use the [win_service] module instead.

  * This module is maintained by The Ansible Core Team
  * note: This module has a corresponding action plugin.
```

```
..................省略部分输出信息..................

EXAMPLES:

- name: Start service httpd, if not started
  service:
    name: httpd
    state: started

- name: Enable service httpd, and not touch the state
  service:
    name: httpd
    enabled: yes
```

真幸运，默认的 EXAMPLES 示例使用的就是 httpd 网站服务。通过输出信息可得知，启动服务为“state: started”参数，而加入到开机启动项则是“enabled: yes”参数。继续编写：

```
[root@linuxprobe apache]# vim tasks/main.yml
---
- name: one
  yum:
          name: httpd
          state: latest
- name: two
  service:
          name: httpd
          state: started
          enabled: yes
```

第 3 步：配置防火墙的允许策略，让其他主机可以正常访问。在配置防火墙时，需要使用 firewalld 模块。同样也是先看一下帮助示例：

```
[root@linuxprobe defaults]# ansible-doc firewalld
> FIREWALLD    (/usr/lib/python3.6/site-packages/ansible/modules/system/firewalld.py)

        This module allows for addition or deletion of services and
        ports (either TCP or UDP) in either running or permanent
        firewalld rules.

  * This module is maintained by The Ansible Community
OPTIONS (= is mandatory):
EXAMPLES:

- firewalld:
    service: https
    permanent: yes
    state: enabled

- firewalld:
    port: 8081/tcp
    permanent: yes
    state: disabled
    immediate: yes
```

依据输出信息可得知，在 firewalld 模块设置防火墙策略时，指定协议名称为“service: http”参数，放行该协议为“state: enabled”参数，设置为永久生效为“permanent: yes”参数，当前立即生效为“immediate: yes”参数。参数虽然多了一些，但是基本与在第 8 章节学习的一致，并不需要担心。继续编写：

```
[root@linuxprobe apache]# vim tasks/main.yml
---
- name: one
  yum:
          name: httpd
          state: latest
- name: two
  service:
          name: httpd
          state: started
          enabled: yes
- name: three
  firewalld:
          service: http
          permanent: yes
          state: enabled
          immediate: yes
```

第 4 步：让每台主机显示的主页文件均不相同。在使用 Ansible 的常规模块时，都是采用“查询版主示例并模仿”的方式搞定的，这里为了增加难度，我们再提出个新需求，即能否让每台主机上运行的 httpd 网站服务都能显示不同的内容呢？例如显示当前服务器的主机名及 IP 地址。这就要用到 template 模块及 Jinja2 技术了。

我们依然使用 ansible-doc 命令来查询 template 模块的使用方法。示例部分依然大有帮助：

```
[root@linuxprobe apache]# ansible-doc template
> TEMPLATE    (/usr/lib/python3.6/site-packages/ansible/modules/files/template.>

        Templates are processed by the L(Jinja2 templating
        language,http://jinja.pocoo.org/docs/). Documentation on the
        template formatting can be found in the L(Template Designer
        Documentation,http://jinja.pocoo.org/docs/templates/).
        Additional variables listed below can be used in templates.
        `ansible_managed' (configurable via the `defaults' section of
        `ansible.cfg') contains a string which can be used to describe
        the template name, host, modification time of the template
        file and the owner uid. `template_host' contains the node name
        of the template's machine. `template_uid' is the numeric user
        id of the owner. `template_path' is the path of the template.
        `template_fullpath' is the absolute path of the template.
        `template_destpath' is the path of the template on the remote
        system (added in 2.8). `template_run_date' is the date that
        the template was rendered.

  * This module is maintained by The Ansible Core Team
  * note: This module has a corresponding action plugin.

………………省略部分输出信息………………

EXAMPLES:
```

```
- name: Template a file to /etc/files.conf
  template:
    src: /mytemplates/foo.j2
    dest: /etc/file.conf
    owner: bin
    group: wheel
    mode: '0644'
```

从 template 模块的输出信息中可得知，这是一个用于复制文件模板的模块，能够把文件从 Ansible 服务器复制到受管主机上。其中，src 参数用于定义本地文件的路径，dest 参数用于定义复制到受管主机的文件路径，而 owner、group、mode 参数可选择性地设置文件归属及权限信息。

正常来说，我们可以直接复制文件的操作，受管主机上会获取到一个与 Ansible 服务器上的文件一模一样的文件。但有时候，我们想让每台客户端根据自身系统的情况产生不同的文件信息，这就需要用到 Jinja2 技术了，Jinja2 格式的模板文件后缀是.j2。继续编写：

```
[root@linuxprobe apache]# vim tasks/main.yml
---
- name: one
  yum:
          name: httpd
          state: latest
- name: two
  service:
          name: httpd
          state: started
          enabled: yes
- name: three
  firewalld:
          service: http
          permanent: yes
          state: enabled
          immediate: yes
- name: four
  template:
          src: index.html.j2
          dest: /var/www/html/index.html
```

Jinja2 是 Python 语言中一个被广泛使用的模板引擎，最初的设计思想源自 Django 的模块引擎。Jinja2 基于此发展了其语法和一系列强大的功能，能够让受管主机根据自身变量产生出不同的文件内容。换句话说，正常情况下的复制操作会让新旧文件一模一样，但在使用 Jinja2 技术时，不是在原始文件中直接写入文件内容，而是写入一系列的变量名称。在使用 template 模块进行复制的过程中，由 Ansible 服务负责在受管主机上收集这些变量名称所对应的值，然后再逐一填写到目标文件中，从而让每台主机的文件都根据自身系统的情况独立生成。

例如，想要让每个网站的输出信息值为“Welcome to 主机名 on 主机地址”，也就是用每个主机自己独有的名称和 IP 地址来替换文本中的内容，这样就有趣太多了。这个实验的难点在于查询到对应的变量名称、主机名及地址所对应的值保存在哪里？可以用 setup 模块进行查询。

```
[root@linuxprobe apache]# ansible-doc setup
> SETUP    (/usr/lib/python3.6/site-packages/ansible/modules/system/setup.py)

        This module is automatically called by playbooks to gather
        useful variables about remote hosts that can be used in
        playbooks. It can also be executed directly by
        `/usr/bin/ansible' to check what variables are available to a
        host. Ansible provides many `facts' about the system,
        automatically. This module is also supported for Windows
        targets.
```

setup 模块的作用是自动收集受管主机上的变量信息，使用-a 参数外加 filter 命令可以对收集来的信息进行二次过滤。相应的语法格式为 ansible all -m setup -a 'filter="*关键词*"'，其中*号是第 3 章节讲到的通配符，用于进行关键词查询。例如，如果想搜索各个主机的名称，可以使用通配符搜索所有包含 fqdn 关键词的变量值信息。

FQDN（Fully Qualified Domain Name，完全限定域名）用于在逻辑上准确表示出主机的位置。FQDN 常常被作为主机名的完全表达形式，比/etc/hostname 文件中定义的主机名更加严谨和准确。通过输出信息可得知，ansible_fqdn 变量保存有主机名称。随后进行下一步操作：

```
[root@linuxprobe~]# ansible all -m setup -a 'filter="*fqdn*"'
192.168.10.20 | SUCCESS => {
    "ansible_facts": {
        "ansible_fqdn": "linuxprobe.com",
        "discovered_interpreter_python": "/usr/libexec/platform-python"
    },
    "changed": false
}
………………省略部分输出信息………………
```

用于指定主机地址的变量可以用 ip 作为关键词进行检索。可以看到，ansible_all_ipv4_addresses 变量中的值是我们想要的信息。如果想输出 IPv6 形式的地址，则可用 ansible_all_ipv6_addresses 变量。

```
[root@linuxprobe~]# ansible all -m setup -a 'filter="*ip*"'
192.168.10.20 | SUCCESS => {
    "ansible_facts": {
        "ansible_all_ipv4_addresses": [
            "192.168.10.20",
            "192.168.122.1"
        ],
        "ansible_all_ipv6_addresses": [
            "fe80::d0bb:17c8:880d:e719"
        ],
        "ansible_default_ipv4": {},
        "ansible_default_ipv6": {},
        "ansible_fips": false,
        "discovered_interpreter_python": "/usr/libexec/platform-python"
    },
    "changed": false
}
………………省略部分输出信息………………
```

在确认了主机名与 IP 地址所对应的具体变量名称后，在角色所对应的 templates 目录内新建一个与上面的 template 模块参数相同的文件名称（index.html.j2）。Jinja2 在调用变量值时，格式为在变量名称的两侧格加两个大括号：

```
[root@linuxprobe apache]# vim templates/index.html.j2
Welcome to {{ ansible_fqdn }} on {{ ansible_all_ipv4_addresses }}
```

进行到这里，任务基本就算完成了。最后要做的就是编写一个用于调用 apache 角色的 yml 文件，以及执行这个文件。

```
[root@linuxprobe apache]# cd~
[root@linuxprobe~]# vim roles.yml
---
- name: 调用自建角色
  hosts: all
  roles:
          - apache
[root@linuxprobe~]# ansible-playbook roles.yml
PLAY [调用自建角色]
******************************************************************

TASK [Gathering Facts]
******************************************************************
ok: [192.168.10.20]
ok: [192.168.10.21]
ok: [192.168.10.22]
ok: [192.168.10.23]
ok: [192.168.10.24]

TASK [apache : one]
******************************************************************
changed: [192.168.10.20]
changed: [192.168.10.21]
changed: [192.168.10.22]
changed: [192.168.10.23]
changed: [192.168.10.24]

TASK [apache : two]
******************************************************************
changed: [192.168.10.20]
changed: [192.168.10.21]
changed: [192.168.10.22]
changed: [192.168.10.23]
changed: [192.168.10.24]

TASK [apache : three]
******************************************************************
changed: [192.168.10.20]
changed: [192.168.10.21]
changed: [192.168.10.22]
changed: [192.168.10.23]
changed: [192.168.10.24]

TASK [apache : four]
******************************************************************
```

```
changed: [192.168.10.20]
changed: [192.168.10.21]
changed: [192.168.10.22]
changed: [192.168.10.23]
changed: [192.168.10.24]

PLAY RECAP
*****************************************************************
192.168.10.20 : ok=5 changed=4  unreachable=0  failed=0  skipped=0  rescued=0 ignored=0
192.168.10.21 : ok=5 changed=4  unreachable=0  failed=0  skipped=0  rescued=0 ignored=0
192.168.10.22 : ok=5 changed=4  unreachable=0  failed=0  skipped=0  rescued=0 ignored=0
192.168.10.23 : ok=5 changed=4  unreachable=0  failed=0  skipped=0  rescued=0 ignored=0
192.168.10.24 : ok=4 changed=4  unreachable=0  failed=0  skipped=0  rescued=0 ignored=0
```

执行完毕后，在浏览器中随机输入几台主机的 IP 地址，即可访问到包含主机 FQDN 和 IP 地址的网页了，如图 16-7～图 16-9 所示。

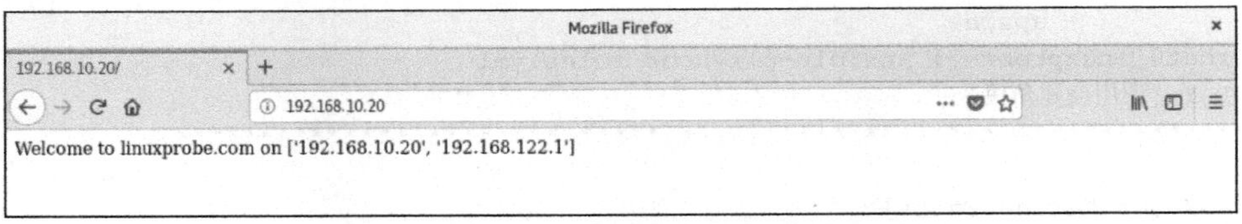

图 16-7　随机访问一台主机的网站主页面

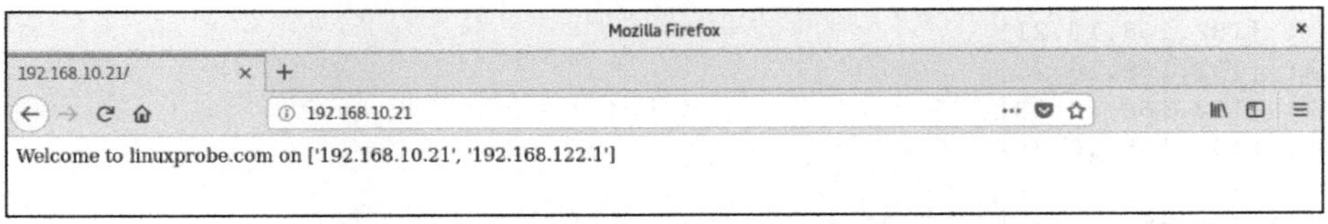

图 16-8　随机访问一台主机的网站主页面

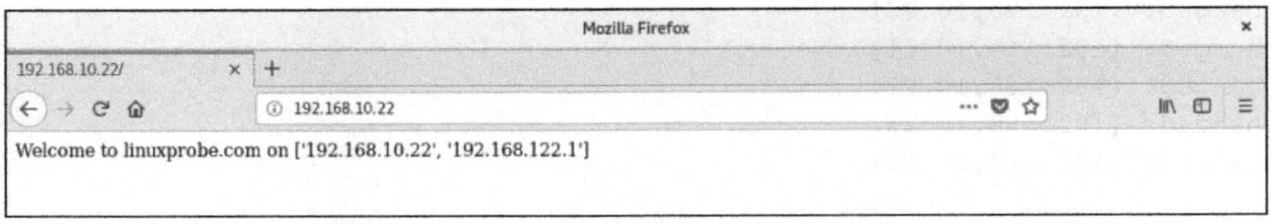

图 16-9　随机访问一台主机的网站主页面

实验相当成功！

16.6　创建和使用逻辑卷

创建一个能批量、自动管理逻辑卷设备的剧本，不但能大大提高硬盘设备的管理效率，而且还能避免手动创建带来的错误。例如，我们想在每台受管主机上都创建出一个名为 data 的逻辑卷设备，大小为 150MB，归属于 research 卷组。如果创建成功，则进一步用 Ext4 文件系统进行格式化操作；如果创建失败，则给用户输出一条报错提醒，以便排查原因。

在这种情况下，使用 Ansible 剧本要比使用 Shell 脚本的优势大，原因主要有下面两点。

- Ansible 模块化的功能让操作更标准，只要在执行过程中无报错，那么便会依据远程主机的系统版本及配置自动做出判断和操作，不用担心因系统变化而导致命令失效的问题。

- Ansible 服务在执行剧本文件时会进行判断：如果该文件或该设备已经被创建过，或是某个动作（play）已经被执行过，则绝对不会再重复执行；而使用 Shell 脚本有可能导致设备被重复格式化，导致数据丢失。

首先在 prod 组的两台主机上分别添加一块硬盘设备，大小为 20GB，类型为 SCSI，其余选项选择默认值，如图 16-10～图 16-12 所示。

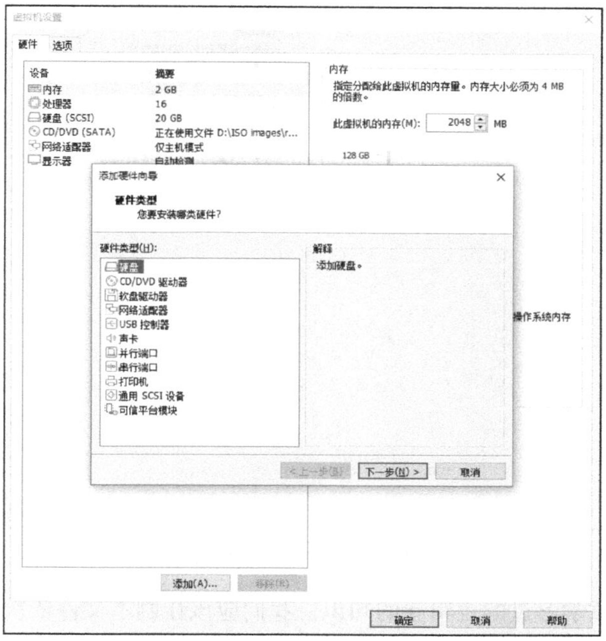

图 16-10 添加一块新硬盘

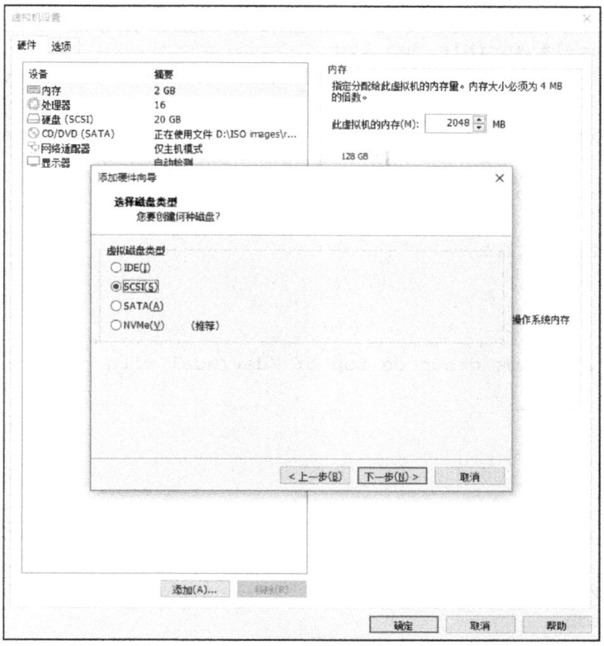

图 16-11 设置硬盘类型

图 16-12　新硬盘添加完毕

通过回忆第 7 章学习过的逻辑卷的知识，我们应该让剧本文件依次创建物理卷（PV）、卷组（VG）及逻辑卷（LV）。需要先使用 lvg 模块让设备支持逻辑卷技术，然后创建一个名为 research 的卷组。lvg 模块的帮助信息如下：

```
[root@linuxprobe~]# ansible-doc lvg
> LVG    (/usr/lib/python3.6/site-packages/ansible/modules/system/lvg.py)

        This module creates, removes or resizes volume groups.

  * This module is maintained by The Ansible Community

………………省略部分输出信息………………

EXAMPLES:

- name: Create a volume group on top of /dev/sda1 with physical extent size = 3>
  lvg:
    vg: vg.services
    pvs: /dev/sda1
    pesize: 32

- name: Create a volume group on top of /dev/sdb with physical extent size = 12>
  lvg:
    vg: vg.services
    pvs: /dev/sdb
    pesize: 128K
```

通过输出信息可得知，创建 PV 和 VG 的 lvg 模块总共有 3 个必备参数。其中，vg 参数用于定义卷组的名称，pvs 参数用于指定硬盘设备的名称，pesize 参数用于确定最终卷组的容量大小（可以用 PE 个数或容量值进行指定）。这样一来，我们先创建出一个由/dev/sdb 设备组成的名称为 research、大小为 150MB 的卷组设备。

```
[root@linuxprobe~]# vim lv.yml
---
- name: 创建和使用逻辑卷
  hosts: all
  tasks:
          - name: one
            lvg:
                    vg: research
                    pvs: /dev/sdb
                    pesize: 150M
```

由于刚才只在 prod 组的两台主机上添加了新硬盘设备文件，因此在执行上述操作时其余 3 台主机会提示未创建成功，这属于正常情况。接下来使用 lvol 模块创建出逻辑卷设备。还是按照惯例，先查看模块的帮助信息：

```
[root@linuxprobe~]# ansible-doc lvol
> LVOL    (/usr/lib/python3.6/site-packages/ansible/modules/system/lvol.py)

        This module creates, removes or resizes logical volumes.

  * This module is maintained by The Ansible Community

………………省略部分输出信息………………

EXAMPLES:

- name: Create a logical volume of 512m
  lvol:
    vg: firefly
    lv: test
    size: 512

- name: Create a logical volume of 512m with disks /dev/sda and /dev/sdb
  lvol:
    vg: firefly
    lv: test
    size: 512
    pvs: /dev/sda,/dev/sdb
```

通过输出信息可得知，lvol 是用于创建逻辑卷设备的模块。其中，vg 参数用于指定卷组名称，lv 参数用于指定逻辑卷名称，size 参数则用于指定最终逻辑卷设备的容量大小（不用加单位，默认为 MB）。填写好参数，创建出一个大小为 150MB、归属于 research 卷组且名称为 data 的逻辑卷设备：

```
[root@linuxprobe~]# vim lv.yml
---
- name: 创建和使用逻辑卷
  hosts: all
```

```
  tasks:
          - name: one
            lvg:
                    vg: research
                    pvs: /dev/sdb
                    pesize: 150M
          - name: two
            lvol:
                    vg: research
                    lv: data
                    size: 150M
```

这样还不够好，如果还能将创建出的/dev/research/data 逻辑卷设备自动用 Ext4 文件系统进行格式化操作，则又能帮助运维管理员减少一些工作量。可使用 filesystem 模块来完成设备的文件系统格式化操作。该模块的帮助信息如下：

```
[root@linuxprobe~]# ansible-doc filesystem
> FILESYSTEM    (/usr/lib/python3.6/site-packages/ansible/modules/system/filesy>

        This module creates a filesystem.

  * This module is maintained by The Ansible Community
………………省略部分输出信息………………

EXAMPLES:

- name: Create a ext2 filesystem on /dev/sdb1
  filesystem:
    fstype: ext2
    dev: /dev/sdb1
```

filesystem 模块的参数真是简练，fstype 参数用于指定文件系统的格式化类型，dev 参数用于指定要格式化的设备文件路径。继续编写：

```
[root@linuxprobe~]# vim lv.yml
---
- name: 创建和使用逻辑卷
  hosts: all
  tasks:
          - name: one
            lvg:
                    vg: research
                    pvs: /dev/sdb
                    pesize: 150M
          - name: two
            lvol:
                    vg: research
                    lv: data
                    size: 150M
          - name: three
            filesystem:
                    fstype: ext4
                    dev: /dev/research/data
```

这样按照顺序执行下来，逻辑卷设备就能够自动创建好了。等一下，还有个问题没有解决。现在只有 prod 组的主机上添加了新的硬盘设备文件，其余主机是无法按照既定模块顺利完成操作的。这时就要使用类似于第 4 章学习的 if 条件语句的方式进行判断——如果失败……，则……。

首先用 block 操作符将上述的 3 个模块命令作为一个整体（相当于对这 3 个模块的执行结果作为一个整体进行判断），然后使用 rescue 操作符进行救援，且只有 block 块中的模块执行失败后才会调用 rescue 中的救援模块。其中，debug 模块的 msg 参数的作用是，如果 block 中的模块执行失败，则输出一条信息到屏幕，用于提醒用户。完成编写后的剧本是下面这个样子：

```
[root@linuxprobe~]# vim lv.yml
---
- name: 创建和使用逻辑卷
  hosts: all
  tasks:
          - block:
                  - name: one
                    lvg:
                            vg: research
                            pvs: /dev/sdb
                            pesize: 150M
                  - name: two
                    lvol:
                            vg: research
                            lv: data
                            size: 150M
                  - name: three
                    filesystem:
                            fstype: ext4
                            dev: /dev/research/data
            rescue:
                    - debug:
                            msg: "Could not create logical volume of that size"
```

YAML 语言对格式有着硬性的要求，既然 rescue 是对 block 内的模块进行救援的功能代码，因此 recue 和 block 两个操作符必须严格对齐，错开一个空格都会导致剧本执行失败。确认无误后，执行 lv.yml 剧本文件检阅一下效果：

```
[root@linuxprobe~]# ansible-playbook lv.yml

PLAY [创建和使用逻辑卷] ********************************************************

TASK [Gathering Facts] *******************************************************
ok: [192.168.10.20]
ok: [192.168.10.21]
ok: [192.168.10.22]
ok: [192.168.10.23]
ok: [192.168.10.24]

TASK [one]
*********************************************************
fatal: [192.168.10.20]: FAILED! => {"changed": false, "msg": "Device /dev/sdb
```

```
not found."}
fatal: [192.168.10.21]: FAILED! => {"changed": false, "msg": "Device /dev/sdb
not found."}
changed: [192.168.10.22]
changed: [192.168.10.23]
fatal: [192.168.10.24]: FAILED! => {"changed": false, "msg": "Device /dev/sdb
not found."}

TASK [two]
*********************************************************
changed: [192.168.10.22]
changed: [192.168.10.23]

TASK [three]
*********************************************************
changed: [192.168.10.22]
changed: [192.168.10.23]

TASK [debug]
*********************************************************
ok: [192.168.10.20] => {
    "msg": "Could not create logical volume of that size"
}
ok: [192.168.10.21] => {
    "msg": "Could not create logical volume of that size"
}
ok: [192.168.10.24] => {
    "msg": "Could not create logical volume of that size"
}

PLAY RECAP
*********************************************************
192.168.10.20 : ok=2 changed=0 unreachable=0  failed=0  skipped=0  rescued=1 ignored=0
192.168.10.21 : ok=2 changed=0 unreachable=0  failed=0  skipped=0  rescued=1 ignored=0
192.168.10.22 : ok=4 changed=3 unreachable=0  failed=0  skipped=0  rescued=0 ignored=0
192.168.10.23 : ok=4 changed=3 unreachable=0  failed=0  skipped=0  rescued=0 ignored=0
192.168.10.24 : ok=2 changed=0 unreachable=0  failed=0  skipped=0  rescued=1 ignored=0
```

在剧本运行完毕后的执行记录（PLAY RECAP）中可以很清晰地看到只有 192.168.10.22 及 192.168.10.23 这两台 prod 组中的主机执行成功了，其余 3 台主机均触发了 rescue 功能。登录到任意一台 prod 组的主机上，找到新建的逻辑卷设备信息：

```
[root@linuxprobe~]# lvdisplay
  --- Logical volume ---
  LV Path                /dev/research/data
  LV Name                data
  VG Name                research
  LV UUID                EOUliC-tbkk-kOJR-8NaH-O9XQ-ijrK-TgEYGj
  LV Write Access        read/write
  LV Creation host, time linuxprobe.com, 2021-04-23 11:00:21 +0800
  LV Status              available
  # open                 0
  LV Size                5.00 GiB
  Current LE             1
```

```
Segments                    1
Allocation                  inherit
Read ahead sectors          auto
- currently set to          8192
Block device                253:2
..................省略部分输出信息..................
```

16.7 判断主机组名

在上面的剧本实验中，我们可以让不同的主机根据自身不同的变量信息而生成出独特的网站主页文件，但却无法对某个主机组进行针对性的操作。其实，在每个客户端中都会有一个名为 inventory_hostname 的变量，用于定义每台主机所对应的 Ansible 服务的主机组名称，也就是/etc/ansible/hosts 文件中所对应的分组信息，例如 dev、test、prod、balancers。

inventory_hostname 是 Ansible 服务中的魔法变量，这意味着无法使用 setup 模块直接进行查询，诸如 ansible all -m setup -a 'filter="*关键词*"'这样的命令将对它失效。魔法变量需要在执行剧本文件时的 Gathering Facts 阶段进行搜集，直接查询是看不到的，只能在剧本文件中进行调用。

在获得了存储主机组名称的变量名称后，接下来开始实战。这里的需求如下：

➢ 若主机在 dev 分组中，则修改/etc/issue 文件内容为 Development；

➢ 若主机在 test 分组中，则修改/etc/issue 文件内容为 Test；

➢ 若主机在 prod 分组中，则修改/etc/issue 文件内容为 Production。

根据表 16-5 所提及的 Ansible 常用模块名称及作用，可以看到 copy 模块的主要作用是新建、修改及复制文件，更符合当前的需要，此时便派上了用场。先查询 copy 模块的帮助信息：

```
[root@linuxprobe~]# ansible-doc copy
> COPY    (/usr/lib/python3.6/site-packages/ansible/modules/files/copy.py)

        The `copy' module copies a file from the local or remote
        machine to a location on the remote machine. Use the [fetch]
        module to copy files from remote locations to the local box.
        If you need variable interpolation in copied files, use the
        [template] module. Using a variable in the `content' field
        will result in unpredictable output. For Windows targets, use
        the [win_copy] module instead.

  * This module is maintained by The Ansible Core Team
  * note: This module has a corresponding action plugin.

..................省略部分输出信息..................

EXAMPLES:

- name: Copy file with owner and permissions
  copy:
    src: /srv/myfiles/foo.conf
    dest: /etc/foo.conf
```

```
      owner: foo
      group: foo
      mode: '0644'

  - name: Copy using inline content
    copy:
      content: '# This file was moved to /etc/other.conf'
      dest: /etc/mine.conf
```

在输出信息中列举了两种管理文件内容的示例。第一种用于文件的复制行为，第二种是通过 content 参数定义内容，通过 dest 参数指定新建文件的名称。显然，第二种更加符合当前的实验场景。编写剧本文件如下：

```
[root@linuxprobe~]# vim issue.yml
---
- name: 修改文件内容
  hosts: all
  tasks:
          - name: one
            copy:
                    content: 'Development'
                    dest: /etc/issue
          - name: two
            copy:
                    content: 'Test'
                    dest: /etc/issue
          - name: three
            copy:
                    content: 'Production'
                    dest: /etc/issue
```

但是，如果按照这种顺序执行下去，每一台主机的/etc/issue 文件都会被重复修改 3 次，最终定格在"Production"字样，这显然缺少了一些东西。我们应该依据 inventory_hostname 变量中的值进行判断。若主机为 dev 组，则执行第一个动作；若主机为 test 组，则执行第二个动作；若主机为 prod 组，则执行第三个动作。因此，要进行 3 次判断。

when 是用于判断的语法，我们将其用在每个动作的下方进行判断，使得只有在满足条件才会执行：

```
[root@linuxprobe~]# vim issue.yml
---
- name: 修改文件内容
  hosts: all
  tasks:
          - name: one
            copy:
                    content: 'Development'
                    dest: /etc/issue
            when: "inventory_hostname in groups.dev"
          - name: two
            copy:
                    content: 'Test'
                    dest: /etc/issue
            when: "inventory_hostname in groups.test"
```

```
          - name: three
            copy:
                    content: 'Production'
                    dest: /etc/issue
            when: "inventory_hostname in groups.prod"
```

执行剧本文件，在过程中可清晰地看到由于 when 语法的作用，未在指定主机组中的主机将被跳过（skipping）：

```
[root@linuxprobe~]# ansible-playbook issue.yml

PLAY [修改文件内容]
************************************************************

TASK [Gathering Facts]
************************************************************
ok: [192.168.10.20]
ok: [192.168.10.21]
ok: [192.168.10.22]
ok: [192.168.10.23]
ok: [192.168.10.24]

TASK [one]
************************************************************
changed: [192.168.10.20]
skipping: [192.168.10.21]
skipping: [192.168.10.22]
skipping: [192.168.10.23]
skipping: [192.168.10.24]

TASK [two]
************************************************************
skipping: [192.168.10.20]
changed: [192.168.10.21]
skipping: [192.168.10.23]
skipping: [192.168.10.24]
skipping: [192.168.10.25]

TASK [three]
************************************************************
skipping: [192.168.10.20]
skipping: [192.168.10.21]
changed: [192.168.10.22]
changed: [192.168.10.23]
skipping: [192.168.10.24]

PLAY RECAP
************************************************************
192.168.10.20 : ok=2  changed=1 unreachable=0 failed=0  skipped=2  rescued=0 ignored=0
192.168.10.21 : ok=2  changed=1 unreachable=0 failed=0  skipped=2  rescued=0 ignored=0
192.168.10.22 : ok=2  changed=1 unreachable=0 failed=0  skipped=2  rescued=0 ignored=0
192.168.10.23 : ok=2  changed=1 unreachable=0 failed=0  skipped=2  rescued=0 ignored=0
192.168.10.24 : ok=1  changed=0 unreachable=0 failed=0  skipped=3  rescued=0 ignored=0
```

登录到 dev 组的 192.168.10.20 主机上，查看文件内容：

```
[root@linuxprobe~]# cat /etc/issue
Development
```

登录到 test 组的 192.168.10.21 主机上，查看文件内容：

```
[root@linuxprobe~]# cat /etc/issue
Test
```

登录到 prod 组的 192.168.10.22/23 主机上，查看文件内容：

```
[root@linuxprobe~]# cat /etc/issue
Production
```

16.8 管理文件属性

我们学习剧本的目的是为了满足日常的工作需求，把重复的事情写入到脚本中，然后再批量执行下去，从而提高运维工作的效率。其中，创建文件、管理权限以及设置快捷方式几乎是每天都用到的技能。尤其是在第 5 章学习文件的一般权限、特殊权限、隐藏权限时，往往还会因命令的格式问题而导致出错。这么多命令该怎么记呢？

Ansible 服务将常用的文件管理功能都合并到了 file 模块中，大家不用再为了寻找模块而“东奔西跑”了。先来看一下 file 模块的帮助信息：

```
[root@linuxprobe~]# ansible-doc file
> FILE    (/usr/lib/python3.6/site-packages/ansible/modules/files/file.py)

        Set attributes of files, symlinks or directories.
        Alternatively, remove files, symlinks or directories. Many
        other modules support the same options as the `file' module -
        including [copy], [template], and [assemble]. For Windows
        targets, use the [win_file] module instead.

  * This module is maintained by The Ansible Core Team

………………省略部分输出信息………………

EXAMPLES:

- name: Change file ownership, group and permissions
  file:
    path: /etc/foo.conf
    owner: foo
    group: foo
    mode: '0644'

- name: Create a symbolic link
  file:
    src: /file/to/link/to
    dest: /path/to/symlink
```

```
      owner: foo
      group: foo
      state: link

  - name: Create a directory if it does not exist
    file:
      path: /etc/some_directory
      state: directory
      mode: '0755'

  - name: Remove file (delete file)
    file:
      path: /etc/foo.txt
      state: absent
```

通过上面的输出示例，大家已经能够了解 file 模块的基本参数了。其中，path 参数定义了文件的路径，owner 参数定义了文件所有者，group 参数定义了文件所属组，mode 参数定义了文件权限，src 参数定义了源文件的路径，dest 参数定义了目标文件的路径，state 参数则定义了文件类型。

可见，file 模块基本上把第 5 章学习过的管理文件权限的功能都包含在内了。我们来就来挑战下面的实验吧：

请创建出一个名为/linuxprobe 的新目录，所有者及所属组均为 root 管理员身份；

设置所有者和所属于组拥有对文件的完全控制权，而其他人则只有阅读和执行权限；

给予 SGID 特殊权限；

仅在 dev 主机组的主机上实施。

第二条要求是算术题，即将权限描述转换为数字表示法，即可读为 4、可写为 2、可执行为 1。大家可以先自行默默计算一下答案。此前在编写剧本文件时，hosts 参数对应的一直是 all，即全体主机，这次需要修改为仅对 dev 主机组成员生效，请小心谨慎。编写模块代码如下：

```
[root@linuxprobe~]# vim chmod.yml
---
- name: 管理文件属性
  hosts: dev
  tasks:
          - name: one
            file:
                    path: /linuxprobe
                    state: directory
                    owner: root
                    group: root
                    mode: '2775'
```

一不小心把题目出简单了，这里没能完全展示出 file 模块的强大之处。我们临时添加一个需求：请再创建一个名称为/linuxcool 的快捷方式文件，指向刚刚建立的/linuxprobe 目录。这样用户在访问两个目录时就能有相同的内容了。在使用 file 模块设置快捷方式时，不需要再单独创建目标文件，Ansible 服务会帮我们完成：

```
[root@linuxprobe~]# vim chmod.yml
---
- name: 管理文件属性
  hosts: dev
```

```
tasks:
        - name: one
          file:
                  path: /linuxprobe
                  state: directory
                  owner: root
                  group: root
                  mode: '2775'
        - name: two
          file:
                  src: /linuxprobe
                  dest: /linuxcool
                  state: link
```

剧本文件的执行过程如下所示：

```
[root@linuxprobe~]# ansible-playbook chmod.yml

PLAY [管理文件属性] ************************************************************

TASK [Gathering Facts] *********************************************************
ok: [192.168.10.20]
ok: [192.168.10.21]
ok: [192.168.10.22]
ok: [192.168.10.23]
ok: [192.168.10.24]

TASK [one]
*************************************************************
changed: [192.168.10.20]
skipping: [192.168.10.21]
skipping: [192.168.10.22]
skipping: [192.168.10.23]
skipping: [192.168.10.24]

TASK [two]
*************************************************************
changed: [192.168.10.20]
skipping: [192.168.10.21]
skipping: [192.168.10.22]
skipping: [192.168.10.23]
skipping: [192.168.10.24]

PLAY RECAP
*************************************************************
192.168.10.20 : ok=3  changed=2 unreachable=0 failed=0  skipped=0  rescued=0 ignored=0
192.168.10.22 : ok=1  changed=0 unreachable=0 failed=0  skipped=3  rescued=0 ignored=0
192.168.10.22 : ok=1  changed=0 unreachable=0 failed=0  skipped=3  rescued=0 ignored=0
192.168.10.22 : ok=1  changed=0 unreachable=0 failed=0  skipped=3  rescued=0 ignored=0
192.168.10.22 : ok=1  changed=0 unreachable=0 failed=0  skipped=3  rescued=0 ignored=0
```

进入到 dev 组的主机中，可以看到/linuxprobe 目录及/linuxcool 的快捷方式均已经被顺利创建：

```
[root@linuxprobe~]# ls -ld /linuxprobe
drwxrwsr-x. 2 root root 6 Apr 20 09:52 /linuxprobe
[root@linuxprobe~]# ls -ld /linuxcool
lrwxrwxrwx. 1 root root 11 Apr 20 09:52 /linuxcool -> /linuxprobe
```

实验顺利完成。

16.9 管理密码库文件

自 Ansible 1.5 版本发布后，vault 作为一项新功能进入到了运维人员的视野。它不仅能对密码、剧本等敏感信息进行加密，而且还可以加密变量名称和变量值，从而确保数据不会被他人轻易阅读。使用 ansible-vault 命令可以实现内容的新建（create）、加密（encrypt）、解密（decrypt）、修改密码（rekey）及查看（view）等功能。

下面通过示例来学习 vault 的具体用法。

第 1 步：创建出一个名为 locker.yml 的配置文件，其中保存了两个变量值：

```
[root@linuxprobe~]# vim locker.yml
---
pw_developer: Imadev
pw_manager: Imamgr
```

第 2 步：使用 ansible-vault 命令对文件进行加密。由于需要每次输入密码比较麻烦，因此还应新建一个用于保存密码值的文本文件，以便让 ansible-vault 命令自动调用。为了保证数据的安全性，在新建密码文件后将该文件的权限设置为 600，确保仅管理员可读可写：

```
[root@linuxprobe~]# vim /root/secret.txt
whenyouwishuponastar
[root@linuxprobe~]# chmod 600 /root/secret.txt
```

在 Ansible 服务的主配置文件中，在第 140 行的 vault_password_file 参数后指定密码值保存的文件路径，准备进行调用：

```
[root@linuxprobe~]# vim /etc/ansible/ansible.cfg
137
138 # If set, configures the path to the Vault password file as an alternative to
139 # specifying --vault-password-file on the command line.
140 vault_password_file = /root/secret.txt
141
```

第 3 步：在设置好密码文件的路径后，Ansible 服务便会自动进行加载。用户也就不用在每次加密或解密时都重复输入密码了。例如，在加密刚刚创建的 locker.yml 文件时，只需要使用 encrypt 参数即可：

```
[root@linuxprobe~]# ansible-vault encrypt locker.yml
Encryption successful
```

文件将使用 AES 256 加密方式进行加密，也就是意味着密钥有 2^{256} 种可能。查看到加密后的内容为：

```
[root@linuxprobe~]# cat locker.yml
$ANSIBLE_VAULT;1.1;AES256
38653234313839336138383931663837333533396161343730353530313038313631653439366335
3432346333346239386334663836643432353434373733310a306662303565633762313232663763
38366334316239376262656230643531656665376166663635656436363338626464333430343162
6664643035316133650a333331393538616130656136653630303239663561663237373733373638
62383234303061623865633466336636363961623039343236356336356361613736333739623961
6334303865663838623363333339396637363061626363383266
```

如果不想使用原始密码了呢？也可以使用 rekey 参数手动对文件进行改密操作，同时应结合--ask-vault-pass 参数进行修改，否则 Ansible 服务会因接收不到用户输入的旧密码值而拒绝新的密码变更请求：

```
[root@linuxprobe~]# ansible-vault rekey --ask-vault-pass locker.yml
Vault password: 输入旧的密码
New Vault password: 输入新的密码
Confirm New Vault password: 再输入新的密码
Rekey successful
```

第 4 步：如果想查看和修改加密文件中的内容，该怎么操作呢？对于已经加密过的文件，需要使用 ansible-vault 命令的 edit 参数进行修改，随后用 view 参数即可查看到修改后的内容。ansible-vault 命令对加密文件的编辑操作默认使用的是 Vim 编辑器，在修改完毕后请记得执行 wq 操作保存后退出：

```
[root@linuxprobe~]# ansible-vault edit locker.yml
---
pw_developer: Imadev
pw_manager: Imamgr
pw_production: Imaprod
```

最后，再用 view 参数进行查看，便是最新的内容了：

```
[root@linuxprobe~]# ansible-vault view locker.yml
Vault password: 输入密码后敲击回车确认
---
pw_developer: Imadev
pw_manager: Imamgr
pw_production: Imaprod
```

复习题

1. 当前已经搭建好软件仓库，但却不能用 dnf 命令安装 Ansible 服务。这有可能是什么原因呢？

   答：RHEL 8 系统中默认的 BaseOS 和 AppStream 软件仓库不包含 Ansible 服务软件包，需要额外配置 EPEL 安装源。

2. 当/etc/ansible/ansible.cfg 与～/.ansible.cfg 两个主配置文件都同时存在时，以哪个为准？

答： 个人家目录中的主配置文件的优先级更高。

3. 使用 Ansible 的哪个模块能启动服务，使用 Ansbile 的哪个模块能挂载硬盘设备文件？

   答： 使用 service 模块可以启动服务，使用 mount 模块可以挂载设备文件。

4. 我们想了解一个模块的作用，可以使用什么命令来查询它的帮助信息？

   答： 可以使用 ansible-doc 命令查询模块的帮助信息。

5. Ansible 角色有几种获取方法？

   答： 有 3 种，分别是加载系统内置角色、从外部环境获取角色以及自行创建角色。

6. 在执行剧本文件时，出现了黄色显示的 changed 字样，这表示什么意思？

   答： 表示剧本文件执行成功并进行了修改。

7. 在使用 ansible-vault 命令进行加密时，默认使用的是哪种加密方式？

   答： AES 256。

第 17 章

使用 iSCSI 服务部署网络存储

本章讲解了如下内容：

- iSCSI 技术介绍；
- 创建 RAID 磁盘阵列；
- 配置 iSCSI 服务端；
- 配置 Linux 客户端；
- 配置 Windows 客户端。

本章开篇介绍了计算机硬件存储设备的不同接口技术的优缺点，并由此切入 iSCSI 技术主题的讲解。iSCSI 技术实现了物理硬盘设备与 TCP/IP 网络协议的相互结合，使得用户能够通过互联网方便地访问远程机房提供的共享存储资源。本章将带领大家在 Linux 系统上部署 iSCSI 服务端程序，并分别基于 Linux 系统和 Windows 系统来访问远程的存储资源。通过本章以及第 6 章、第 7 章的学习，读者将进一步理解和掌握如何在 Linux 系统中管理硬盘设备和存储资源，为今后走向运营岗位打下坚实的基础。

17.1 iSCSI 技术介绍

硬盘是计算机硬件设备中重要的组成部分之一，硬盘存储设备读写速度的快慢也会对服务器的整体性能造成影响。第 6 章、第 7 章讲解的硬盘存储结构、RAID 磁盘阵列技术以及 LVM 技术等都是用于存储设备的技术，尽管这些技术有软件层面和硬件层面之分，但是它们都旨在解决硬盘存储设备的读写速度问题，或者竭力保障存储数据的安全。

为了进一步提升硬盘存储设备的读写速度和性能，人们一直在努力改进物理硬盘设备的接口协议。当前的硬盘接口类型主要有 IDE、SCSI 和 SATA 这 3 种。

- **IDE**：一种成熟稳定、价格便宜的并行传输接口。
- **SATA**：一种传输速度更快、数据校验更完整的串行传输接口。
- **SCSI**：一种用于计算机和硬盘、光驱等设备之间系统级接口的通用标准，具有系统资源占用率低、转速高、传输速度快等优点。

无论使用什么类型的硬盘接口，硬盘上的数据总是要通过计算机主板上的总线与 CPU、内存设备进行数据交换，这种物理环境上的限制给硬盘资源的共享带来了各种不便。后来，IBM 公司开始动手研发基于 TCP/IP 协议和 SCSI 接口协议的新型存储技术，这也就是我们目前能看到的互联网小型计算机系统接口（iSCSI，Internet Small Computer System Interface）。

这是一种将 SCSI 接口与以太网技术相结合的新型存储技术，可以用来在网络中传输 SCSI 接口的命令和数据。这样，不仅克服了传统 SCSI 接口设备的物理局限性，实现了跨区域的存储资源共享，而且可以在不停机的状态下扩展存储容量。

为了让各位读者做到知其然，知其所以然，以便在工作中灵活使用这项技术，下面将讲解一下 iSCSI 技术在生产环境中的优势和劣势。首先，iSCSI 存储技术非常便捷，在访问存储资源的形式上发生了很大变化，摆脱了物理环境的限制，同时还可以把存储资源分给多个服务器共同使用，因此是一种非常推荐使用的存储技术。但是，iSCSI 存储技术受到了网速的制约。以往硬盘设备直接通过主板上的总线进行数据传输，现在则需要让互联网作为数据传输的载体和通道，因此传输速率和稳定性是 iSCSI 技术的瓶颈。随着网络技术的持续发展，相信 iSCSI 技术也会随之得以改善。

既然要通过以太网来传输硬盘设备上的数据，那么数据是通过网卡传入到计算机中的么？这就有必要向大家介绍 iSCSI-HBA 卡了（见图 17-1）。与一般的网卡不同（连接网络总线和内存，供计算机上网使用），iSCSI-HBA 卡连接的则是 SCSI 接口或 FC（光纤通道）总线和内存，专门用于在主机之间交换存储数据，其使用的协议也与一般网卡有本质的不同。运行 Linux 系统的服务器会基于 iSCSI 协议把硬盘设备命令与数据打包成标准的 TCP/IP 数据包，然后通过以太网传输到目标存储设备，而当目标存储设备接收到这些数据包后，还需要基于 iSCSI 协议把 TCP/IP 数据包解压成硬盘设备命令与数据。

图 17-1 iSCSI-HBA 卡实拍图

总结来说，iSCSI 技术具有硬件成本低、操作简单、维护方便以及扩展性强等优势，为我们提供了数据集中化存储的服务，而且其以区块为单位的数据存储空间，在简化了存储空间管理步骤的前提下，还增添了存储空间的弹性。对于用户而言，仿佛计算机上多了一块新的“本地硬盘”，可以使用本地的计算机操作系统进行管理，就像是使用本地硬盘那样来使用远程存储空间。这种高扩展性和低组建成本、低维护成本的整合存储方式，正是大部分预算受限的中小企业和办公室所需要的。

17.2 创建 RAID 磁盘阵列

既然要使用 iSCSI 存储技术为远程用户提供共享存储资源，首先要保障用于存放资源的服务器的稳定性与可用性，否则一旦在使用过程中出现故障，则维护的难度相较于本地硬盘设备要更加复杂、困难。因此推荐各位读者按照本书第 7 章讲解的知识来部署 RAID 磁盘阵列组，确保数据的安全性。下面以配置 RAID 5 磁盘阵列组为例进行讲解。考虑到第 7 章已经事无巨细地讲解了 RAID 磁盘阵列技术和配置方法，因此本节不会再重复介绍相关参数的意义以及用途，忘记了的读者可以返回去看一下。

首先在虚拟机中添加 4 块新硬盘，用于创建 RAID 5 磁盘阵列和备份盘，如图 17-2 所示。

图 17-2　添加 4 块用于创建 RAID 5 级别磁盘阵列的新硬盘

启动虚拟机系统，使用 mdadm 命令创建 RAID 磁盘阵列。其中，-Cv 参数为创建阵列并显示过程，/dev/md0 为生成的阵列组名称，-n 3 参数为创建 RAID 5 磁盘阵列所需的硬盘个数，-l 5 参数为 RAID 磁盘阵列的级别，-x 1 参数为磁盘阵列的备份盘个数。在命令后面要逐一写上使用的硬盘名称。另外，还允许使用第 3 章讲解的通配符来指定硬盘设备的名称，感兴趣的读者可以试一下。

```
[root@linuxprobe~]# mdadm -Cv /dev/md0 -n 3 -l 5 -x 1 /dev/sdb /dev/sdc /dev/sdd /dev/sde
mdadm: layout defaults to left-symmetric
mdadm: layout defaults to left-symmetric
mdadm: chunk size defaults to 512K
mdadm: size set to 20954112K
mdadm: Defaulting to version 1.2 metadata
mdadm: array /dev/md0 started.
```

在上述命令成功执行之后，得到一块名称为/dev/md0 的新设备，这是一块 RAID 5 级别的磁盘阵列，并且还有一块备份盘为硬盘数据保驾护航。大家可使用 mdadm -D 命令来查看设备的详细信息。另外，由于在使用远程设备时极有可能出现设备识别顺序发生变化的情况，因此，如果直接在 fstab 挂载配置文件中写入/dev/sdb、/dev/sdc 等设备名称的话，就有可能在下一次挂载了错误的存储设备。而 UUID 值是设备的唯一标识符，用于精确地区分本地或远程设备。于是我们可以把这个值记录下来，一会儿准备填写到挂载配置文件中。

```
[root@linuxprobe~]# mdadm -D /dev/md0
/dev/md0:
           Version : 1.2
     Creation Time : Tue Apr 27 08:06:43 2021
        Raid Level : raid5
        Array Size : 41908224 (39.97 GiB 42.91 GB)
     Used Dev Size : 20954112 (19.98 GiB 21.46 GB)
      Raid Devices : 3
     Total Devices : 4
       Persistence : Superblock is persistent

       Update Time : Tue Apr 27 08:08:28 2021
             State : clean
    Active Devices : 3
   Working Devices : 4
    Failed Devices : 0
     Spare Devices : 1

            Layout : left-symmetric
        Chunk Size : 512K

Consistency Policy : resync

              Name : linuxprobe.com:0  (local to host linuxprobe.com)
              UUID : 759282f9:093dbf7c:a6c4a16d:ed70333c
            Events : 18

    Number   Major   Minor   RaidDevice State
       0       8       16        0      active sync   /dev/sdb
       1       8       32        1      active sync   /dev/sdc
       4       8       48        2      active sync   /dev/sdd

       3       8       64        -      spare   /dev/sde
```

17.3 配置 iSCSI 服务端

iSCSI 技术在工作形式上分为服务端（target）与客户端（initiator）。iSCSI 服务端即用于存放硬盘存储资源的服务器，它作为前面创建的 RAID 磁盘阵列的存储端，能够为用户提供可用的存储资源。iSCSI 客户端则是用户使用的软件，用于访问远程服务端的存储资源。下面按照表 17-1 来配置 iSCSI 服务端和客户端所用的 IP 地址。

表 17-1　　iSCSI 服务端和客户端的操作系统以及 IP 地址

主机名称	操作系统	IP 地址
iSCSI 服务端	RHEL 8	192.168.10.10
iSCSI 客户端	RHEL 8	192.168.10.20

第 1 步：在 RHEL 8/CentOS 8 系统中，默认已经安装了 iSCSI 服务端程序，用户需要做的是配置好软件仓库后安装 iSCSI 服务端的交换式配置工具。相较于直接修改配置文件，通过交互式的配置过程来完成对参数的设定既又方便又安全。在 dnf 命令的后面添加-y 参数后，在安装过程中就不需要再进行手动确认了：

```
[root@linuxprobe~]# dnf install -y targetcli
Updating Subscription Management repositories.
Unable to read consumer identity
This system is not registered to Red Hat Subscription Management. You can use
subscription-manager to register.
Last metadata expiration check: 0:23:54 ago on Tue 27 Apr 2021 08:12:59 AM CST.
Dependencies resolved.
================================================================================
 Package                Arch      Version           Repository          Size
================================================================================
Installing:
 targetcli              noarch    2.1.fb49-1.el8     AppStream           73 k
Installing dependencies:
 python3-configshell    noarch    1:1.1.fb25-1.el8   BaseOS              74 k
 python3-kmod           x86_64    0.9-20.el8         BaseOS              90 k
 python3-pyparsing      noarch    2.1.10-7.el8       BaseOS             142 k
 python3-rtslib         noarch    2.1.fb69-3.el8     BaseOS             100 k
 python3-urwid          x86_64    1.3.1-4.el8        BaseOS             783 k
 target-restore         noarch    2.1.fb69-3.el8     BaseOS              23 k

Transaction Summary
================================================================================
Install   7 Packages
………………省略部分输出信息………………
Installed products updated.

Installed:
targetcli-2.1.fb49-1.el8.noarch python3-configshell-1:1.1.fb25-1.el8.noarch
  python3-kmod-0.9-20.el8.x86_64              python3-pyparsing-2.1.10-7.el8.noarch
  python3-rtslib-2.1.fb69-3.el8.noarch          python3-urwid-1.3.1-4.el8.x86_64
  target-restore-2.1.fb69-3.el8.noarch

Complete!
```

iSCSI 是跨平台的协议，因此用户也可以在 Windows 系统下搭建 iSCSI 服务端，再共享给 Linux 系统主机。不过根据刘遄老师以往的经验，类似于 DataCore 软件公司推出的 SANmelody 或是 FalconStor 软件公司推出的 iSCSI Server for Windows 等软件，在 Windows 系统上使用都是要收费的。

第 2 步：配置 iSCSI 服务端共享资源。targetcli 是用于管理 iSCSI 服务端存储资源的专用配置命令，它能够提供类似于 fdisk 命令的交互式配置功能，将 iSCSI 共享资源的配置内容抽象成“目录”的形式，我们只需将各类配置信息填入到相应的“目录”中即可。这里的难点主要在于认识每个“参数目录”的作用。当把配置参数正确地填写到“目录”中后，iSCSI服务端也就可以提供共享资源服务了。

在执行 targetcli 命令后就能看到交互式的配置界面了。在该界面中允许使用很多 Linux 命令，比如利用 ls 查看目录参数的结构，使用 cd 切换到不同的目录中。

```
[root@linuxprobe~]# targetcli
targetcli shell version 2.1.fb49
Copyright 2011-2013 by Datera, Inc and others.
For help on commands, type 'help'.

/> ls
o- / ....................................................... [...]
  o- backstores ............................................ [...]
  | o- block .............................. [Storage Objects: 0]
  | o- fileio ............................. [Storage Objects: 0]
  | o- pscsi .............................. [Storage Objects: 0]
  | o- ramdisk ............................ [Storage Objects: 0]
  o- iscsi .......................................... [Targets: 0]
  o- loopback ....................................... [Targets: 0]
/>
```

/backstores/block 是 iSCSI 服务端配置共享设备的位置。我们需要把刚刚创建的 RAID 5 磁盘阵列 md0 文件加入到配置共享设备的“资源池”中，并将该文件重新命名为 disk0，这样用户就不会知道是由服务器中的哪块硬盘来提供共享存储资源，而只会看到一个名为 disk0 的存储设备。

```
/> cd /backstores/block
/backstores/block> create disk0 /dev/md0
Created block storage object disk0 using /dev/md0.
/backstores/block> cd /
/> ls
o- / ....................................................... [...]
  o- backstores ............................................ [...]
  | o- block .............................. [Storage Objects: 1]
  | | o- disk0 ......... [/dev/md0 (40.0GiB) write-thru deactivated]
  | |   o- alua ............................... [ALUA Groups: 1]
  | |     o- default_tg_pt_gp .........[ALUA state: Active/optimized]
  | o- fileio ............................. [Storage Objects: 0]
  | o- pscsi .............................. [Storage Objects: 0]
  | o- ramdisk ............................ [Storage Objects: 0]
  o- iscsi .......................................... [Targets: 0]
  o- loopback ....................................... [Targets: 0]
/>
```

第 3 步：创建 iSCSI target 名称及配置共享资源。iSCSI target 名称是由系统自动生成的，这是一串用于描述共享资源的唯一字符串。稍后用户在扫描 iSCSI 服务端时即可看到这个字符串，因此我们不需要记住它。

```
/iscsi> create
Created target iqn.2003-01.org.linux-iscsi.linuxprobe.x8664:sn.745b21d6cad5.
Created TPG 1.
Global pref auto_add_default_portal=true
Created default portal listening on all IPs (0.0.0.0), port 3260.
```

```
/iscsi> ls
o- iscsi ..................................................[Targets: 1]
o- iqn.2003-01.org.linux-iscsi.linuxprobe.x8664:sn.745b21d6cad5 [TPGs: 1]
   o- tpg1 ...................................[no-gen-acls, no-auth]
      o- acls ..............................................[ACLs: 0]
      o- luns ..............................................[LUNs: 0]
      o- portals ........................................[Portals: 1]
        o- 0.0.0.0:3260 .........................................[OK]
```

注：

请注意，在 iSCSI 自动生成的名称中，最后一个.为句号，不是名称中的一部分。

系统在生成这个 target 名称后，还会在/iscsi 参数目录中创建一个与其字符串同名的新“目录”用来存放共享资源。我们需要把前面加入到 iSCSI 共享资源池中的硬盘设备添加到这个新目录中，这样用户在登录 iSCSI 服务端后，即可默认使用这硬盘设备提供的共享存储资源了。

```
/iscsi> cd iqn.2003-01.org.linux-iscsi.linuxprobe.x8664:sn.745b21d6cad5/
/iscsi/iqn.20....745b21d6cad5> cd tpg1/luns
/iscsi/iqn.20...ad5/tpg1/luns> create /backstores/block/disk0
Created LUN 0.
```

第 4 步：设置访问控制列表（ACL）。iSCSI 协议是通过客户端名称进行验证的。也就是说，用户在访问存储共享资源时不需要输入密码，只要 iSCSI 客户端的名称与服务端中设置的访问控制列表中某一名称条目一致即可，因此需要在 iSCSI 服务端的配置文件中写入一串能够验证用户信息的名称。acls 参数目录用于存放能够访问 iSCSI 服务端共享存储资源的客户端名称。推荐在刚刚系统生成的 iSCSI target 后面追加上类似于:client 的参数，这样既能保证客户端的名称具有唯一性，又非常便于管理和阅读：

```
/iscsi/iqn.20...ad5/tpg1/luns> cd ..
/iscsi/iqn.20...21d6cad5/tpg1> cd acls
/iscsi/iqn.20...ad5/tpg1/acls> create iqn.2003-01.org.linux-iscsi.linuxprobe.x8
664:sn.745b21d6cad5:client
Created Node ACL for iqn.2003-01.org.linux-iscsi.linuxprobe.x8664:sn.745b21d6ca
d5:client
Created mapped LUN 0.
```

第 5 步：设置 iSCSI 服务端的监听 IP 地址和端口号。位于生产环境中的服务器上可能有多块网卡，那么到底是由哪个网卡或 IP 地址对外提供共享存储资源呢？在配置文件中默认是允许所有网卡提供 iSCSI 服务，如果您认为这有些许不安全，可以手动删除：

```
/iscsi/iqn.20...ad5/tpg1/acls> cd ../portals/
/iscsi/iqn.20.../tpg1/portals> ls
o- portals ........................................ [Portals: 1]
  o- 0.0.0.0:3260 .............................................. [OK]
/iscsi/iqn.20.../tpg1/portals> delete 0.0.0.0 3260
Deleted network portal 0.0.0.0:3260
```

继续进行设置，使系统使用服务器 IP 地址 192.168.10.10 的 3260 端口向外提供 iSCSI 共享存储资源服务：

```
/iscsi/iqn.20.../tpg1/portals> create 192.168.10.10
Using default IP port 3260
Created network portal 192.168.10.10:3260.
```

第 6 步：在参数文件配置妥当后，浏览刚刚配置的信息，确保上述提到的"目录"都已经填写了正确的内容。在确认信息无误后输入 exit 命令退出配置。注意，千万不要习惯性地按 Ctrl + C 组合键结束进程，这样不会保存配置文件，我们的工作也就白费了。

```
/iscsi/iqn.20.../tpg1/portals> cd /
/> ls
o- / ......................................................................[...]
  o- backstores ...........................................................[...]
  | o- block ...............................................[Storage Objects: 1]
  | | o- disk0 ........... [/dev/md0 (40.0GiB) write-thru activated]
  | |   o- alua ................................................[ALUA Groups: 1]
  | |     o- default_tg_pt_gp .........          [ALUA state: Active/optimized]
  | o- fileio ..............................................[Storage Objects: 0]
  | o- pscsi ...............................................[Storage Objects: 0]
  | o- ramdisk .............................................[Storage Objects: 0]
  o- iscsi .........................................................[Targets: 1]
  |o- iqn.2003-01.org.linux-iscsi.linuxprobe.x8664:sn.745b21d6cad5  [TPGs: 1]
  |   o- tpg1 ......................................[no-gen-acls, no-auth]
  |     o- acls ......................................................[ACLs: 1]
  |     | o-iqn.2003-01.org.linux-iscsi.linuxprobe.x8664:sn.745b21d6cad5:client
                                                             [Mapped LUNs: 1]
  |     |   o- mapped_lun0 ............................[lun0 block/disk0 (rw)]
  |     o- luns ......................................................[LUNs: 1]
  |     | o- lun0 ....... [block/disk0 (/dev/md0) (default_tg_pt_gp)]
  |     o- portals ................................................[Portals: 1]
  |       o- 192.168.10.10:3260 ..................................................[OK]
  o- loopback ......................................................[Targets: 0]
/> exit
Global pref auto_save_on_exit=true
Configuration saved to /etc/target/saveconfig.json
```

清空 iptables 防火墙中的默认策略，设置 firewalld 防火墙，使其放行 iSCSI 服务或 3260/TCP 端口号：

```
[root@linuxprobe~]# iptables -F
[root@linuxprobe~]# iptables-save
[root@linuxprobe~]# firewall-cmd --permanent --add-port=3260/tcp
success
[root@linuxprobe~]# firewall-cmd --reload
success
```

17.4 配置 Linux 客户端

我们在前面的章节中已经配置了很多 Linux 服务，基本上可以说，无论是什么服务，客户端的配置步骤都要比服务端的配置步骤简单一些。在 RHEL 8 系统中，已经默认安装了 iSCSI 客户端服务程序 initiator。如果您的系统没有安装的话，可以使用软件仓库手动安装。

```
[root@linuxprobe~]# dnf install iscsi-initiator-utils
Updating Subscription Management repositories.
Unable to read consumer identity
This system is not registered to Red Hat Subscription Management. You can use
subscription-manager to register.
Last metadata expiration check: 0:00:04 ago on Tue 27 Apr 2021 01:34:47 AM CST.
Package iscsi-initiator-utils-6.2.0.876-7.gitf3c8e90.el8.x86_64 is already
installed.
Dependencies resolved.
Nothing to do.
Complete!
```

前面讲到，iSCSI 协议是通过客户端的名称来进行验证的，而该名称也是 iSCSI 客户端的唯一标识，而且必须与服务端配置文件中访问控制列表中的信息一致，否则客户端在尝试访问存储共享设备时，系统会弹出验证失败的保存信息。

下面编辑 iSCSI 客户端中的 initiator 名称文件，把服务端的访问控制列表名称填写进来，然后重启客户端 iscsid 服务程序并将其加入到开机启动项中：

```
[root@linuxprobe~]# vim /etc/iscsi/initiatorname.iscsi
InitiatorName=iqn.2003-01.org.linux-iscsi.linuxprobe.x8664:sn.745b21d6cad5:client
[root@linuxprobe~]# systemctl restart iscsid
[root@linuxprobe~]# systemctl enable  iscsid
Created symlink /etc/systemd/system/multi-user.target.wants/iscsid.service→ /
usr/lib/systemd/system/iscsid.service.
```

iSCSI 客户端访问并使用共享存储资源的步骤很简单，只需要记住刘遄老师的一个小口诀"先发现，再登录，最后挂载并使用"。iscsiadm 是用于管理、查询、插入、更新或删除 iSCSI 数据库配置文件的命令行工具，用户需要先使用这个工具扫描发现远程 iSCSI 服务端，然后查看找到的服务端上有哪些可用的共享存储资源。其中，-m discovery 参数的目的是扫描并发现可用的存储资源，-t st 参数为执行扫描操作的类型，-p 192.168.10.10 参数为 iSCSI 服务端的 IP 地址：

```
[root@linuxprobe~]# iscsiadm -m discovery -t st -p 192.168.10.10
192.168.10.10:3260,1 iqn.2003-01.org.linux-iscsi.linuxprobe.x8664:sn.745b21d6cad5
```

在使用 iscsiadm 命令发现了远程服务器上可用的存储资源后，接下来准备登录 iSCSI 服务端。其中，-m node 参数为将客户端所在主机作为一台节点服务器，-T 参数为要使用的存储资源（大家可以直接复制前面命令中扫描发现的结果，以免录入错误），-p 192.168.10.10 参数依然为对方 iSCSI 服务端的 IP 地址。最后使用--login 或-l 参数进行登录验证。

```
[root@linuxprobe~]# iscsiadm -m node -T iqn.2003-01.org.linux-iscsi.linuxprobe.
x8664:sn.745b21d6cad5 -p 192.168.10.10 --login
Logging in to [iface: default, target: iqn.2003-01.org.linux-iscsi.linuxprobe.
x8664:sn.745b21d6cad5, portal: 192.168.10.10,3260] (multiple)
Login to [iface: default, target: iqn.2003-01.org.linux-iscsi.linuxprobe.x8664:
sn.745b21d6cad5, portal: 192.168.10.10,3260] successful.
```

在 iSCSI 客户端成功登录之后，会在客户端主机上多出一块名为/dev/sdb 的设备文件。第 6 章曾经讲过，udev 服务在命名硬盘名称时，与硬盘插槽是没有关系的。接下来便能够像使用本地主机上的硬盘那样来操作这个设备文件了。

```
[root@linuxprobe~]# ls -l /dev/sdb
```

```
brw-rw----. 1 root disk 8, 16 Apr 27 01:43 /dev/sdb
[root@linuxprobe~]# file /dev/sdb
/dev/sdb: block special (8/16)
```

下面进入标准的磁盘操作流程。考虑到大家已经在第 6 章学习了这部分内容，外加这个设备文件本身只有 40GB 的容量，因此不必进行分区，而是直接格式化并挂载使用。

```
[root@linuxprobe~]# mkfs.xfs /dev/sdb
meta-data=/dev/sdb          isize=512    agcount=16, agsize=654720 blks
         =                  sectsz=512   attr=2, projid32bit=1
         =                  crc=1        finobt=1, sparse=1, rmapbt=0
         =                  reflink=1
data     =                  bsize=4096   blocks=10475520, imaxpct=25
         =                  sunit=128    swidth=256 blks
naming   =version 2         bsize=4096   ascii-ci=0, ftype=1
log      =internal log      bsize=4096   blocks=5120, version=2
         =                  sectsz=512   sunit=0 blks, lazy-count=1
realtime =none              extsz=4096   blocks=0, rtextents=0
[root@linuxprobe~]# mkdir /iscsi
[root@linuxprobe~]# mount /dev/sdb /iscsi/
```

不放心的话，可以使用 df 命令查看挂载情况：

```
[root@linuxprobe~]# df -h
Filesystem              Size  Used Avail Use% Mounted on
devtmpfs                969M     0  969M   0% /dev
tmpfs                   984M     0  984M   0% /dev/shm
tmpfs                   984M  9.6M  974M   1% /run
tmpfs                   984M     0  984M   0% /sys/fs/cgroup
/dev/mapper/rhel-root    17G  3.9G   14G  23% /
/dev/sr0                6.7G  6.7G     0 100% /media/cdrom
/dev/sda1              1014M  152M  863M  15% /boot
tmpfs                   197M   16K  197M   1% /run/user/42
tmpfs                   197M  3.5M  194M   2% /run/user/0
/dev/sdb                 40G  319M   40G   1% /iscsi
```

从此以后，这个设备文件就如同是客户端本机上的硬盘那样工作。需要提醒大家的是，由于 udev 服务是按照系统识别硬盘设备的顺序来命名硬盘设备的，当客户端主机同时使用多个远程存储资源时，如果下一次识别远程设备的顺序发生了变化，则客户端挂载目录中的文件也将随之混乱。为了防止发生这样的问题，应该在/etc/fstab 配置文件中使用设备的 UUID 进行挂载。这样，不论远程设备资源的识别顺序再怎么变化，系统也能正确找到设备所对应的目录。

blkid 命令用于查看设备的名称、文件系统及 UUID。可以使用管道符（详见第 3 章）进行过滤，只显示与/dev/sdb 设备相关的信息：

```
[root@linuxprobe~]# blkid | grep /dev/sdb
/dev/sdb: UUID="0937b4ec-bada-4a09-9f99-9113296ab72d" TYPE="xfs"
```

刘遄老师还要再啰嗦一句，由于/dev/sdb 是一块网络存储设备，而 iSCSI 协议是基于 TCP/IP 网络传输数据的，因此必须在/etc/fstab 配置文件中添加上_netdev 参数，表示当系统联网后再进行挂载操作，以免系统开机时间过长或开机失败：

```
[root@linuxprobe~]# vim /etc/fstab
#
```

```
# /etc/fstab
# Created by anaconda on Thu Feb 25 10:42:11 2021
#
# Accessible filesystems, are maintained under '/dev/disk/'.
# See man pages fstab(5), findfs(8), mount(8) and blkid(8) for more info.
#
# After editing, run 'systemctl daemon-reload' to update systemd
# units generated from this file.
#
/dev/mapper/rhel-root                        /              xfs      defaults  0 0
UUID=37d0bdc6-d70d-4cc0-b356-51195ad90369    /boot          xfs      defaults  0 0
/dev/mapper/rhel-swap                        swap           swap     defaults  0 0
/dev/cdrom                                   /media/cdrom   iso9660  defaults  0 0
UUID="0937b4ec-bada-4a09-9f99-9113296ab72d"  /iscsi         xfs      defaults  0 0
```

如果我们不再需要使用 iSCSI 共享设备资源了，可以用 iscsiadm 命令的-u 参数将其设备卸载：

```
[root@linuxprobe~]# iscsiadm -m node -T iqn.2003-01.org.linux-iscsi.linuxprobe.
x8664:sn.745b21d6cad5 -u
Logging out of session [sid: 1, target: iqn.2003-01.org.linux-iscsi.linuxprobe.
x8664:sn.745b21d6cad5, portal: 192.168.10.10,3260]
Logout of [sid: 1, target: iqn.2003-01.org.linux-iscsi.linuxprobe.x8664:sn.745b
21d6cad5, portal: 192.168.10.10,3260] successful.
```

这种获取 iSCSI 远程存储的方法依赖的是 RHEL 8 系统自带的 iSCSI initiator 软件程序。该软件程序将以太网卡虚拟成 iSCSI 卡，进而接收数据，然后基于 TCP/IP 协议在主机与 iSCSI 存储设备之间实现数据传输功能。这种方式仅需主机与网络即可实现，因此成本是最低的。但是，在采用这种方式传输数据时，与 iSCSI 和 TCP/IP 相关的命令数据会消耗客户端自身的 CPU 计算性能，因此存在一定的额外开销。一般建议在低 I/O 或者低带宽要求的环境中使用这种方式。

如果在后续的生产环境中需要进行大量的远程数据存储，建议自行配备 iSCSI HBA（Host Bus Adapter，主机总线适配器）硬件卡设备，并将其安装到 iSCSI 服务器上，从而实现 iSCSI 服务器与交换机之间、iSCSI 服务器与客户端之间的高效数据传输。与 initiator 的软件方式相比，iSCSI HBA 硬件卡设备不需要消耗 CPU 计算性能，而且它是专用的远程数据存储设备，因此对 iSCSI 的支持也会更好。但是，iSCSI HBA 硬件卡设备的价格会稍微贵一些，大家需要在性能和成本之间进行权衡。

17.5 配置 Windows 客户端

使用 Windows 系统的客户端也可以正常访问 iSCSI 服务器上的共享存储资源，而且操作原理及步骤与 Linux 系统的客户端基本相同。在进行下面的实验之前，请先关闭 Linux 系统客户端，以免这两台客户端主机同时使用 iSCSI 共享存储资源而产生潜在问题。下面按照表 17-2 来配置 iSCSI 服务器和 Windows 客户端所用的 IP 地址。

表 17-2　　iSCSI 服务器和客户端的操作系统以及 IP 地址

主机名称	操作系统	IP 地址
iSCSI 服务端	RHEL 8	192.168.10.10
Windows 系统客户端	Windows 10	192.168.10.30

第 1 步：运行 iSCSI 发起程序。在 Windows 10 操作系统中已经默认安装了 iSCSI 客户端程序，我们只需在控制面板中找到“系统和安全”标签，然后单击“管理工具”（见图 17-3），进入到“管理工具”页面后即可看到“iSCSI 发起程序”图标。双击该图标，在第一次运行 iSCSI 发起程序时，系统会提示“Microsoft iSCSI 服务端未运行”，单击“是”按钮即可自动启动并运行 iSCSI 发起程序，如图 17-4 所示。

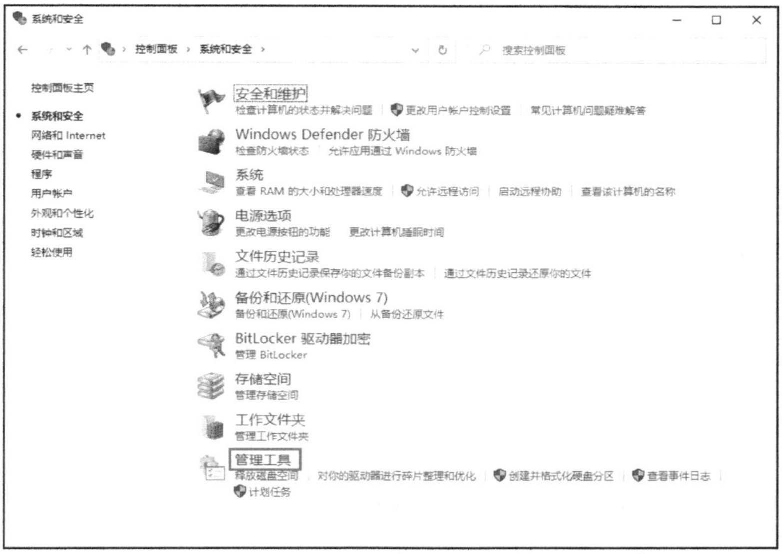

图 17-3　在控制面板中单击“管理工具”

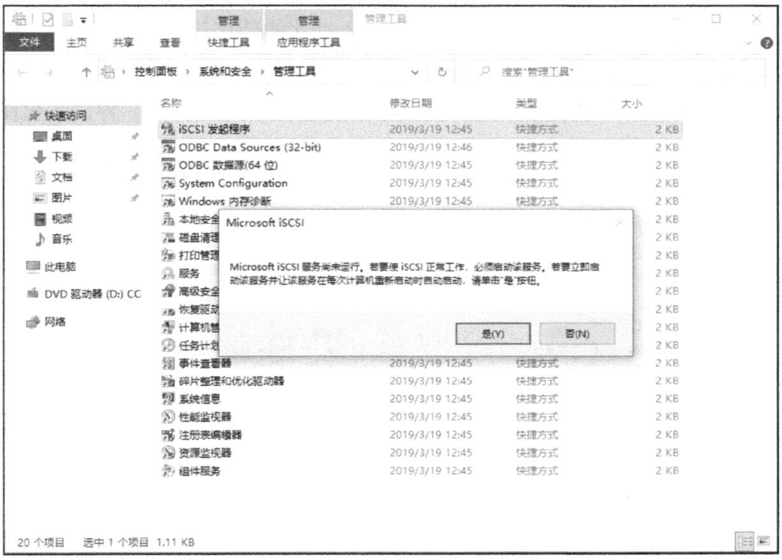

图 17-4　双击“iSCSI 发起程序”图标

第 2 步：扫描发现 iSCSI 服务端上可用的存储资源。不论是 Windows 系统还是 Linux 系统，要想使用 iSCSI 共享存储资源，都必须先进行扫描发现操作。运行 iSCSI 发起程序后在“目标”选项卡的“目标”文本框中写入 iSCSI 服务端的 IP 地址，然后单击“快速连接”按钮，如图 17-5 所示。

在弹出的“快速连接”对话框中可看到共享的硬盘存储资源，此时显示“无法登录到目标”属于正常情况，单击“完成”按钮即可，如图 17-6 所示。

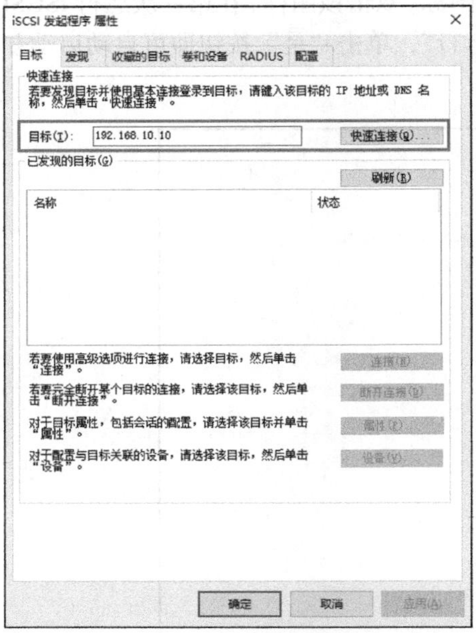

图 17-5　填写 iSCSI 服务端的 IP 地址

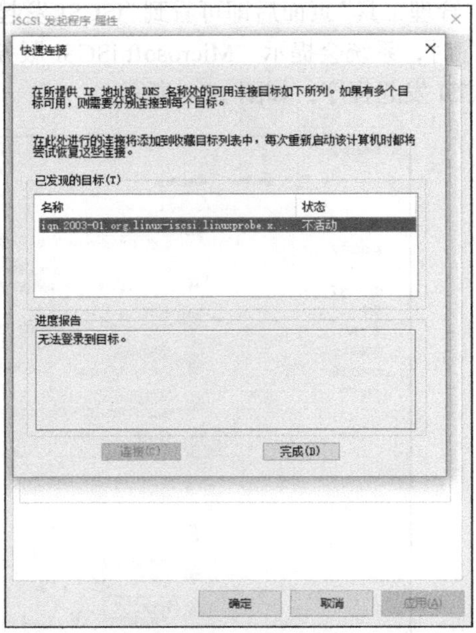

图 17-6　在“快速连接”提示框中看到的共享的硬盘存储资源

回到“目标”选项卡页面，可以看到共享存储资源的名称已经出现，如图 17-7 所示。

第 3 步：准备连接 iSCSI 服务端的共享存储资源。由于在 iSCSI 服务端程序上设置了 ACL，使得只有客户端名称与 ACL 策略中的名称保持一致时才能使用远程存储资源，因此首先需要在“配置”选项卡中单击“更改”按钮（见图 17-8），随后在修改界面写入 iSCSI 服务器配置过的 ACL 策略名称（见图 17-9），最后重新返回到 iSCSI 发起程序的“目标”界面（见图 17-10）。

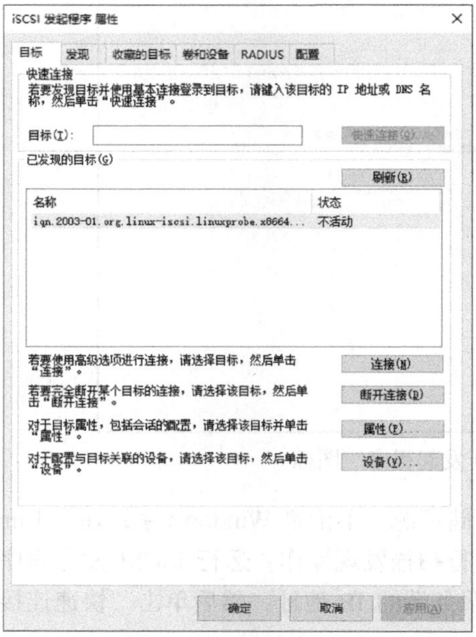

图 17-7　在“目标”选项卡中看到了共享存储资源

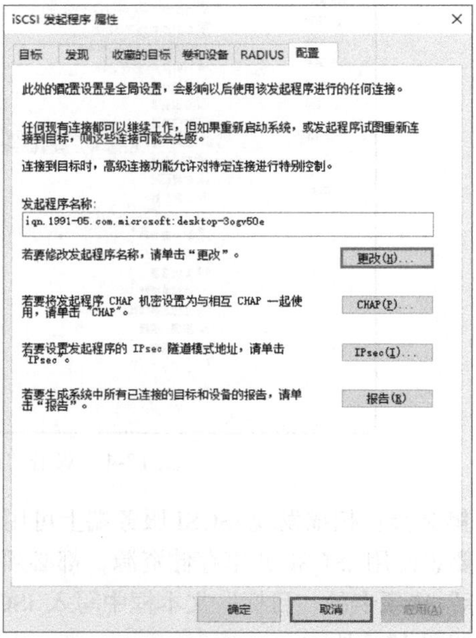

图 17-8　更改客户端的发起程序名称

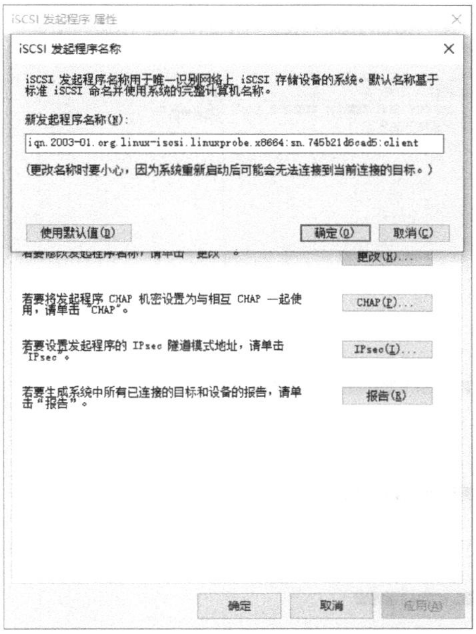

图 17-9 写入配置过的 ACL 策略名称

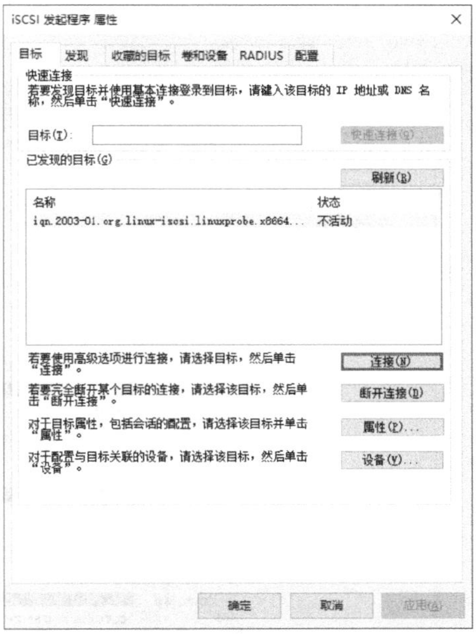

图 17-10 返回到"目标"界面

在确认 iSCSI 发起程序名称与 iSCSI 服务器 ACL 策略一致后，重新单击"连接"按钮，如图 17-11 所示，并单击"确认"按钮。大约 1～3 秒后，状态会更新为"已连接"，如图 17-12 所示。

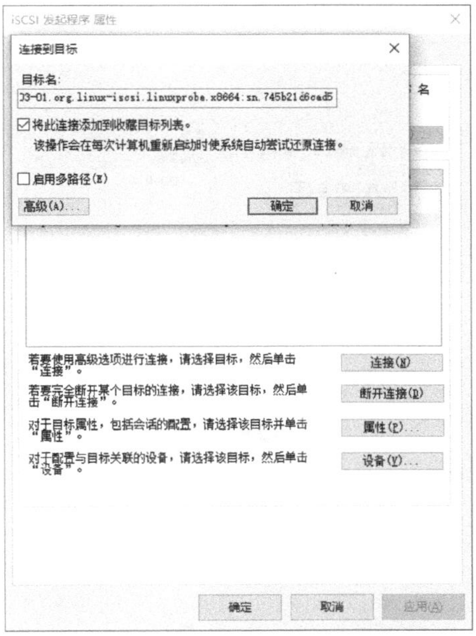

图 17-11 尝试连接 iSCSI 存储目标

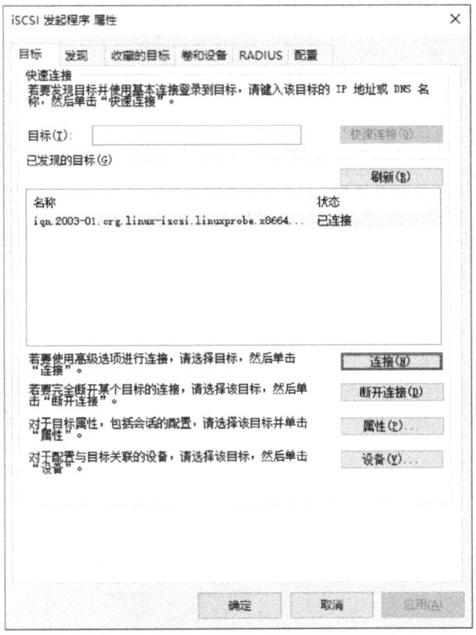

图 17-12 成功连接到远程共享存储资源

第 4 步：访问 iSCSI 远程共享存储资源。右键单击桌面上的"计算机"图标，打开计算机管理程序，如图 17-13 所示。

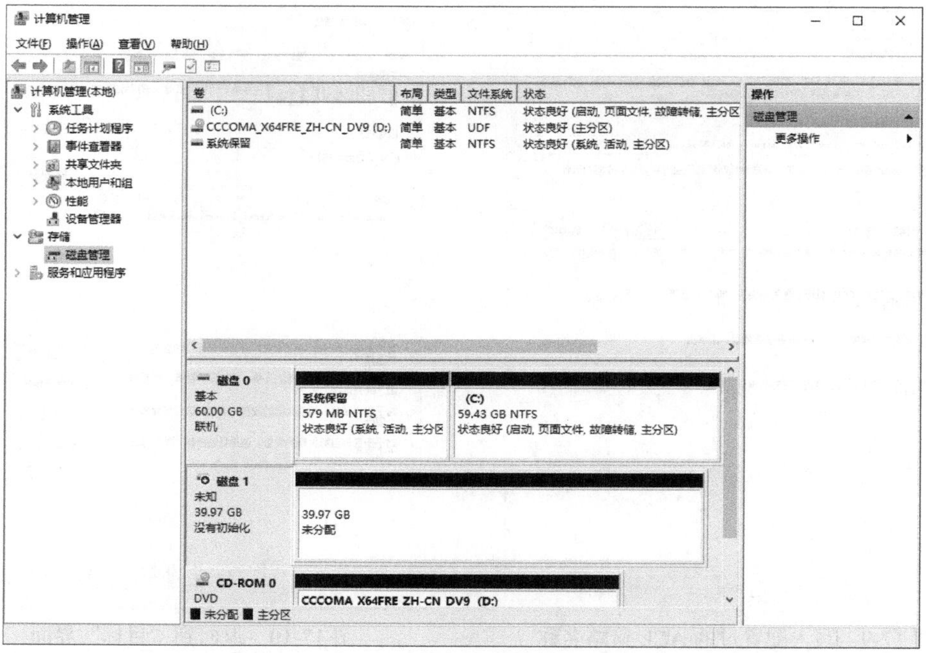

图 17-13　计算机管理程序的界面

开始对磁盘进行初始化操作，如图 17-14 所示。Windows 系统用来初始化磁盘设备的步骤十分简单，各位读者都可以玩得转 Linux 系统，相信 Windows 系统就更不在话下了。Windows 系统的初始化过程步骤如图 17-15～图 17-21 所示。

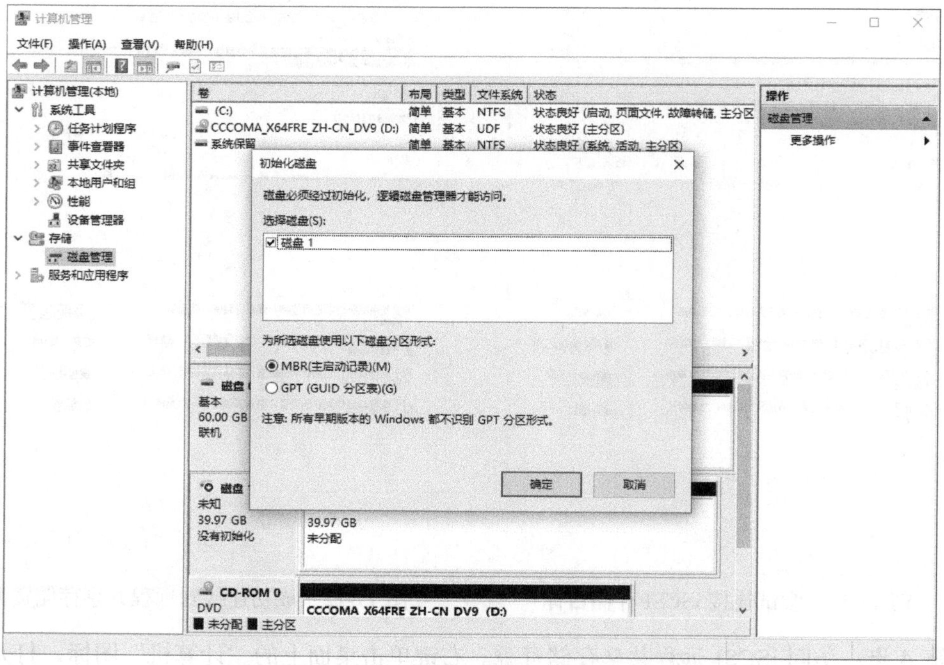

图 17-14　对磁盘设备进行初始化操作

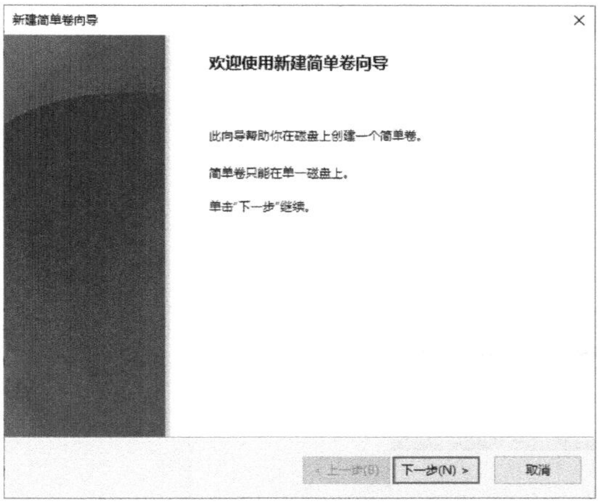

图 17-15　开始使用"新建简单卷向导"

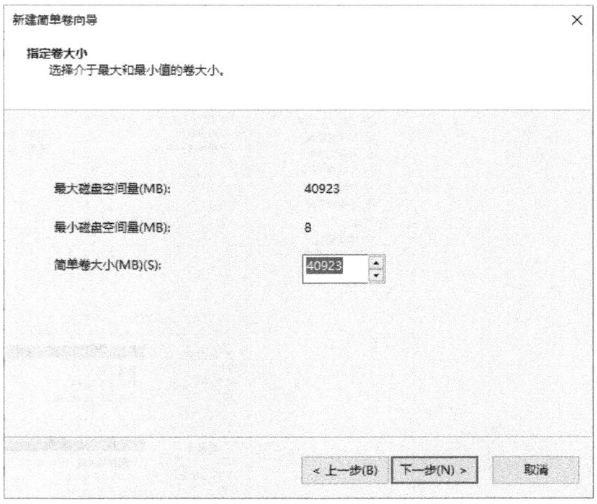

图 17-16　对磁盘设备进行分区操作

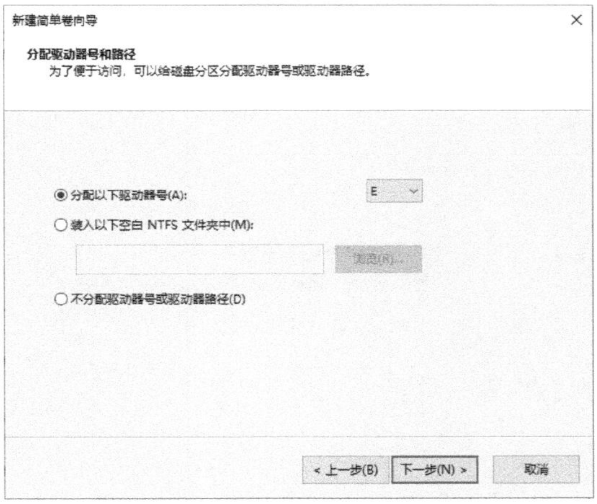

图 17-17　设置系统中显示的盘符

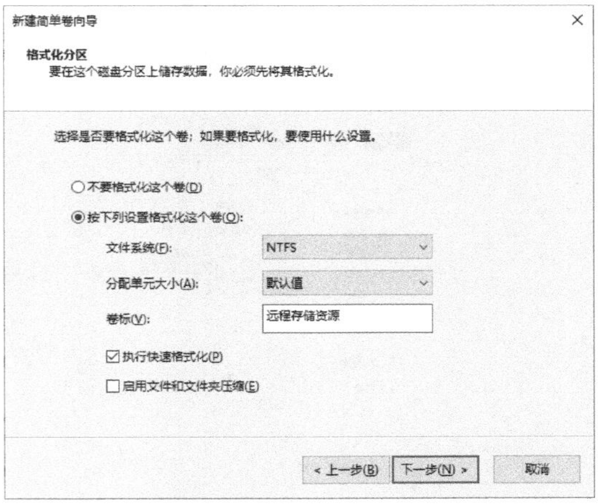

图 17-18　设置磁盘设备的格式以及卷标

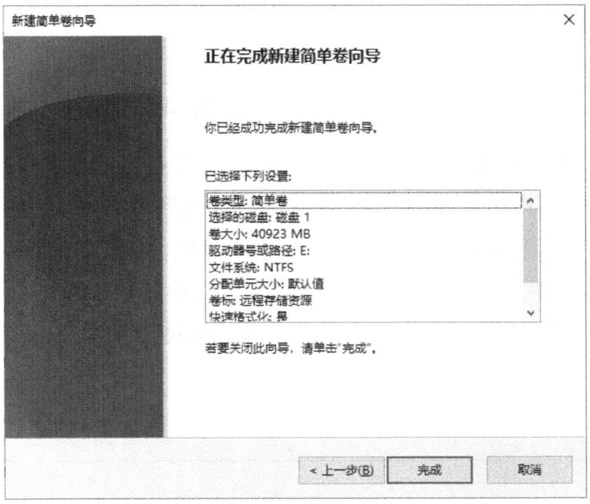

图 17-19　检查磁盘初始化信息是否正确

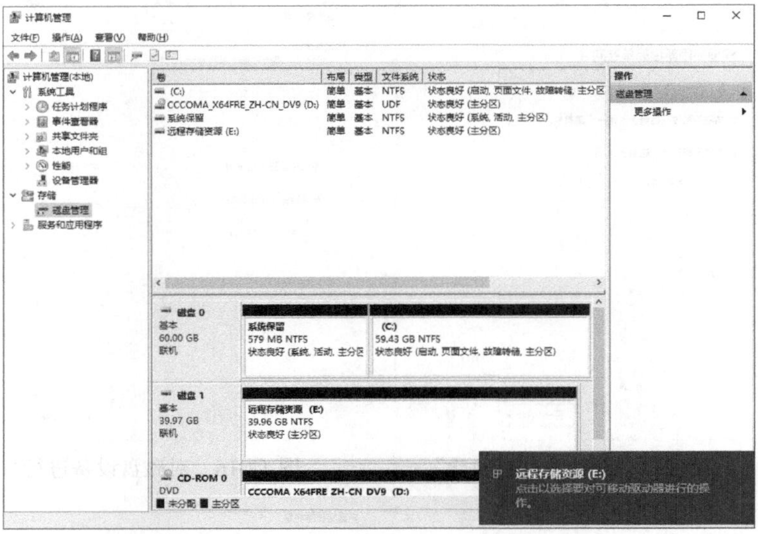

图 17-20 等待磁盘设备初始化过程结束

图 17-21 磁盘初始化完毕后弹出设备图标

接下来即可进入正常的使用过程。由于整个传输过程是完全透明的，而且像一块本地硬盘那样稳定，因此不知情的用户可能都察觉不到这是一块远程存储设备。不过，这只是理论状态，实际上的 iSCSI 数据传输速率并不能完全达到本地硬盘的性能，会或多或少地受到网络带宽的影响，只不过差别不明显罢了。考虑到 iSCSI 存储技术还有一个优势，就是安全性高，这对于数据集中存储来讲显得十分重要。因此，在进行数据存储与传输时，iSCSI 值得一试！

复习题

1. 简述 iSCSI 存储技术在生产环境中的作用。

   答：iSCSI 存储技术通过把硬件存储设备与 TCP/IP 网络协议相互结合，使得用户可以通过互联网方便地访问远程机房提供的共享存储资源。

2. 在 Linux 系统中，iSCSI 服务端和 iSCSI 客户端所使用的服务程序分别叫什么？
   答： iSCSI 服务端程序为 targetd，iSCSI 客户端程序为 initiator。

3. 在使用 targetcli 命令配置 iSCSI 服务端配置文件时，acls 与 portals 参数目录中分别存放什么内容？
   答： acls 参数目录用于存放能够访问 iSCSI 服务端共享存储资源的客户端名称，portals 参数目录用于定义由服务器的哪个 IP 地址对外提供共享存储资源服务。

4. iSCSI 协议占用了服务器的哪个协议和端口号？
   答： iSCSI 协议占用了服务器 TCP 协议的 3260 端口号。

5. 用户在填写 fstab 设备挂载配置文件时，一般会把远程存储资源的 UUID（而非设备的名称）填写到配置文件中。这是为什么？
   答： 在 Linux 系统中，设备名称是由 udev 服务进行管理的，而 udev 服务的设备命名规则是由设备类型及系统识别顺序等信息共同组成的。考虑到网络存储设备具有识别顺序不稳定的特点，所以为了避免识别顺序混乱造成的挂载错误问题，故使用 UUID 进行挂载操作。

6. 在使用 Windows 系统来访问 iSCSI 共享存储资源时，它有两个步骤与 Linux 系统一样。请说明是哪两个步骤。
   答： 扫描并发现服务端上可用的 iSCSI 共享存储资源；验证登录。

第 18 章

使用 MariaDB 数据库管理系统

本章讲解了如下内容：

- 数据库管理系统；
- 初始化 mariadb 服务；
- 管理用户以及授权；
- 创建数据库与表单；
- 管理表单及数据；
- 数据库的备份及恢复。

MySQL 数据库项目自从被 Oracle 公司收购之后，从开源软件转变成为了“闭源”软件，这导致 IT 行业中的很多企业以及厂商纷纷选择使用了数据库软件的后起之秀——MariaDB 数据库管理系统。MariaDB 数据库管理系统也因此快速占据了市场。

本章将介绍数据库以及数据库管理系统的理论知识，然后再介绍 MariaDB 数据库管理系统的内容，最后将通过动手实验的方式，帮助各位读者掌握 MariaDB 数据库管理系统的一些常规操作。比如，用户的创建与管理、用户权限的授权；新建数据库、新建数据库表单；对数据库执行新建、删除、修改和查询等操作。本章最后还介绍了数据库的备份与恢复方法，确保读者不仅能做到“增删改查”，而且能胜任生产环境中的数据库管理工作。

18.1 数据库管理系统

数据库是指按照某些特定结构来存储数据资料的数据仓库。在当今这个大数据技术迅速崛起的年代，互联网上每天都会生成海量的数据信息，数据库技术也从最初只能存储简单的表格数据的单一集中存储模式，发展到了现如今存储海量数据的大型分布式模式。在信息化社会中，能够充分有效地管理和利用各种数据，挖掘其中的价值，是进行科学研究与决策管理的重要前提。同时，数据库技术也是信息管理系统、办公自动化系统、决策支持系统等各类信息系统的核心组成部分，是进行科学研究和决策管理的重要技术手段。

数据库管理系统是一种能够对数据库中存放的数据进行建立、修改、删除、查找、维护等操作的软件程序。它通过把计算机中具体的物理数据转换成适合用户理解的抽象逻辑数据，有效地降低数据库管理的技术门槛，因此即便是从事 Linux 运维工作的工程师也可以对数据库进行基本的管理操作。但是，刘遄老师有必要提醒各位读者，本书的技术主线依然是 Linux 系统的运维，而数据库管理系统只不过是在此主线上的一个内容不断横向扩展、纵向加深的分支，不能指望在一两天之内就可以精通数据库管理技术。如果有读者在学完本章内容之后对数据库管理技术产生了浓厚兴趣，并希望谋得一份相关的工作，那么就需要额外为自己定制一个学习规划了。

既然是讲解数据库管理技术，就肯定绕不开 MySQL。MySQL 是一款市场占有率非常高的数据库管理系统，技术成熟，配置步骤相对简单，而且具有良好的可扩展性。但是，由于 Oracle 公司在 2009 年收购了 MySQL 的母公司 Sun，因此 MySQL 数据库项目也随之纳入 Oracle 麾下，逐步演变为保持着开源软件的身份，但又申请了多项商业专利的软件系统。开源软件是全球黑客、极客、程序员等技术高手在开源社区的大旗下的公共智慧的结晶，自己的劳动成果被其他公司商业化自然也伤了一大批开源工作者的心，因此 MySQL 项目的创始人重新研发了一款名为 MariaDB 的全新数据库管理系统。

注：

MariaDB 是由 MySQL 项目创始人 Michael Widenius 带领着团队开发的。根据 MariaDB 官网的介绍，Michael Widenius 有两个可爱的小天使女儿，大女儿叫 My，而二女儿叫 Maria，因此 MariaDB 成为他用亲人名字命名的第二款软件（第一款显然是 MySQL）。

MariaDB 和 MySQL 的 Logo 如图 18-1 所示。

图 18-1　MariaDB 与 MySQL 数据库管理系统的 Logo

MariaDB 当前由开源社区进行维护，是 MySQL 的分支产品，而且与 MySQL 具有高度的兼容性，与 MySQL API 和命令均保持一致。并且 MariaDB 还自带了一个新的存储引擎 Aria，用于替代 MyISAM。因此，MariaDB 与 MySQL 一样好用。

与此同时，由于各大公司之间存在着竞争关系或利益关系，外加 MySQL 在被收购之后逐渐由开源向闭源软件转变，很多公司抛弃了 MySQL。当前，谷歌、维基百科等决定将 MySQL 数据库上的业务转移到 MariaDB 数据库，Linux 开源系统的领袖红帽公司也决定在 RHEL 8、CentOS 8 以及最新的 Fedora 系统中，将 MariaDB 作为默认的数据库管理系统，而且红帽公司更是将数据库知识加入到了 RHCE 认证的考试内容中。随后，还有数十个常见的 Linux 系统（如 openSUSE、Slackware 等）也做出了同样的表态。

但是，坦白来讲，虽然 IT 行业巨头都决定采用 MariaDB 数据库管系统，但这并不意味着 MariaDB 较之于 MySQL 有明显的优势。刘遄老师用了近两周的时间测试了 MariaDB 与 MySQL 的区别，并进行了多项性能测试，并没有发现媒体所说的那种明显的优势。可以说，MariaDB 和 MySQL 在性能上基本保持一致，两者的操作命令也十分相似。从务实的角度来讲，在掌握了 MariaDB 数据库的命令和基本操作之后，在今后的工作中即使遇到 MySQL 数据库，也可以快速上手。

18.2　初始化 mariadb 服务

相较于 MySQL，MariaDB 数据库管理系统有了很多新鲜的扩展特性，例如对微秒级别的支持、线程池、子查询优化、进程报告等。在配置妥当软件仓库后，即可安装部署 MariaDB

数据库主程序及服务端程序了。

```
[root@linuxprobe~]# dnf install -y mariadb mariadb-server
Updating Subscription Management repositories.
Unable to read consumer identity
This system is not registered to Red Hat Subscription Management. You can use
subscription-manager to register.
Last metadata expiration check: 0:00:19 ago on Tue 27 Apr 2021 05:04:27 PM CST.
Dependencies resolved.
================================================================================
 Package         Arch     Version         Repository      Size
================================================================================
Installing:
 mariadb                    x86_64 3:10.3.11-1.module+el8+2765+cfa4f87b  AppStream  6.2 M
 mariadb-server             x86_64 3:10.3.11-1.module+el8+cfa4f87b       AppStream   16 M
Installing dependencies:
 mariadb-common             x86_64 3:10.3.11-1.module+el8+cfa4f87b       AppStream   62 k
 mariadb-connector-c        x86_64 3.0.7-1.el8                           AppStream  148 k
 mariadb-connector-c-config noarch 3.0.7-1.el8                           AppStream   13 k
 mariadb-errmsg             x86_64 3:10.3.11-1.module+el8+cfa4f87b       AppStream  232 k
 perl-DBD-MySQL             x86_64 4.046-2.module+el8+0650e81c           AppStream  156 k
Installing weak dependencies:
 mariadb-backup             x86_64 3:10.3.11-1.module+el8+cfa4f87b       AppStream  6.2 M
 mariadb-gssapi-server      x86_64 3:10.3.11-1.module                    AppStream   49 k
 mariadb-server-utils       x86_64 3:10.3.11-1.module+el8                AppStream  1.6 M
Enabling module streams:
 mariadb                           10.3
 perl-DBD-MySQL                    4.046

Transaction Summary
================================================================================
Install  10 Packages
………………省略部分输出信息………………
Installed:
  mariadb-3:10.3.11-1.module+el8+2765+cfa4f87b.x86_64
  mariadb-server-3:10.3.11-1.module+el8+2765+cfa4f87b.x86_64
  mariadb-backup-3:10.3.11-1.module+el8+2765+cfa4f87b.x86_64
  mariadb-gssapi-server-3:10.3.11-1.module+el8+2765+cfa4f87b.x86_64
  mariadb-server-utils-3:10.3.11-1.module+el8+2765+cfa4f87b.x86_64
  mariadb-common-3:10.3.11-1.module+el8+2765+cfa4f87b.x86_64
  mariadb-connector-c-3.0.7-1.el8.x86_64
  mariadb-connector-c-config-3.0.7-1.el8.noarch
  mariadb-errmsg-3:10.3.11-1.module+el8+2765+cfa4f87b.x86_64
  perl-DBD-MySQL-4.046-2.module+el8+2515+0650e81c.x86_64

Complete!
```

在安装完毕后，记得启动服务程序，并将其加入到开机启动项中：

```
[root@linuxprobe~]# systemctl start  mariadb
[root@linuxprobe~]# systemctl enable mariadb
Created symlink /etc/systemd/system/mysql.service→ /usr/lib/systemd/system/
mariadb.service.
Created symlink /etc/systemd/system/mysqld.service→ /usr/lib/systemd/system/
mariadb.service.
Created symlink /etc/systemd/system/multi-user.target.wants/mariadb.service→ /
usr/lib/systemd/system/mariadb.service.
```

在确认 mariadb 数据库软件程序安装完毕并成功启动后请不要立即使用。为了确保数据库的安全性和正常运转，需要先对数据库程序进行初始化操作。这个初始化操作涉及下面 5 个步骤。

- 设置 root 管理员在数据库中的密码值(注意，该密码并非 root 管理员在系统中的密码，这里的密码值默认应该为空，可直接按回车键)。
- 设置 root 管理员在数据库中的专有密码。
- 删除匿名用户，并使用 root 管理员从远程登录数据库，以确保数据库上运行的业务的安全性。
- 删除默认的测试数据库，取消测试数据库的一系列访问权限。
- 刷新授权列表，让初始化的设定立即生效。

对于上述数据库初始化的操作步骤，刘遄老师已经在下面的输出信息旁边进行了简单注释，确保各位读者更直观地了解要输入的内容：

```
[root@linuxprobe~]# mysql_secure_installation

NOTE: RUNNING ALL PARTS OF THIS SCRIPT IS RECOMMENDED FOR ALL MariaDB
      SERVERS IN PRODUCTION USE!  PLEASE READ EACH STEP CAREFULLY!

In order to log into MariaDB to secure it, we'll need the current
password for the root user.  If you've just installed MariaDB, and
you haven't set the root password yet, the password will be blank,
so you should just press enter here.

Enter current password for root (enter for none): 输入管理员原始密码，默认为空值，直接
回车即可
OK, successfully used password, moving on...

Setting the root password ensures that nobody can log into the MariaDB
root user without the proper authorisation.

Set root password? [Y/n] y（设置管理员密码）
New password: 输入新的密码
Re-enter new password: 再次输入密码
Password updated successfully!
Reloading privilege tables..
 ... Success!


By default, a MariaDB installation has an anonymous user, allowing anyone
to log into MariaDB without having to have a user account created for
them.  This is intended only for testing, and to make the installation
go a bit smoother.  You should remove them before moving into a
production environment.

Remove anonymous users? [Y/n] y（删除匿名用户）
 ... Success!

Normally, root should only be allowed to connect from 'localhost'.  This
ensures that someone cannot guess at the root password from the network.

Disallow root login remotely? [Y/n] y（禁止管理员从远程登录）
 ... Success!
```

```
By default, MariaDB comes with a database named 'test' that anyone can
access.  This is also intended only for testing, and should be removed
before moving into a production environment.

Remove test database and access to it? [Y/n] y（删除测试数据库及其权限）
 - Dropping test database...
 ... Success!
 - Removing privileges on test database...
 ... Success!

Reloading the privilege tables will ensure that all changes made so far
will take effect immediately.

Reload privilege tables now? [Y/n] y（刷新授权表，让初始化设定立即生效）
 ... Success!

Cleaning up...

All done!  If you've completed all of the above steps, your MariaDB
installation should now be secure.

Thanks for using MariaDB!
```

在很多生产环境中都需要使用站库分离的技术（即网站和数据库不在同一个服务器上），如果需要让 root 管理员远程访问数据库，可在上面的初始化操作中设置策略，以允许 root 管理员从远程访问。然后还需要设置防火墙，使其放行对数据库服务程序的访问请求。数据库服务程序默认会占用 3306 端口，在防火墙策略中服务名称统一叫作 mysql：

```
[root@linuxprobe~]# firewall-cmd --permanent --add-service=mysql
success
[root@linuxprobe~]# firewall-cmd --reload
success
```

一切准备就绪。现在我们将首次登录 MariaDB 数据库。管理数据库的命令为 mysql，其中，-u 参数用来指定以 root 管理员的身份登录，而-p 参数用来验证该用户在数据库中的密码值。

```
[root@linuxprobe~]# mysql -u root -p
Enter password: 输入刚才设置的管理员密码后敲击回车
Welcome to the MariaDB monitor.  Commands end with ; or \g.
Your MariaDB connection id is 16
Server version: 10.3.11-MariaDB MariaDB Server

Copyright (c) 2000, 2018, Oracle, MariaDB Corporation Ab and others.

Type 'help;' or '\h' for help. Type '\c' to clear the current input statement.
```

初次使用数据库管理工具的读者，可以输入 help 命令查看 mariadb 服务能做的操作，语句的用法与 MySQL 一模一样：

```
MariaDB [(none)]> help

General information about MariaDB can be found at http://mariadb.org

List of all MySQL commands:
```

```
Note that all text commands must be first on line and end with ';'
?         (\?) Synonym for `help'.
clear     (\c) Clear the current input statement.
connect   (\r) Reconnect to the server. Optional arguments are db and host.
delimiter (\d) Set statement delimiter.
edit      (\e) Edit command with $EDITOR.
ego       (\G) Send command to mysql server, display result vertically.
exit      (\q) Exit mysql. Same as quit.
go        (\g) Send command to mysql server.
help      (\h) Display this help.
nopager   (\n) Disable pager, print to stdout.
notee     (\t) Don't write into outfile.
pager     (\P) Set PAGER [to_pager]. Print the query results via PAGER.
print     (\p) Print current command.
prompt    (\R) Change your mysql prompt.
quit      (\q) Quit mysql.
rehash    (\#) Rebuild completion hash.
source    (\.) Execute an SQL script file. Takes a file name as an argument.
status    (\s) Get status information from the server.
system    (\!) Execute a system shell command.
tee       (\T) Set outfile [to_outfile]. Append everything into given outfile.
use       (\u) Use another database. Takes database name as argument.
charset   (\C) Switch to another charset. Might be needed for processing binlog
with multi-byte charsets.
warnings  (\W) Show warnings after every statement.
nowarning (\w) Don't show warnings after every statement.

For server side help, type 'help contents'
```

在登录 MariaDB 数据库后执行数据库命令时，都需要在命令后面用分号（;）结尾，这也是与 Linux 命令最显著的区别。大家需要慢慢习惯数据库命令的这种设定。下面执行如下命令查看数据库管理系统中当前都有哪些数据库：

```
MariaDB [(none)]> SHOW databases;
+--------------------+
| Database           |
+--------------------+
| information_schema |
| mysql              |
| performance_schema |
+--------------------+
3 rows in set (0.000 sec )
```

小试牛刀过后，接下来使用数据库命令将 root 管理员在数据库管理系统中的密码值修改为 linuxprobe。这样退出后再尝试登录，如果还坚持输入原先的密码，则将提示访问失败。

```
MariaDB [(none)]> SET password = PASSWORD('linuxprobe');
Query OK, 0 rows affected (0.001 sec)

MariaDB [(none)]> exit
Bye
[root@linuxprobe~]# mysql -u root -p
Enter password: 此处输入管理员在数据库中的旧密码
ERROR 1045 (28000): Access denied for user 'root'@'localhost' (using password: YES)
```

输入新密码（linuxprobe）后，便可顺利进入数据库管理工具中：

```
[root@linuxprobe~]# mysql -u root -p
Enter password: 此处输入管理员在数据库中的新密码
Welcome to the MariaDB monitor.  Commands end with ; or \g.
Your MariaDB connection id is 20
Server version: 10.3.11-MariaDB MariaDB Server

Copyright (c) 2000, 2018, Oracle, MariaDB Corporation Ab and others.

Type 'help;' or '\h' for help. Type '\c' to clear the current input statement.
```

18.3 管理用户以及授权

在生产环境中总不能一直“死啃”root 管理员。为了保障数据库系统的安全性，以及让其他用户协同管理数据库，可以在 MariaDB 数据库管理系统中为他们创建多个专用的数据库管理用户，然后再分配合理的权限，以满足他们的工作需求。为此，可使用 root 管理员登录数据库管理系统，然后按照“CREATE USER 用户名@主机名 IDENTIFIED BY '密码';”的格式创建数据库管理用户。再次提醒大家，一定不要忘记每条数据库命令后面的分号（;）。

```
MariaDB [(none)]> CREATE USER luke@localhost IDENTIFIED BY 'linuxprobe';
Query OK, 0 rows affected (0.00 sec)
```

创建的用户信息可以使用 SELECT 命令语句来查询。下面命令查询的是用户 luke 的主机名称、用户名称以及经过加密的密码值信息：

```
MariaDB [(none)]> use mysql;
Database changed
MariaDB [mysql]> SELECT HOST,USER,PASSWORD FROM user WHERE USER="luke";
+-----------+------+-------------------------------------------+
| HOST      | USER | PASSWORD                                  |
+-----------+------+-------------------------------------------+
| localhost | luke | *55D9962586BE75F4B7D421E6655973DB07D6869F |
+-----------+------+-------------------------------------------+
1 row in set (0.001 sec)
```

不过，用户 luke 仅仅是一位普通用户，没有数据库的任何操作权限。不信的话，可以切换到 luke 用户来查询数据库管理系统中当前都有哪些数据库。可以发现，该用户甚至没法查看完整的数据库列表（刚才使用 root 用户时可以查看到 3 个数据库列表）：

```
MariaDB [mysql]> exit
Bye
[root@linuxprobe~]# mysql -u luke -p
Enter password: 输入 luke 用户的数据库密码
Welcome to the MariaDB monitor.  Commands end with ; or \g.
Your MariaDB connection id is 21
Server version: 10.3.11-MariaDB MariaDB Server

Copyright (c) 2000, 2018, Oracle, MariaDB Corporation Ab and others.

Type 'help;' or '\h' for help. Type '\c' to clear the current input statement.
```

```
MariaDB [(none)]> SHOW databases;
+--------------------+
| Database           |
+--------------------+
| information_schema |
+--------------------+
1 row in set (0.001 sec)
```

数据库管理系统所使用的命令一般都比较复杂。我们以 GRANT 命令为例进行说明。GRANT 命令用于为用户进行授权，其常见格式如表 18-1 所示。在使用 GRANT 命令时需要写上要赋予的权限、数据库及表单名称，以及对应的用户及主机信息。其实，只要理解了命令中每个字段的功能含义，也就不觉得命令复杂难懂了。

表 18-1　　　　GRANT 命令的常见格式以及解释

命令	作用
GRANT 权限 ON 数据库.表单名称 TO 用户名@主机名	对某个特定数据库中的特定表单给予授权
GRANT 权限 ON 数据库.* TO 用户名@主机名	对某个特定数据库中的所有表单给予授权
GRANT 权限 ON *.* TO 用户名@主机名	对所有数据库及所有表单给予授权
GRANT 权限 1,权限 2 ON 数据库.* TO 用户名@主机名	对某个数据库中的所有表单给予多个授权
GRANT ALL PRIVILEGES ON *.* TO 用户名@主机名	对所有数据库及所有表单给予全部授权（需谨慎操作）

当然，用户的授权工作肯定是需要数据库管理员来执行的。下面以 root 管理员的身份登录到数据库管理系统中，针对 mysql 数据库中的 user 表单向用户 luke 授予查询、更新、删除以及插入等权限。

注：

刘遄老师特别懂同学们现在心里想什么。我起初也觉得在每条数据库命令后都要加上分号（;）特别不方便，时常还会忘记，但敲的命令多了也就自然习惯了。

```
[root@linuxprobe~]# mysql -u root -p
Enter password: 输入管理员的数据库密码
MariaDB [(none)]> use mysql;
Reading table information for completion of table and column names
You can turn off this feature to get a quicker startup with -A
Database changed
MariaDB [mysql]> GRANT SELECT,UPDATE,DELETE,INSERT ON mysql.user TO luke@localhost;
Query OK, 0 rows affected (0.001 sec)
```

在执行完上述授权操作之后，我们再查看一下用户 luke 的权限：

```
MariaDB [(none)]> SHOW GRANTS FOR luke@localhost;
+-------------------------------------------------------------------+
| Grants for luke@localhost                                         |
+-------------------------------------------------------------------+
| GRANT USAGE ON *.* TO 'luke'@'localhost' IDENTIFIED BY PASSWORD
'*55D9962586BE75F4B7D421E6655973DB07D6869F' |
```

```
| GRANT SELECT, INSERT, UPDATE, DELETE ON `mysql`.`user` TO 'luke'@'localhost'      |
+-----------------------------------------------------------------------------------+
2 rows in set (0.000 sec)
```

上面输出信息中显示用户 luke 已经拥有了针对 mysql 数据库中 user 表单的一系列权限了。这时我们再切换到用户 luke，此时就能够看到 mysql 数据库了，而且还能看到表单 user（其余表单会因无权限而被继续隐藏）：

```
[root@linuxprobe~]# mysql -u luke -p
Enter password: 输入 luke 用户的数据库密码

MariaDB [(none)]> SHOW databases;
+--------------------+
| Database           |
+--------------------+
| information_schema |
| mysql              |
+--------------------+
2 rows in set (0.000 sec)

MariaDB [(none)]> use mysql;
Database changed

MariaDB [mysql]> SHOW tables;
+-----------------+
| Tables_in_mysql |
+-----------------+
| user            |
+-----------------+
1 row in set (0.001 sec)

MariaDB [mysql]> exit
Byes
```

大家不要心急，我们接下来会慢慢学习数据库内容的修改方法。当前，先切换回 root 管理员用户，移除刚才的授权。

```
[root@linuxprobe~]# mysql -u root -p
Enter password: 输入管理员的数据库密码
MariaDB [(none)]> use mysql;
Database changed
MariaDB [(none)]> REVOKE SELECT,UPDATE,DELETE,INSERT ON mysql.user FROM
luke@localhost;
Query OK, 0 rows affected (0.00 sec)
```

可以看到，除了移除授权的命令（REVOKE）与授权命令（GRANTS）不同之外，其余部分都是一致的。这不仅好记而且也容易理解。执行移除授权命令后，再来查看用户 luke 的信息：

```
MariaDB [(none)]> SHOW GRANTS FOR luke@localhost;
+-----------------------------------------------------------------+
| Grants for luke@localhost                                           |
+-----------------------------------------------------------------+
| GRANT USAGE ON *.* TO 'luke'@'localhost' IDENTIFIED BY PASSWORD
'*55D9962586BE75F4B7D421E6655973DB07D6869F' |
+------------------------------------------------------------------+
```

```
1 row in set (0.001 sec)
```

不再需要某个用户时，可以直接用 DROP 命令将其删除：

```
MariaDB [(none)]> DROP user luke@localhost;
Query OK, 0 rows affected (0.000 sec)
```

18.4 创建数据库与表单

在 MariaDB 数据库管理系统中，一个数据库可以存放多个数据表，数据表单是数据库中最重要最核心的内容。我们可以根据自己的需求自定义数据库表结构，然后在其中合理地存放数据，以便后期轻松地维护和修改。表 18-2 罗列了后文中将使用到的数据库命令以及对应的作用。

表 18-2　　用于创建数据库的命令以及作用

命令用法	作用
CREATE database 数据库名称	创建新的数据库
DESCRIBE 表单名称;	描述表单
UPDATE 表单名称 SET attribute=新值 WHERE attribute > 原始值;	更新表单中的数据
USE 数据库名称;	指定使用的数据库
SHOW databases;	显示当前已有的数据库
SHOW tables;	显示当前数据库中的表单
SELECT * FROM 表单名称;	从表单中选中某个记录值
DELETE FROM 表单名 WHERE attribute=值;	从表单中删除某个记录值

建立数据库是管理数据的起点。现在尝试创建一个名为 linuxprobe 的数据库，然后再查看数据库列表，此时就能看到它了：

```
MariaDB [(none)]> CREATE DATABASE linuxprobe;
Query OK, 1 row affected (0.001 sec)

MariaDB [(none)]> SHOW databases;
+--------------------+
| Database           |
+--------------------+
| information_schema |
| linuxprobe         |
| mysql              |
| performance_schema |
+--------------------+
4 rows in set (0.001 sec)
```

MariaDB 与 MySQL 同属于关系型数据库（Relational Database Management System，RDBMS）。关系型数据库有些类似于表格的概念，一个关系型数据库由一个或多个表格/表单组成，如图 18-2 所示。

在图 18-2 中，表头表示每一列的名称；列表示具有相同数据类型的数据集合；行表示用来描述事物的具体信息；值表示行的具体信息，每个值均与该列的其他数据类型相同；键表示用来识别某个特定事物的方法，在当前列中具有唯一性。

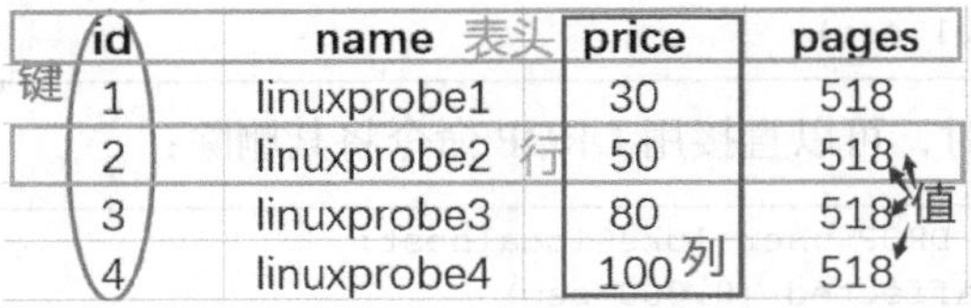

图 18-2　数据库存储概念

比如，在新建的 linuxprobe 数据库中创建表单 mybook，然后进行表单的初始化，即定义存储数据内容的结构。我们分别定义 3 个字段项，其中，字符型字段 name（长度为 15 字符）用来存放图书名称，整型字段 price 和 pages 分别存储图书的价格和页数。当执行完下述命令之后，就可以看到表单的结构信息了：

```
MariaDB [(none)]> use linuxprobe;
Database changed
MariaDB [linuxprobe]> CREATE TABLE mybook (name char(15),price int,pages int);
Query OK, 0 rows affected (0.009 sec)

MariaDB [linuxprobe]> DESCRIBE mybook;
+-------+----------+------+-----+---------+-------+
| Field | Type     | Null | Key | Default | Extra |
+-------+----------+------+-----+---------+-------+
| name  | char(15) | YES  |     | NULL    |       |
| price | int(11)  | YES  |     | NULL    |       |
| pages | int(11)  | YES  |     | NULL    |       |
+-------+----------+------+-----+---------+-------+
3 rows in set (0.002 sec)
```

18.5　管理表单及数据

接下来向 mybook 数据表单中插入一条图书信息。为此需要使用 INSERT 命令，并在命令中写清表单名称以及对应的字段项。执行该命令之后即可完成图书写入信息。下面使用该命令插入一条图书信息，其中书名为 linuxprobe，价格和页数分别是 60 元和 518 页。在命令执行后也就意味着图书信息已经成功写入到数据表单中，然后就可以查询表单中的内容了。在使用 SELECT 命令查询表单内容时，需要加上想要查询的字段；如果想查看表单中的所有内容，则可以使用星号（*）通配符来显示：

```
MariaDB [linuxprobe]> INSERT INTO mybook(name,price,pages) VALUES('linuxprobe','60', '518');
Query OK, 1 row affected (0.001 sec)

MariaDB [linuxprobe]> SELECT * from mybook;
+------------+-------+-------+
| name       | price | pages |
+------------+-------+-------+
| linuxprobe |    60 |   518 |
+------------+-------+-------+
1 row in set (0.000 sec)
```

对数据库运维人员来讲，需要做好 4 门功课——增、删、改、查。这意味着创建数据表单并在其中插入内容仅仅是第一步，还需要掌握数据表单内容的修改方法。例如，可以使用

UPDATE 命令将刚才插入的 linuxprobe 图书信息的价格修改为 55 元，然后再使用 SELECT 命令查看该图书的名称和定价信息。注意，因为这里只查看图书的名称和定价，而不涉及页码，所以无须再用星号通配符来显示所有内容。

```
MariaDB [linuxprobe]> UPDATE mybook SET price=55 ;
Query OK, 1 row affected (0.002 sec)
Rows matched: 1  Changed: 1  Warnings: 0

MariaDB [linuxprobe]> SELECT name,price FROM mybook;
+------------+-------+
| name       | price |
+------------+-------+
| linuxprobe |    55 |
+------------+-------+
1 row in set (0.000 sec)
```

想修改指定的某一条记录？没问题的，用 WHERE 命令进行限定即可。我们先插入两条图书信息：

```
MariaDB [linuxprobe]> INSERT INTO mybook(name,price,pages) VALUES('linuxcool','85', '300');
Query OK, 1 row affected (0.001 sec)
MariaDB [linuxprobe]> INSERT INTO mybook(name,price,pages) VALUES('linuxdown','105', '500');
Query OK, 1 row affected (0.001 sec)
```

然后使用 WHERE 命令仅将名称为 linuxcool 的图书价格修改为 60 元，不影响其他图书信息：

```
MariaDB [linuxprobe]> UPDATE mybook SET price=60 where name='linuxcool';
Query OK, 1 row affected (0.001 sec)
Rows matched: 1  Changed: 1  Warnings: 0

MariaDB [linuxprobe]> select * from mybook;
+------------+-------+-------+
| name       | price | pages |
+------------+-------+-------+
| linuxprobe |    55 |   518 |
| linuxcool  |    60 |   300 |
| linuxdown  |   105 |   500 |
+------------+-------+-------+
3 rows in set (0.001 sec)
```

还可以使用 DELETE 命令删除某个数据表单中的内容。下面使用 DELETE 命令删除数据表单 mybook 中的所有内容，然后再查看该表单中的内容，可以发现该表单内容为空了：

```
MariaDB [linuxprobe]> DELETE FROM mybook;
Query OK, 3 row affected (0.001 sec)

MariaDB [linuxprobe]> SELECT * FROM mybook;
Empty set (0.000 sec)
```

一般来讲，数据表单中会存放成千上万条数据信息。比如我们刚刚创建的用于保存图书信息的 mybook 表单，随着时间的推移，里面的图书信息也会越来越多。在这样的情况下，如果只想查看其价格大于某个数值的图书，又该如何定义查询语句呢？

下面先使用 INSERT 插入命令依次插入 4 条图书信息：

```
MariaDB [linuxprobe]> INSERT INTO mybook(name,price,pages) VALUES('linuxprobe1','30','518');
Query OK, 1 row affected (0.05 sec)
MariaDB [linuxprobe]> INSERT INTO mybook(name,price,pages) VALUES('linuxprobe2','50','518');
Query OK, 1 row affected (0.05 sec)
MariaDB [linuxprobe]> INSERT INTO mybook(name,price,pages) VALUES('linuxprobe3','80','518');
Query OK, 1 row affected (0.01 sec)
MariaDB [linuxprobe]> INSERT INTO mybook(name,price,pages) VALUES('linuxprobe4','100','518');
Query OK, 1 row affected (0.00 sec)
```

要想让查询结果更加精准，就需要结合使用 SELECT 与 WHERE 命令了。其中，WHERE 命令是在数据库中进行匹配查询的条件命令。通过设置查询条件，就可以仅查找出符合该条件的数据。表 18-3 列出了 WHERE 命令中常用的查询参数以及作用。

表 18-3　　WHERE 命令中使用的参数以及作用

参数	作用
=	相等
<>或!=	不相等
>	大于
<	小于
>=	大于或等于
<=	小于或等于
BETWEEN	在某个范围内
LIKE	搜索一个例子
IN	在列中搜索多个值

现在进入动手环节。分别在 mybook 表单中查找出价格大于 75 元或价格不等于 80 元的图书，其对应的命令如下所示。在熟悉了这两个查询条件之后，大家可以自行尝试精确查找图书名为 linuxprobe2 的图书信息。

```
MariaDB [linuxprobe]> SELECT * FROM mybook WHERE price>75;
+-------------+-------+-------+
| name        | price | pages |
+-------------+-------+-------+
| linuxprobe3 |    80 |   518 |
| linuxprobe4 |   100 |   518 |
+-------------+-------+-------+
2 rows in set (0.001 sec)

MariaDB [linuxprobe]> SELECT * FROM mybook WHERE price!=80;
+-------------+-------+-------+
| name        | price | pages |
+-------------+-------+-------+
| linuxprobe1 |    30 |   518 |
```

```
| linuxprobe2 |    50 |   518 |
| linuxprobe4 |   100 |   518 |
+-------------+-------+-------+
3 rows in set (0.000 sec)
```

匹配的条件越多，获得的信息就越精准。在 WHERE 命令的后面追加 AND 操作符，可以进行多次匹配。例如，执行下述命令，找到价格为 30 元、页数为 518 的图书的名称：

```
MariaDB [linuxprobe]> SELECT * from mybook WHERE price=30 AND pages=518 ;
+-------------+-------+-------+
| name        | price | pages|
+-------------+-------+-------+
| linuxprobe1 |    30 |   518 |
+-------------+-------+-------+
1 row in set (0.000 sec)
```

18.6 数据库的备份及恢复

前文提到，本书的技术主线是 Linux 系统的运维方向，不会对数据库管理系统的操作进行深入的讲解，因此大家掌握了上面这些基本的数据库操作命令之后就足够了。下面要讲解的是数据库的备份以及恢复，这些知识比较实用，希望大家能够掌握。

mysqldump 命令用于备份数据库数据，格式为“mysqldump [参数] [数据库名称]”。其中参数与 mysql 命令大致相同，-u 参数用于定义登录数据库的用户名称，-p 参数表示密码提示符。下面将 linuxprobe 数据库中的内容导出为一个文件，并保存到 root 管理员的家目录中：

```
[root@linuxprobe~]# mysqldump -u root -p linuxprobe > /root/linuxprobeDB.dump
Enter password: 输入管理员的数据库密码
```

然后进入 MariaDB 数据库管理系统，彻底删除 linuxprobe 数据库，这样 mybook 数据表单也将被彻底删除。然后重新建立 linuxprobe 数据库：

```
[root@linuxprobe~]# mysql -u root -p
Enter password: 输入管理员的数据库密码

MariaDB [(none)]> DROP DATABASE linuxprobe;
Query OK, 1 row affected (0.04 sec)

MariaDB [(none)]> SHOW databases;
+--------------------+
| Database           |
+--------------------+
| information_schema |
| mysql              |
| performance_schema |
+--------------------+
3 rows in set (0.02 sec)

MariaDB [(none)]> CREATE DATABASE linuxprobe;
Query OK, 1 row affected (0.00 sec)
```

接下来是见证数据恢复效果的时刻！使用输入重定向符把刚刚备份的数据库文件导入到

mysql 命令中，然后执行该命令。接下来登录 MariaDB 数据库，就又能看到 linuxprobe 数据库以及 mybook 数据表单了。数据库恢复成功！

```
[root@linuxprobe~]# mysql -u root -p linuxprobe < /root/linuxprobeDB.dump
Enter password: 输入管理员的数据库密码
[root@linuxprobe~]# mysql -u root -p
Enter password: 输入管理员的数据库密码
MariaDB [(none)]> use linuxprobe;
Database changed

MariaDB [linuxprobe]> SHOW tables;
+----------------------+
| Tables_in_linuxprobe |
+----------------------+
| mybook               |
+----------------------+
1 row in set (0.000 sec)

MariaDB [linuxprobe]> describe mybook;
+-------+----------+------+-----+---------+-------+
| Field | Type     | Null | Key | Default | Extra |
+-------+----------+------+-----+---------+-------+
| name  | char(15) | YES  |     | NULL    |       |
| price | int(11)  | YES  |     | NULL    |       |
| pages | int(11)  | YES  |     | NULL    |       |
+-------+----------+------+-----+---------+-------+
3 rows in set (0.002 sec)
```

复习题

1. RHEL 8 系统为何选择使用 MariaDB 替代 MySQL 数据库管理系统？

   答： 因为 MariaDB 由开源社区进行维护，且不受商业专利限制。

2. 初始化 MariaDB 或 MySQL 数据库管理系统的命令是什么？

   答： 是 mysql_secure_installation 命令，建议每次安装 MariaDB 或 MySQL 数据库管理系统后都执行这条命令。

3. 用来查看已有数据库或数据表单的命令是什么？

   答： 要查看当前已有的数据库列表，需执行 SHOW databases;命令；要查看已有的数据表单列表，则需执行 SHOW tables;命令。

4. 切换至某个指定数据库的命令是什么？

   答： 执行“use 数据库名称”命令即可切换成功。

5. 若想针对某个用户进行授权或取消授权操作，应该执行什么命令？

   答： 针对用户进行授权，需执行 GRANT 命令；取消授权则需执行 REVOKE 命令。

6. 若只想查看 mybook 表单中的 name 字段，应该执行什么命令？

答：应执行 SELECT name FROM mybook 命令。

7. 若只想查看 mybook 表单中价格大于 75 元的图书信息，应该执行什么命令？

答：应执行 SELECT * FROM mybook WHERE price>75 命令。

8. 要想把 linuxprobe 数据库中的内容导出为一个文件（保存到 root 管理员的家目录中），应该执行什么命令？

答：应执行 mysqldump -u root -p linuxprobe > /root/linuxprobeDB.dump 命令。

第 19 章

使用 PXE+Kickstart 无人值守安装服务

本章讲解了如下内容：

- 无人值守系统；
- 部署相关服务程序；
- 自动部署客户机。

刚入职的运维新手经常会被要求去做一些安装操作系统的工作。如果按照第 1 章讲解的用光盘镜像来安装操作系统，其效率会相当低下。本章将介绍能够用来实现无人值守安装服务的 PXE + Kickstart 服务程序，并带领大家动手安装部署 PXE + TFTP + FTP + DHCP + Kickstart 等服务程序，从而搭建出一套可批量安装 Linux 系统的无人值守安装系统。在学完本章内容之后，运维新手就可以避免枯燥乏味的重复性工作，大大提高系统安装的效率。

19.1 无人值守系统

本书在第 1 章讲解了使用光盘镜像来安装 Linux 系统的方法，坦白讲，该方法适用于只安装少量 Linux 系统的情况。如果生产环境中有数百台服务器都需要安装系统，这种方式就不合时宜了。这时，就需要使用 PXE + TFTP + FTP + DHCP + Kickstart 服务搭建出一个无人值守安装系统。这种无人值守安装系统可以自动地为数十台甚至上百台的服务器安装系统，这一方面将运维人员从重复性的工作中解救出来，另外一方面也大大提升了系统安装的效率。

无人值守安装系统的工作流程如图 19-1 所示。

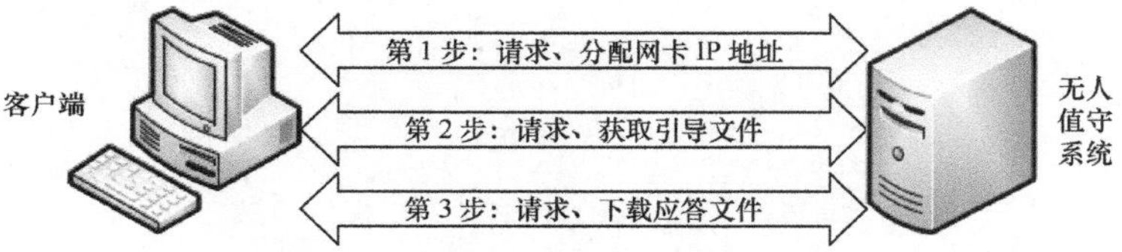

图 19-1 无人值守安装系统的工作流程

PXE（Preboot eXecute Environment，预启动执行环境）是由 Intel 公司开发的技术，能够让计算机通过网络来启动操作系统（前提是计算机上安装的网卡支持 PXE 技术），主要用于在无人值守安装系统中引导客户端主机安装 Linux 操作系统。Kickstart 是一种无人值守的安装方式，其工作原理是预先把原本需要运维人员手工填写的参数保存成一个 ks.cfg 文件，当安装过程中需要填写参数时则自动匹配 Kickstart 生成的文件。所以只要 Kickstart 文件包含了安装过程中需要人工填写的所有参数，那么从理论上来讲完全不需要运维人员的干预，就可以自动完成安装工作。TFTP、FTP 以及 DHCP 服务程序的配置与部署已经在第 11 章和第 14 章进行了详细讲解，这里不再赘述。

由于当前的客户端主机并没有完整的操作系统，因此也就不能完成 FTP 协议的验证了，所以需要使用 TFTP 协议帮助客户端获取引导及驱动文件。vsftpd 服务程序用于将完整的系统安装镜像通过网络传输给客户端。当然，只要能将系统安装镜像成功传输给客户端即可，因此也可以使用 httpd 来替代 vsftpd 服务程序。

19.2 部署相关服务程序

在本章，我们来会部署多款服务，这些服务以及作用如表 19-1 所示。由于其中某些服务的配置过程在前面的章节中有详细的介绍，因此下文在涉及相应服务的配置部署时，节奏会比较快。如有需要，大家可以返回到前面的章节进行重温。

表 19-1　接下来实验中即将用到的服务及作用

服务名称	主要作用
dhcpd	分配网卡信息及指引获取驱动文件
tftp-server	提供驱动及引导文件的传输
SYSLinux	提供驱动及引导文件
vsftpd	提供完整系统镜像的传输
Kickstart	提供安装过程中选项的问答设置

19.2.1 配置 DHCP 服务程序

DHCP 服务程序用于为客户端主机分配可用的 IP 地址，而且这是服务器与客户端主机进行文件传输的基础，因此要先行配置 DHCP 服务程序。首先按照表 19-2 为无人值守系统设置 IP 地址，然后按照图 19-2 和图 19-3 在虚拟机的虚拟网络编辑器中关闭自身的 DHCP 服务，避免与自己配置的服务冲突。

表 19-2　无人值守系统与客户端的设置

主机名称	操作系统	IP 地址
无人值守系统	RHEL 8	192.168.10.10
客户端	未安装操作系统	-

图 19-2　打开虚拟机的虚拟网络编辑器

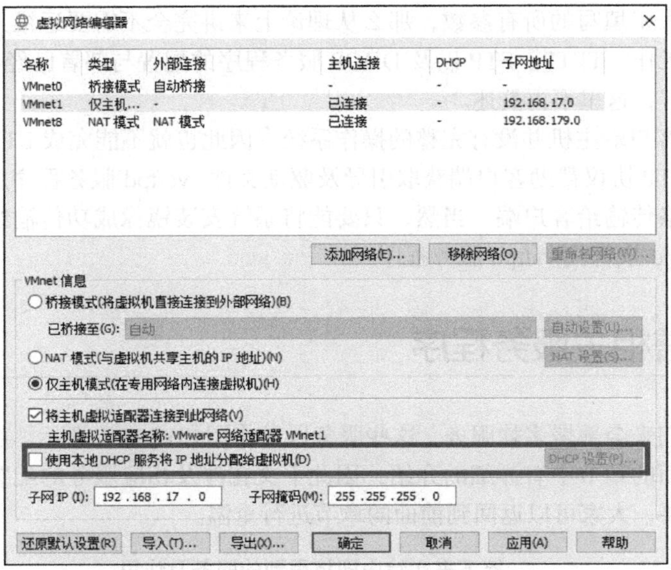

图 19-3　关闭虚拟机自带的 DHCP 服务

除了上面提及的服务之外，PXE + KickStart 无人值守安装系统还会用到诸如 sips、slp、mountd 等多项相关的服务协议，因此本实验会临时关闭 firewalld 防火墙，以便数据能够正常地传送：

```
[root@linuxprobe pub]# iptables -F
[root@linuxprobe pub]# systemctl stop firewalld
```

当挂载好光盘镜像并把仓库文件配置妥当后，就可以安装 DHCP 服务程序软件包了：

```
[root@linuxprobe~]# dnf install -y dhcp-server
Updating Subscription Management repositories.
Unable to read consumer identity
This system is not registered to Red Hat Subscription Management. You can use
subscription-manager to register.
Last metadata expiration check: 0:00:22 ago on Fri 30 Apr 2021 01:03:26 AM CST.
Dependencies resolved.
================================================================================
 Package          Arch         Version                Repository     Size
================================================================================
Installing:
 dhcp-server      x86_64       12:4.3.6-30.el8        BaseOS         529 k

Transaction Summary
================================================================================
Install  1 Package
………………省略部分输出信息………………
Installed:
  dhcp-server-12:4.3.6-30.el8.x86_64

Complete!
```

第 14 章已经详细讲解了 DHCP 服务程序的配置以及部署方法，相信各位读者对相关的配置参数还有一些印象。但是，我们在这里使用的配置文件与第 14 章中的配置文件有两个主要区别：允许了 BOOTP 引导程序协议，旨在让局域网内暂时没有操作系统的主机也能获取静态 IP 地址；在配置文件的最下面加载了引导驱动文件 pxelinux.0（这个文件会在下面的步骤中创建），其目的是让客户端主机获取到 IP 地址后主动获取引导驱动文件，自行进入下一步的安装过程。

```
[root@linuxprobe~]# vim /etc/dhcp/dhcpd.conf
allow booting;
allow bootp;
ddns-update-style none;
ignore client-updates;
subnet 192.168.10.0 netmask 255.255.255.0 {
        option subnet-mask                  255.255.255.0;
        option domain-name-servers          192.168.10.10;
        range dynamic-bootp 192.168.10.100 192.168.10.200;
        default-lease-time                  21600;
        max-lease-time                      43200;
        next-server                         192.168.10.10;
        filename                            "pxelinux.0";
}
```

注：

当前 pxelinux.0 文件不存在，不过不用担心，后面会找到它的。

在确认 DHCP 服务程序的参数都填写正确后，重新启动该服务程序，并将其添加到开机启动项中。这样在设备下一次重启之后，可以在无须人工干预的情况下，自动为客户端主机安装系统。

```
[root@linuxprobe~]# systemctl restart dhcpd
[root@linuxprobe~]# systemctl enable  dhcpd
Created symlink /etc/systemd/system/multi-user.target.wants/dhcpd.service→ /
usr/lib/systemd/system/dhcpd.service.
```

与以往的红帽企业版不同，RHEL 8 系统中存在一些“讨厌”的服务，它们的参数错误会导致服务启动失败，但有时却不会在屏幕上向用户显示任何提示信息。建议在启动 dhcpd 后查看一下服务状态，以免后续实验中客户端分配不到网卡信息。若输出状态为“active (running)”则表示服务已经正常运行：

```
[root@linuxprobe~]# systemctl status dhcpd
●dhcpd.service - DHCPv4 Server Daemon
   Loaded: loaded (/usr/lib/systemd/system/dhcpd.service; enabled; vendor preset:
disabled)
   Active: active (running) since Fri 2021-04-30 01:10:51 CST; 3min ago
     Docs: man:dhcpd(8)
           man:dhcpd.conf(5)
 Main PID: 30964 (dhcpd)
   Status: "Dispatching packets..."
    Tasks: 1 (limit: 12390)
   Memory: 8.8M
   CGroup: /system.slice/dhcpd.service
           └─30964 /usr/sbin/dhcpd -f -cf /etc/dhcp/dhcpd.conf -user dhcpd
-group dhcpd --no-pid
………………省略部分输出信息………………
```

19.2.2 配置 TFTP 服务程序

我们曾经在第 11 章中学习过 vsftpd 服务与 TFTP 服务。vsftpd 是一款功能丰富的文件传输服务程序，允许用户以匿名开放模式、本地用户模式、虚拟用户模式来进行访问认证。但是，当前的客户端主机还没有安装操作系统，该如何进行登录认证呢？TFTP 作为一种基于 UDP 协议的简单文件传输协议，不需要进行用户认证即可获取到所需的文件资源。因此接下来配置 TFTP 服务程序，为客户端主机提供引导及驱动文件。当客户端主机有了基本的驱动程序之后，再通过 vsftpd 服务程序将完整的光盘镜像文件传输过去。

```
[root@linuxprobe~]# dnf install -y tftp-server xinetd
Updating Subscription Management repositories.
Unable to read consumer identity
This system is not registered to Red Hat Subscription Management. You can use
subscription-manager to register.
Last metadata expiration check: 0:00:34 ago on Fri 30 Apr 2021 01:38:09 AM CST.
Dependencies resolved.
================================================================================
 Package        Arch       Version             Repository     Size
================================================================================
Installing:
 tftp-server    x86_64    5.2-24.el8          AppStream      50 k
 xinetd         x86_64    2:2.3.15-23.el8     AppStream     135 k

Transaction Summary
================================================================================
Install  2 Packages
………………省略部分输出信息………………

Installed:
  tftp-server-5.2-24.el8.x86_64                 xinetd-2:2.3.15-23.el8.x86_64

Complete!
```

TFTP 是一种非常精简的文件传输服务程序，它的运行和关闭是由 xinetd 网络守护进程服务来管理的。xinetd 服务程序会同时监听系统的多个端口，然后根据用户请求的端口号调取相应的服务程序来响应用户的请求。需要开启 TFTP 服务程序时，只需在 xinetd 服务程序的配置文件中把 disable 参数改成 no 就可以了。如果配置文件不存在，则复制下面的内容进来，手动创建一下：

```
[root@linuxprobe~]# vim /etc/xinetd.d/tftp
service tftp
{
        socket_type             = dgram
        protocol                = udp
        wait                    = yes
        user                    = root
        server                  = /usr/sbin/in.tftpd
        server_args             = -s /var/lib/tftpboot
        disable                 = no
        per_source              = 11
        cps                     = 100 2
```

```
        flags                   = IPv4
}
```

保存配置文件并退出，然后重启 xinetd 服务程序，并将其加入到开机启动项中。

```
[root@linuxprobe~]# systemctl restart xinetd
[root@linuxprobe~]# systemctl enable  xinetd
```

19.2.3 配置 SYSLinux 服务程序

SYSLinux 是一个用于提供引导加载的服务程序。与其说 SYSLinux 是一个服务程序，不如说是一个包含了很多引导文件的文件夹。在安装好 SYSLinux 服务程序后，/usr/share/syslinux 目录中会出现很多引导文件。

```
[root@linuxprobe~]# dnf install -y syslinux
Updating Subscription Management repositories.
Unable to read consumer identity
This system is not registered to Red Hat Subscription Management. You can use
subscription-manager to register.
Last metadata expiration check: 0:07:57 ago on Fri 30 Apr 2021 01:47:18 AM CST.
Dependencies resolved.
================================================================================
 Package          Arch        Version          Repository     Size
================================================================================
Installing:
 syslinux         x86_64    6.04-1.el8       BaseOS         576 k
Installing dependencies:
 syslinux-nonlinux           noarch      6.04-1.el8      BaseOS          554 k

Transaction Summary
================================================================================
Install  2 Packages
………………省略部分输出信息………………

Installed:
  syslinux-6.04-1.el8.x86_64            syslinux-nonlinux-6.04-1.el8.noarch

Complete!
```

我们首先需要把 SYSLinux 提供的引导文件（也就是前文提到的文件 pxelinux.0）复制到 TFTP 服务程序的默认目录中，这样客户端主机就能够顺利地获取到引导文件了。另外在 RHEL 8 系统光盘镜像中也有一些需要调取的引导文件。确认光盘镜像已经被挂载到 /media/cdrom 目录后，使用复制命令将光盘镜像中自带的一些引导文件也复制到 TFTP 服务程序的默认目录中。

```
[root@linuxprobe~]# cd /var/lib/tftpboot
[root@linuxprobe tftpboot]# cp /usr/share/syslinux/pxelinux.0 .
[root@linuxprobe tftpboot]# cp /media/cdrom/images/pxeboot/* .
[root@linuxprobe tftpboot]# cp /media/cdrom/isolinux/* .
cp: overwrite './initrd.img'? y
cp: overwrite './TRANS.TBL'? y
cp: overwrite './vmlinuz'? y
```

cp 命令后面接的句点（.）表示当前工作目录。也就是说，上述 cp 命令表示将文件复制到当前工作目录（即/var/lib/tftpboot）中。在复制过程中，若多个目录保存着相同的文件，则可手动敲击 y 键进行覆盖即可。

然后在 TFTP 服务程序的目录中新建 pxelinux.cfg 目录。虽然该目录的名字带有后缀，但依然也是目录，而非文件！将系统光盘中的开机选项菜单复制到该目录中，并命名为 default。这个 default 文件就是开机时的选项菜单，如图 19-4 所示。

图 19-4　Linux 系统的引导菜单界面

```
[root@linuxprobe tftpboot]# mkdir pxelinux.cfg
[root@linuxprobe tftpboot]# cp /media/cdrom/isolinux/isolinux.cfg pxelinux.cfg/default
```

默认的开机菜单中有 3 个选项：安装系统、对安装介质进行检验、排错模式。既然已经确定采用无人值守的方式安装系统，若还需要为每台主机手动选择相应的选项，则未免与我们的主旨（无人值守安装）相悖。

现在我们编辑这个 default 文件，把第 1 行的 default 参数修改为 linux，这样系统在开机时就会默认执行那个名称为 linux 的选项了。对应的 linux 选项大约在第 64 行，将默认的光盘镜像安装方式修改成 FTP 文件传输方式，并指定好光盘镜像的获取网址以及 Kickstart 应答文件的获取路径：

```
[root@linuxprobe tftpboot]# vim pxelinux.cfg/default
  1 default linux
  2 timeout 600
  3
  4 display boot.msg
  5
  6 # Clear the screen when exiting the menu, instead of leaving the menu displayed.
  7 # For vesamenu, this means the graphical background is still displayed without
  8 # the menu itself for as long as the screen remains in graphics mode.
  9 menu clear
 10 menu background splash.png
 11 menu title Red Hat Enterprise Linux 8.0.0
 12 menu vshift 8
```

```
menu rows 18
menu margin 8
#menu hidden
menu helpmsgrow 15
menu tabmsgrow 13

# Border Area
menu color border * #00000000 #00000000 none

# Selected item
menu color sel 0 #ffffffff #00000000 none

# Title bar
menu color title 0 #ff7ba3d0 #00000000 none

# Press [Tab] message
menu color tabmsg 0 #ff3a6496 #00000000 none

# Unselected menu item
menu color unsel 0 #84b8ffff #00000000 none

# Selected hotkey
menu color hotsel 0 #84b8ffff #00000000 none

# Unselected hotkey
menu color hotkey 0 #ffffffff #00000000 none

# Help text
menu color help 0 #ffffffff #00000000 none

# A scrollbar of some type? Not sure.
menu color scrollbar 0 #ffffffff #ff355594 none

# Timeout msg
menu color timeout 0 #ffffffff #00000000 none
menu color timeout_msg 0 #ffffffff #00000000 none

# Command prompt text
menu color cmdmark 0 #84b8ffff #00000000 none
menu color cmdline 0 #ffffffff #00000000 none

# Do not display the actual menu unless the user presses a key. All that is displayed is a timeout message.

menu tabmsg Press Tab for full configuration options on menu items.

menu separator # insert an empty line
menu separator # insert an empty line

label linux
  menu label ^Install Red Hat Enterprise Linux 8.0.0
  kernel vmlinuz
  append initrd=initrd.img inst.stage2=ftp://192.168.10.10 ks=ftp://192.168.10.10/pub/ks.cfg quiet
.................省略部分输出信息..................
```

建议在安装源的后面加入 quiet 参数，意为使用静默安装方式，不再需要用户进行确认。文件修改完毕后保存即可。开机选项菜单是被调用的文件，因此不需要单独重启任何服务。

19.2.4 配置 vsftpd 服务程序

在这套无人值守安装系统的服务中，光盘镜像是通过 FTP 协议传输的，因此势必要用到 vsftpd 服务程序。当然，也可以使用 httpd 服务程序来提供 Web 网站访问的方式，只要能确保将光盘镜像顺利传输给客户端主机即可。如果打算使用 Web 网站服务来提供光盘镜像，一定记得将上面配置文件中的光盘镜像获取网址和 Kickstart 应答文件获取网址修改一下。

```
[root@linuxprobe tftpboot]# dnf install -y vsftpd
Updating Subscription Management repositories.
Unable to read consumer identity
This system is not registered to Red Hat Subscription Management. You can use
subscription-manager to register.
Last metadata expiration check: 0:28:28 ago on Fri 30 Apr 2021 01:47:18 AM CST.
Dependencies resolved.
================================================================================
 Package        Arch      Version          Repository       Size
================================================================================
Installing:
 vsftpd         x86_64    3.0.3-28.el8     AppStream        180 k

Transaction Summary
================================================================================
Install  1 Package
………………省略部分输出信息………………

Installed:
  vsftpd-3.0.3-28.el8.x86_64

Complete!
```

RHEL 8 系统版本的 vsftpd 服务默认不允许匿名公开访问模式，因此需要手动进行开启：

```
[root@linuxprobe~]# vim /etc/vsftpd/vsftpd.conf
# Example config file /etc/vsftpd/vsftpd.conf
#
# The default compiled in settings are fairly paranoid. This sample file
# loosens things up a bit, to make the ftp daemon more usable.
# Please see vsftpd.conf.5 for all compiled in defaults.
#
# READ THIS: This example file is NOT an exhaustive list of vsftpd options.
# Please read the vsftpd.conf.5 manual page to get a full idea of vsftpd's
# capabilities.
#
# Allow anonymous FTP? (Beware - allowed by default if you comment this out).
anonymous_enable=YES
………………省略部分输出信息………………
```

刘遄老师再啰嗦一句，在配置文件修改正确之后，一定将相应的服务程序添加到开机启动项中，这样无论是在生产环境中还是在红帽认证考试中，都可以在设备重启之后依然能提供相应的服务。希望各位读者一定养成这个好习惯。

```
[root@linuxprobe~]# systemctl restart vsftpd
[root@linuxprobe~]# systemctl enable  vsftpd
Created symlink /etc/systemd/system/multi-user.target.wants/vsftpd.service→
/usr/lib/systemd/system/vsftpd.service.
```

在确认系统光盘镜像已经正常挂载到/media/cdrom 目录后，把目录中的光盘镜像文件全部复制到 vsftpd 服务程序的工作目录中：

```
[root@linuxprobe~]# cp -r /media/cdrom/* /var/ftp
```

这个过程大约需要 3～5 分钟。在此期间，咱们也别闲着，将 SELinux 安全子系统中放行 FTP 传输协议的允许策略，设置成 on（开启）。

```
[root@linuxprobe~]# setsebool -P ftpd_connect_all_unreserved=on
```

19.2.5 创建 Kickstart 应答文件

毕竟，我们使用 PXE + Kickstart 部署的是一套“无人值守安装系统服务”，而不是“无人值守传输系统光盘镜像服务”，因此还需要让客户端主机能够一边获取光盘镜像，一边自动帮用户填写好安装过程中出现的选项。简单来说，如果生产环境中有 100 台服务器，它们需要安装相同的系统环境，那么在安装过程中单击的按钮和填写的信息也应该都是相同的。那么，为什么不创建一个类似于备忘录的需求清单呢？这样，在无人值守安装系统时，会从这个需求清单中找到相应的选项值，从而免去了手动输入之苦。更重要的是，这也彻底解放了人的干预，彻底实现无人值守自动安装系统，而不是单纯地传输系统光盘镜像。

有了上文做铺垫，相信大家现在应该可以猜到 Kickstart 其实并不是一个服务程序，而是一个应答文件了。是的！Kickstart 应答文件中包含了系统安装过程中需要使用的选项和参数信息，系统可以自动调取这个应答文件的内容，从而彻底实现无人值守安装系统。那么，既然这个文件如此重要，该去哪里找呢？其实在 root 管理员的家目录中有一个名为 anaconda-ks.cfg 的文件，它就是应答文件。下面将这个文件复制到 vsftpd 服务程序的工作目录中（在开机选项菜单的配置文件中已经定义了该文件的获取路径，也就是 vsftpd 服务程序数据目录中的 pub 子目录）。使用 chmod 命令设置该文件的权限，确保所有人都有可读的权限，以保证客户端主机顺利获取到应答文件及里面的内容：

```
[root@linuxprobe~]# cp~/anaconda-ks.cfg /var/ftp/pub/ks.cfg
[root@linuxprobe~]# chmod +r /var/ftp/pub/ks.cfg
```

Kickstart 应答文件并没有想象中的那么复杂，它总共只有 44 行左右的参数和注释内容，大家完全可以通过参数的名称及介绍来快速了解每个参数的作用。刘遄老师在这里挑选几个比较有代表性的参数进行讲解，其他参数建议大家自行修改测试。

其中，第 1～10 行表示安装硬盘的名称为 sda 及使用 LVM 技术。这便要求我们在后续新建客户端虚拟机时，硬盘一定要选择 SCSI 或 SATA 类型的（见图 19-5），否则会变成/dev/hd 或/dev/nvme 开头的名称，进而会因找不到硬盘设备而终止安装进程。

第 8 行的软件仓库，应改为由 FTP 服务器提供的网络路径。第 10 行的安装源，也需要由 CDROM 改为网络安装源：

```
1 #version=RHEL8
2 ignoredisk --only-use=sda
3 autopart --type=lvm
4 # Partition clearing information
5 clearpart --none --initlabel
6 # Use graphical install
7 graphical
8 repo --name="AppStream" --baseurl=ftp://192.168.10.10/AppStream
9 # Use CDROM installation media
10 url --url=ftp://192.168.10.10/BaseOS
```

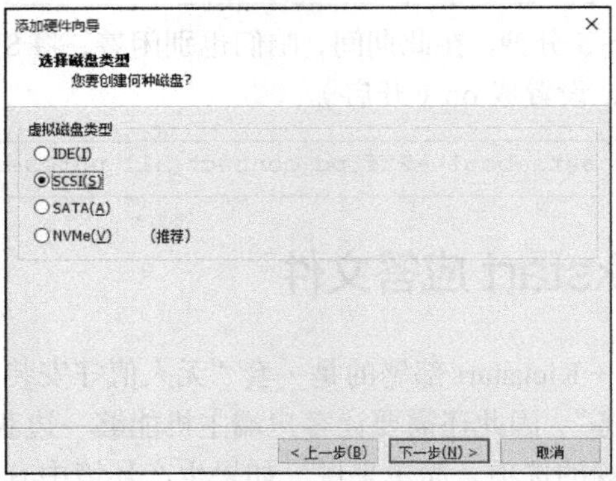

图 19-5 选择 SCSI 或 SATA 硬盘类型

在第 11～20 行，keyboard 参数为硬盘类型，一般都不需要修改。但一定要注意第 17 行的网卡信息，一定要让网卡默认处于 DHCP 模式，否则在几十、上百台主机同时被创建出来后，会因为 IP 地址相互冲突而导致后续无法管理。

```
11 # Keyboard layouts
12 keyboard --vckeymap=us --xlayouts='us'
13 # System language
14 lang en_US.UTF-8
15
16 # Network information
17 network  --bootproto=dhcp --device=ens160 --onboot=on --ipv6=auto --activate
18 network  --hostname=linuxprobe.com
19 # Root password
20 rootpw --iscrypted $6$EzIFyouUyBvWRIXv$y3bW3JZ2vD4c8bwVyKt7J90gyjULALTMLrnZ
   ZmvVujA75EpCCn50rlYm64MHAInbMAXAgn2Bmlgou/pYjUZzL1
```

在第 21 行～30 行，timezone 参数定义了系统默认时区为“上海”。如果大家的服务器时间不准确，则按照如下修改即可。在第 29 行，创建了一个普通用户，密码值可复制/etc/shadow 文件中的加密密文，它由系统自动创建。

```
21 # X Window System configuration information
22 xconfig  --startxonboot
23 # Run the Setup Agent on first boot
24 firstboot --enable
25 # System services
26 services --disabled="chronyd"
27 # System timezone
28 timezone Asia/Shanghai --isUtc --nontp
```

```
29 user --name=linuxprobe --password=$6$a5fEjghDXGPvEoQc$HQqzvBlGVyhsJjgKFDTpi
   CEavS.inAwNTLZm/I5R5ALLKaMdtxZoKgb4/EaDyiPSSNNHGqrEkRnfJWap56m./. --iscrypted -
   gecos="linuxprobe"
30
```

最后的第 31～44 行表示要安装的软件来源。graphical-server-environment 即带有图形化界面的服务器环境，它对应的是安装界面中的 Server With GUI 选项。

```
31 %packages
32 @^graphical-server-environment
33
34 %end
35
36 %addon com_redhat_kdump --disable --reserve-mb='auto'
37
38 %end
39
40 %anaconda
41 pwpolicy root --minlen=6 --minquality=1 --notstrict --nochanges --notempty
42 pwpolicy user --minlen=6 --minquality=1 --notstrict --nochanges --emptyok
43 pwpolicy luks --minlen=6 --minquality=1 --notstrict --nochanges --notempty
44 %end
```

由上可知，实际算下来的修改并不多，默认参数就已经非常合适了。最后预览一下 ks.cfg 文件的全貌。如果大家在生产环境中需要用到这个文件，则可以直接复制并使用下面的内容：

```
[root@linuxprobe~]# cat /var/ftp/pub/ks.cfg
#version=RHEL8
ignoredisk --only-use=sda
autopart --type=lvm
# Partition clearing information
clearpart --none --initlabel
# Use graphical install
graphical
repo --name="AppStream" --baseurl=ftp://192.168.10.10/AppStream
# Use CDROM installation media
url --url=ftp://192.168.10.10/BaseOS
# Keyboard layouts
keyboard --vckeymap=us --xlayouts='us'
# System language
lang en_US.UTF-8

# Network information
network  --bootproto=dhcp --device=ens160 --onboot=on --ipv6=auto --activate
network  --hostname=linuxprobe.com
# Root password
rootpw --iscrypted $6$EzIFyouUyBvWRIXv$y3bW3JZ2vD4c8bwVyKt7J90gyjULALTMLrnZZmv
VujA75EpCCn50rlYm64MHAInbMAXAgn2Bmlgou/pYjUZzL1
# X Window System configuration information
xconfig  --startxonboot
# Run the Setup Agent on first boot
firstboot --enable
# System services
services --disabled="chronyd"
# System timezone
timezone Asia/Shanghai --isUtc --nontp
```

```
user --name=linuxprobe --password=$6$a5fEjghDXGPvEoQc$HQqzvBlGVyhsJjgKFDTpi
CEavS.inAwNTLZm/I5R5ALLKaMdtxZoKgb4/EaDyiPSSNNHGqrEkRnfJWap56m./. --iscrypted --
gecos="linuxprobe"

%packages
@^graphical-server-environment

%end

%addon com_redhat_kdump --disable --reserve-mb='auto'

%end

%anaconda
pwpolicy root --minlen=6 --minquality=1 --notstrict --nochanges --notempty
pwpolicy user --minlen=6 --minquality=1 --notstrict --nochanges --emptyok
pwpolicy luks --minlen=6 --minquality=1 --notstrict --nochanges --notempty
%end
```

Kickstart 应答文件将使用 FTP 服务进行传输，然后由安装向导进行调用，因此也不需要重启任何服务。

19.3 自动部署客户机

在按照上文讲解的方法成功部署各个相关的服务程序后，就可以使用 PXE + Kickstart 无人值守安装系统了。在采用下面的步骤建立虚拟主机时，一定要把客户端的网络模式设定成与服务端一致的“仅主机模式”，否则两台设备无法进行通信，也就更别提自动安装系统了。其余硬件配置选项并没有强制性要求，大家可参考这里的配置选项来设定。

第 1 步：打开“新建虚拟机向导”程序，选择“自定义（高级）”配置类型，然后单击“下一步”按钮，如图 19-6 所示。在随后的虚拟机硬件兼容性选项中，选择默认的“Workstation 16.x”，步骤省略。

第 2 步：将虚拟机操作系统的安装来源设置为“稍后安装操作系统”。这样做的目的是让虚拟机真正从网络中获取系统安装镜像，同时也可避免 VMware Workstation 虚拟机软件按照内设的方法自行安装系统。单击“下一步”按钮，如图 19-7 所示。

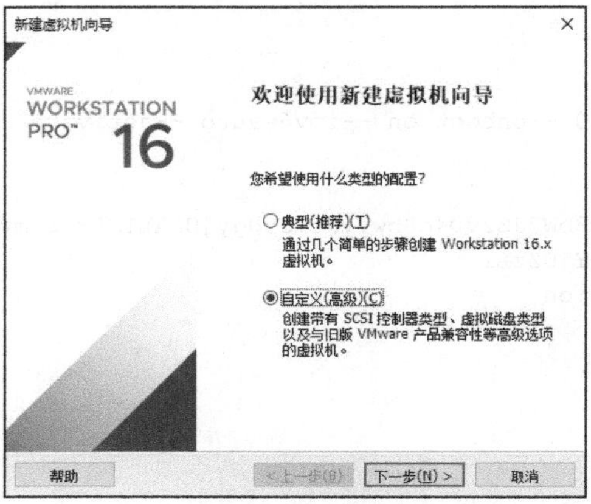

图 19-6　选择虚拟机的配置类型

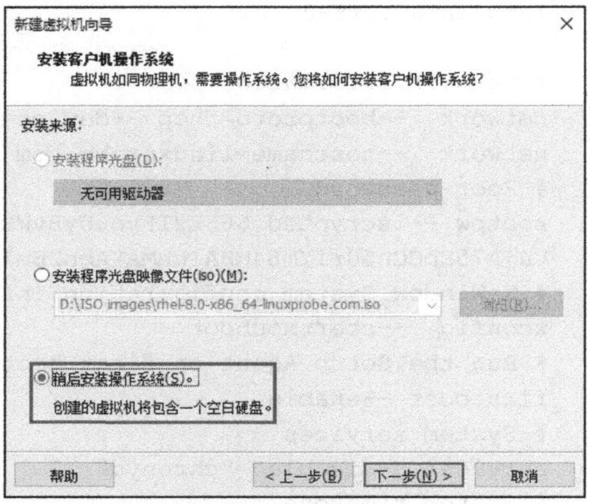

图 19-7　设置虚拟机操作系统的安装来源

第 3 步：将“客户机操作系统”设置为 Linux，版本为“Red Hat Enterprise Linux 8 64 位”，然后单击“下一步”按钮，如图 19-8 所示。

第 4 步：对虚拟机进行命名并设置安装位置。大家可自行定义虚拟机的名称，而安装位置则尽量选择磁盘空间较大的分区。然后单击“下一步”按钮，如图 19-9 所示。在随后设置虚拟机处理器的个数及核心数、内存容量值时，请大家根据实际情况自行选择，步骤省略。

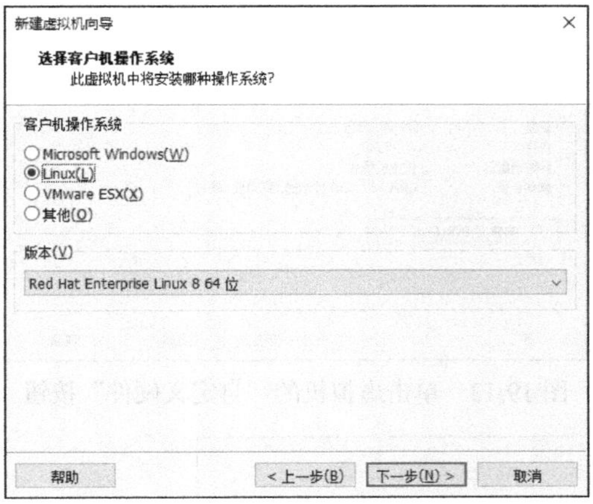

图 19-8　选择客户端主机的操作系统

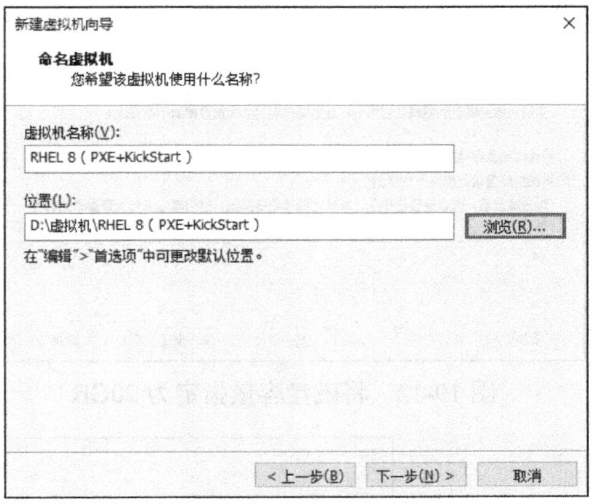

图 19-9　命名虚拟机并设置虚拟机的安装位置

第 5 步：设置虚拟机主机的网络连接类型为“使用仅主机模式网络”，如图 19-10 所示。一定要确保服务器与客户端同处于相同的网络模式，否则客户端无法获得从服务器传送过来的系统镜像及应答文件。随后的 SCSI 控制器类型选择默认的 LSI Logic，步骤省略。

第 6 步：设置硬盘类型并指定容量。设置“虚拟磁盘类型”为 SCSI 或 SATA，如图 19-11 所示。随后在硬盘创建确认界面，选择“创建新虚拟磁盘”选项，步骤省略。

这里将“最大磁盘大小”设置为 20GB。需要说明的是，这个 20GB 指的是虚拟机系统能够使用的最大上限，而不是会被立即占满，因此设置得稍微大一些也没有关系。然后单击“下一步”按钮，如图 19-12 所示。随后的确认硬盘文件名称界面选择默认值即可，步骤省略。

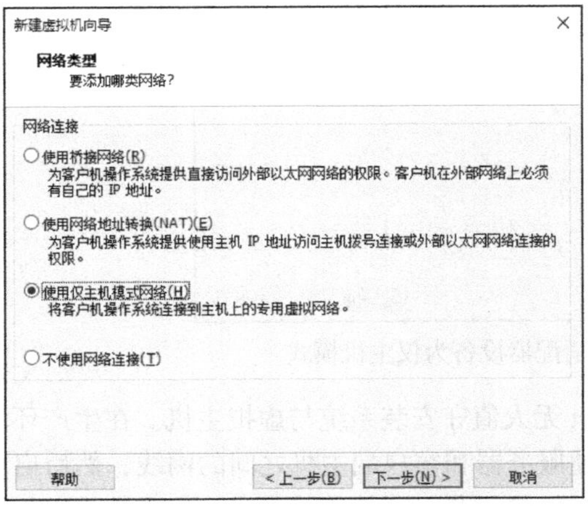

图 19-10　设置客户端的网络模式

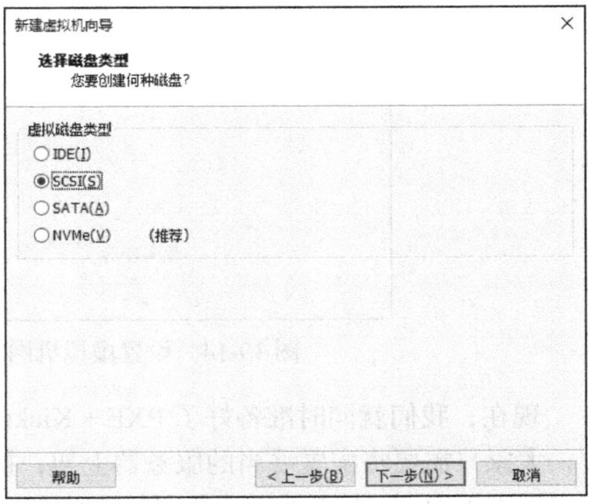

图 19-11　设置“虚拟磁盘类型”为 SCSI 或 SATA

第 7 步：结束“新建虚拟机向导程序”后，先不要着急打开虚拟机系统。大家还需要单击图 19-13 中的“自定义硬件”按钮，在弹出的如图 19-14 所示的界面中，把“网络适配器”

设备同样也设置为“仅主机模式”（这个步骤非常重要），移除其他不需要的硬件，然后单击“确定”按钮。

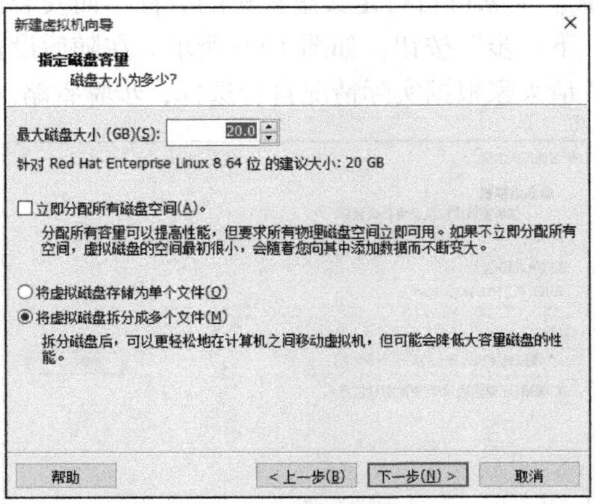

图 19-12　将磁盘容量指定为 20GB

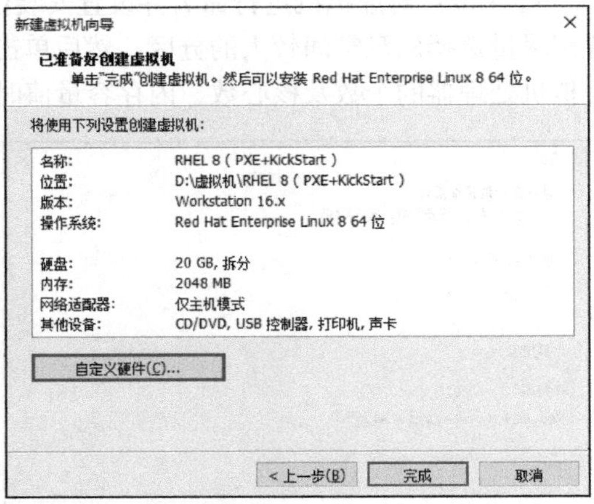

图 19-13　单击虚拟机的“自定义硬件”按钮

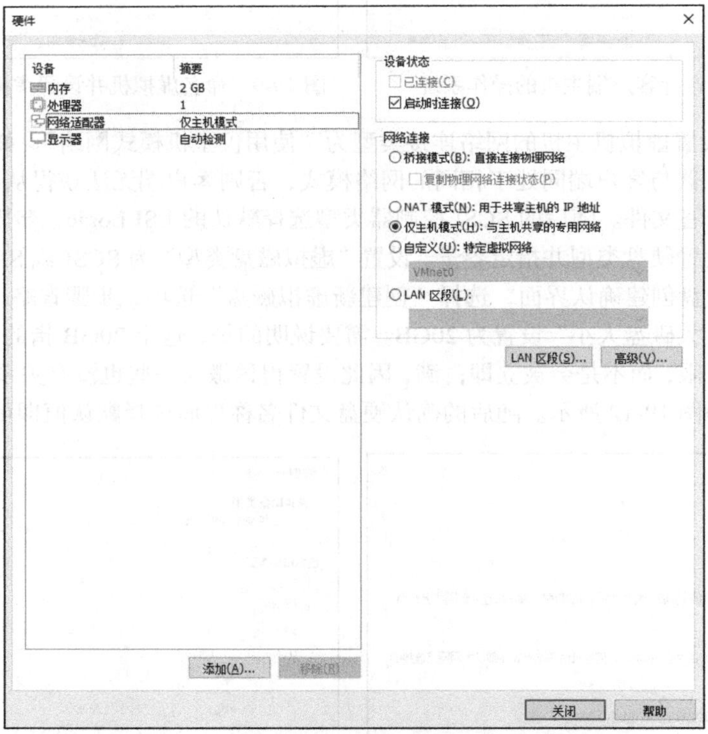

图 19-14　设置虚拟机网络适配器设备为仅主机模式

现在，我们就同时准备好了 PXE + Kickstart 无人值守安装系统与虚拟主机。在生产环境中，大家只需要将配置妥当的服务器上架，接通服务器和客户端主机之间的网线，然后启动客户端主机即可。接下来就会按照图 19-15～图 19-17 那样，开始传输光盘镜像文件并进行自动安装了——期间完全无须人工干预，直到安装完毕时才需要运维人员进行简单的初始化工作。

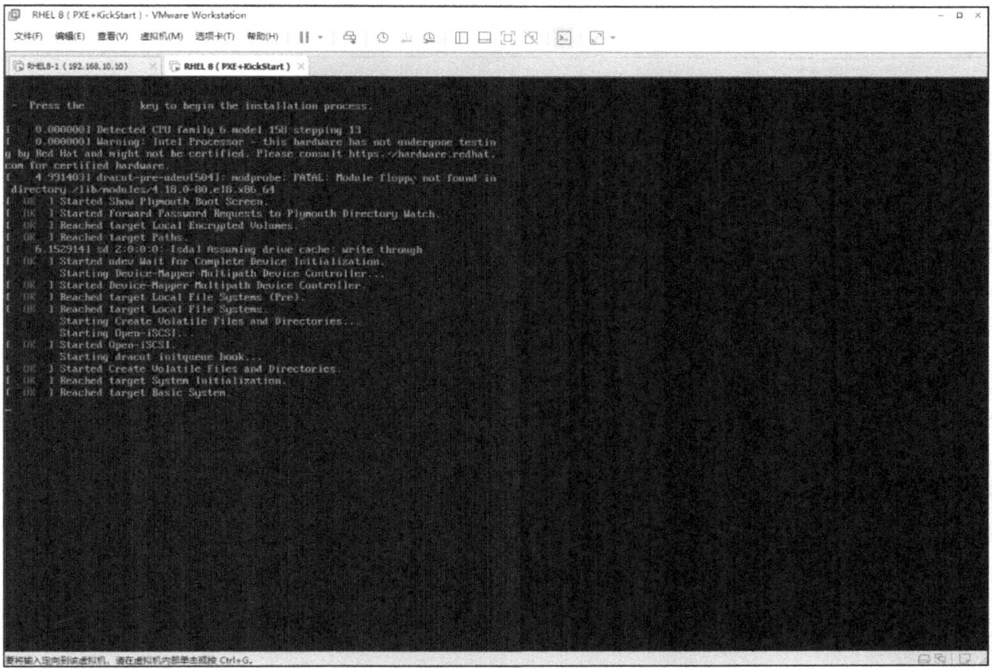

图 19-15　自动传输光盘镜像文件并安装系统

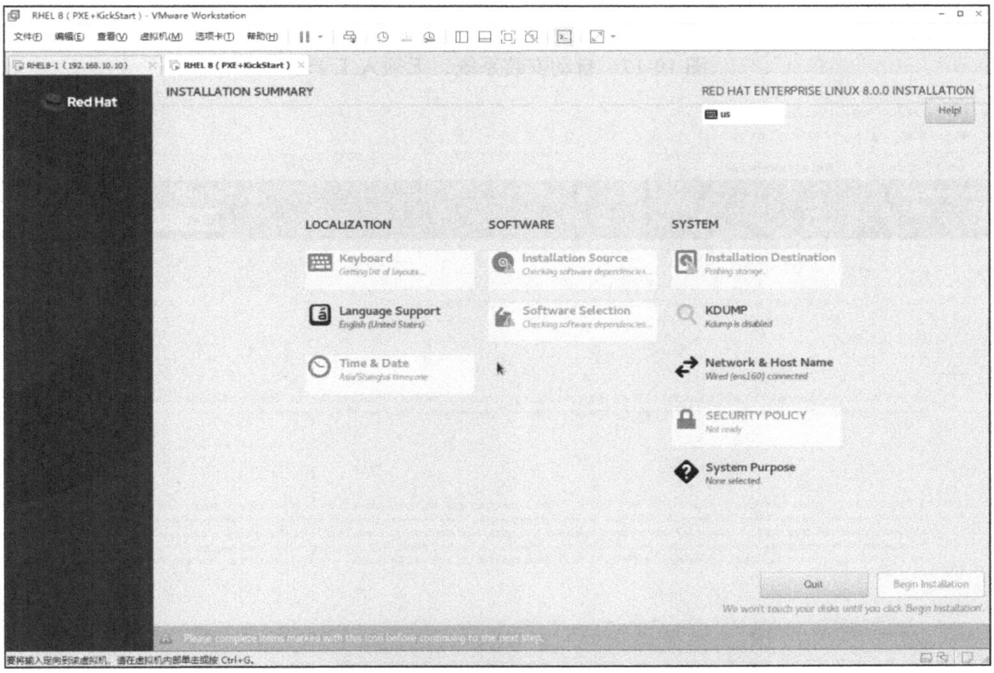

图 19-16　根据应答文件自动填写安装信息

由此可见，当生产环境工作中有数百台服务器需要批量安装系统时，使用无人值守安装系统的便捷性是不言而喻的。但是为了避免法律风险，红帽公司对于许可界面还不允许用应答文件自动完成，需要人工单击“I accept the license agreement”复选框后方可继续安装，如图 19-18 和图 19-19 所示，我们通过网络安装的客户端就搞定了。

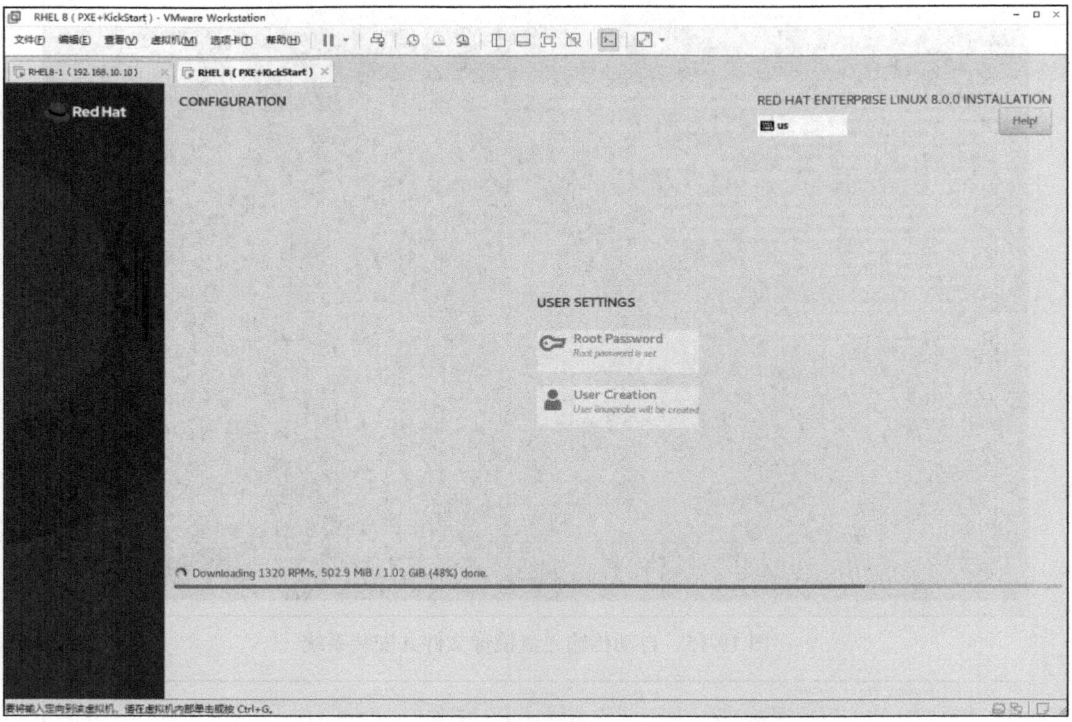

图 19-17　自动安装系统，无须人工干预

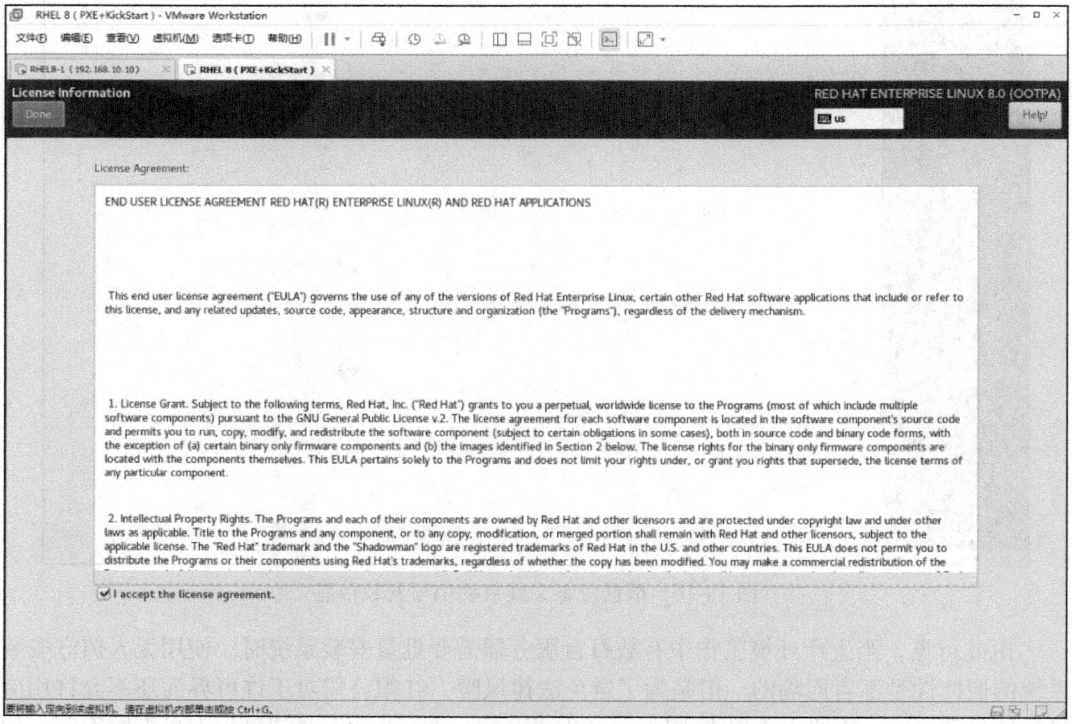

图 19-18　手动单击用于接受许可协议的按钮

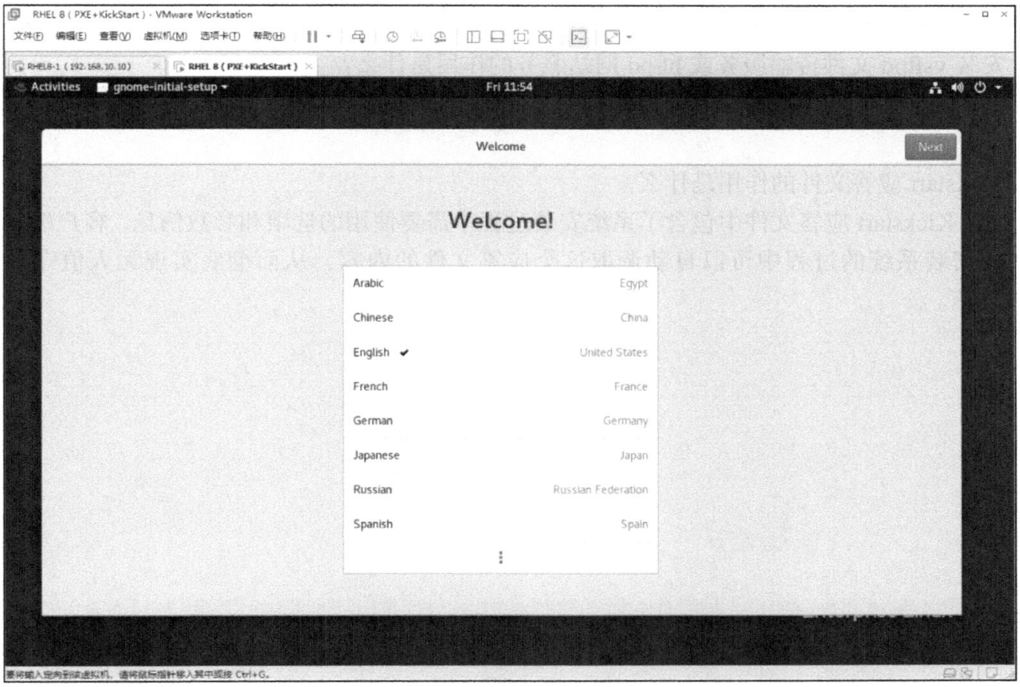

图 19-19　顺利进入到新系统中

复习题

1. 部署无人值守安装系统时，需要用到哪些服务程序和文件？

   答：需要用到 SYSLinux 引导服务、DHCP 服务、vsftpd 文件传输服务（或 httpd 网站服务）、TFTP 服务以及 Kickstart 应答文件。

2. 在 VMware Workstation 虚拟机软件中，DHCP 服务总是分配错误 IP 地址的原因可能是什么？

   答：虚拟机的虚拟网络编辑器中自带的 DHCP 服务可能没有关闭，由此产生了错误分配 IP 地址的情况。

3. 如何启用 TFTP 服务？

   答：需要在 xinetd 服务程序的配置文件中把 disable 参数改成 no。

4. 成功安装 SYSLinux 服务程序后，可以在哪个目录中找到引导文件？

   答：在安装好 SYSLinux 服务程序软件包后，在/usr/share/syslinux 目录中会出现很多引导文件。

5. 在开机选项菜单文件中，把 default 参数设置成 linux 的作用是什么？

   答：目的是让系统自动开始安装过程，而不需要运维人员再去选择是安装系统还是校验镜像文件。

6. 安装 vsftpd 文件传输服务或 httpd 网站服务的作用是什么？
   答： 把光盘镜像文件完整、顺利地传送到客户端主机。

7. Kickstart 应答文件的作用是什么？
   答： Kickstart 应答文件中包含了系统安装过程中需要使用的选项和参数信息，客户端主机在安装系统的过程中可以自动调取这个应答文件的内容，从而彻底实现无人值守安装系统。

第 20 章

使用 LNMP 架构部署动态网站环境

本章讲解了如下内容：

- 源码包程序；
- LNMP 动态网站部署架构；
- 搭建 WordPress 博客；
- 选购服务器主机。

LNMP 动态网站部署架构是一套由 Linux + Nginx + MySQL + PHP 组成的动态网站系统解决方案，具有免费、高效、扩展性强且资源消耗低等优良特性，目前正在被广泛使用。本章首先对比了使用源码包安装服务程序与使用 RPM 软件包安装服务程序的区别，然后讲解了如何手工编译源码包并安装各个服务程序，以及使用最受欢迎的 WordPress 博客系统验证架构环境。

本章是本书的最后一章内容，刘遄老师不仅希望各位读者在学完本书之后，能够顺利找到满意的高薪工作，也希望您能利用书中所学知识搭建自己的博客或论坛系统，并以此为平台，将自己工作中积攒的 Linux 经验以及技巧分享给更多人，为美好的开源世界贡献自己的力量。

20.1 源码包程序

本书第 1 章中曾经讲到，在 RPM（红帽软件包管理器）技术出现之前，Linux 系统运维人员只能通过源码包的方式来安装各种服务程序，这是一件非常繁琐且极易消耗时间与耐心的事情；而且在安装、升级、卸载程序时还要考虑到与其他程序或函数库的相互依赖关系，这就要求运维人员不仅要掌握更多的 Linux 系统理论知识以及高超的实操技能，还需要有极好的耐心才能安装好一个源码软件包。考虑到本书的读者都是刚入门或准备入门的运维新人，因为本书在前面的章节中一直都是采用软件仓库的方式来安装服务程序。但是，现在依然有很多软件程序只有源码包的形式，如果我们只会使用 dnf 命令来安装程序，则面对这些只有源码包的软件程序时，将充满无力感，要么需要等到第三方组织将这些软件程序编写成 RPM 软件包之后再行使用，要么就只能寻找相关软件程序的替代品了（而且替代软件还必须具备 RPM 软件包的形式）。由此可见，如果运维人员只会使用软件仓库来安装服务程序，将会形成知识短板，对日后的运维工作带来不利。

本着不能让自己的读者在运维工作中吃亏的想法，刘遄老师接下来会详细讲解如何使用源码包的方式来安装服务程序。

其实，使用源码包来安装服务程序具有两个优势。

- 源码包的可移植性非常好，几乎可以在任何 Linux 系统中安装使用，而 RPM 软件包是针对特定系统和架构编写的指令集，必须严格地符合执行环境才能顺利安装（即只会去“生硬地”安装服务程序）。
- 使用源码包安装服务程序时会有一个编译过程，因此能够更好地适应安装主机的系统环境，运行效率和优化程度都会强于使用 RPM 软件包安装的服务程序。也就是说，可以将采用源码包安装服务程序的方式看作是针对系统的“量体裁衣”。

一般来讲，在安装软件时，如果能通过软件仓库来安装，就用 dnf 命令搞定它；反之则去寻找合适的 RPM 软件包来安装；如果实在没有资源可用，那就只能使用源码包来安装了。使用源码包安装服务程序的过程看似复杂，其实在归纳汇总后只需要 4～5 个步骤即可完成安装。接下来会对每一个步骤进行详解。

注：

需要提前说明的是，在使用源码包安装程序时，会输出大量的过程信息，这些信息的意义并不大，因此本章会省略这部分输出信息而不作特殊备注，请大家在具体操作时以实际为准。

第 1 步：下载及解压源码包文件。为了方便在网络中传输，源码包文件通常会在归档后使用 gzip 或 bzip2 等格式进行压缩，因此一般会具有.tar.gz 或.tar.bz2 的后缀。要想使用源码包安装服务程序，必须先把里面的内容解压出来，然后再切换到源码包文件的目录中：

```
[root@linuxprobe~]# tar xzvf FileName.tar.gz
[root@linuxprobe~]# cd FileDirectory
```

第 2 步：编译源码包代码。在正式使用源码包安装服务程序之前，还需要使用编译脚本针对当前系统进行一系列的评估工作，包括对源码包文件、软件之间及函数库之间的依赖关系、编译器、汇编器及链接器进行检查。我们还可以根据需要来追加--prefix 参数，以指定稍后源码包程序的安装路径，从而对服务程序的安装过程更加可控。当编译工作结束后，如果系统环境符合安装要求，一般会自动在当前目录下生成一个 Makefile 安装文件。

```
[root@linuxprobe~]# ./configure --prefix=/usr/local/program
```

第 3 步：生成二进制安装程序。刚刚生成的 Makefile 文件中会保存与系统环境、软件依赖关系和安装规则等相关的内容，接下来便可以使用 make 命令来根据 Makefile 文件内容提供的合适规则编译生成出真正可供用户安装服务程序的二进制可执行文件了。

```
[root@linuxprobe~]# make
```

第 4 步：运行二进制的服务程序安装包。由于不需要再检查系统环境，也不需要再编译代码，因此运行二进制的服务程序安装包应该是速度最快的步骤。如果在源码包编译阶段使用了--prefix 参数，那么此时服务程序就会被安装到那个目录；如果没有自行使用参数定义目录的话，一般会被默认安装到/usr/local/bin 目录中。

```
[root@linuxprobe~]# make install
```

第 5 步：清理源码包临时文件。由于在安装服务程序的过程中进行了代码编译的工作，因此在安装后目录中会遗留下很多临时垃圾文件，本着尽量不要浪费磁盘存储空间的原则，可以使用 make clean 命令对临时文件进行彻底的清理。

```
[root@linuxprobe~]# make clean
```

估计有读者会有疑问，为什么同样是安装一个服务程序，源码包的编译工作（configure）与生成二进制文件的工作（make）会使用这么长的时间，而采用 RPM 软件包安装就特别有效率呢？其实原因很简单，在 RHCA 认证的 RH401 考试中，会要求考生写一个 RPM 软件包。刘遄老师会在本书的进阶篇中讲到，其实 RPM 软件包就是把软件的源码包和一个针对特定系统、架构、环境编写的安装规则打包到一起的指令集。因此，为了让用户都能使用这个软件包来安装程序，通常一个软件程序会发布多种格式的 RPM 软件包（例如 i386、x86_64 等架构）来让用户选择。而源码包的软件作者肯定希望自己的软件能够被安装到更多的系统上面，能够被更多的用户所了解、使用，因此便会在编译阶段（configure）来检查用户当前系统的情况，然后制定出一份可行的安装方案，所以会占用很多的系统资源，需要更长的等待时间。

20.2 LNMP 动态网站部署架构

LNMP 动态网站部署架构是一套由 Linux + Nginx + MySQL + PHP 组成的动态网站系统解决方案（其各自的 Logo 见图 20-1）。LNMP 中的字母 L 是 Linux 系统的意思，不仅可以是 RHEL、CentOS、Fedora，还可以是 Debian、Ubuntu 等系统。本书的配套站点 https://www.linuxprobe.com 就是基于 LNMP 部署出来的，目前的运行一直很稳定，访问速度也很快。

图 20-1　LNMP 动态网站部署架构涉及的软件的 Logo

在使用源码包安装服务程序之前，首先要让安装主机具备编译程序源码的环境。这需要具备 C 语言、C++语言、Perl 语言的编译器，以及各种常见的编译支持函数库程序。因此请先配置妥当软件仓库，然后把下面列出的这些软件包都统统安装上：

```
[root@linuxprobe~]# dnf -y install apr* autoconf automake numactl bison bzip2-
devel cpp curl-devel fontconfig-devel freetype-devel gcc gcc-c++ gd-devel gettext-
devel kernel-headers keyutils-libs-devel krb5-devel libcom_err-devel  libpng-devel
libjpeg* libsepol-devel libselinux-devel libstdc++-devel libtool* libxml2-devel
libXpm* libxml* libXaw-devel libXmu-devel libtiff* make openssl-devel patch pcre-
```

```
devel perl php-common php-gd telnet zlib-devel libtirpc-devel gtk* ntpstat na*
bison* lrzsz cmake ncurses-devel libzip-devel libxslt-devel gdbm-devel readline-
devel gmp-devel

Updating Subscription Management repositories.
Unable to read consumer identity
AppStream                                        3.1 MB/s | 3.2 kB     00:00
BaseOS                                           2.0 MB/s | 2.7 kB     00:00
………………省略部分输出信息………………
  Running scriptlet: mariadb-connector-c-3.0.7-1.el8.x86_64          1/1
  Preparing        :                                                 1/1
  Installing       : xorg-x11-proto-devel-2018.4-1.el8.noarch        1/261
  Installing       : perl-version-6:0.99.24-1.el8.x86_64             2/261
  Installing       : zlib-devel-1.2.11-10.el8.x86_64                 3/261
  Installing       : perl-Time-HiRes-1.9758-1.el8.x86_64             4/261
  Installing       : libpng-devel-2:1.6.34-5.el8.x86_64              5/261
  Installing       : perl-CPAN-Meta-Requirements-2.140el8.noarch     6/261
  Installing       : perl-ExtUtils-ParseXS-1:3.35-2.el8.noarch       7/261
  Installing       : perl-ExtUtils-Manifest-1.70-395.el8.noarch      8/261
  Installing       : cmake-filesystem-3.11.4-3.el8.x86_64            9/261
  Installing       : perl-Test-Harness-1:3.42-1.el8.noarch          10/261
  Installing       : perl-Module-CoreList-1:5-1.el8.noarch          11/261
  Installing       : perl-Module-Metadata-1.000033.el8.noarch       12/261
  Installing       : perl-SelfLoader-1.23-416.el8.noarch            13/261
  Installing       : perl-Perl-OSType-1.010-396.el8.noarch          14/261
  Installing       : perl-Module-Load-1:0.32-395.el8.noarch         15/261
  Installing       : perl-JSON-PP-1:2.97.001-3.el8.noarch           16/261
  Installing       : perl-Filter-2:1.58-2.el8.x86_64                17/261
  Installing       : perl-Compress-Raw-Zlib-2.081-1.el8.x86_64      18/261
  Installing       : perl-encoding-4:2.22-3.el8.x86_64              19/261
  Installing       : perl-Text-Balanced-2.03-395.el8.noarch         20/261
………………省略部分输出信息………………
Complete!
```

如果条件允许，建议适当增大虚拟机的内存上限，让稍后的编译过程更快一些。而且由于接下来还需要从外部网络中获取 Nginx、MySQL、PHP 及 WordPress 等一系列的安装包，因此需要配置虚拟机，将其连接到互联网。

将已经调整为桥接模式的网卡，通过 nmtui 或 nm-connection-editor 命令修改为以 DHCP 模式自动获取网络信息，如图 20-2 所示。此时，大多数情况下虚拟机就可以接入互联网。若依然不可访问互联网，则考虑外部环境是否有特殊的限制，然后将虚拟机内网卡配置成跟物理机一致即可。

```
[root@linuxprobe~]# ping -c 4 www.linuxprobe.com
PING www.linuxprobe.com.w.kunlunno.com (202.97.231.16) 56(84) bytes of data.
64 bytes from www.linuxprobe.com (202.97.231.16): icmp_seq=1 ttl=55 time=27.5 ms
64 bytes from www.linuxprobe.com (202.97.231.16): icmp_seq=2 ttl=55 time=27.10 ms
64 bytes from www.linuxprobe.com (202.97.231.16): icmp_seq=3 ttl=55 time=27.4 ms
64 bytes from www.linuxprobe.com (202.97.231.16): icmp_seq=4 ttl=55 time=28.9 ms

--- www.linuxprobe.com.w.kunlunno.com ping statistics ---
4 packets transmitted, 4 received, 0% packet loss, time 8ms
rtt min/avg/max/mdev = 27.354/27.913/28.864/0.593 ms
```

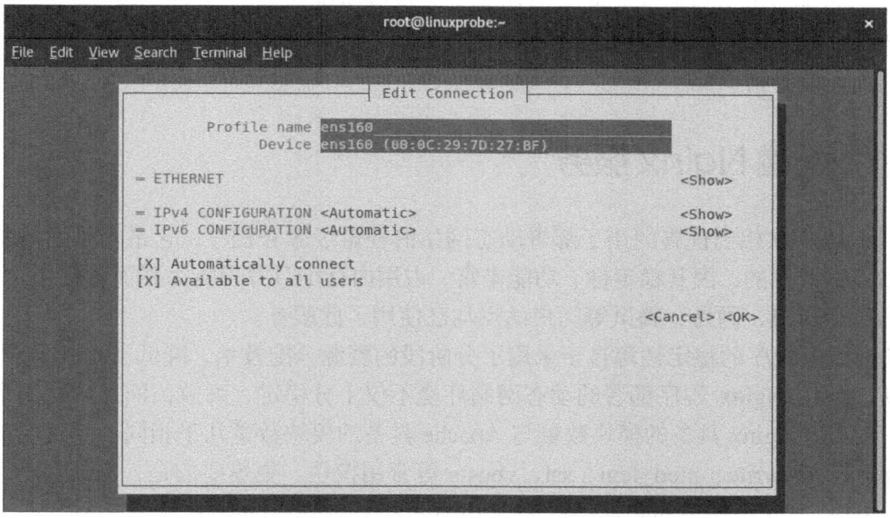

图 20-2 以 DHCP 模式自动获取网络信息

刘遄老师已经把安装 LNMP 动态网站部署架构所需的 4 个软件源码包和 1 个用于检查效果的博客系统软件包上传到与本书配套的站点服务器上。大家可以在 Windows 系统中下载后通过 ssh 服务传送到打算部署 LNMP 动态网站架构的 Linux 服务器中，也可以直接在 Linux 服务器中使用 wget 命令下载这些源码包文件。为了更好地找到它们，我们统一放到/lnmp 目录下保存：

```
[root@linuxprobe~]# mkdir /lnmp
[root@linuxprobe~]# cd /lnmp
[root@linuxprobe lnmp]# wget https://www.linuxprobe.com/Software/rpcsvc-proto-1.4.tar.gz
[root@linuxprobe lnmp]# wget https://www.linuxprobe.com/Software/nginx-1.16.0.tar.gz
[root@linuxprobe lnmp]# wget https://www.linuxprobe.com/Software/mysql-8.0.18.tar.xz
[root@linuxprobe lnmp]# wget https://www.linuxprobe.com/Software/php-7.3.5.tar.gz
[root@linuxprobe lnmp]# wget https://www.linuxprobe.com/Software/wordpress.tar.gz
[root@linuxprobe lnmp]# ls
rpcsvc-proto-1.4.tar.gz       nginx-1.16.0.tar.gz   mysql-8.0.18.tar.xz
php-7.3.5.tar.gz              wordpress.tar.gz
```

下面我们准备小试牛刀。rpcsvc-proto 是一款包含 rcpsvc 协议文件的支持软件包名称，rcpsvc 协议在后续 Nginx 与 MySQL 服务程序的部署过程中都需要被调用到。要想通过源码包安装服务程序，就一定要严格遵守上面总结的安装步骤：下载及解压源码包文件、编译源码包代码、生成二进制安装程序、运行二进制的服务程序安装包。在解压、编译各个软件包源码程序时，都会生成大量的输出信息，下文中会将其省略，请读者以实际操作为准。

```
[root@linuxprobe lnmp]# tar xzvf rpcsvc-proto-1.4.tar.gz
[root@linuxprobe lnmp]# cd rpcsvc-proto-1.4/
[root@linuxprobe rpcsvc-proto-1.4]# ./configure
[root@linuxprobe rpcsvc-proto-1.4]# make
[root@linuxprobe rpcsvc-proto-1.4]# make install
[root@linuxprobe rpcsvc-proto-1.4]# cd ..
[root@linuxprobe lnmp]#
```

由于本章涉及的软件较多，频繁地切换工作目录在所难免。一方面我们会在每次操作后尽可能地返回到/lnmp 目录下待命，另一方面也请读者仔细看清所在的目录路径，以免因为找不到文件而影响心情。

20.2.1 配置 Nginx 服务

Nginx 是一款相当优秀的用于部署动态网站的轻量级服务程序，它最初是为俄罗斯的一家门户站点而开发的，因其稳定性、功能丰富、占用内存少且并发能力强而备受用户的信赖。目前国内诸如新浪、网易、腾讯等门户站点均已使用了此服务。

Nginx 服务程序的稳定性源自于采用了分阶段的资源分配技术，降低了 CPU 与内存的占用率，所以使用 Nginx 程序部署的动态网站环境不仅十分稳定、高效，而且消耗的系统资源也很少。此外，Nginx 具备的模块数量与 Apache 具备的模块数量几乎相同，而且现在已经完全支持 proxy、rewrite、mod_fcgi、ssl、vhosts 等常用模块。更重要的是，Nginx 还支持热部署技术，可以 7×24 小时不间断提供服务，还可以在不暂停服务的情况下直接对 Nginx 服务程序进行升级。

坦白来讲，虽然 Nginx 程序的代码质量非常高，代码很规范，技术成熟，模块扩展也很容易，但依然存在不少问题。比如，Nginx 是由俄罗斯人开发的，资料文档还不完善，中文资料的质量更是鱼龙混杂。但是 Nginx 服务程序在近年来增长势头迅猛，相信会在轻量级 Web 服务器市场具有不错的未来。

下面进入主题，准备配置 Nginx 服务。

第 1 步：创建用于管理网站服务的系统账户。这是在 Linux 系统创建之初就植入的基因片段——为了能够让操作系统更加安全，需要由不同的系统用户来管理不同的服务程序。这样即便有黑客通过网站服务侵入了服务器，也无法提权到更高权限，或是对系统进行更大的破坏，甚至都无法登录 ssh 服务，因为他拿到的仅仅是一个系统账号。不同以往，这次在新建账户时应使用-M 参数不创建对应的家目录，以及使用-s 参数指定登录后的 Shell 解释器为/sbin/nologin，确保任何人都不能通过这个账号登录主机。

```
[root@linuxprobe lnmp]# useradd nginx -M -s /sbin/nologin
[root@linuxprobe lnmp]# id nginx
uid=1001(nginx) gid=1001(nginx) groups=1001(nginx)
```

第 2 步：编译安装 Nginx 网站服务程序。为了能够让网站服务支持更多的功能，需要在编译过程中添加额外的参数，其中较为重要的是使用 prefix 参数指定服务将被安装到哪个目录，方便后面找到和调用它。其次，考虑到 HTTPS 协议的使用越来越广泛，所以这里用 with-http_ssl_module 参数来开启 Nginx 服务的 SSL 加密模块，以便日后开启 HTTPS 协议功能：

```
[root@linuxprobe lnmp]# tar zxvf nginx-1.16.0.tar.gz
[root@linuxprobe lnmp]# cd nginx-1.16.0/
[root@linuxprobe nginx-1.16.0]# ./configure --prefix=/usr/local/nginx --with-
http_ssl_module
[root@linuxprobe nginx-1.16.0]# make
[root@linuxprobe nginx-1.16.0]# make install
[root@linuxprobe nginx-1.16.0]# cd ..
```

相对来说，编译脚本文件（configure）比生成二进制文件（make）要快，而安装程序（make

install）则是最快的，它相当于以双击的方式运行二进制安装包。在编译、生成、安装三阶段中，屏幕上会输出各式各样的信息，主要包含软件包的概要情况、当前系统的软件依赖关系，以及是否有条件进行安装操作。但只要进程没有被强制终止，或是没有输出明显报错信息，则都是正常情况。

第 3 步： 安装完毕后进入最终配置阶段。既然在编译环境中使用 prefix 参数指定了安装路径，那么 Nginx 服务程序配置文件一定会乖乖地在/usr/local/nginx 目录中等我们。

我们总共要进行 3 处修改，首先是把第 2 行的注释符（#）删除，然后在后面写上负责运行网站服务程序的账户名称和用户组名称。这里假设由 nginx 用户及 nginx 用户组负责管理网站服务。

```
[root@linuxprobe lnmp]# vim /usr/local/nginx/conf/nginx.conf
  1
  2 user  nginx nginx;
```

其次是修改第 45 行的首页文件名称，在里面添加 index.php 的名字。这个文件也是让用户浏览网站时第一眼看到的文件，也叫首页文件。

```
 43         location / {
 44             root   html;
 45             index  index.php index.html index.htm;
 46         }
```

最后再删除第 65～71 行前面的注释符（#）来启用虚拟主机功能，然后将第 69 行后面对应的网站根目录修改为/usr/local/nginx/html，其中的 fastcgi_script_name 参数用于指代脚本名称，也就是用户请求的 URL。只有信息填写正确了，才能使 Nginx 服务正确解析用户请求，否则访问的页面会提示“404 Not Found”的错误。

```
 63  # pass the PHP scripts to FastCGI server listening on 127.0.0.1:9000
 64         #
 65         location~\.php$ {
 66           root            html;
 67           fastcgi_pass    127.0.0.1:9000;
 68           fastcgi_index   index.php;
 69           fastcgi_param SCRIPT_FILENAME /usr/local/nginx/html$fastcgi_script_name;
 70           include         fastcgi_params;
 71         }
```

第 4 步： 通过编译源码方式安装的服务默认不能被 systemctl 命令所管理，而要使用 Nginx 服务本身的管理工具进行操作，相应命令所在的目录是/usr/local/nginx/sbin。由于使用绝对路径的形式输入命令未免会太麻烦，建议将/usr/local/nginx/sbin 路径加入到 PATH 变量中，让 Bash 解释器在后续执行命令时自动搜索到它。然后在 source 命令后加载配置文件，让参数立即生效。下次就只需要输入 nginx 命令即可启动网站服务了。

```
[root@linuxprobe lnmp]# vim~/.bash_profile
# .bash_profile

# Get the aliases and functions
if [ -f~/.bashrc ]; then
       . ~/.bashrc
fi
```

```
# User specific environment and startup programs

PATH=$PATH:$HOME/bin:/usr/local/nginx/sbin

export PATH
[root@linuxprobe lnmp]# source~/.bash_profile
[root@linuxprobe lnmp]# nginx
```

操作完毕！重启服务程序，并在浏览器中输入本机的 IP 地址，即可访问到 Nginx 网站服务程序的默认界面，如图 20-3 所示。相较于 Apache 服务程序的红色默认页面，Nginx 服务程序的默认页面显得更加简洁。

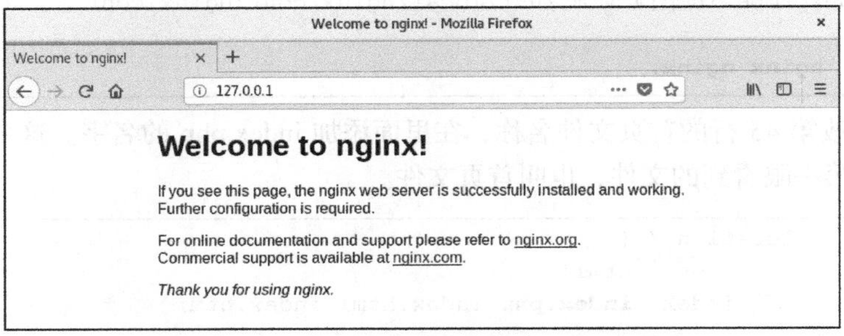

图 20-3　Nginx 服务程序的默认页面

20.2.2　配置 MySQL 服务

本书在第 18 章讲解过 MySQL 和 MariaDB 数据库管理系统之间的因缘和特性，也狠狠地夸奖了 MariaDB 数据库，但是 MySQL 数据库当前依然是生产环境中最常使用的关系型数据库管理系统之一，坐拥极大的市场份额，并且已经通过十几年不断的发展向业界证明了自身的稳定性和安全性。另外，虽然第 18 章已经讲解了基本的数据库管理知识，但是为了进一步帮助大家夯实基础，本章依然在这里整合了 MySQL 数据库内容，使大家在温故的同时可以知新。

在使用软件仓库安装服务程序时，系统会自动根据 RPM 软件包中的指令集完成软件配置等工作。但是一旦选择使用源码包的方式来安装，这一切就需要自己来完成了。对于 MySQL 数据库来说，我们需要在系统中创建一个名为 mysql 的用户，专门用于负责运行 MySQL 数据库。请记得要把这类账户的 Bash 终端设置成 nologin 解释器，避免黑客通过该用户登录到服务器中，从而提高系统安全性。

```
[root@linuxprobe lnmp]# useradd mysql -M -s /sbin/nologin
```

接下来准备配置 MySQL 服务。

第 1 步：解压 MySQL 安装软件包。将解压出的程序目录改名并移动到/usr/local 目录下，对其进行初始化操作后便可使用。需要注意的是，以.tar.xz 结尾的压缩包软件，不应用 z 参数进行解压。

```
[root@linuxprobe lnmp]# tar xvf mysql-8.0.18.tar.xz
[root@linuxprobe lnmp]# mv mysql-8.0.18-linux-glibc2.12-x86_64 mysql
[root@linuxprobe lnmp]# mv mysql /usr/local
```

第 2 步：在生产环境中管理 MySQL 数据库时，有两个比较常用的目录。一个是/usr/local/mysql 目录，这是用于保存 MySQL 数据库程序文件的路径。还有一个是/usr/local/mysql/data 目录，它用于存储数据库的具体内容，每个数据库的内容会被单独存放到一个目录内。对于存放实际数据库文件的 data 目录，用户需要先手动创建出来：

```
[root@linuxprobe lnmp]# cd /usr/local/mysql
[root@linuxprobe mysql]# mkdir data
```

第 3 步：初始化 MySQL 服务程序，对目录进行授权，保证数据能够被 mysql 系统用户读取。在初始化阶段，应使用 mysqld 命令确认管理 MySQL 数据库服务的用户名称、数据保存目录及编码信息。在信息确认无误后开始进行初始化。在初始化的最后阶段，系统会给用户分配一个初始化的临时密码，大家一定要保存好，例如下面示例中分配的密码是 qfroRs,Ei4Ls。

```
[root@linuxprobe mysql]# chown -R mysql:mysql /usr/local/mysql
[root@linuxprobe mysql]# cd bin
[root@linuxprobe bin]# ./mysqld --initialize --user=mysql --basedir=/usr/local/
mysql --datadir=/usr/local/mysql/data
2021-05-06T07:07:06.243270Z 0 [System] [MY-013169] [Server] /usr/local/mysql/bin
/mysqld (mysqld 8.0.18) initializing of server in progress as process 7606
2021-05-06T07:07:08.116268Z 5 [Note] [MY-010454] [Server] A temporary password
is generated for root@localhost: qfroRs,Ei4Ls
```

第 4 步：与 Nginx 服务相似，MySQL 数据库的二进制可执行命令也单独存放在自身的程序目录/usr/local/mysql/bin 中。若每次在执行命令之前都要先切换到这个目录，则着实有些麻烦，要能也加入到 PATH 变量中可就方便太多了。说干就干！

```
[root@linuxprobe bin]# vim~/.bash_profile
# .bash_profile

# Get the aliases and functions
if [ -f~/.bashrc ]; then
        . ~/.bashrc
fi

# User specific environment and startup programs

PATH=$PATH:$HOME/bin:/usr/local/nginx/sbin:/usr/local/mysql/bin

export PATH
[root@linuxprobe bin]# source~/.bash_profile
```

在这样设置后，即便返回到源码目录，也可以继续执行 MySQL 数据库的管理命令。不过先别着急！既然是手动安装服务，那么让文件"归位"的重任就只得亲力亲为了——将启动脚本 mysql.server 放入到/etc/init.d 目录中，让服务器每次重启后都能自动启动数据库，并给予可执行权限。

libtinfo.so.5 文件是 MySQL 数据库在 8.0 版本后新添加的重要的函数库文件，但默认不存在，需要将 libtinfo.so.6.1 文件复制过来或者作为链接文件才能正常启动：

```
[root@linuxprobe bin]# cd /usr/local/mysql
[root@linuxprobe mysql]# cp -a support-files/mysql.server /etc/init.d/
```

```
[root@linuxprobe mysql]# chmod a+x /etc/init.d/mysql.server
[root@linuxprobe mysql]# ln -s /usr/lib64/libtinfo.so.6.1 /usr/lib64/libtinfo.so.5
```

第 5 步：执行 MySQL 数据库服务启动文件，并进行初始化工作。为了安全着想，MySQL 自 8.0 版本起不再允许用户使用临时密码来管理数据库内容，也不能进行远程控制，用户必须修改初始化密码后才能使用 MySQL 数据库。数据库作为系统重要的组成服务，密码位数不建议少于 20 位。例如，下面将密码修改为“PObejCBeDzTRCncXwgBy”。

```
[root@linuxprobe mysql]# /etc/init.d/mysql.server start
Starting MySQL.Logging to '/usr/local/mysql/data/linuxprobe.com.err'.
. SUCCESS!
[root@linuxprobe mysql]# mysql -u root -p
Enter password: 输入初始化时给的原始密码
Welcome to the MySQL monitor.  Commands end with ; or \g.
Your MySQL connection id is 8
Server version: 8.0.18

Copyright (c) 2000, 2019, Oracle and/or its affiliates. All rights reserved.

Oracle is a registered trademark of Oracle Corporation and/or its
affiliates. Other names may be trademarks of their respective
owners.

Type 'help;' or '\h' for help. Type '\c' to clear the current input statement.

mysql> alter user 'root'@'localhost' identified by 'PObejCBeDzTRCncXwgBy';
Query OK, 0 rows affected (0.01 sec)

mysql>
```

但这样还是不行，还需要继续切换到 mysql 数据库中，修改 user 表单的密码值。这也是从 MySQL 数据库 8.0 版本之后才有的新安全要求，看过本书上一版的读者应该记得在 MySQL 5/6 版本中就没有这么麻烦。

```
mysql> use mysql;
Reading table information for completion of table and column names
You can turn off this feature to get a quicker startup with -A

Database changed
mysql> show tables;
+---------------------------+
| Tables_in_mysql           |
+---------------------------+
| columns_priv              |
| tables_priv               |
| time_zone                 |
| time_zone_leap_second     |
| time_zone_name            |
| time_zone_transition      |
| time_zone_transition_type |
| user                      |
| ............省略部分输出信息............ |
+---------------------------+
33 rows in set (0.00 sec)
```

```
mysql> ALTER USER 'root'@'localhost' IDENTIFIED WITH mysql_native_password BY
'PObejCBeDzTRCncXwgBy';
Query OK, 0 rows affected (0.01 sec)
```

由于 20.3 节将会安装部署 WordPress 网站系统，因此现在需要提前把数据库新建出来：

```
mysql> create database linuxcool;
Query OK, 1 row affected (0.00 sec)

mysql> exit
Bye
```

20.2.3 配置 PHP 服务

PHP（Hypertxt Preprocessor，超文本预处理器）是一种通用的开源脚本语言，发明于 1995 年，它吸取了 C 语言、Java 语言及 Perl 语言的很多优点，具有开源、免费、快捷、跨平台性强、效率高等优良特性，是目前 Web 开发领域最常用的语言之一。

使用源码包的方式编译安装 PHP 语言环境其实并不复杂，难点在于解决 PHP 的程序包和其他软件的依赖关系。

第 1 步：解压 php 安装包软件并编译安装。在编译期间，需要使用 prefix 参数指定安装路径，使用--with-mysqli 等参数开启对数据库的支持模块，为后面的在线安装网站做好准备。

```
[root@linuxprobe mysql]# cd /lnmp
[root@linuxprobe lnmp]# tar xvf php-7.3.5.tar.gz
[root@linuxprobe lnmp]# cd php-7.3.5/
[root@linuxprobe php-7.3.5]# ./configure --prefix=/usr/local/php --enable-fpm -
-with-mysqli --with-curl --with-pdo_mysql --with-pdo_sqlite --enable-mysqlnd -enable
-mbstring --with-gd
```

使用下述命令生成二进制文件并进行安装，时间大约为 10～20 分钟，耐心等待即可：

```
[root@linuxprobe php-7.3.5]# make
[root@linuxprobe php-7.3.5]# make install
```

第 2 步：将生成的 php 服务配置文件复制到安装目录中（/usr/local/php/），让其生效。现在主配置文件有了，接下来还需要 php-fpm 的配置文件，好在/usr/local/php/etc/目录中也已经提供，只需要复制模板即可：

```
[root@linuxprobe php-7.3.5]# cp php.ini-development /usr/local/php/lib/php.ini
[root@linuxprobe php-7.3.5]# cd /usr/local/php/etc/
[root@linuxprobe etc]# mv php-fpm.conf.default php-fpm.conf
```

复制一个模板文件到 php-fpm.d 的目录中，用于后续控制网站的连接性能：

```
[root@linuxprobe etc]# mv php-fpm.d/www.conf.default php-fpm.d/www.conf
```

第 3 步：把 php 服务加入到启动项中，使其重启后依然生效：

```
[root@linuxprobe etc]# cd /lnmp/php-7.3.5
[root@linuxprobe php-7.3.5]# cp sapi/fpm/init.d.php-fpm /etc/init.d/php-fpm
[root@linuxprobe php-7.3.5]# chmod 755 /etc/init.d/php-fpm
```

第 4 步：由于 php 服务程序的配置参数会对 Web 服务的运行环境造成影响，如果默认开启了一些不必要且高危的功能（如允许用户在网页中执行 Linux 命令），则会降低网站被入侵的难度，甚至会让入侵人员拿到整台 Web 服务器的管理权限。因此需要编辑 php.ini 配置文件，在第 310 行的 disable_functions 参数后面追加上要禁止的功能。下面的禁用功能名单是刘遄老师依据本书配套站点的运行经验而定制的，不见得适合每个生产环境，建议大家在此基础上根据自身工作需求酌情删减：

```
[root@linuxprobe php-7.3.5]# vim /usr/local/php/lib/php.ini
307 ; This directive allows you to disable certain functions for security reasons.
308 ; It receives a comma-delimited list of function names.
309 ; http://php.net/disable-functions
310 disable_functions = passthru,exec,system,chroot,chgrp,chown,shell_exec,
proc_open,proc_get_status,popen,ini_alter,ini_restore,dl,openlog,syslog,readlink,
symlink,popepassthru,stream_socket_server
```

第 5 步：LNMP 架构源码编译工作就此结束。准备享受胜利成果吧。

```
[root@linuxprobe php-7.3.5]# /etc/init.d/php-fpm start
Starting php-fpm done
```

20.3 搭建 WordPress 博客

为了检验 LNMP 动态网站架构环境是否配置妥当，可以在上面部署 WordPress 博客系统，然后查看效果。如果能够在 LNMP 动态网站环境中成功安装并使用 WordPress 网站系统，也就意味着这套架构是可用的。WordPress 是一种使用 PHP 语言开发的博客平台，用户可以在支持 PHP 和 MySQL 数据库的服务器上架设自己的网站。WordPress 具有丰富的插件和模板系统，是当前最受欢迎的网站内容管理系统。截至 2021 年 5 月，全球排名前 1000 万的网站中已有超过 41%使用了 WordPress。

下面准备搭建 WordPress 博客。

把 Nginx 服务程序根目录的内容清空后，将 WordPress 解压后的网站文件复制进去：

```
[root@linuxprobe php-7.3.5]# cd ..
[root@linuxprobe lnmp]# rm -f /usr/local/nginx/html/*
[root@linuxprobe lnmp]# tar xzvf wordpress.tar.gz
[root@linuxprobe lnmp]# mv wordpress/* /usr/local/nginx/html/
```

为了能够让网站文件被 Nginx 服务程序顺利读取，应设置目录所有权的身份及可读写的权限：

```
[root@linuxprobe lnmp]# chown -Rf nginx:nginx /usr/local/nginx/html
[root@linuxprobe lnmp]# chmod -Rf 777 /usr/local/nginx/html
```

随后输入本机 IP 地址访问 WordPress 网站的首页面，如图 20-4 所示。该页面提醒了用户稍后需要的安装信息。

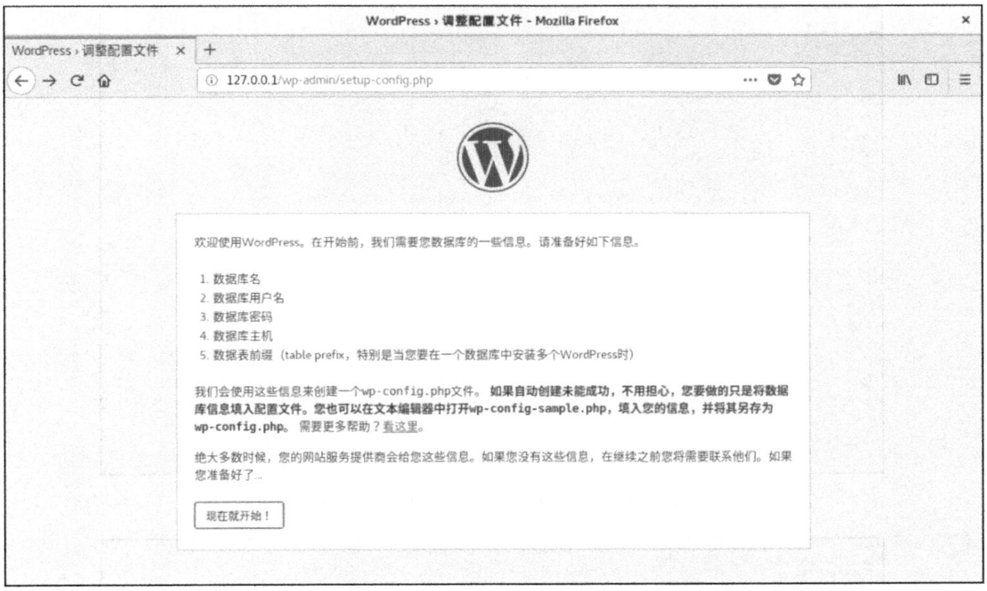

图 20-4　WordPress 网站的首页面

单击图 20-4 中的“现在就开始”按钮，在随后出现的界面中依次输入刚刚建立的数据库名称、用户名及重置过的密码值。由于 WordPress 会要求用户自行创建好数据库，因此请确保网页中填写的数据库名称与刚才创建的一致，如图 20-5 所示。单击“提交”按钮进行确认后，便进入最终的安装阶段，如图 20-6 所示。

图 20-5　填写安装信息

顺利安装完毕后，WordPress 网站系统会要求用户填写站点标题、用户名及密码等信息，如图 20-7 所示。这些信息均可自行填写，建议密码稍微复杂一些。在检查无误后即可单击“安装 WordPress”按钮进行安装。安装成功后的界面如图 20-8 所示。

图 20-6　确认安装 WordPress 网站系统

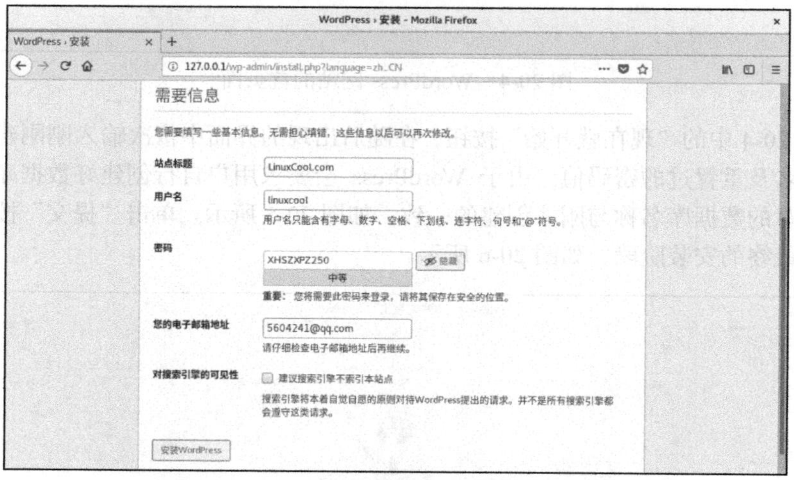

图 20-7　填网站标题及管理员名称

图 20-8　安装成功后的界面

WordPress 的登录界面将在用户填写完账号及密码且单击“登录”按钮后自动出现，如图 20-9 所示。

图 20-9　填写网站账号和密码

顺利进入 WordPress 的管理后台，如图 20-10 所示。WordPress 作为最热门的网站内容管理系统，都能做出什么样的网站呢？大家一定对此很好奇，感兴趣的同学可以自行研究一下。

图 20-10　WordPress 的管理后台

看到图 20-10 这个成功搭建后的网站界面，刘遄老师心中真是五味杂陈，从 2015 年创业至今，它见证了我们的梦想一步一步成为现实。建议对未来有期许的同学也动手搭建出一个属于自己的网站，这不仅可以让您输出的优质内容能帮助到更多人，没准也许能够帮助您实现梦想呢。

20.4 选购服务器主机

我们日常访问的网站是由域名、网站源程序和主机共同组成的。其中，主机则是用于存放网页源代码并能够把网页内容展示给用户的服务器。在本书即将结束之际，再啰嗦几句有关服务器主机的知识以及选购技巧。这些技巧都是在近几年做网站时总结出来的，希望能对大家有所帮助。

- **虚拟主机**：在一台服务器中划分一定的磁盘空间供用户放置网站信息、存放数据等；仅提供基础的网站访问、数据存放与传输功能；能够极大地降低用户费用，也几乎不需要用户来维护网站以外的服务；适合小型网站。
- VPS（Virtual Private Server，**虚拟专用服务器**）：在一台服务器中利用 OpenVZ、Xen 或 KVM 等虚拟化技术模拟出多台“主机”（即 VPS），每个主机都有独立的 IP 地址、操作系统；不同 VPS 之间的磁盘空间、内存、CPU、进程与系统配置完全隔离，用户可自由使用分配到的主机中的所有资源，为此需要具备一定的维护系统的能力；适合小型网站。
- ECS（Elastic Compute Service，**弹性计算服务[通常称为云服务器]**）：是一种整合了计算、存储、网络，能够做到弹性伸缩的计算服务；使用起来与 VPS 几乎一样，差别是云服务器是建立在一组集群服务器中，每个服务器都会保存一个主机的镜像（备份），从而大大提升了安全性和稳定性；另外还具备灵活性与扩展性；用户只需按使用量付费即可；适合大中小型网站。
- **独立服务器**：这台服务器仅提供给用户一个人使用，其使用方式分为租用方式与托管方式。租用方式是用户将服务器的硬件配置要求告知 IDC 服务商，按照月、季、年为单位来租用它们的硬件设备。这些硬件设备由 IDC 服务商的机房负责维护，用户一般需要自行安装相应的软件并部署网站服务，这减轻了用户在硬件设备上的投入，比较适合大中型网站。托管方式则是用户需要自行购置服务器硬件设备，并将其交给 IDC 服务商进行管理（需要缴纳管理服务费）。用户对服务器硬件配置有完全的控制权，自主性强，但需要自行维护、修理服务器硬件设备；比较适合大中型网站。

另外需要提醒读者的是，在选择服务器主机供应商时请一定要注意查看口碑，并在综合分析后再决定购买。某些供应商会有限制功能、强制添加广告、隐藏扣费或强制扣费等恶劣行为，请各位读者一定擦亮眼睛，不要上当！

复习题

1. 使用源码包安装服务程序的最大优点和缺点是什么？

   答：使用源码包安装服务程序的最大优点是，服务程序的可移植性好，而且能更好地提升服务程序的运行效率；缺点是源码包程序的安装、管理、维护和卸载都比较麻烦。

2. 使用源码包的方式来安装软件服务的大致步骤是什么？

   答：基本分为 4 个步骤，分别为下载及解压源码包文件、编译源码包代码、生成二进制安装程序、运行二进制的服务程序安装包。

3. LNMP 动态网站部署架构通常包含了哪些服务程序？

答：LNMP 动态网站部署架构通常包含 Linux 系统、Nginx 网站服务、MySQL 数据库管理系统，以及 PHP 脚本语言。

4. 在 MySQL 数据库服务程序中，/usr/local/mysql 与/usr/local/mysql/data 目录的作用是什么？

答：/usr/local/mysql 用于保存 MySQL 数据库服务程序的目录，/usr/local/mysql/var 则用于保存真实数据库文件的目录。

5. 相较于 Apache 服务程序，Nginx 最显著的优势是什么？

答：Nginx 服务程序比较稳定，原因是采用了分阶段的资源分配技术，降低了 CPU 与内存的占用率，所以使用 Nginx 程序部署的动态网站环境不仅十分稳定、高效，而且消耗的系统资源也很少。

6. 如何禁止 php 服务程序中不安全的功能？

答：编辑 php 服务程序的配置文件（/usr/local/php/etc/php.ini），把要禁用的功能追加到 disable_functions 参数之后即可。

7. 对于处于创业阶段的小站长群体来说，适合购买哪种服务器类型呢？

答：建议他们选择云服务器类型，不但费用便宜（每个月费用不超过 100 元人民币），而且性能也十分强劲。